MÉMOIRES

DE L'ACADÉMIE ROYALE

DES

SCIENCES, DES LETTRES ET DES BEAUX-ARTS

DE BELGIQUE.

MÉMOIRES

DE

L'ACADÉMIE ROYALE

DES

SCIENCES, DES LETTRES ET DES BEAUX-ARTS

DE BELGIQUE.

TOME XL.

BRUXELLES,

F. HAYEZ, IMPRIMEUR DE L'ACADÉMIE ROYALE.

1873

LISTE DES MEMBRES,

DES

CORRESPONDANTS ET DES ASSOCIÉS DE L'ACADÉMIE.

(15 août 1873.)

LE ROI, Protecteur.

M. J. J. Thonissen, président pour 1873.
» Ad. Quetelet, secrétaire perpétuel.

—

COMMISSION ADMINISTRATIVE.

Le directeur de la classe des Sciences, M. Gluge.
» » des Lettres, M. Thonissen.
» » des Beaux-Arts, M. Alvin.
Le Secrétaire perpétuel, M. Ad. Quetelet.
Le délégué de la classe des Sciences, M. Stas, trésorier.
» » des Lettres, M. Ch. Faider.
» » des Beaux-Arts, M. De Busscher.

Tome XL.   1

CLASSE DES SCIENCES.

M. GLUGE, directeur pour 1873.
» Ad. QUETELET, secrétaire perpétuel.

30 MEMBRES.

Section des sciences mathématiques et physiques (15 membres).

M. QUETELET. Adolphe J. L.; à Bruxelles . . .	Élu le 1er février	1820.
» PLATEAU, Joseph A. F.; à Gand	— 15 décemb.	1856.
» STAS, Jean S.; à St-Gilles-lez-Bruxelles. . .	— 14 décemb.	1841.
» DE KONINCK, Laurent G.; à Liége	— 15 décemb.	1842.
» MELSENS, F. H. Louis; à Bruxelles	— 15 décemb.	1850.
» LIAGRE, J. B. Jules; à Bruxelles	— 15 décemb.	1855.
» DUPREZ, François J.; à Gand	— 16 décemb.	1854.
» HOUZEAU, Jean C.; à Kingston (Jamaïque). .	— 15 décemb.	1856.
» QUETELET, Ernest; à Bruxelles	— 15 décemb.	1865.
» MAUS, Henri. J.; à Ixelles	— 15 décemb.	1864.
» GLOESENER, Michel; à Liége.	— 15 décemb.	1864.
» DONNY, François M. L.; à Gand	— 15 décemb.	1866.
» MONTIGNY, Charles; à Schaerbeek.	— 16 décemb.	1867.
» STEICHEN, Michel; à Ixelles	— 15 décemb.	1868.
» BRIALMONT, Alexis H.; à St-Josse-ten-Noode .	— 15 décemb.	1869.

Section des sciences naturelles (15 membres).

M. D'OMALIUS D'HALLOY, J. B. J.; à Halloy . . .	Nommé le 3 juillet	1816.
» DU MORTIER, Barthélemy C.; à Tournai . . .	Élu le 2 mai	1829.
» VAN BENEDEN, Pierre J.; à Louvain	— 15 décemb.	1842.
» Le baron DE SELYS LONGCHAMPS, Edm.; à Liége.	— 16 décemb.	1846.
» Le vte DU BUS, Berd A. L.; à St-Josse-ten-Noode.	— 16 décemb.	1846.
» NYST, Henri P.; à Molenbeek-Saint-Jean . .	— 17 décemb.	1847.
» GLUGE, Théophile; à Bruxelles	— 15 décemb.	1849.
» POELMAN, Charles; à Gand	— 16 décemb.	1857.
» DEWALQUE, Gustave; à Liége	— 16 décemb.	1859.
» CANDÈZE, Ernest; à Liége	— 15 décemb.	1864.

M. Chapuis, Félicien; à Verviers . . . . Élu le 15 décemb. 1865.
» Dupont, Édouard; à Ixelles . . . . — 15 décemb. 1869.
» Morren, Édouard; à Liége. . . . . — 15 décemb. 1871.
» Van Beneden, Édouard; à Liége . . . . . — 16 décemb. 1872.
» N. . . . .

CORRESPONDANTS (10 au plus).

Section des sciences mathématiques et physiques.

M. Henry, Louis; à Louvain . . . . Élu le 15 décemb. 1865.
» Mailly, Édouard; à Saint-Josse-ten-Noode . — 16 décemb. 1867.
» Valerius, Henri; à Gand . . . . — 15 décemb. 1869.
» Folie, François; à Liége . . . . — 15 décemb. 1869.
» De Tilly, Joseph M.; à Schaerbeek . . . . — 15 décemb. 1870.

Section des sciences naturelles.

M. Malaise, Constantin; à Gembloux . . . . . Élu le 15 décemb. 1865.
» Briart, Alphonse; à Morlanwelz . . . . . — 16 décemb. 1867.
» Plateau, Félix; à Gand. . . . . — 15 décemb. 1871.
» Crépin, François; à Bruxelles. . . . . . — 16 décemb. 1872.

50 ASSOCIÉS.

Section des sciences mathématiques et physiques (25 associés).

M. Vène, A.; à Paris . . . . Élu le 2 février 1824.
» Sabine, Édouard; à Londres . . . . — 2 février 1828.
» Chasles, Michel; à Paris . . . . — 4 février 1829.
» Van Rees, Richard; à Utrecht. . . . . . — 6 mars 1830.
» de la Rive, Auguste; à Genève . . . . . — 9 mai 1842.
» Dumas, Jean-Baptiste; à Paris. . . . . . — 17 décemb. 1843.
» Lamarle, Ernest; à Gand . . . . — 17 décemb. 1847.
» Wheatstone, Charles; à Londres. . . . . — 15 décemb. 1849.
» Airy, Georges Biddell; à Greenwich . . . — 15 décemb. 1853.
» Argelander, F. G. A.; à Bonn. . . . . . . — 15 décemb. 1856.
» Lamont, Jean; à Munich . . . . — 16 décemb. 1859.
» Hansen, Pierre André; à Gotha . . . . . — 15 décemb. 1864.
» Kekulé, Auguste; à Bonn . . . . — 15 décemb. 1864.
» Bunsen, Robert G.; à Heidelberg . . . . — 15 décemb. 1865.
» Catalan, Eugène C.; à Liége . . . . . . — 15 décemb. 1865.

M. Gɪʟʙᴇʀᴛ, Philippe; à Louvain. . . . . . . Élu le 16 décemb. 1867.
» ᴅᴇ Jᴀᴄᴏʙɪ, M. H.; à Saint-Pétersbourg . . . — 16 décemb. 1867.
» Rᴇɢɴᴀᴜʟᴛ, Henri-Victor; à Paris. . . . . — 15 décemb. 1868.
» ᴠᴏɴ Bᴀᴇʏᴇʀ, J. Joseph; à Berlin . . . . . — 15 décemb. 1868.
» Kɪʀᴄʜʜᴏꜰꜰ, Gustave Robert; à Heidelberg. . — 15 décemb. 1868.
» Dᴏᴠᴇ, Henri-Guillaume; à Berlin . . . . — 16 décemb. 1872.
» Hɪʀɴ, G. A.; au Logelbach (Alsace). . . . — 16 décemb. 1872.
» N. . . . .
» N. . . . .
» N. . . . .

Section des sciences naturelles (25 associés).

M. ᴅᴇ Mᴀᴄᴇᴅᴏ, J. J. ᴅᴀ Cᴏsᴛᴀ; à Lisbonne . . . Élu le 15 décemb. 1836.
» Dᴇᴄᴀɪsɴᴇ, Joseph; à Paris . . . . — 15 décemb. 1836.
» Sᴄʜᴡᴀɴɴ, Théodore; à Liége . . . . . . — 14 décemb. 1841.
» Oᴡᴇɴ, Richard; à Londres. . . . . . . — 17 décemb. 1847.
» Éʟɪᴇ ᴅᴇ Bᴇᴀᴜᴍᴏɴᴛ, Jean-Baptiste; à Paris . . — 17 décemb. 1847.
» Eᴅᴡᴀʀᴅs, Henri Mɪʟɴᴇ; à Paris . . . . . — 15 décemb. 1850.
» Sᴄʜʟᴇɢᴇʟ, Hermann; à Leyde. . . . . . . — 16 décemb. 1857.
» Aɢᴀssɪz, Louis; à Cambridge (États-Unis). . — 15 décemb. 1858.
» ᴠᴏɴ Bᴀᴇʀ, Ch. E.; à Dorpat . . . . . . — 16 décemb. 1859.
» Sir Lʏᴇʟʟ, Charles; à Londres . . . . . — 16 décemb. 1859.
» Vᴀʟᴇɴᴛɪɴ, Gabriel-Gustave; à Berne . . . — 15 décemb. 1861.
» Gᴇʀᴠᴀɪs, Paul; à Paris . . . . — 15 décemb. 1862.
» Dᴀɴᴀ, James D.; à New-Haven (États-Unis) . — 15 décemb. 1864.
» Bʀᴏɴɢɴɪᴀʀᴛ, Adolphe T.; à Paris. . . . . — 15 décemb. 1864
» Dᴀᴠɪᴅsᴏɴ, Thomas; à Brighton . . . . . — 15 décemb. 1865.
» ᴅᴇ Cᴀɴᴅᴏʟʟᴇ, Alphonse; à Genève . . . . — 15 décemb. 1869.
» Hᴇᴇʀ, Oswald; à Zurich . . . . -- 15 décemb. 1869.
» Dᴏɴᴅᴇʀs, F.-C.; à Utrecht . . . . — 15 décemb. 1869.
» Dᴀʀᴡɪɴ, Ch.; à Down, Beckenham (Kent) . — 15 décemb. 1870.
» Bᴇʟʟʏɴᴄᴋ, Auguste; à Namur. . . . . . . — 15 décemb. 1870.
» Fʀɪᴇs, Elias; à Upsal. . . . . — 15 décemb. 1871.
» Pᴀʀʟᴀᴛᴏʀᴇ, Philippe; à Florence. . . . . — 15 décemb. 1871.
» Hᴏᴏᴋᴇʀ, Jos.-Dalton; à Kew (Angleterre). .. — 16 décemb. 1872.
» Rᴀᴍsᴀʏ, André Crombie; à Londres. . . . — 16 décemb. 1872.
» Sᴛᴇᴇɴsᴛʀᴜᴘ, J.-Japetus-S.; à Copenhague . . — 16 décemb. 1872.

CLASSE DES LETTRES.

M. J.-J. Thonissen, directeur pour 1875.
» Ad. Quetelet, secrétaire perpétuel.

30 MEMBRES.

Section des lettres et Section des sciences morales et politiques réunies.

M. Steur, Charles; à Gand	Élu le	5	décemb.	1829.
» Grandgagnage, F. C. J.; à Liége	—	7	mars	1835.
» De Smet, J. J.; à Gand	—	6	juin	1835.
» Roulez, J. E. G.; à Gand	—	15	décemb.	1837.
» Le baron Nothomb, J. B.; à Berlin	—	7	mai	1840.
» Van de Weyer, Sylvain; à Londres	—	7	mai	1840.
» Gachard, Louis Prosper; à Bruxelles	—	9	mai	1842.
» Quetelet, Adolphe J. L.; à Bruxelles	Nommé le	1er	déc.	1845.
» Van Praet, Jules; à Bruxelles	Élu le	10	janvier	1846.
» Borgnet, Adolphe C. J.; à Liége	—	10	janvier	1846.
» Devaux, Paul L. I.; à Bruxelles	—	10	janvier	1846.
» De Decker, Pierre J. F.; à Bruxelles	—	10	janvier	1846.
» Haus, J. J.; à Gand	—	11	janvier	1847.
» Bormans, J. H.; à Liége	—	11	janvier	1847.
» Leclercq, M. N. J.; à St-Josse-ten-Noode	—	17	mai	1847.
» Le baron de Witte, Jean J. A. M.; à Anvers	—	6	mai	1851.
» Faider, Charles; à Bruxelles	—	7	mai	1855.
» Le b^{on} Kervyn de Lettenhove, J. M. B. C.; à Saint-Michel (lez-Bruges)	—	4	mai	1859.
» Chalon, Renier; à Ixelles	—	4	mai	1859.
» Mathieu, Adolphe C. G.; à Ixelles	—	19	mai	1863.
» Thonissen, J. J.; à Louvain	—	9	mai	1864.
» Juste, Théodore; à Ixelles	—	5	mai	1866.
» Guillaume, H. L. Gustave; à Ixelles	—	6	mai	1867.
» Nève, Félix; à Louvain	—	11	mai	1868.

M. Wauters, Alphonse; à Bruxelles . . . . . Élu le 11 mai 1868.
» Conscience, Henri; à Bruxelles . . . . . — 10 mai 1869.
» de Laveleye, Émile; à Liége . . . . . . — 6 mai 1872.
» Nypels, J. S. Guillaume; à Liége. . . . . — 6 mai 1872.
» Le Roy, Alphonse; à Liége. . . . . . . — 12 mai 1873.
» de Borchgrave, Émile; à Bruxelles . . . . — 12 mai 1873.

CORRESPONDANTS (10 au plus).

M. Wagener, Auguste; à Gand . . . . Élu le 8 mai 1871.
» Heremans, Jacques F. J.; à Gand . . . . — 8 mai 1871.
» Willems, Pierre; à Louvain . . . . . . — 6 mai 1872.
» Poullet, Edmond; à Louvain. . . . . . — 6 mai 1872.
» Loise, Ferdinand; à Anvers . . . . . . — 12 mai 1873.
» Tielemans, F.; à Bruxelles . . . . — 12 mai 1873.

50 ASSOCIÉS.

M. Cooper, Charles Purton; à Londres. . . . Élu le 5 avril 1834.
» Groen van Prinsterer, G.; à La Haye . . . — 15 décemb. 1840.
» von Ranke, Léopold; à Berlin . . . . . — 9 février 1846.
» Salva, Michel; à Palma (île Majorque) . . — 9 février 1846.
» Mignet, F. A. A.; à Paris . . . . — 9 février 1846.
» Guizot, F. P. G.; à Paris . . . . — 9 février 1846.
» Leemans, Conrad; à Leyde. . . . . . . — 11 janvier 1847.
» Pertz, Georges Henri; à Berlin . . . . . — 11 janvier 1847.
» Nolet de Brauwere van Steeland, J.; à Ixelles. — 7 mai 1849.
» de Bonnechose, F. P. Emile; à Paris. . . . — 7 mai 1849.
» Le chevalier de Rossi, J. B.; à Rome . . . — 7 mai 1855.
» Paris, A. Paulin; à Paris . . . . — 26 mai 1856.
» de Longpérier, Adrien; à Paris . . . . . — 26 mai 1856.
» de Reumont, Alfred; à Bonn . . . . . . — 26 mai 1856.
» Le baron de Czoernig, Ch.; à Ischl (Autriche). — 4 mai 1859.
» Minervini, Jules; à Naples . . . . — 4 mai 1859.
» Lafuente, Modeste; à Madrid . . . . . . — 4 mai 1859.
» Theiner, Augustin; à Rome . . . . . . — 9 mai 1860.
» Le bᵒⁿ de Köhne, Bernard; à Saint-Pétersb. — 13 mai 1861.
» Cantù, César; à Milan . . . . — 13 mai 1861.

M. von Löher, François; à Munich . . . . Élu le 13 mai 1862.
» De Vries, Mathieu; à Leyde . . . . — 19 mai 1863.
» Le chevalier d'Arneth, Alfred; à Vienne . . . — 9 mai 1864.
» Disraeli, Benjamin; à Londres . . . . — 9 mai 1864.
» Wolowski, Louis; à Paris. . . . . — 10 mai 1865.
» Renier, Léon; à Paris . . . . — 10 mai 1865.
» Thiers, Adolphe; à Paris . . . . — 10 mai 1865.
» Le comte Arrivabene, Jean; à Mantoue . . . — 5 mai 1866.
» Mommsen, Théodore; à Berlin. . . . . . . — 5 mai 1866.
» von Döllinger, J. J. Ignace; à Munich. . . . — 5 mai 1866.
» Farr, William; à Londres. . . . . — 6 mai 1867.
» Stephani, Ludolphe; à Saint-Pétersbourg. . . — 6 mai 1867.
» Laboulaye, Édouard René Lefebvre; à Paris . — 6 mai 1867.
» Scheler, Auguste; à Ixelles . . . . — 11 mai 1868.
» Egger, Émile; à Paris . . . . — 10 mai 1869.
» Vreede, Guillaume G.; à Utrecht . . . . . — 10 mai 1869.
» de Sybel, Henri Ch. L.; à Bonn . . . . . . — 10 mai 1869.
» Carrara, François; à Pise. . . . . — 9 mai 1870.
» Le baron de Holtzendorff, F.; à Berlin . . . — 8 mai 1871.
» Brunn, Henri; à Munich . . . . — 8 mai 1871.
» Lenormant, François; à Paris. . . . . . . — 8 mai 1871.
» Eichhoff, F. G.; à Paris . . . . — 8 mai 1871.
» Le chevalier d'Antas, M.; à Bruxelles . . . — 6 mai 1872.
» Alberdingk Thym, Jos.-Alb.; à Amsterdam . . — 6 mai 1872.
» Curtius, Ernest; à Berlin. . . . . — 6 mai 1872.
» Rivier, Alphonse; à Bruxelles . . . . . . — 12 mai 1873.
» Franck, Adolphe; à Paris . . . . — 12 mai 1873.
» N . . . .
» N . . . .
» N . . . .

CLASSE DES BEAUX-ARTS.

M. Alvin, directeur pour 1873.
» Ad. Quetelet, secrétaire perpétuel.

30 MEMBRES.

Section de Peinture:

M. De Keyser, Nicaise; à Anvers	Nommé le 1er décemb. 1845.		
» Gallait, Louis; à Schaerbeek	—	1er décemb.	1845.
» Madou, Jean; à St-Josse-ten-Noode . .	—	1er décemb.	1845.
» Verboeckhoven, Eugène; à Schaerbeek .	—	1er décemb.	1845.
» Le baron Wappers, Gustave; à Anvers .	—	1er décemb.	1845.
» De Braekeleer, Ferdinand; à Anvers . .	Élu le	8 janvier	1847.
» Portaels, Jean; à Bruxelles	—.	4 janvier	1855.
» Slingeneyer, Ernest; à St-Josse-ten-Noode.	—	7 avril	1870.
» Robert, Alexandre; à St-Josse-ten-Noode.	—	7 avril	1870.

Section de Sculpture :

M. Geefs, Guillaume; à Schaerbeek . . .	Nommé le 1er décemb. 1845.		
» Simonis, Eugène; à Bruxelles.	—	1er décemb.	1845.
» Geefs, Joseph; à Anvers	Élu le	9 janvier	1846.
» Fraikin, Charles Auguste; à Schaerbeek .	—	8 janvier	1847.

Section de Gravure :

M. Franck, Joseph; à St-Josse-ten-Noode .	Élu le	7 janvier	1864.
» Leclercq, Julien; à Lokeren	—	12 janvier	1866.

Section d'Architecture :

M. Partoes, H. L. F.; à Bruxelles	Élu le	9 janvier	1846.

M. Balat, Alphonse; à Ixelles . . . . . . Élu le 9 janvier 1862.
» Payen, Auguste; à St-Josse-ten-Noode. . — 9 janvier 1862.
» De Man, Gustave; à Ixelles . . . . . — 2 janvier 1865.

Section de Musique :

M. Vieuxtemps, Henri; à Bruxelles . . . . Nommé le 1er décemb. 1845.
» Le chevalier de Burbure, Léon; à Anvers. Élu le 9 janvier 1862.
» Gevaert, Auguste F.; à Bruxelles . . . — 4 janvier 1872.
» Le baron Limnander, Armd; à Bruxelles . — 4 janvier 1872.
» N. . . . .

Section des Sciences et des Lettres dans leurs rapports avec les Beaux-Arts :

M. Alvin, Louis J.; à Bruxelles . . . . . Nommé le 1er décemb. 1845.
» Quetelet, A. J. L.; à Bruxelles . . . . — 1er décemb. 1845.
» Van Hasselt, A. H.; à St-Josse-ten-Noode. — 1er décemb. 1845.
» Fétis, Édouard; à Bruxelles . . . . . Élu le 8 janvier 1847.
» De Busscher, Edmond; à Gand . . . . — 5 janvier 1854.
» Siret, Adolphe; à St-Nicolas . . . . . — 12 janvier 1866.

CORRESPONDANTS (10 au plus).

Pour la Peinture :

M. De Biefve, Édouard; à Bruxelles . . . Élu le 9 janvier 1846.
» Dyckmans, Joseph L.; à Anvers . . . . — 8 janvier 1847.

Pour la Sculpture :

M. Jehotte, Louis; à Bruxelles . . . . . Élu le 9 janvier 1846.

Pour les Sciences et les Lettres dans leurs rapports avec les Beaux-Arts :

M. Stappaerts, Félix; à Ixelles . . . . . Élu le 9 janvier 1868.

50 ASSOCIÉS.

Pour la Peinture :

M.	Landseer, Edwin; à Londres	Élu le 6 février	1846.
»	von Kaulbach, Guillaume; à Munich	— 6 février	1846.
»	Hague, Louis; à Londres	— 8 janvier	1847.
»	Robert Fleury, Joseph N.; à Paris	— 7 janvier	1864.
»	Gérome, Jean Léon; à Paris	— 12 janvier	1865.
»	Madrazo, Frédéric; à Madrid	— 12 janvier	1865.
»	Cogniet, Léon; à Paris	— 9 janvier	1868.
»	Bendemann, Édouard; à Dusseldorf	— 9 janvier	1868.
»	Meissonier, Jean L. E.; à Paris	— 7 janvier	1869.
»	Hébert, Aug. Ant. Ernest; à Paris	— 12 janvier	1871.
»	N.		

Pour la Sculpture :

M.	Dumont, Alexandre Augustin; à Paris	Élu le 22 septemb.	1852.
»	Le comte de Nieuwerkerke, Alf.; à Paris	— 22 septemb.	1852.
»	Foley, Jean Henri; à Londres	— 8 janvier	1863.
»	Cavelier, Pierre Jules; à Paris	— 7 janvier	1864.
»	Jouffroy, François; à Paris	— 12 janvier	1866.
»	Drake, Frédéric; à Berlin	— 12 janvier	1866.
»	Barye, Antoine Louis; à Paris	— 7 janvier	1869.
»	N.		

Pour la Gravure :

M.	Henriquel Dupont, Louis P.; à Paris	Élu le 8 janvier	1847.
»	Bovy, Antoine; à Paris	— 8 janvier	1847.
»	Mercurj, Paul; à Rome	— 8 janvier	1857.
»	Oudiné, Eugène Auguste; à Paris	— 8 janvier	1857.
»	Martinet, Louis Achille; à Paris	— 7 janvier	1858.
»	Mandel, Édouard; à Berlin	— 12 janvier	1865.
»	N.		
»	N.		

Pour l'Architecture :

M. Donaldson, Thomas L. ; à Londres . . . . Élu le 6 février 1846.
» Viollet-le-duc, E. E. ; à Paris . . . . . . — 8 janvier 1863.
» Leins, C. ; à Stuttgart . . . . — 7 janvier 1864.
» Daly, César ; à Paris. . . . . — 12 janvier 1865.
» Labrouste, Théodore F. M. ; à Paris . . . — 9 janvier 1868.
» Le comte Vespignani, Virginio ; à Rome . . — 12 janvier 1871.
» N. . . . .

Pour la Musique :

M. Daussoigne-Méhul, Joseph ; à Liége. . . . Élu le 6 février 1846.
» Lachner, François ; à Munich . . . . . — 8 janvier 1847.
» Thomas, Ch. L. Ambroise ; à Paris . . . — 8 janvier 1863.
» David, Félicien ; à Paris . . . . — 8 janvier 1863.
» Verdi, Joseph ; à Busetto, près de Naples. . — 12 janvier 1865.
» Ricci, Frédéric ; à Paris . . . . — 6 janvier 1870.
» Gounod, Félix Charles ; à Londres . . . . — 4 janvier 1872.
» Basevi, Abraham ; à Florence . . . . . — 4 janvier 1872.

Pour les Sciences et les Lettres dans leurs rapports avec les Beaux-Arts :

M. de Coussemaker, Edmond ; à Lille . . . . Élu le 8 janvier 1847.
» Ravaisson, Félix J. G. ; à Paris . . . . . — 10 janvier 1856.
» Schnaase, Charles ; à Wiesbade . . . . . — 12 janvier 1866.
» Gailhabaud, Jules ; à Paris . . . . . . — 9 janvier 1868.
» Mariette, Auguste Édouard ; au Caire. . . — 6 janvier 1870.
» Lübke, Guillaume ; à Stuttgart . . . . . — 9 janvier 1873.
» Vosmaer ; à La Haye. . . . . — 9 janvier 1873.
» N. . . . .

NÉCROLOGIE.

CLASSE DES SCIENCES.

Wesmael, C.; membre, décédé le 25 octobre 1872.
Barrat, J.; associé, décédé en 1865.
Maury, M. F.; associé, décédé le 1 février 1873.
Hansteen, Ch.; associé, décédé le 15 avril 1873.
von Liebig, le baron J.; associé, décédé le 18 avril 1873.

CLASSE DES LETTRES.

Snellaert, F. A.; membre, décédé le 3 juillet 1872.
Phillips, G.; associé, décédé le 6 septembre 1872.
Dupin, le baron F. P. C.; associé, décédé le 19 janvier 1873.
Thierry, A.; associé, décédé le 27 mars 1873.
Mill, J. Stuart; associé, décédé le 8 mai 1873.
Manzoni, le comte A.; associé, décédé le 23 mai 1873.

CLASSE DES BEAUX-ARTS.

Bosselet, Ch. F.; membre, décédé le 2 avril 1873.
Forster, L.; associé, décédé le . . . .
Forster, F.; associé, décédé le 24 juin 1872.
Becker, J.; associé, décédé le 22 décembre 1872.
Benzoni, J. M.; associé, décédé en 1873.
de Caumont, le comte A.; associé, décédé le 16 avril 1873.
von Keller, J.; associé, décédé le 30 mai 1873.

TABLE

DES MÉMOIRES CONTENUS DANS LE TOME XL.

CLASSE DES SCIENCES.

CLASSE DES LETTRES.

LES PARASITES

DES

CHAUVES-SOURIS DE BELGIQUE;

PAR

P.-J. VAN BENEDEN,

MEMBRE DE L'ACADÉMIE ROYALE DE BELGIQUE.

(Présenté à la classe des sciences de l'Académie le 2 mars 1872.)

Tome XL.

LES PARASITES

CHAUVES-SOURIS DE BELGIQUE.

Dans toute la classe des mammifères il n'y a pas un ordre qui ait autant attiré l'attention du vulgaire comme du naturaliste que celui des Cheiroptères, et cependant il y a peu d'animaux aussi imparfaitement connus qu'eux. Nous ne parlons toutefois ni de leur structure ni de leur développement, mais de la faune que chaque Chauve-Souris loge et nourrit dans l'intérieur de ses viscères.

Tout le monde sait que ces mammifères ailés hébergent une nombreuse vermine qui les rend particulièrement désagréables à la vue.

Indépendamment des curieuses et innombrables Acarides, qui vivent entre les poils, et souvent de préférence autour du pavillon de l'oreille, plusieurs Diptères envahissent toutes les régions du corps et nous trouvons, comme dans les autres ordres de mammifères, des Vers de différents genres qui habitent particulièrement l'estomac et les intestins. C'est surtout de ces derniers que nous nous occupons dans ce travail.

Et tous ces Vers de l'intérieur sont-ils condamnés à vivre pendant toute la durée de leur évolution aux dépens du même hôte; n'y en a-t-il pas qui passent une première partie de la vie dans une Chauve-Souris, une seconde partie dans un carnassier? En d'autres termes, y a-t-il des Chauves-

Souris qui servent de pilules pour introduire leurs hôtes dans un autre animal? Ces Insectivores sont-ils mangés par d'autres mammifères carnassiers ou par des oiseaux? Comment se comportent les parasites pendant les six mois de sommeil hibernal de leur hôte? Quittent-ils leur hôte et émigrent-ils périodiquement ou s'endorment-ils avec lui? Par quelle voie les parasites euxmêmes qui hantent les Chauves-Souris s'introduisent-ils? Chaque Chauve-Souris nourrit-elle les mêmes espèces dans toute l'étendue de l'aire qu'elle habite? Et si ce sont les mêmes animaux, est-ce aussi la même pâture qui la leur fournit? Cela revient à dire : si les Chauves-Souris ont leurs espèces propres, elles doivent se répartir d'après les insectes qui servent à leur entretien, et les insectes d'après les plantes qui les nourrissent.

Nos Chauves-Souris, qui sont toutes insectivores [1], hébergent-elles toutes les mêmes parasites, ou y a-t-il des espèces propres à certaines d'entre elles, et quels sont les insectes qui les introduisent? A côté de la pâture en gros, qui est la même pour le grand nombre, y a-t-il des insectes qui sont des friandises pour quelques-unes d'entre elles, et par lesquelles des Nématodes ou Trématodes s'introduisent. Les Helminthes des Chauves-Souris sont-ils sexués pendant toute l'année?

Ce sont autant de questions auxquelles il serait impossible de répondre dans l'état actuel de la science et nous avons pour but d'en élucider quelques-unes dans ce travail.

Une question qui n'est pas sans importance non plus est celle de savoir si les Chauves-Souris ont toutes la vie également dure, c'est-à-dire si la ténacité de la vie est la même pour toutes les espèces. D'après les observations que nous avons eu l'occasion de faire et de répéter à diverses reprises, nous pouvons dire qu'il y a, sous ce rapport, une très-grande différence entre elles; le Murin, par exemple, périt vite, tandis que le Dasycnème comme le Mystacin résistent bien pendant le transport et vivent le mieux en captivité; mais de toutes les espèces, ce sont les Pipistrelles que nous avons pu tenir le plus longtemps en vie.

---

[1] Est-il vrai, comme le prétend M. Besser, que la *Vesperugo noctula* se nourrit également de substances végétales? *Sitzungsb. der ges. Isis in Dresden.* 1869.

C'est la plus petite espèce qui a la vie la plus tenace et la plus grande qui périt le plus vite.

A quoi faut-il attribuer la mort de ces animaux pendant leur sommeil hibernal? Placées dans leur attitude ordinaire, accrochées par leurs pattes de derrière, elles vivent dans cette position en captivité pendant un ou quelques jours, puis, sans changer de position, elles meurent et dessèchent, pour ainsi dire, sur place, sans changer d'attitude.

Les parasites semblent généralement endormis comme leur hôte pendant toute la durée du sommeil léthargique, mais si l'hôte meurt, les Vers des divers ordres, Trématodes, Nématodes ou Cestodes, meurent également peu de temps après. Les parasites extérieurs vivent plus longtemps après la mort de leur hôte. Nous avons vu des femelles, dont la matrice était remplie de Spermatozoïdes très-vivaces quinze jours après la mort de leur hôte, tandis que les Helminthes étaient tous morts depuis longtemps dans l'intestin. La ténacité de la vie est ainsi plus grande chez les Spermatozoïdes que chez les Vers parasites.

On a également remarqué, et nous pouvons confirmer le fait, que les sexes ne se mêlent guère pendant le repos; dans tel endroit, ce sont tous des mâles que l'on prend, dans tel autre endroit, ce sont toutes des femelles; cette même observation a pu être faite sur les espèces étrangères.

Nous avons régulièrement examiné les femelles pour étudier les phénomènes de la gestation : nous en avons trouvé dont la matrice était pleine de Spermatozoïdes après le mois de février jusqu'au commencement du mois d'avril, mais jusqu'à cette époque aucun œuf n'était détaché de l'ovaire et l'oviducte était complétement vide.

Est-il vrai que les Chauves-Souris, habitant les cavernes, passent leur quartier d'hiver dans les souterrains et qu'elles les quittent pendant l'été ? Nous n'avons pu trouver, durant les dix-huit mois que nous avons consacrés à l'étude des Chauves-Souris de la Montagne-Saint-Pierre, une seule Chauve-Souris pleine.

Pour mettre ce travail à exécution, nous avons dû d'abord étudier les espèces de Chauves-Souris qui fréquentent le pays, et dans ces recherches nous avons eu pour guide l'excellent travail de notre savant confrère M. de

Selys Longchamps. Nous avons la satisfaction de pouvoir dire que nous n'avons rien trouvé à changer dans l'énumération des espèces, et nous ne surprendrons personne, en ajoutant que cette faune est faite avec le même soin que l'auteur met dans tous ses travaux.

Nous nous sommes adressé à tous ceux qui ont pu nous aider dans ces recherches et nous avons trouvé un concours empressé dans diverses parties du pays. Les Chauves-Souris de la Montagne-Saint-Pierre de Maestricht nous ont été communiquées par M. Bosquet de Maestricht et M. Miedel; celles de Folx-lez-Caves par M. Malaise et M. l'ingénieur Moreau; M. Poelman m'en a envoyé des environs de Gand ainsi que M. Scribe, et monseigneur le duc d'Arenberg a bien voulu s'intéresser à ces recherches en me faisant envoyer des Chauves-Souris de son château d'Heverlé et de ses magnifiques bois.

Dans les immenses galeries de la Montagne-Saint-Pierre à Maestricht vivent les espèces suivantes que nous rangeons dans l'ordre de leur abondance :

Vespertilio murinus, L.	*Vespertilio auritus*, Linn.
— *dasycnemus*, Boié.	— *emarginatus*, Geoffroy.
— *mystacinus*, Leisler.	*Rhinolophus ferrum equinum*.
— *Daubentoni*, Leisler.	— *hippocrepis*.
— *nattereri*, Kuhl.	*Vespertilio Bechsteinii*, Leisler.

Sur deux mille Chauves-Souris, M. Miedel n'a trouvé que deux individus de la dernière espèce.

Nous ne l'avons pas observée.

Les Chauves-Souris que l'on rencontre le plus communément en ville sont :

Vespertilio serotinus, Schreb. [1].
— *auritus*, Linn.
— *pipistrellus*, Screb.

L'espèce qui habite le plus ordinairement les arbres creusés est la *Vespertilio noctula*, Schreb.

[1] Dans les combles d'un collége de Louvain, les *V. serotinus* étaient si nombreuses, que les ardoisiers m'en apportèrent au mois de juillet plus de cinquante à la fois ; à côté des adultes, pour la plupart femelles, se trouvaient plusieurs jeunes probablement de l'année et qui ne différaient guère des autres, pas même par la taille. Une femelle adulte avait les mamelles encore très-développées.

Nous n'avons observé que deux fois le *Vespertilio barbastellus,* la première fois dans une cave du Musée même de Louvain, une seconde fois dans une maison de la ville.

Chaque espèce a non-seulement son séjour propre, ses lieux de prédilection pour la chasse, son maintien, son régime particulier, son genre de vol, mais aussi, comme nous l'avons dit plus haut, une manière spéciale de se tenir pendant le repos. Il paraît même que les divers individus de chaque espèce se groupent d'une façon particulière et qu'on peut les reconnaître à la manière dont ils s'assemblent entre eux.

Il existe un mémoire sur les parasites des Chauves-Souris, mais il n'a pas été écrit au point de vue des localités et de la comparaison que l'on pourra établir entre les parasites et leurs hôtes dans divers pays.

M. Kolenati a fait une notice plutôt au point de vue des parasites externes que des Vers internes; aussi signale-t-il parmi les animaux articulés huit genres d'Acarides : *Caris, Otonissus, Dermanissus, Sarconissus, Hœmalastor, Ixodes, Ancystropus, Pteroptus* et quarante et une espèces; et parmi les insectes les genres *Acanthia, Ceratopsyllus, Pulex, Nycteribia, Strebla, Lipoptena,* comprenant vingt-cinq espèces; nous avons retrouvé la plupart des espèces signalées sur les Chauves-Souris d'Europe; une seule forme nouvelle nous est tombée sous les yeux; il n'en est pas de même des Vers : parmi ces derniers, il y en a plusieurs qui sont nouveaux pour la science et que nous faisons connaître avec quelques détails.

Nous nous bornerons à faire simplement l'énumération des espèces d'articulés que nous avons observées.

Les Vers que nous avons trouvés se rapportent aux Nématodes, aux Trématodes et aux Cestodes; chacun de ces ordres compte plusieurs espèces dans les Chauves-Souris du pays.

ACARIDES.

On a comparé les Arachnides et les Diptères, qui vivent sur le corps des Chauves-Souris, aux Cirripèdes, qui sont blottis à la surface ou dans l'épaisseur de la peau des Baleines; on a eu tort : les Cirripèdes vivent sur la peau des Cétacés comme sur un morceau de bois flottant sans rien lui demander que le gîte, tandis que les articulés des Chauves-Souris sont de vrais parasites, qui, indépendamment du logement, réclament encore le bénéfice de la table ; ils sont logés et nourris, les autres simplement hébergés. Les Cirripèdes des Baleines ne sont pas des parasites, mais des commensaux.

NYCTERIBIA LATREILLII, *Leach.*

Linné. . . .	*Acarus vespertilionis.*
Latreille . .	*Nouv. dictionn. d'hist. nat.*, art. *Nycteribie.*
Dufour (Léon).	*Ann. des sc. nat.*, p. 372 ; 1831.
Leach . . .	*Zool. miscell.*
Hermann . .	*Mem. apt.*, 1804.
Westwood . .	*Transact. zool. Soc.*, vol. I, p. 275 ; 1855.
Montague . .	*Linn. Transact.*, vol. XI, p. 11, et vol. IX, p. 166.
Kolenati . .	*Verhand. d. zool. bot. Ver.* Wien, 1856.
— . .	*Die Parasiten der Chiropteren.* Dresden, 1857.

Ce genre est exclusivement propre aux Cheiroptères.

On en connaît plusieurs espèces.

Nous avons observé ce parasite plusieurs fois sur le *Vespertilio dasycnemus*, et sur le *Vespertilio serotinus* ; nous n'avons pas trouvé plus de deux individus sur une Chauve-Souris. Ces Nyctéribies acquièrent une grande taille relativement aux autres genres, et toutes les espèces courent avec une grande rapidité au milieu des poils.

IXODES LIVIDUS, n. sp

Nous avons trouvé cet Ixode nouveau sur la *Vespertilio pipistrelle,* implanté au milieu de la peau du dos. Nous ne l'avons observé encore qu'une seule fois [1].

PTEROPTUS ARCUATUS, *Koch.*

Nous avons vu une demi-douzaine d'individus sous l'aile d'un *Vespertilio mystacinus.* Ils échappent facilement à la vue par leur petitesse. Ce sont surtout leurs mouvements qui les trahissent.

Nous avons trouvé un individu encore entier dans l'intestin d'un *Ves-*

---

[1] Nous nous proposons de faire connaître bientôt la description détaillée de cette espèce.

perlilio dasycnème, à côté d'un *Distoma ascidia* dont le corps avait le même volume à peu près. Ce Ptéropte avait passé avec le poil dans l'estomac [1].

OTONISSUS AURANTIACUS, *Kolenati.*

Nous avons observé cette espèce sur le pavillon de l'oreille d'un Oreillard de Maestricht et d'une femelle de Barbastelle. Nous en avons trouvé une douzaine à la fois.

La plupart, si pas, tous les Oreillards, en portent; on les voit communément réunis au nombre de plusieurs sur un même point.

C'est un des Acarides les plus communs.

CARIS ELLIPTICA.

Nous avons découvert un individu mutilé dans l'estomac d'un *Vespertilio mystacinus.*

PTEROPTUS VESPERTILIONIS.

Nous avons trouvé ce Ptéropte sur tous les individus à peu près des diverses espèces de Chauves-Souris ; il est vrai, leurs hôtes étaient envoyés ordinairement ensemble dans un sac ou un panier de manière qu'ils ont bien pu passer d'un individu à un autre.

Cet animal a été parfaitement figuré par M. Paul Gervais.

C'est l'Épizoaire le plus commun des Chauves-Souris.

CERATHOPHYLLUS OCTACTENUS, *Kolenati.*

Nous en avons reconnu deux ou trois sur les ailes d'un *Vespertilio mystacinus* et d'un Oreillard; nous en avons vu également en abondance sur des *Vespertilio serotinus.*

VERS PARASITES.

Les articulés dont nous venons de parler se voient généralement à l'œil nu ou on les découvre facilement entre les poils, la loupe à la main; les Helminthes exigent en général un peu plus de soin. Pour ceux du tube digestif,

[1] Nous avons toujours et dans toutes les espèces trouvé des poils au fond de l'estomac.

et ils logent presque tous dans l'estomac ou l'intestin, on ouvre cette cavité par un coup de ciseau et l'on vide le contenu sur une lame de verre
qu'on examine au microscope simple; pour ceux de l'intestin, on comprime
celui-ci simplement en le poussant avec le dos du scalpel dans l'un ou l'autre
sens et on remet le contenu sur une lame de verre pour l'étudier par transparence. Rien ne peut échapper par ce moyen et il est beaucoup plus facile
de découvrir les Helminthes des voies digestives dans les petites espèces que
dans les grands animaux.

Nous examinerons les vers par groupes en commençant par les Nématodes.
On verra que les Chauves-Souris s'éloignent par leurs parasites de tous les
ordres de mammifères.

NÉMATODES.

Les Ascarides constituent la forme prédominante dans les mammifères.
La plupart des ordres ont leurs espèces d'*Ascaris* propres. Il n'en est pas de
même des Cheiroptères ; jusqu'à présent il n'y a pas une seule espèce signalée
et il est probable que l'on n'en signalera point par la suite. Nous avons tout
lieu de croire que les *Ascaris* sont introduits par la boisson et si les Cheiroptères se désaltèrent, ce n'est pas en buvant de l'eau.

Nous trouvons par contre des *Strongles* qui sont assez répandus parmi certains mammifères, certains oiseaux et quelques reptiles. Jusqu'à présent on
n'a toutefois signalé aucune espèce qui leur soit propre.

Les autres Nématodes sont des Ophiostomes et des Trichosomes.

STRONGYLIDES.

Les Strongylides sont plus particulièrement des parasites de mammifères,
quoiqu'on en trouve dans les oiseaux et les reptiles; on a signalé leur présence dans les divers ordres, sauf dans celui des Cheiroptères, des Cétacés
et des Didelphes.

Nous faisons donc connaître deux Strongylides entièrement nouveaux pour
la science.

La seule mention qui soit faite dans les auteurs de la présence d'un *Strongle* dans les Chauves-Souris, est celle de Rudolphi : le célèbre helmintologiste parle, dans son *Synopsis* [1], d'un Nématode de *Vespertilio auritus*. Il n'y joint aucune description ni dessin. A en juger par l'hôte dans lequel il l'a trouvé, nous avons tout lieu de croire que le prétendu *Strongle* de Rudolphi n'est que l'Ophiostome que l'on voit communément dans cette espèce de Cheiroptères.

Le premier Strongylide que nous ayons à faire connaître provient des *Vespertilio murinus*, *Daubentonii* et *noctula* et peut fort bien rester dans le genre principal de cette famille, tandis que le second ne rentre, par ses solides crochets, dans aucune des coupes génériques.

STRONGYLUS TIPULA, s. n.

Pl. II.

Nous avons donné le nom spécifique de *Tipula* à ce Ver à cause de la ressemblance de son facies avec une larve de Tipule.

Cette espèce vit dans le *Vespertilio murinus*, *V. noctula* et le *V. Daubentonii*. Nous en avons vu jusqu'à une dizaine réunis, des deux sexes, dans plusieurs individus. Les mâles sont beaucoup plus petits que les femelles et sont moins nombreux. Nous n'en avons vu d'abord que dans un petit nombre d'individus et la plupart dans le Murin. Depuis, nous en avons trouvé aussi dans le *V. Daubentonii*.

Nous avons trouvé ce même Ver en abondance dans les *V. noctula* que nous avons visités dans les premiers jours du mois de mai. Au commencement des intestins se trouvaient des mâles et des femelles plus ou moins sexués; vers la fin de l'intestin ne se trouvaient que des jeunes à peine visibles au microscope simple. Le troisième jour après la mort de la Chauve-Souris, ces Nématodes étaient encore en vie.

Le mâle ne mesure guère plus de 1 millimètre et la femelle 1 1/2 à 2 millimètres.

Il y a de grandes différences entre les sexes surtout par la partie postérieure du corps.

[1] Pages 185 et 555.

Ces Vers tranchent, par leur couleur foncée, au milieu du contenu plus clair de l'intestin.

Le corps est fort long relativement à sa grosseur et se distingue des autres Nématodes, en général, par sa raideur. On dirait une aiguille vivante dont la partie antérieure et postérieure se courbe par moments, mais qui reste habituellement dans une position étendue.

Description. — La peau est résistante et assez épaisse, finement striée sur toute sa largeur.

L'extrémité céphalique dans les deux sexes est terminée par un renflement régulier.

L'extrémité caudale du mâle présente un éventail soutenu par des côtes, dont deux latérales assez fortes et quatre au milieu assez faibles.

La femelle est terminée en arrière par une pointe non recourbée et portant trois éminences coniques.

La bouche se trouve au milieu sans lèvres et sans papilles.

Un bulbe œsophagien sépare nettement la partie antérieure du tube digestif. Ce bulbe a les parois épaisses et bien distinctes. Il ne présente qu'un faible gonflement en dessous.

Le tube digestif a les parois fort minces et montre peu distinctement son contour, si ce n'est quelquefois par son contenu opaque.

Il se termine en arrière en se modifiant d'une manière insensible et présente à peine une différence dans sa partie terminale.

L'anus s'ouvre non loin de la pointe libre.

L'appareil mâle est fort simple. On voit distinctement deux longs pénis légèrement courbés et une autre pièce vers leur extrémité qui a la même épaisseur qu'eux. Ces pénis ont une teinte un peu plus foncée que les autres organes.

L'appareil femelle est plusieurs fois replié sur lui-même et s'ouvre, si nous ne nous trompons, non loin de l'extrémité postérieure du corps.

L'ovaire est double : une branche se rend en avant, une autre en arrière et quand les œufs approchent du moment de leur maturité, il occupe presque toute la largeur du Ver. On voit souvent un œuf mûr isolé près d'être pondu, tantôt au-dessus de la vulve, tantôt au-dessous. Mais il n'y en a qu'un seul à la fois. Les œufs en voie de développement sont serrés comme des dominos dans leur boîte.

Les œufs sont simples, ne montrent qu'une seule enveloppe et occupent vers l'extrémité de la matrice toute la largeur de la cavité. Avant de prendre leur forme arrondie, ils sont quadrangulaires et empilés dans le tube. Nous avons vu la vésicule germinative dans la plupart d'entre eux.

La matrice est recourbée non loin de l'anus.

Nous avons vu des œufs dans lesquels l'embryon était en voie de développement avant la ponte. Ces Vers ne sont cependant pas, croyons-nous, vivipares.

STRONGYLACANTHA GLYCIRRHIZA, g. et s. n.

PL. I.

Ce second Strongle doit évidemment former un genre nouveau et une division distincte, avec le curieux Nématode que Bilharz a découvert en Égypte dans l'intestin grêle de l'homme.

La bouche de cet Helminthe est armée de deux forts crochets symétriques et d'un troisième médian inséré dans la paroi dorsale.

Il habite l'intestin du *Rhinolophus ferrum equinum.*

Nous ne l'avons observé jusqu'à présent dans aucun autre Cheiroptère, pas même dans le Petit-Fer-à-Cheval.

On le trouve ordinairement par couple.

Nous en avons vu jusqu'à trois et quatre couples dans la même Chauve-Souris.

Il est toujours logé au commencement de l'intestin.

Les mâles ont de 2 à 3 millimètres de longueur, les femelles sont un peu plus grandes.

Ils sont assez foncés en couleur; le tube digestif est d'abord d'un brun foncé, le corps tire vers le jaune et le liquide périgastrique a une teinte rougeâtre. On trouve aussi des stries de sang dans la cavité digestive.

La peau est régulièrement ridée dans toute la longueur du Ver et ces rides ne sont pas très-rapprochées.

C'est avec le *Strongylus duodenalis*, c'est-à-dire l'*Ancylostomum duodenale* de Dubini et de Bilharz, que ce Ver a le plus d'affinité.

Ce curieux Nématode, observé d'abord en Lombardie par Dubini, puis par Bilharz et Griesinger en Égypte, est si abondant au Caire chez l'homme, que presque chaque cadavre en renferme et l'on en trouve souvent par centaines dans le *duodenum* et surtout dans le *jejunum*.

M. Griesinger attribue la maladie qu'il a désignée sous le nom de chlorose d'Égypte à la présence de ces parasites qui produisent, d'après lui, l'anémie par petites saignées [1]. La présence d'un Ver semblable dans les Chauves-Souris, en parfaite santé, nous fait supposer que la cause de cette maladie est ailleurs que dans la présence de ces Vers.

La bouche consiste dans un orifice plutôt de forme allongée que circulaire et s'ouvre latéralement. Elle est la même dans les deux sexes. A l'entrée en dessous existent deux forts crochets recourbés comme on les trouve sur la trompe des Échinorhynques ou le *Rostellum* de certains Cestodes. Ces crochets, surtout les deux inférieurs, sont très-forts; leur base est solidement implantée dans l'épaisseur de la peau et leur pointe recourbée assez brusquement; tout indique clairement qu'ils servent avant tout à amarrer l'animal.

Indépendamment de ces deux crochets inférieurs, il en existe un troisième, inséré dans la voûte de la cavité de la bouche et dont la pointe est à peine visible à l'extérieur. Il est moins grand que les autres et la pointe est fort peu courbée. C'est mon fils qui a reconnu le premier cette dent qu'on pourrait presque désigner sous le nom de palatine.

Cette dernière peut servir à forer, mais les deux précédentes ne peuvent avoir d'autre usage que d'attacher d'après un mécanisme semblable à celui des Cestodes.

J'engage ceux qui étudieront ces Vers après nous à ne pas croire à une erreur d'observation, s'ils ne trouvent pas de suite cette troisième pièce

---

[1] Dubini, *Omodei annal. univers. de medic. di Milano*, 1843. *Vierordt's Archiv. fur Physiolog. Heilk. an.*, XIII, livr. IV (Gazette hebdomadaire), 13 avril 1855. *Zeits. fur Wiss. Zoologie*, 1855.

solide. Nous concevons parfaitement qu'elle échappe à un premier examen, comme cela nous est arrivé.

L'existence de crochets à la bouche des Nématodes est une disposition tout exceptionnelle ; ces crochets rappellent évidemment ceux de la trompe des Échinorhynques.

C'est par erreur que des helminthologistes ont prétendu que ces dents sont toujours dirigées en avant et servent à couper ou à perforer. Celles dont nous venons de parler sont évidemment des crochets d'amarres pour attacher le Ver.

Les dents de l'animal qui nous occupe présentent donc une disposition exceptionnelle, puisque leur direction est positivement en arrière, comme dans les Échinorhynques.

La bouche, assez largement ouverte, conduit directement dans une cavité en entonnoir dont les parois sont fort épaisses et qui s'élargit en bas en bulbe œsophagien ; vient ensuite le tube digestif qui se distingue par sa couleur brune et qui conserve à travers tout le corps le même aspect et la même couleur de jus de réglisse.

Nous avons vu chez quelques individus du sang rouge dans l'intérieur de la cavité digestive.

Ce tube s'arrondit assez brusquement en arrière comme en avant et se termine par un intestin rectum qui aboutit à l'anus. Il s'ouvre assez loin en arrière.

A sa base il y a des glandes comme dans la plupart des Nématodes.

On aperçoit aussi deux bandes musculaires qui font fonctions de dilatateurs de l'anus.

Le mâle a le corps terminé par une membrane sous-tendue par des prolongements digitiformes dont quelques-uns sont encore divisés au bout. C'est cet appareil surtout qui trahit la nature du Strongylide.

Il a deux forts pénis, assez larges à la base et bifurqués vers le milieu de leur longueur, ce qui fait qu'au bout on croirait en voir quatre. Ces pénis sont très-visibles à travers l'épaisseur de la peau par leur couleur bistre.

La femelle a le corps terminé comme les Nématodes en général, par une pointe légèrement effilée, mais en l'examinant au microscope, cette pointe se bifurque, comme on peut le voir par le dessin.

La vulve est située vers le tiers postérieur du corps; dans une femelle nous avons vu l'utérus contenant, de chaque côté, deux ou trois œufs complétement formés et qui sont, sans doute, évacués simultanément.

Dans d'autres individus du même sexe, nous avons vu des œufs avec le vitellus en plein fractionnement et remplissant une grande partie de l'appareil, de manière que les œufs occupaient presque toute la longueur du corps. Les œufs sont proportionnellement grands.

L'oviducte et l'ovaire sont repliés plusieurs fois sur eux-mêmes. On voit des œufs avec le vitellus en plein fractionnement dans les replis de la matrice.

Sous la cavité de la bouche on aperçoit un orifice auquel aboutit un tube à parois assez solides et qui communique avec une glande à parois fort délicates qui longe l'œsophage. C'est un appareil excréteur que nous n'avons trouvé nulle part aussi développé et aussi visiblement terminé par un orifice sur la ligne médiane.

Voilà donc un appareil excréteur comme dans les Cestodes et les Trématodes. On a, du reste, signalé dans ces derniers temps la présence de cet appareil dans la plupart de Nématodes.

On trouve des œufs libres en quantité dans l'intestin de la Chauve-Souris. Ces œufs sont à une seule enveloppe et un peu allongés sans aucun prolongement.

OPHIOSTOMUM MUCRONATUM.

PL. III.

Le nom d'Ophiostome, introduit par Rudolphi, a été imposé à divers Nématodes très-divers, et des cinq espèces placées dans ce genre, il n'y en a que deux qui aient été vues et très-incomplétement étudiées par Rudolphi : l'*Ophiostoma mucronatum* des Chauves-Souris, qui a besoin d'être soumis à de nouvelles recherches, restera peut-être seul dans ce genre; l'*Ophiostoma sphaerocephalum* de l'Esturgeon, qui se trouve très-communément dans ce poisson, appartient à un autre genre.

Ce dernier n'a rien de commun avec l'Ophiostome des Chauves-Souris et appartient, d'après nos propres observations, au genre *Dacnitis*, comme l'a supposé Dujardin.

L'Ophiostome des phoques, placé par le savant helminthologiste à côté de l'espèce précédente, n'a également rien de commun avec lui. Nous avons trouvé une cinquantaine de ces Nématodes dans l'estomac d'un *Phoca vitulina*. Il a la tête trilobée comme les Ascarides et les mâles ont la queue entourée d'une membrane étroite soutenue par de nombreuses côtes.

Kolenati cite l'Ophiostome parmi les parasites qui hantent les Chauves-Souris, mais il ne fait rien connaître de nouveau. Il donne la synonymie. Nous croyons peu important de la reproduire.

Il existe un mauvais dessin de la tête de ce Nématode (Rudolphi, *Entoz.*, pl. III, fig. 13-14) qui a été reproduit dans le *Dictionnaire des sciences naturelles*, pl. XXX, fig. 8 et 8*a*, sous ce même nom de *Ophiostome mucroné*. C'est le même animal que celui qui a été décrit sous le nom de *Fissula mucronata* par Lamarck, dans son *Histoire naturelle des animaux sans vertèbres*.

Zeder et Dujardin ont eu tous les deux ce Ver sous les yeux, mais ils l'ont perdu l'un et l'autre avant d'avoir eu le temps de l'observer. De manière que ce Nématode, quoique signalé par les principaux helminthologistes, n'est connu, jusqu'à présent, dans aucun de ses appareils. Il n'est donc pas étonnant que ses affinités soient mal appréciées et nous ne devons pas être surpris de voir Dujardin placer le genre Ophiostome à côté des *Dacnitis* et des *Dochmius*.

D'après Rudolphi, un Ver nématode à bouche large munie de deux lèvres habite le tube digestif de plusieurs Chauves-Souris d'Europe : *Plecotus auritus*, *Vespertilio noctula* et *Murinus*. Goeze, Zeder et Dujardin ont également trouvé des Helminthes nématodes dans les Cheiroptères, mais aucun d'eux n'a eu le loisir de les étudier convenablement, et il nous serait impossible d'affirmer positivement que l'un ou l'autre de ces auteurs ait vu réellement l'animal que nous décrivons ici.

Nous trouvons communément ce Nématode dans l'intestin du *Vespertilio nattereri*. Nous en avons trouvé trois du sexe femelle dans une seule Chauve-Souris et trois fois nous avons vu un mâle isolé. Dans une autre nous avons constaté la présence de cinq femelles à la fois.

Tome XL.　　　　　　　　　　　　　　　　　　　　　　3

Nous l'avons observé également dans le *Vespertilio Daubentonii*.

La Chauve-Souris qui le nourrit le plus régulièrement, est toutefois l'Oreillard; on pourrait presque dire que c'est le parasite constant de ce Cheiroptère.

Description. — La peau présente une consistance assez grande et se déforme très-rapidement pendant la macération. Elle est finement striée dans toute sa longueur, ce que nous avons cherché à reproduire surtout dans la figure 4, pl. III.

La longueur du corps est à peu près de 15 millimètres et sa plus grande épaisseur de 1 millimètre.

Le corps est rigidule, peu aminci aux extrémités.

La bouche s'ouvre au milieu; il n'y a ni lèvres ni papilles.

L'œsophage est assez long, élargi en avant et en arrière et ne montre que peu de différence dans son diamètre.

Vers le tiers antérieur on voit à l'intérieur une peau autour de l'œsophage ayant l'air de constituer une cloison diaphragmatique. C'est sans doute le système nerveux.

A un fort grossissement, nous avons vu sur le bulbe œsophagien en avant une apparence de ganglions avec des filets nerveux qui en partent.

Le tube digestif est droit et chez plusieurs foncé en couleur. On dirait qu'il renferme une bande noire au centre.

Le corps se termine en avant et en arrière de la même manière dans les deux sexes; le corps est mucroné et terminé par un onglet, qui s'envagine quelquefois chez le mâle.

L'orifice sexuel femelle s'ouvre vers le tiers antérieur.

Le mâle a deux pénis semblables, légèrement courbés, terminés en pointe et ne dépassant pas en longueur le diamètre du corps.

A la base du rectum, on voit des vésicules glandulaires et dans une de ces vésicules on aperçoit une cellule complète fort distincte, que l'on prendrait pour un organe des sens, si on la voyait pendre à un collier nerveux. Nous avons figuré cette disposition pl. III.

Ses muscles se présentent sous la forme de bandes isolées sous-cutanées, mais fort distinctes.

Nous avons vu des œufs et des embryons à tous les degrés de développement.

L'œuf a une enveloppe simple et mesure dans son grand axe $0^{mm},24$.

Le développement n'offre rien de particulier.

TRICHOSOMUM SPECIOSUM, n. sp.

Pl. IV.

Le catalogue du Musée de Vienne indique un Trichosome d'espèce indéterminée, dit Dujardin [1].

Kolenati fait mention de ce Trichosome, cite le catalogue du Musée de Vienne, Diesing, Rudolphi et Dujardin, et quoiqu'il reconnaisse lui-même que ce Ver a besoin d'être étudié, puisque Diesing ne donne même pas de diagnose, il établit cependant une espèce nouvelle sous le nom de *Trichosome* de Diesing, observé dans le *Myotus murinus*.

Aux caractères qu'il lui accorde : la tête gonflée en forme de bouton avec une papille terminale, la partie postérieure des mâles pourvue de trois crochets courbés contre le pénis, nous ne reconnaissons aucunement le Trichosome que nous décrivons. Ne voulant pas révoquer en doute l'exactitude des observations de Kolenati, nous nous voyons obligé de donner à notre Trichosome un nom nouveau et nous le désignons sous le nom de *Trichosomum speciosum*.

D'après le catalogue du Musée de Vienne, un Trichosome a été trouvé quatre fois dans le *Vespertilio lasiopterus*, sur cent quarante-quatre individus.

Nous avons trouvé ce Ver abondamment dans le *Vespertilio Daubentonii*, dans le *Vespertilio dasycnemus* et dans le *Vespertilio serotinus*.

Il habite l'estomac seulement; nous ne l'avons jamais trouvé dans les intestins. Il ne s'observe que dans un petit nombre d'individus; il est à remarquer toutefois que ces Nématodes doivent facilement échapper à l'attention du naturaliste.

[1] Page 9.

Nous avons trouvé ordinairement des mâles et des femelles réunis dans le même estomac.

Les femelles déroulées atteignent 20 millimètres.

Les mâles sont plus petits et plus minces.

Description. — Le corps se termine en avant en une pointe d'une ténuité extrême au milieu de laquelle on distingue à peine le court bulbe œsophagien et la bouche.

La bouche ne semble entourée d'aucune espèce de papilles et nous ne sommes pas certain qu'elle s'ouvre dans l'axe du corps.

Les parois du bulbe sont fort minces et délicates.

Le corps s'épaissit lentement presque à la hauteur de l'orifice vaginal, puis il se rétrécit de nouveau fort lentement jusqu'à l'extrémité caudale.

Le corps dans les deux sexes se termine de la même manière aux deux extrémités.

Le tube digestif, à quelque distance du bulbe œsophagien, se festonne comme s'il était formé d'œufs empilés, et ce tube s'élargit avec le corps jusqu'à l'orifice sexuel femelle.

Ce tube ensuite se rend en ligne droite à l'anus et reste visible dans toute sa longueur par son contenu foncé.

En arrière l'estomac se termine assez brusquement et est suivi ensuite d'un rectum fort distinct.

Les anses de l'appareil femelle s'étendent jusqu'à l'anus.

L'orifice sexuel femelle est situé vers le milieu de la longueur du Ver.

Une partie du vagin se déroule comme un pénis.

Nous n'avons vu qu'une matrice simple qui renferme vers son orifice des œufs complétement développés. Ces œufs occupent à peu près toute la largeur de la cavité. La matrice ne montre aucun renflement.

Les œufs ont 0^{mm},25 dans leur plus grande longueur. Ils sont enveloppés d'une coque résistante qui forme aux deux pôles une espèce de goulot et donne à ces œufs un facies à part.

Le mâle a un énorme pénis, comme on peut le voir dans les figures.

En examinant la partie caudale des mâles à un fort grossissement, on découvre de deux côtés une aile membraneuse et des côtes peu nombreuses, faiblement accusées.

LITOSOMA [1] FILARIA, g. n.

Pl. V, fig. 1-8.

Nous avons trouvé ce Ver dans l'estomac du *Vespertilio auritus*. Il était seul et nous ne l'avons pas retrouvé dans d'autres.

Il se distingue des Ophiostomes par divers caractères et au premier coup d'œil par sa grande ténuité.

Le corps est, en effet, proportionnellement fort long et la peau n'est point ridée comme dans l'Ophiostome. Il a la même épaisseur à peu près dans toute la longueur. La tête n'est cependant pas effilée comme l'extrémité caudale. Il présente le même aspect que les *Mermis* ou les *Gordius* et s'entortille comme ces Vers libres de manière à ressembler à une corde de violon.

La bouche s'ouvre au milieu en avant et ne présente aucune apparence de lèvres ou de papilles; derrière l'orifice on voit une espèce d'entonnoir ou de vestibule qui précède le bulbe œsophagien.

Ce bulbe est fort long, étroit et sans renflement inférieur.

L'estomac parcourt régulièrement toute la longueur du corps sans présenter aucune particularité sur son trajet.

Sur le trajet de cette cavité gastrique on distingue facilement le testicule qui forme des anses nombreuses et se détache facilement. Nous n'avons vu qu'un seul conduit.

Le pénis est double : un des spicules est fort long et sans renflement sensible sur son trajet, l'autre est fort court. Leur terminaison ne présente rien de particulier.

Ce Ver se distingue par sa grande ténuité, sa surface cutanée unie, la bouche sans lèvres, un vestibule qui précède le bulbe œsophagien, et un double pénis avec un des spicules fort grand.

Il serait difficile de dire, ne connaissant que le mâle, avec quel genre ce Ver offre le plus d'affinité.

---

[1] De λιτος, *tenuis*.

ASCAROPS [1] MINUTA, g. n.

Pl. V, fig. 6-11.

Ce Nématode se distingue par la présence de deux papilles, un œsophage très-long et membraneux et un appendice caudal arrondi.

Nous avons trouvé deux individus, tous les deux agames, enkystés dans les parois de l'estomac d'un *Vespertilio dasycneme*.

La tête est effilée en avant et présente, comme nous venons de le dire, deux papilles.

L'œsophage est fort long; on voit en avant les renflements ganglionnaires et son diamètre augmente brusquement. La division de l'intestin est peu visible.

Le bout de la queue est terminée par un bouton.

Le mâle a des membranes au bout de la queue et celle-ci se rétrécit brusquement. La peau est finement striée dans toute son étendue.

Dans la matrice d'un Petit-Fer-à-Cheval nous avons trouvé un kyste sous forme de lentille, attaché à l'aide d'un long pédicule et dans lequel se trouvait un Ver enroulé. Il n'était pas difficile de le reconnaître comme Nématode agame. En ouvrant le kyste, nous avons trouvé un Ver assez gros, dont la surface était finement striée, la tête tronquée, un très-long bulbe œsophagien précédé d'un entonnoir, sans papilles ou aucune espèce d'appendice, et dont l'extrémité postérieure du corps est terminée par un bouton.

Nous nous demandons, en coordonnant le résultat de nos observations, si les deux papilles que nous avons remarquées dans les premiers individus ne sont pas le produit de quelque repli de l'entonnoir, puisque, sous les autres rapports, ces Vers correspondent très-bien.

Nous espérons que ces recherches seront bientôt reprises par quelque naturaliste favorablement placé, qui pourra faire connaître plus complétement l'organisation et l'origine de ces Helminthes.

[1] De *Ascaris* et ωπσ, *vultus*.

TRÉMATODES.

—

Genre **DISTOMA**.

Les Distomes sont excessivement communs dans le tube digestif ou, pour mieux dire, dans les intestins des Chauves-Souris, contrairement à ce que l'on voit dans tous les autres mammifères. Nous avons rarement ouvert une Chauve-Souris de Maestricht, le Mystacin, le Dasicnème, le Murin, le Daubentonii ou le Nattereri, ou le Grand et le Petit-Fer-à-Cheval, sans en trouver un bon nombre. Et ce qui n'est pas moins important à faire remarquer, c'est qu'à côté des deux grandes espèces, *Distoma lima* et *Distoma chilostomum*, il y a toujours un grand nombre, un très-grand nombre de Distomes également sexués, qui appartiennent à une espèce parfaitement distincte et à laquelle nous avons donné le nom de *Distoma ascidia*, à cause de sa ressemblance avec une outre.

Les deux grandes espèces sont les plus aisées à confondre, mais avec un peu d'attention on peut les distinguer aisément dans le jeune âge comme à l'âge adulte.

Le *Distoma lima* a le corps hérissé de pointes, surtout en avant, et ses œufs sont assez larges au milieu; le *Distoma chilostomum* n'a pas d'aspérités ni des œufs elliptiques; mais le caractère le plus saillant par lequel ces deux espèces se distinguent à tout âge, c'est que le *Distoma lima* a toujours une poche du pénis fort distincte, tandis qu'elle est vaguement indiquée dans le *Distoma chilostomum*.

Ces trois espèces de Distomes se trouvent généralement à tous les degrés de développement dans le même hôte; ceux à sexe complet à côté des agames, de manière que pendant toute la durée de leur engourdissement, les Chauve-Souris logent des Vers qui ont à peine quitté la vie de Cercaires.

Ces parasites partagent avec leurs hôtes l'engourdissement hibernal. Il faut que ces jeunes Distomes aient été introduits en automne au moment où leur hôte allait commencer son sommeil hibernal.

Ces Distomes sont introduits par les insectes qui font leur pâture habituelle ; mais quels sont ces insectes, et par quelle voie les œufs de ces Distomes parviennent-ils dans cette pâture vivante? L'abondance de ces Distomes nous montre qu'ils doivent être excessivement communs dans ces insectes, et le mélange des divers Distomes indique en même temps que nos différentes Chauves-Souris chassent les mêmes espèces. Cependant il y a quelques Cheiroptères qui ont leurs parasites propres et qui, par conséquent, doivent se repaître exclusivement de certaines espèces. A côté des plats qui sont communs à toutes, il y a des friandises pour quelques-unes d'entre elles, que les moyens ordinaires ne permettent pas de reconnaître ou de poursuivre avec succès. Ainsi le Grand-Fer-à-Cheval nourrit seul le *Strongylacantha* ; le *Plecotus auritus* loge principalement l'Ophiostome, le Murin, surtout le Scolex de Cestode auquel nous avons donné le nom de *Milina grisea*.

Ce qui facilitera beaucoup la connaissance des Distomes en voie de développement, c'est que chaque espèce présente déjà dans le jeune âge, à son entrée chez la Chauve-Souris, des dispositions propres dans l'appareil excréteur, indépendamment des caractères tirés de la taille et des ventouses. Ces caractères distinctifs, surtout de l'appareil excréteur, doivent se trouver déjà dans la Cercaire.

Quant à leur abondance dans les voies digestives, il y a moins d'analogie avec les autres mammifères qu'avec les poissons ; en général les mammifères n'ont des Distomes que dans le foie ou la vésicule biliaire, et ce n'est que tout récemment que l'on a signalé deux espèces chez l'homme en Égypte, l'un le *Distoma hæmatobium* dans la veine-porte, l'autre le *Distoma heterophyes* dans l'intestin grêle.

Tous les deux sont considérés comme nuisibles à la santé, tandis que les Distomes des Chauves-Souris ne changent aucunement l'état parfaitement physiologique de leur hôte. On peut même dire que l'animal qui n'en héberge pas ne se trouve guère dans son état normal.

Dujardin a donné le nom de *Distoma heteroporum* à un Distome de la Pipistrelle qui se distingue surtout, dit-il, par la cavité respiratoire (appareil sécréteur) postérieure qui est divisée en deux branches courtes. Puis il

ajoute qu'il l'a trouvé abondamment à Rennes, qu'il diffère de tous les autres
Distomes par l'échancrure de la ventouse ventrale, résultant de la position
du réceptacle globuleux du pénis, et par la forme plus allongée de ses œufs.

Il ajoute ensuite : j'ai trouvé en même temps des exemplaires beaucoup
plus petits en forme d'urne et n'ayant pas encore la ventouse ventrale développée, mais ayant déjà des œufs mûrs de même grandeur.

Il résulte clairement pour nous de ces passages :

1° Que Dujardin a donné le nom de *Distoma heteroporum* au Distome à
œufs allongés qui porte le nom spécifique de *D. Chilostomum* qu'il doit conserver;

2° Qu'il a confondu les trois espèces qui vivent communément ensemble;

3° Que la ventouse ventrale de la petite espèce lui a échappé, puisque cet
organe existe déjà à l'âge de Cercaire;

4° Qu'il a bien vu la *Distoma* à laquelle nous avons donné le nom de
Distoma ascidia, mais en la prenant pour un jeune animal.

Dujardin cite la *Distoma lima*, fait connaître sa synonymie et parle de
sa grande abondance dans les Chauves-Souris, mais il n'a pas fait d'observations propres.

D'après des dessins que nous avons pris, nous sommes persuadé qu'il
y a encore d'autres espèces de ce genre qui habitent nos Chauves-Souris.
Nous avons dessiné, entre autres, un Distome de la Pipistrelle qui diffère
notablement des autres par le grand développement de sa ventouse ventrale
et qui était confondu avec les *Distoma ascidia*.

DISTOMA LIMA, *Rud.*

Pl. VI, fig. 1-6, et fig. 18.

FASCIOLA VESPERTILIONIS. Mull., *Zool. dan.*, pl. LXXII, fig. 12-16.
DISTOMA LIMA.   Goeze, *Vers. ein. Naturg.*, pl. XIV, fig. 1-2.

Ce Distome habite les intestins des diverses espèces de Chauves-Souris et
se trouve assez abondamment dans toutes. On en découvre jusqu'à plusieurs
douzaines dans le même animal et à tous les degrés de développement. En

effet, il n'est pas rare de voir à côté d'individus sexués et complétement remplis d'œufs, de jeunes Distomes n'ayant pas le sixième de leur dimension. On en voit depuis ce premier âge qui montrent fort distinctement le canal excréteur médian sous la forme d'un *y*. Plus tard on voit encore ce canal médian très-contractile depuis l'extrémité postérieure jusqu'à la ventouse.

Il atteint en longueur 2 millimètres et en largeur un quart de millimètre quand il est étendu.

Le tube digestif est toujours distinct; le corps en avant est toujours couvert d'aspérités; la ventouse antérieure est un peu plus grande que la postérieure; le pénis est très-développé et toujours très-distinct, ainsi que le vagin; le canal excréteur est étendu depuis la ventouse ventrale jusqu'à l'extrémité postérieure et bifurqué en avant. Ses parois sont contractiles; les œufs sont de couleur jaune dorée et de forme ovale.

Il n'est pas rare de trouver des individus jeunes et sexués dont les deux tubes digestifs sont gorgés de sang qui a conservé sa couleur rouge. On voit alors distinctement ce liquide rouge se mouvoir d'après les contractions du corps et quelquefois, par des contractions désordonnées, se répandre par la cavité de la bouche.

La ventouse antérieure est un peu plus grande que la postérieure.

On voit souvent, même dans des individus sexués, tout le vitellogène en place et le Distome présente alors l'aspect d'un corps régulièrement tigré. On dirait un tout autre animal.

La peau est régulièrement couverte d'aspérités, ce qui lui a valu son nom spécifique, et sur le bord des aspérités se présentent même à la tête comme des dentelures. Vers le milieu du corps la peau devient plus lisse et en arrière les rugosités disparaissent.

Nous avons vu distinctement la fin de la matrice s'aboucher dans un vagin fort distinct, placé à côté de la ventouse ventrale. Son orifice est situé à côté de l'orifice du pénis.

La poche du pénis est toujours fort distincte et il n'est pas rare de voir cet organe se dérouler.

Le pénis est situé du côté opposé du vagin à côté de la ventouse ventrale.

Déjà dans le très-jeune âge, avant l'apparition des œufs, cette espèce diffère surtout de la *Distoma ascidia* par les deux tubes digestifs qui sont toujours distincts, puis par l'appareil excréteur qui est toujours très-extraordinairement développé.

Les œufs mûrs sont d'un jaune doré, un peu plus longs que larges et n'ont qu'une seule enveloppe sans appendices. Ils diffèrent peu de ceux de l'espèce suivante.

DISTOMA CHILOSTOMUM.

Pl. VI, fig. 7-8, et fig. 19.

Parmi les espèces douteuses, Rudolphi [1] cite dans son Synopsis sous le nom de *Distoma noctulae,* une espèce distincte de la *Distoma lima,* et, en 1831, Mehlis lui donne le nom de *Chilostomum* [2].

Diesing pense que cette espèce pourrait bien être une *Distoma lima* avant la formation des tubercules. C'est évidemment une erreur. Ces deux Vers diffèrent complétement l'un de l'autre.

Une partie des *Distoma heteroporum* de Dujardin doit se rapporter à cette espèce. Dujardin a négligé d'étudier ces Vers comparativement [3].

Le *Distome chilostomum* habite également dans les diverses espèces de Chauves-Souris ordinairement mêlé avec d'autres.

Il atteint une longueur de 2 millimètres et en largeur ne dépasse pas un $^1/_2$ millimètre.

Le corps n'est pas couvert d'aspérités en avant, mais finement strié, surtout dans le sens de la longueur; le pénis est moins distinct; les œufs sont plus allongés; le tube digestif est toujours fort distinct ainsi que l'appareil excréteur en arrière.

Nous avons reproduit le contour des œufs des trois espèces pour mieux juger de leur forme et de leur grandeur : planche VI, fig. 18, 19 et 20.

Le vitellogène n'est pas répandu sur la longueur du corps comme dans la *Distoma lima;* les grappes qui le constituent sont réunies, comme dans la petite espèce, sur le côté au-devant de la ventouse ventrale.

[1] *Synopsis,* p. 119.
[2] *Isis,* 1831, p. 187.
[3] Dujardin, *Hist. nat. Helminthes,* p. 402.

DISTOMA ASCIDIA, sp. n.

Pl. VI, fig. 9-17, et fig. 20.

Nous avons vu plus haut qu'à côté des *Distoma lima*, Dujardin a trouvé
en même temps des exemplaires beaucoup plus petits, longs de 0^{mm},49 en
forme d'*urne*, n'ayant pas encore la ventouse ventrale développée, mais ayant
déjà des œufs mûrs de même grandeur.

Il résulte clairement de ce passage que Dujardin a vu la *Distoma ascidia*,
mais nous ne comprenons pas comment cet helminthologiste a pu dire que
la ventouse ventrale avait encore à se développer; les œufs existaient déjà,
et la présence des œufs ne lui a pas fait voir qu'il avait affaire à un Ver
adulte.

D'un autre côté, il aurait dû s'apercevoir que les *Distoma lima* dépassent déjà en taille la *Distoma ascidia*, avant l'apparition des œufs ou même
des organes sexuels.

Ceci montre de nouveau que ce n'est jamais au vol, mais après une étude
suivie et des observations souvent répétées, que l'on découvre la vérité.
Dujardin a étudié les Chauves-Souris que le hasard lui faisait tomber entre
les mains, mais souvent dans ce cas ni l'heure ni le temps ne conviennent
et l'on doit observer trop rapidement.

Son *Distoma heteroporum* est évidemment le *Distoma chilostomum* à œufs
étroits.

Est-ce le *Monostomum vespertilionis* de Kolenati? Cela n'est pas impossible et nous dirons même que cela est fort probable, puisque nous n'avons
jamais vu de Monostome véritable dans les Chauves-Souris, et que la ventouse ventrale peut facilement échapper à celui qui n'a pas l'habitude de
l'étude des Vers. Nous dirons plus : en voyant la première fois ce Distome,
la ventouse ventrale nous avait également échappé.

Dans les Pipistrelles on trouve communément cette espèce seule et en
grande abondance.

Ce Ver habite surtout le milieu de l'intestin de la plupart de nos espèces
de Chauves-Souris, et de préférence la moitié postérieure. On ne le trouve
plus toutefois entre les fèces. Nous disons de la plupart, parce que nous en

avons trouvé dans le Murin, le Dasycnème, le Nattereri, le Daubentoni, le Mystacin, l'Oreillard et la Pipistrelle. Dans cette dernière surtout on compterait facilement cinquante et jusqu'à cent individus.

Quand la Chauve-Souris, que l'on fouille, est morte depuis quelque temps, les Distomes qui nous occupent sont tous contractés et ressemblent à une urne ou à un sac. Quand on en examine de vivants, on voit, au contraire, les formes les plus variées. Les individus s'allongent et se raccourcissent, se recourbent et s'ondulent comme des Sangsues ou des Cercaires. On ne dirait pas le même animal. Parfois ils s'allongent en avant et s'arrondissent en arrière de manière à prendre la forme de vases d'ornement.

Ces jeunes Distomes, dont nous avons reproduit un croquis, s'allongent et s'effilent ou se contractent et s'envaginent, laissant à peine apercevoir un organe dans la moitié antérieure du corps. Cette partie est particulièrement occupée par le vitellogène.

La peau est régulièrement ridée et en arrière surtout, dans certains individus, on la dirait réticulée. En avant ces replis sont moins prononcés.

La ventouse buccale est parfaitement circulaire comme la ventouse ventrale et diffère fort peu de cette dernière sous le rapport du volume comme sous le rapport de l'aspect. L'orifice de toutes les deux se présente exactement sous le même aspect.

Le bulbe œsophagien est fort peu apparent.

Les deux tubes digestifs sont rarement bien distincts, et contrairement à ce que nous montre la *Distoma lima*, nous ne le voyons jamais plein de liquide, encore moins de sang rouge.

L'appareil excréteur est excessivement développé et se montre déjà parfaitement dans les fort jeunes individus. Il reste très-distinct jusqu'à l'apparition des œufs.

Ce qui sépare surtout les jeunes de cette espèce des autres, c'est l'appareil excréteur et le tube digestif.

L'appareil excréteur remplit toute la moitié postérieure du corps et consiste en deux gros tubes creux remplis de globules opaques; les parois sont fort contractiles et sont plus transparentes en arrière qu'en avant où, en apparence, ils se terminent en cul-de-sac, mais en réalité se divisent en canaux à ramifications sur leur trajet. Ces tubes se réunissent, mais seulement en arrière. Dans l'autre Distome, ils sont réunis sur presque toute leur étendue.

On distingue fort bien les deux testicules qui occupent la même hauteur à peu près et, pendant le repos, quand le Ver est contracté, ils sont situés à droite et à gauche de la ventouse ventrale. Ils sont symétriques.

Au-devant de cette ventouse ventrale on aperçoit la poche du pénis, mais elle est beaucoup moins nettement dessinée que dans la *Distoma lima*. Nous avons vu parfaitement, dans des individus très-vivaces, l'orifice sexuel s'ouvrir et se fermer.

Le germigène consiste, comme le testicule, en une petite sphère transparente, pleine de globules, et qui est située à la hauteur à peu près de la ventouse abdominable. Il faut quelque attention pour le découvrir.

Le vitellogène est très-développé, et contrairement à ce qui existe dans les deux autres espèces, il n'occupe que la partie antérieure du corps, à droite et à gauche de la ventouse antérieure. Le vitellogène se comporte comme un manteau qui recouvre les épaules. Le vitelloducte s'aperçoit parfois et nous l'avons vu en situation à la hauteur de la ventouse ventrale.

La matrice remplit toute la partie supérieure du corps et les œufs donnent une teinte dorée à tout ce qui est situé derrière la ventouse ventrale. On voit les circonvolutions de la matrice tout autour des larges canaux excréteurs. Les œufs sont plus petits que dans les deux autres espèces.

DISTOMA ASCIDIOIDES, s. nov.

Ce Ver est ordinairement confondu avec la *Distoma ascidia* quand on commence des observations sur les parasites des Chauves-Souris; il faut en avoir observé beaucoup et avoir également dessiné plusieurs individus pour ne plus s'y tromper. Il se distingue particulièrement par le grand développement de la ventouse buccale. Nous l'avons trouvé surtout dans le Petit-Fer-à-Cheval.

Nous avons dessiné cette espèce avec tous ses détails anatomiques, mais le nombre de planches qui accompagnent ce mémoire est déjà trop considérable pour que nous en donnions encore une sur ce Distome.

CESTODES.

On connaît de cet ordre un Cysticerque trouvé par Bloch dans le foie du *Vesp. auritus*. En parlant du *Cysticercus fasciolaris* trouvé dans le foie de diverses espèces du genre Rat, Dujardin, après Bloch [1], émet l'avis que c'est le même animal et il le figure sous ce même nom un Strobile de Ténia.

Il est fait mention ensuite de trois espèces de Ténia dont un du Brésil, d'une *Ligula,* également de l'Amérique du Sud, et d'une Linguatule observée également au Brésil sur un *Phyllostoma.*

Nous n'avons trouvé jusqu'à présent que deux Cestodes, un Agame, fort peu avancé, avec un rostellum sans crochets et un vrai Ténia avec crochets et développé sans œufs toutefois.

MILINA GRISEA, g. et sp. n.

Pl. VII, fig. 1-10.

Nous en avons trouvé par centaines dans l'intestin grêle du *Vespert. murinus et du V. serotinus ;* à côté de ces Cestodes se trouvaient, dans le dernier, plusieurs *Trichosomum speciosum.*

A peu de chose près ils ont tous le même degré de développement.

On voit les quatre ventouses, le rostellum au milieu d'elles, non armé, le prolongement en arrière, des granulations calcaires difficilement visibles.

Les Scolex sont grands comme la ventouse buccale des *Distoma lima.*

Jusqu'au bout de l'intestin nous n'en avons pas vu de plus avancés.

Deux ou trois *Distoma* adultes se trouvaient dans le même animal, à côté des *Milina.*

Nous avons donné un nom au Scolex, persuadé que le Ver sexué n'est pas connu encore des naturalistes.

Où ce *Milina* complète-t-il son évolution? Est-ce dans la même Chauve-

---

[1] On la trouve dans une vessie blanche au foie des Chauves-Souris (*Haus-Feld und Fledermaus*), dit Bloch, *Abhandl.*, p. 23.

Souris? Mais pourquoi n'y en a-t-il pas alors de complets? Ou bien est-ce dans un autre animal. Mais nous ne connaissons pas d'animaux qui mangent les Chauves-Souris et dans lesquels il faudrait chercher leur forme sexuée. Ou est-ce un parasite égaré?

Il y a donc là plusieurs points intéressants à éclaircir.

Dans des *V. serotinus,* nous en avons trouvé de strobilés, mais pas jusqu'à la forme sexuelle. Ils avaient cependant une largeur suffisante et l'on pouvait suivre les canaux excréteurs de l'un bout du corps à l'autre.

Ces canaux aboutissent distinctement tous les quatre à une vésicule pulsatile.

Les parasites des Cheiroptères doivent être divisés aussi en parasites propres, c'est-à-dire ceux qui sont chez eux et se développent sexuellement, et en parasites qui ne se trouvent qu'à l'état agame et sont simplement de passage. Nous n'avons vu que les curieux Scolex des intestins de plusieurs espèces, entre autres du Murin, qui pourraient appartenir à cette catégorie et doivent probablement passer leur période sexuelle dans un animal qui fait sa proie des Chauves-Souris. Nous avons tout lieu de croire que le Scolex de Cestode n'est pas le jeune âge du *Ténia* que nous connaissons puisque son rostellum du Scolex est tout autrement conformé et qu'il n'existe pas de couronne de crochets.

Les Cysticerques signalés dans le foie des *Plecotus* appartiennent évidemment à la catégorie des parasites de passage. Nous ne connaissons que les oiseaux Rapaces nocturnes qui pourraient faire la chasse aux Cheiroptères.

TENIA OBTUSATA, *Rud.*

Pl. VII, fig. 11-12.

Brenner a envoyé à Rudolphi des Ténias, recueillis dans l'intestin du Murin, de 4 à 8 lignes de long, dont la partie antérieure du strobile est capillaire, mais qui va en s'élargissant en arrière.

Quoique Rudolphi n'ait pas vu de crochets au rostellum, nous sommes persuadé que c'est bien la même espèce que nous décrivons ici. Nous pouvons heureusement compléter la description du célèbre helminthologiste et représenter la curieuse couronne de crochets.

Nous avons tout lieu de croire que la seconde espèce de Ténia observée dans la *Noctula* ne diffère pas de la précédente. On ne doit pas perdre de vue que si les crochets sont les organes les plus importants pour la distinction des espèces, ce sont aussi les organes qui font le plus ordinairement défaut. On sait que dans la plupart des Ténias ces organes tombent avec une facilité extrême après la mort, et que les animaux, que l'on ne peut étudier vivants ou très-frais, ne montrent souvent que des *Gymnotenia*. Ils ne sont *Gymnotenia* que parce que les crochets sont tombés. Dans beaucoup de ces vers il existe des différences énormes entre l'état vivant et la forme cadavérique.

Nous avons trouvé une demi-douzaine de Ténias dans une seule Chauve-Souris sérotine.

Nous avons vu des *Strobila* complets ayant encore les crochets de leur rostellum en place, mais dans lesquels nous n'avons pu voir des proglottis parvenus à leur état sexuel. Aussi ne connaissons-nous pas leurs œufs.

La tête du Scolex est fort élargie à la hauteur des ventouses, puis elle se rétrécit en avant pour se terminer par un rostellum fort obtus.

Cet organe est armé, comme d'ordinaire, de deux rangs de crochets qui alternent entre eux; chaque rangée compte vingt de ces organes dans la circonférence. Ceux du rang inférieur sont les plus développés.

Dans chaque crochet on voit un talon fort long, terminé en massue presque aussi long que la poignée. La poignée est fort longue et étroite; elle est recourbée en dedans de manière à suivre la forme du rostellum. La lame ou la griffe, qui est assez large à sa base, se recourbe lentement et se termine en pointe fort aiguë.

Les quatre ventouses sont placées à la même hauteur et occupent la partie la plus large du Scolex; chaque ventouse est de forme sphérique et agit de concert avec la couronne de crochets pour amarrer la colonie.

Nous avons trouvé dans la longueur des Strobiles des canaux excréteurs et dans toute l'épaisseur des granulations calcaires relativement fort petites. Les canaux sont surtout distincts par leur peu de transparence.

CHEIROPTÈRES

—

Nous mentionnons ici les espèces de Cheiroptères que nous avons observées avec l'indication des parasites qui les hantent.

Nous avons tenu note des sexes des Cheiroptères que nous avons visités, mais nous n'avons pas trouvé de différence entre eux pour les parasites qui les fréquentent.

Nous avons tenu note aussi de la saison, mais les mêmes parasites se trouvent chez ces animaux en hiver comme en été pendant leur sommeil hibernal comme pendant leur éveil d'été.

RHINOLOPHUS FERRUM-EQUINUM (*Grand-Fer-à-Cheval*).

INTESTINS : *Distomum lima*, Rud., plusieurs dans un seul animal.
         Strongylacantha glycirrhizæ, Van Ben., trois ou quatre dans le même.

De Maestricht, j'en ai reçu jusqu'à vingt à la fois.

C'est la seule Chauve-Souris dans laquelle nous ayons trouvé le *Srongylacantha;* il sera donc important, comme nous l'avons dit plus haut, de constater la nature de sa pâture et de chercher les espèces d'insectes dont elle seule se nourrit. Si l'on parvient à connaître ces espèces, on découvrira facilement le Strongylacanthe à l'état agame.

Dans l'estomac de cette espèce nous avons trouvé une patte qui semble appartenir au Carabe doré.

RHINOLOPHUS HIPPOCREPIS (*Petit-Fer-à-Cheval*).

Vers le milieu du mois d'octobre j'ai reçu un panier de sept individus de cette espèce, prises à Geulheim dans une carrière abandonnée, où il y en a toujours beaucoup, mais qui était complétement abandonnée au mois de juillet et d'août.

Il n'y avait qu'une seule femelle dans cet envoi.

> Intestins : *Distoma ascidia*, par centaines.
> — *lima*, pas abondant.
> — *chilostoma*, quelques individus dans la plupart.
> Vagin : *Agamonema.*

Nous avons souvent visité des individus de cette espèce sans rien trouver.

VESPERTILIO MURINUS.

C'est l'espèce la plus commune dans les carrières de la montagne St-Pierre, à Maestricht.

> Intestins : *Distoma ascidia.*
> — *chilostoma.*
> — *lima.*
> Cestoscolex strobilé agame.
> *Strongylus tipula.*

VESPERTILIO DASYCNEMUS.

Tous les individus renferment les deux espèces de Distomes.

> *Nycteribia Latreillii*, une seule fois deux individus.
> Estomac : *Trichosomum speciosum.*
> *Tricocephalus vespertilionis.*
> *Ascarops minuta*, sp. n., enkystés dans les parois de l'estomac.
> Intestins : *Distoma lima.*
> — *chilostoma.*
> — *ascidia.*
> *Strongylus stipula*, adulte et jeune.

On trouve régulièrement des œufs des trois Distomes dans les fèces.

Les Vers sont les mêmes quant au nombre et à la variété, chez les mâles comme chez les femelles.

VESPERTILIO NATTERERI.

Cette espèce n'est pas très-commune dans les carrières de Maestricht.

ESTOMAC : *Ophiostomum mucronatum*, Rud., sur vingt individus il y
en a dix qui en recèlent.

Trichosomum speciosum

INTESTINS : *Distoma lima.*

VESPERTILIO DAUBENTONII.

Cette espèce n'est pas très-commune.

ESTOMAC : *Trichosomum speciosum.*
Ophiostomum mucronatum.
Strongylus tipula.

INTESTINS : *Distoma ascidia.*
—   *lima.*
—   *chilostoma.*

VESPERTILIO EMARGINATUS.

INTESTINS : *Distoma lima.*
—   *chilostomum.*
—   *ascidia.*

Cestoscolex ...., une demi-douzaine.

VESPERTILIO SEROTINUS.

PEAU :   *Pteroptus vespertilionis.*
Nycteribia de grande taille, trois sur cinquante individus.

ESTOMAC : *Trichosomum speciosum*, commun.

INTESTINS : *Distoma ascidia*, *lima.*
Tœnia obtusata, Rud.
Milina grisea, en abondance.

Nous avons reçu un envoi de douze Sérotins de Maestricht, pris le 6 août dans les combles d'une église. C'étaient presque toutes femelles et sont mortes successivement.

Le 22 du même mois le dernier a expiré. C'était un mâle.

Des individus reçus des combles d'un collége en ville étaient tellement couverts de parasites que l'on ne pouvait les toucher même à la pince, sans éprouver la crainte d'être envahi par eux.

VESPERTILIO MYSTACINUS.

Cette espèce se trouve abondamment dans les carrières de Maestricht.

> PEAU : *Pteroptus arcuatus*, Koch., sur les ailes.
> ESTOMAC.
> INTESTINS : *Distoma ascidia.*
> — *lima.*
> — *chilostoma.*
> *Tenia strobile.*

VESPERTILIO PIPISTRELLUS.

Nous en avons reçu de l'hôtel de ville de Louvain, de l'intérieur de la ville et des cryptes de Folx-les-Caves.

> PEAU : *Pteroptus vespertilionis.*
> *Ixodes lividus*, sp. n.
> *Caris elliptica.*
> INTESTINS : *Distoma ascidia.*
> — *chilostoma.*
> — *lima.*

L'intestin est toujours littéralement rempli de *Distoma ascidia*. Le contenu de la cavité intestinale, étendu sur une plaque, est tellement chargé de ces parasites, que l'on dirait des grains de millet tombés d'un épi.

A côté des *Distoma ascidia* on voit quelques jeunes *Distoma* encore agames et qui ne dépassent pas en taille l'autre espèce. Nous ne trouvons aucun individu adulte de la grande espèce.

VESPERTILIO NOCTULA.

Estomac : *Distoma lima.*
Intestins : *Distoma lima*, plusieurs.
     — *ascidoïdes*, en abondance.
Strongylus typula, ♂ et ♀, en quantité.

Ces trois Vers se trouvent en abondance dans l'intestin, depuis le jeune âge jusqu'à l'âge adulte.

Nous n'avons pu nous procurer beaucoup d'individus et dans des moments propices. Nous avons tâché en vain d'en obtenir des grands arbres du parc de Bruxelles.

VESPERTILIO AURITUS.

On n'en trouve pas abondamment à Maestricht, bien que l'espèce n'en soit pas rare. On le rencontre souvent dans les maisons en ville.

Peau : *Ceratopsyllus octactenus*, Kol.
    Otonissus aurantiacus, Kol., sur le pavillon de l'oreille ; commun.
Estomac : *Litosoma filaria.*
    Ophiostomum mucronatum, très-communément.

Cet Ophiostome est le parasite interne le plus commun de l'Oreillard. On le trouve dans la plupart des individus et ordinairement au nombre de deux ou trois.

Intestins : *Distoma ascidia.*

VESPERTILIO BARBASTELLUS.

Nous avons trouvé cette espèce à Louvain dans les caves du cabinet d'histoire naturelle et dans une maison particulière.

Peau : *Otonissus aurantiacus*, Kol., une demi-douzaine d'individus groupés comme des œufs au pavillon de l'oreille.

La cavité digestive comme les autres viscères ne contenaient aucun parasite, pas même de Distomes.

M. de Selys-Longchamps, ainsi que M. Thielens, en possèdent des exemplaires des cryptes de Maestricht.

EXPLICATION DES PLANCHES.

PLANCHE I.

STRONGYLACANTHA GLYCYRRHIZA, Sp. nov.

FIG. 1. Un mâle complet tel qu'on le trouve au milieu de l'intestin.

— 2. La partie postérieure du corps de la femelle. On voit une partie de la matrice autour de l'intestin et quelques œufs en place.

— 3. L'extrémité céphalique fortement grossie. La bouche est à peu près circulaire; en haut à l'intérieur on voit une dent isolée, en bas à l'extérieur sur le bord de la lèvre on voit deux forts crochets et en dessous d'eux l'orifice de l'appareil excréteur. On voit en même temps tout le bulbe pharyngien et le commencement de l'intestin.

— 4. L'extrémité postérieure du corps d'une femelle montrant l'anus, les fibres musculaires rétracteurs de l'anus, le rectum et ses glandes, la fin de l'estomac et une partie de la matrice sous la forme de deux anses.

— 5. La partie postérieure du corps qui correspond au vagin avec quelques œufs qui sont sur le point d'être évacués.

— 6. L'extrémité caudale d'un mâle avec son appareil ailé en place; *a* une grande partie de l'estomac, *b* une partie du testicule, *c* le spermiducte et *d* les pénis. On voit l'appareil ailé placé de face à côté.

— 7. Les pénis isolés.

PLANCHE II.

STRONGYLUS TIPULA, Sp. nov.

FIG. 1. La partie antérieure du corps d'une femelle, avec le bulbe œsophagien, l'estomac et une partie de l'appareil sexuel qui fait hernie.

— 2. La tête de la femelle vue à un plus fort grossissement.

— 3. Extrémité caudale femelle au même grossissement.

— 4. La même plus fortement grossie.

— 5. L'extrémité céphalique d'un mâle vue à un grossissement un peu plus fort. On voit à côté la peau avec ses stries régulières.

Fig.   6. L'extrémité caudale du même, montrant l'appareil ailé de face, les deux pénis en place avec la pièce supplémentaire et la fin du tube digestif.

—   7. La même vue de profil montrant les pénis en place.

—   8. La fin de l'appareil sexuel femelle montrant des œufs en place dans la matrice.

—   9. Un œuf en place à côté d'une anse de l'ovaire et un œuf libre.

PLANCHE III.

OPHIOSTOMUM MUCRONATUM, *Rud.*

Fig.   1. Trois individus en place dans l'intestin d'un Oreillard surpris pendant son sommeil léthargique.

—   2. Une femelle isolée de grandeur naturelle.

—   3. Une femelle vue à la loupe.

—   4. Une femelle vue au microscope afin de montrer les deux extrémités du corps, l'orifice sexuel et le bulbe œsophagien.

—   5. L'extrémité céphalique, isolée.

—   6. Une autre pour montrer la bouche.

—   6'. La même.

—   7. Une autre vue obliquement.

—   8. Extrémité caudale vue de face.

—   9. La même vue obliquement, montrant une anse de la matrice en dessous de l'anus.

—   10. La même extrémité caudale vue à un plus fort grossissement, mais contracté par la glycérine, de *Vespertilio Daubentonii.*

—   11. L'extrémité caudale d'une autre femelle, montrant une capsule régulière qui rappelle les Otolithes.

—   12. L'extrémité caudale d'un mâle, montrant l'anus, le rectum, l'estomac, les fibres musculaires droites, les pénis et la pointe caudale, de la *Vespertilio nattereri.*

—   12'. Pénis isolé.

—   13. La même extrémité caudale de mâle avec pénis en place, le testicule, l'estomac et la pointe recourbée naturellement.

—   14. La même extrémité étendue naturellement.

—   15. Extrémité céphalique de femelle, à un fort grossissement, montrant des ganglions et des filets nerveux? On voit aussi que la peau est régulièrement striée, de *Vespertilio Daubentonii.*

—   16. L'extrémité caudale d'une femelle.

—   17. L'extrémité caudale d'un mâle.

—   18. La même extrémité d'un autre mâle et des pénis.

—   19. Les pénis isolés.

—   20. Le milieu du corps d'une femelle montrant des œufs autour de l'estomac.

—   21. Les œufs renfermés dans un tube de la matrice.

—   22. Le même tube avec des œufs.

—   23. Des œufs avec des embryons à divers degrés de développement.

PLANCHE IV.

TRICHOSOMUM SPECIOSUM, n. sp.

Fig. 1. Une femelle montrant en avant l'extrémité céphalique, avec le bulbe, la bouche et
le tube digestif annelé, vers le milieu le vagin en prolapsus, une partie de la matrice
avec des œufs en place et l'extrémité caudale montrant l'anus, le rectum, la fin
de l'estomac et les dernières anses de l'ovaire. Dans la cavité périgastrique on
voit des corpuscules flottants qui indiquent le mouvement irrégulier du liquide.
— 2. Un mâle montrant le pénis en place, une partie du testicule, le tube digestif et la
tête au même grossissement.
— 3. La portion caudale d'un autre mâle montrant également le pénis en place, les ailes
membraneuses qui terminent la queue, le testicule et le tube digestif.
— 4. La portion du corps renfermant la gaîne et une portion du pénis.
— 5. La gaîne elle-même isolée montrant la même portion isolée.
— 6. Trois œufs.

PLANCHE V.

1-5, LITOSOMA FILARIA; 6-11, ASCAROPS MINUTA; 12-14, AGAMONEMA.

Fig. 1. Le Ver complet.
— 2. Extrémité céphalique.
— 3. Portion moyenne du corps pour montrer la manière dont le testicule s'étale sur le
tube digestif.
— 4. Extrémité caudale, montrant les pénis, le testicule et le tube digestif.
— 5. Extrémité céphalique, vue à un plus fort grossissement.
— 6. Extrémité céphalique d'*Ascarops minuta* mâle.
— 7. La même.
— 8. Extrémité caudale avec le bout de l'intestin.
— 9. Terminaison du corps.
— 10. Extrémité antérieure femelle.
— 11. Extrémité postérieure.
— 12. Kyste pédiculé avec *Agamonema*, du vagin de Petit-Fer-à-Cheval.
— 13. Le milieu du corps de l'*Agamonema*.
— 14. L'extrémité postérieure.

PLANCHE VI.

1-6, DISTOMA LIMA; 7-8, DISTOMA CHILOSTOMUM; 9-17, DISTOMA ASCIDIA, sp. nov.

Fig. 1. Un jeune Distome montrant, indépendamment des deux ventouses, l'appareil
excréteur sous forme d'*y* contracté, le tube digestif rempli de sang, les deux
testicules et le germigène.
— 2. Le même montrant les mêmes organes et l'appareil excréteur dilaté.

Tome **XL.**   6

Fig. 3. Un Distome adulte avec tout son appareil sexuel développé, montrant surtout l'appareil vitellogène éparpillé le long du corps sous forme de grappes et les vitelloductes au milieu.

— 4. Le Ver complet en repos, au moment où les œufs commencent à remplir les replis de la matrice. Le tube digestif est plein de sang, les replis de la matrice occupent le milieu ; on voit les deux testicules et le germigène, et, ce qui caractérise cette espèce, la gaîne du pénis qui est toujours fort distincte.

Fig. 5. La gaîne du pénis isolée en place, à côté de la ventouse et au-devant de l'entrée vaginale.

— 6. La portion d'un Distome placé de manière à faire voir le pénis déroulé, la gaîne qui précède les deux testicules et la terminaison de la matrice dans la gaîne vaginale.

— 7. *Distoma chilostomum*, jeune au moment de l'apparition de l'appareil sexuel. L'appareil excréteur est en place. La surface du corps est ridée.

— 8. Le même Distome sexué et complet vu du côté du dos. La matrice, pleine d'œufs, occupe la moitié postérieure du corps.

— 9. Un très-jeune *Distoma ascidia* avec la ventouse buccale envaginée ne montrant que l'appareil excréteur en forme de V et la première apparition des testicules. Ces derniers organes occupent toujours la même place à côté de la ventouse abdominale.

— 10. Un autre individu à peu près dans la même position, mais un peu plus âgé.

— 11. Un autre un peu plus avancé.

— 12. Le même vu encore du même côté, mais avec la partie postérieure du corps étendue.

— 13. Le même Distome étendu légèrement en avant et en arrière dont la tête est vue de profil.

— 14. Le même complétement étendu. C'est à ce degré de développement que l'on voit apparaitre les premiers œufs.

— 15. Un individu à l'état de maturité tel qu'il se présente généralement dans l'intestin; c'est sous cette forme surtout qu'il ressemble à une petite Ascidie. La matrice, pleine d'œufs, occupe toute la partie postérieure du corps depuis la ventouse abdominale.

— 16. Un individu très-vivant le cou étendu avec son appareil secréteur, la matrice au début de son développement, le germigène avec les deux testicules, la pôche du pénis au-devant de la ventouse abdominale et l'appareil vitellogène le long du cou.

— 17. Le même dans la situation du n° 15, vu à un grossissement un peu plus fort.

— 18. OEufs de *Distoma lima* vus au même grossissement que les deux figures suivantes.

— 19. —   —   *chilostomum*.

— 20. —   —   *ascidia*.

PLANCHE VII.

Fig. 1-10. Scolex de *Milina grisea*, de Murin, vus sous divers aspects, montrant les quatre ventouses en avant, le rostellum inerme au milieu, les canaux excréteurs et les corpuscules calcaires qui sont proportionnellement petits.

— 11. *Tenia obtusata*, tête du Scolex avec les quatre ventouses, la couronne de crochets en place au nombre d'une quarantaine.

— 12. Crochets dans leur situation respective.

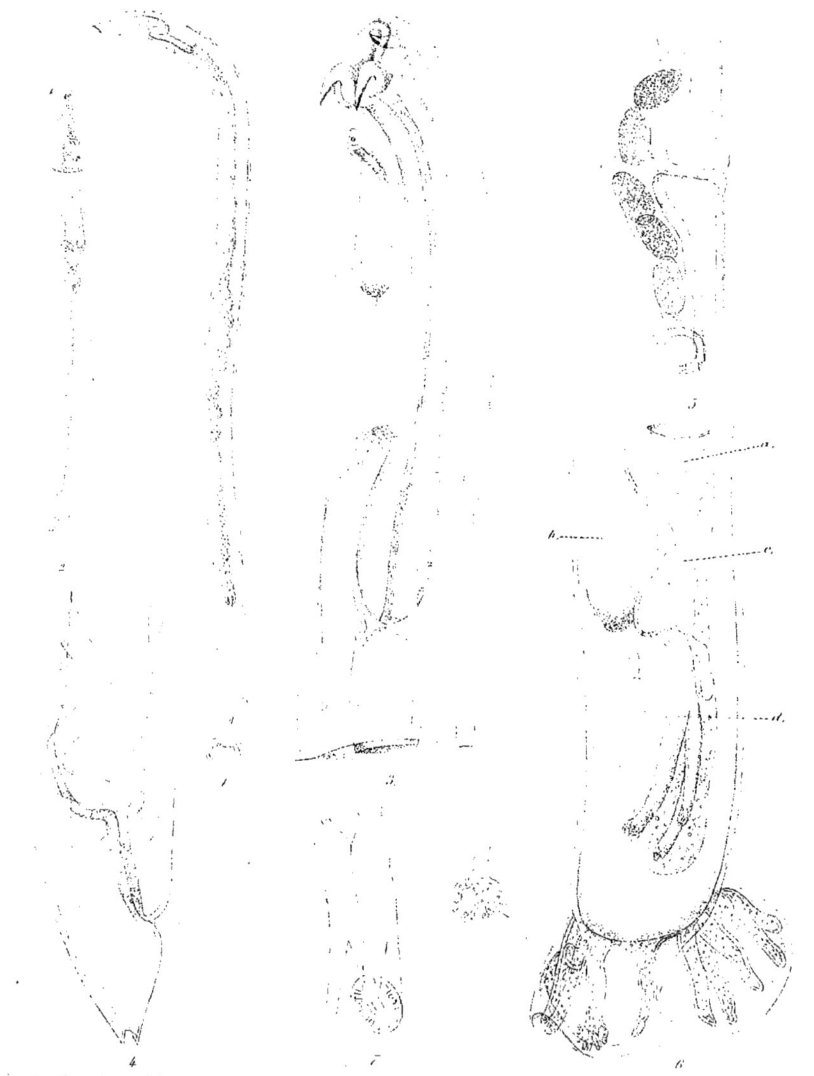

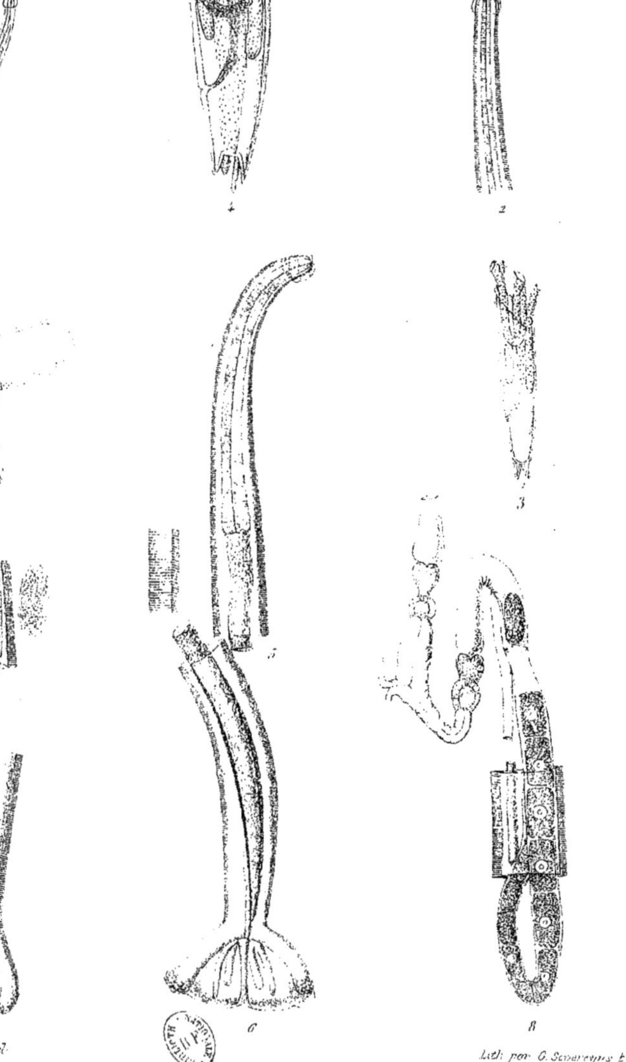

Lith. por G. Semeryris trundles.

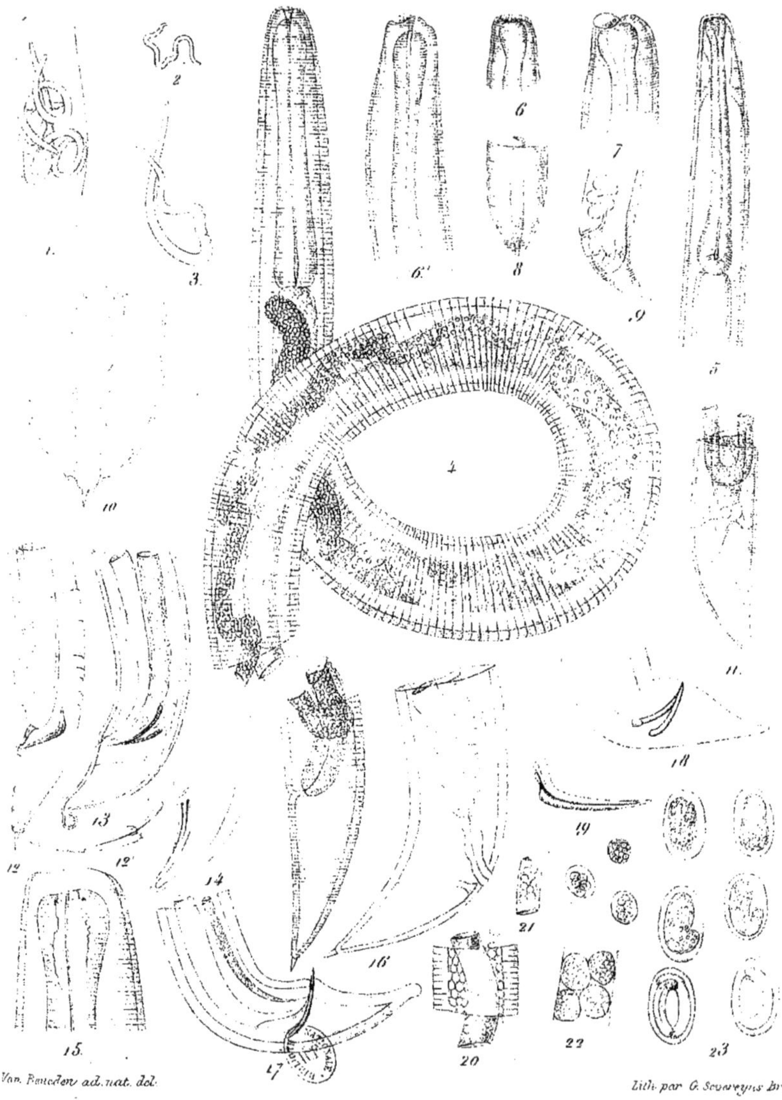

P.J. Van Beneden ad. nat. del.

Lith. par G. Severeyns Bruxelles.

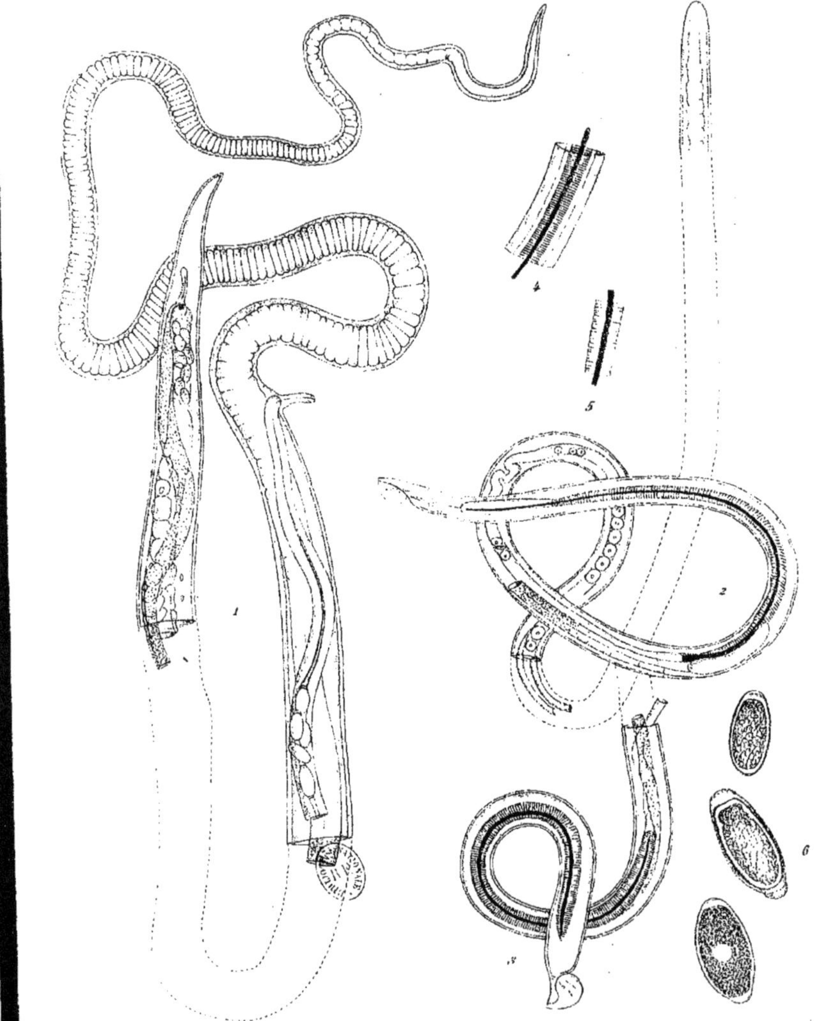

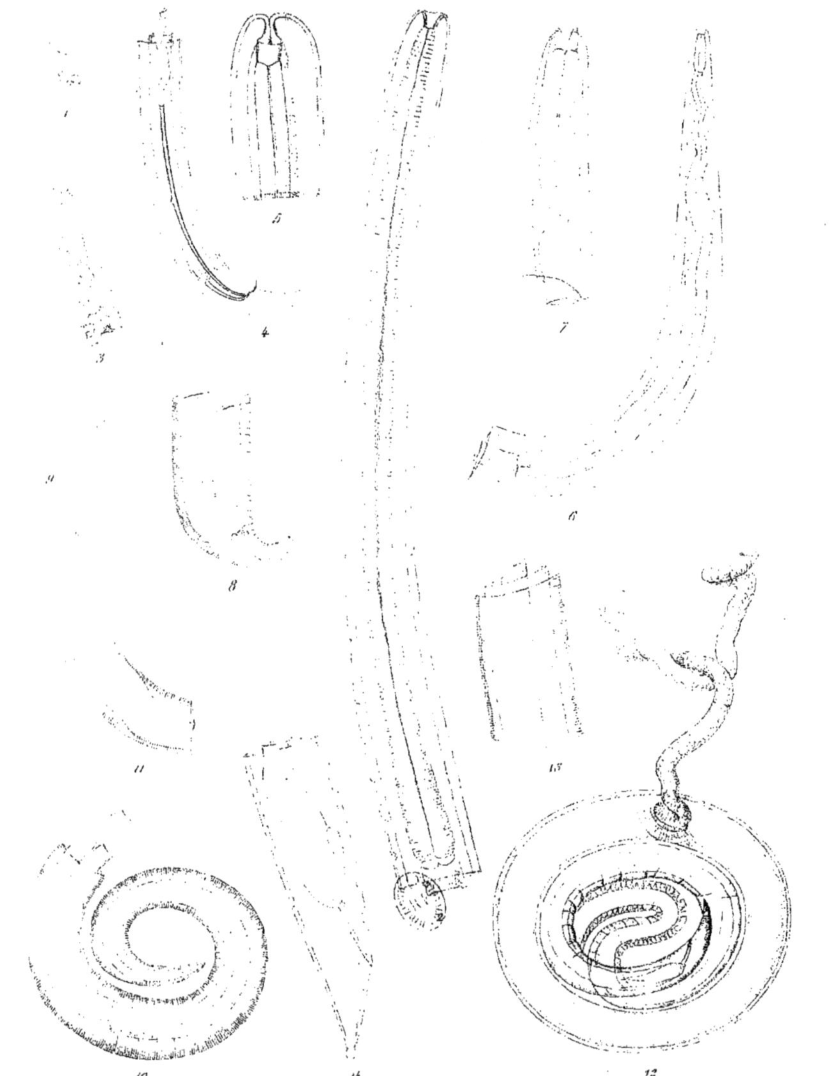

P. J. Van Beneden ad. nat. del.
Lith par G. Severeyns Bruxelles.

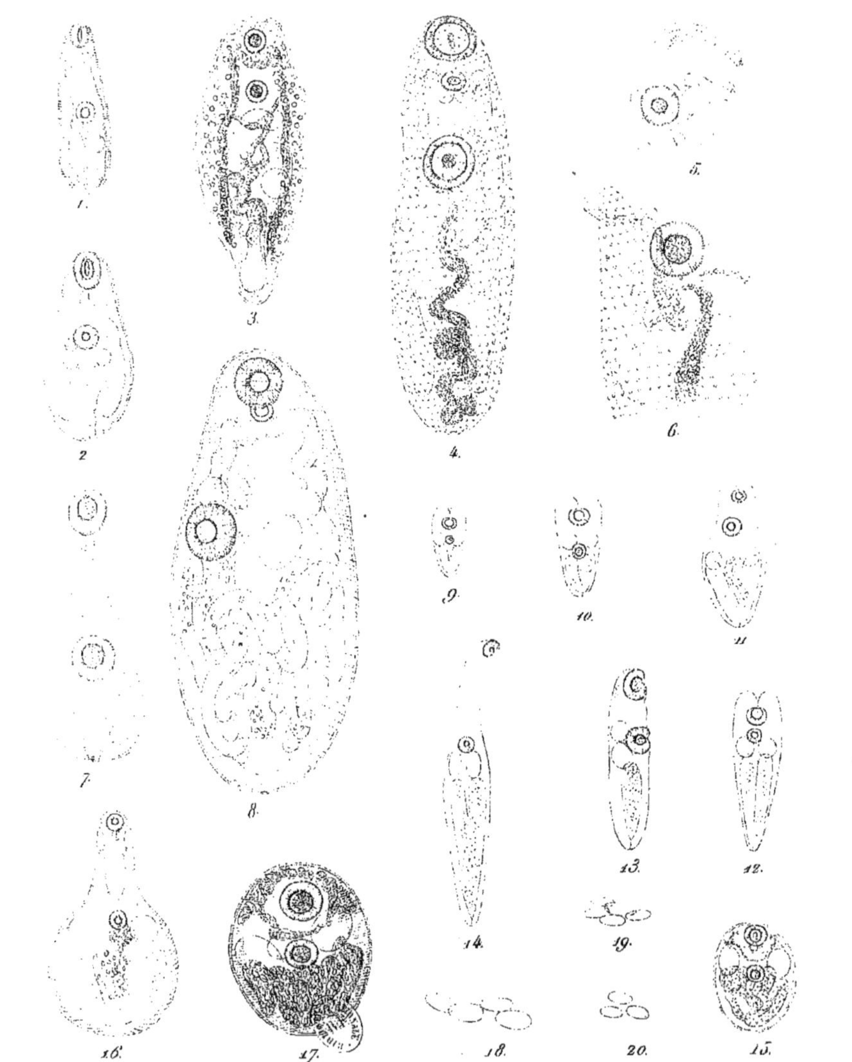

P. J. Van Beneden ad. nat. del.

Lith. par G. Severeyns Bruxelles.

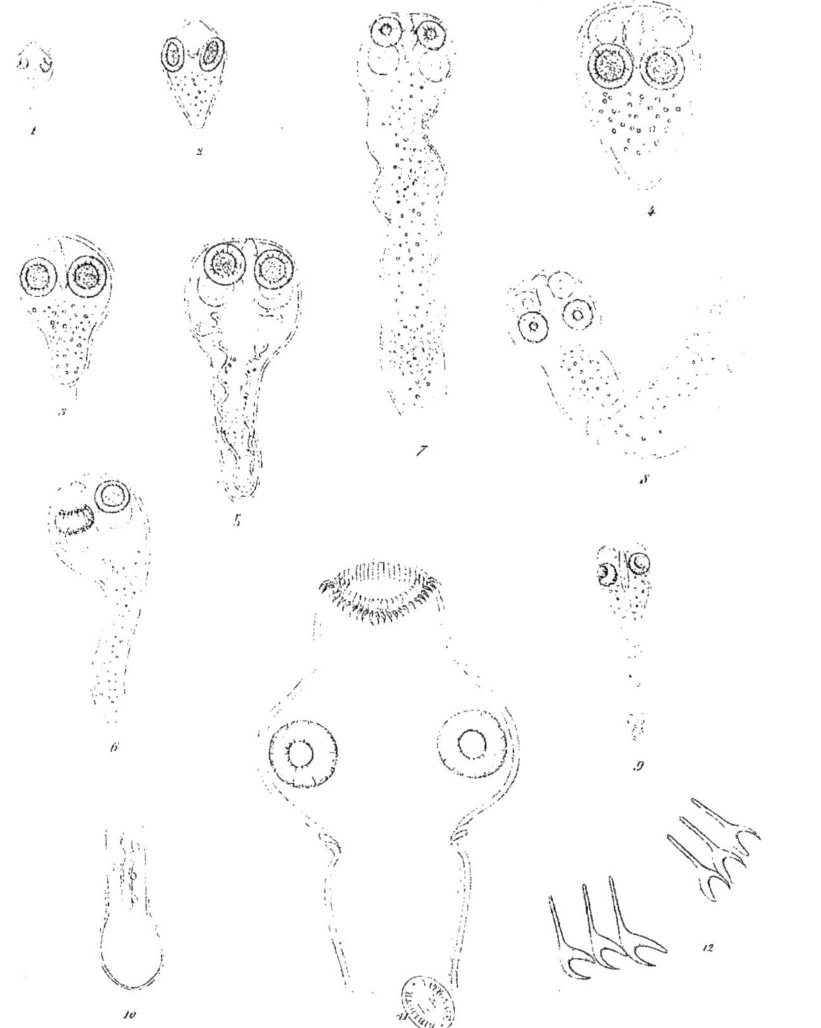

RECHERCHES

SUR

QUELQUES PRODUITS INDÉFINIS;

PAR

Eugène CATALAN,

ASSOCIÉ DE L'ACADÉMIE ROYALE DE BELGIQUE.

—

(Mémoire présenté à la Classe des sciences le 14 octobre 1871.)

AVANT-PROPOS.

Le Mémoire que j'ai l'honneur de présenter à l'Académie a pour objet l'étude de certains produits indéfinis, déjà considérés par *Euler, Jacobi* et *Legendre*. Parmi ces quantités, appelées quelquefois *produites continues*, les plus simples et les plus importantes sont celles que l'illustre inventeur de la *Théorie des Fonctions elliptiques* a désignées par $\alpha, \alpha', \beta, \beta'$. En combinant de diverses manières, soit ces produits, soit leurs développements en séries, on trouve, sans les chercher, une multitude de théorèmes relatifs à la *Partition des nombres* ou à la *Théorie des nombres* proprement dite. J'en citerai quelques-uns :

Quand un nombre n'est pas pentagonal, il admet autant de décompositions en un nombre pair de parties inégales, que de décompositions en un nombre impair de parties inégales ;

Soit N *un multiple de* 4, *donné. Soit* n *un nombre pair, inférieur à* N. *On décompose* n *en une somme de puissances de* 2, *et l'on fait* $\lambda_n = \pm 1$, *selon que le nombre des parties est pair ou impair. Enfin, supposant* $N - n = 2^{\beta_n} i$, *on a*

$$\sum_{n=0}^{n=N-2} \lambda_n \cdot 2^{\beta_n} = \pm \frac{N}{2},$$

le signe $+$ *répondant au cas où* N *est la somme d'un nombre impair de puissances de* 2 ;

L'excès du nombre des valeurs paires de x *(zéro excepté), satisfaisant à l'équation*

$$4x^2 + 4y^2 + (2z + 1)^2 = (2n + 1)^2,$$

sur le nombre des valeurs impaires, est $\dfrac{(2n+1)(-1)^n - 1}{4}$;

etc.

Si l'on groupe convenablement les facteurs simples d'un produit indéfini P, on pourra, dans certains cas, décomposer P en d'autres produits indéfinis A, B, C, ... ; puis, si l'on développe en séries P, A, B, C, ..., on aura *une série égale à un produit de séries.* C'est ainsi que Jacobi a trouvé la célèbre formule

$$(1 - q^2 - q^4 + q^{10} + q^{14} - \cdots)^3 = 1 - 3q^2 + 5q^6 - 7q^{12} + \cdots,$$

ou $\alpha'^3 = s$; d'où il a tiré de nombreuses conséquences. En suivant la voie indiquée par ce grand Géomètre, j'ai obtenu *huit* nouvelles décompositions de s : ce résultat semblera peut-être curieux, si on le compare à ce qui a lieu pour les polynômes. Ces diverses décompositions, et d'autres encore, conduisent à des théorèmes d'Arithmétique, plus ou moins intéressants.

La dernière partie du Mémoire est consacrée à la sommation, au moyen d'intégrales définies, de séries remarquables, dont les *Fundamenta nova* contiennent de nombreux exemples. Ces suites, dont les termes sont des fractions telles que $\dfrac{x^n}{1+x^n}$, ont pour type la célèbre *série de Lambert.* Quelques-unes des sommations obtenues donnent des relations simples entre les intégrales elliptiques et d'autres intégrales définies.

Ce Mémoire, déjà bien long, aurait pu, pour ainsi dire, être indéfiniment étendu : les questions dont il traite me paraissent inépuisables. J'ose espérer qu'il sera favorablement accueilli par les Géomètres.

Liége, 11 octobre 1871.

RECHERCHES

SUR

QUELQUES PRODUITS INDÉFINIS.

I.

FORMULES PRÉLIMINAIRES.

1. Je rappelle, dans ce premier paragraphe, un certain nombre de défi-nitions et de formules connues.

$$\omega = K = \int_0^{\frac{\pi}{2}} \frac{d\varphi}{\sqrt{1 - k^2 \sin^2 \varphi}}, \quad \omega' = K' = \int_0^{\frac{\pi}{2}} \frac{d\varphi}{\sqrt{1 - k'^2 \sin^2 \varphi}}, \quad k^2 + k'^2 = 1, \quad . \quad (1)$$

$$q = e^{-\pi \frac{\omega'}{\omega}}, \quad q' = e^{-\pi \frac{\omega}{\omega'}}, \quad . \quad . \quad . \quad . \quad . \quad . \quad . \quad (2)$$

$$\alpha = (1 - q)(1 - q^3)(1 - q^5) \cdots = 2^{\frac{1}{6}} k^{-\frac{1}{12}} k'^{\frac{1}{6}} q^{\frac{1}{24}}, \quad . \quad . \quad . \quad . \quad . \quad . \quad (3)$$

$$\alpha' = (1 - q^2)(1 - q^4)(1 - q^6) \cdots = 2^{\frac{1}{6}} \left(\frac{\omega}{\pi}\right)^{\frac{1}{2}} (k k')^{\frac{1}{6}} q^{-\frac{1}{12}}, \quad . \quad . \quad . \quad . \quad (4)$$

$$\beta = (1 + q)(1 + q^3)(1 + q^5) \cdots = 2^{\frac{1}{6}} (k k')^{-\frac{1}{12}} q^{\frac{1}{24}}, \quad . \quad . \quad . \quad . \quad . \quad (5)$$

$$\beta' = (1 + q^2)(1 + q^4)(1 + q^6) \cdots = 2^{-\frac{1}{3}} k^{\frac{1}{6}} (k' q)^{-\frac{1}{12}}, \quad . \quad . \quad . \quad . \quad (6) \; (^*)$$

(*) A la page 97 du troisième volume de LEGENDRE (*Traité des Fonctions elliptiques*), la valeur de β'^6 ne contient pas le facteur k.

$$\alpha\beta\beta' = 1, \qquad\qquad\qquad\qquad (7)$$

$$\Theta(x) = \alpha' \prod_1^\infty \left(1 - 2q^{2n-1} \cos \frac{\pi x}{\omega} + q^{4n-2} \right), \qquad\qquad (8)\;(^*)$$

$$\Theta(x) = 1 - 2q \cos \frac{\pi x}{\omega} + 2q^4 \cos \frac{2\pi x}{\omega} - 2q^9 \cos \frac{5\pi x}{\omega} + \cdots,$$

$$H(x) = 2\alpha' q^{\frac{1}{4}} \sin \frac{\pi x}{2\omega} \prod_1^\infty \left(1 - 2q^n \cos \frac{\pi x}{\omega} + q^{4n} \right), \qquad\qquad (10)\;(^*)$$

$$H(x) = 2q^{\frac{1}{4}} \left[\sin \frac{\pi x}{2\omega} - q^2 \sin \frac{5\pi x}{2\omega} + q^6 \sin \frac{5\pi x}{2\omega} - q^{12} \sin \frac{7\pi x}{2\omega} + \cdots \right], \qquad (11)$$

$$\Theta(0) = 1 - 2q + 2q^4 - 2q^9 + 2q^{16} - \cdots = \alpha^2 \alpha', \qquad\qquad (12)$$

$$\Theta\left(\frac{\omega}{2}\right) = 1 - 2q^4 + 2q^{16} - 2q^{36} + 2q^{64} - \cdots = \alpha' (1 + q^2)(1 + q^6)(1 + q^{10})\cdots, \qquad (13)$$

$$\Theta(\omega) = 1 + 2q + 2q^4 + 2q^9 + 2q^{16} + \cdots = \alpha' \beta^2, \qquad\qquad (14)$$

$$H\left(\frac{\omega}{2}\right) = \sqrt{2q^{\frac{1}{4}}(1 - q^2 - q^6 + q^{12} + q^{20} - \cdots)} = \alpha' \sqrt{2} q^{\frac{1}{4}} (1 + q^4)(1 + q^8)(1 + q^{12})\cdots, \qquad (15)$$

$$H(\omega) = 2q^{\frac{1}{4}} (1 + q^2 + q^6 + q^{12} + q^{40} + \cdots) = 2\alpha' \beta'^2 q^{\frac{1}{4}}, \qquad\qquad (16)$$

$$1 - 2q + 2q^4 - 2q^9 + 2q^{16} - \cdots = \sqrt{\frac{2\omega k'}{\pi}}, \qquad\qquad (17)$$

$$1 + 2q + 2q^4 + 2q^9 + 2q^{16} + \cdots = \sqrt{\frac{2\omega}{\pi}}, \qquad\qquad (18)$$

$$1 + q^2 + q^6 + q^{12} + q^{20} + \cdots = q^{-\frac{1}{4}} \sqrt{\frac{\omega k}{2\pi}}, \qquad\qquad (19)$$

$$1 + q + q^3 + q^6 + q^{10} + \cdots = q^{-\frac{1}{8}} \sqrt{\frac{\omega}{\pi} \sqrt{k}} = \frac{\alpha'}{\alpha}, \qquad\qquad (20)$$

$$1 - q - q^3 + q^6 + q^{10} - \cdots = q^{-\frac{1}{8}} \sqrt{\frac{\omega}{\pi} \sqrt{kk'}} = \frac{\alpha'}{\beta}, \qquad\qquad (21)$$

$$1 + 2q^2 + 2q^8 + 2q^{18} + 2q^{32} + \cdots = \sqrt{\frac{\omega}{\pi}(1 + k')}, \qquad\qquad (22)$$

$$1 - 2q^2 + 2q^8 - 2q^{18} + 2q^{32} - \cdots = \sqrt{\frac{2\omega}{\pi} \sqrt{k'}}, \qquad\qquad (23)$$

$$1 - 5q^2 + 5q^6 - 7q^{12} + 9q^{20} - \cdots = \alpha'^3 = q^{-\frac{1}{4}} \left(\frac{\omega}{\pi}\right)^{\frac{3}{2}} \sqrt{2kk'}, \qquad (24)$$

$(^*)$ Ces *définitions*, adoptées par M. Bertrand (*Calcul intégral*, pp. 640 et 642), diffèrent de celles qu'emploie Legendre, d'après Jacobi. L'illustre auteur du *Traité des Fonctions elliptiques* suppose (t. III, p. 104) :

$$\Theta(x) = \alpha' \prod_1^\infty (1 - 2q^{2n-1} \cos 2x + q^{4n-2}),$$
$$\Lambda(x) = H(x) = 2\alpha' q^{\frac{1}{4}} \sin x \prod_1^\infty (1 - 2q^{2n} \cos 2x + q^{4n}).$$

$$\sqrt[4]{\frac{\omega'}{\omega}}\,[1 + 2q + 2q^4 + 2q^9 + 2q^{16} + \cdots] = \sqrt[4]{\frac{\omega}{\omega'}}\,[1 + 2q' + 2q'^4 + 2q'^9 + 2q'^{16} + \cdots], \quad (25)\,(^{*})$$

$$\sqrt{k} = 2q^{\frac{1}{4}}\frac{1 + q^2 + q^6 + q^{12} + q^{20} + \cdots}{1 + 2q + 2q^4 + 2q^9 + 2q^{16} + \cdots}, \qquad \sqrt{k'} = \frac{1 - 2q + 2q^4 - 2q^9 + 2q^{16} - \cdots}{1 + 2q + 2q^4 + 2q^9 + 2q^{16} + \cdots}, \quad (26)$$

$$\sqrt[4]{k'} = \frac{1 - 2q^2 + 2q^8 - 2q^{18} + 2q^{32} - \cdots}{1 + 2q + 2q^4 + 2q^9 + 2q^{16} + \cdots} = \frac{1 - q - q^3 + q^6 + q^{10} - q^{13} - \cdots}{1 + q + q^3 + q^6 + q^{10} + q^{15} + \cdots}, \quad \cdot \quad \cdot \quad (27)$$

$$\sqrt{kk'} = 2q^{\frac{1}{4}}\frac{1 - 5q^2 + 5q^6 - 7q^{12} + 9q^{20} - \cdots}{(1 + 2q + 2q^4 + 2q^9 + 2q^{16} + \cdots)^3}, \quad \cdot \quad \cdot \quad \cdot \quad \cdot \quad (28)$$

$$(1 + 2q + 2q^4 + 2q^9 + \cdots)^4 - (1 - 2q + 2q^4 - 2q^9 + \cdots)^4 = 16q\,(1 + q^2 + q^6 + q^{12} + \cdots)^4, \quad (29)\,(^{**})$$

$$(1 + 2q + 2q^4 + 2q^9 + \cdots)^2 + (1 - 2q + 2q^4 - 2q^9 + \cdots)^2 = 2\,(1 + 2q^2 + 2q^8 + 2q^{18} + \cdots)^2, \quad (30)\,(^{***})$$

$$(1 + 2q + 2q^4 + 2q^9 + \cdots)^2 - (1 - 2q + 2q^4 - 2q^9 + \cdots)^2 = 8q\,(1 + q^4 + q^{12} + q^{24} + \cdots)^2. \quad \cdot \quad (31)$$

II.

DÉVELOPPEMENTS DES PRODUITS α, α', β, β' ET DE QUELQUES-UNES DE LEURS COMBINAISONS.

2. *Développement de $\beta\beta'$.* Si $\varphi(n)$ représente le *nombre des décompositions de* n *en parties positives, entières, inégales,* il est visible que

$$\beta\beta' = (1 + q)\,(1 + q^2)\,(1 + q^3)\cdots = \sum_{0}^{\infty} \varphi(n)\,q^n \quad \cdot \quad \cdot \quad \cdot \quad (52)\,(^{****})$$

(*) Cauchy, *Mémoire sur la Théorie des nombres* (1850, p. 614). Cette relation, conséquence des formules (2) et (8), y est énoncée ainsi :

$$\text{«} \quad a^{\frac{1}{2}}\left[\frac{1}{2} + e^{-a^2} + e^{-4a^2} + e^{-9a^2} + \cdots\right] = b^{\frac{1}{2}}\left[\frac{1}{2} + e^{-b^2} + e^{-4b^2} + e^{-9b^2} + \cdots\right]$$

si

$$ab = \pi. \quad \text{»}$$

(**) Cette identité, qui équivaut à la relation

$$\beta^8 - \alpha^8 = 16q\beta'^8,$$

a été écrite autrement par Jacobi (*Fundamenta nova*, p. 90).

(***) Celle-ci résulte immédiatement d'une formule donnée par Cauchy (*Comptes rendus*, t. XVII, p. 550).

(****) On suppose $\varphi(o) = 1$.

3. *Développement de $\frac{1}{\alpha}$.* D'après la relation (7), $\frac{1}{\alpha} = \beta\beta'$; ainsi

$$\frac{1}{\alpha} = \sum_0^\infty \varphi(n)\, q^n . \quad . \quad . \quad . \quad . \quad . \quad . \quad . \quad (35)$$

4. *Développement de β.* Soit $\varphi_i(n)$ le *nombre des décompositions de* n *en parties impaires, inégales;* alors

$$\beta = (1 + q)(1 + q^3)(1 + q^5) \cdots = \sum_0^\infty \varphi_i(n)\, q^n \quad . \quad . \quad . \quad . \quad (54)$$

5. *Développement de β'.* De même, $\varphi_p(n)$ désignant le *nombre des décompositions de* n *en parties paires, inégales,*

$$\beta' = (1 + q^2)(1 + q^4)(1 + q^6) \cdots = \sum_0^\infty \varphi_p(n)\, q^n \quad . \quad . \quad . \quad . \quad (55)$$

6. *Remarque.* Le produit β', qui renferme seulement les puissances paires de q, se déduit de $\beta\beta'$ par le changement de q en q^2; donc

$$\beta' = \sum_0^\infty \varphi(n)\, q^{2n}, \quad . \quad . \quad . \quad . \quad . \quad . \quad . \quad . \quad (56)$$

et

$$\varphi_p(2n) = \varphi(n);$$

relation évidente.

7. *Décomposition de* $\varphi(n)$. Dans le produit des séries (54), (55), le coefficient de q^n a pour valeur

$$\varphi_p(n) + \varphi_i(1)\varphi_p(n-1) + \varphi_i(2)\varphi_p(n-2) + \cdots + \varphi_i(n-1)\varphi_p(1) + \varphi_i(n).$$

Donc, quand n est *pair*, on a, d'après la formule (52),

$$\varphi(n) = \varphi_p(n) + \varphi_i(4)\varphi_p(n-4) + \varphi_i(6)\varphi_p(n-6) + \cdots + \varphi_i(n-2)\varphi_p(2) + \varphi_i(n); \quad (57)$$

et, quand n est *impair*,

$$\varphi(n) = \varphi_i(1)\varphi_p(n-1) + \varphi_i(3)\varphi_p(n-3) + \cdots + \varphi_i(n-2)\varphi_p(2) + \varphi_i(n). \quad . \quad (58)$$

Soit, par exemple, $n = 13$. La Table III donne

$$\varphi(13) = 18, \quad \varphi_i(1) = 1, \quad \varphi_i(3) = 1, \quad \varphi_i(5) = 1, \quad \varphi_i(7) = 1, \quad \varphi_i(9) = 2, \quad \varphi_i(11) = 2, \quad \varphi_i(13) = 5,$$
$$\varphi_p(12) = 4, \quad \varphi_p(10) = 3, \quad \varphi_p(8) = 2, \quad \varphi_p(6) = 2, \quad \varphi_p(4) = 1, \quad \varphi_p(2) = 1;$$

ainsi,

$$18 = 1.4 + 1.5 + 1.2 + 1.2 + 2.1 + 2.1 + 5;$$

ce qui est exact.

8. *Développement de* α. Si, dans le produit β, on change q en $-q$, on obtient α; conséquemment :

$$\alpha = \frac{1}{\beta\beta'} = (1 - q)(1 - q^3)(1 - q^5)\cdots\cdots = \sum_0^\infty \varphi_i(n)(-q)^n. \quad \ldots \quad (39)$$

9. *Relation entre les nombres* φ, φ_i. Le produit des séries (32), (39) doit se réduire à 1 ; on a donc ce théorème :

La fonction

$$\varphi(n) - \varphi_i(1)\varphi(n-1) + \varphi_i(2)\varphi(n-2) - \cdots \pm \varphi_i(n)$$

est nulle pour toutes les valeurs de n (*).

Par exemple,

$$\varphi(15) - \varphi_i(1)\varphi(12) + \varphi_i(2)\varphi(11) - \varphi_i(3)\varphi(10) + \varphi_i(4)\varphi(9) - \varphi_i(5)\varphi(8) + \varphi_i(6)\varphi(7)$$
$$- \varphi_i(7)\varphi(6) + \varphi_i(8)\varphi(5) - \varphi_i(9)\varphi(4) + \varphi_i(10)\varphi(3) - \varphi_i(11)\varphi(2) + \varphi_i(12)\varphi(1)$$
$$- \varphi_i(15) = 0;$$

ou (Tables I et III)

$$18 - 1.15 + 0.12 - 1.10 + 1.8 - 1.6 + 1.5 - 1.4 + 2.5 - 2.2 + 2.2 - 2.1 + 5.1 - 3 =$$
$$18 - 15 - 10 + 8 - 6 + 5 - 4 + 6 - 2 = 0.$$

10. *Développement de* $\alpha\beta$. Ce produit résulte de α, par le changement de q en q^2; donc

$$\alpha\beta = \frac{1}{\beta'} = (1 - q^2)(1 - q^6)(1 - q^{10})\cdots = \sum_0^\infty (-1)^n \varphi_i(n) q^{2n} \quad \ldots \quad (40)$$

11. *Relations entre les nombres* φ_i. Reprenons les formules

$$\beta = 1 + \varphi_i(1)q + \varphi_i(2)q^2 + \varphi_i(3)q^3 + \varphi_i(4)q^4 + \cdots, \quad \ldots \quad (34)$$
$$\alpha = 1 - \varphi_i(1)q + \varphi_i(2)q^2 - \varphi_i(3)q^3 + \varphi_i(4)q^4 - \cdots, \quad \ldots \quad (39)$$
$$\alpha\beta = 1 - \varphi_i(1)q^2 + \varphi_i(2)q^4 - \varphi_i(3)q^6 + \varphi_i(4)q^8 - \cdots. \quad \ldots \quad (40)$$

(*) Dans cet énoncé, et dans tous ceux du même genre, il est toujours sous-entendu que *n* est un nombre entier.

Il en résulte que l'on doit avoir, *identiquement,*

$$\sum_0^\infty (-1)^n \varphi_i(n)\, q^{2n} = \left[1 + \varphi_i(2)\, q^2 + \varphi_i(4)\, q^4 + \cdots\right]^2 - \left[\varphi_i(1)\, q + \varphi_i(3)\, q^3 + \cdots\right]^2; \qquad (41)$$

puis, suivant que n est *pair* ou *impair :*

$$\pm \varphi_i(n) = \varphi_i(2n) + \varphi_i(2)\varphi_i(2n-2) + \varphi_i(4)\varphi_i(2n-4) + \cdots + \varphi_i(2n-2)\varphi_i(2) + \varphi_i(2n)$$
$$- \left[\varphi_i(1)\varphi_i(2n-1) + \varphi_i(3)\varphi_i(2n-3) + \cdots + \varphi_i(2n-1)\varphi_i(1)\right] \quad . \quad (42)$$

Par exemple :

$$- \varphi_i(9) = 2\left[\varphi_i(18) + \varphi_i(2)\varphi_i(16) + \varphi_i(4)\varphi_i(14) + \varphi_i(6)\varphi_i(12) + \varphi_i(8)\varphi_i(10)\right]$$
$$- \left[\varphi_i(1)\varphi_i(17) + \varphi_i(3)\varphi_i(15) + \varphi_i(5)\varphi_i(13) + \varphi_i(7)\varphi_i(11) + \varphi_i(9)\varphi_i(9) + \cdots\right]$$
$$\varphi_i(10) = \varphi_i(20) + \varphi_i(2)\varphi_i(18) + \varphi_i(4)\varphi_i(16) + \varphi_i(6)\varphi_i(14) + \varphi_i(8)\varphi_i(12) + \varphi_i(10)\varphi_i(10)$$
$$+ \varphi_i(12)\varphi_i(8) + \cdots$$
$$- 2\left[\varphi_i(1)\varphi_i(19) + \varphi_i(3)\varphi_i(17) + \varphi_i(5)\varphi_i(15) + \varphi_i(7)\varphi_i(13) + \varphi_i(9)\varphi_i(11)\right].$$

En effet, ces deux égalités se réduisent à (*)

$$- 2 = 2\,[5 + 1.5 + 1.3 + 4] - [1.5 + 1.4 + 1.5 + 1.2 + 4 + 2 + 5 + 4 + 5]$$
$$= 2.15 - 52,$$
$$2 = 7 + 1.5 + 1.3 + 2.5 + 2.2 + 5.2 + 5.1 + 5.1 + 7$$
$$- 2\,[1.6 + 1.5 + 1.4 + 1.5 + 2.2] = 46 - 2.22.$$

12. *Remarque.* Si l'on suppose

$$\alpha = f(q), \quad \cdot \quad \cdot \quad \cdot \quad \cdot \quad \cdot \quad \cdot \quad \cdot \quad \cdot \quad \cdot \quad (43)$$

on a, par ce qui précède,

$$\beta = f(-q), \qquad \alpha\beta = f(q^2); \quad \cdot \quad \cdot \quad \cdot \quad \cdot \quad \cdot \quad \cdot \quad (44)$$

puis

$$f(q)\, f(-q) = f(q^2); \quad \cdot \quad \cdot \quad \cdot \quad \cdot \quad \cdot \quad \cdot \quad \cdot \quad (45)$$

relation qui nous sera utile plus loin.

13. *Développement de $\alpha\alpha'$.* $1°$ Euler a trouvé (**) cette formule remarquable :

$$\alpha\alpha' = (1 - q)(1 - q^2)(1 - q^3) \cdots = \sum_0^\infty (-1)^l q^{\frac{3l^2 \pm l}{2}} \quad \cdot \quad \cdot \quad \cdot \quad \cdot \quad \cdot \quad (46)$$

<hr>

(*) Voir la Table III.
(**) *Introduction à l'Analyse,* p. 250.

2° Représentons par n_p le *nombre des décompositions de* n *en un nombre pair de parties inégales*, et par n_i le *nombre des décompositions de* n *en un nombre impair de parties inégales;* nous aurons, comme on le voit sans peine,

$$\alpha\alpha' = \sum_0^\infty (n_p - n_i)\, q^n. \quad\dots\dots\dots\dots \quad (47)$$

14. *Conséquences.* D'après ces deux expressions de $\alpha\alpha'$:

1° *Si le nombre* n *n'est pas pentagonal, il admet autant de décompositions en un nombre pair de parties inégales, que de décompositions en un nombre impair de parties inégales;*

2° *Si le nombre* n *est pentagonal,* c'est-à-dire, s'il est compris dans la formule $n = \frac{3l^2 \mp l}{2}$, *l'excès du premier nombre de décompositions sur le second, est* $(-1)^l$;

3° *Le nombre total des décompositions de* n, *en parties inégales, c'est-à-dire* $\varphi(n)$, *est impair ou pair, selon que* n *est ou n'est pas pentagonal;*

4° *Si le nombre* n *est pentagonal,*

$$n_p = \frac{1}{2}\left[\varphi(n) + (-1)^l\right]; \quad n_i = \frac{1}{2}\left[\varphi(n) - (-1)^l\right]; \quad \dots\dots \quad (48)$$

5° *Dans le cas contraire,*

$$n_p = n_i = \frac{1}{2}\varphi(n) \quad \dots\dots\dots\dots \quad (49)$$

15. *Développement de α'.* Cette fonction se déduit de $\alpha\alpha'$ par le changement de q en q^2; donc

$$\alpha' = (1 - q^2)(1 - q^4)(1 - q^6)\cdots = \sum_0^\infty (-1)^l\, q^{3l^2 \mp l} = \sum_0^\infty (n_p - n_i)\, q^{2n} \quad\dots \quad (50)$$

16. *Relation entre les nombres* φ_i. Écrivons ainsi les formules (46), (39), (50) :

$$\alpha\alpha' = 1 - q - q^2 + q^5 + q^7 - q^{12} - q^{15} + q^{22} + q^{26} - q^{33} - q^{40} + q^{51} + q^{57} - \cdots, \quad (51)$$

$$\alpha = 1 - \varphi_i(1)\, q + \varphi_i(2)\, q^2 - \varphi_i(3)\, q^3 + \varphi_i(4)\, q^4 - \cdots \quad\dots\dots\dots \quad (39)$$

$$\alpha' = 1 - q^2 - q^4 + q^{10} + q^{14} - q^{24} - q^{30} + q^{44} + q^{52} - q^{70} - q^{80} + \cdots \quad\dots\dots \quad (52)$$

Dans le produit des deux dernières séries, le coefficient de q^n est

$$(-1)^n\left[\varphi_i(n) - \varphi_i(n-2) - \varphi_i(n-4) + \varphi_i(n-10) + \varphi_i(n-14) - \varphi_i(n-24) - \cdots\right].$$

Comparant avec le développement (51), on a cette proposition, analogue à un célèbre théorème d'Euler [*] :

La fonction

$$\varphi_i(n) - \varphi_i(n-2) - \varphi_i(n-4) + \varphi_i(n-10) + \varphi_i(n-14) - \cdots$$

égale $(-1)^{n-1}$ *ou zéro, selon que le nombre* n *est ou n'est pas pentagonal.*

17. *Développements de* $\alpha'\beta'$. **1°** Par les formules (50), (52) :

$$\alpha'\beta' = (1 - q^2 - q^4 + q^{10} + q^{14} - \cdots) \sum_0^\infty \varphi(n) q^{2n} . \quad\quad\quad (55)$$

2° A cause des définitions (4), (6) et de la formule (51) :

$$\alpha'\beta' = 1 - q^4 - q^8 + q^{20} + q^{28} - q^{48} - q^{69} + q^{85} + \cdots . \quad (54)$$

3° De

$$\alpha'\beta'^2 = 1 + q^2 + q^6 + q^{12} + q^{20} + \cdots , \quad\quad\quad (16)$$

$$\frac{1}{\beta'} = \sum_0^\infty (-1)^n \varphi_i(n) q^{2n}, \quad\quad\quad\quad (40)$$

on conclut

$$\alpha'\beta' = (1 + q^2 + q^6 + q^{12} + \cdots) \sum_0^\infty (-1)^n \varphi_i(n) q^{2n}. \quad\quad (55)$$

4° Les relations (24), (52) donnent, semblablement,

$$\alpha'\beta' = (1 - q - q^5 + q^6 + q^{10} - \cdots) \sum_0^\infty \varphi(n) q^n . \quad\quad\quad (56)$$

---

[*] Parmi toutes les démonstrations de ce théorème, la plus simple est peut-être celle qu'a donnée LABEY, dans ses *Notes sur l'Introduction à l'Analyse.* Voici comment on la peut présenter :

De

$$(1 - x)(1 - x^2)(1 - x^5)\cdots = 1 - x - x^2 + x^5 + x^7 - \cdots,$$

on déduit, en prenant les logarithmes et les dérivées,

$$\frac{1}{1-x} + \frac{2x}{1-x^2} + \frac{5x^2}{1-x^5} + \cdots = \frac{1 + 2x - 5x^4 - 7x^6 + \cdots}{1 - x - x^2 + x^5 + x^7 - \cdots} ;$$

puis, en multipliant par x et développant le premier membre :

$$x + 5x^2 + 4x^5 + 7x^4 + \cdots + x^n \int n + \cdots = \frac{x + 2x^2 - 5x^5 - 7x^7 + \cdots}{1 - x - x^2 + x^5 + x^7} .$$

Enfin, chassant le dénominateur, et identifiant, on a :

$$\int n - \int (n-1) - \int (n-2) + \int (n-5) + \int (n-7) - \cdots = \text{zéro ou} \pm n.$$

5° Si l'on change q en $- q$, on trouve

$$\alpha'\beta' = (1 + q + q^5 + q^6 + q^{10} + \cdots)\sum_{0}^{\infty}(-1)^n\,\varphi(n)\,q^n. \qquad \ldots \quad (37)$$

18. *Relations entre les nombres* φ. 1° D'après les valeurs (55), (54) :
La fonction

$$\varphi(n) - \varphi(n-1) - \varphi(n-2) + \varphi(n-5) + \varphi(n-7) - \varphi(n-12) - \cdots,$$

nulle si n *n'est pas le double d'un nombre pentagonal, se réduit à* $(-1)^l$ *dans le cas contraire,* c'est-à-dire quand $n = 3l^2 \mp l$.

2° La comparaison des valeurs (54), (56) donne cet autre théorème :
La fonction

$$\varphi(n) - \varphi(n-1) - \varphi(n-5) + \varphi(n-6) + \varphi(n-10) - \varphi(n-15) - \cdots,$$

nulle si n *n'est pas le quadruple d'un nombre pentagonal, se réduit à* $(-1)^l$ *dans le cas contraire,* c'est-à-dire quand $n = 2l(3l \mp 1)$.

19. *Relations entre les nombres* φ_i. Elle se déduit des formules (54), (55) :
La fonction

$$\varphi_i(n) - \varphi_i(n-1) - \varphi_i(n-5) + \varphi_i(n-6) + \varphi_i(n-10) - \cdots,$$

nulle si n *n'est pas le double d'un nombre pentagonal, se réduit à* $(-1)^{n-l}$ *dans le cas contraire.*

20. *Vérifications des quatre derniers théorèmes.*

1° $\quad \varphi_i(13) - \varphi_i(15) - \varphi_i(11) + \varphi_i(5) + \varphi_i(1) = 4 - 5 - 2 + 1 + 1 = 1 = (-1)^{15-5}$,
$\quad\quad \varphi_i(11) - \varphi_i(9) - \varphi_i(7) + \varphi_i(1) = 2 - 2 - 1 + 1 = 0$;

2° $\quad \varphi(11) - \varphi(10) - \varphi(9) + \varphi(6) + \varphi(4) = 12 - 10 - 8 + 4 + 2 = 0$,
$\quad\quad \varphi(14) - \varphi(13) - \varphi(12) + \varphi(9) + \varphi(7) - (2) = 22 - 18 - 15 + 8 + 5 - 1 = 1 = (-1)^{14-2}$;

3° $\quad \varphi(11) - \varphi(10) - \varphi(8) + \varphi(5) + \varphi(1) = 12 - 10 - 6 + 5 + 1 = 0$,
$\quad\quad \varphi(20) - \varphi(19) - \varphi(17) + \varphi(14) + \varphi(10) - \varphi(5) = 64 - 54 - 58 + 22 + 10 - 5 = 1 = (-1)^2$;

4° $\quad \varphi_i(11) - \varphi_i(10) - \varphi_i(8) + \varphi_i(5) + \varphi_i(1) = 2 - 2 - 2 + 1 + 1 = 0$,
$\quad\quad \varphi_i(14) - \varphi_i(13) - \varphi_i(11) + \varphi_i(8) + \varphi_i(4) = 5 - 5 - 2 + 2 + 1 = 1 = (-1)^{14-2}$.

21. *Remarques.* I. On a, simultanément :

$$\alpha\alpha' = 1 - q - q^2 + q^5 + q^7 - q^{12} - q^{15} + q^{22} + \cdots, \qquad \ldots \quad (51)$$
$$\alpha' = 1 - q^2 - q^4 + q^{10} + q^{14} - q^{24} - q^{30} + q^{44} + \cdots, \qquad \ldots \quad (52)$$
$$\alpha'\beta' = 1 - q^4 - q^8 + q^{20} + q^{28} - q^{48} - q^{60} + q^{88} + \cdots, \qquad \ldots \quad (54)$$

Mais, par les formules (5), (4), (6) :

$$\alpha\alpha' = 2^{\frac{1}{3}}\left(\frac{\omega}{\pi}\right)^{\frac{1}{2}} k^{\frac{1}{12}} k'^{\frac{1}{3}} q^{-\frac{1}{24}}, \qquad \alpha' = 2^{\frac{1}{6}}\left(\frac{\omega}{\pi}\right)^{\frac{1}{2}} (kk')^{\frac{1}{6}} q^{-\frac{1}{12}}, \qquad \alpha'\beta' = 2^{-\frac{1}{4}}\left(\frac{\omega}{\pi}\right)^{\frac{1}{2}} k^{\frac{1}{3}} k'^{\frac{1}{12}} q^{-\frac{1}{6}}.$$

Si donc l'on suppose $q^2 = q_1$, et que l'on représente par ω_1, k_1, k'_1 les valeurs correspondantes de ω, k, k', on doit trouver

$$2^{\frac{1}{6}}\omega_1^{\frac{1}{2}} k_1^{\frac{1}{12}} k'^{\frac{1}{3}}_1 = \omega^{\frac{1}{2}}(kk')^{\frac{1}{6}}, \quad 2^{\frac{1}{3}}\omega_1^{\frac{1}{2}} (k_1 k'_1)^{\frac{1}{6}} = \omega^{\frac{1}{2}} k^{\frac{1}{3}} k'^{\frac{1}{12}};$$

ou, plus simplement :

$$2^{\frac{1}{2}}\omega_1 k_1^{\frac{1}{4}} k'^{\frac{1}{2}}_1 = \omega k^{\frac{1}{2}} k'^{\frac{1}{4}}, \qquad kk'_1 = 2(k_1 k')^{\frac{1}{2}}. \quad \ldots \ldots \quad (58)$$

En effet, ces relations s'accordent avec les formules connues :

$$k_1 = \frac{1-k'}{1+k'}, \quad k'_1 = 2\frac{\sqrt{k'}}{1+k'}, \quad \omega_1 = \frac{1+k'}{2}\,\omega, \quad \omega'_1 = (1+k')\omega'. \quad (59)\,(^*)$$

II. Soit

$$\alpha\alpha' = \varphi(q); \quad \ldots \ldots \ldots \ldots \ldots \quad (60)$$

alors

$$\alpha' = \varphi(q^2), \quad \alpha'\beta' = \varphi(q^4); \quad \ldots \ldots \ldots \ldots \quad (61)$$

puis

$$\alpha = \frac{\varphi(q)}{\varphi(q^2)}, \qquad \beta' = \frac{\varphi(q^4)}{\varphi(q^2)}; \quad \ldots \ldots \ldots \ldots \quad (62)$$

et, en vertu de la relation (7),

$$\beta = \frac{[\varphi(q^2)]^2}{\varphi(q)\,\varphi(q^4)}. \quad \ldots \ldots \ldots \ldots \quad (63)$$

III. L'équation (45), qui caractérise la fonction f, devient en vertu de la valeur de α,

$$[\varphi(q^2)]^3 = \varphi(q)\,\varphi(-q)\,\varphi(q^4). \quad \ldots \ldots \ldots \ldots \quad (64)$$

22. *Développement de $\frac{1}{\alpha\alpha'}$.* Cette fonction est égale au produit

$$(1 + q + q^2 \ldots)(1 + q^2 + q^4 + \cdots)(1 + q^3 + q^6 + \cdots)\ldots$$

<hr>

(*) LEGENDRE, t. III, p. 99.

Par conséquent, si $\psi(n)$ représente le *nombre des décompositions de* n *en parties entières, positives, égales ou inégales,*

$$\frac{1}{\alpha\alpha'} = \sum_{0}^{\infty} \psi(n)\, q^n . \qquad\qquad (65)$$

23. *Relation entre les nombres ψ.* A cause du développement de $\alpha\alpha'$ (64), on a le théorème suivant :

La fonction
$$\psi(n) - \psi(n-1) - \psi(n-2) + \psi(n-5) + \psi(n-7) - \cdots$$

est nulle pour toutes les valeurs de n (*).

24. *Développement de $\frac{1}{\alpha}$.* Soit $\psi_i(n)$ le *nombre des décompositions de* n *en parties impaires, égales ou inégales ;* alors

$$\frac{1}{\alpha} = \beta\beta' = \sum_{0}^{\infty} \psi_i(n)\, q^n \qquad\qquad (66)$$

25. *Remarque.* D'après la formule (52),

$$\psi_i(n) = \varphi(n); \qquad\qquad (67)$$

ou, ce qui est équivalent :

Il y a autant de décompositions d'un nombre n, *en parties impaires, égales ou inégales, que de décompositions de* n *en parties inégales* (**).

26. *Développement de $\frac{1}{\alpha'}$.* Si, dans la formule (65), on remplace q par q^2, le premier membre devient $\frac{1}{\alpha'}$ (15); donc

$$\frac{1}{\alpha'} = \sum_{0}^{\infty} \psi(n)\, q^{2n} \qquad\qquad (68)$$

27. *Autre expression de $\frac{1}{\alpha'}$.* Elle résulte, immédiatement, des formules (65), (66), (67) :

$$\frac{1}{\alpha'} = \frac{\sum_{0}^{\infty} \psi(n)\, q^n}{\sum_{0}^{\infty} \varphi(n)\, q^n} . \qquad\qquad (69)$$

(*) On suppose $\psi(0) = 1$.
(**) EULER, *Introduction à l'Analyse,* p. 282.

28. *Relations entre les nombres* φ, ψ. 1° D'après les égalités (32), (69) :

$$\varphi(n) = \psi(n) - \psi(n-2) - \psi(n-4) + \psi(n-10) + \psi(n-14) - \cdots . \quad (70)$$

2° Si l'on identifie les deux valeurs de $\frac{1}{\alpha}$, on trouve

$$\psi(n) = \varphi(n) + \varphi(n-2)\psi(1) + \varphi(n-4)\psi(2) + \varphi(n-6)\psi(3) + \cdots . \quad (71)$$

29. *Seconde expression de* α. Si l'on divise, membre à membre, les égalités (68), (65), on trouve

$$\alpha = \frac{\sum_{0}^{\infty} \psi(n) q^{2n}}{\sum_{0}^{\infty} \psi(n) q^{n}} ; \quad . \quad . \quad . \quad . \quad . \quad . \quad . \quad (72)$$

résultat qui est d'accord avec l'une des remarques ci-dessus (24, II).

30. *Relation entre les nombres* φ_i, ψ. La comparaison des formules (59), (72) donne le théorème suivant :

La fonction

$$\psi(n) - \varphi_i(1)\psi(n-1) + \varphi_i(2)\psi(n-2) - \varphi_i(3)\psi(n-3) + \cdots$$

égale zéro ou $\psi\left(\frac{n}{2}\right)$, *suivant que* n *est impair ou pair.*

31. *Vérifications des trois derniers théorèmes.* D'après la Table III :

1° $\quad \psi(15) - \psi(11) - \psi(9) + \psi(5) = 101 - 56 - 50 + 5 = 18 = \varphi(15),$

$\quad \psi(14) - \psi(12) - \psi(10) + \psi(4) + \psi(1) = 155 - 77 - 42 + 5 + 1 = 22 = \varphi(14);$

2° $\quad \varphi(15) + \varphi(11)\psi(1) + \varphi(9)\psi(2) + \varphi(7)\psi(3) + \varphi(5)\psi(4) + \varphi(3)\psi(5) + \varphi(1)\psi(6)$

$\quad\quad = 18 + 12.1 + 8.2 + 5.5 + 3.5 + 2.7 + 1.11 = 104 = \psi(15);$

$\quad \varphi(14) + \varphi(12)\psi(1) + \varphi(10)\psi(2) + \varphi(8)\psi(3) + \varphi(6)\psi(4) + \varphi(4)\psi(5) + \varphi(2)\psi(6) + \psi(7)$

$\quad\quad = 22 + 15.1 + 10.2 + 6.3 + 4.5 + 2.7 + 1.11 + 15 = 135 = \psi(14);$

3° $\quad \psi(15) - \varphi_i(1)\psi(12) + \varphi_i(2)\psi(11) - \varphi_i(3)\psi(10) + \varphi_i(4)\psi(9) - \varphi_i(5)\psi(8) + \varphi_i(6)\psi(7)$

$\quad\quad - \varphi_i(7)\psi(6) + \varphi_i(8)\psi(5) - \varphi_i(9)\psi(4) + \varphi_i(10)\psi(3) - \varphi_i(11)\psi(2) + \varphi_i(12)\psi(1) - \varphi_i(15)$

$\quad\quad = 101 - 1.77 + 0.56 - 1.42 + 1.50 - 1.22 + 1.15 - 1.11 + 2.7 - 2.5 + 2.3$

$\quad\quad - 2.2 + 5.1 - 5 = 0,$

$\quad \psi(14) - \varphi_i(1)\psi(13) + \varphi_i(2)\psi(12) - \varphi_i(3)\psi(11) + \varphi_i(4)\psi(10) - \varphi_i(5)\psi(9) + \varphi_i(6)\psi(8)$

$\quad\quad - \varphi_i(7)\psi(7) + \varphi_i(8)\psi(6) - \varphi_i(9)\psi(5) + \varphi_i(10)\psi(4) - \varphi_i(11)\psi(3) + \varphi_i(12)\psi(2)$

$\quad\quad - \varphi_i(13)\psi(1) + \varphi_i(14)$

$\quad\quad = 155 - 1.104 + 0.77 - 1.56 + 1.42 - 1.50 + 1.22 - 1.15 + 2.11 - 2.7 + 2.5$

$\quad\quad - 2.5 + 5.2 - 5.1 + 5 = 15 = \psi(7).$

32. *Développement de* $\frac{1}{\beta}$. Les fonctions α, β ne diffèrent que par le changement de q en $-q$. Donc (66), (67) :

$$\frac{1}{\beta} = \alpha\beta' = \sum_0^\infty (-1)^n \varphi(n) q^n \quad . \quad . \quad . \quad . \quad . \quad . \quad (73)$$

33. *Second développement de* α. On a

$$\alpha = \frac{1}{\beta\beta'} = (1 - q + q^2 - q^3 + \cdots)(1 - q^2 + q^4 - \cdots)(1 - q^3 + q^6 - \cdots)\cdots$$

Un produit partiel quelconque a la forme

$$(-q)^a (-q^2)^b (-q^3)^c \cdots = (-1)^{a+b+c\cdots} q^{a+2b+3c+\cdots} = (-1)^{a+b+c+\cdots} q^n.$$

Ce produit égale $\pm q^n$, suivant que le nombre $a + b + c + \cdots$, des parties de n, est *pair* ou *impair*. Donc, dans le développement cherché, le *coefficient de* q^n *est égal à l'excès* ε_n *du nombre des décompositions de* n *en un nombre pair de parties, égales ou inégales, sur le nombre des décompositions de* n *en un nombre impair de parties, égales ou inégales.* Autrement dit,

$$\alpha = \frac{1}{\beta\beta'} = \sum_0^\infty \varepsilon_n q^n. \quad . \quad . \quad . \quad . \quad . \quad . \quad . \quad (74)$$

34. *Remarques.* I. La comparaison avec le premier développement (59) donne cette relation

$$\varepsilon_n = (-1)^n \varphi_i(n) \quad . \quad . \quad . \quad . \quad . \quad . \quad . \quad . \quad (75)$$

II. Si n_p, n_i sont les nombres dont il s'agit, l'on a

$$n_p + n_i = \psi(n);$$

et, par conséquent,

$$n_p = \frac{1}{2}\left[\psi(n) + (-1)^n \varphi_i(n)\right], \quad n_i = \frac{1}{2}\left[\psi(n) - (-1)^n \varphi_i(n)\right]. \quad . \quad . \quad (76) \, (^*)$$

III. $\psi(n)$ *et* $\varphi_i(n)$ *sont de même parité.*

(*) Nous avons trouvé, ci-dessus (**14**), des formules analogues à celles-ci.

35. *Développements de $\alpha'\beta$.* Ils se déduisent des développements de $\alpha\alpha'$, par le changement de q en $-q$ (8). Ainsi (46), (47) :

$$\alpha'\beta = \sum_0^\infty (-1)^i (-q)^{\frac{5i^2 \mp i}{2}}, \qquad \dots \qquad (77)$$

$$\alpha'\beta = \sum_0^\infty (n_p - n_i)(-q)^n. \qquad \dots \qquad (78)$$

36. *Remarque.* D'après la formule (54),

$$\alpha'\beta = 1 + q - q^2 - q^5 - q^7 - q^{12} + q^{15} + q^{22} + q^{26} + q^{55} - q^{40} - q^{51} - \cdots . \qquad (79)$$

Les termes de cette nouvelle série semblent donc, à partir du troisième, se succéder par groupes de quatre termes, alternativement négatifs et positifs. C'est ce qu'il est facile de vérifier.

37. *Développement de $\alpha\alpha'\beta$.* On tire, des formules (12), (14), (17), (18) :

$$\alpha^2\alpha' = \sqrt{\frac{2\omega k'}{\pi}}, \qquad \alpha'\beta^2 = \sqrt{\frac{2\omega}{\pi}}; \qquad \dots \qquad (80)$$

puis, de celles-ci,

$$\alpha\alpha'\beta = \sqrt{\frac{2\omega}{\pi}\sqrt{k'}}; \qquad \dots \qquad (81)$$

ou, en vertu de la formule (25),

$$\alpha\alpha'\beta = \frac{\alpha'}{\beta'} = 1 - 2q^2 + 2q^8 - 2q^{18} + 2q^{32} - \cdots \qquad \dots \qquad (82)$$

38. *Remarque.* La fonction

$$\alpha\alpha'\beta = \alpha\beta \times \alpha' = (1 - q^2)(1 - q^6)(1 - q^{10}) \cdots \times (1 - q^2)(1 - q^4)(1 - q^6)\dots;$$

donc, *dans le développement de ce produit, les coefficients sont ± 2 ou zéro.* Cette propriété a de l'analogie avec celle dont jouit le produit $\alpha\alpha'$.

39. *Relation entre les nombres φ_i.* Les développements de $\alpha\beta$ et de α' étant (10), (15)

$$\sum_0^\infty (-1)^n \varphi_i(n) q^{2n}, \qquad 1 - q^2 - q^4 + q^{10} + q^{14} - \cdots,$$

le coefficient de q^{2n}, dans le produit, est

$$(-1)^n \varphi_i(n) - (-1)^{n-1} \varphi_i(n-1) - (-1)^{n-2} \varphi_i(n-2) + (-1)^{n-5} \varphi_i(n-5) + (-1)^{n-7} \varphi_i(n-7) - \cdots,$$

ou

$$(-1)^n \left[\varphi_i(n) + \varphi_i(n-1) - \varphi_i(n-2) - \varphi_i(n-5) - \varphi_i(n-7) - \varphi_i(n-12) + \cdots \right].$$

Identifiant cette quantité avec le terme général de la série (82), on a ce nouveau théorème :

La fonction

$$\varphi_i(n) + \varphi_i(n-1) - \varphi_i(n-2) - \varphi_i(n-5) - \varphi_i(n-7) - \cdots$$

égale 2 *ou zéro, suivant que* n *est ou n'est pas carré* (*).

Par exemple :

$$\varphi_i(16) + \varphi_i(15) - \varphi_i(14) - \varphi_i(11) - \varphi_i(9) - \varphi_i(4) + \varphi_i(1) = 5 + 4 - 3 - 2 - 2 - 1 + 1 = +2,$$
$$\varphi_i(25) + \varphi_i(24) - \varphi_i(23) - \varphi_i(20) - \varphi_i(18) - \varphi_i(15) + \varphi_i(10) + \varphi_i(5)$$
$$= 12 + 11 - 9 - 7 - 5 - 3 + 2 + 1 = +2,$$
$$\varphi_i(24) + \varphi_i(23) - \varphi_i(22) - \varphi_i(19) - \varphi_i(17) - \varphi_i(12) + \varphi_i(9) + \varphi_i(2)$$
$$= 11 + 9 - 8 - 6 - 5 - 5 + 2 + 0 = 0.$$

40. *Remarque.* Le produit $\alpha'\beta^2$ est décomposable en $\alpha'\beta \times \beta$; donc, à cause des formules (14), (34) et (77) :

$$1 + 2q + 2q^4 + 2q^9 + \cdots = [1 + q - q^2 - q^5 - q^7 - \cdots] \sum_0^\infty \varphi_i(n) q^n. \quad . \quad . \quad (85)$$

Identifiant les deux membres, on retombe sur le théorème précédent. [*Ad.*] (**)

41. *Autre relation entre les nombres* φ_i. Si l'on décompose $\alpha\alpha'\beta$ en $\beta \times \alpha\alpha'$, et que l'on ait égard aux formules

$$\beta = 1 + \varphi_i(1) q + \varphi_i(2) q^2 + \varphi_i(3) q^3 + \cdots, \quad . \quad . \quad . \quad . \quad . \quad . \quad . \quad (34)$$
$$\alpha\alpha' = 1 - q - q^2 + q^5 + q^7 - q^{12} - q^{15} + q^{22} + q^{26} - \cdots, \quad . \quad . \quad . \quad . \quad (51)$$

on trouve la proposition suivante :

La fonction

$$\varphi_i(n) - \varphi_i(n-1) - \varphi_i(n-2) + \varphi_i(n-5) + \varphi_i(n-7) - \varphi_i(n-12) - \varphi_i(n-15) + \cdots$$

égale $2(-1)^{\frac{n}{2}}$ *ou zéro, suivant que* n *est ou n'est pas le double d'un carré.*

(*) Le terme général est $(-1)^{a-1} \varphi_i(n-a)$, a désignant $\frac{3l^2 \mp l}{2}$.
(**) Nous indiquons ainsi les *additions* au texte primitif.

Exemples :

$$\varphi_i(8) - \varphi_i(7) - \varphi_i(6) + \varphi_i(5) + \varphi_i(1) = 2 - 1 - 1 + 1 + 1 = 2 = 2(-1)^4,$$
$$\varphi_i(18) - \varphi_i(17) - \varphi_i(16) + \varphi_i(15) + \varphi_i(11) - \varphi_i(6) - \varphi_i(5) = 5 - 5 - 5 + 5 + 2 - 1 - 1 = -2 = 2(-1)^0;$$
$$\varphi_i(16) - \varphi_i(15) - \varphi_i(14) + \varphi_i(11) + \varphi_i(9) - \varphi_i(4) - \varphi_i(1) = 5 - 4 - 5 + 2 + 2 - 1 - 1 = 0.$$

42. CorOLLAIRE. Si l'on combine les deux derniers théorèmes, on en conclut un autre, assez simple, que l'on peut énoncer ainsi :

La fonction

$$\varphi_i(n) - \varphi_i(n - 2) - \varphi_i(n - 12) + \varphi_i(n - 22) + \varphi_i(n - 26) - \cdots$$

égale 1, *ou* $\left(-1\right)^{\frac{n}{2}}$, *ou zéro, suivant que* n *est un carré, ou le double d'un carré, ou un autre nombre.*

Par exemple :

$$\varphi_i(16) - \varphi_i(14) - \varphi_i(4) = 5 - 5 - 1 = 1,$$
$$\varphi_i(25) - \varphi_i(25) - \varphi_i(15) + \varphi_i(5) = 12 - 9 - 5 + 1 = 1,$$
$$\varphi_i(18) - \varphi_i(16) - \varphi_i(6) = 5 - 5 - 1 = (-1)^0,$$
$$\varphi_i(24) - \varphi_i(22) - \varphi_i(12) + \varphi_i(2) = 11 - 8 - 5 + 0 = 0.$$

43. *Seconde expression de* $\alpha\alpha'\beta$. Des formules (54), (65), on déduit

$$\alpha\alpha'\beta = \frac{1 + \varphi_i(1)\, q + \varphi_i(2)\, q^2 + \varphi_i(5)\, q^3 + \cdots}{1 + \psi(1)\, q + \psi(2)\, q^2 + \psi(5)\, q^5 + \cdots} \qquad\qquad (84)$$

44. *Relation entre les nombres* ψ, φ_i. D'après cette dernière valeur, comparée au développement ci-dessus (82) :

$$\varphi_i(n) = \psi(n) - 2\psi(n - 2) + 2\psi(n - 8) + 2\psi(n - 18) - \cdots \qquad (85)$$

45. *Développement de* $\frac{\beta'}{\alpha'}$. Nous avons trouvé

$$\beta' = 1 + \varphi(1)\, q^2 + \varphi(2)\, q^4 + \varphi(5)\, q^6 + \cdots, \qquad\qquad (56)$$

$$\frac{1}{\alpha'} = 1 + \psi(1)\, q^2 + \psi(2)\, q^4 + \psi(5)\, q^6 + \cdots \qquad\qquad (68)$$

Par suite

$$\frac{\beta'}{\alpha'} = 1 + A_1 q^2 + A_2 q^4 + \cdots + A_n q^{2n} + \cdots, \qquad\qquad (86)$$

$A_1, A_2, \ldots A_n, \ldots$ étant des *nombres entiers*, définis par la formule

$$A_n = \varphi(n) + \varphi(n-1)\psi(1) + \varphi(n-2)\psi(2) + \cdots + \varphi(1)\psi(n-1) + \psi(n). \qquad (87)$$

46. *Calcul des coefficients* A_n. Le produit des séries (82), (86) doit se réduire à l'unité ; donc

$$A_n = 2\left[A_{n-1} - A_{n-4} + A_{n-9} - A_{n-10} + \cdots\right], \qquad (88)$$

formule plus commode que la précédente. Les premières valeurs de A_n sont

$$A_0 = 1, \quad A_1 = 2, \quad A_2 = 4, \quad A_3 = 8, \quad A_4 = 14, \quad A_5 = 24, \quad A_6 = 40,$$
$$A_7 = 64, \quad A_8 = 100, \quad A_9 = 154, \quad A_{10} = 252, \quad A_{11} = 544, \quad A_{12} = 504,$$
$$A_{13} = 728, \quad A_{14} = 1\,040, \quad A_{15} = 1\,472, \quad A_{16} = 2\,062, \ldots.$$

47. *Identité remarquable.* En vertu de la relation (7),

$$\frac{\beta'}{\alpha'} = \frac{\alpha'}{\alpha\alpha' \times \alpha'\beta} .$$

Mais

$$\alpha\alpha' = 1 - q - q^2 + q^5 + q^7 - q^{12} - q^{15} + q^{22} + \cdots, \qquad (51)$$
$$\alpha'\beta = 1 + q - q^2 - q^5 - q^7 - q^{12} + q^{15} + q^{22} + \cdots, \qquad (79)$$
$$\alpha' = 1 - q^2 - q^4 + q^{10} + q^{14} - q^{24} - q^{39} + q^{44} + \cdots, \qquad (52)$$
$$\frac{\alpha'}{\beta'} = 1 - 2q^2 + 2q^8 - 2q^{18} + 2q^{32} - 2q^{50} + \cdots ; \qquad (82)$$

donc

$$\left.\begin{aligned}
&(1 - q - q^2 + q^5 + q^7 - q^{12} - q^{15} + q^{22} + \cdots)(1 + q - q^2 - q^5 - q^7 - q^{12} + \cdots) \\
&= (1 - q^2 - q^4 + q^{10} + q^{14} - q^{24} - \cdots)(1 - 2q^2 + 2q^8 - 2q^{18} + 2q^{32} - \cdots)
\end{aligned}\right\} \quad (89)\,(^{*})$$

48. *Développement de* $\alpha\alpha'\beta'$. Par les formules (5), (6) :

$$\alpha\alpha'\beta' = \frac{\alpha'}{\beta} = q^{-\frac{1}{8}} \sqrt{\frac{\omega}{\pi}\sqrt{kk'}} ; \qquad (90)$$

donc (21)

$$\alpha\alpha'\beta' = \frac{\alpha'}{\beta} = 1 - q - q^5 + q^6 + q^{10} - q^{15} - q^{21} + \cdots \qquad (91)$$

(*) On arrive au même résultat si l'on emploie les formules (60), (61), ...

49. *Développement de $\alpha'\beta\beta'$.* Il est donné par la dernière formule, dans laquelle on changerait q en $-q$. Ainsi :

$$\alpha'\beta\beta' = \frac{\alpha'}{\alpha} = 1 + q + q^3 + q^6 + q^{10} + q^{15} + q^{21} + \cdots \qquad \qquad (92)$$

50. Corollaires. I. *Dans le produit des fonctions*

$$\alpha\alpha' = (1-q)(1-q^2)(1-q^3)(1-q^4)\ldots, \qquad \beta' = (1+q^2)(1+q^4)(1+q^6)\ldots,$$

le coefficient de q^n *est* $(-1)^n$ *ou zéro, suivant que* n *est ou n'est pas triangulaire.*

II. *Dans le produit des fonctions*

$$\alpha' = (1-q^2)(1-q^4)(1-q^6)\ldots, \qquad \beta\beta' = (1+q)(1+q^2)(1+q^3)\ldots,$$

le coefficient de q^n *est 1 ou zéro, selon que* n *est ou n'est pas triangulaire.*

51. *Relation entre les nombres* φ_p. Comme

$$\alpha\alpha' = 1 - q - q^2 + q^5 + q^7 - \cdots, \qquad \beta' = 1 + \varphi_p(1)\, q + \varphi_p(2)\, q^2 + \varphi_p(3)\, q^3 + \cdots,$$

il s'ensuit que :

La fonction

$$\varphi_p(n) - \varphi_p(n-1) - \varphi_p(n-2) + \varphi_p(n-5) + \varphi_p(n-7) - \cdots,$$

nulle si n *n'est pas triangulaire, se réduit à* $+1$ *quand* n *est triangulaire pair, et à* -1 *dans le cas contraire.*

52. *Relations entre les nombres* φ. 1° Si $n = 2n'$, les termes $\varphi_p(2n'-1)$, $\varphi_p(2n'-5)$, $\varphi_p(2n'-7)$, ... sont nuls. En même temps, $\varphi_p(2n') = \varphi(n')$, $\varphi_p(2n'-2) = \varphi(n'-1)$, etc. Remplaçant n' par n, on peut énoncer ainsi la dernière propriété :

La fonction

$$\varphi(n) - \varphi(n-1) - \varphi(n-6) + \varphi(n-11) + \varphi(n-15) - \varphi(n-20) - \cdots$$

se réduit à 1 ou à zéro, suivant que 2n *est ou n'est pas triangulaire* (*).

(*) Le terme général est $(-1)^l\varphi(n-b)$, b représentant $\frac{1}{4}(3l^2 \mp l)$, $\frac{1}{4}(3l^2 - l)$ ou $\frac{1}{4}(3l^2 + l)$, selon que l a la forme $4l'$, $4l' - 1$ ou $4l' + 1$.

2° A cause de

$$\alpha' = 1 - q^2 - q^4 + q^{10} + q^{14} - \cdots, \qquad \beta\beta' = 1 + \varphi(1)\,q + \varphi(2)\,q^2 + \varphi(3)\,q^3 + \cdots,$$

on conclut, de l'égalité (92), cet autre théorème :

La fonction

$$\varphi(n) - \varphi(n-2) - \varphi(n-4) + \varphi(n-10) + \varphi(n-14) - \cdots$$

se réduit à 1 ou à zéro, suivant que n est ou n'est pas triangulaire.

53. *Relations entre les nombres φ et ψ.* 1° On a (52), (68), (92) :

$$\beta\beta' = \sum_0^\infty \varphi(n)\,q^n, \qquad \frac{1}{\alpha'} = \sum_0^\infty \psi(n)\,q^{2n}, \qquad \alpha'\beta\beta' = 1 + q + q^3 + q^6 + q^{10} + \cdots;$$

et, par conséquent :

$$\varphi(2n) = \psi(n) + \psi(n-3) + \psi(n-5) + \psi(n-14) + \psi(n-18) + \psi(n-35) + \cdots, \quad (93)$$
$$\varphi(2n+1) = \psi(n) + \psi(n-1) + \psi(n-7) + \psi(n-10) + \psi(n-22) + \psi(n-27) + \cdots. \quad (94)$$

Par exemple :

$$\varphi(72) = \psi(36) + \psi(33) + \psi(31) + \psi(22) + \psi(18) + \psi(1),$$
$$\varphi(71) = \psi(35) + \psi(34) + \psi(28) + \psi(25) + \psi(13) + \psi(8);$$

ou (*)

$$36\,552 = 17\,977 + 10\,143 + 6\,842 + 1\,002 + 585 + 3,$$
$$32\,994 = 14\,885 + 12\,310 + 3\,718 + 1\,958 + 101 + 22;$$

ce qui est exact.

2° Si l'on fait usage de la formule

$$\frac{1}{\alpha'} = \frac{\displaystyle\sum_0^\infty \psi(n)\,q^n}{\displaystyle\sum_0^\infty \varphi(n)\,q^n}, \qquad\qquad\qquad\qquad (69)$$

on trouve, avec la même facilité,

$$\left[1 + \varphi(1)\,q + \varphi(2)\,q^2 + \cdots\right]^2 = \left[1 + \psi(1)\,q + \psi(2)\,q^2 + \cdots\right](1 + q + q^3 + q^6 + \cdots); \quad (95)$$

puis

$$\psi(n) + \psi(n-1) + \psi(n-3) + \psi(n-6) + \cdots = \varphi(n) + \varphi(1)\varphi(n-1) + \varphi(2)\varphi(n-2) + \cdots + \varphi. \quad (96)$$

(*) Voir Tables II et III.

54. *Développement de $\frac{\beta}{\alpha'}$.* Si l'on suppose

$$\frac{\beta}{\alpha'} = 1 + B_1 q + B_2 q^2 + \cdots B_n q^n + \cdots, \qquad \ldots \ldots \quad (97)$$

on conclut, des relations (54), (68),

$$B_n = \varphi_i(n) + \varphi_i(n-2)\,\psi(1) + \varphi_i(n-4)\,\psi(2) + \cdots; \quad \ldots \ldots \quad (98)$$

et, par la formule (94) :

$$B_n = B_{n-1} + B_{n-3} - B_{n-6} - B_{n-10} + B_{n-15} + B_{n-21} - \cdots \quad \ldots \ldots \quad (99)$$

Ainsi, *les coefficients* B_n *sont des nombres entiers.* A cause de $B_0 = 1$, la dernière équation donne, successivement :

$$B_1 = 1, \quad B_2 = 1, \quad B_3 = 2, \quad B_4 = 3, \quad B_5 = 4, \quad B_6 = 5, \quad B_7 = 7, \quad B_8 = 10, \quad B_9 = 13, \ldots$$

55. *Remarque.* Si les nombres B_n étaient connus, il serait facile d'en déduire les nombres φ_i. En effet (54), (52)

$$\frac{\beta}{\alpha'} = \frac{1 + \varphi_i(1)\,q + \varphi_i(2)\,q^2 + \varphi_i(3)\,q^3 + \cdots}{1 - q^2 - q^4 + q^{10} + q^{14} - q^{24} - q^{30} + \cdots}; \quad \ldots \ldots \quad (100)$$

donc, à cause de la formule (97) :

$$\varphi_i(n) = B_n - B_{n-2} - B_{n-4} + B_{n-10} + B_{n-14} - \cdots. \quad \ldots \ldots \quad (101)$$

56. *Développement de $\frac{\alpha}{\alpha'}$.* D'après ce que nous avons fait observer plusieurs fois,

$$\frac{\alpha}{\alpha'} = 1 - B_1 q + B_2 q^2 - \cdots \pm B_n q^n \mp \cdots. \quad \ldots \ldots \quad (102)$$

57. *Développement de $\frac{\alpha}{\beta}$.* On a trouvé (8), (34) :

$$\alpha = \sum_0^\infty (-1)^n \varphi_i(n)\, q^n, \qquad \frac{1}{\beta} = \sum_0^\infty (-1)^n \varphi(n)\, q^n;$$

donc

$$\frac{\alpha}{\beta} = 1 - C_1 q + C_2 q^2 - \cdots \pm C_n q^n \mp \cdots, \quad \ldots \ldots \quad (103)$$

pourvu que

$$C_n = \varphi_i(n) + \varphi_i(n-1)\,\varphi(1) + \varphi_i(n-2)\,\varphi(2) + \cdots + \varphi(n). \quad \ldots \quad (104)$$

58. *Calcul des coefficients* C_n. Au lieu d'employer la dernière formule, on peut faire attention que, d'après les relations (54), (79), on a

$$\frac{\alpha}{\beta} = \frac{1 - q - q^2 + q^5 + q^7 - q^{12} - q^{15} + q^{22} + \cdots}{1 + q - q^2 - q^5 - q^7 - q^{12} + q^{15} + q^{22} + \cdots}; \quad \ldots \quad (105)$$

et, en conséquence :

La fonction

$$C_n - C_{n-1} - C_{n-2} + C_{n-5} + C_{n-7} - C_{n-12} - \cdots$$

nulle si le nombre n *n'est pas pentagonal, se réduit à* $(-1)^{n-1}$ *dans le cas contraire, c'est-à-dire quand* $n = \frac{3\iota^2 \mp 1}{2}$ (*).

On trouve, en appliquant ce théorème :

$$C_1 = 2, \quad C_2 = 2, \quad C_3 = 4, \quad C_4 = 6, \quad C_5 = 8,$$
$$C_6 = 12, \quad C_7 = 16, \quad C_8 = 22, \quad C_9 = 30, \quad C_{10} = 40, \ldots$$

59. *Relation entre les nombres* φ, φ_i. La série (105) est le quotient de

$$\alpha = 1 - \varphi_i(1)\,q + \varphi_i(2)\,q^2 - \varphi_i(3)\,q^3 + \cdots, \quad \ldots \ldots \ldots \quad (39)$$

par

$$\beta = 1 + \varphi_i(1)\,q + \varphi_i(2)\,q^2 + \varphi_i(3)\,q^3 + \cdots \quad \ldots \ldots \ldots \quad (34)$$

Conséquemment

$$\varphi_i(n) = C_n - C_{n-1}\varphi_i(1) + C_{n-2}\varphi_i(2) - C_{n-3}\varphi_i(3) + \cdots \pm \varphi_i(n), \quad \ldots \quad (106)$$

$C_n, C_{n-1}, C_{n-2} \ldots C_1$ étant déterminés par la formule (104).

Si par exemple, $n = 4$:

$$\varphi_i(4) = \big[\varphi_i(4) + \varphi_i(3)\,\varphi(1) + \varphi_i(2)\,\varphi(2) + \varphi_i(1)\,\varphi(3) + \varphi(4)\big]$$
$$- \big[\varphi_i(3) + \varphi_i(2)\,\varphi(1) + \varphi_i(1)\,\varphi(2) + \varphi(3)\big]\varphi_i(1) + \big[\varphi_i(2) + \varphi_i(1)\,\varphi(1) + \varphi(2)\big]\varphi_i(2)$$
$$- \big[\varphi_i(1) + \varphi(1)\big]\varphi_i(3) + \varphi_i(4);$$

ou (Table III)

$$4 = [1 + 1 + 2 + 2] - [1 + 1 + 2] + 0 - [1 + 1] + 1;$$

ce qui est exact. Du reste la relation (106) est beaucoup trop compliquée pour que l'on en puisse faire usage.

(*) On peut comparer ce théorème à l'un de ceux que nous avons énoncés dans le n° **18**.

60. *Développements de $\frac{\beta}{\alpha}$.* 1° Les fonctions α, β ne différant que par le changement de q en $-q$, il en doit être de même pour les fractions $\frac{\alpha}{\beta}$, $\frac{\beta}{\alpha}$. Ainsi

$$\frac{\beta}{\alpha} = 1 + C_1 q + C_2 q^2 + \cdots + C_n q^n + \cdots, \qquad \qquad (107)$$

$$\frac{\beta}{\alpha} = \frac{1 + q - q^2 - q^5 - q^7 - q^{12} + q^{15} + q^{22} + \cdots}{1 - q - q^2 + q^5 + q^7 - q^{12} - q^{15} + q^{22} + \cdots}, \qquad (108)$$

$$\frac{\beta}{\alpha} = \frac{1 + \varphi_i(1) q + \varphi_i(2) q^2 + \varphi_i(5) q^3 + \cdots}{1 - \varphi_i(1) q + \varphi_i(2) q^2 - \varphi_i(5) q^3 + \cdots}. \qquad (109)$$

2° A cause de la formule (72), et de la relation entre α et β,

$$\frac{\beta}{\alpha} = \frac{1 + \psi(1) q + \psi(2) q^2 + \psi(5) q^3 + \cdots}{1 - \psi(1) q + \psi(2) q^2 - \psi(5) q^3 + \cdots}. \qquad (110)$$

61. *Autre relation entre les coefficients C_n.* D'après les formules (105), (107),

$$C_n - C_1 C_{n-1} + C_2 C_{n-2} - \cdots \pm C_n = 0. \qquad (111)$$

Cette équation, qui peut servir à calculer C_n quand n est *pair*, devient, dans le cas contraire, une pure identité. Voici, je pense, la raison de ce fait :

Le produit des séries (105), (107) a la forme $P^2 - Q^2 q^2$, P et Q représentant des fonctions *paires* de q. Pour rendre ce produit égal à 1, il n'est donc pas nécessaire d'attribuer des valeurs déterminées aux coefficients C_1, C_3, C_5, ... Autrement dit, ces coefficients restent *arbitraires* ou *indéterminés* (*).

62. *Remarques.* I. La comparaison des formules (109), (110) conduit à cette conséquence assez curieuse : la fraction (109) ne change pas de valeur, si l'on y remplace les nombres φ_i par les nombres ψ.

(*) L'égalité dont il est question dans le texte, est

$$(1 + C_2 q^2 + C_4 q^4 + \cdots)^2 = 1 + q^2 (C_1 + C_3 q^2 + C_5 q^4 + \cdots)^2.$$

Posant

$$C_1 + C_3 q^2 + C_5 q^4 + \cdots = Q,$$

on a, par la formule du binôme,

$$1 + C_2 q^2 + C_4 q^4 + \cdots = 1 + \frac{1}{2} q^2 Q - \frac{1}{2 \cdot 4} q^4 Q^2 + \frac{1 \cdot 3}{2 \cdot 4 \cdot 6} q^6 Q^3 - \cdots ;$$

relation d'où l'on tire, successivement :

$$C_2 = \frac{1}{2} C_1, \quad C_4 = \frac{1}{2} C_3 - \frac{1}{8} C_1^2, \quad C_6 = \frac{1}{2} C_5 - \frac{1}{4} C_1 C_3 + \frac{1}{16} C_1^3, \text{ etc. } [Ad.]$$

II. Si, pour abréger, on écrit ainsi les équations (108), (109), (110) :

$$\frac{\beta}{\alpha} = \frac{B}{A} = \frac{B'}{A'} = \frac{B''}{A''},$$

on a

Or,
$$AB' = A'B, \qquad AB'' = A''B.$$

donc
$$A = \alpha\alpha', \qquad B' = \beta;$$

ou
$$AB' = \alpha\alpha'\beta = 1 - 2q^2 + 2q^8 - 2q^{18} + \cdots, \qquad \ldots \ldots \quad (82)$$

$$\left[1 + \varphi_i(1)\, q + \varphi_i(2)\, q^2 + \varphi_i(3)\, q^3 + \cdots\right](1 - q - q^2 + q^5 + q^7 - \cdots) = 1 - 2q^2 + 2q^8 - 2q^{18} + \cdots, \quad (112)$$

relation déjà trouvée (41).

III. De même,

$$A = \alpha\alpha', \qquad B'' = \frac{1}{\alpha\alpha'}; \qquad \ldots \ldots \ldots \ldots \quad (65)$$

donc $AB'' = 1$, ou

$$\left[1 + \psi(1)\, q + \psi(2)\, q^2 + \cdots\right]\left[1 - q - q^2 + q^5 + q^7 - \cdots\right] = 1, \quad \ldots \quad (115)$$

comme ci-dessus (22).

IV. Si l'on suppose $\dfrac{\alpha}{\beta} = F(q)$, on a $\dfrac{\beta}{\alpha} = F(-q)$, puis

$$F(q)\, F(-q) = 1. \qquad \ldots \ldots \ldots \ldots \quad (114)$$

Ainsi,
$$F(q) = \frac{A}{B}, \quad F(q) = \frac{A'}{B'}, \quad F(q) = \frac{A''}{B''}$$

sont *trois solutions* de cette équation. La solution générale est donnée par la formule

$$F(q) = \frac{P + Qq}{P - Qq},$$

dans laquelle **P**, **Q** désignent, comme précédemment (64), des fonctions *paires* de q.

V. Si l'on prenait

$$F(q) = P_1 + Q_1 q, \quad F(-q) = P_1 - Q_1 q,$$

la fonction *paire* P_1 serait déterminée par la formule

$$P_1 = \sqrt{1 + Q_1^2 q^2};$$

mais cette solution est comprise dans la première. En effet, l'identification des deux valeurs de $F(q)$ conduit à

$$P_1 = \frac{P^2 + Q^2 q^2}{P^2 - Q^2 q^2}, \qquad Q_1 = 2\,\frac{PQ}{P^2 - Q^2 q^2};$$

etc. (*).

63. *Développement de* $\frac{\beta}{\beta'}$. Des formules (54), (40) :

$$\beta = \sum_0^\infty \varphi_i(n)\, q^n, \qquad \frac{1}{\beta'} = \sum_0^\infty (-1)^n \varphi_i(n)\, q^{2n},$$

on conclut

$$\frac{\beta}{\beta'} = 1 + D_1 q + D_2 q^2 + \cdots + D_n q^n + \cdots, \qquad \ldots \qquad (115)$$

pourvu que l'on suppose

$$D_n = \varphi_i(n) - \varphi_i(1)\,\varphi_i(n-2) + \varphi_i(2)\,\varphi_i(n-4) - \varphi_i(3)\,\varphi_i(n-6) + \cdots. \qquad (116)$$

64. *Autres expressions de* $\frac{\beta}{\beta'}$. 1° $\frac{\beta}{\beta'} = \frac{\alpha'\beta}{\alpha'\beta'}$; donc (79), (54) :

$$\frac{\beta}{\beta'} = \frac{1 + q - q^2 - q^5 - q^7 - q^{12} + q^{15} + \cdots}{1 - q^4 - q^8 + q^{20} + q^{28} - q^{48} - q^{60} + \cdots} \qquad \ldots \qquad (117)$$

2° Les égalités (15), (16), divisées membre à membre, donnent

$$\frac{(1 + q^2)(1 + q^6)(1 + q^{10}) \cdots}{(1 + q^4)(1 + q^8)(1 + q^{12}) \cdots} = \frac{1 - 2q^4 + 2q^{10} - 2q^{55} + \cdots}{1 - q^2 - q^6 + q^{12} + q^{20} - \cdots};$$

d'où, par le changement de q^2 en q :

$$\frac{\beta}{\beta'} = \frac{1 - 2q^2 + 2q^8 - 2q^{18} + \cdots}{1 - q - q^3 + q^6 + q^{10} + \cdots}. \qquad \ldots \qquad (118)$$

(*) Par exemple, on satisfait à l'équation (114) au moyen de

$$F(q) = \sqrt{1 + q^6} + q^3;$$

mais cette égalité peut être mise sous la forme

$$F(q) = \frac{1 + \sqrt{1 + q^6} + q^3}{1 + \sqrt{1 + q^6} - q^3}.$$

$3°$ Nous avons trouvé

$$\frac{\alpha'}{\beta'} = 1 - 2q^2 + 2q^8 - 2q^{18} + 2q^{32} - \cdots, \quad \dots \dots \quad (82)$$

$$\frac{\beta}{\alpha'} = \frac{1 + \varphi_i(1)\, q + \varphi_i(2)\, q^2 + \varphi_i(5)\, q^3 + \cdots}{1 - q^2 - q^4 + q^{10} + q^{14} - q^{24} - q^{30} + \cdots}. \quad \dots \dots \quad (100)$$

Conséquemment,

$$\frac{\beta}{\beta'} = \frac{1 - 2q^2 + 2q^8 - 2q^{18} + 2q^{32} - \cdots}{1 - q^2 - q^4 + q^{10} + q^{14} - q^{24} - q^{30} + \cdots} \left[1 + \varphi_i(1)\, q + \varphi_i(2)\, q^2 + \cdots \right]. \quad (119)$$

$4°$ Si l'on a égard à la relation (112), on peut éliminer le second facteur. De là résulte, au lieu de la dernière expression,

$$\frac{\beta}{\beta'} = \frac{[1 - 2q^2 - 2q^8 + 2q^{18} + 2q^{32} - \cdots]^2}{[1 - q^2 - q^4 + q^{10} + q^{14} - \cdots]\,[1 - q - q^2 + q^5 + q^7 - \cdots]} \quad \dots \quad (120)$$

$5°$ Enfin, des formules (34), (56), (40), (75), on déduit encore :

$$\begin{aligned} \frac{\beta}{\beta'} &= \frac{1 + \varphi_i(1)\, q + \varphi_i(2)\, q^2 + \varphi_i(5)\, q^3 + \cdots}{1 + \varphi(1)\, q^2 + \varphi(2)\, q^4 + \varphi(5)\, q^6 + \cdots} \\[4pt] &= \frac{1 - \varphi_i(1)\, q^2 + \varphi_i(2)\, q^4 - \varphi_i(5)\, q^6 + \cdots}{1 - \varphi(1)\, q + \varphi(2)\, q^2 - \varphi(5)\, q^3 + \cdots}. \end{aligned} \right\} \quad \dots \dots \quad (121)$$

65. *Identités remarquables.* $1°$ Si l'on égale les valeurs (117), (118), on trouve, en changeant q en $- q$:

$$\left. \begin{aligned} &(1 - q - q^2 + q^5 + q^7 - \cdots)\,(1 + q + q^5 + q^6 + \cdots) \\ &= (1 - 2q^2 + 2q^8 - 2q^{18} + \cdots)\,(1 - q^4 - q^8 + q^{20} + q^{28} - \cdots). \end{aligned} \right\} \quad \dots \quad (122)$$

$2°$ De même,

$$\left. \begin{aligned} &(1 - q - q^2 + q^5 + q^7 - \cdots)\,(1 - q^2 - q^4 + q^{10} + q^{14} - \cdots) \\ &= (1 - 2q^2 + 2q^8 - 2q^{18} + \cdots)\,(1 - q - q^5 + q^6 + q^{10} - \cdots). \end{aligned} \right\} \quad \dots \quad (123)$$

$3°$ Il résulte, de ces deux égalités,

$$\left. \begin{aligned} &(1 + q + q^5 + q^6 + \cdots)\,(1 - q - q^5 + q^6 + \cdots) \\ &= (1 - q^2 - q^4 + q^{10} + q^{14} - \cdots)\,(1 - q^4 - q^8 + q^{20} + q^{28} - \cdots). \end{aligned} \right\} \quad \dots \quad (124)$$

66. *Remarques.* I. La valeur commune des deux membres, dans la première identité, est $\alpha\alpha' \times \dfrac{x'}{x} = \alpha'^2$.

II. D'après les formules (51), (52), la valeur commune des deux produits suivants est $\alpha\alpha'^2$.

III. Enfin, dans la dernière identité, la valeur commune des deux membres est (20), (21), (7) : $\dfrac{\alpha'^2}{x^3} = \alpha'^2\beta'$.

67. *Relations entre les coefficients* D_n. Elles résultent de la comparaison des formules (115), (117), (118) :

1° *La fonction*

$$D_n - D_{n-4} - D_{n-8} + D_{n-20} + D_{n-28} - \cdots$$

nulle si n *n'est pas pentagonal, se réduit, dans le cas contraire, à* $(-1)^{n-1}$;

2° *La fonction*

$$D_n - D_{n-1} - D_{n-3} + D_{n-6} + D_{n-10} - \cdots$$

nulle si n *n'est pas le double d'un carré, égale* $2(-1)^{\frac{n}{2}}$ *dans le cas contraire.*

On trouve, en appliquant l'un ou l'autre théorème :

$$D_1 = 1,\ D_2 = -1,\ D_3 = 0,\ D_4 = 1,\ D_5 = 0,\ D_6 = -1,\ D_7 = -1,\ D_8 = 2,\ D_9 = 1,\ D_{10} = -2, \ldots$$

68. *Développement de* $\dfrac{\beta}{\beta'}$. Si l'on fait

$$\frac{\beta'}{\beta} = 1 - E_1 q + E_2 q^2 - \cdots \pm E_n q^n \mp \cdots, \quad\quad\quad\quad (125)$$

les formules (56), (75) :

$$\beta' = 1 + \varphi(1)\, q^2 + \varphi(2)\, q^4 + \cdots, \quad\quad \frac{1}{\beta} = 1 - \varphi(1)\, q + \varphi(2)\, q^2 - \varphi(3)\, q^3 + \cdots$$

donnent

$$E_n = \varphi(n) + \varphi(1)\,\varphi(n-2) + \varphi(2)\,\varphi(n-4) + \varphi(5)\,\varphi(n-6) + \cdots \quad\quad (126)$$

69. *Relations entre les nombres* E_n. Il suffit de les énoncer :

1° *La fonction*

$$E_n - E_{n-1} - E_{n-2} + E_{n-5} + E_{n-7} - E_{n-12} - \cdots$$

égale $(-1)^r$ *ou zéro, selon que* n *est ou n'est pas quadruple d'un nombre pentagonal;*

2° *La fonction*

$$E_n - 2E_{n-2} + 2E_{n-8} - 2E_{n-18} + \cdots$$

égale 1 *ou zéro, suivant que* n *est ou n'est pas triangulaire* (*).

Les premières valeurs sont :

$E_1 = 1$, $E_2 = 2$, $E_3 = 5$, $E_4 = 4$, $E_5 = 6$, $E_6 = 9$, $E_7 = 12$, $E_8 = 16$, $E_9 = 22$, $E_{10} = 29$, $\ldots$

70. *Valeurs de* $\sqrt[4]{k'}$, $\sqrt[4]{k}$, $\sqrt{1+k'}$, *etc.* 1° D'après les formules (5) et (6), la fraction $\frac{\alpha}{\beta}$ est égale à $\sqrt[4]{k'}$. Conséquemment (55), (27) :

$$\sqrt[4]{k'} = \frac{\alpha}{\beta} = \frac{1 - q - q^2 + q^5 + q^7 - q^{12} - q^{15} + \cdots}{1 + q - q^2 - q^5 - q^7 - q^{12} + q^{15} + \cdots}$$
$$= \frac{1 - \varphi_i(1)\,q + \varphi_i(2)\,q^2 - \varphi_i(5)\,q^5 + \cdots}{1 + \varphi_i(1)\,q + \varphi_i(2)\,q^2 + \varphi_i(5)\,q^5 + \cdots}$$
$$= \frac{1 - \psi(1)\,q + \psi(2)\,q^2 - \psi(5)\,q^5 + \cdots}{1 + \psi(1)\,q + \psi(2)\,q^2 + \psi(5)\,q^5 + \cdots}$$
$$= \frac{1 - 2q^2 + 2q^8 - 2q^{18} + 2q^{32} - \cdots}{1 + 2q + 2q^4 + 2q^9 + 2q^{16} + \cdots}$$
$$= \frac{1 - q - q^5 + q^6 + q^{10} - q^{15} - \cdots}{1 + q + q^3 + q^6 + q^{10} + q^{15} + \cdots}. \qquad\qquad (127)$$

2° On trouve, avec la même facilité, au moyen des formules (6), (8), (36), (54), (117), (118), (121) :

$$\sqrt[4]{k} = 2^{\frac{1}{2}} q^{\frac{1}{8}} \frac{\beta'}{\beta} = 2^{\frac{1}{2}} q^{\frac{1}{8}} \frac{1 + \varphi(1)\,q^2 + \varphi(2)\,q^4 + \varphi(5)\,q^6 + \cdots}{1 + \varphi_i(1)\,q + \varphi_i(2)\,q^2 + \varphi_i(5)\,q^5 + \cdots}$$
$$= 2^{\frac{1}{2}} q^{\frac{1}{8}} \frac{1 - q^4 - q^8 + q^{20} + q^{28} - q^{48} - q^{60} + \cdots}{1 + q - q^2 - q^5 - q^7 - q^{12} + q^{15} + \cdots}$$
$$= 2^{\frac{1}{2}} q^{\frac{1}{8}} \frac{1 - \varphi(1)\,q + \varphi(2)\,q^2 - \varphi(5)\,q^5 + \cdots}{1 - \varphi_i(1)\,q^2 + \varphi_i(2)\,q^4 - \varphi_i(5)\,q^6 + \cdots}$$
$$= 2^{\frac{1}{2}} q^{\frac{1}{8}} \frac{1 - q - q^5 + q^6 + q^{10} - q^{15} - \cdots}{1 - 2q^2 + 2q^8 - 2q^{18} + 2q^{32} - \cdots}. \qquad (128)$$

3° La comparaison des formules (26) et (50) donne ces valeurs simples :

$$\sqrt{\frac{1+k'}{2}} = \frac{1 + 2q^2 + 2q^8 + 2q^{18} + \cdots}{1 + 2q + 2q^4 + 2q^9 + \cdots}, \qquad\qquad (129)$$

$$\sqrt{\frac{1-k'}{2}} = 2q^{\frac{1}{2}} \frac{1 + q^4 + q^{12} + q^{24} + \cdots}{1 + 2q + 2q^4 + 2q^9 + \cdots} \qquad [Ad.]\ (130)$$

(*) De là résulte que E_n est *impair* dans le premier cas, *pair* dans le second.

4.° Des égalités (19), (22), on tire, semblablement,

$$\sqrt{\frac{k}{1+k'}} = 2^{\frac14}q^{\frac14}\frac{1+q^2+q^6+q^{12}+\cdots}{1+2q^2+2q^8+2q^{18}+\cdots} \quad\ldots\ldots\quad [Ad.]\ (151)$$

5.° Ce n'est pas tout : en partant de la valeur de $\sqrt[4]{k}$ (26), et en faisant usage d'une identité connue, que nous indiquerons tout à l'heure, on arrive à ces deux autres formules :

$$\left.\begin{aligned} \sqrt[4]{k} &= 2^{\frac14}q^{\frac18}\frac{1+q+q^3+q^6+q^{10}+\cdots}{1+2q+2q^4+2q^9+2q^{16}+\cdots} \\ &= 2^{\frac13}q^{\frac18}\frac{1+q^2+q^6+q^{12}+\cdots}{1+q+q^3+q^6+\cdots}. \end{aligned}\right\} \quad\ldots\ldots\quad (152)$$

6.° Enfin, celles-ci équivalent à

$$\left.\begin{aligned} \frac{\beta}{\beta'} &= \frac{1+q+q^3+q^6+\cdots}{1+q^2+q^6+q^{12}+\cdots} \\ &= \frac{1+2q+2q^4+2q^9+\cdots}{1+q+q^3+q^6+\cdots}. \end{aligned}\right\} \quad\ldots\ldots\quad [Ad.]\ (153)$$

71. *Autre expression de* $\sqrt{\frac{k}{1+k'}}$. Des formules connues

$$\cos am\,\frac{\omega}{2} = \sqrt{\frac{k'}{1+k'}}, \qquad \cos am\,\frac{\omega}{2} = \sqrt{\frac{k'}{k}}\,\frac{\mathrm{H}\left(\frac{\omega}{2}\right)}{\Theta\left(\frac{\omega}{2}\right)},$$

on conclut, à cause des valeurs de $\mathrm{H}\left(\frac{\omega}{2}\right)$, $\Theta\left(\frac{\omega}{2}\right)$ (1) :

$$\sqrt{\frac{k}{1+k'}} = 2^{\frac13}q^{\frac14}\frac{1-q^2-q^6+q^{12}+q^{20}-\cdots}{1-2q^4+2q^{16}-2q^{36}+\cdots} \quad\ldots\ldots\quad [Ad.]\ (154)$$

72. *Identités remarquables.* 1.° Rappelons d'abord celles que nous avons citées ou démontrées précédemment :

$$\sqrt[4]{\frac{\omega'}{\omega}}\,[1+2q+2q^4+2q^9+2q^{16}+\cdots] = \sqrt[4]{\frac{\omega}{\omega'}}\,[1+2q'+2q'^4+2q'^9+2q'^{16}+\cdots],\quad (28)$$

$$(1+2q+2q^4+2q^9+\cdots)^4 - (1-2q+2q^4-2q^9+\cdots)^4 = 16q\,(1+q^2+q^6+q^{12}+\cdots)^4,\quad (29)$$

$$(1+2q+2q^4+2q^9+\cdots)^2 + (1-2q+2q^4-2q^9+\cdots)^2 = 2\,(1+2q^2+2q^8+2q^{18}+\cdots)^2,\quad (50)$$

$$(1+2q+2q^4+2q^9+\cdots)^2 - (1-2q+2q^4-2q^9+\cdots)^2 = 8q\,(1+q^4+q^{12}+q^{24}+\cdots)^2,\quad (51)$$

$$\begin{aligned}
&(1 - q - q^2 + q^5 + q^7 - \cdots)(1 + q - q^2 - q^5 - q^7 - \cdots)\\
&= (1 - q^2 - q^4 + q^{10} + q^{14} - \cdots)(1 - 2q^2 + 2q^8 - 2q^{18} + 2q^{32} - \cdots),
\end{aligned} \qquad (89)$$

$$\begin{aligned}
&(1 - q - q^2 + q^5 + q^7 - \cdots)(1 + q + q^3 + q^6 + q^{10} + \cdots)\\
&= (1 - 2q^2 + 2q^8 - 2q^{18} + \cdots)(1 - q^4 - q^8 + q^{20} + q^{28} - \cdots),
\end{aligned} \qquad (122)$$

$$\begin{aligned}
&(1 - q - q^2 + q^5 + q^7 - \cdots)(1 - q^2 - q^4 + q^{10} + q^{14} - \cdots)\\
&= (1 - 2q^2 + 2q^8 - 2q^{18} + \cdots)(1 - q - q^3 + q^6 + q^{10} - \cdots),
\end{aligned} \qquad (123)$$

$$\begin{aligned}
&(1 + q + q^3 + q^6 + q^{10} + \cdots)(1 - q - q^3 + q^6 + q^{10} - \cdots)\\
&= (1 - q^2 - q^4 + q^{10} + q^{14} + \cdots)(1 - q^4 - q^8 + q^{20} + q^{28} - \cdots),
\end{aligned} \qquad (124)$$

$$\begin{aligned}
&(1 - q - q^2 + q^5 + q^7 - \cdots)(1 + 2q + 2q^4 + 2q^9 + 2q^{16} + \cdots)\\
&= (1 + q - q^2 - q^5 - q^7 - \cdots)(1 - 2q^2 + 2q^8 - 2q^{18} + 2q^{36} - \cdots),
\end{aligned} \qquad [Ad.]\ (127)$$

$$\begin{aligned}
&(1 + q + q^3 + q^6 + q^{10} + \cdots)(1 - 2q^2 + 2q^8 - 2q^{18} + 2q^{32} - \cdots)\\
&= (1 - q - q^3 + q^6 + q^{10} - \cdots)(1 + 2q + 2q^4 + 2q^9 + 2q^{16} - \cdots).
\end{aligned} \qquad [Ad.]\ (127^{bis})$$

2° Le changement de q en $- q$ donne

$$\begin{aligned}
&(1 + q - q^2 - q^5 - q^7 - \cdots)(1 - q - q^5 + q^6 + q^{10} - \cdots)\\
&= (1 - 2q^2 + 2q^8 - 2q^{18} + \cdots)(1 - q^4 - q^8 + q^{20} + q^{28} - \cdots),
\end{aligned} \qquad (135)$$

$$\begin{aligned}
&(1 + q - q^2 - q^5 - q^7 - \cdots)(1 - q^2 - q^4 + q^{10} + q^{14} - \cdots)\\
&= (1 - 2q^2 + 2q^8 - 2q^{18} + \cdots)(1 + q + q^3 + q^6 + q^{10} + \cdots),
\end{aligned} \qquad (136)$$

$$\begin{aligned}
&(1 + q - q^2 - q^5 - q^7 - \cdots)(1 - 2q + 2q^4 - 2q^9 + 2q^{16} - \cdots)\\
&= (1 - q - q^2 + q^5 + q^7 - \cdots)(1 - 2q^2 + 2q^8 - 2q^{18} + 2q^{36} - \cdots),
\end{aligned} \qquad [Ad.]\ (137)$$

$$\begin{aligned}
&(1 - q - q^3 + q^6 + q^{10} - \cdots)(1 - 2q^2 + 2q^8 - 2q^{18} + 2q^{32} - \cdots)\\
&= (1 + q + q^3 + q^6 + q^{10} + \cdots)(1 - 2q + 2q^4 - 2q^9 + 2q^{16} - \cdots).
\end{aligned} \qquad [Ad.]\ (138)$$

3° Ces relations, combinées deux à deux, conduisent à celles-ci :

$$(1 - q - q^2 + q^5 + q^7 - \cdots)^2 = (1 - q^2 - q^4 + q^{10} + q^{14} - \cdots)(1 - 2q + 2q^4 - 2q^9 + 2q^{16} - \cdots), \quad (139)$$

$$(1 + q - q^2 - q^5 - q^7 - \cdots)^2 = (1 - q^2 - q^4 + q^{10} + q^{14} - \cdots)(1 + 2q + 2q^4 + 2q^9 + 2q^{16} + \cdots), \quad (140)$$

$$\begin{aligned}
(1 - q^2 - q^4 + q^{10} + q^{14} - \cdots)^2 &= (1 + q + q^3 + q^6 + q^{10} + \cdots)(1 - q - q^2 + q^5 + q^7 - q^{12} - \cdots)\\
&= (1 - q - q^3 + q^6 + q^{10} + \cdots)(1 + q - q^2 - q^5 - q^7 - q^{12} - \cdots)\\
&= (1 - 2q^2 + 2q^8 - 2q^{18} + \cdots)(1 - q^4 - q^8 + q^{20} + q^{28} - \cdots),
\end{aligned} \qquad (141)$$

$$(1 - 2q^2 + 2q^8 - 2q^{18} + 2q^{32} - \cdots)^2 = (1 - 2q + 2q^4 - 2q^9 + \cdots)(1 + 2q + 2q^4 + 2q^9 + \cdots). \quad (142)\ (*)$$

$$\begin{aligned}
&(1 - q - q^2 + q^5 + q^7 - \cdots)(1 + q - q^2 - q^5 - q^7 - \cdots)\\
&= (1 - q^2 - q^4 + q^{10} + q^{14} + \cdots)(1 - 2q^2 + 2q^8 - 2q^{18} - \cdots).
\end{aligned} \qquad [Ad.]\ (143)$$

(*) LEGENDRE, t. III, p. 142.

4° On sait que

$$(1 + q + q^3 + q^6 + \cdots)^2 = (1 + q^2 + q^6 + q^{12} + \cdots)(1 + 2q + 2q^4 + 2q^9 + \cdots), \quad (144)\ (^*)$$

$$(1 - q - q^3 + q^6 + \cdots)^2 = (1 + q^2 + q^6 + q^{12} + \cdots)(1 - 2q + 2q^4 + 2q^9 + \cdots); \quad (145)\ (^*)$$

donc, à cause de la relation précédente,

$$(1 + q + q^3 + q^6 + \cdots)(1 - q - q^3 + q^6 + \cdots) = (1 + q^2 + q^6 + q^{12} + \cdots)(1 - 2q^2 + 2q^8 - 2q^{18} + \cdots); \quad (146)$$

puis, en vertu de l'égalité (124) :

$$\left.\begin{aligned}
(1 + q^2 + q^6 + q^{12} + q^{20} + \cdots)(1 - 2q^2 + 2q^8 - 2q^{18} + \cdots)\\
= (1 - q^2 - q^4 + q^{10} + q^{14} - \cdots)(1 - q^4 - q^8 + q^{20} + q^{28} - \cdots).
\end{aligned}\right\} \quad . \quad . \quad . \quad (147)$$

5° Le changement de q^2 en $\pm q$ donne ensuite :

$$\left.\begin{aligned}
(1 + q + q^3 + q^6 + q^{10} + \cdots)(1 - 2q + 2q^4 - 2q^9 + \cdots)\\
= (1 - q - q^2 + q^5 + q^7 - \cdots)(1 - q^2 - q^4 + q^{10} + q^{14} - \cdots),
\end{aligned}\right\} \quad . \quad (148)\ (^{**})$$

$$\left.\begin{aligned}
(1 - q - q^3 + q^6 + q^{10} - \cdots)(1 + 2q + 2q^4 + 2q^9 + \cdots)\\
= (1 + q - q^2 - q^5 - q^7 \cdots)(1 - q^2 - q^4 + q^{10} + q^{14} - \cdots),
\end{aligned}\right\} \quad . \quad . \quad (149)$$

6° Des égalités (144), (145), on tire, par soustraction,

$$\left.\begin{aligned}
(1 + q^6 + q^{10} + q^{28} + q^{36} + \cdots)(q + q^5 + q^{15} + q^{21} + q^{45} + \cdots)\\
= (1 + q^2 + q^6 + q^{12} + q^{20} + \cdots)(q + q^9 + q^{25} + q^{40} + q^{81} + \cdots);
\end{aligned}\right\} \quad . \quad . \quad (150)$$

ou, en désignant par i, i', des nombres impairs :

$$\sum_0^\infty q^{2i(2i \mp 1)} \times \sum_0^\infty q^{i'(2i' \mp 1)} = \sum_0^\infty q^{i(i \mp 1)} \times \sum_0^\infty q^{i'^2}. \quad . \quad . \quad . \quad . \quad (151)$$

$(^*)$ Legendre, t. III, p. 111. La formule (144) donne les valeurs de $\sqrt[4]{k}$ rapportées ci-dessus (132).

$(^{**})$ La relation (148) équivaut à

$$\alpha\alpha' \cdot \alpha = \alpha' \beta\beta' \sqrt{\frac{2\omega k'}{\pi}},$$

ou à

$$\alpha^2 \alpha' = \sqrt{\frac{2\omega k'}{\pi}};$$

et celle-ci est une conséquence des formules (3), (4).

7° L'identité (144) peut être écrite ainsi :

$$\left(q^{\frac{1}{8}} + q^{\frac{9}{8}} + q^{\frac{25}{8}} + q^{\frac{49}{8}} + \cdots\right)^2 = \left(q^{\frac{1}{4}} + q^{\frac{9}{4}} + q^{\frac{25}{4}} + q^{\frac{49}{4}} + \cdots\right)(1 + 2q + 2q^4 + 2q^9 + \cdots);$$

ou, par le changement de q en q^8 :

$$(q + q^9 + q^{25} + q^{49} + \cdots)^2 = (q^2 + q^{18} + q^{50} + q^{98} + \cdots)(1 + 2q^8 + 2q^{32} + 2q^{72} + \cdots). \tag{152}$$

8° Faisant la multiplication par 1, réduisant, puis supprimant le facteur 2, on trouve

$$(q^2 + q^{18} + q^{50} + q^{98} + \cdots)(q^8 + q^{52} + q^{72} + q^{128} + \cdots) = \sum q^{i^2 + i'^2} \quad . \quad . \quad . \tag{153}$$

Dans cette nouvelle relation (*), i, i' sont des *nombres impairs, inégaux.*

9° Si l'on ajoute membre à membre les égalités (144), (145), après avoir élevé au carré, on trouve, eu égard à la relation (50) :

$$\left. \begin{aligned} &(1 + q + q^3 + q^6 + q^{10} + \cdots)^4 + (1 - q - q^3 + q^6 + q^{10} + \cdots)^4 \\ &= 2(1 + q^2 + q^6 + q^{12} + q^{20} + \cdots)^2 (1 + 2q^2 + 2q^8 + 2q^{18} + \cdots)^2. \end{aligned} \right\} \quad . \quad . \tag{154}$$

10° Les mêmes relations (144), (145), combinées avec (29), donnent

$$(1 + q + q^3 + q^6 + \cdots)^8 - (1 - q - q^3 + q^6 + \cdots)^8 = 16q(1 + q^2 + q^6 + q^{12} + \cdots)^8; \tag{155}$$

ou, ce qui est équivalent,

$$(q + q^9 + q^{25} + q^{49} + \cdots)^8 - (q - q^9 - q^{25} + q^{49} + \cdots)^8 = 16(q^2 + q^{18} + q^{50} + q^{98} + \cdots)^8. \tag{156}$$

11° On a aussi, d'après les formules (144), (145) :

$$\begin{aligned} &(1 + q + q^3 + q^6 + q^{10} + \cdots)^4 - (1 - q - q^3 + q^6 + q^{10} - \cdots)^4 \\ &= (1 + q^2 + q^6 + q^{12} + \cdots)^2 \left[(1 + 2q + 2q^4 + \cdots)^2 - (1 - 2q + 2q^4 - \cdots)^2\right]; \end{aligned}$$

c'est-à-dire (31) :

$$(1 + q + q^3 + q^6 + \cdots)^4 - (1 - q - q^3 + q^6 + \cdots)^4 = 8q(1 + q^2 + q^6 + q^{12} + \cdots)^2 (1 + q^4 + q^{12} + \cdots)^2; \tag{157}$$

(*) Elle ne diffère pas de l'identité (31).

relation que l'on peut conclure encore des égalités (154), (155). La valeur commune des deux membres est $q^{-\frac{1}{2}}\dfrac{\omega^2}{\pi^2}k\,(1-k')$.

12° En vertu des deux expressions de $\sqrt{\dfrac{k}{1+k'}}$ (151), (154), on a

$$\left.\begin{aligned}&(1+q^2+q^6+q^{12}+\cdots)(1-2q^4+2q^{16}-2q^{36}+\cdots)\\=\;&(1-q^2-q^6+q^{12}+\cdots)(1+2q^2+2q^8+2q^{18}+\cdots).\end{aligned}\right\}\quad.\quad.\quad [Ad.]\ (158)$$

73. *Remarque.* D'après les identités (127bis), (149), *les produits*

$$(1+q+q^3+q^6+q^{10}+\cdots)(1-2q^2+2q^8-2q^{18}+2q^{32}-\cdots),$$
$$(1-q-q^5+q^6+q^{10}-\cdots)(1+2q+2q^4+2q^9+2q^{16}+\cdots),$$
$$(1+q-q^2-q^5-q^7-\cdots)(1-q^2-q^4+q^{10}+q^{14}-\cdots)$$

sont égaux : leur valeur commune est $\alpha'^2\beta=\dfrac{\omega}{\pi}\,2^{\frac{1}{2}}q^{-\frac{1}{8}}(kk')^{\frac{1}{4}}$. $[Ad.]$

74. *Formes diverses de* $\beta\beta'$. 1° Nous avons trouvé (66), (72) :

$$\beta\beta'=\sum_0^\infty \varphi(n)\,q^n,\qquad \beta\beta'=\frac{\displaystyle\sum_0^\infty \psi(n)\,q^n}{\displaystyle\sum_0^\infty \psi(n)\,q^{2n}}\;.$$

2° D'après les formules (5), (6),

$$\beta\beta'=2^{-\frac{1}{6}}k^{\frac{1}{12}}k'^{-\frac{1}{6}}q^{-\frac{1}{24}}=\sqrt{\frac{\sqrt{k}}{2k'\sqrt[4]{q}}}\;.$$

Mais (26)

$$\frac{\sqrt{k}}{2k'\sqrt[4]{q}}=\frac{(1+q^2+q^6+q^{12}+\cdots)(1+2q+2q^4+2q^9+\cdots)}{(1-2q+2q^4-2q^9+\cdots)^2}\;;$$

ou, à cause de la relation (144),

$$\frac{\sqrt{k}}{2k'\sqrt[4]{q}}=\left[\frac{1+q+q^3+q^6+\cdots}{1-2q+2q^4+2q^9+\cdots}\right]^2\quad.\quad.\quad.\quad.\quad.\quad.\quad.\quad (159)$$

Ainsi

$$\beta\beta'=\left[\frac{1+q+q^5+q^6+\cdots}{1-2q+2q^4-2q^9+\cdots}\right]^{\frac{1}{5}}\quad.\quad.\quad.\quad.\quad.\quad.\quad.\quad (160)$$

3° D'après la *Remarque* ci-dessus (73), on a aussi

$$\beta\beta' = \left[\frac{1-q-q^5+q^6+q^{10}-\cdots}{1-2q^2+2q^8-2q^{18}+\cdots}\right]^{\frac{1}{3}}. \qquad \cdots \qquad [Ad.] \quad (161) \; (^*)$$

4° La relation (7) peut être écrite ainsi :

$$\beta\beta' = \frac{\alpha'}{\alpha\alpha'}.$$

Donc, par les formules (50), (52) :

$$\beta\beta' = \frac{1-q^2-q^4+q^{10}+q^{14}-\cdots}{1-q-q^2+q^5+q^7-\cdots}. \qquad \cdots \qquad (162)$$

5° A cause de l'identité (159), on peut remplacer cette formule par celle-ci :

$$\beta\beta' = \frac{1-q-q^2+q^5+q^7-\cdots}{1-2q+2q^4-2q^9+\cdots}. \qquad \cdots \qquad (163)$$

6° Si l'on divise le cube de $\beta\beta'$ (160) par le produit des deux dernières valeurs, on trouve

$$\beta\beta' = \frac{1+q+q^5+q^6+q^{10}+\cdots}{1-q^2-q^4+q^{10}+q^{14}-\cdots}. \qquad \cdots \qquad (164)$$

75. *Autres identités.* La comparaison des valeurs (160), (164) donne

$$(1-q^2-q^4+q^{10}+q^{14}-\cdots)^3 = (1+q+q^3+q^6+\cdots)^2\,(1-2q+2q^4-2q^9+\cdots); \quad (165)$$

et, par le changement de q en $-q$:

$$(1-q^2-q^4+q^{10}+q^{14}-\cdots)^3 = (1-q-q^3+q^6+\cdots)^2\,(1+2q+2q^4+2q^9+\cdots). \quad (166)$$

76. *Valeurs de* $(\beta\beta')^2$. Elles résultent des formules (162), (163), (164), combinées deux à deux ; savoir :

$$(\beta\beta')^2 = \frac{1-q^2-q^4+q^{10}+q^{14}-\cdots}{1-2q+2q^4-2q^9+\cdots} = \frac{1+q+q^5+q^6+q^{10}+\cdots}{1-q-q^2+q^5+q^7-\cdots}. \qquad \cdots \qquad (167)$$

(*) Cette valeur résulte encore de l'identité (127bis). [Ad.]

77. *Développement de* $(\beta\beta')^2$. Si l'on suppose

$$(\beta\beta')^2 = 1 + G_1 q + G_2 q^2 + \cdots + G_n q^n + \cdots, \qquad \ldots \quad (168)$$

les *nombres entiers* G_n sont déterminés par les propriétés suivantes, analogues à plusieurs des théorèmes ci-dessus :

1° *La fonction*

$$G_n - 2G_{n-1} + 2G_{n-2} - 2G_{n-5} + 2G_{n-10} - \cdots$$

se réduit à $(-1)^i$ *ou à zéro, suivant que* n *est ou n'est pas le double d'un nombre pentagonal* (*) ;

2° *La fonction*

$$G_n - G_{n-1} - G_{n-2} + G_{n-5} + G_{n-7} - \cdots$$

égale 1 *ou zéro, suivant que* n *est ou n'est pas triangulaire.*

78. *Relation entre les nombres* G_n, φ. Dans le premier membre de l'égalité (168), le coefficient de q^n est

$$G_n = \varphi(n) + \varphi(n-1)\varphi(1) + \varphi(n-2)\varphi(2) + \cdots \varphi(1)\varphi(n-1) + \varphi(n). \quad (169)$$

79. *Valeurs de* $(\beta\beta')^3$. 1° Par la formule (160),

$$(\beta\beta')^3 = \frac{1 + q + q^3 + q^6 + q^{10} + \cdots}{1 - 2q + 2q^4 - 2q^9 + 2q^{16} - \cdots}. \qquad \ldots \quad (170)$$

2° De même, à cause de la formule (161) :

$$(\beta\beta')^3 = \frac{1 - q - q^5 + q^6 + q^{10} - \cdots}{1 - 2q^2 + 2q^8 - 2q^{18} + \cdots}. \qquad \ldots \quad [Ad.]\ (171)$$

3° $(\beta\beta')^3 = \dfrac{\alpha'^3}{(\alpha\alpha')^3}$. Mais

$$\alpha'^3 = 1 - 5q^2 + 5q^6 - 7q^{12} + 9q^{20} - \cdots ; \qquad \ldots \quad (24)$$

et, par le changement de q^2 en q :

$$(\alpha\alpha')^3 = 1 - 5q + 5q^3 - 7q^6 + 9q^{10} - \cdots ; \qquad \ldots \quad (172)$$

donc

$$(\beta\beta')^3 = \frac{1 - 5q^2 + 5q^6 - 7q^{12} + \cdots}{1 - 5q + 5q^3 - 7q^6 + \cdots}. \qquad \ldots \quad (173)$$

(*) Conséquemment, G_n est *impair* dans le premier cas, *pair* dans le second.

80. *Nouvelle identité.* La comparaison des formules (170), (173) prouve que

$$\left.\begin{aligned}
&(1 + q + q^3 + q^6 + q^{10} + \cdots)(1 - 3q + 5q^3 - 7q^6 + \cdots) \\
&= (1 - 2q + 2q^4 - 2q^9 + \cdots)(1 - 3q^2 + 5q^6 - 7q^{12} + \cdots).
\end{aligned}\right\} \quad . \quad . \quad . \quad (174)(^*)$$

81. *Développement de* $(\beta\beta')^3$. Si

$$(\beta\beta')^3 = 1 + H_1 q + H_2 q^2 + \cdots + H_n q^n + \cdots,$$

les nombres entiers H_n sont, évidemment, définis par chacune des propriétés suivantes :

1° *La fonction*

$$H_n - 2H_{n-1} + 2H_{n-4} - 2H_{n-9} + \cdots$$

égale 1 *ou zéro, suivant que* n *est ou n'est pas triangulaire;*

2° *La fonction*

$$H_n - 3H_{n-1} + 5H_{n-3} - 7H_{n-6} + 9H_{n-10} - \cdots,$$

nulle si n *n'est pas le double d'un nombre triangulaire, se réduit à* $(2l + 1)(-1)^l$ *dans le cas contraire,* c'est-à-dire quand $n = l(l + 1)$.

82. *Relation entre les nombres* φ, H_n. Il est visible que

$$H_n = \sum \varphi(a)\varphi(b)\varphi(c), \quad . \quad . \quad . \quad . \quad . \quad . \quad . \quad . \quad . \quad (175)$$

le signe $\sum$ s'étendant à toutes les solutions entières, positives ou nulles, de l'équation

$$x + y + z = n. \quad . \quad . \quad . \quad . \quad . \quad . \quad . \quad . \quad . \quad (176)$$

83. *Remarques.* I. A cause de $\alpha\beta\beta' = 1$, les propriétés démontrées dans les numéros (74) et suivants, comprennent celles qui se rapportent aux développements de $\frac{1}{\alpha}, \frac{1}{\alpha^2}, \frac{1}{\alpha^3}, \alpha, \alpha^2, \alpha^3$. Par exemple :

$$\alpha = \frac{1 - q - q^2 + q^5 + q^7 - \cdots}{1 - q^2 - q^4 + q^{10} + q^{14} - \cdots} = \frac{1 - 2q + 2q^4 - 2q^9 + \cdots}{1 - q - q^2 + q^5 + q^7 - \cdots} = \frac{1 - q^2 - q^4 + q^{10} + q^{14} - \cdots}{1 + q + q^3 + q^6 + q^{10} + \cdots}, \quad (177)$$

$$\alpha^2 = \frac{1 - 2q + 2q^4 - 2q^9 + 2q^{16} - \cdots}{1 - q^2 - q^4 + q^{10} + q^{14} - \cdots} = \frac{1 - q - q^2 + q^5 + q^7 - \cdots}{1 + q + q^3 + q^6 + q^{10} + \cdots}, \quad . \quad . \quad . \quad . \quad (178)$$

$$\alpha^3 = \frac{1 - 2q + 2q^4 - 2q^9 + 2q^{16} - \cdots}{1 + q + q^3 + q^6 + q^{10} + \cdots} = \frac{1 - 3q + 5q^3 - 7q^6 + \cdots}{1 - 3q^2 + 5q^6 - 7q^{12} + \cdots} \quad . \quad . \quad . \quad . \quad (179)$$

(*) La valeur commune des deux produits est $\frac{\alpha'}{\alpha}(\alpha\alpha')^3 = \alpha^2\alpha'^4$.

II. Si l'on change q en $-q$, β se transforme en α (8); donc, par les formules (160), (161), ...:

$$\alpha\beta' = \frac{1}{\beta} = \left[\frac{1 - q - q^5 + q^6 + q^{10} - \cdots}{1 + 2q + 2q^4 + 2q^9 + \cdots}\right]^{\frac{1}{3}} = \frac{1 - q^2 - q^4 + q^{10} + q^{14} - q^{24} - \cdots}{1 + q - q^2 - q^5 - q^7 - q^{12} + \cdots}$$
$$= \frac{1 - q - q^7 + q^6 + q^{10} - \cdots}{1 - q^2 - q^4 + q^{10} + q^{14} - \cdots} = \frac{1 + q - q^2 - q^5 - q^7 - q^{12} + \cdots}{1 + 2q + 2q^4 + 2q^9 + \cdots}, \qquad (180)$$

$$(\alpha\beta')^2 = \frac{1}{\beta^2} = \frac{1 - q - q^4 + q^{10} + q^{14} - \cdots}{1 + 2q + 2q^4 + 2q^9 + \cdots} = \frac{1 - q - q^5 + q^6 + q^{10} - \cdots}{1 + q - q^2 - q^5 - q^7 - \cdots}$$
$$= 1 - G_1 q + G_2 q^2 - \cdots \pm G_n q^n \mp \cdots, \qquad (181)$$

$$(\alpha\beta')^3 = \frac{1}{\beta^3} = \frac{1 - q - q^5 + q^6 + q^{10} - \cdots}{1 + 2q + 2q^4 + 2q^9 + \cdots} = \frac{1 - 5q^2 + 5q^6 - 7q^{12} + \cdots}{1 + 5q - 5q^5 - 7q^6 + \cdots}$$
$$= 1 - H_1 q + H_2 q^2 - \cdots \pm H_n q^n \mp \cdots; \qquad (182)$$

etc.

84. *Formes diverses de α'^3.* 1° Reprenons les égalités

$$\alpha\alpha'\beta = 1 - 2q^2 + 2q^8 - 2q^{18} + \cdots, \qquad\qquad (82)$$
$$\alpha'\beta\beta' = 1 + q + q^3 + q^6 + \cdots, \qquad\qquad (92)$$
$$\alpha\alpha'\beta' = 1 - q - q^3 + q^6 + q^{10} + \cdots \qquad\qquad (91)$$

Comme $(\alpha\beta\beta')^2 = 1$, le produit des premiers membres est α'^3; ainsi

$$\alpha'^3 = (1 - 2q^2 + 2q^8 - 2q^{18} + \cdots)(1 + q + q^3 + q^6 + \cdots)(1 - q - q^3 + q^6 + \cdots). \quad (183)$$

2° A cause de l'identité (146), cette formule équivaut à

$$\alpha'^3 = (1 - 2q^2 + 2q^8 - 2q^{18} + \cdots)^2 (1 + q^2 + q^6 + q^{12} + \cdots); \quad\cdots\quad (184)$$

ou encore, à

$$\alpha'^3 = (1 - 2q^2 + 2q^8 - 2q^{18} + \cdots)(1 - q^2 - q^4 + q^{10} + q^{14} - \cdots)(1 - q^4 - q^8 + q^{20} + q^{28} + \cdots); \quad (185)$$

en vertu de la relation (147).

3° On a trouvé

$$(1 - 2q^2 + 2q^8 - 2q^{18} + 2q^{32} - \cdots)^2 = (1 + 2q + 2q^4 + 2q^9 + \cdots)(1 - 2q + 2q^4 - 2q^9 + \cdots); \quad (142)$$

donc la formule (184) devient

$$\alpha'^3 = (1 + 2q + 2q^4 + 2q^9 + \cdots)(1 - 2q + 2q^4 - 2q^9 + \cdots)(1 + q^3 + q^6 + q^{12} + \cdots). \quad (186)$$

4° Par les formules (12) et (20) :

$$\alpha'^3 = (1 + q + q^5 + q^6 + \cdots)^2 (1 - 2q + 2q^4 - 2q^9 + \cdots) . \quad . \quad . \quad . \quad (187)$$

5° De même, par les égalités (14) et (21) :

$$\alpha'^3 = (1 - q - q^5 + q^6 + \cdots)^2 (1 + 2q + 2q^4 + 2q^9 + \cdots) . \quad . \quad . \quad . \quad (188)$$

6° On tire, des formules (15), (16) :

$$(1 - 2q^4 + 2q^{16} - 2q^{36} + \cdots)(1 - q^2 - q^6 + q^{12} + q^{20} - \cdots) = \alpha'^2 (1 + q^2)(1 + q^4)(1 + q^6)\ldots ;$$

ou plutôt

$$\alpha'^2 \beta' = (1 - 2q^4 + 2q^{16} - 2q^{36} + \cdots)(1 - q^2 - q^6 + q^{12} + q^{20} - \cdots). \quad . \quad . \quad (189)$$

Mais

$$\frac{\alpha'}{\beta'} = 1 - 2q^2 + 2q^8 - 2q^{18} + 2q^{32} - \cdots ; \quad . \quad . \quad . \quad . \quad . \quad . \quad . \quad (82)$$

donc

$$\alpha'^3 = (1 - 2q^4 + 2q^{16} - 2q^{36} + \cdots)(1 - 2q^2 + 2q^8 - 2q^{18} + \cdots)(1 - q^2 - q^6 + q^{12} + q^{20} - \cdots). \quad (190)$$

7° Nous avons trouvé

$$\alpha\alpha' = 1 - q - q^2 + q^5 + q^7 - q^{12} - \cdots , \quad . \quad . \quad . \quad . \quad . \quad . \quad . \quad (51)$$

$$\beta\alpha' = 1 + q - q^2 - q^5 - q^7 - q^{12} + \cdots , \quad . \quad . \quad . \quad . \quad . \quad . \quad . \quad (77)$$

$$\alpha'\beta' = 1 - q^4 - q^8 + q^{20} + q^{28} - q^{48} - \cdots ; \quad . \quad . \quad . \quad . \quad . \quad . \quad . \quad (54)$$

donc

$$\alpha'^3 = (1 - q - q^2 + q^5 + \cdots)(1 + q - q^2 - q^5 - q^7 - \cdots)(1 - q^4 - q^8 + q^{20} + q^{28} - \cdots). \quad (191)\ (^*)$$

8° Comme (75)

$$\alpha'^2 \beta = (1 + q - q^2 - q^5 - q^7 - q^{12} + \cdots)(1 - q^2 - q^4 + q^{10} + q^{14} - \cdots),$$

et que

$$\frac{\alpha'}{\beta} = 1 - q - q^5 + q^6 + q^{10} - \cdots , \quad . \quad . \quad . \quad . \quad . \quad . \quad . \quad (21)$$

il s'ensuit

$$\alpha'^3 = (1 + q - q^2 - q^5 - q^7 - q^{12} + \cdots)(1 - q^2 - q^4 + q^{10} + \cdots)(1 - q - q^5 + q^6 + \cdots) \quad . \quad . \quad (192)$$

$$= (1 - q - q^2 + q^5 + q^7 - q^{12} - \cdots)(1 - q^2 - q^4 + q^{10} + \cdots)(1 + q + q^3 + q^6 + \cdots). \quad [Ad.]\ (195)$$

(*) Cette égalité (191) ne diffère pas de la relation (64). [Ad.]

9° **D'ailleurs**

$$\alpha'^3 = 1 - 3q^2 + 5q^6 - 7q^{12} + 9q^{20} - \cdots \qquad (24)$$

10° **Enfin**

$$\alpha'^3 = (1 - q^2 - q^4 + q^{10} + q^{14} - \cdots)^3. \qquad (54)$$

85. *Remarque.* Il résulte, des *douze* expressions précédentes de α'^3, que *la série* (24) *est décomposable :*

1° *De sept manières différentes, en trois facteurs inégaux ;*

2° *De trois manières différentes, en deux facteurs égaux et en un facteur différent des deux premiers ;*

3° *En trois facteurs égaux.*

Ce résultat paraît assez curieux, surtout si on le rapproche de ce qui a lieu pour les polynômes (*).

86. *Formes diverses de* $(\alpha\alpha')^3$. Elles résultent des formules précédentes, dans lesquelles q^2 est remplacé par q ; savoir :

$$\begin{aligned}
(\alpha\alpha')^3 &= (1 - 2q + 2q^4 - 2q^9 + \cdots)^2 (1 + q + q^3 + q^6 + \cdots) \\
&= (1 - q - q^2 + q^5 + q^7 - \cdots)(1 - 2q + 2q^4 - 2q^9 + \cdots)(1 - q^2 - q^4 + q^{10} + q^{14} - \cdots) \\
&= (1 - 2q^2 + 2q^8 - 2q^{18} + \cdots)(1 - 2q + 2q^4 - 2q^9 + \cdots)(1 - q - q^3 + q^6 + q^{10} - \cdots) \\
&= 1 - 5q + 5q^5 - 7q^6 + 9q^{10} - \cdots \\
&= (1 - q - q^2 + q^5 + q^7 - \cdots)^3.
\end{aligned} \qquad (194)$$

87. *Formes diverses de* $(\beta\alpha')^3$. Le changement de q en $-q$ donne

$$\begin{aligned}
(\beta\alpha')^3 &= (1 + 2q + 2q^4 + 2q^9 + \cdots)^2 (1 - q - q^3 + q^6 + \cdots) \\
&= (1 + q - q^2 - q^5 - q^7 + \cdots)(1 + 2q + 2q^4 + 2q^9 + \cdots)(1 - q^2 - q^4 + q^{10} + q^{14} - \cdots) \\
&= (1 - 2q^2 + 2q^8 - 2q^{18} + \cdots)(1 + 2q + 2q^4 + 2q^9 + \cdots)(1 + q + q^3 + q^6 + q^{10} + \cdots) \\
&= 1 + 5q - 5q^5 - 7q^6 + 9q^{10} + \cdots \\
&= (1 + q - q^2 - q^5 - q^7 - \cdots)^3.
\end{aligned} \qquad (195)$$

88. *Développement de* α'^2. 1° Pour essayer de le former, rappelons-nous qu'un terme quelconque de α' a la forme $(-1)^i q^{5i^2 \mp i}$ (50).

(*) Il est bien vrai qu'à une *série dividende* et à une *série diviseur* données, correspond toujours une *série quotient.* Mais, quand les deux premières séries, même supposées très-simples, sont prises arbitrairement, la troisième, si tant est qu'on en puisse assigner le terme général, est, presque toujours, fort compliquée. Ici, au contraire, chacun des facteurs est aussi simple que le produit.

D'après cela, si l'on suppose

$$a'^2 = 1 + L_1 q^2 + L_2 q^4 + \cdots + L_n q^{2n} + \cdots, \quad\ldots\ldots\ldots \quad (196)$$

$$2n = (5l^2 \mp l) + (5l'^2 \mp l'), \quad\ldots\ldots\ldots\ldots \quad (197)$$

on a

$$L_n = \sum (-1)^{l+l'}, \quad\ldots\ldots\ldots\ldots \quad (198)$$

le signe $\sum$ s'étendant à *toutes les solutions, en nombres entiers,* de l'équation (197)

On peut l'écrire ainsi

$$24n + 2 = (6l \mp 1)^2 + (6l' \mp 1)^2 : \quad\ldots\ldots\ldots \quad (199)$$

il s'agira, dans chaque cas particulier, de décomposer $24n + 2$ en deux carrés (*). Cela posé, suivant que l et l' sont de même parité ou de parités contraires, $(-1)^{l+l'} = \pm 1$. Donc enfin

Le coefficient L_n est égal à l'excès ε du nombre des solutions de l'équation (199), dans lesquelles l *et* l' *sont de même parité, sur le nombre des. solutions dans lesquelles ces inconnues sont de parités contraires.*

89. *Application.* Soit $2n = 80$, $12n + 1 = 481 = 13 \cdot 37$. Les méthodes connues (**) donnent :

$$481 = 16^2 + 15^2 = 20^2 + 9^2,$$
$$2.481 = 962 = 31^2 + 1^2 = 29^2 + 11^2;$$

puis

$$l = 5,\ l' = 0;\quad l = 0,\ l' = 5;\quad l = 5,\ l' = 2;\quad l = 2,\ l' = 5.$$

Dans chacune de ces quatre solutions, l et l' sont de parités différentes ; donc $L_{40} = -4$: le terme cherché est $-4q^{80}$.

En effet, si l'on multiplie par elle-même la série

$$1 - q^2 - q^4 + q^{10} + q^{14} - q^{24} - q^{30} + q^{44} + q^{52} - q^{70} - q^{80} + \cdots, \quad\ldots \quad (52)$$

on trouve, comme seuls produits partiels contenant q^{80} :

$$1 \times -q^{80}, \quad q^{10} \times -q^{70}, \quad -q^{70} \times q^{10}, \quad -q^{80} \times 1.$$

(*) Il est facile de voir que si $a^2 + b^2 = 24\,n + 2$, les nombres entiers a, b ont nécessairement la forme $6\mu \pm 1$.

(**) Voir, par exemple, un remarquable travail de M. Genocchi (*Nouvelles Annales de Mathématiques,* t. XIII).

90. *Relation entre les coefficients* L_n. Des formules

$$\alpha' = 1 - q^2 - q^4 + q^{10} + q^{11} - q^{24} + \cdots, \quad\quad\quad (52)$$

$$\alpha'^3 = 1 - 3q^2 + 5q^6 - 7q^{12} + 9q^{20} - \cdots, \quad\quad\quad (24)$$

jointes au développement de α'^2 (196), on conclut le théorème suivant :

La fonction

$$L_n - L_{n-1} - L_{n-2} + L_{n-5} + L_{n-7} - \cdots,$$

nulle si n *n'est pas triangulaire, égale* $(2\lambda + 1)(-1)^\lambda$ *dans le cas contraire, c'est-à-dire quand* $n = \frac{1}{2}\lambda(\lambda + 1)$ (*).

91. *Relation entre les coefficients* L_n *et les nombres* ψ. A cause de $\alpha'^2 = \alpha'^3 \times \frac{1}{\alpha'}$,

$$1 + L_1 q^2 + L_2 q^4 + \cdots + L_n q^{2n} + \cdots = \left[1 - 3q^2 + 5q^6 - 7q^{12} + \cdots\right]\left[1 + \psi(1)q^2 + \psi(2)q^4 + \cdots\right]; \quad (200)$$

et, par conséquent,

$$L_n = \psi(n) - 3\psi(n-1) + 5\psi(n-3) - 7\psi(n-6) + \cdots \quad\quad\quad (201)$$

Au moyen de cette formule et de la Table III, on trouve

$$L_1 = -2, \; L_2 = -1, \; L_3 = 2, \; L_4 = 1, \; L_5 = 2, \; L_6 = -2, \; L_7 = 0,$$
$$L_8 = -2, \; L_9 = -2, \; L_{10} = 1, \ldots$$

92. *Autres expressions de* α'^2. 1° De

$$\alpha\alpha' = 1 - q - q^2 + q^5 + q^7 - \cdots, \quad\quad\quad (51)$$

$$\frac{\alpha'}{\alpha} = 1 + q + q^3 + q^6 + q^{10} + \cdots, \quad\quad\quad (19)$$

on déduit

$$\alpha'^2 = (1 - q - q^2 + q^5 + q^7 - \cdots)(1 + q + q^3 + q^6 + \cdots). \quad\quad (202)$$

2° Semblablement, si l'on part des formules

$$\alpha'\beta' = 1 - q^4 - q^8 + q^{20} + q^{28} - q^{48} - q^{60} + \cdots, \quad\quad\quad (54)$$

$$\frac{\alpha'}{\beta'} = 1 - 2q^2 + 2q^8 - 2q^{18} + 2q^{32} - \cdots, \quad\quad\quad (82)$$

(*) On a ainsi une relation entre les nombres de solutions de l'équation (199), relatifs aux valeurs successives de n; ce qui est assez remarquable.

on trouve

$$\alpha'^2 = (1 - q^4 - q^8 + q^{10} + q^{26} - q^{48} - \cdots)(1 - 2q^2 + 2q^8 - 2q^{18} + \cdots). \quad (203)\,(^*)$$

93. *Autres théorèmes sur les coefficients* L_n. 1° Dans le second membre de l'égalité (202), un produit partiel quelconque a la forme

$$(-1)^\lambda\, q^{\frac{3\lambda^2 \mp \lambda}{2}}\, q^{\frac{\lambda'(\lambda'+1)}{2}};$$

donc

$$4n = (3\lambda^2 \mp \lambda) + \lambda'(\lambda'+1),$$

ou

$$48n + 4 = (6\lambda \mp 1)^2 + 3(2\lambda'+1). \qquad\qquad (204)$$

Par suite :

Le coefficient L_n *égale l'excès du nombre des valeurs paires sur le nombre des valeurs impaires de* λ, *satisfaisant à l'équation* (204).

2° La formule (203) donne, avec la même facilité, le théorème suivant :

Le coefficient L_n *égale deux fois l'excès* ε' *du nombre des solutions de l'équation*

$$12n + 1 = (6x \mp 1)^2 + 3(2y)^2, \qquad\qquad (205)$$

dans lesquelles x *et* y *sont de même parité, sur le nombre des solutions dans lesquelles ces inconnues sont de parités contraires* (^{**}).

94. *Remarques.* I. Ainsi qu'on a déjà pu l'observer ci-dessus (91), les valeurs de L_n croissent très-lentement. Cette conclusion résulte surtout du développement de α'^2, prolongé, par exemple, jusqu'au terme q^{200}. On trouve :

$$\alpha'^2 = 1 - 2q^2 - q^4 + 2q^6 + q^8 + 2q^{10} - 2q^{12} - 2q^{16} - 2q^{18} + q^{20} + 2q^{26} + 5q^{28} - 2q^{30} + 2q^{32}$$
$$- 2q^{38} - 2q^{40} - 2q^{46} - q^{48} + 2q^{52} + 2q^{54} - 2q^{56} + 2q^{58} + q^{60} + 2q^{62} + 2q^{66} - 2q^{68} - 2q^{70}$$
$$+ 2q^{72} - 2q^{76} - 4q^{80} + q^{88} - 2q^{90} + 2q^{96} + 2q^{100} + 2q^{102} + q^{104} - 2q^{108} + 2q^{110} + 2q^{112} - 2q^{118}$$
$$- 2q^{124} - 2q^{126} + 2q^{128} - 4q^{132} - 2q^{138} - q^{140} + 2q^{142} + 2q^{146} - 2q^{154} + 2q^{156} + 4q^{158} + q^{160} + 2q^{166}$$
$$- 2q^{168} + 2q^{170} - 2q^{172} + 2q^{178} - 2q^{182} - 2q^{186} - 2q^{188} - 2q^{192} + 2q^{200} + \cdots \qquad (206)$$

(^*) Ces deux expressions de α'^2 s'accordent avec l'identité (122).

(^{**}) Cet énoncé suppose y différent de zéro. Dans le cas opposé, c'est-à-dire quand n a la forme $l(3l\mp1)$, $2\varepsilon'$ doit être augmenté de $(-1)^l$.

II. Dans ce développement, les seuls coefficients *impairs* sont ceux de q^0, q^4, q^8, q^{20}, q^{28}, q^{48}, ... A cause de

$$\alpha' = 1 - q^2 - q^4 + q^{10} + q^{14} - q^{24} - q^{30} + \cdots,$$

ce résultat était nécessaire.

95. *Expressions de $\alpha'^2\beta'$.* Nous avons trouvé (65), (66), (84) :

$$\alpha'^2\beta' = (1 + q + q^3 + q^6 + q^{10} + \cdots)(1 - q - q^3 + q^6 + q^{10} - \cdots), \quad \cdots \quad (207)$$

$$\alpha'^2\beta' = (1 - q^2 - q^4 + q^{10} + q^{14} - \cdots)(1 - q^4 - q^8 + q^{20} + q^{28} - \cdots), \quad \cdots \quad (208)$$

$$\alpha'^2\beta' = (1 - 2q^4 + 2q^{16} - 2q^{36} + \cdots)(1 - q^2 - q^6 + q^{12} + q^{20} - \cdots); \quad \cdots \quad (189)$$

donc, par l'identité (146),

$$\alpha'^2\beta' = (1 + q^2 + q^6 + q^{12} + \cdots)(1 - 2q^2 + 2q^8 - 2q^{18} + 2q^{32} - \cdots). \quad [Ad.] \quad (209)$$

96. *Développement de $\alpha'^2\beta'$.* Les manières les plus simples de le former, consistent à partir des formules (207) ou (208). Si l'on suppose

$$\alpha'^2\beta' = 1 + P_1 q^2 + P_2 q^4 + \cdots + P_n q^{2n} + \cdots, \quad \cdots \cdots \quad (210)$$

on aura, soit

$$P_n q^{2n} = \sum (-1)^{l+l'} q^{(3l^2 \mp l) + 2(3l'^2 \mp l')},$$

soit

$$P_n q^{2n} = \sum (-1)^{\frac{\lambda'(\lambda'+1)}{2}} q^{\frac{\lambda(\lambda+1)}{2} + \frac{\lambda'(\lambda'+1)}{2}}.$$

Par conséquent, si l'on considère les équations

$$2n = (3l^2 \mp l) + 2(3l'^2 \mp l'), \quad 2n = \frac{\lambda(\lambda+1)}{2} + \frac{\lambda'(\lambda'+1)}{2},$$

que l'on peut écrire ainsi :

$$24n + 5 = (6l \mp 1)^2 + 2(6l'^2 \mp 1)^2, \quad \cdots \cdots \quad (211)$$

$$8n + 1 = (\lambda + \lambda' + 1)^2 + (\lambda - \lambda')^2, \quad \cdots \cdots \quad (212)$$

on a les deux propositions suivantes :

1° *Le coefficient P_n égale l'excès du nombre des solutions de l'équation (211), dans lesquelles l et l' sont de même parité, sur le nombre des solutions dans lesquelles ces inconnues sont de parités contraires;*

2° *Le coefficient* P_n *égale l'excès du nombre des valeurs de* λ', *satisfaisant à l'équation* (212), *et ayant les formes* 4μ, $4\mu - 1$, *sur le nombre des autres valeurs de cette inconnue.*

97. APPLICATION. Soit $2n = 130$. Les dernières équations deviennent

$$1\,565 = (6l \mp 1)^2 + 2\,(6l' \mp 1)^2, \quad 521 = (\lambda + \lambda' + 1)^2 + (\lambda - \lambda')^2.$$

521 est un nombre premier, de la forme $4\mu + 1$. Conséquemment, ce nombre est décomposable, d'une seule manière, en une somme de deux carrés. On trouve

$$\lambda + \lambda' + 1 = 20, \qquad \lambda - \lambda' = \pm 11;$$

puis ces deux systèmes de valeurs :

$$\lambda = 15, \ \lambda' = 4; \qquad \lambda = 4, \ \lambda' = 15.$$

D'après le second théorème, on a $P_{65} = 2$. En effet, dans le produit des séries

$$1 + q + q^3 + q^6 + q^{10} + \cdots + q^{120} + q^{136} + \cdots,$$
$$1 - q - q^3 + q^6 + q^{10} - \cdots + q^{120} + q^{136} - \cdots,$$

le terme $P_{65}q^{130} = q^{10} \times q^{120} + q^{120} \times q^{10}$.

Prenons maintenant l'équation

$$1\,565 = (6l \mp 1)^2 + 2\,(6l' \mp 1)^2.$$

On y satisfait par

$$l = 5, \ l' = 5; \qquad l = 6, \ l' = 2; \ (^*)$$

donc $P_{65} = 2$. D'ailleurs, si l'on fait le produit des séries

$$1 - q^2 - q^4 + q^{10} + q^{14} - q^{24} - q^{30} + q^{44} + q^{52} - q^{70} - q^{80} + q^{102} + q^{114} - \cdots,$$
$$1 - q^4 - q^8 + q^{20} + q^{23} - q^{48} - q^{60} + q^{88} + q^{104} - \cdots,$$

on trouve

$$P_{65}q^{130} = (- q^{70} \times - q^{60}) + (+ q^{102} \times + q^{28}).$$

$(^*) \ 1\,565 = 29^2 + 2 \cdot 19^2 = 57^2 + 2 \cdot 13^2.$

98. *Développement de* $(\alpha'\beta'^2 - \alpha'^2\beta')$. On a

$$1 + q^2 + q^6 + q^{12} + q^{20} + \cdots = \alpha'\beta'^2 \quad\ldots\ldots\ldots \quad (16)$$

De là résulte que la formule (209) équivaut à

$$\alpha'\beta'^2 - \alpha'^2\beta' = 2\left[1 + q^2 + q^6 + q^{12} + \cdots\right]\left[q^2 - q^8 + q^{18} - q^{32} + \cdots\right] \quad (213)$$

Soit

$$Q = (1 + q^2 + q^6 + q^{12} + \cdots)(q^2 - q^8 + q^{18} - q^{32} + \cdots) = q^4 + Q_2 q^6 + \cdots + Q_n q^{2n} + \cdots \quad (214)$$

Un terme quelconque du produit a la forme $q^{x(x+1)} \times (-1)^{y-1} q^{2y^2}$. Par conséquent, si l'on pose

$$2n = x(x+1) + 2y^2,$$

ou

$$8n + 1 = (2x + 1)^2 + 2(2y)^2, \quad\ldots\ldots\ldots \quad (215)$$

on voit que :

Le coefficient Q_n *égale l'excès du nombre des valeurs impaires sur le nombre des valeurs paires de* y, *vérifiant l'équation* (215).

99. *Remarques.* I. D'après l'expression de $\alpha'\beta'^2$:

Si le nombre n *est triangulaire; ou, ce qui est équivalent, si* $8n + 1$ *est carré* (*), $P_n = 1 - 2Q_n$. *Dans le cas contraire,* $P_n = - 2Q_n$.

II. On a vu, précédemment, avec quelle lenteur croissent les coefficients des puissances de q, dans le développement de α'^2 (94). Le même fait s'observe dans la série Q. En effet, le calcul direct donne

$$Q = q^2 + q^5 - q^{10} + q^{18} + q^{20} + q^{21} - q^{24} + q^{32} - q^{35} - q^{38} + q^{48} + q^{56} + q^{55} + q^{60} - q^{65}$$
$$+ q^{70} - q^{72} - q^{78} - q^{84} - q^{88} + q^{90} + q^{94} + q^{100} - q^{102} + q^{105} + q^{108} + q^{110} + q^{112} - q^{114} - q^{130}$$
$$- q^{142} - q^{144} - q^{148} + q^{150} + q^{154} + q^{160} - q^{164} + q^{168} + 2q^{171} + q^{182} - q^{190} + q^{192} - q^{200} + \cdots$$

Ainsi, pour toutes les valeurs de n qui ne surpassent pas 100, $Q_n = \pm 1$ ou 0, excepté $Q_{87} = 2$.

100. *Vérifications.* 1° Si $n = 87$, l'équation (215) devient

$$687 = (2x + 1)^2 + 2(2y)^2.$$

(*) $n = \dfrac{n'(n'+1)}{2}$ donne $8n + 1 = (2n' + 1)^2$. Alors l'équation (215) est vérifiée par $x = n'$, $y = 0$. Quant à l'équation (212), on y satisfait par $\lambda = \lambda' = n'$.

On n'y satisfait que par $x = 3$, $y = 9$; $x = 12$, $y = 3$ (*). Donc $Q_{87} = 2$.

2° L'équation (212) est, dans le cas actuel,

$$697 = (\lambda + \lambda' + 1)^2 + (\lambda - \lambda')^2.$$

Le facteur $17 = 4^2 + 1^2$; le facteur $41 = 5^2 + 4^2$. Pour décomposer 697 en deux carrés u^2, v^2, il suffit de faire (**)

$$u + v\sqrt{-1} = \left(4 + \sqrt{-1}\right)^{\theta}\left(4 - \sqrt{-1}\right)^{1-\theta}\left(5 + 4\sqrt{-1}\right)^{\theta'}\left(5 - 4\sqrt{-1}\right)^{1-\theta'},$$

en attribuant à θ et θ' les valeurs 0, 1. On trouve ainsi

$$u = 16,\ v = 21;\qquad u = 24,\ v = 11;$$

puis

$$\lambda = 18,\ \lambda' = 2;\quad \lambda = 2,\ \lambda' = 18;\quad \lambda = 17,\ \lambda' = 6;\quad \lambda = 6,\ \lambda' = 17.$$

Aucune des valeurs de λ' n'a la forme 4μ ou la forme $4\mu - 1$; donc (96) $P_{87} = -4 = -2Q_{87}$.

3° L'équation (211) est, pour $n = 87$:

$$2\,091 = (6l \mp 1)^2 + 2(6l' \mp 1)^2.$$

Le premier membre admet *quatre* diviseurs de la forme $8\mu + 1$ et *quatre* diviseurs de la forme $8\mu + 3$. Conséquemment, le nombre des solutions est $\frac{4}{2} + \frac{4}{2} = 4$ (***). En effet :

$$2\,091 = 45^2 + 2.11^2 = 57^2 + 2.10^2 = 29^2 + 2.25^2 = 13^2 + 2.31^2;$$

puis

$$l = 7,\ l' = 2;\quad l = 6,\ l' = 3;\quad l = 5,\ l' = 4;\quad l = 2,\ l' = 5.$$

Dans chacun de ces systèmes, l et l' sont de parités contraires; donc (96) $P_{87} = -4$.

(*) Le nombre $697 = 17.41$: il a donc quatre diviseurs, tous de la forme $8\mu + 1$. D'après un théorème démontré par M. Genocchi (*Nouvelles Annales*, t. XIII, p. 167), le nombre des solutions de l'équation considérée doit être $\frac{4}{2}$; ce qui est exact.

(**) Voir la Note de M. Genocchi.

(***) *Nouvelles Annales*, t. XIII, p. 168. Ce nombre de solutions serait réduit, si les valeurs de l, l' n'étaient pas entières; circonstance qui ne se présente pas dans l'exemple considéré.

101. *Autre expression de* $(\alpha'\beta'^2 - \alpha'^2\beta')$. Des formules (56), (50), on conclut, à cause de $\varphi(n) = n_p + n_i$ $(13, 2°)$:

$$\beta' - \alpha' = 2 \sum_0^\infty n_i \cdot q^{2n}.$$

De plus,

$$\alpha'\beta' = 1 - q^4 - q^8 + q^{20} + q^{28} - q^{48} - \cdots \qquad\qquad (54)$$

Donc

$$\alpha'\beta'^2 - \alpha'^2\beta' = 2\left(1 - q^4 - q^8 + q^{20} + q^{28} - \cdots\right) \sum_0^\infty n_i \cdot q^{2n}. \quad [Ad.]\ (216)$$

102. *Remarques.* I. La comparaison avec les séries (215) ou (214) prouve que

$$Q_n = n_i - (n-2)_i - (n-4)_i + (n-10)_i + (n-14)_i - \cdots \qquad (217)$$

II. Si l'on connaît le nombre des solutions de l'équation (215), on en pourra déduire, au moyen de la dernière formule, *combien l'inconnue y a de valeurs paires et de valeurs impaires* (*). [Ad.]

103. *Valeur de* $\left(\alpha'\beta'^2 + \alpha'^2\beta'\right)$. Il est visible que

$$\alpha'\beta'^2 + \alpha'^2\beta' = 2\left(1 - q^4 - q^8 + q^{20} + q^{28} - \cdots\right) \sum_0^\infty n_p \cdot q^{2n}. \quad [Ad.]\ (218)$$

104. *Vérification.* Soit $n = 72$. La formule (217) donne

$$Q_{72} = 72_i - 70_i - 68_i + 62_i + 58_i - 48_i - 42_i + 28_i + 20_i - 2_i;$$

ou, d'après la Table I :

$$Q_{72} = 18\,176 - 14\,964 - 12\,288 + 6\,697 + 4\,404 - 1\,455 - 715 + 111 + 52 - 1 = -1;$$

valeur déjà trouvée $(99, \text{II})$. [Ad.]

(*) Dans le Paragraphe VI, nous reviendrons sur ce sujet.

III.

SUR DEUX AUTRES FONCTIONS NUMÉRIQUES.

105. *Définitions, propriétés fondamentales.* Soient

$$(1 + x)(1 + x^2)\ldots(1 + x^p) = \sum_{n=0}^{n=\frac{p(p+1)}{2}} f(n, p)\, x^n, \quad \ldots \ldots \quad (219)$$

$$\frac{1}{(1 - x)(1 - x^2)\ldots(1 - x^p)} = \sum_{n=0}^{n=\infty} F(n, p)\, x^n. \quad \ldots \ldots \quad (220)$$

Il est visible que :

1° $f(n, p)$ *est le nombre des décompositions de* n *en parties inégales, non supérieures à* p;

2° $F(n, p)$ *est le nombre des décompositions de* n *en parties égales ou inégales, non supérieures à* p;

3° *Si* p *devient infini,* $f(n, p) = \varphi(n)$, $F(n, p) = \psi(n)$;

4° Si l'on suppose $p \geqq n$, les fonctions numériques f, F ne diffèrent pas de φ, ψ; c'est-à-dire que

$$f(n, n) = \varphi(n), \qquad F(n, n) = \psi(n). \quad \ldots \ldots \quad (221) \quad (^*)$$

106. *Propriétés de la fonction* F. 1° L'égalité (220) peut être écrite ainsi :

$$(x+x^2+x^3+\cdots)(x+x^3+x^5+\cdots)(x+x^4+x^7+\cdots)\ldots(x+x^{p+1}+x^{2p+1}+\cdots) = \sum_{n=0}^{n=\infty} F(n,p)\, x^{n+p}. \quad (222)$$

Par conséquent :

Il y a autant de manières de décomposer une somme n *en parties égales ou inégales, non supérieures à* p, *qu'il y en a de décomposer* n + p *en* p *parties appartenant, respectivement, aux progressions :*

$$1, 2, 3, \quad 4, \quad 5, \quad 6, \ldots,$$
$$1, 3, 5, \quad 7, \quad 9, \quad 11, \ldots,$$
$$1, 4, 7, \quad 10, \quad 13, \quad 16, \ldots;$$

(^*) Par exemple, le nombre des décompositions de 6, en parties inégales, non supérieures à 9, ne diffère pas du nombre des décompositions de 6 en parties inégales. Autrement dit, $f(6,9) = \varphi(6) = 4$.

$$4, 5, 9, 15, 17, 21, \ldots,$$
$$. \quad . \quad . \quad . \quad . \quad . \quad .$$
$$1, p + 1, 2p + 1, 5p + 1, \ldots$$

Ce dernier nombre est d'ailleurs celui des *décompositions de* n $+$ p *en* p *parties, égales ou inégales* (*); donc :

Il y a autant de manières de décomposer n *en parties égales ou inégales, non supérieures à* p, *qu'il y en a de décomposer* n $+$ p *en* p *parties, égales ou inégales* (**).

2° Si l'on multiplie par $1 - x^p$ les deux membres de l'égalité (219), le premier membre devient $\sum_{n=p}^{n=\infty} \mathrm{F}(n, p - 1) x^n$.

D'ailleurs, dans le nouveau second membre, le coefficient de x^n est $\mathrm{F}(n, p) - \mathrm{F}(n - p, p)$. Conséquemment,

$$\mathrm{F}(n, p) = \mathrm{F}(n, p - 1) + \mathrm{F}(n - p, p). \quad . \quad . \quad . \quad . \quad . \quad (225)$$

Ainsi :

Le nombre des décompositions de n, *en parties qui ne surpassent pas* p, *égale le nombre de décompositions de* n *en parties inférieures à* p, *augmenté du nombre de décompositions de* n $-$ p *en parties qui ne surpassent pas* p.

107. *Relations entre les nombres* φ, ψ, F. Euler a démontré (***) les égalités

$$(1 + x)(1 + x^2)(1 + x^5) \cdots = 1 + \frac{x}{1 - x} + \frac{x^3}{(1 - x)(1 - x^2)} + \frac{x^6}{(1 - x)(1 - x^2)(1 - x^3)} + \cdots, \quad (224)$$

$$\frac{1}{(1 - x)(1 - x^2)(1 - x^3) \ldots} = 1 + \frac{x}{1 - x} + \frac{x^2}{(1 - x)(1 - x^2)} + \frac{x^3}{(1 - x)(1 - x^2)(1 - x^3)} + \cdots. \quad (225)$$

Il en résulte

$$\varphi(n) = \mathrm{F}(n - 1, 1) + \mathrm{F}(n - 5, 2) + \mathrm{F}(n - 6, 5) + \cdots, \quad . \quad . \quad . \quad (226)$$
$$\psi(n) = \mathrm{F}(n - 1, 1) + \mathrm{F}(n - 2, 2) + \mathrm{F}(n - 5, 5) + \cdots; \quad . \quad . \quad . \quad (227)$$

puis ces théorèmes :

1° *Le nombre des décompositions de* n, *en parties inégales, se compose du*

(*) *Mélanges mathématiques,* p. 512.
(**) *Introduction à l'Analyse,* p. 244.
(***) *Id.,* pp. 259 et 245.

nombre des décompositions de n — 1 *en parties qui ne surpassent pas* 1, *augmenté du nombre des décompositions de* n — 3 *en parties qui ne surpassent pas* 2, *augmenté du nombre des décompositions de* n — 6 *en parties qui ne surpassent pas* 3, *etc.* ;

2° *Le nombre des décompositions de* n, *en parties égales ou inégales, se compose du nombre des décompositions de* n — 1 *en parties qui ne surpassent pas* 1, *augmenté du nombre des décompositions de* n — 2 *en parties qui ne surpassent pas* 2, *augmenté du nombre des décompositions de* n — 3 *en parties qui ne surpassent pas* 3; *etc.*

108. *Remarque.* Le second membre de l'égalité (225) peut être écrit sous ces diverses formes, différentes de la première :

$$\frac{1}{1-x} + \frac{x^2}{(1-x)(1-x^2)} + \frac{x^3}{(1-x)(1-x^2)(1-x^3)} + \frac{x^4}{(1-x)(1-x^2)(1-x^3)(1-x^4)} + \cdots,$$

$$\frac{1}{(1-x)(1-x^2)} + \frac{x^3}{(1-x)(1-x^2)(1-x^3)} + \frac{x^4}{(1-x)(1-x^2)(1-x^3)(1-x^4)} + \cdots,$$

$$\frac{1}{(1-x)(1-x^2)(1-x^3)} + \frac{x^4}{(1-x)(1-x^2)(1-x^3)(1-x^4)} + \cdots,$$

$$\cdots \cdots \cdots \cdots \cdots \cdots \cdots \cdots$$

Conséquemment,

$$\left.\begin{aligned}
\psi(n) &= F(n,1) + F(n-2,2) + F(n-3,3) + F(n-4,4) + \cdots \\
&= \phantom{F(n,1) + {}} F(n,2) + F(n-3,3) + F(n-4,4) + \cdots \\
&= \phantom{F(n,1) + F(n-2,2) + {}} F(n,3) + F(n-4,4) + \cdots \\
&= \phantom{F(n,1) + F(n-2,2) + F(n-3,3) + {}} F(n,4) + \cdots \\
&= \cdots \cdots \cdots \cdots
\end{aligned}\right\} \quad \cdot \quad (228)$$

109. *Relation entre les nombres* F. On conclut, des dernières égalités,

$$F(n,p) = F(n-1,1) + F(n-2,2) + \cdots + F(n-p,p). \quad \cdot \quad (229)\,(^*)$$

Par exemple, *le nombre des décompositions de* 7, *en parties qui ne surpassent pas* 3, *égale le nombre des décompositions de* 6 *en unités, augmenté du nombre des décompositions de* 5 *en parties qui ne surpassent pas* 2, *augmenté du nombre des décompositions de* 4 *en parties qui ne surpassent pas* 3.

(*) Cette propriété résulte aussi de la relation (225).

Ces décompositions sont :

$$7 = 1+1+1+1+1+1+1 = 1+1+1+1+1+2 = 1+1+1+1+3$$
$$= 1+1+1+2+2 = 1+1+2+3 = 1+2+2+2$$
$$= 1+3+3 = 2+2+3;$$
$$6 = 1+1+1+1+1+1;$$
$$5 = 1+1+1+1+1 = 1+1+1+2 = 1+2+2;$$
$$4 = 1+1+1+1 = 1+1+2 = 1+3 = 2+2.$$

Ainsi,
$$F(7,3) = 8, \quad F(6,4) = 1, \quad F(5,2) = 3, \quad F(4,3) = 4;$$

et l'on a, en effet,
$$8 = 1 + 3 + 4.$$

110. *Remarque.* La dernière relation est une conséquence de *l'identité*

$$\frac{1}{(1-x)(1-x^2)\ldots(1-x^p)} = 1 + \frac{x}{1-x} + \frac{x^2}{(1-x)(1-x^2)} + \cdots + \frac{x^p}{(1-x)(1-x^2)\ldots(1-x)^p} \cdot \quad (230)$$

111. *Relation entre les nombres* F, f. Si l'on divise membre à membre les égalités (219), (220), on trouve, en observant que $f(n,p) = 0$ *si* n *surpasse* $\frac{p(p+1)}{2}$:

$$\frac{1}{(1-x^2)(1-x^4)\ldots(1-x^{2p})} = \frac{\sum\limits_{n=0}^{n=\infty} F(n,p)\,x^n}{\sum\limits_{n=0}^{n=\infty} f(n,p)\,x^n} \quad\ldots\ldots (231)$$

Il est visible que le développement du premier membre est $\sum\limits_{n=0}^{n=\infty} F(n,p)\,x^{2n}$; donc

$$\sum\limits_{n=0}^{n=\infty} F(n,p)\,x^{2n} \times \sum\limits_{n=0}^{n=\infty} f(n,p)\,x^n = \sum\limits_{n=0}^{n=\infty} F(n,p)\,x^n, \quad\ldots\ldots (232)$$

puis

$$F(n,p) = f(n,p) + F(1,p)\,f(n-2,p) + F(2,p)\,f(n-4,p) + \cdots \quad\ldots (233)$$

112. *Relation entre les nombres* f. D'après la remarque précédente, l'égalité (219) peut être remplacée par

$$(1+x)(1+x^2)\ldots(1+x^p) = \sum\limits_{n=0}^{n=\infty} f(n,p)\,x^n. \quad\ldots\ldots\ldots (234)$$

Le premier membre égale $(1+x)\ldots(1+x^{p-1})\times(1+x^{p})$; donc

$$(1+x^{p})\sum_{n=0}^{n=\infty} f(n,p-1)x^{n}=\sum_{n=0}^{n=\infty} f(n,p)x^{n};$$

et, par suite,

$$f(n,p)=f(n,p-1)+f(n-p,p-1), \quad \ldots \ldots \quad (235)$$

théorème qu'il est facile de démontrer directement. On peut l'énoncer ainsi :

Le nombre des décompositions de n *, en parties inégales qui ne surpassent pas* p*, est égal à la somme des nombres de décompositions de* n *et de* n — p *en parties inégales, inférieures à* p.

113. *Autres relations.* 1° On tire, de la dernière égalité,

$$f(n,p)=f(n-2,1)+f(n-5,2)+\cdots+f(n-p,p-1); \quad \ldots \ldots \quad (236)$$
$$f(n,p)=f(n,p-1)+f(n-p,p-2)+f(n-2p+1,p-5)+f(n-5p+3,p-4)+\cdots,$$

c'est-à-dire

$$f(n,p)=\sum_{a=1}^{a=p-1} f\left[n-\frac{(a-1)(2p-a+2)}{2},p-a\right]. \quad \ldots \ldots \quad (237)$$

Par exemple,

$$f(56,11)=f(56,10)+f(25,9)+f(15,8)+f(6,7);$$

ou, d'après la Table IV :

$$68=29+22+15+4.$$

2° Dans le développement du produit $(1+x)(1+x^{2})\ldots(1+x^{p})$, les termes également éloignés des extrêmes ont même coefficient; donc

$$f(n,p)=f\left[\frac{p(p+1)}{2}-n,p\right]. \quad \ldots \ldots \ldots \quad (238)$$

114. *Remarque générale.* Il est évident que les séries d'Euler (224), (225) peuvent servir à développer les fonctions elliptiques α, α', β, β'. Par exemple, le changement de x en q donne d'abord

$$\beta\beta'=1+\frac{q}{1-q}+\frac{q^{3}}{(1-q)(1-q^{2})}+\frac{q^{6}}{(1-q)(1-q^{2})(1-q^{3})}+\frac{q^{10}}{(1-q)(1-q^{2})(1-q^{3})(1-q^{4})}+\cdots, \quad (239)$$

$$\frac{1}{\alpha\alpha'}=1+\frac{q}{1-q}+\frac{q^{2}}{(1-q)(1-q^{2})}+\frac{q^{3}}{(1-q)(1-q^{2})(1-q^{3})}+\frac{q^{4}}{(1-q)(1-q^{2})(1-q^{3})(1-q^{4})}+\cdots; \quad (240)$$

puis, par la substitution de $-q$ et q^2 à q :

$$\alpha\beta' = 1 - \frac{q}{1+q} - \frac{q^3}{(1+q)(1-q^2)} + \frac{q^6}{(1+q)(1-q^2)(1+q^3)} + \frac{q^{10}}{(1+q)(1-q^2)(1+q^3)(1-q^4)} + \cdots, \quad (241)$$

$$\frac{1}{\beta\alpha'} = 1 - \frac{q}{1+q} + \frac{q^2}{(1+q)(1-q^2)} - \frac{q^3}{(1+q)(1-q^2)(1+q^3)} + \frac{q^4}{(1+q)(1-q^2)(1+q^3)(1-q^4)} - \cdots, \quad (242)$$

$$\beta' = 1 + \frac{q^2}{1-q^2} + \frac{q^6}{(1-q^2)(1-q^4)} + \frac{q^{12}}{(1-q^2)(1-q^4)(1-q^6)} + \frac{q^{20}}{(1-q^2)(1-q^4)(1-q^6)(1-q^8)} + \cdots, \quad (243)$$

$$\frac{1}{\alpha'} = 1 + \frac{q^2}{1-q^2} + \frac{q^4}{(1-q^2)(1-q^4)} + \frac{q^6}{(1-q^2)(1-q^4)(1-q^6)} + \frac{q^8}{(1-q^2)(1-q^4)(1-q^6)(1-q^8)} + \cdots. \quad (244)$$

Parmi les identités déduites de ces formules (*), nous citerons seulement celles-ci :

$$
\left.
\begin{aligned}
&\left[1 + \frac{q}{1-q} + \frac{q^3}{(1-q)(1-q^2)} + \frac{q^6}{(1-q)(1-q^2)(1-q^3)} + \cdots \right] \\
&\times \left[1 - \frac{q}{1+q} + \frac{q^2}{(1+q)(1-q^2)} + \frac{q^3}{(1-q)(1-q^2)(1+q^3)} + \cdots \right] \\
&= \left[1 + \frac{q}{1-q} + \frac{q^2}{(1-q)(1-q^2)} + \frac{q^3}{(1-q)(1-q^2)(1-q^3)} + \cdots \right] \\
&\times \left[1 - \frac{q}{1+q} + \frac{q^3}{(1+q)(1-q^2)} + \frac{q^6}{(1+q)(1-q^2)(1+q^3)} + \cdots \right] \\
&= \left[1 + \frac{q^2}{1-q^2} + \frac{q^6}{(1-q^2)(1-q^4)} + \frac{q^{12}}{(1-q^2)(1-q^4)(1-q^6)} + \cdots \right] \\
&\times \left[1 + \frac{q^2}{1-q^2} + \frac{q^4}{(1-q^2)(1-q^4)} + \frac{q^6}{(1-q^2)(1-q^4)(1-q^6)} + \cdots \right],
\end{aligned}
\right\} \quad (245)
$$

(*) Elles ne diffèrent pas, au fond, de celles que nous avons démontrées dans le Paragraphe II. On peut d'ailleurs en trouver beaucoup d'autres en combinant les premières avec des formules données par Jacobi, Legendre, Dirichlet,... Si, par exemple, on suppose $z = 1$ dans une relation des *Fundamenta* (p. 180), on obtient ce développement :

$$\beta = 1 + \frac{q}{1-q^2} + \frac{q^4}{(1-q^2)(1-q^4)} + \frac{q^9}{(1-q^2)(1-q^4)(1-q^6)} + \frac{q^{16}}{(1-q^2)(1-q^4)(1-q^6)(1-q^8)} + \cdots;$$

puis, à cause des égalités (238), (245) :

$$
\begin{aligned}
&\left[1 + \frac{q}{1-q^2} + \frac{q^4}{(1-q^2)(1-q^4)} + \frac{q^9}{(1-q^2)(1-q^4)(1-q^6)} + \cdots \right] \\
&\times \left[1 + \frac{q^2}{1-q^2} + \frac{q^6}{(1-q^2)(1-q^4)} + \frac{q^{12}}{(1-q^2)(1-q^4)(1-q^6)} + \cdots \right] \\
&= 1 + \frac{q}{1-q} + \frac{q^3}{(1-q)(1-q^2)} + \frac{q^6}{(1-q)(1-q^2)(1-q^3)} + \cdots;
\end{aligned}
$$

identité assez remarquable.

$$\left[1-\frac{q}{1+q}-\frac{q^{3}}{(1+q)(1-q^{2})}+\frac{q^{6}}{(1+q)(1-q^{2})(1+q^{5})}+\frac{q^{10}}{(1+q)(1-q^{2})(1+q^{3})(1-q^{4})}-\cdots\right]$$
$$\times\left[1+\frac{q^{2}}{1-q^{2}}+\frac{q^{4}}{(1-q^{2})(1-q^{4})}+\frac{q^{6}}{(1-q^{2})(1-q^{4})(1-q^{6})}+\frac{q^{8}}{(1-q^{2})(1-q^{4})(1-q^{6})(1-q^{8})}+\cdots\right]$$
$$\times\left[1+\frac{q^{4}}{1-q^{4}}+\frac{q^{12}}{(1-q^{4})(1-q^{8})}+\frac{q^{24}}{(1-q^{4})(1-q^{8})(1-q^{12})}+\frac{q^{40}}{(1-q^{4})(1-q^{8})(1-q^{12})(1-q^{16})}+\cdots\right]$$
$$=\left[1-\frac{q}{1+q}+\frac{q^{2}}{(1+q)(1-q^{2})}-\frac{q^{3}}{(1+q)(1-q^{2})(1+q^{3})}+\frac{q^{4}}{(1+q)(1-q^{2})(1+q^{3})(1-q^{4})}-\cdots\right]$$
$$\times\left[1+\frac{q^{2}}{1-q^{2}}+\frac{q^{6}}{(1-q^{2})(1-q^{4})}+\frac{q^{12}}{(1-q^{2})(1-q^{4})(1-q^{6})}+\frac{q^{20}}{(1-q^{2})(1-q^{4})(1-q^{6})(1-q^{8})}+\cdots\right]$$
$$\times\left[1-\frac{q^{2}}{1+q^{2}}-\frac{q^{6}}{(1+q^{2})(1-q^{4})}+\frac{q^{12}}{(1+q^{3})(1-q^{4})(1+q^{6})}+\frac{q^{20}}{(1+q^{2})(1-q^{4})(1+q^{6})(1-q^{8})}-\cdots\right]. \tag{246}$$

115. *Autres identités.* La relation (246) exprime que

$$\alpha\beta'\times\frac{1}{\alpha_{1}}\times\beta'_{1}=\frac{1}{\beta\alpha'}\times\beta'\times(\alpha\beta')_{1}.$$

Celle-ci, dont la vérification est facile, peut être écrite sous ces deux formes :

$$\left.\begin{aligned}&\sum_{0}^{\infty}(-1)^{n}\varphi(n)\,q^{n}\times\sum_{0}^{\infty}\psi(n)\,q^{2n}\times\sum_{0}^{\infty}\varphi(n)\,q^{4n}\\ =&\sum_{0}^{\infty}(-1)^{n}\psi(n)\,q^{n}\times\sum_{0}^{\infty}\varphi(n)\,q^{2n}\times\sum_{0}^{\infty}(-1)^{n}\varphi(n)\,q^{2n};\end{aligned}\right\}\quad\cdots\cdots \tag{247}$$

$$\sum_{0}^{\infty}\varphi(n)\,q^{4n}=\sum_{0}^{\infty}\varphi(n)\,q^{2n}\times\sum_{0}^{\infty}(-1)^{n}\varphi(n)\,q^{2n}.\quad\cdots\cdots \tag{248}$$

Ces *nouvelles identités* ont d'assez nombreuses conséquences ; mais nous croyons ne pas devoir les énoncer (*).

(*) Observons, seulement, que la relation (71) pourrait être déduite des deux dernières. [*Ad.*]

IV.

TABLES DES NOMBRES $\varphi, \psi, f, F, \ldots$

116. *Construction des Tables I et II.* Je reproduis d'abord, d'après Euler (*) : 1° une table indiquant le *nombre des décompositions de* n, *en* p *parties inégales ;* 2° une table donnant le *nombre des décompositions de* n *en* p *parties, égales ou inégales.*

Si ces nombres sont désignés par (n, p), $[n, p]$, on a, comme l'on sait (**) :

$$(n, p) = (n - p, p - 1) + (n - p, p), \quad \ldots \ldots \ldots \quad (249)$$

$$[n, p] = \left(n + \frac{p\,(p - 1)}{2}, p\right). \quad \ldots \ldots \ldots \quad (250) \ (***)$$

Ces égalités supposent $n \geqq 2p$ (****).

Il est visible que

$$\left.\begin{aligned}
\varphi(n) &= (n, 1) + (n, 2) + (n, 3) + \cdots, \\
n_i &= (n, 1) + (n, 3) + (n, 5) + \cdots, \\
n_p &= (n, 2) + (n, 4) + (n, 6) + \cdots, \\
\psi(n) &= [n, 1] + [n, 2] + [n, 3] + \cdots, \\
n_i &= [n, 1] + [n, 3] + [n, 5] + \cdots, \\
n_p &= [n, 2] + [n, 4] + [n, 6] + \cdots.
\end{aligned}\right\} \quad \ldots \ldots \ldots \quad (251)$$

De simples additions ont donc fait connaître les nombres $\varphi(n)$, $\psi(n)$, n_i, n_p, n_i, n_p, ou du moins une partie d'entre eux.

117. La Table II est limitée à $n = 36$, $p = 13$. Pour y inscrire les valeurs de $\psi(n)$, n_i, n_p, à partir de $n = 14$, nous avons fait usage des théorèmes démontrés dans les numéros 22, 27, ... L'un d'eux suppose connues les valeurs de $\varphi_i(n)$, contenues dans la Table III.

(*) *Introduction à l'Analyse,* p. 252.

(**) *Mélanges mathématiques,* pp. 62, 63.

(***) D'après cette relation, les nombres de la seconde table sont les mêmes que ceux de la première. Aussi Euler les a-t-il fondues en une seule.

(****) *Mélanges,* p. 64.

118. *Construction de la Table III.* Le calcul des nombres $\varphi_i(n)$ repose sur la relation

$$\varphi_i(n) - \varphi_i(n-2) - \varphi_i(n-4) + \varphi_i(n-10) + \cdots = (-1)^{n-i} \text{ ou zéro},$$

établie dans le numéro 16. Il a été soumis à diverses vérifications.

119. *Construction de la Table IV.* Cette table, qui contient les valeurs de $f(n, p)$, a été calculée au moyen de la relation (235). Soient $n=13$, $p=7$: à l'intersection de la ligne horizontale 13 et de la colonne verticale 7, on trouve le nombre 8; donc $f(13, 7) = 8$. En effet, il y a 8 décompositions de 13 en parties inégales, non supérieures à 7 ; savoir :

$$7+6,\ 7+5+1,\ 7+4+2,\ 7+3+2+1,\ 6+5+2,\ 6+4+3,\ 6+4+2+1,\ 5+4+3+1.$$

120. *Remarques.* Les nombres placés dans la $p^{\text{ième}}$ colonne verticale sont les coefficients des puissances *positives* de x, dans le développement de $(1+x)(1+x^2)\ldots(1+x^p)$. La somme de ces coefficients est $2^p - 1$ (*). Par exemple, si $p = 6$:

$$1+1+2+2+3+4+4+4+5+5+5+5+4+4+4+3+2+2+1+1+1 = 63.$$

121. *Construction de la Table V.* Elle résulte de la formule (225), combinée avec les relations (229) et (235). On tire de celle-ci, par exemple :

$$F(56,17) = f(56,17) + F(1,17)\,f(54,17) + F(2,17)\,f(52,17) + \cdots + F(18,17);$$

ou

$$
\begin{aligned}
F(56,17) =\ & 416 + 1.343 + 2.280 + 3.226 + 5.179 + 7.140 + 11.108 + 15.82 \\
& + 22.61 + 50.45 + 42.32 + 56.22 + 77.15 + 101.10 + 135.6 + 176.4 \\
& + 231.2 + 297.1 + 384 \\
=\ & 416 + 543 + 560 + 678 + 895 + 980 + 1\,188 + 1\,230 + 1\,542 + 1\,550 \\
& + 1\,544 + 1\,232 + 1\,155 + 1\,010 + 810 + 704 + 462 + 297 + 384 = 16\,580\ (**).
\end{aligned}
$$

(*) A partir de $p = 9$, les colonnes sont *incomplètes*.

(**) Plusieurs des nombres compris dans la table V ont été soumis à des vérifications semblables.

TABLE I.

	1	2	3	4	5	6	7	8				n_l	n_p	$\varphi(\mu)$
1	1											1	0	1
2	1											1	0	1
3	1	1										1	1	2
4	1	1										1	1	2
5	1	2										1	2	3
6	1	2	1									2	2	4
7	1	3	1									2	3	5
8	1	3	2									3	3	6
9	1	4	3									4	4	8
10	1	4	4	1								5	5	10
11	1	5	5	1								6	6	12
12	1	5	7	2								8	7	15
13	1	6	8	3								9	9	18
14	1	6	10	5								11	11	22
15	1	7	12	6	1							14	13	27
16	1	7	14	9	1							16	16	32
17	1	8	16	11	2							19	19	38
18	1	8	19	15	3							23	23	46
19	1	9	21	18	5							27	27	54
20	1	9	24	23	7							32	32	64
21	1	10	27	27	10	1						38	38	76
22	1	10	30	34	13	1						44	45	89
23	1	11	33	39	18	2						52	52	104
24	1	11	37	47	28	3						61	61	122
25	1	12	40	54	30	5						74	71	142
26	1	12	44	64	37	7						82	83	165
27	1	13	48	72	47	11						96	96	192
28	1	13	52	84	57	14	1					111	111	222
29	1	14	56	94	70	20	1					128	128	256
30	1	14	61	108	84	26	2					148	148	296
31	1	15	65	120	101	35	3					170	170	340
32	1	15	70	136	119	44	5					195	195	390
33	1	16	75	150	141	58	7					224	224	448
34	1	16	80	169	164	71	11					256	256	512
35	1	17	85	185	192	90	15					293	292	585
36	1	17	91	206	221	110	21	1				334	334	668

TABLE I. (Suite.)

	1	2	3	4	5	6	7	8	9	10	11	n_i	n_p	$\varphi(n)$
37	1	18	96	225	255	136	28	1				380	380	760
38	1	18	102	249	291	163	38	2				432	432	864
39	1	19	108	270	333	199	49	3				491	491	982
40	1	19	114	297	377	235	65	5				557	556	1 113
41	1	20	120	321	427	282	82	7				630	630	1 260
42	1	20	127	351	480	331	105	11				713	713	1 426
43	1	21	133	378	540	391	131	15				805	805	1 610
44	1	21	140	411	603	454	164	22				908	908	1 816
45	1	22	147	441	674	532	201	29	1			1 024	1 024	2 048
46	1	22	154	478	748	612	248	40	1			1 152	1 152	2 304
47	1	23	161	511	831	709	300	52	2			1 295	1 295	2 590
48	1	23	169	554	918	808	364	70	3			1 455	1 455	2 910
49	1	24	176	588	1 014	931	436	89	5			1 632	1 632	3 264
50	1	24	184	632	1 115	1 057	522	116	7			1 829	1 829	3 658
51	1	25	192	672	1 226	1 206	618	146	11			2 048	2 049	4 097
52	1	25	200	720	1 342	1 360	733	186	15			2 291	2 291	4 582
53	1	26	208	764	1 469	1 540	860	230	22			2 560	2 560	5 120
54	1	26	217	816	1 602	1 720	1 018	288	30			2 859	2 859	5 718
55	1	27	225	864	1 747	1 945	1 175	352	41	1		3 189	3 189	6 378
56	1	27	234	920	1 898	2 172	1 367	434	54	1		3 554	3 554	7 108
57	1	28	243	972	2 062	2 432	1 574	525	78	2		3 958	3 959	7 917
58	1	28	252	1 033	2 233	2 702	1 824	638	94	3		4 404	4 404	8 808
59	1	29	261	1 080	2 418	3 009	2 102	764	123	5		4 896	4 896	9 792
60	1	29	271	1 154	2 611	3 331	2 400	919	157	7		5 440	5 440	10 880
61	1	30	280	1 215	2 818	3 692	2 738	1 090	201	11		6 038	6 038	12 076
62	1	30	290	1 285	3 034	4 070*	3 120	1 297	252	15		6 697	6 697	13 394
63	1	31	300	1 350	3 266	4 494	3 539	1 527	318	22		7 424	7 424	14 848
64	1	31	310	1 425	3 507	4 935	4 006	1 801	398	30		8 222	8 222	16 444
65	1	32	320	1 495	3 765	5 427	4 526	2 104	488	42		9 100	9 100	18 200
66	1	32	331	1 575	4 033	5 942	5 102	2 462	598	55	1	10 066	10 066	20 132
67	1	33	341	1 650	4 319	6 510	5 731	2 857	732	75	1	11 125	11 125	22 250
68	1	33	352	1 735	4 616	7 104	6 430	3 319	887	97	2	12 288	12 288	24 576
69	1	34	363	1 815	4 932	7 760	7 190	3 828	1 076	128	3	13 565	13 565	27 130
70	1	34	374	1 906	5 260	8 442	8 033	4 447	1 260	164	5	14 963	14 963	29 926
71	1	35	385	1 991	5 608	9 192	8 946	5 066	1 549	212	7	16 496	16 496	32 992
72	1	35	397	2 087	5 969	9 975	9 963	5 812	1 843	267	11	18 176	18 176	36 352

* La Table d'Euler donne, au lieu de ce nombre, 4 007.

TABLE II.

	1	2	3	4	5	6	7	8	9	10	11	12	13	n_i	n_p	$\psi(n)$
1	1													1		1
2	1	1												1	1	2
3	1	1	1											2	1	3
4	1	2	1	1										2	3	5
5	1	2	2	1	1									4	3	7
6	1	3	3	2	1	1								5	6	11
7	1	3	4	3	2	1	1							8	7	15
8	1	4	5	5	3	2	1	1						10	12	22
9	1	4	7	6	5	3	2	1	1					16	14	30
10	1	5	8	9	7	5	3	2	1	1				20	22	42
11	1	5	10	11	10	7	5	3	2	1	1			29	27	56
12	1	6	12	15	13	11	7	5	3	2	1	1		37	40	77
13	1	6	14	18	18	14	11	7	5	3	2	1	1	52	49	101
14	1	7	16	23	23	20	15	11	7	5	3	2	1	66	69	135
15	1	7	19	27	30	26	21	15	11	7	5	3	2	90	86	176
16	1	8	21	34	37	35	28	22	15	11	7	5	3	113	118	231
17	1	8	24	39	47	44	38	29	22	15	11	7	5	151	146	297
18	1	9	27	47	57	58	49	40	30	22	15	11	7	190	195	385
19	1	9	30	54	70	71	65	52	41	30	22	15	11	248	242	490
20	1	10	33	64	84	90	82	70	54	42	30	22	15	310	317	627
21	1	10	37	72	101	110	105	89	73	55	42	30	22	400	392	792
22	1	11	40	84	119	136	131	116	94	75	56	42	30	497	505	1 002
23	1	11	44	94	141	163	164	146	123	97	76	56	42	632	623	1 255
24	1	12	48	108	164	199	201	186	157	128	99	77	56	782	793	1 575
25	1	12	52	120	192	235	248	230	204	164	131	100	77	985	973	1 958
26	1	13	56	136	221	282	300	288	252	212	169	133	101	1 212	1 224	2 436
27	1	13	61	150	255	331	364	352	318	267	249	172	134	1 512	1 498	3 010
28	1	14	65	169	294	391	436	434	393	340	278	224	174	1 851	1 867	3 748
29	1	14	70	185	333	454	522	525	488	423	355	285	227	2 291	2 274	4 565
30	1	15	75	206	377	532	648	638	598	530	445	366	290	2 793	2 811	5 604
31	1	15	80	225	427	642	733	764	732	653	560	460	373	3 431	3 411	6 842
32	1	16	85	249	480	709	860	919	887	807	695	582	474	4 163	4 186	8 349
33	1	16	91	270	540	811	1 009	1 090	1 076	984	863	725	597	5 084	5 059	10 443
34	1	17	96	297	603	931	1 175	1 297	1 291	1 204	1 060	905	747	6 142	6 468	12 310
35	1	17	102	321	674	1 057	1 367	1 527	1 549	1 455	1 303	1 110	935	7 456	7 427	14 883
36	1	18	108	351	748	1 206	1 579	1 801	1 845	1 761	1 586	1 380	1 158	8 972	9 005	17 977

TABLE III.

n	$\varphi(n)$	$\varphi_p(n)$	$\varphi_i(n)$	$\psi(n)$	$\psi_p(n)$	$\psi_i(n)$
1	1	0	1	1	0	1
2	1	1	0	2	1	1
3	2	0	1	3	0	2
4	2	1	1	5	2	2
5	3	0	1	7	0	3
6	4	2	1	11	3	4
7	5	0	1	15	0	5
8	6	2	2	22	5	6
9	8	0	2	30	0	8
10	10	3	2	42	7	10
11	12	0	2	56	0	12
12	15	4	3	77	11	15
13	18	0	3	101	0	18
14	22	5	3	135	15	22
15	27	0	4	176	0	27
16	32	6	5	231	22	32
17	38	0	5	297	0	38
18	46	8	5	385	30	46
19	54	0	6	490	0	54
20	64	10	7	627	42	64
21	76	0	8	792	0	76
22	89	12	8	1 002	56	89
23	104	0	9	1 255	0	104
24	122	15	11	1 575	77	122
25	142	0	12	1 958	0	142
26	165	18	12	2 436	101	165
27	192	0	14	3 010	0	192
28	222	22	16	3 718	135	222
29	256	0	17	4 565	0	256
30	296	27	18	5 604	176	206
31	340	0	20	6 842	0	340
32	390	32	23	8 349	231	390
33	448	0	25	10 148	0	448
34	512	38	26	12 310	297	512
35	585	0	20	14 883	0	585
36	668	46	33	17 977	385	668

TABLE IV. — Valeurs de $f(n, p)$.

	1	2	3	4	5	6	7	8	9	10	11	12	13	14	15	16	17	18	19	20	21	22	23
1	1	1	1	1	1	1	1	1	1	1	1	1	1	1	1	1	1	1	1	1	1	1	1
2		1	1	1	1	1	1	1	1	1	1	1	1	1	1	1	1	1	1	1	1	1	1
3		1	2	2	2	2	2	2	2	2	2	2	2	2	2	2	2	2	2	2	2	2	2
4			1	2	2	2	2	2	2	2	2	2	2	2	2	2	2	2	2	2	2	2	2
5			1	2	3	3	3	3	3	3	3	3	3	3	3	3	3	3	3	3	3	3	3
6			1	2	3	4	4	4	4	4	4	4	4	4	4	4	4	4	4	4	4	4	4
7				2	3	4	5	5	5	5	5	5	5	5	5	5	5	5	5	5	5	5	5
8				1	3	4	5	6	6	6	6	6	6	6	6	6	6	6	6	6	6	6	6
9				1	3	5	6	7	8	8	8	8	8	8	8	8	8	8	8	8	8	8	8
10				1	3	5	7	8	9	10	10	10	10	10	10	10	10	10	10	10	10	10	10
11					2	5	7	9	10	11	12	12	12	12	12	12	12	12	12	12	12	12	12
12					2	5	8	10	12	13	14	15	15	15	15	15	15	15	15	15	15	15	15
13					1	4	8	11	13	15	16	17	18	18	18	18	18	18	18	18	18	18	18
14					1	4	8	12	15	17	19	20	21	22	22	22	22	22	22	22	22	22	22
15					1	4	8	13	17	20	22	24	25	26	27	27	27	27	27	27	27	27	27
16						3	8	13	18	22	25	27	29	30	31	32	32	32	32	32	32	32	32
17						2	7	13	19	24	28	31	33	35	36	37	38	38	38	38	38	38	38
18						2	7	14	21	27	32	36	39	41	43	44	45	46	46	46	46	46	46
19						1	6	13	21	29	35	40	44	47	49	51	52	53	54	54	54	54	54
20						1	5	13	22	31	39	45	50	54	57	59	61	62	63	64	64	64	64
21						1	5	13	23	33	43	51	57	62	66	69	71	73	74	75	76	76	76
22							4	12	23	35	46	56	64	70	75	79	82	84	86	87	88	89	89
23							3	11	23	36	49	61	71	79	85	90	94	97	99	101	102	103	104
24							2	10	23	38	53	67	79	89	97	103	108	112	115	117	119	120	121
25							2	9	22	39	56	72	87	99	109	117	123	128	132	135	137	139	140
26							1	8	21	39	59	78	95	110	122	132	140	146	151	155	158	160	162
27							1	7	21	40	62	84	104	122	137	149	159	167	173	178	182	185	187
28							1	6	19	40	64	89	113	134	152	167	179	189	197	203	208	212	215
29								5	18	39	66	94	121	146	168	186	201	213	223	231	237	242	246
30								4	17	39	68	100	131	160	186	208	226	244	253	263	271	277	282
31								3	15	38	69	104	140	173	203	230	252	270	285	297	307	315	321
32								2	13	36	60	108	148	187	222	253	280	302	320	335	347	357	365
33								2	12	35	70	113	158	202	243	279	314	338	360	378	393	405	415
34								1	10	33	69	115	166	216	263	306	343	375	402	424	442	457	460
35								1	9	31	69	118	174	231	285	334	378	416	448	475	497	515	530
36								1	8	29	68	121	182	246	308	365	446	461	490	531	558	580	598

TABLE V. — Valeurs de $F(n, p)$.

	1	2	3	4	5	6	7	8	9	10	11	12	13	14	15	16	17
1	1	1	1	1	1	1	1	1	1	1	1	1	1	1	1	1	1
2	1	2	2	2	2	2	2	2	2	2	2	2	2	2	2	2	2
3	1	2	3	3	3	3	3	3	3	3	3	3	3	3	3	3	3
4	1	3	4	5	5	5	5	5	5	5	5	5	5	5	5	5	5
5	1	3	5	6	7	7	7	7	7	7	7	7	7	7	7	7	7
6	1	4	7	9	10	11	11	11	11	11	11	11	11	11	11	11	11
7	1	4	8	11	13	14	15	15	15	15	15	15	15	15	15	15	15
8	1	5	10	15	18	20	21	22	22	22	22	22	22	22	22	22	22
9	1	5	12	18	23	26	28	29	30	30	30	30	30	30	30	30	30
10	1	6	14	23	30	35	38	40	41	42	42	42	42	42	42	42	42
11	1	6	16	27	37	44	49	52	54	55	56	56	56	56	56	56	56
12	1	7	19	34	47	58	65	70	73	75	76	77	77	77	77	77	77
13	1	7	21	39	57	71	82	89	94	97	99	100	101	101	101	101	101
14	1	8	24	47	70	90	105	116	123	128	131	133	134	135	135	135	135
15	1	8	27	54	84	110	131	146	157	164	169	172	174	175	176	176	176
16	1	9	30	64	101	136	164	186	201	212	219	224	227	229	230	231	231
17	1	9	33	72	119	163	201	230	252	267	278	285	290	293	295	296	297
18	1	10	37	84	141	199	248	288	318	340	355	366	373	378	381	383	384
19	1	10	40	94	164	235	300	352	393	423	445	460	471	478	483	486	488
20	1	11	44	108	192	282	364	434	488	530	560	582	597	608	615	620	623
21	1	11	48	120	221	331	436	525	598	653	695	725	747	762	773	780	785
22	1	12	52	136	255	391	522	638	732	807	863	905	935	957	972	983	990
23	1	12	56	150	291	454	618	764	887	984	1 060	1 116	1 158	1 188	1 210	1 225	1 236
24	1	13	61	169	333	532	733	919	1 076	1 204	1 303	1 380	1 436	1 478	1 508	1 530	1 545
25	1	13	65	185	377	612	860	1 090	1 291	1 455	1 586	1 686	1 763	1 819	1 861	1 891	1 913
26	1	14	70	206	427	709	1 009	1 297	1 549	1 761	1 930	2 063	2 164	2 241	2 297	2 339	2 369
27	1	14	75	225	480	811	1 175	1 527	1 845	2 112	2 331	2 503	2 637	2 738	2 815	2 871	2 913
28	1	15	80	249	540	931	1 367	1 801	2 194	2 534	2 812	3 036	3 210	3 345	3 446	3 523	3 579
29	1	15	85	270	603	1 057	1 579	2 104	2 592	3 015	3 370	3 655	3 882	4 057	4 192	4 293	4 370
30	1	16	91	297	674	1 206	1 824	2 462	3 060	3 590	4 035	4 401	4 691	4 920	5 096	5 231	5 332
31	1	16	96	321	748	1 360	2 093	2 857	3 589	4 242	4 802	5 262	5 635	5 928	6 158	6 334	6 469
32	1	17	102	351	831	1 540	2 400	3 319	4 206	5 013	5 708	6 290	6 761	7 139	7 434	7 665	7 841
33	1	17	108	378	918	1 729	2 738	3 828	4 904	5 888	6 751	7 476	8 073	8 551	8 932	9 228	9 459
34	1	18	114	411	1 014	1 945	3 120	4 417	5 708	6 912	7 972	8 877	9 624	10 232	10 715	11 098	11 395
35	1	18	120	441	1 115	2 172	3 539	5 066	6 615	8 070	9 373	10 489	11 424	12 186	12 801	13 287	13 671
36	1	19	127	478	1 226	2 432	4 011	5 812	7 657	9 418	11 004	12 384	13 542	14 499	15 272	15 892	16 380

APPLICATIONS.

122. *De combien de manières 23 est-il décomposable en cinq parties inégales ?*

On cherche, dans la Table I, le nombre situé dans la *ligne* 23 et dans la *colonne* 5 : 18 est le résultat demandé. En effet,

$$23 = 1+2+3+4+13 = 1+2+3+5+12 = 1+2+3+6+11 = 1+2+3+7+10$$
$$= 1+2+3+8+9 = 1+2+4+5+11 = 1+2+4+6+10 = 1+2+4+7+9$$
$$= 1+2+5+6+9 = 1+2+5+7+8 = 1+3+4+5+10 = 1+3+4+6+9$$
$$= 1+3+4+7+8 = 1+3+5+6+8 = 1+4+5+6+7 = 2+3+4+5+9$$
$$= 2+3+4+6+8 = 2+3+5+6+7.$$

123. *De combien de manières peut-on décomposer 11 en sept parties, égales ou inégales ?*

D'après la Table II, ce nombre est 5. Effectivement :

$$11 = 1+1+1+1+1+1+5 = 1+1+1+1+1+2+4 = 1+1+1+1+1+3+3$$
$$= 1+1+1+1+2+2+3 = 1+1+1+2+2+2+2.$$

124. *De combien de manières le nombre 9 est-il décomposable en parties inégales ?*

La Table I donne $\varphi(9) = 8$. On a, en effet,

$$9 = 9 = 1+8 = 2+7 = 3+6 = 4+5 = 1+2+6 = 1+3+5 = 2+3+4.$$

125. *De combien de manières peut-on décomposer 7 en parties, égales ou inégales ?*

On trouve, Table II, $\psi(7) = 15$. D'ailleurs,

$$7 = 7 = 1+6 = 2+5 = 3+4 = 1+1+5 = 1+2+4 = 1+3+3 = 2+2+3$$
$$= 1+1+1+4 = 1+1+2+3 \, (^*) = 1+2+2+2 = 1+1+1+1+3 = 1+1+1+2+2$$
$$= 1+1+1+1+1+2 = 1+1+1+1+1+1+1.$$

(*) Dans l'*Introduction à l'Analyse* (p. 251), cette décomposition manque.

126. *Quel est le nombre des décompositions de 36 en parties impaires, inégales ?*

D'après la Table III, $\varphi_i(36)=33$. En effet,

$$36 = 1+35 = 3+33 = 5+31 = 7+29 = 9+27 = 11+25 = 13+23 = 15+21 = 17+19$$
$$= 1+3+5+27 = 1+3+7+25 = 1+3+9+23 = 1+3+11+21 = 1+3+13+19$$
$$= 1+3+15+17 = 1+5+7+23 = 1+5+9+21 = 1+5+11+19 = 1+5+13+17$$
$$= 1+7+9+19 = 1+7+11+17 = 1+7+13+15 = 1+9+11+15 = 3+5+7+21$$
$$= 3+5+9+19 = 3+5+11+17 = 3+5+13+15 = 3+7+9+17 = 5+7+11+13$$
$$= 3+9+11+13 = 5+7+9+15 = 5+7+11+13 = 1+3+5+7+9+11.$$

127. *De combien de manières peut-on décomposer 11 en un nombre pair de parties, égales ou inégales ?*

La Table II donne

$$11 = [11,2] + [11,4] + [11,6] + [11,8] + [11,10] = 5 + 11 + 7 + 3 + 1 = 27.$$

Tel est le nombre demandé. Les décompositions dont il s'agit sont :

1+10, 2+9, 3+8, 4+7, 5+6;

1+1+1+8, 1+1+2+7, 1+1+3+6, 1+1+4+5, 1+2+2+6, 1+2+3+5, 1+2+4+4;

1+3+3+4, 2+2+2+5, 2+2+3+4, 2+3+3+3;

1+1+1+1+1+6, 1+1+1+1+2+5, 1+1+1+1+3+4, 1+1+1+2+2+4,

1+1+1+2+3+3, 1+1+2+2+2+3, 1+2+2+2+2+2;

1+1+1+1+1+1+1+4, 1+1+1+1+1+1+2+3, 1+1+1+1+1+1+2+2+2;

1+1+1+1+1+1+1+1+1+2.

128. *De combien de manières le nombre 11 est-il décomposable en parties inégales, non supérieures à 8 ?*

D'après la Table IV, $f(11,8)=9$. En effet,

$$11 = 3+8 = 4+7 = 5+6 = 1+2+8 = 1+3+7 = 1+4+6$$
$$= 2+3+6 = 2+4+5 = 1+2+3+5. \;(^*)$$

(*) Une autre application a été donnée ci-dessus (**119**).

129. *De combien de manières peut-on décomposer 7 en parties non supérieures à 3 ?*

On trouve (Table V) $F(7,3) = 8$. Les décompositions du nombre 7 sont

$$1+1+1+1+1+1+1, \quad 1+1+1+1+1+2, \quad 1+1+1+1+3, \quad 1+1+1+2+2,$$
$$1+1+2+3, \quad 1+2+2+2, \quad 1+3+3, \quad 2+2+3.$$

V.

DE LA FONCTION

$$(1-q)(1-q^2)(1-q^4)(1-q^8)\ldots$$

130. L'équation

$$\alpha = \frac{\varphi(q)}{\varphi(q^2)}, \qquad \ldots \qquad (62)$$

donne, par le changement de q en q^2, en q^4, en q^8, ...

$$\alpha\alpha_1\alpha_2\alpha_3\ldots = \varphi(q):$$

en effet, *limite de* $\varphi(q^n) = 1$ (*).

D'ailleurs, $\varphi(q) = \alpha\alpha'$; donc

$$\alpha\alpha' = \alpha\alpha_1\alpha_2\alpha_3\alpha_4\ldots; \qquad \ldots \qquad (252)$$

c'est-à-dire

$$2^{\frac{1}{6}}\left(\frac{\omega}{\pi}\right)^{\frac{1}{3}}(kk')^{\frac{1}{6}}q^{-\frac{1}{12}} = 2^{\frac{1}{6}}k_1^{-\frac{1}{12}}k_1^{\frac{1}{6}}q^{\frac{1}{12}} \times 2^{\frac{1}{6}}k_2^{-\frac{1}{12}}k_2^{\frac{1}{6}}q^{\frac{1}{6}} \times 2^{\frac{1}{6}}k_3^{-\frac{1}{12}}k_3^{\frac{1}{6}}q^{\frac{1}{3}} \times \cdots, \quad \ldots \quad (253)$$

et

$$\left.\begin{aligned}&(1-q)(1-q^2)(1-q^3)(1-q^4)(1-q^5)\ldots\\ =\;&(1-q)(1-q^5)(1-q^8)\ldots \times (1-q^2)(1-q^6)(1-q^{10})\ldots \times (1-q^4)(1-q^{12})(1-q^{20})\ldots\end{aligned}\right\} (254)$$

131. De ces deux égalités, la première ne paraît guère pouvoir conduire à des résultats intéressants. Quant à la seconde, on peut d'abord observer

---

(*) Pour démontrer rigoureusement cette proposition presque évidente, il suffit de se reporter aux définitions (1), (2).

qu'elle est *identique*, en ce sens que tout facteur du premier membre appartient au second, et réciproquement. En effet, les progressions

$$1,\ 5,\ 5,\ 7,\ 9,\ldots$$
$$2,\ 6,\ 10,\ 14,\ 18,\ldots$$
$$4,\ 12,\ 20,\ 28,\ 36,\ldots$$
$$8,\ 24,\ 40,\ 56,\ 72,\ldots$$
$$\cdots\cdots\cdots$$

renferment *tous* les nombres entiers (zéro excepté); et un nombre entier quelconque ne saurait appartenir à deux de ces progressions.

132. Cela posé, si l'on intervertit l'ordre des facteurs, et que l'on fasse

$$\varpi(q) = (1 - q)(1 - q^2)(1 - q^4)(1 - q^8)\cdots,\ \ldots\ldots\ldots \quad (255)$$

on aura, au lieu de l'identité (254),

$$\alpha\alpha' = \varpi(q).\varpi(q^3)\,\varpi(q^5)\,\varpi(q^7)\cdots\ldots\ldots\ldots \quad (256)$$

133. *Relation entre les nombres* $\varphi,\ \psi$. Avant de discuter la fonction ϖ, nous indiquerons encore une conséquence assez simple de l'égalité (252). Si on l'écrit ainsi

$$\frac{1}{\alpha\alpha'} = \frac{1}{\alpha}\cdot\frac{1}{\alpha_1}\cdot\frac{1}{\alpha_2}\cdot\frac{1}{\alpha_4}\cdots,$$

et que l'on ait égard aux formules (65), (52), on trouve

$$\sum_0^\infty \psi(n)\, q^n = \sum_0^\infty \varphi(n)\, q^n \times \sum_0^\infty \varphi(n)\, q^{2n} \times \sum_0^\infty \varphi(n)\, q^{4n} \times \sum_0^\infty \varphi(n)\, q^{8n} \times \cdots. \quad (257)$$

Par conséquent, si l'on suppose

$$n = a + 2b + 4c + 8d + \cdots,\ \ldots\ldots\ldots \quad (258)$$

on a le théorème exprimé par l'égalité

$$\psi(n) = \sum \varphi(a)\,\varphi(b)\,\varphi(c)\,\varphi(d)\cdots,\ \ldots\ldots\ldots \quad (259)$$

dans laquelle, bien entendu, la somme Σ s'étend à toutes les valeurs entières, positives ou nulles, des inconnues $a, b, c, d, \ldots$ (*).

134. Application. Soit $n = 11$. Prenons les progressions

$$1, \quad 2, \quad 5, \quad 4, \quad 5, \quad 6, \quad 7, \quad 8, \quad 9, \quad 10, \quad 11, \ldots,$$
$$2, \quad 4. \quad 6, \quad 8, \quad 10, \ldots$$
$$4, \quad 8. \quad 12, \ldots$$
$$8, \quad 16, \ldots$$

Il en résulte les décompositions suivantes :

11; 9+2; 7+4, 5+6, 5+8, 1+10, 7+4, 5+8, 5+8; 5+2+4, 5+4+4, 1+2+8, 1+6+4, 1+2+8.

L'équation (259) devient donc

$$\psi(11) = \varphi(11) + \varphi(9)\varphi(1) + \varphi(7)\varphi(2) + \varphi(5)\varphi(5) + \varphi(5)\varphi(4) + \varphi(1)\varphi(5) + \varphi(7)\varphi(1)$$
$$+ \varphi(5)\varphi(2) + \varphi(5)\varphi(1) + \varphi(5)\varphi(1)\varphi(1) + \varphi(5)\varphi(2)\varphi(1) + \varphi(1)\varphi(1)\varphi(2)$$
$$+ \varphi(1)\varphi(5)\varphi(1) + \varphi(1)\varphi(1)\varphi(1);$$

ou, d'après les Tables I, II :

$$56 = 12 + 8.1 + 5.1 + 5.2 + 2.2 + 1.5 + 5.1 + 2.1 + 2.1 + 5.1.1 + 2.1.1 + 1.1.1 + 1.2.1 + 1.1.1$$
$$= 12 + 8 + 5 + 6 + 4 + 5 + 5 + 2 + 2 + 5 + 2 + 1 + 2 + 1;$$

ce qui est exact.

135. *Développement de la fonction* $\varpi(q)$. On sait (**) que *tout nombre entier est décomposable, d'une seule manière, en une somme de puissances de* 2. D'après cela,

$$\varpi(q) = 1 - q - q^2 + q^3 - q^4 + q^5 + q^6 - q^7 - q^8 + q^9 + q^{10} - q^{11} + q^{12} - q^{13} - q^{14} + q^{15} - \cdots \pm q^n \pm \cdots, \quad (260)$$

le signe $+$ répondant au cas où l'exposant n égale la somme d'un nombre *pair* de puissances de 2, l'unité comprise.

____

(*) On peut remarquer l'analogie qui existe entre cette relation (259) et l'une de celles qui ont été démontrées précédemment (**82**).

(**) *Introduction à l'Analyse*, p. 254.

136. *Remarques.* I. La fonction $\varpi(q)$, qui est peut-être une transcendante fort compliquée, est définie par l'équation

$$\varpi(q) = (1 - q)\,\varpi(q^2) \quad \ldots \ldots \ldots \ldots \quad (261)$$

II. D'après cette équation, si l'on désigne par A_{2n}, A_{2n+1} les coefficients de q^{2n}, q^{2n+1}, on a toujours

$$A_{2n+1} = -A_{2n}. \quad \ldots \ldots \ldots \ldots \quad (262)$$

III. Conséquemment, si l'on décompose la série en groupes de deux termes, commençant par le premier terme, chaque groupe présente l'une ou l'autre de ces combinaisons de signes :

$$+ -, \quad - + \cdot$$

IV. De même, si l'on décompose la série en groupes de quatre termes, commençant par le premier terme, chaque groupe présente l'une ou l'autre de ces combinaisons

$$+ - - +, \quad - + + -;$$

et ainsi de suite.

V. L'équation (264) prouve encore que

$$A_{2n} = A_n. \quad \ldots \ldots \ldots \ldots \quad (263)$$

137. *Détermination du coefficient de* q^n. D'après les relations (262), (263) :
1° Si

$$n = 2^\alpha i, \qquad i \text{ étant } impair, \qquad A_n = A_i;$$

2° Si

$$n = 2^\alpha i + 1, \qquad \text{»} \qquad A_n = -A_i.$$

Le calcul de A_i résulte de la dernière égalité. En effet, soient

$$i = 2^{\alpha'} i' + 1, \quad i' = 2^{\alpha''} i'' + 1, \quad i'' = 2^{\alpha'''} i''' + 1, \ldots; \quad \ldots \ldots \quad (264)$$

alors

$$A_i = -A_{i'} = +A_{i''} = -A_{i'''} = \cdots = \pm A_1 = \mp 1, \quad \ldots \ldots \quad (265)$$

selon que les entiers impairs $i, i', i'', \ldots 1$ sont en nombre *impair* ou en nombre *pair*.

Si, par exemple, $i = 251$, on a

$$A_{251} = -A_{125} = A_{51} = -A_{10} = +A_7 = -A_3 = +A_1 = -1.$$

138. *Remarque.* Le dernier calcul ne diffère pas, au fond, de celui qui résulte de la règle ci-dessus (**135**). Car les égalités (264) donnent

$$i = 2^{\alpha'+\alpha''+\alpha'''+\cdots+\alpha^{(p)}} + 2^{\alpha'+\alpha''+\alpha'''+\cdots+\alpha^{(p-1)}} + 2^{\alpha'+\alpha''+\cdots+\alpha^{(p-2)}} + \cdots + 1, \qquad (266)$$

pourvu que $2^{\alpha^{(p)}}$ soit le dernier *quotient;* et, au moyen de cette formule, le nombre i est décomposé en puissances de 2.

Dans l'exemple précédent, les exposants α', α'', α''', ... sont 1, 2, 1, 1, 1, 1 ; donc

$$251 = 2^7 + 2^6 + 2^5 + 2^4 + 2^3 + 1 + 1 = 128 + 64 + 32 + 16 + 8 + 2 + 1.$$

139. *Développement de* $q\,\dfrac{\varpi'(q)}{\varpi(q)}$. Si, dans l'égalité (255), on prend les logarithmes, puis les dérivées, on trouve, en multipliant par q :

$$-q\,\frac{\varpi'(q)}{\varpi(q)} = \frac{q}{1-q} + \frac{2q^2}{1-q^2} + 4\,\frac{q^4}{1-q^4} + \frac{8q^8}{1-q^8} + \cdots \qquad (267)$$

Le développement du second membre est, après une réduction évidente,

$$q + (4-1)\,q^2 + q^3 + (8-1)\,q^4 + q^5 + (4-1)\,q^6 + q^7$$
$$+ (16-1)\,q^8 + q^9 + (4-1)\,q^{10} + q^{11} + (8-1)\,q^{12} + \cdots$$

Donc, si l'exposant est impair, le coefficient égale 1 ; et, si l'exposant a la forme $2^{\alpha_n}i$, le coefficient est $2.2^{\alpha_n} - 1$. Soit représentée par S_n cette fonction numérique ; alors

$$-q\,\frac{\varpi'(q)}{\varpi(q)} = S_1 q + S_2 q^2 + S_3 q^3 + \cdots + S_n q^n + \cdots \qquad (268)$$

140. *Relation entre les coefficients* S_n. Pour l'obtenir, il suffit de multiplier le second membre par

$$\varpi(q) = 1 - q - q^2 + q^3 - q^4 + q^5 + q^6 - \cdots,$$

et d'identifier le produit avec

$$-q\varpi'(q) = q + 2q^2 - 5q^3 + 4q^4 - 3q^5 - 6q^6 + 7q^7 + \cdots$$

On obtient ainsi

$$S_n - S_{n-1} - S_{n-2} + S_{n-3} - S_{n-4} + S_{n-5} + S_{n-6} - \cdots = \pm n, \qquad (269)$$

selon que n est la somme d'un nombre *impair* ou d'un nombre *pair* de puissances de 2.

Par exemple,

$$S_9 - S_8 - S_7 + S_6 - S_5 + S_4 + S_3 - S_2 - S_1 = -9, \text{ (*)}$$

ou

$$1 - (16 - 1) - 1 + (4 - 1) - 1 + (8 - 1) + 1 - (4 - 1) - 1 = -9.$$

141. *Théorème d'arithmétique.* D'après l'une des remarques ci-dessus (136, IV), si n est un multiple de 4, la somme de tous les termes égaux à ± 1, dans le premier membre de l'égalité (269), est nulle. Par suite, ce premier membre se réduit à

$$2 . 2^{\alpha_n} - 2\alpha^{\alpha_{n-2}} - 2 . 2^{\alpha_{n-4}} + 2 . 2^{\alpha_{n-6}} + \cdots$$

De là résulte la proposition suivante :

Soit N *un multiple de* 4 (**), *donné. Soit* n *un nombre pair, inférieur à* N. *On décompose* n *en une somme de puissances de* 2, *et l'on fait* $\lambda_n = \pm 1$, *selon que le nombre des parties est pair ou impair. Enfin, supposant* $N - n = 2^{\beta_n} i$, *on a*

$$\sum_{n=0}^{n=N-2} \lambda_n 2^{\beta_n} = \pm \frac{N}{2}; \qquad \ldots \qquad (270)$$

le signe $+$ *répondant au cas où* N *est la somme d'un nombre impair de puissances de* 2.

142. APPLICATION. Soit $N = 20$. Les valeurs de n sont

$$0, \quad 2, \quad 4, \quad 6, \quad 8, \quad 10, \quad 12, \quad 14, \quad 16, \quad 18.$$

Donc

$$\lambda_n = 1^{(***)}, \quad -1, \quad -1, \quad 1, \quad -1, \quad 1, \quad 1, \quad -1, \quad -1, \quad 1 ;$$
$$N - n = 20, \quad 18, \quad 16, \quad 14, \quad 12, \quad 10, \quad 8, \quad 6, \quad 4, \quad 2.$$

(*) $9 = 8 + 1$; on doit donc prendre le signe —

(**) Si N n'était pas multiple de 4, l'énoncé serait moins simple.

(***) On suppose toujours $\lambda_0 = 1$.

Les plus hautes puissances de 2 qui divisent ces nombres, sont respectivement :

$$4, \quad 2, \quad 16, \quad 2, \quad 4, \quad 2, \quad 8, \quad 2, \quad 4, \quad 2.$$

De plus, $20 = 16 + 4$. Ainsi, l'on doit trouver

$$4 - 2 - 16 + 2 - 4 + 2 + 8 - 2 - 4 + 2 = -10;$$

ce qui est exact.

143. *Remarques.* I. Le symbole λ_n représente le coefficient de q^n dans le développement de $\varpi(q)$, ou A_n. La formule (260) peut donc être écrite ainsi :

$$\varpi(q) = \sum_0^\infty \lambda_n q^n.$$

II. Par suite, l'égalité (256) devient

$$x x' = \sum_0^\infty \lambda_a q^a \times \sum_0^\infty \lambda_b q^{3b} \times \sum_0^\infty \lambda_c q^{5c} \times \cdots,$$

ou (46)

$$\sum_0^\infty (-1)^i q^{\frac{3i^2 \mp i}{2}} = \sum_0^\infty \lambda_a q^a \times \sum_0^\infty \lambda_b q^{3b} \times \sum_0^\infty \lambda_c q^{5c} \times \cdots \quad \ldots \quad (271)$$

III. Dans le second membre, le coefficient de q^n est $\sum \lambda_a \lambda_b \lambda_c \ldots$, pourvu que

$$a + 3b + 5c + \cdots = n. \quad \ldots \quad \ldots \quad \ldots \quad (272)$$

On a donc ce théorème, analogue à plusieurs de ceux que nous avons démontrés dans le Paragraphe II :

La somme $\sum \lambda_a \lambda_b \lambda_c \ldots$, *étendue à toutes les solutions entières et positives de l'équation* (272) (*), *égale* $(-1)^i$ *ou zéro, selon que le nombre* n *est ou n'est pas pentagonal* (**). -

144. *Développement de* $l\varpi(q)$. La relation (268) étant écrite ainsi :

$$-\frac{\varpi'(q)}{\varpi(q)} = 1 + (4-1)\,q + q^2 + (8-1)\,q^3 + q^4 + (4-1)\,q^5 + q^6 + (16-1)\,q^7 + q^8 + (4-1)\,q^9 + \cdots,$$

(*) On verra bientôt que le nombre de ces solutions est $\varphi(n)$.

(**) On ne doit pas oublier que *le symbole* λ_a *représente* ± 1, *suivant que a est décomposable en un nombre pair ou en un nombre impair de puissances de* 2.

on en conclut

$$- l\varpi(q) = q + \frac{4-1}{2}q^2 + \frac{1}{3}q^3 + \frac{8-1}{4}q^4 + \frac{1}{5}q^5 + \frac{4-1}{6}q^6 + \frac{1}{7}q^7 + \frac{16-1}{8}q^8 + \frac{1}{9}q^9 + \cdots,$$

ou

$$- l\varpi(q) = \left(q - \frac{1}{2}q^2 + \frac{1}{3}q^3 - \frac{1}{4}q^4 + \cdots \right) + \left(\frac{4}{2}q^2 + \frac{8}{4}q^4 + \frac{4}{6}q^6 + \frac{16}{8}q^8 + \cdots \right).$$

La première série est le développement de $l(1+q)$. Quant à la seconde, il est visible, d'après les calculs ci-dessus (139), que le coefficient du terme contenant q^{2n} est $\frac{2 \cdot 2^{\alpha_n}}{2n} = \frac{2}{i}$, si l'on suppose $2n = 2^{\alpha_n}i$. La dernière égalité devient donc

$$- l\varpi(q) = l(1+q) + 2 \sum_{n=1}^{n=\infty} \frac{q^{2n}}{i} \cdot \quad \dots \dots \quad (275)\ (^*)$$

145. *Remarques.* I. Dans l'application, on doit se rappeler que i *repré-sente le plus grand diviseur impair de* n.

II. Si l'on change q en q^2, et que l'on ait égard à l'équation (261), on trouve

$$l\frac{1+q}{1-q} = 2 \sum_{n=0}^{n=\infty} \frac{1}{i}(q^n - q^{2n}). \quad \dots \dots \dots \quad (274)$$

Cette relation, identique au fond, peut être utile pour le calcul des loga-rithmes. On en déduit, par exemple,

$$l2 = 4\left[\frac{1}{9} + \frac{4}{9^2} + \frac{15}{5.9^3} + \frac{40}{9^4} + \frac{124}{5.9^5} + \frac{364}{5.9^6} + \frac{1\,095}{7.9^7} + \cdots \right].$$

146. *Développement de* $l\frac{\beta'}{\alpha'}$. Dans la relation (275), changeons q en q^3, en q^5, ..., et ajoutons membre à membre : nous trouvons

$$- l\left[\varpi(q)\,\varpi(q^3)\,\varpi(q^5)\,\varpi(q^7)\ldots\right] = l\left[(1+q)(1+q^3)(1+q^5)\ldots\right] + 2 \sum \frac{1}{i}(q^{2n} + q^{6n} + q^{10n} + \cdots);$$

c'est-à-dire (256), (5)

$$- l(\alpha\alpha'\beta) = 2 \sum_{n=0}^{n=\infty} \frac{1}{i} \frac{q^{2n}}{1 - q^{4n}},$$

(*) On arrive directement à cette formule, si l'on fait attention que

$$- l\varpi(q) = - l(1-q) - l(1-q^2) - l(1-q^4) - \cdots$$

ou bien,

$$l\,\frac{\beta'}{\alpha'} = 2\sum_{n=0}^{n=\infty}\frac{1}{i}\frac{q^{2n}}{1-q^{4n}}. \quad\ldots\ldots\ldots\quad (275)$$

147. *Remarque.* Si l'on substitue, au premier membre,

$$l\,\frac{1+q^2}{1-q^2} + l\,\frac{1+q^4}{1-q^4} + l\,\frac{1+q^6}{1-q^6} + \cdots,$$

et que l'on remplace les logarithmes par leurs développements, on obtient encore une identité.

148. *Développement de* $-\,l\,(\alpha^2\alpha')$. Lorsque, dans la fonction $\frac{\beta'}{\alpha'}$, on remplace q^2 par q, elle devient $\frac{\beta\beta'}{\alpha\alpha'} = \frac{1}{\alpha^2\alpha'}$. Donc

$$-\,l\,(\alpha^2\alpha') = 2\sum_{n=0}^{n=\infty}\frac{1}{i}\frac{q^n}{1-q^{2n}}. \quad\ldots\ldots\ldots\quad (276)$$

Il serait facile de multiplier ces transformations. Nous n'en indiquerons plus qu'une.

149. *Décomposition de* $\beta\beta'$. Au moyen de la remarque faite par Euler (135), la fonction

$$\beta\beta' = (1+q)\,(1+q^2)\,(1+q^4)\ldots\times(1+q^3)\,(1+q^6)\,(1+q^{12})\ldots\times(1+q^5)\,(1+q^{10})\,(1+q^{20})\ldots\times\ldots$$

peut d'abord être décomposée en ce produit de séries fort simples :

$$1+q+q^2+q^3+q^4+\cdots,\quad 1+q^3+q^6+q^9+q^{12}+\cdots,\quad 1+q^5+q^{10}+q^{15}+\cdots,\ldots \quad (*)$$

si l'on remplace ensuite $\beta\beta'$ par son premier développement (52), on a cette relation

$$\sum_{0}^{\infty}\varphi(n)\,q^n = \sum_{0}^{\infty}q^n \times \sum_{0}^{\infty}q^{3b} \times \sum_{0}^{\infty}q^{5c} \times \cdots \quad\ldots\ldots\quad (277)$$

150. *Théorème d'arithmétique.* Il suffit de l'énoncer :

Le nombre des décompositions de n *en parties inégales (ou* $\varphi(n)$*), égale*

(*) Cette décomposition résulte aussi de l'identité (7).

le nombre des décompositions de n *en parties appartenant aux progressions*

$$1, \quad 2, \quad 3, \quad 4, \quad 5, \quad 6, \quad 7, \quad 8, \quad 9, \ldots$$
$$3, \quad 6, \quad 9, \quad 12, \quad 15, \quad 18, \quad 21, \quad 24, \quad 27, \ldots$$
$$5, \quad 10, \quad 15, \quad 20, \quad 25, \quad 30, \quad 35, \quad 40, \quad 45, \ldots$$
$$7, \quad 14, \quad 21, \quad 28, \quad 35, \quad 42, \quad 49, \quad 56, \quad 63, \ldots$$
$$\cdots \cdots \cdots \cdots \cdots \quad (^{*})$$

Par exemple :

$$8 = 8 = 1 + 7 = 2 + 6 = 3 + 5 = 1 + 2 + 5 = 1 + 3 + 4;$$

de sorte que $\varphi(8) = 6$. D'un autre côté, le nombre 8 admet les 6 décompositions suivantes :

$$8, \ 3 + 5, \ 5 + 3, \ 1 + 7, \ 2 + 6, \ 3 + 5.$$

151. *Remarque.* Ainsi que nous l'avons annoncé (143, III), le nombre des solutions entières de l'équation (272) est $\varphi(n)$.

VI.

REMARQUES DIVERSES.

152. Soient

$$f(q) = \frac{q}{1-q} - \frac{q^3}{1-q^3} + \frac{q^5}{1-q^5} - \frac{q^7}{1-q^7} + \cdots, \qquad (278)$$

$$f(q^2) = \frac{q^2}{1-q^2} - \frac{q^6}{1-q^6} + \frac{q^{10}}{1-q^{10}} - \frac{q^{14}}{1-q^{14}} + \cdots,$$

d'où résulte

$$f(q) - f(q^2) = \frac{q}{1-q^2} - \frac{q^3}{1-q^6} + \frac{q^5}{1-q^{10}} - \frac{q^7}{1-q^{14}} + \cdots,$$

ou $(^{**})$

$$f(q) - f(q^2) = \frac{(1-k')\,\omega}{4\pi}. \qquad (279)$$

$(^{*})$ Ce théorème a de l'analogie avec celui que nous avons démontré dans le numéro **106**. Il est bien entendu que, pour toute décomposition de n, chaque progression ne renferme pas plus d'une partie.

$(^{**})$ Legendre, t. III, p. 152.

Dans cette équation, changeons q en q^2, en q^4, en q^8, ... : à cause de $f(q^n) = 0$ *pour n infini*, la somme des premiers membres est

$$f(q) = \frac{1}{4}\left(\frac{2\omega}{\pi} - 1\right). \quad\quad\quad\quad (280)\,(^*)$$

Conséquemment

$$(1 - k')\,\omega + (1 - k_1')\,\omega_1 + (1 - k_2')\,\omega_2 + \cdots = 2\omega - \pi. \quad\quad (281)$$

On voit que *les quantités* $(1 - k')\,\omega$, $(1 - k_1')\,\omega_1 \ldots$ *forment une série convergente, dont la somme est* $2\omega - \pi$. Chacun de ces *termes* peut, de deux manières différentes, être développé en série ordonnée suivant les puissances de q; et il en est de même pour la *somme*.

153. En premier lieu, la combinaison des formules (17), (18), (51) donne

$$(1 - k')\,\omega = 4\pi q\,(1 + q^4 + q^{12} + q^{24} + \cdots)^2. \quad\quad\quad (282)\,(^{**})$$

On a aussi (18)

$$2\omega - \pi = 4\pi\,(q + q^4 + q^9 + q^{16} + \cdots)(1 + q + q^4 + q^9 + q^{16} + \cdots);$$

donc l'équation (281) devient

$$\left.\begin{aligned}
&q\,(1 + q^4 + q^{12} + q^{24} + \cdots)^2 + q^2\,(1 + q^8 + q^{24} + q^{48} + \cdots)^2 + q^4\,(1 + q^{16} + q^{48} + q^{96} + \cdots)^2 + \cdots \\
&\quad = (q + q^4 + q^9 + q^{16} + \cdots)(1 + q + q^4 + q^9 + \cdots)
\end{aligned}\right\} \quad (283)$$

154. Avant d'aller plus loin, nous ferons deux remarques :

1°
$$f(q) = (q + q^4 + q^9 + q^{16} + \cdots)(1 + q + q^4 + q^9 + \cdots); \quad\quad\quad (284)$$

2° Chacune des relations (281), (285) équivaut à celle-ci :

$$\left.\begin{aligned}
&\left[\frac{q}{1 - q^2} - \frac{q^3}{1 - q^6} + \frac{q^5}{1 - q^{10}} - \cdots\right] + \left[\frac{q^2}{1 - q^4} - \frac{q^6}{1 - q^{12}} + \frac{q^{10}}{1 - q^{20}} - \cdots\right] \\
&\quad + \left[\frac{q^4}{1 - q^8} - \frac{q^{12}}{1 - q^{24}} + \cdots\right] + \cdots = \frac{q}{1 - q} - \frac{q^3}{1 - q^3} + \frac{q^5}{1 - q^5} - \cdots.
\end{aligned}\right\} \quad (285)$$

<hr>

(*) Jacobi, *Fundamenta nova*, p. 103.
(**) Legendre, t. III, p. 110.

Pour la démontrer directement, il suffit de vérifier que

$$\frac{q}{1-q^2}+\frac{q^2}{1-q^4}+\frac{q^4}{1-q^8}+\frac{q^8}{1-q^{16}}+\cdots=\frac{q}{1-q}. \qquad (286)$$

Or, si l'on développe le premier membre, on trouve

$$q+q^2+q^3+q^4+q^5+\cdots;$$

etc. (*)

155. On sait, et il est d'ailleurs évident, que *dans le développement de* f (q), *le coefficient de* q^n *égale l'excès* ε_n *du nombre des diviseurs de* n, *ayant la forme* $4\mu+1$, *sur le nombre des diviseurs ayant la forme* $4\mu-1$. Conséquemment, les termes en q^n, q^{2n}, q^{4n}, ... ont même coefficient; et, pour déterminer ε_n, il suffit de considérer le cas où n est *impair*. Cela posé :

1° *Si le nombre* n *a la forme* $4\mu-1$, $\varepsilon_n=0$. En effet, à chaque diviseur ayant cette forme, il en correspond un ayant la forme contraire;

2° De même, $\varepsilon_n=0$ *quand* n, *ayant la forme* $4\mu+1$, *n'admet aucun facteur premier de cette forme ;*

3° *Si le nombre* n *a la forme* $4\mu+1$, ε_n *égale le nombre des diviseurs de* n *exclusivement formés des facteurs premiers ayant cette même forme* (**);

4° En particulier, $\varepsilon_n=2$ *lorsque* n *est premier et de la forme* $4\mu+1$;

5° *Si* n *est une puissance d'un nombre premier* $4\mu-1$, *dont l'exposant soit pair*, $\varepsilon_n=1$;

6° *L'excès* ε_n *n'est jamais négatif*.

(*) Semblablement :

$$\frac{q+q^2}{1-q^3}+\frac{q^3+q^6}{1-q^9}+\frac{q^9+q^{18}}{1-q^{27}}+\cdots=\frac{q}{1-q};$$

$$\frac{q+q^2+q^3+q^4}{1-q^5}+\frac{q^5+q^{10}+q^{15}+q^{20}}{1-q^{25}}+\frac{q^{25}+q^{50}+q^{75}+q^{100}}{1-q^{125}}+\cdots=\frac{q}{1-q};$$

$$\frac{q+q^2+\cdots+q^6}{1-q^7}+\frac{q^7+q^{11}+\cdots+q^{12}}{1-q^{49}}+\frac{q^{19}+q^{08}+\cdots+q^{204}}{1-q^{313}}+\cdots=\frac{q}{1-q},$$

Ces identités, assez remarquables, se vérifient aussi facilement que la première.

(**) Je supprime la démonstration, parce que le théorème est sans doute connu.

156. Effectuant le développement de chacune des fractions qui composent $f(q)$ (277), on trouve :

$$f(q) = q + q^2 + q^4 + 2q^5 + q^8 + q^9 + 2q^{10} + 2q^{13} + q^{16} + 2q^{17} + q^{18} + 2q^{20} + \cdots; \quad (287)$$

et il est visible que les coefficients satisfont aux conditions précédentes.

157. Ces diverses propositions peuvent être généralisées de la manière suivante :

Soit $n = p^\alpha p'^{\alpha'} p''^{\alpha''} \ldots \times q^\beta q'^{\beta'} q''^{\beta''} \ldots$, les premiers facteurs ayant la forme $4\mu - 1$, et les seconds, la forme $4\mu + 1$. Soit E_n *l'excès relatif* au premier produit. Il est visible que :

1° $\varepsilon_n = E_n (\beta + 1)(\beta' + 1)(\beta'' + 1) \ldots$;

2° *Si tous les exposants* α, α', α'', ... *sont pairs*, $E_n = 1$;

3° *Dans le cas contraire*, $E_n = 0$.

Donc

$$\varepsilon_n \text{ égale zéro ou } (\beta + 1)(\beta' + 1)(\beta'' + 1) \ldots \quad [Ad.] \; (^*)$$

158. Soit maintenant

$$F(q) = q + q^2 + q^4 + q^8 + q^{16} + \cdots \quad \ldots \ldots \ldots \quad (288)$$

D'après l'une des remarques précédentes, et celle que nous avons faite au numéro 134, la formule (287) devient

$$f(q) = \varepsilon_1 F(q) + \varepsilon_5 F(q^5) + \varepsilon_9 F(q^9) + \cdots, \quad \ldots \ldots \quad (289)$$

ou

$$f(q) = \sum_0^\infty \varepsilon_{4n+1} F(q^{4n+1}). \quad \ldots \ldots \ldots \quad (290)$$

159. Il est évident que

$$F(q) - F(q^2) = q; \quad \ldots \ldots \ldots \ldots \quad (291)$$

donc

$$f(q) - f(q^2) = \sum_0^\infty \varepsilon_{4n+1} q^{4n+1}; \quad \ldots \ldots \ldots \quad (292)$$

puis

$$\frac{(1 - k')\,\omega}{4\pi} = q(1 + q^4 + q^{12} + q^{24} + \cdots)^2 = \sum_0^\infty \varepsilon_{4n+1} q^{4n+1}; \quad \ldots \ldots \quad (293)$$

$$\frac{1}{4}\left(\frac{2\omega}{\pi} - 1\right) = (q + q^4 + q^9 + q^{16} + \cdots)(1 + q + q^4 + q^9 + \cdots) = \sum_0^\infty \varepsilon_{4n+1} F(q^{4n+1}). \quad (294)$$

(*) On vérifie aisément ces propriétés en considérant le produit

$$\left[1 - p + p^2 - \cdots + (-p)^\alpha\right]\left[1 - p' + p'^2 - \cdots + (-p')^{\alpha'}\right] \ldots$$

160. Si, dans la relation (295), on change q^4 en q, elle devient

$$(1 + q + q^3 + q^6 + \cdots)^2 = \sum_0^\infty \varepsilon_{4n+1} q^n; \quad \ldots \ldots \quad (295)$$

c'est-à-dire (20),

$$q^{-\frac{1}{4}} \frac{\omega}{\pi} \sqrt{k} = \frac{\alpha'^2}{\alpha^2} = \sum_0^\infty \varepsilon_{4n+1} q^n. \quad \ldots \ldots \quad (296)$$

161. Cette dernière égalité donne une nouvelle décomposition de la série qui représente α'^3 (24); savoir (59), (46) :

$$1 - 5q^2 + 5q^6 - 7q^{12} + \cdots = \sum_0^\infty \varphi_i(n)(-q)^n \times \sum_0^\infty (-1)^i q^{\frac{n^2 \mp 1}{2}} \times \sum_0^\infty \varepsilon_{4m+1} q^m. \quad (297)$$

Elle prouve aussi que *la série*

$$\alpha'^2 = (1 - q^2 - q^4 + q^{10} + q^{16} - \cdots)^2$$

est décomposable en un produit de trois facteurs, etc. Mais passons à d'autres propriétés.

162. Si, pour abréger, on appelle S, S′, S″ les sommes contenues dans les équations (295), (295), (296), on trouve

$$\omega = \frac{\pi}{2}(1 + 4S')\,(^*), \quad \sqrt{k} = 2q^{\frac{1}{4}} \frac{S''}{1 + 4S'}, \quad k' = \frac{1 + 4S' - 8S}{1 + 4S'} \quad \ldots \quad (298)$$

Ces valeurs de $\sqrt{k}$ et de k', comparées à celles que l'on connaît (26), donnent les *identités*

$$\frac{1 + q^2 + q^6 + q^{12} + q^{20} + \cdots}{1 + 2q + 2q^4 + 2q^9 + \cdots} = \frac{S''}{1 + 4S'}, \quad \ldots \ldots \quad (299)$$

$$\left[\frac{1 - 2q + 2q^4 - 2q^6 + \cdots}{1 + 2q + 2q^4 + 2q^9 + \cdots}\right]^2 = \frac{1 + 4S' - 8S}{1 + 4S'}; \quad \ldots \ldots \quad (500)$$

De plus,

$$(1 + 4S' - 8S)^2 (1 + 4S')^2 = (1 + 4S')^4 - 16q S''^4. \quad \ldots \quad (501)\,(^{**})$$

163. *Relations entre* f (q), F (q) *et une autre transcendante.* Dans ma

---

(*) Jacobi, *Fundamenta nova*, p. 105.
(**) Ces identités ne sont pas nouvelles : elles équivalent aux relations (144), (51), etc.

Note sur une formule de M. Botesu (*), j'ai démontré que si l'on fait

$$1 + \frac{1}{2} + \frac{1}{5} + \cdots + \frac{1}{n} = l(n) + \varphi(n) + C,$$

C étant la *constante d'Euler*, on a :

1° $$\varphi(n) = \int_0^{1} \frac{dq}{1+q} \left[F(q^n) - q^n \right];$$

2° $$\varepsilon_1 \varphi(1) + \varepsilon_5 \varphi(5) + \varepsilon_9 \varphi(9) + \cdots = \frac{1}{4\pi} \int_0^{1} \frac{dq}{1+q} (1+k') \omega - \frac{1}{4} l(2);$$

3° $$\varepsilon_1 \varphi(1) + \varepsilon_5 \varphi(5) + \varepsilon_9 \varphi(9) + \cdots = -\frac{1}{4\pi} \int_0^{1} dq \left[\frac{1}{1-q} + \frac{1}{ql(q)} \right] (1-k') \omega;$$

4° $$\int_0^{1} \left[2\frac{1-qk'}{1-q^2} + \frac{1-k'}{ql(q)} \right] \omega dq = \pi l(2);$$

5° $$\int_0^{1} \frac{dq}{1+q} F(q) = 2 - l(2) - C. \quad [Ad.]$$

164. La transcendante $F(q)$ a été remarquée par l'illustre Jacobi. On trouve en effet, à la dernière page des *Fundamenta* :

$$\left(\frac{2\omega}{\pi}\right)^2 = (1 + 2q + 2q^4 + 2q^9 + \cdots)^4 = 1 + 8\left[\frac{q}{1-q} + 2\frac{q^2}{1+q^2} + 5\frac{q^3}{1-q^5} + 4\frac{q^4}{1+q^4} + \cdots\right] \left.\begin{matrix} \\ \end{matrix}\right\} (502) \; (**)$$
$$= 1 + 8 \sum_1^{\infty} (q^i + 5q^{2i} + 3q^{4i} + 3q^{8i} + \cdots) \int i,$$

i étant *impair*.

La seconde ligne est la même chose que

$$1 + 24 \sum_1^{\infty} F(q^i) \int i - 16 \sum_1^{\infty} q^i \int i;$$

donc

$$\frac{q}{1-q} + 2\frac{q^2}{1+q^2} + 5\frac{q^3}{1-q^5} + 4\frac{q^4}{1+q^4} + \cdots = 5 \sum_1^{\infty} F(q^i) \int i - 2 \sum_1^{\infty} q^i \int i. \quad (505) \; (***)$$

(*) *Bulletins de l'Académie,* juillet et novembre 1872.

(**) Sans doute par suite d'une erreur typographique, les coefficients 2, 5, 4, ... ont été omis. La formule exacte est rapportée p. 107.

(***) On ne doit pas oublier que la notation $\int i$, employée par EULER, représente la somme des diviseurs de i.

165. Changeant q en $-q$, puis retranchant membre à membre, on trouve

$$\frac{q^2}{1-q^2} + 3\frac{q^6}{1-q^6} + 5\frac{q^{10}}{1-q^{10}} + \cdots = \sum_1^\infty (q^{2i} + q^{4i} + q^{8i} + \cdots) \int i ;$$

ou, plus simplement,

$$\frac{q}{1-q} + 3\frac{q^3}{1-q^3} + 5\frac{q^5}{1-q^5} + \cdots = \sum_0^\infty F(q^i) \int i. \quad . \quad . \quad [Ad.]\ (504)$$

166. Le premier membre est la même chose que $-\frac{q}{\alpha}\frac{dx}{dq}\cdot$ Donc

$$-\frac{q}{\alpha}\frac{d\alpha}{dq} = \sum_1^\infty F(q^i) \int i.$$

Et comme $\frac{1}{\alpha}\frac{d\alpha}{dq} + \frac{1}{\beta\beta'}\frac{d(\beta\beta')}{dq} = 0 \ (7)$, on a encore

$$\frac{q}{1+q} + 2\frac{q^2}{1+q^2} + 5\frac{q^5}{1+q^5} + \cdots = \sum_1^\infty F(q^i) \int i. \quad . \quad . \quad . \quad . \ (505)$$

Ainsi : 1° *Les séries*

$$\frac{q}{1-q} + 3\frac{q^3}{1-q^3} + 5\frac{q^5}{1-q^5} + \cdots,$$

$$\frac{q}{1+q} + 2\frac{q^2}{1+q^2} + 5\frac{q^5}{1+q^5} + \cdots,$$

$$F(q) + F(q^3)\int 5 + F(q^5)\int 5 + F(q^7)\int 7 + \cdots,$$

ordonnées suivant les puissances de q, *deviennent*

$$q + q^2 + 4q^3 + q^4 + 6q^5 + 4q^6 + 8q^7 + q^8 + 15q^9 + 6q^{10} + \cdots$$

2° *Ces quatre séries ont la même limite* (*).

167. *Autres expressions de* F (q). Cette transcendante peut être rattachée, soit aux nombres φ, soit aux nombres φ_i.

(*) On verra, plus loin, que cette limite commune est

$$-\frac{1}{24} + \frac{1}{3}\frac{k^2\omega^2}{\pi^2} + \frac{1}{6}\frac{k'^2\omega^2}{\pi^2}\cdot \quad [Ad.]$$

1° Si l'on part de la formule

$$(1 + q)(1 + q^2)(1 + q^3)\ldots = \sum_0^\infty \varphi(n)\, q^n, \quad \ldots \ldots \quad (32)$$

on trouve, par le calcul précédent,

$$\sum_1^\infty \mathrm{F}(q^i)\int i = \frac{\sum_0^\infty n\varphi(n)\, q^n}{\sum_0^\infty \varphi(n)\, q^n}. \quad \ldots \ldots \quad (306)$$

2° De même, la relation

$$(1 - q)(1 - q^3)(1 - q^5)\ldots = \sum_0^\infty \varphi_i(n)(-q)^n, \quad \ldots \ldots \quad (39)$$

conduit à celle-ci :

$$\sum_1^\infty \mathrm{F}(q^i)\int i = -\frac{\sum_0^\infty n\varphi_i(n)(-q)^n}{\sum_0^\infty \varphi_i(n)(-q)^n}. \quad \ldots \ldots \quad [Ad.]\ (307)$$

168. *Relation entre les nombres* φ. D'après l'identité (306) :

$$\left.
\begin{aligned}
n\varphi(n) = {}& \varphi(n-1) + \varphi(n-2) + \varphi(n-4) + \varphi(n-8) + \cdots \\
& + 4\left[\varphi(n-3) + \varphi(n-6) + \varphi(n-12) + \varphi(n-24) + \cdots\right] \\
& + 6\left[\varphi(n-5) + \varphi(n-10) + \varphi(n-20) + \varphi(n-40) + \cdots\right] \\
& + 8\left[\varphi(n-7) + \varphi(n-14) + \varphi(n-28) + \varphi(n-56) + \cdots\right] \\
& + 15\left[\varphi(n-9) + \varphi(n-18) + \varphi(n-36) + \varphi(n-72) + \cdots\right] \\
& + \ldots \ldots \ldots
\end{aligned}
\right\} \quad (308)$$

Par exemple,

$$8\varphi(8) = \varphi(7) + \varphi(6) + \varphi(4) + \varphi(0) + 4\left[\varphi(5) + \varphi(2)\right] + 6\varphi(3) + 8\varphi(1),$$

ou

$$8.6 = 5 + 4 + 2 + 1 + 4(3 + 1) + 6.2 + 8. \quad [Ad.]$$

169. *Relation entre les nombres* φ_i. De même,

$$\left.
\begin{aligned}
-n\varphi_i(n) = {}& -\varphi_i(n-1) + \varphi_i(n-2) + \varphi_i(n-4) + \varphi_i(n-8) + \cdots \\
& + 4\left[-\varphi_i(n-3) + \varphi_i(n-6) + \varphi_i(n-12) + \varphi_i(n-24) + \cdots\right] \\
& + 6\left[-\varphi_i(n-5) + \varphi_i(n-10) + \varphi_i(n-20) + \varphi_i(n-40) + \cdots\right] \\
& + 8\left[-\varphi_i(n-7) + \varphi_i(n-14) + \varphi_i(n-28) + \varphi_i(n-56) + \cdots\right] \\
& + 15\left[-\varphi_i(n-9) + \varphi_i(n-18) + \varphi_i(n-36) + \varphi_i(n-72) + \cdots\right] \\
& + \ldots \ldots \ldots
\end{aligned}
\right\} \quad (309)$$

Soit $n = 8$: on doit trouver

$$-8\varphi_i(8) = -\varphi_i(7) + \varphi_i(6) + \varphi_i(4) + \varphi_i(0) + 4\left[-\varphi_i(3) + \varphi_i(2)\right] - 6\varphi_i(5) - 8\varphi_i(1).$$

En effet, cette égalité est la même chose que

$$-8.2 = -1 + 1 + 1 + 1 + 4[-1 + 0] - 6 - 8. \quad [Ad.]$$

170. La combinaison des formules (280), (502) donne

$$[f(q)]^2 = \frac{5}{2}\sum_1^\infty F(q^i)\int i - \sum_1^\infty q^i\int i - \frac{1}{2}f(q);$$

ou (290)

$$\left[\sum_0^\infty \varepsilon_{4n+1}F(q^{4n+1})\right]^2 = \frac{5}{2}\sum_0^\infty F(q^i)\int i - \sum_1^\infty q^i\int i - \frac{1}{2}\sum_0^\infty \varepsilon_{4n+1}F(q^{4n+1});$$

ou encore, attendu que $\varepsilon_i = 0$ quand i n'a pas la forme $4\mu+1$ (155) :

$$\left[\sum_0^\infty \varepsilon_{4n+1}F(q^{4n+1})\right]^2 = \frac{1}{2}\sum_1^\infty \left(5\int i - \varepsilon_i\right)F(q^i) - \sum_1^\infty q^i\int i. \quad . \quad . \quad . \quad (510)$$

171. Soit i un nombre impair, donné. Dans le second membre, le coefficient de q^i est $\frac{1}{2}\left(\int i - \varepsilon_i\right)$. Dans le premier membre, ce coefficient est une somme de produits, laquelle peut être mise sous deux formes différentes.

1° Si d'abord, pour plus de simplicité dans la notation, on remplace la quantité entre parenthèses par

$$f(q) = \varepsilon_1 q + \varepsilon_2 q^2 + \varepsilon_3 q^3 + \varepsilon_4 q^4 + \cdots,$$

on voit que la somme cherchée égale

$$2\left[\varepsilon_i\varepsilon_{i-1} + \varepsilon_2\varepsilon_{i-2} + \cdots + \varepsilon_{\frac{i-1}{2}}\varepsilon_{\frac{i+1}{2}}\right] = 2\sum_{n=1}^{n=\frac{i-1}{2}} \varepsilon_n\varepsilon_{i-n}. \quad . \quad . \quad . \quad . \quad (511)$$

Conséquemment,

$$\int i = \varepsilon_i + 4\sum_{n=1}^{n=\frac{i-1}{2}} \varepsilon_n\varepsilon_{i-n} \quad . \quad . \quad . \quad . \quad . \quad . \quad . \quad . \quad (512)$$

On a donc ce théorème, qui me paraît remarquable :

La somme des diviseurs d'un nombre impair i se compose de l'excès relatif *à ce nombre* i, *augmenté de quatre fois la somme des produits deux à deux des excès relatifs aux nombres inférieurs à* i *et dont la somme est* i (*).

2° Chacune des sommes (511), (512) contient un grand nombre de termes nuls : en effet, $\varepsilon_n = 0$ quand $n = 4\mu - 1$ (155). De plus, $\varepsilon_m = \varepsilon_{2m}$. De là résulte (**) que

$$\varepsilon_i \varepsilon_{i-1} + \varepsilon_2 \varepsilon_{i-2} + \cdots + \varepsilon_{\frac{i-1}{2}} \varepsilon_{\frac{i+1}{2}}$$
$$= \varepsilon_1 (\varepsilon_{i-1} + \varepsilon_{i-2} + \varepsilon_{i-4} + \varepsilon_{i-8} + \cdots) + \varepsilon_5 (\varepsilon_{i-5} + \varepsilon_{i-10} + \varepsilon_{i-20} + \cdots)$$
$$+ \varepsilon_9 (\varepsilon_{i-9} + \varepsilon_{i-18} + \varepsilon_{i-36} + \varepsilon_{i-72} + \cdots) + \varepsilon_{13} (\varepsilon_{i-13} + \varepsilon_{i-26} + \varepsilon_{i-52} + \cdots)$$
$$+ \cdots \cdots \cdots \cdots \cdots \cdots$$
$$= \sum \varepsilon_{4n+1} \sum \varepsilon_{i-2^{\alpha}(4n+1)} ;$$

sous la condition
$$i - 2^{\alpha}(4n+1) > \frac{i}{2} \quad \cdots \cdots \cdots \cdots \quad (515)$$

On peut donc écrire, au lieu de l'équation (512) :

$$\int i = \varepsilon_i + 4 \sum \varepsilon_{4n+1} \sum \varepsilon_{i-2^{\alpha}(4n+1)} . \quad \cdots \cdots \quad (514) \ (\text{***})$$

En particulier,

$$\int 45 = \varepsilon_{45} + 4 \left[\varepsilon_1 (\varepsilon_{44} + \varepsilon_{43} + \varepsilon_{41} + \varepsilon_{37} + \varepsilon_{29}) + \varepsilon_5 (\varepsilon_{40} + \varepsilon_{35} + \varepsilon_{25}) + \varepsilon_9 (\varepsilon_{36} + \varepsilon_{27}) + \varepsilon_{13}\varepsilon_{32} + \varepsilon_{17}\varepsilon_{28} \right]$$
$$= \varepsilon_{45} + 4 \left[\varepsilon_1 (\varepsilon_{41} + \varepsilon_{37} + \varepsilon_{29}) + \varepsilon_5 (\varepsilon_5 + \varepsilon_{25}) + \varepsilon_9 . \varepsilon_9 + \varepsilon_{13} \right],$$

ou
$$78 = 2 + 4 \left[2 + 2 + 2 + 2 (2 + 5) + 1 + 2 \right];$$

ce qui est exact.

172. L'équation (540) peut donner d'autres théorèmes. Par exemple, en égalant les coefficients de q^{2i}, dans les deux membres, on trouve

$$3 \int i = \varepsilon_i + 4 \sum \varepsilon_{4n'+1} \sum \varepsilon_{2i-2^{\alpha'}(4n'+1)} + 2\varepsilon_i^2 , \quad \cdots \cdots \quad (515)$$

(*) Lorsque i est premier, cette somme de produits se réduit à $\frac{i \mp 1}{4}$. Par exemple :

$$\varepsilon_1\varepsilon_{16} + \varepsilon_2\varepsilon_{15} + \varepsilon_3\varepsilon_{14} + \varepsilon_4\varepsilon_{13} + \varepsilon_5\varepsilon_{12} + \varepsilon_6\varepsilon_{11} + \varepsilon_7\varepsilon_{10} + \varepsilon_8\varepsilon_9 = \frac{17 - 1}{4} ,$$

ou (155)
$$\varepsilon_1 (\varepsilon_{16} + \varepsilon_{15} + \varepsilon_{13} + \varepsilon_9) + \varepsilon_5\varepsilon_{11} = 4 ,$$

ou enfin
$$1 + 2 + 1 = 4.$$

(**) *Voyez* la note précédente.

(***) On arrive plus rapidement à ce résultat, mais d'une manière moins simple, en conservant, dans le premier membre de l'égalité (519), la seconde forme de $f'(q)$.

relation dans laquelle le second indice satisfait à la condition

$$2i - 2^{\alpha'} (4n' + 1) > i. \quad \ldots \ldots \ldots \quad (516)$$

Si maintenant on élimine $\int i$, on obtient la nouvelle égalité

$$\sum \varepsilon_{4n'+1} \sum \varepsilon_{2i-2^{\alpha'}(4n'+1)} - 5 \sum \varepsilon_{4n+1} \sum \varepsilon_{i-2^{\alpha}(4n+1)} + \frac{1}{2} \varepsilon_i (\varepsilon_i - 1) = 0. \quad \ldots \quad (517)$$

Par conséquent, *étant donné un nombre* 2i — 1, *on peut exprimer* ε_{2i-1} *en fonction des indices relatifs aux nombres inférieurs à* 2i — 1. Soit, comme ci-dessus, $i = 45$, d'où $2i - 1 = 89$: la dernière équation devient

$$\varepsilon_{89} + \varepsilon_{88} + \varepsilon_{86} + \varepsilon_{82} + \varepsilon_{74} + \varepsilon_{58} + \varepsilon_5 \left(\varepsilon_{85} + \varepsilon_{80} + \varepsilon_{70} + \varepsilon_{50} \right) + \varepsilon_9 \left(\varepsilon_{81} + \varepsilon_{72} + \varepsilon_{54} \right) + \varepsilon_{13} \left(\varepsilon_{77} + \varepsilon_{61} \right)$$
$$+ \varepsilon_{17} \left(\varepsilon_{73} + \varepsilon_{56} \right) + \varepsilon_{21} \left(\varepsilon_{69} + \varepsilon_{48} \right) + \varepsilon_{25} \cdot \varepsilon_{65} + \varepsilon_{29} \cdot \varepsilon_{61} + \varepsilon_{53} \cdot \varepsilon_{57} + \varepsilon_{37} \cdot \varepsilon_{53} + \varepsilon_{41} \cdot \varepsilon_{49}$$
$$- 5 \left[\varepsilon_{44} + \varepsilon_{43} + \varepsilon_{41} + \varepsilon_{37} + \varepsilon_{29} + \varepsilon_5 \left(\varepsilon_{40} + \varepsilon_{35} + \varepsilon_{25} \right) + \varepsilon_9 \left(\varepsilon_{36} + \varepsilon_{27} \right) + \varepsilon_{13} \cdot \varepsilon_{32} + \varepsilon_{17} \cdot \varepsilon_{28} \right]$$
$$+ \frac{1}{2} \varepsilon_{45} \left(\varepsilon_{45} - 1 \right) = 0;$$

ou, après quelques réductions :

$$2 + 2 + 2 + 2 + 2 (4 + 2 + 5) + 1 + 1 + 2 + 2.2 + 5.4 + 2.2 + 2.2 + 2 - 5.19 + 1 = 0;$$

ce qui est identique.

173. Au moyen d'un calcul très-simple, que nous omettons, on transforme l'équation de Jacobi (502), soit en celle-ci :

$$(1 + 2q + 2q^4 + 2q^9 + \cdots)^4 = 1 + 8q \, (1 + q^2 + q^6 + q^{12} + \cdots)^4 \atop \left. \begin{array}{l} + 24q^2(1 + q^4 + q^{12} + q^{24} + \cdots)^4 \\ + 24q^4(1 + q^8 + q^{24} + q^{48} + \cdots)^4 \\ + \ldots \ldots \ldots \ldots \ldots, \end{array} \right\} \quad \ldots \quad (518)$$

soit en cette autre :

$$\frac{4 (1 + k^2) \omega^2 - \pi^2}{6} = \omega^2 k^2 + \omega_1^2 k_1^2 + \omega_2^2 k_2^2 + \cdots \quad \ldots \ldots \ldots \quad (519)$$

Ainsi, les quantités $(\omega k)^2$, $(\omega_1 k_1)^2$, … forment une série convergente, dont la somme est connue. Ce résultat est analogue à celui que nous avons indiqué précédemment (152).

174. *Identité remarquable.* Si, dans la relation (518), on change q en q^2, et que l'on retranche ensuite membre à membre, on obtient l'identité

$$\left.\begin{aligned}&(1+2q+2q^4+2q^9+\cdots)^4 - (1+2q^2+2q^8+2q^{18}+\cdots)^4\\&=8q\,(1+q^2+q^6+q^{12}+\cdots)^4 + 16q^2\,(1+q^4+q^{12}+q^{24}+\cdots)^4,\end{aligned}\right\} \quad \ldots \quad (320)$$

qu'il est facile de vérifier.

175. Au moyen des relations connues :

$$\left(\frac{2\omega}{\pi}\right)^2 - 1 = 8\left[\frac{q}{1-q} + 2\,\frac{q^2}{1+q^2} + 3\,\frac{q^3}{1-q^3} + 4\,\frac{q^4}{1+q^4} + \cdots\right], \quad (321)$$

$$\left(\frac{\omega k}{\pi}\right)^2 = 4\left[\frac{q}{1-q^2} + 3\,\frac{q^3}{1-q^6} + 5\,\frac{q^5}{1-q^{10}} + 7\,\frac{q^7}{1-q^{14}} + \cdots\right], \quad (322)\,(^*)$$

$$\frac{1}{2}\left(\frac{\omega}{\pi}\right)^2 - \frac{1}{4}\left(\frac{\omega k}{\pi}\right)^2 - \frac{1}{2\pi^2}\,\omega E_1(k) = 2\,\frac{q^2}{1-q^4} + 4\,\frac{q^4}{1-q^8} + 6\,\frac{q^6}{1-q^{12}} + 8\,\frac{q^8}{1-q^{16}} + \cdots, \quad (323)\,(^*)$$

on peut former des développements de la fonction $\omega E_1(k) = F_1(k)\,E_1(k) = F_1 E_1$. On tire en effet, de ces trois équations,

$$\begin{aligned}\frac{1}{2\pi^2}\,\omega E_1(k) - \frac{1}{8} &= \frac{q}{1-q} + 2\,\frac{q^2}{1+q^2} + 4\,\frac{q^3}{1-q^3} + 4\,\frac{q^4}{1+q^4} + \cdots\\&\quad - \frac{q}{1-q^2} - 2\,\frac{q^2}{1-q^4} - 3\,\frac{q^3}{1-q^6} - 4\,\frac{q^4}{1-q^8} - \cdots;\end{aligned}$$

et, en réduisant :

$$\frac{F_1 E_1}{2\pi^2} - \frac{1}{8} = \frac{q^2}{1-q^2} - 2\,\frac{q^4}{1-q^4} + 3\,\frac{q^6}{1-q^6} - 4\,\frac{q^8}{1-q^8} + 5\,\frac{q^{10}}{1-q^{10}} - \cdots. \quad (324)$$

Si l'on développe chaque fraction, on reconnaît que *le coefficient de* q^{2n} *est égal à l'excès de la somme des diviseurs impairs sur la somme des diviseurs pairs de* n. Ainsi, sous forme abrégée,

$$\frac{F_1 E_1}{2\pi^2} - \frac{1}{8} = \sum_1^\infty (S_i - S_p)\,q^{2n}. \quad \ldots \ldots \ldots \ldots \quad (325)$$

<hr>

(^*) Legendre, t. III, pp. 155 et 154.

176. Pour simplifier le second membre, appelons encore i le plus grand nombre impair contenu dans n, et soit $n = 2^\alpha i$. Alors

$$S_i = \int i, \quad S_p = (2^{\alpha+1} - 2)\int i, \quad S_i - S_p = (3 - 2^{\alpha+1})\int i;$$

puis

$$\frac{F_1 E_1}{2\pi^2} - \frac{1}{8} = \sum_1^\infty (3 - 2^{\alpha+1}) q^{2n} \int i, \quad \ldots \ldots \ldots \ldots \quad (326)$$

ou

$$\frac{F_1 E_1}{2\pi^2} - \frac{1}{8} = \sum (q^{2i} - q^{4i} - 3q^{8i} - 13q^{16i} - 29q^{32i} - \cdots)\int i, \quad \ldots \ldots \quad (327)$$

ou enfin

$$\frac{F_1 E_1}{2\pi^2} - \frac{1}{8} = 3\sum \left[F(q^i) - q^i \right]\int i - \sum \left[2q^{2i} + 4q^{4i} + 8q^{8i} + \cdots \right]\int i \quad \ldots \quad (328)$$

Sous cette dernière forme, on reconnaît que le produit des fonctions complètes E_1, F_1 dépend de $F(q^i)$ et d'une nouvelle transcendante

$$2q^{2i} + 4q^{4i} + 8q^{8i} + 16q^{16} + \cdots = \frac{q}{i}\frac{d.}{dq}\left[F(q^i) - q^i \right] \quad \ldots \ldots \quad (329)$$

177. Dans l'équation (295), changeons q en $\sqrt{q}$: elle devient (19) :

$$q^{-\frac{1}{2}}\frac{\omega k}{2\pi} = (1 + q^2 + q^6 + q^{12} + \cdots)^2 = \sum_0^\infty \varepsilon_{4n+1} q^{2n} \quad \ldots \ldots \quad (330)\,(^*)$$

178. On sait que

$$(1 + q + q^3 + q^6 + \cdots)^4 = \frac{\omega^2}{\pi^2} k q^{-\frac{1}{2}} = 1 + 4q + 6q^2 + \cdots + q^n \int (2n + 1) + \cdots \quad (331)\,(^{**})$$

Si l'on change q en $-q$, et que l'on retranche, on a donc

$$(1 + q + q^3 + q^6 + \cdots)^4 - (1 - q - q^3 + q^6 + \cdots)^4 = 2\sum_0^\infty q^i \int (2i + 1). \quad (332)$$

Le premier membre équivaut à

$$8q(1 + q^2 + q^6 + q^{12} + \cdots)^2 (1 + q^4 + q^{12} + q^{24} + \cdots)^2; \quad \ldots \ldots \quad (137)$$

(*) Depuis que ce passage est rédigé, je me suis aperçu que les formules (293), (330) ont été données par Jacobi, sous une forme un peu différente. Voyez *Fundamenta*, pp. 105, 106.

(**) *Fundamenta nova*, p. 105.

ou, d'après les formules (295), (550), à

$$8 \sum_0^\infty \varepsilon_{4n+1} q^{4n+1} \times \sum_0^\infty \varepsilon_{4n'+1} q^{2n'}.$$

Conséquemment,

$$\sum_0^\infty \varepsilon_{4n+1} q^{4n+1} \times \sum_0^\infty \varepsilon_{4n'+1} q^{2n'} = \frac{1}{4} \sum_1^\infty q^i \int (2i+1); \quad \ldots \ldots \quad (553)$$

puis, si l'on considère un nombre donné i, *de la forme* $4\mu - 1$:

$$\int i = 4 \sum_{n=0}^{n \leqq \frac{i-3}{8}} \varepsilon_{4n+1} \varepsilon_{4n'+1}, \quad \ldots \ldots \ldots \quad (554)$$

avec la condition

$$4n + 1 + 2n' = \frac{i-1}{2}. \quad \ldots \ldots \ldots \quad (555)$$

Soit, par exemple, $i = 19$. Alors

$$\int 19 = 20 = 4 \, [\varepsilon_1 . \varepsilon_{17} + \varepsilon_5 . \varepsilon_9 + \varepsilon_9 . \varepsilon_1] = 4 \, [1 . 2 + 2 . 1 + 1 . 1]. \, (^*)$$

179. Après avoir mis l'égalité (552) sous la forme (553), écrivons-la ainsi :

$$[(1 + q^2 + q^6 + q^{12} + \cdots)(1 + q^4 + q^{12} + q^{24} + \cdots)]^2 = \frac{1}{2} \sum_1^\infty q^{i-1} \int (2i+1). \quad . \quad (556)$$

Dans le premier membre, un terme quelconque du produit des deux séries peut être représenté par $A_n q^{2n}$, pourvu que

$$2n = x \, (x + 1) + 2y \, (y + 1),$$

ou

$$8n + 5 = (2x + 1) + 2 \, (2y + 1)^2. \quad \ldots \ldots \ldots \quad (557)$$

Ainsi, *le coefficient* A_n *est égal au nombre des solutions, entières et positives, de l'équation* (557). D'après un théorème connu $(^{**})$, *ce coefficient est égal à l'excès du nombre des diviseurs de* $8n + 3$, *ayant la forme* $8\mu + 1$, *sur le nombre de ceux qui ont la forme* $8\mu + 5$. [*Ad.*]

$(^*)$ La formule (514) donnerait, au lieu de cette somme composée seulement de *trois* termes :

$$\varepsilon_1 \, (\varepsilon_{18} + \varepsilon_{17} + \varepsilon_{15} + \varepsilon_{11}) + \varepsilon_5 . \varepsilon_{14} + \varepsilon_9 . \varepsilon_{10} = \varepsilon_0 + \varepsilon_{17} + \varepsilon_9 . \varepsilon_5 = 1 + 2 + 1 . 2.$$

$(^{**})$ Genocchi, *Nouvelles Annales*, tome XIII, p. 167.

180. Si, pour plus de simplicité, on fait $i = 2l - 1$, et que l'on remplace q^2 par q, la relation (550) devient

$$\left[\sum_0^\infty A_n q^n\right]^2 = \frac{1}{4}\sum_1^\infty q^{l-1}\int (4l - 1) . \quad . \quad . \quad . \quad . \quad \text{[Ad.] (558) (*)}$$

181. *Vérifications.* 1° Le produit des séries

$$1 + q + q^3 + q^6 + q^{10} + q^{15} + q^{21} + q^{28} + \cdots,$$
$$1 + q^2 + q^6 + q^{12} + q^{20} + q^{30} + \cdots,$$

limité aux onze premiers termes, est

$$1 + q + q^2 + 2q^3 + q^5 + 2q^6 + q^7 + q^8 + q^9 + q^{10}.$$

2° De même,

$$\frac{1}{4}\sum_1^{11} q^{l-1}\int (4l - 1) = 1 + 2q + 5q^2 + 6q^3 + 5q^4 + 6q^5 + 10q^6 + 8q^7 + 12q^8 + 14q^9 + 11q^{10}.$$

3° Enfin, le carré du premier polynôme est

$$1 + 2q + 5q^2 + 6q^3 + 5q^4 + 6q^5 + 10q^6 + 8q^7 + 12q^8 + 14q^9 + 11q^{10} + \cdots \quad \text{[Ad.]}$$

182. *Identité remarquable.* Une simple transformation de l'identité connue

$$\frac{q}{1 - q^2} - \frac{q^5}{1 - q^6} + \frac{q^8}{1 - q^{10}} - \frac{q^7}{1 - q^{14}} + \cdots = \frac{q}{1 + q^2} + \frac{q^5}{1 + q^6} + \frac{q^8}{1 + q^{10}} + \cdots \quad (559)\,(**)$$

conduit à un résultat curieux. Si l'on écrit, au lieu de cette égalité,

$$\left(\frac{q}{1 - q^2} - \frac{q}{1 + q^2}\right) + \left(\frac{q^8}{1 - q^{10}} - \frac{q^5}{1 + q^{10}}\right) + \left(\frac{q^9}{1 - q^{18}} - \frac{q^9}{1 + q^{18}}\right) + \cdots$$
$$= \left(\frac{q^5}{1 - q^6} + \frac{q^3}{1 + q^6}\right) + \left(\frac{q^7}{1 - q^{14}} + \frac{q^7}{1 + q^{14}}\right) + \left(\frac{q^{11}}{1 - q^{22}} + \frac{q^{11}}{1 + q^{22}}\right) + \cdots,$$

que l'on réduise, et que l'on remplace q^4 par q, on trouve

$$\frac{q}{1 - q} + \frac{q^4}{1 - q^5} + \frac{q^7}{1 - q^9} + \frac{q^{10}}{1 - q^{13}} + \cdots = \frac{q}{1 - q^5} + \frac{q^2}{1 - q^7} + \frac{q^3}{1 - q^{11}} + \frac{q^4}{1 - q^{15}} + \cdots,$$

(*) On suppose $A_0 = 1$.
(**) Legendre, t. III, p. 152.

ou

$$\sum_1^\infty \frac{q^{5a-2}}{1 - q^{4a-3}} = \sum_1^\infty \frac{q^b}{1 - q^{4b-1}} \quad\ldots\ldots\ldots \quad [Ad.]\;(540)$$

183. *Remarques.* I. Si l'on met cette identité sous la forme

$$\sum_1^\infty A_n q^n = \sum_1^\infty B_n q^n,$$

chacun des coefficients A_n, B_n *est égal à la moitié du nombre des diviseurs de* 4n — 1.

Soit en effet

$$n = 5a - 2 + (4a - 5)\,x = b + (4b - 1)\,y, \quad\ldots\ldots\ldots \quad (541)$$

ou

$$4n - 1 = (4a - 5)(4x + 5) = (4b - 1)(4y + 1).$$

Soit ensuite $4n - 1 = ii'$, i étant le diviseur qui a la forme $4\mu - 1$: il est clair que

$$a = \frac{i' + 5}{4}, \quad b = \frac{i + 1}{4}, \quad x = \frac{i - 5}{4} = b - 1, \quad y = \frac{i' - 1}{4} = a - 1.$$

Conséquemment, le nombre des fractions qui concourent à former $A_n q^n$ est égal à celui des valeurs de i; etc.

II. *Les équations* (541) *admettent le même nombre de solutions entières : ce nombre est la moitié de celui des diviseurs de* 4n — 1.

Prenons, par exemple, $n = 19$; d'où

$$i = 5, 15, 75; \quad i' = 25, 5, 1.$$

Les valeurs des inconnues sont

$$a = 7, 2, 1; \quad b = 1, 4, 19; \quad x = 0, 5, 18; \quad y = 6, 1, 0.$$

Le terme $A_{19} q^{19}$ provient du développement des fractions

$$\frac{q}{1 - q}, \quad \frac{q^4}{1 - q^5}, \quad \frac{q^{19}}{1 - q^{25}};$$

donc $A_{19} = 3$.

Dans le second développement, ces fractions sont remplacées par

$$\frac{q}{1-q^5}, \quad \frac{q^4}{1-q^{18}}, \quad \frac{q^{19}}{1-q^{76}}.$$

Par suite, $B_{19} = 3 = A_{19}$.

III. *Si* $4n - 1$ *est un nombre premier*, $A_n = B_n = 1$. $[Ad.]$

184. Le beau théorème de Jacobi, sur le nombre des décompositions de $8n + 4$ en quatre carrés impairs, résulte de *l'identité*

$$(q + q^9 + q^{25} + q^{49} + \cdots)^4 = \frac{q^4}{1-q^8} + 3\frac{q^{12}}{1-q^{24}} + 5\frac{q^{20}}{1-q^{40}} + \cdots \qquad . \quad . \quad . \quad (342)(^*)$$

On en conclut, très-facilement :

$$(1 + q + q^3 + q^6 + q^{10} + \cdots)^4 = \frac{1}{1-q} + 3\frac{q}{1-q^3} + 5\frac{q^2}{1-q^5} + 7\frac{q^3}{1-q^7} + \cdots, \quad (343)$$

$$(1 - q - q^3 + q^6 + q^{10} - \cdots)^4 = \frac{1}{1+q} - 3\frac{q}{1+q^3} + 5\frac{q^2}{1+q^5} - 7\frac{q^3}{1+q^7} + \cdots, \quad (344)$$

$$(q - q^9 - q^{25} + q^{49} + q^{81} - \cdots)^4 = \frac{q^4}{1+q^8} - 3\frac{q^{12}}{1+q^{24}} + 5\frac{q^{20}}{1+q^{40}} + 7\frac{q^{28}}{1+q^{56}} + \cdots; \quad (345)$$

relations qui nous seront utiles plus loin.

185. La *série de Lambert* :

$$\frac{q}{1-q} + \frac{q^2}{1-q^2} + \frac{q^3}{1-q^3} + \frac{q^4}{1-q^4} + \cdots = q + 2q^2 + 2q^3 + \cdots + N(n)\, q^n + \cdots, \quad (346)$$

$N(n)$ représentant le nombre des diviseurs de n, est évidemment décomposable en

$$\sum_1^\infty \left(\frac{q^i}{1-q^i} + \frac{q^{2i}}{1-q^{2i}} + \frac{q^{4i}}{1-q^{4i}} + \cdots \right).$$

Or,

$$\frac{q}{1-q} + \frac{q^2}{1-q^2} + \frac{q^4}{1-q^4} + \cdots = q + 2q^2 + 3q^4 + q^5 + 2q^6 + q^7 + 4q^8 + \cdots + (\alpha+1)\, q^n + \cdots, \quad (347)$$

pourvu que l'on suppose, comme précédemment, $n = 2^\alpha i$. Autrement dit,

(*) Legendre, t. III, p. 455.

le coefficient de q^n *est égal au nombre des puissances de 2 qui divisent* n (*).
Par suite,

$$\frac{q^i}{1-q^i}+\frac{q^{2i}}{1-q^{2i}}+\frac{q^{4i}}{1-q^{4i}}+\cdots=\sum_{n=1}^{n=\infty}(\alpha+1)\,q^{ni},$$

puis

$$\frac{q}{1-q}+\frac{q^2}{1-q^2}+\frac{q^3}{1-q^3}+\frac{q^4}{1-q^4}+\cdots=\sum_{i=1}^{i=\infty}\sum_{n=1}^{n=\infty}(\alpha+1)\,q^{ni}.\quad.\quad.\quad(548)$$

Si l'on intervertit l'ordre des sommations, on peut remplacer le second membre par

$$\sum_{1}^{\infty}(\alpha+1)(q^n+q^{3n}+q^{5n}+\cdots)=\sum_{1}^{\infty}(\alpha+1)\frac{q^n}{1-q^{2n}}.$$

Ainsi,

$$\frac{q}{1-q}+\frac{q^2}{1-q^2}+\frac{q^3}{1-q^3}+\cdots=\frac{q}{1-q^2}+2\frac{q^2}{1-q^4}+\frac{q^3}{1-q^6}+3\frac{q^4}{1-q^8}+\cdots+(\alpha+1)\frac{q^n}{1-q^{2n}}+\cdots;\quad(549)$$

transformation assez curieuse (**).

186. Si, dans le premier membre de l'égalité (547), on change les signes des termes de rang pair, on trouve

$$\left.\begin{aligned}&\frac{q}{1-q}-\frac{q^2}{1-q^2}+\frac{q^4}{1-q^4}-\frac{q^8}{1-q^8}+\frac{q^{16}}{1-q^{16}}-\cdots\\[4pt]&=\frac{q}{1-q^2}+\frac{q^4}{1-q^8}+\frac{q^{16}}{1-q^{32}}+\frac{q^{64}}{1-q^{128}}+\cdots\\[4pt]&=q+q^3+q^4+q^5+q^7+q^9+\cdots+q^n+\cdots,\end{aligned}\right\}\quad.\quad.\quad.\quad(550)$$

pourvu que l'exposant n *ait la forme* 4^{α}i. Ce développement me paraît être le plus simple de ceux auxquels donnent lieu les séries qui ont pour type celle de Lambert.

187. La fonction qui représente la somme de la dernière série est liée à la fonction $F(q)$ considérée ci-dessus. En effet, soit

$$\mathcal{F}(q)=q+q^4+q^{16}+q^{64}+\cdots\quad.\quad.\quad.\quad.\quad.\quad.\quad(551)$$

(*) L'*unité* est considérée comme égale à 2^0.

(**) Elle résulte aussi de cette propriété évidente : *le nombre des diviseurs de* n *est égal au produit de* $\alpha+1$ *par le nombre des diviseurs impairs.*

D'après cette définition,

$$\mathrm{F}(q) = \mathscr{F}(q) + \mathscr{F}(q^2), \quad \ldots \ldots \ldots \ldots \quad (552)$$

puis

$$\mathscr{F}(q) - \mathscr{F}(q^4) = \mathrm{F}(q) - \mathrm{F}(q^2) = \dot{q}, \quad \ldots \ldots \quad (553)$$

et encore

$$\frac{q}{1-q} - \frac{q^2}{1-q^2} + \frac{q^4}{1-q^4} - \frac{q^8}{1-q^8} + \cdots = \sum_1^\infty \mathscr{F}(q^i). \quad \ldots \ldots \quad (554)$$

188. De la formule d'Euler :

$$(1-q)(1-q^2)(1-q^3)\cdots = 1 - q - q^2 + q^5 + q^7 - \cdots = \alpha\alpha',$$

on tire, en prenant les logarithmes, les dérivées, puis développant (16) :

$$q + 3q^2 + 4q^3 + \cdots + q^n \int n + \cdots = -\frac{q}{dq}\frac{d(\alpha\alpha')}{(\alpha\alpha')} \quad \ldots \ldots \quad (555)$$

D'après les formules $(6), (7)$,

$$\alpha\alpha' = 2^{\frac{1}{3}}\left(\frac{\omega}{\pi}\right)^{\frac{1}{2}} k^{\frac{1}{12}} k'^{\frac{1}{3}} q^{-\frac{1}{24}};$$

donc

$$\frac{d(\alpha\alpha')}{\alpha\alpha'} = \frac{1}{2}\frac{d\omega}{\omega} + \frac{1}{12}\frac{dk}{k} + \frac{1}{3}\frac{dk'}{k'} - \frac{1}{24}\frac{dq}{q}. \quad \ldots \ldots \quad (556)$$

On sait que $(^*)$

$$d\omega = \frac{dk}{kk'^2}\left[\mathrm{E}_1(k) - k'^2\omega\right], \quad d\omega' = -\frac{dk}{kk'^2}\left[\mathrm{E}_1(k') - k^2\mathrm{F}_1(k')\right] \quad \ldots \ldots \quad (557)$$

De plus,

$$\frac{dk'}{k'} = -\frac{k}{k'^2}\,dk.$$

Pour évaluer $\frac{dq}{q}$, reportons-nous à la définition (2) : il en résulte

$$\frac{dq}{q} = \frac{\pi dk}{\omega^2 kk'^2}(\omega'd\omega - \omega d\omega');$$

ou, par les formules (557),

$$\frac{dq}{q} = \frac{\pi}{\omega^2 kk'^2}\left\{ \mathrm{F}_1(k')\left[\mathrm{E}_1(k) - k'^2\mathrm{F}_1(k)\right] + \mathrm{F}_1(k)\left[\mathrm{E}_1(k') - k^2\mathrm{F}_1(k')\right]\right\}dk;$$

$(^*)$ LEGENDRE, t. I, p. 62.

ou enfin

$$\frac{dq}{q} = \frac{\pi^2}{2\omega^2 k k'^2}\, dk. \quad\ldots\ldots\ldots\ldots \text{(358) (*)}$$

La formule (556) devient

$$\frac{d\,(\alpha\alpha')}{\alpha\alpha'} = \left[\frac{\mathrm{E}_1\,(k)\,\omega}{\pi^2} - \frac{1}{6}\,(4k^2 + 5k'^2)\,\frac{\omega^2}{\pi^2} - \frac{1}{24}\right]\frac{dq}{q}; \quad\ldots\ldots \text{(359)}$$

et la formule (555) :

$$q + 5q^2 + 4q^3 + \cdots + q^n \int n + \cdots = \frac{1}{24} + \frac{2}{5}\frac{k^2\omega^2}{\pi^2} + \frac{5}{6}\frac{k'^2\omega^2}{\pi^2} - \frac{\mathrm{E}_1\,(k)\,\omega}{\pi^2}. \quad\text{(360)}$$

Telle est la sommation de la série

$$\frac{q}{1-q} + 2\,\frac{q^2}{1-q^2} + 5\,\frac{q^3}{1-q^3} + \cdots + n\,\frac{q^n}{1-q^n} + \cdots$$

189. On trouve, par un calcul semblable au précédent :

$$\frac{d\,(\beta\beta')}{\beta\beta'} = \left[\frac{1}{6}\,(2k^2 + k'^2)\,\frac{\omega^2}{\pi^2} - \frac{1}{24}\right]\frac{dq}{q}, \quad\ldots\ldots \text{(561)}$$

$$\frac{q}{1+q} + 2\,\frac{q^2}{1+q^2} + 5\,\frac{q^3}{1+q^3} + \cdots = -\frac{1}{24} + \frac{1}{5}\frac{k^2\omega^2}{\pi^2} + \frac{1}{6}\frac{k'^2\omega^2}{\pi^2}; \quad\text{(562) (**)}$$

puis, à cause de la relation (560),

$$\frac{q}{1-q^2} + 2\,\frac{q^2}{1-q^4} + 5\,\frac{q^3}{1-q^6} + \cdots = \frac{\omega}{2\pi^2}\left[\omega - \mathrm{E}_1\,(k)\right], \quad\ldots\ldots \text{(565)}$$

formule connue (***).

190. Le développement du premier membre est

$$q + 2q^2 + 4q^3 + 4q^4 + 6q^5 + 8q^6 + \cdots + \frac{n}{i}\,q^n \int \cdot i + \cdots,$$

(*) Au lieu de cette valeur, que j'ai vérifiée plusieurs fois, Legendre donne celle-ci : $\frac{dq}{q} = -\frac{\pi}{2\omega^2 k k'^2}\,dk$ (t. III, p. 110), sans indiquer comment il y parvient.

(**) Voir la note du numéro **166**.

(***) Elle résulte de la combinaison des égalités (502), (524).

i désignant, comme *ci-dessus*, *le plus grand nombre impair qui divise* n (**).
Ainsi

$$q + 2q^2 + 4q^3 + 4q^4 + \cdots + \frac{n}{i}\, q^n \int i + \cdots = \frac{\omega}{2\pi^2}\big[\omega - E_1(k)\big]. \quad \ldots \quad (564)$$

191. En opérant d'une manière un peu différente, on trouve, au lieu de l'équation (565) :

$$\frac{q}{(1-q)^2} + \frac{q^3}{(1-q^3)^2} + \frac{q^5}{(1-q^5)^2} + \cdots = \frac{\omega}{2\pi^2}\big[\omega - E_1(k)\big] \quad \ldots \quad (565)$$

Conséquemment,

$$\frac{q}{(1-q)^2} + \frac{q^3}{(1-q^3)^2} + \frac{q^5}{(1-q^5)^2} + \cdots = \frac{q}{1-q^2} + 2\,\frac{q^2}{1-q^4} + 3\,\frac{q^3}{1-q^6} + \cdots, \quad (566)$$

identité presque évidente.

192. On a

$$\frac{q}{1-q} + 2\,\frac{q^2}{1+q^2} + 3\,\frac{q^3}{1-q^3} + 4\,\frac{q^4}{1+q^4} + \cdots = \frac{\omega^2}{2\pi^2} - \frac{1}{8}, \quad \ldots \quad (521)$$

$$\frac{q^2}{1-q^2} - 2\,\frac{q^4}{1-q^4} + 3\,\frac{q^6}{1-q^6} - 4\,\frac{q^8}{1-q^8} + \cdots = \frac{\omega E_1}{2\pi^2} - \frac{1}{8} \quad \ldots \quad (524)$$

Il résulte, de ces égalités,

$$\frac{q}{1+q} + 2\,\frac{q^2}{1-q^2} + 3\,\frac{q^3}{1+q^3} + 4\,\frac{q^4}{1-q^4} + \cdots = \frac{\omega^2}{2\pi^2} - \frac{\omega E_1}{\pi^2} + \frac{1}{8}. \quad \ldots \quad (567)$$

Le premier membre, étant développé, devient

$$q + (2-1)\, q^2 + (3+1)\, q^3 + (4+2-1)\, q^4 + (5+1)\, q^5 + (6-3+2-1)\, q^6 + \cdots$$

On voit que *le coefficient de* q^n *est égal à l'excès de la somme des diviseurs* de n, *de même parité que* n, *sur la somme des diviseurs de parité contraire.* Cette loi paraît assez simple, surtout si on la rapproche de celle que nous avons trouvée ci-dessus (175). [*Ad.*]

(*) Autrement dit, *le coefficient de* q^n *est égal à la somme des diviseurs de* n *qui donnent des quotients impairs.*

193. Dans la dernière équation, supposons $k = \sqrt{\tfrac{1}{2}}$, ou $q = e^{-\pi}$. Il vient, à cause de

$$E_1\left(\sqrt{\tfrac{1}{2}}\right) = \frac{\pi}{4\omega} + \frac{\omega}{2} :$$

ou

$$\frac{q}{1+q} + 2\frac{q^2}{1-q^2} + 5\frac{q^3}{1+q^3} + 4\frac{q^4}{1-q^4} + \cdots = \frac{1}{8} - \frac{1}{4\pi},$$

$$\frac{1}{e^{\pi}+1} + \frac{2}{e^{2\pi}-1} + \frac{3}{e^{3\pi}+1} + \frac{4}{e^{4\pi}-1} + \cdots = \frac{1}{8} - \frac{1}{4\pi}; \quad \dots \quad (568)$$

ou enfin, d'après la remarque précédente,

$$e^{-\pi} + e^{-2\pi} + 4e^{-3\pi} + 5e^{-4\pi} + 6e^{-5\pi} + 4e^{-6\pi} + \cdots = \frac{1}{8} - \frac{1}{4\pi}. \quad \dots \quad (569)\,(^*)$$

VII.

QUELQUES THÉORÈMES D'ARITHMÉTIQUE.

194. Les problèmes relatifs à la Partition des nombres, à l'Analyse indéterminée, etc., auxquels donne lieu la considération des produits indéfinis ou des séries, sont fort nombreux, comme le prouvent les travaux d'Euler, Legendre, Jacobi, Dirichlet, etc. Dans plusieurs paragraphes de ce Mémoire, nous avons rencontré quelques-unes de ces questions; dans celui-ci, nous en traiterons d'autres, aussi simples que les premières.

195. L'identité

$$(1 + 2q + 2q^4 + 2q^9 + 2q^{16} + \cdots)^2 - (1 - 2q + 2q^4 - 2q^9 + \cdots)^2 = 8q\,(1 + q^4 + q^{12} + q^{24} + \cdots)^2, \quad (51)$$

donne, immédiatement, ce théorème connu et presque évident :

Si un nombre impair, N, est la somme de deux carrés, $\frac{N-1}{4}$ est la somme de deux nombres triangulaires; et réciproquement (**).

(*) Cette *équation entre les incommensurables* π, *e* a-t-elle été remarquée? [*Ad.*]

(**) Les équations

$$\frac{N-1}{4} = \frac{x\,(x+1)}{2} + \frac{y\,(y+1)}{2}, \qquad N = (x + y + 1)^2 + (x - y)^2,$$

rentrent l'une dans l'autre.

196. L'identité

$$(1 + 2q + 2q^4 + 2q^9 + \cdots)^2 + (1 - 2q + 2q^4 - 2q^9 + \cdots)^2 = 2(1 + 2q^2 + 2q^8 + 2q^{18} + \cdots)^2, \quad (30)$$

si on la simplifie autant que possible, prend la forme

$$\sum q^{p^2 + p'^2} + \sum q^{i^2 + i'^2} = \sum q^{2n^2 + 2n'^2}. \quad (*)$$

On conclut, de cette nouvelle égalité, la proposition suivante :

Si un nombre N *est la somme de deux carrés,* 2N *est aussi la somme de deux carrés; et réciproquement* (**).

197. Dans la relation

$$(1 + 2q + 2q^4 + 2q^9 + \cdots)^4 - (1 - 2q + 2q^4 - 2q^9 + \cdots)^4 = 16q(1 + q^2 + q^6 + q^{12} + \cdots)^4, \quad (29)$$

conséquence des identités (50) et (51), posons

$$x = q + q^4 + q^9 + q^{16} + \cdots; \quad y = -q + q^4 - q^9 + q^{16} - \cdots.$$

Le premier membre devient

$$8(x - y) + 24(x^2 - y^2) + 52(x^3 - y^3) + 16(x^4 - y^4).$$

Représentons par $\sum_p$ une somme de termes dans lesquels les exposants de q soient *pairs*, et par $\sum_i$ une somme dans laquelle les exposants soient *impairs*. Nous aurons

$$x = \sum_p q^{n^2} + \sum_i q^{n^2}, \quad x^2 = \sum_p q^{n^2 + n'^2} + \sum_i q^{n^2 + n'^2}, \text{ etc.}$$

$$y = \sum_p q^{n^2} - \sum_i q^{n^2}, \quad y^2 = \sum_p q^{n^2 + n'^2} - \sum_i q^{n^2 + n'^2}, \text{ etc.};$$

puis, au lieu de l'égalité (29) :

$$\sum_i q^{n^2} + 5 \sum_i q^{n^2 + n'^2} + 4 \sum_i q^{n^2 + n'^2 + n''^2} + 2 \sum_i q^{n^2 + n'^2 + n''^2 + n'''^2} = q(1 + q^2 + q^6 + q^{12} + \cdots)^4;$$

(*) Nous n'avons peut-être pas besoin de rappeler que p, p' désignent des nombres *pairs*; i, i', des nombres *impairs*; etc.

(**) GENOCCHI, *Nouvelles Annales*, t. XIII, p. 158.

ou encore, par le changement de q en q^4 :

$$\sum q^{4n^2} + 5\sum q^{4(n^2+n'^2)} + 4\sum q^{4(n^2+n'^2+n''^2)} + 2\sum q^{4(n^2+n'^2+n''^2+n'''^2)} = (q + q^9 + q^{25} + q^{49} + \cdots)^4. \quad (570)\,(*)$$

Cette identité démontre le théorème suivant :

Soit N *un nombre donné, impair. Soient les équations* ISOLÉES

$$w^2 = N,\ \ w^2 + x^2 = N,\ \ w^2 + x^2 + y^2 = N,\ \ w^2 + x^2 + y^2 + z^2 = N,\ \ w^2 + x^2 + y^2 + z^2 = 4N, \quad (571)$$

dans lesquelles les mêmes lettres désignent des inconnues DIFFÉRENTES. *Si* a, b, c, d, λ *sont, respectivement : le nombre des solutions entières positives de la première équation* (**)*, de la deuxième,* etc.; *on a, entre ces cinq nombres, la relation*

$$\lambda = a + 5b + 4c + 2d. \quad\quad\quad\quad\quad (572)$$

Soit, par exemple, N $= 19$. Les équations (571) sont

$$w^2 = 19,\ \ w^2 + x^2 = 19,\ \ w^2 + x^2 + y^2 = 19,\ \ w^2 + x^2 + y^2 + z^2 = 19,\ \ w^2 + x^2 + y^2 + z^2 = 76.$$

Les deux premières n'admettent aucune solution. D'ailleurs

$$19 = 9 + 9 + 1 = 16 + 1 + 1 + 1,\quad 76 = 25 + 25 + 25 + 1 = 49 + 9 + 9 + 9 = 49 + 25 + 1 + 1;$$

donc $\quad\quad\quad c = 3,\quad d = 4,\quad \lambda = 4 + 4 + 4.3 = 20.$ (***)

On doit avoir

$$4.3 + 2.4 = 20;$$

ce qui est vrai.

Soit encore N $= 25$. De là résultent les équations

$$w^2 = 25,\ \ w^2 + x^2 = 25,\ \ w^2 + x^2 + y^2 = 25,\ \ w^2 + x^2 + y^2 + z^2 = 25,\ \ w^2 + x^2 + y^2 + z^2 = 100.$$

La troisième est impossible. Les solutions des quatre autres, *essentiellement différentes,* sont

$1°\ w = 5;\ \ 2°\ w = 3, x = 4;\ \ 4°\ w = 4, x = 2, y = 2, z = 1;\ \ 5°\ w = 9, x = 3, y = 3, z = 1;$

$\quad w = 7, x = 7, y = 1, z = 1;\ \ w = 5, x = 5, y = 5, z = 5;\ \ \ \ w = 7, x = 5, y = 5, z = 1.$

(*) Dans ces nouvelles sommes, chacun des exposants a la forme $4i$.

(**) a est nécessairement 0 ou 1. En outre, dans la dernière équation, les inconnues ne doivent recevoir que des valeurs *impaires.*

(***) Les nombres 9, 9, 1 donnent lieu à *trois* permutations; les nombres 16, 1, 1, 1, à *quatre* permutations; etc.

Donc

$$a = 1, \quad b = 2, \quad c = 0, \quad d = \frac{1.2.3.4}{1.2} = 12, \quad \lambda = 12 + \frac{1.2.3.4}{2.2} + 1 + \frac{1.2.3.4}{1.2} = 51;$$

et l'on a bien

$$51 = 1 + 2.5 + 2.12.$$

198. *Remarques.* I. Si, dans l'équation (302), on change q en $-q$, on trouve

$$(1 + 2q + 2q^4 + 2q^9 + \cdots)^4 - (1 - 2q + 2q^4 - 2q^9 + \cdots)^4 = 16 \sum_i^\infty q^i \int i.$$

Donc, à cause de l'identité (29) :

$$q(1 + q^2 + q^6 + q^{12} + \cdots)^4 = \sum_i^\infty q^i \int i;$$

ou par le changement de q en q^4 :

$$(q + q^9 + q^{25} + q^{49} + \cdots)^4 = \sum_i^\infty q^{4i} \int i. \quad \ldots \ldots \quad (573)$$

Ainsi, λ, *nombre des solutions, en nombres impairs, de l'équation*

$$w^2 + x^2 + y^2 + z^2 = 4N,$$

est égal à la somme des diviseurs de N : c'est le beau théorème de Jacobi.

II. D'après un théorème de Gauss (*), *si l'on appelle* N' *le nombre des diviseurs de* N, *formés seulement des facteurs premiers ayant la forme* $4\mu + 1$, *on a :* b = N' *ou* b = N' — 1, *suivant que* N' *est pair ou impair.* Si donc d était connu, l'équation (572) donnerait c, ou le nombre des solutions de l'équation

$$w^2 + x^2 + y^2 = N.$$

J'ignore si M. Liouville, qui s'est beaucoup occupé de la décomposition en trois carrés, a résolu cette question particulière (**).

(*) Voir la démonstration donnée par M. Genocchi (*Nouvelles annales*, t. XIII).
(**) Dans le *Journal de Mathématiques*. (t. XXVII, p. 43), M. Liouville donne cet énoncé :
Soit N *un nombre de la forme* $8\mu + 3$. *Le nombre des solutions de*

$$x^2 + y^2 + z^2 = N,$$

199. L'équation (302) peut encore être transformée ainsi :

$$\left.\begin{aligned}(q^4+q^{10}+q^{36}+\cdots)&+3(q^4+q^{16}+q^{36}+\cdots)^2+4(q^4+q^{16}+q^{36}+\cdots)^3+2(q^4+q^{15}+q^{36}+\cdots)^4\\=(q+q^9+q^{25}+\cdots)^4&+3(q^2+q^{18}+q^{50}+\cdots)^4+3(q^4+q^{36}+q^{100}+\cdots)^4+3(q^8+q^{72}+q^{200}+\cdots)^4+\cdots\end{aligned}\right\}(374)$$

Celle-ci, qui ne diffère pas des relations (318), (319) donne le théorème suivant :

Soit N *un nombre donné,* PAIR OU IMPAIR. *Soient les équations* ISOLÉES

$$w^2=\mathrm{N},\quad w^2+x^2=\mathrm{N},\quad w^2+x^2+y^2=\mathrm{N},\quad w^2+x^2+y^2+z^2=\mathrm{N};$$
$$w^2+x^2+y^2+z^2=4\mathrm{N},\quad w^2+x^2+y^2+z^2=2\mathrm{N},\quad w^2+x^2+y^2+z^2=\mathrm{N},\quad w^2+x^2+y^2+z^2=\frac{\mathrm{N}}{2},\quad\text{etc.}$$

dans lesquelles les mêmes lettres désignent des inconnues DIFFÉRENTES. *Soient* a_1, b_1, c_1, d_1 *les nombres de solutions des quatre premières ; et* $\mu, \mu_1, \mu_2, \ldots$ *les nombres de solutions des dernières, dans lesquelles les inconnues ne doivent recevoir que des valeurs* IMPAIRES. *On a, entre ces nombres, la relation*

$$a_1+3b_1+4c_1+2d_1=\mu+3(\mu_1+\mu_2+\mu_3+\cdots). \quad\ldots\ldots\quad(375)$$

200. APPLICATION. Soit $\mathrm{N}=24$. Les équations à résoudre sont :

$$w^2=24,\quad w^2+x^2=24,\quad w^2+x^2+y^2=24,\quad w^2+x^2+y^2+z^2=24;$$
$$w^2+x^2+y^2+z^2=96;\quad w^2+x^2+y^2+z^2=48,\quad w^2+x^2+y^2+z^2=24,\quad w^2+x^2+y^2+z^2=12,$$
$$w^2+x^2+y^2+z^2=6,\quad w^2+x^2+y^2+z^2=3.$$

On trouve

$$a_1=0,\ b_1=0,\ c_1=3,\ d_1=0,\ \mu=0,\ \mu_1=0,\ \mu_2=0,\ \mu_3=4,\ \mu_4=0,\ \mu_5=0;$$

après quoi, l'équation de condition devient

$$4.3=3.4.$$

201. *Remarque.* La somme de quatre carrés impairs a la forme $4(2\nu+1)$.

x, y, z *étant impairs et positifs, est*

$$\mathrm{X}=\varepsilon\left(\frac{\mathrm{N}-1}{2}\right)+\varepsilon\left(\frac{\mathrm{N}-9}{2}\right)+\varepsilon\left(\frac{\mathrm{N}-25}{2}\right)+\cdots:$$

ε désigne l'excès du nombre des diviseurs ayant la forme $4\mu+1$, sur le nombre de ceux qui ont la forme $4\mu-1$.

Si donc $N = 2^x i$, i étant impair, les équations formant le second groupe sont impossibles, excepté celle-ci :

$$w^2 + x^2 + y^2 + z^2 = 2^2 . i.$$

De là résulte que la relation (575) peut être réduite à

$$a_1 + 5b_1 + 4c_1 + 2d_1 = 5\mu_\alpha . \quad . \quad . \quad . \quad . \quad . \quad . \quad . \quad (576)$$

202. La relation (575) peut, on l'a vu, être écrite sous cette forme :

$$\frac{q^4}{1-q^8} + 5\frac{q^{12}}{1-q^{24}} + 5\frac{q^{20}}{1-q^{40}} + \cdots = (q + q^9 + q^{25} + \cdots)^4 . \quad . \quad (542) \, (^*)$$

Une identité analogue à celle-ci va nous donner d'autres théorèmes.

On a, simultanément :

$$\frac{q}{1-q^2} + 2^3\frac{q^3}{1-q^4} + 5^3\frac{q^5}{1-q^6} + 4^3\frac{q^7}{1-q^8} + \cdots = \frac{k^2\omega^2}{4\pi^4}, \quad (^{**})$$

$$1 + q + q^3 + q^6 + q^{10} + q^{15} + \cdots = q^{-\frac{1}{8}}\sqrt{\frac{\omega}{\pi}}\sqrt{k}; \quad . \quad . \quad . \quad . \quad (20)$$

donc

$$\frac{1}{1-q^2} + 2^3\frac{q}{1-q^4} + 5^3\frac{q^2}{1-q^6} + 4^3\frac{q^3}{1-q^8} + \cdots = (1 + q + q^3 + q^6 + \cdots)^4; \quad (578)$$

ou bien,

$$\frac{q^8}{1-q^{16}} + 2^3\frac{q^{16}}{1-q^{32}} + 5^3\frac{q^{24}}{1-q^{48}} + 4^3\frac{q^{32}}{1-q^{64}} + \cdots = (q + q^9 + q^{25} + \cdots)^8 . \quad . \quad (579)$$

En outre, à cause de la relation (542),

$$\left[\frac{q^4}{1-q^8} + 5\frac{q^{12}}{1-q^{24}} + 5\frac{q^{20}}{1-q^{40}} + 7\frac{q^{28}}{1-q^{56}} + \cdots\right]^2 = \frac{q^8}{1-q^{16}} + 2^5\frac{q^{16}}{1-q^{32}} + 5^z\frac{q^{24}}{1-q^{48}} + \cdots; \quad (580)$$

$(^*)$ Legendre, t. III, p. 153. L'illustre auteur ajoute, en note : « Il suit immédiatement de
» cette formule, que tout nombre $8n + 4$ est la somme de quatre carrés impairs; et de plus,
» qu'*il est autant de fois de cette forme, qu'il y a d'unités dans la somme des diviseurs de*
» *2n + 1.* » La seconde partie de cet énoncé doit, je pense, être rectifiée ainsi : *l'équation*

$$i^2 + i'^2 + i''^2 + i'''^2 = 8n + 4,$$

dans laquelle i, i', i'', i''' *sont des nombres impairs, a autant de solutions que l'indique le
nombre des diviseurs de* $2n + 1$. (Voir ci-dessus.)

$(^{**})$ *Fundamenta*, p. 111.

ou, plus simplement,

$$\left[\frac{q}{1-q^2}+3\frac{q^3}{1-q^6}+5\frac{q^5}{1-q^{10}}+7\frac{q^7}{1-q^{14}}+\cdots\right]^2=\frac{q^2}{1-q^4}+2^3\frac{q^4}{1-q^8}+5^3\frac{q^6}{1-q^{12}}+\cdots. \quad [Ad.] \quad (581)$$

203. Les identités (570) et (581) démontrent les théorèmes suivants :

1° *Tout multiple de 8 est la somme de huit carrés impairs* (*).

2° *Si l'on fait* n = di, *le nombre des solutions de l'équation*

$$i_1^2+i_2^2+\cdots+i_8^2=8n, \quad\ldots\ldots\ldots\ldots \quad (582)$$

est égal à la somme des cubes des diviseurs d.

3° *Si, de plus,* 4n = i' + i'', *alors*

$$\Sigma\left(\int i' \times \int i''\right)=8\sum d^3. \quad\ldots\ldots\ldots \quad [Ad.] \quad (585)$$

204. Application. $n = 6 = 1 \cdot 6 = 3 \cdot 2$: l'équation

$$i_1^2+i_2^2+\cdots+i_8^2=48$$

doit admettre $\left(6^3+2^3\right)$ solutions. En effet,

$$48 = 25+9+9+1+1+1+1+1 = 9+9+9+9+9+1+1+1\,;$$

donc, x étant le nombre de ces solutions,

$$x=\frac{1 \cdot 2 \cdot 3 \cdot 4 \cdot 5 \cdot 6 \cdot 7 \cdot 8}{1 \cdot 1 \cdot 2 \cdot 1 \cdot 2 \cdot 3 \cdot 4 \cdot 5}+\frac{1 \cdot 2 \cdot 3 \cdot 4 \cdot 5 \cdot 6 \cdot 7 \cdot 8}{1 \cdot 2 \cdot 3 \cdot 4 \cdot 5 \cdot 1 \cdot 2 \cdot 3}=224=6^3+2^3.$$

En outre,

$$i' = 1,\ 3,\ 5,\ 7,\ 9,\ 11,\ 13,\ 15,\ 17,\ 19,\ 21,\ 25\,;$$

$$i''=25,\ 24,\ 19,\ 17,\ 15,\ 13,\ 11,\ 9,\ 7,\ 5,\ 3,\ 1\,;$$

$$\int i' = 1,\ 4,\ 6,\ 8,\ 13,\ 12,\ 14,\ 24,\ 18,\ 20,\ 32,\ 24\,;$$

$$\int i''=24,\ 32,\ 20,\ 18,\ 24,\ 14,\ 12,\ 13,\ 8,\ 6,\ 4,\ 1\,;$$

(*) Cette proposition ne diffère pas de celle que nous avons rappelée tout à l'heure : *tout nombre* 8n + 4 *est la somme de quatre carrés impairs;* mais cet énoncé, même rectifié, ne fait pas connaître le *nombre des décompositions en huit carrés.*

donc

$$\Sigma\left(\int i' \times \int i''\right) = 2(1.24 + 4.52 + 6.20 + 8.18 + 15.24 + 12.14)$$
$$= 16(5 + 16 + 15 + 18 + 39 + 24) = 16.112 = 8(6^3 + 2^3). \quad [Ad.]$$

205. *Remarque.* Si n est premier, le nombre des solutions de l'équation (582) est n^3 (*). En même temps, l'équation (585) se réduit à

$$\Sigma\left(\int i' \times \int i''\right) = 8(n^3 + 1). \quad [Ad.]$$

206. *Sommation d'une série.* Dans la relation (578), changeons q en $-q$: elle devient

$$\frac{1}{1-q^2} - 2^3 \frac{q}{1-q^4} + 5^3 \frac{q^2}{1-q^8} - 4^3 \frac{q^3}{1-q^{12}} + \cdots = (1 - q \cdots q^5 + q^9 + q^{10} - \cdots)^8,$$

ou

$$\frac{q^8}{1-q^{16}} - 2^3 \frac{q^{16}}{1-q^{32}} + 5^3 \frac{q^{24}}{1-q^{48}} - 4^3 \frac{q^{32}}{1-q^{64}} + \cdots = (q - q^9 - q^{25} + q^{49} + q^{81} - \cdots)^8. \quad (584)$$

Pour évaluer le second membre, on peut partir de la formule

$$\left(q^{\frac{1}{4}} - q^{\frac{9}{4}} - q^{\frac{25}{4}} + q^{\frac{49}{4}} + \cdots\right)^8 = \frac{1}{4}\left(\frac{\omega}{\pi}\right)^4 (1 - k')^2 k'. \quad (**)$$

Si l'on y remplace q par $q_1 = q^2$, puis q_1 par $q_2 = q^4$, elle devient

$$(q - q^9 - q^{25} + q^{49} + \cdots)^8 = \frac{1}{4}\left(\frac{\omega_2}{\pi}\right)^4 (1 - k_2') k_2'.$$

Or,

$$\omega_1 = \frac{1+k'}{2}\,\omega, \quad k_1' = 2\frac{\sqrt{k'}}{1+k'}; \quad\quad\quad\quad (59)$$

donc

$$\omega_2 = \frac{1+k_1'}{2}\,\omega_1 = \frac{1}{4}(1+\sqrt{k'})^2\,\omega, \quad k_2' = 2\frac{\sqrt{k_1'}}{1+k_1'} = 2\frac{\sqrt{2(1+k')\sqrt{k'}}}{(1+\sqrt{k'})^2};$$

(*) « ... l'on peut dire de combien de manières un nombre donné N sera la somme de huit nombres triangulaires. Si le nombre N + 1 est premier, le nombre des combinaisons dont il s'agit sera (N + 1)³ + 1. » (LEGENDRE, t. III, p. 155.)

(**) *Fonctions elliptiques*, t. III, p. 110.

et, après quelques réductions,

$$\frac{1}{4}\left(\frac{\omega_2}{\pi}\right)^4(1-k_2')^2\,k_2'=\frac{1}{2}\left(\frac{\omega}{4\pi}\right)^4\left(1+\sqrt{k'}\right)^2\sqrt{1+k'}\sqrt{2\sqrt{k'}}\left[\sqrt{1+k'}-\sqrt{2\sqrt{k'}}\right]^4.$$

Par suite,

$$(q-q^9-q^{25}+q^{49}+q^{81}-\cdots)^8=\sqrt{\frac{1}{2}\left(\frac{\omega}{4\pi}\right)^4\left(1+\sqrt{k'}\right)^2\sqrt{1+k'}\sqrt{k'}\left[\sqrt{1+k'}-\sqrt{2\sqrt{k'}}\right]^4}.\quad(585)$$

Cette formule est bien plus compliquée que celle qui se rapporte à la huitième puissance de $q+q^9+q^{25}+q^{49}+\cdots$: Legendre donne, d'après Jacobi,

$$(q+q^9+q^{25}+q^{49}+q^{81}+\cdots)^8=\left(\frac{2\omega}{\pi}\right)^4\left(\frac{1-\sqrt{k'}}{4}\right)^8.\quad[Ad.]$$

207. *Identité remarquable.* Soient

$$q+q^9+q^{25}+q^{49}+\cdots=\mathrm{A},\quad q-q^9-q^{25}+q^{49}+\cdots=\mathrm{B}.$$

Nous avons trouvé $(202,\ 206,\ 184)$:

$$\mathrm{A}^8=\frac{q^8}{1-q^{16}}+2^3\frac{q^{16}}{1+q^{32}}+3^3\frac{q^{24}}{1+q^{48}}+4^3\frac{q^{32}}{1-q^{64}}+\cdots,$$

$$\mathrm{B}^8=\frac{q^8}{1-q^{16}}-2^3\frac{q^{16}}{1-q^{32}}+3^3\frac{q^{24}}{1-q^{48}}-4^3\frac{q^{32}}{1-q^{64}}+\cdots,$$

$$\mathrm{A}^4=\frac{q^4}{1-q^8}+3\frac{q^{12}}{1-q^{24}}+5\frac{q^{20}}{1-q^{40}}+7\frac{q^{28}}{1-q^{56}}+\cdots,$$

$$\mathrm{B}^4=\frac{q^4}{1-q^8}-3\frac{q^{12}}{1-q^{24}}+5\frac{q^{20}}{1-q^{40}}-7\frac{q^{28}}{1-q^{56}}+\cdots.$$

Donc, à cause de $\mathrm{A}^8-\mathrm{B}^8=(\mathrm{A}^4+\mathrm{B}^4)(\mathrm{A}^4-\mathrm{B}^4)$, et par le changement de q^4 en q :

$$\left.\begin{aligned}&\left[\frac{q}{1-q^4}+3\frac{q^{3+5}}{1-q^{12}}+5\frac{q^5}{1-q^{20}}+7\frac{q^{7+14}}{1-q^{28}}+\cdots\right]\\ \times\;&\left[\frac{q^{1+2}}{1-q^4}+5\frac{q^3}{1-q^{12}}+5\frac{q^{5+10}}{1-q^{20}}+7\frac{q^7}{1-q^{28}}+\cdots\right]\\ =\;&4\left[\frac{q^4}{1-q^8}+2^3\frac{q^8}{1-q^{16}}+3^3\frac{q^{12}}{1-q^{24}}+4^3\frac{q^{10}}{1-q^{32}}+\cdots\right].\end{aligned}\right\}\quad[Ad.]\ (586)$$

208. *Remarque.* Le développement du premier facteur est $\sum_1^\infty q^i\!\int i$,

i ayant la forme $4\mu+1$; celui du second facteur : $\sum_1^\infty q^{i'} \int i'$, i' ayant la forme $4\mu - 1$. Enfin, le développement du second membre serait

$$4 \sum_1^\infty (d^3 + d'^3 + d''^3 + \cdots) q^{4n};$$

$d, d', d'', \ldots$ étant *les quotients de* n *par ses diviseurs impairs*. Par conséquent,

$$\sum \left(\int i \times \int i' \right) = 4 \sum d^3.$$

Cette égalité ne diffère pas de celle que nous avons démontrée ci-dessus (203); car si $4n$ est décomposé en deux parties impaires, l'une a la forme $4\mu + 1$, et l'autre la forme $4\mu - 1$ (*).

209. Prenons l'identité

$$\left.\begin{array}{l} (1 - q - q^2 + q^5 + q^7 - q^{12} - \cdots)(1 + q - q^2 - q^5 - q^7 - q^{12} + \cdots) \\ = (1 - q^2 - q^4 + q^{10} + q^{14} - q^{24} - \cdots)(1 - 2q^2 + 2q^8 - 2q^{18} + 2q^{32} - \cdots) \end{array}\right\} \ . \ . \ (145)$$

Si l'on suppose les produits effectués, elle devient

$$\sum (-1)^l q^{\frac{3l^2 \mp l}{2}} \times (-1)^{l'} (-q)^{\frac{3l'^2 \mp l'}{2}} = \sum (-1)^{l''} q^{3l''^2 \mp l''} + 2 \sum (-1)^{l''} q^{3l''^2 \mp l''} \times (-1)^z q^{2z^2}, \quad (587)$$

Soit, comme au numéro 88,

$$n = \frac{5l^2 \mp l}{2} + \frac{5l'^2 \mp l'}{2},$$

ou

$$24n + 2 = (6l \mp 1)^2 + (6l' \mp 1)^2. \quad \ldots \ldots \quad (199)$$

Dans le premier membre de l'identité (587), le coefficient de q^n est

$$A = \sum (-1)^{l+l'+\frac{3l'^2 \mp l'}{2}} ;$$

la somme $\sum$ s'étendant, bien entendu, à toutes les valeurs de l, l', positives ou nulles, qui satisfont à l'équation (199).

(*) Soit, comme à l'endroit cité, $4n = 24$. Les valeurs de i sont 1, 5, 9, 13, 17, 21 ; celles de i' : 23, 19, 15, 11, 1, 3. Donc l'égalité précédente devient

$$1.24 + 6.20 + 13.24 + 14.12 + 18.8 + 32.4 = 4(2^3 + 6^3);$$

etc.

Si, pour plus de régularité dans la notation, on change l'' en y, on trouve

$$12n + 1 = 24x^2 + (6y \mp 1)^2. \qquad \ldots \qquad (588)$$

En outre, le coefficient de q^n, dans le second membre de l'identité, a pour valeur

$$B = (-1)^{y_0} + 2 \sum (-1)^{x+y}$$

ou

$$B = 2 \sum (-1)^{x+y},$$

selon que le nombre donné, n, est ou n'est pas le double d'un nombre pentagonal : j'appelle y_0 la valeur de y qui répond à $x = 0$. Pour plus de simplicité, admettons que le second cas ait lieu. Comme $A = B$, l'on a, entre les solutions des équations (199), (588), la relation

$$\sum (-1)^{l+l'+\frac{5l'^2 \mp l'}{2}} = 2 \sum (-1)^{x+y}. \qquad \ldots \qquad (589) \,(*)$$

210. *Remarque.* Si l'équation (588) est impossible, $B = 0$; et alors

$$\sum (-1)^{l+l'+\frac{5l'^2 \mp l'}{2}} = 0,$$

c'est-à-dire que *le nombre* $1 + 1' + \dfrac{5l'^2 \mp l'}{2}$ *a autant de valeurs paires que de valeurs impaires.* De même, si l'équation (199) est impossible, $A = 0$, et

$$\sum (-1)^{x+y} = 0.$$

Dans ce cas, *ou l'équation* (588) *n'admet aucune solution, ou la somme* x $+$ y *a un même nombre de valeurs paires et de valeurs impaires.*

211. Applications. 1° Soit, comme au n° 89, $n = 40$. Les solutions de l'équation (199) sont :

$$l = 5, \, l' = 0; \quad l = 0, \, l' = 5; \quad l = 5, \, l' = 2; \quad l = 2, \, l' = 5.$$

En même temps :

$$\frac{5l'^2 \mp l'}{2} = 0, \qquad 40, \qquad 5, \qquad 55.$$

(*) Il ne faut pas oublier que n *n'est pas double d'un nombre pentagonal.*

Donc
$$A = (-1)^9 + (-1)^{15} + (-1)^{12} + (-1)^{12} = 0.$$

Ce résultat est exact; car l'équation

$$481 = 24x^2 + (6y \mp 1)^2,$$

n'admet aucune solution.

$2°$ Soit $n = 80$. Les équations à résoudre sont :

$$1\,922 = (6l \mp 1)^2 + (6l' \mp 1)^2, \quad 964 = 24x^2 + (6y \mp 1)^2.$$

La première est vérifiée seulement par $l = 5$, $l' = 5$; d'où $\dfrac{5l'^2 + l'}{2} = 40$. On trouve ensuite $x = 0$, $y = 5$; $x = 5$, $y = 3$; puis, 80 étant le double d'un nombre pentagonal :

$$A = \sum (-1)^{l+l'+\frac{5l'^2 \mp l'}{2}} = 1, \quad B = (-1)^5 + 2(-1)^5 = 1 = A.$$

212. Par un calcul semblable au précédent, on conclut, de l'identité

$$(1 - q - q^2 + q^5 + q^7 - \cdots)^2 = (1 - q^2 - q^4 + q^{10} + q^{14} - \cdots)(1 - 2q + 2q^4 - 2q^9 + \cdots), \quad (159)$$

la proposition suivante :

Les solutions des équations

$$24n + 2 = (6l \mp 1)^2 + (6l' \mp 1)^2, \quad 12n + 1 = 12x^2 + (6y \mp 1)^2,$$

vérifient l'égalité

$$\sum (-1)^{l+l'} = (-1)^\lambda + 2 \sum (-1)^{x+y};$$

lorsque n égale $3\lambda^2 \mp \lambda$ (*); et, dans le cas contraire, ces valeurs satisfont à la condition

$$\sum (-1)^{l+l'} = 2 \sum (-1)^{x+y}.$$

Par exemple, $n = 80 = 3 \cdot 5^2 + 5$ donne, comme ci-dessus :

$$l = 5, \quad l' = 5;$$

puis

$$x = 0, \; y = 5; \quad x = 6, \; y = 4.$$

____

(*) Dans la seconde somme, on ne compte pas la valeur de $x + y$ qui répond à $x = 0$, $y = \lambda$.

On doit trouver

$$(-1)^{10} = (-1)^{5} + 2(-1)^{10};$$

ce qui a lieu.

213. Les diverses identités que nous avons démontrées dans les numéros 72 et suivants, donneraient des théorèmes analogues aux précédents ; mais il n'y a pas un grand intérêt à les chercher. Nous rapporterons cependant celui-ci, qui résulte de l'identité (146) :

Soient les équations

$$(2x + 1)^2 + (2y + 1)^2 = 8n + 2, \quad 2(2x' + 1)^2 + (4y')^2 = 8n + 2 \quad . \quad . \quad (590)$$

Soit ε l'excès du nombre des valeurs paires sur le nombre des valeurs impaires de y. *Soit, semblablement, ε' l'excès du nombre des valeurs paires sur le nombre des valeurs impaires de* y'. *On a $\varepsilon = 2\varepsilon' - 1$ ou $\varepsilon = 2\varepsilon'$, suivant que* N *est ou n'est pas le double d'un nombre triangulaire.*

Si, par exemple, $n = 21$, les équations à résoudre sont :

$$(2x + 1)^2 + (2y + 1)^2 = 170, \quad 2(2x' + 1)^2 + (4y')^2 = 170.$$

La première est vérifiée par $y = 0$, $y = 3$, $y = 5$, $y = 6$; donc $\varepsilon = 0$. La seconde équation est impossible : $\varepsilon' = 0$.

Soit encore N $= 20$: N est le double du nombre triangulaire 10. Les équations (590) deviennent

$$(2x + 1)^2 + (2y + 1)^2 = 162, \quad 2(2x' + 1)^2 + (4y')^2 = 162.$$

Elles ne sont vérifiées que par $y = 4$, $y' = 0$; donc $\varepsilon = 1$, $\varepsilon' = 1$; et ces nombres satisfont à la relation énoncée

214. Les diverses décompositions de la série

$$1 - 5q^2 + 5q^6 - 7q^{12} + 9q^{20} - \cdots = q^{-\frac{1}{4}} \left(\frac{\omega}{\pi}\right)^{\frac{3}{2}} \sqrt{2kk'} = S, \quad . \quad . \quad . \quad (24)$$

obtenues ci-dessus (84, 161), conduisent à des résultats intéressants. Rappelons d'abord les identités dont il s'agit :

$$S = \alpha'^{5} = (1 - q^2 - q^4 + q^{10} + q^{14} - \cdots)^3, \quad . \quad . \quad . \quad . \quad (54)$$

$$S = (1 - 2q^2 + 2q^8 - 2q^{18} + \cdots)(1 + q + q^3 + q^6 + \cdots)(1 - q - q^3 + q^6 + \cdots), \qquad (183)$$

$$S = (1 - 2q^4 + 2q^8 - 2q^{18} + \cdots)^2 (1 + q^2 + q^6 + q^{12} + \cdots), \quad \ldots \ldots \ldots (184)$$

$$S = (1 - 2q^2 + 2q^8 - 2q^{18} + \cdots)(1 - q^2 - q^4 + q^{10} + q^{14} - \cdots)(1 - q^4 - q^8 + q^{2)} + q^{28} - \cdots), \quad (185)$$

$$S = (1 + 2q + 2q^4 + 2q^9 + \cdots)(1 - 2q + 2q^4 - 2q^9 + \cdots)(1 + q^2 + q^6 + q^{12} + \cdots), \quad (186)$$

$$S = (1 + q + q^3 + q^6 + \cdots)^2 (1 - 2q + 2q^4 - 2q^9 + \cdots), \quad \ldots \ldots \ldots (187)$$

$$S = (1 - q - q^3 + q^6 + \cdots)^2 (1 + 2q + 2q^4 + 2q^9 + \cdots), \quad \ldots \ldots \ldots (188)$$

$$S = (1 - 2q^4 + 2q^{16} - 2q^{36} + \cdots)(1 - 2q^2 + 2q^8 - 2q^{18} + \cdots)(1 - q^2 - q^6 + q^{12} + q^{20} - \cdots), \quad (190)$$

$$S = (1 - q - q^2 + q^5 + q^7 - \cdots)(1 + q - q^2 - q^5 - q^7 - \cdots)(1 - q^4 - q^8 + q^{10} + q^{28} - \cdots), \quad (191)$$

$$S = (1 + q - q^2 - q^5 - q^7 - q^{12} + \cdots)(1 - q^2 - q^4 + q^{10} + \cdots)(1 - q - q^3 + q^6 + \cdots); \quad \ldots (192)$$

$$S = (1 - q - q^2 + q^5 + q^7 - q^{12} + \cdots)(1 - q^2 - q^4 + q^{10} + \cdots)(1 + q + q^3 + q^6 + \cdots), \quad \ldots (193)$$

$$S = \sum_0^\infty \varphi_i(n)(-q^n) \times \sum_1^\infty (-1)^i q^{\frac{3i^2 \mp i}{2}} \times \sum_0^\infty \varepsilon_{4m+1} q^m. \quad \ldots \ldots \ldots (297)$$

L'égalité entre les deux premières valeurs de S a été trouvée par Jacobi (*) : elle constitue, suivant l'illustre Géomètre, « *un résultat remarquable ; et, jusqu'à ce jour, unique dans l'analyse* (**). »

Si, en premier lieu, on égale le terme général de S au terme général de chacun des produits (54), (191), on trouve les deux formules :

$$\sum (-1)^{x+y+z} q^{(3x^2 \mp x) + (3y^2 \mp y) + (3z^2 \mp z)} = (2n + 1)(-1)^n q^{n(n+1)},$$

$$\sum (-1)^{x+y+z+\frac{3y^2 \mp 1}{2}} q^{\frac{3x^2 \mp x}{2} + \frac{3y^2 \mp y}{2} 6z^2 + z} = (2n + 1)(-1)^n q^{n(n+1)}.$$

De la première, on conclut les théorèmes suivants :
I. *Soit l'équation*

$$(6x \mp 1)^2 + (6y \mp 1)^2 + (6z \mp 1)^2 = 3(2n + 1)^2, \quad \ldots \ldots (591)$$

dans laquelle les inconnues ne peuvent recevoir que des valeurs entières, nulles ou positives. L'excès du nombre des valeurs paires sur le nombre des valeurs impaires de x + y + z, *égale* $(2n + 1)(-1)^n$.

II. *Soit l'équation*

$$(6x \mp 1)^2 + (6y \mp 1)^2 + (6z \mp 1)^2 = 24N + 5, \quad \ldots \ldots \quad (592)$$

dans laquelle les valeurs des inconnues sont encore assujetties aux conditions précédentes. Si le second membre n'est pas le triple d'un carré, la somme x + y + z *admet autant de valeurs paires que de valeurs impaires* (*).

III. *Le triple d'un carré impair est toujours décomposable en trois carrés, de la forme* $(6\mu \mp 1)^2$. *Si le nombre donné est* $3(2n + 1)^2$, *il y a au moins autant de décompositions que l'indique le plus grand nombre entier contenu dans* $\frac{2n + 1}{6}$ (**).

215. La seconde formule écrite ci-dessus donne lieu à ces nouveaux théorèmes :

IV. *Soit l'équation*

$$(6x \mp 1)^2 + (6y \mp 1)^2 + 4(6z \mp 1)^2 = 6(2n + 1)^2. \quad \ldots \quad (593) \; (***)$$

L'excès du nombre des valeurs paires sur le nombre des valeurs impaires de x + y + z + $\frac{5y^2 \mp y}{2}$, *égale* $(2n + 1)(-1)^n$.

V. *Soit l'équation*

$$(6x \mp 1)^2 + (6y \mp 1)^2 + 4(6z \mp 1)^2 = 24N + 6. \quad \ldots \ldots \quad (594)$$

Si le second membre n'est pas le sextuple d'un carré, la quantité

$$x + y + z + \frac{5y^2 \mp y}{2}$$

admet autant de valeurs paires que de valeurs impaires.

VI. *Le sextuple d'un carré impair est toujours décomposable en trois carrés. Les deux premiers ont la forme* $(6\mu \mp 1)^2$, *et le troisième,* $4(6\mu \mp 1)^2$.

(*) C'est le théorème de JACOBI, cité tout à l'heure.
(**) Cette proposition est un corollaire du Théorème II.
(***) Les conditions relatives aux valeurs que peuvent recevoir les inconnues sont les mêmes que précédemment.

216. Dans la formule (185), le produit des deux derniers facteurs peut être représenté par

$$\sum (-1)^{\frac{y(y+1)}{2}} q^{\frac{x(x+1)}{2} + \frac{y(y+1)}{2}}.$$

Conséquemment,

$$\sum (-1)^{\frac{y(y+1)}{2}} q^{\frac{x(x+1)}{2} + \frac{y(y+1)}{2}} + 2 \sum (-1)^{\frac{y(y+1)}{2} + z} q^{\frac{x(x+1)}{2} + \frac{y(y+1)}{2} + 2z^2} = \sum (2n+1)(-1)^n q^{n(n+1)}.$$

Posons l'équation

$$\frac{x(x+1)}{2} + \frac{y(y+1)}{2} + 2z^2 = n(n+1),$$

ou bien

$$(2x+1)^2 + (2y+1)^2 + 16z^2 = 2(2n+1)^2; \quad . \quad . \quad . \quad . \quad . \quad . \quad (595)$$

nous aurons le théorème suivant :

VII. *Soit, pour* z $= 0$, ε *l'excès du nombre des valeurs paires sur le nombre des valeurs impaires de* $\frac{y(y+1)}{2}$ · *Soit, semblablement,* ε' *l'excès du nombre des valeurs paires sur le nombre des valeurs impaires de* $\frac{y(y+1)}{2} + z$, z *étant positif. On a*

$$\varepsilon + 2\varepsilon' = (2n+1)(-1)^n.$$

217. Les formules (184), (186) conduisent, on le comprend bien, à des théorèmes identiques au fond (*). Pour avoir un énoncé simple, prenons la seconde.

Le produit des deux premiers facteurs égale

$$(1 + 2q^4 + 2q^{16} + 2q^{36} + \cdots)^2 - 4(q + q^9 + q^{25} + q^{49} + \cdots)^2$$
$$= 1 + 4(q^4 + q^{16} + q^{36} + \cdots) + 4(q^4 + q^{16} + q^{36} + \cdots)^2 - 4(q + q^9 + q^{25} + q^{49} + \cdots)^2.$$

Cette fonction peut être représentée par $1 + 4 \sum (-1)^x q^{x^2 + y^2}$, pourvu que l'on suppose x *et* y *de même parité, et* x *positif.*

Un terme quelconque du troisième facteur a la forme $z(z+1)$. Par conséquent,

$$\sum q^{z(z+1)} + 4 \sum (-1)^x q^{x^2 + y^2 + z(z+1)} = \sum (2n+1)(-1)^n q^{n(n+1)};$$

puis :

(*) Cette conclusion résulte de l'identité (142).

VIII. *L'excès du nombre des valeurs paires de* x, *satisfaisant à l'équation*

$$4x^2 + 4y^2 + (2z + 1)^2 = (2n + 1)^2, \quad \ldots \ldots \quad (396)$$

sur le nombre des valeurs impaires, est

$$\varepsilon = \frac{(2n + 1)(-1)^n - 1}{4} \cdot \quad \ldots \ldots \quad (597) \;\; (^*)$$

218. *Exemples.* I. $n = 7$. Faisant $z = 0, 1, 2, 3, 4, 5, 6$, on trouve

$$x^2 + y^2 = 56, \; x^2 + y^2 = 54, \; x^2 + y^2 = 50, \; x^2 + y^2 = 44, \; x^2 + y^2 = 56, \; x^2 + y^2 = 26, \; x^2 + y^2 = 14.$$

Aucun des nombres 56, 54, 44, 14, n'est décomposable en deux carrés ;

$$50 = 1 + 49 = 25 + 25 = 49 + 1, \quad 56 = 6^2 + 0^2, \quad 26 = 1 + 25 = 25 + 1.$$

Ainsi, les valeurs de x sont 1, 5, 7, 6, 1, 5. Donc $\varepsilon = 1 - 5 = -4$; conformément à ce que donne la formule.

II. $n = 13$. On a, successivement :

$$x^2 + y^2 = 182, \; x^2 + y^2 = 180, \; x^2 + y^2 = 176, \; x^2 + y^2 = 170, \; x^2 + y^2 = 162, \; x^2 + y^2 = 152,$$
$$x^2 + y^2 = 140, \; x^2 + y^2 = 126, \; x^2 + y^2 = 110, \; x^2 + y^2 = 72, \; x^2 + y^2 = 50, \; x^2 + y^2 = 26 ;$$
$$180 = 56 + 144 = 144 + 56, \quad 170 = 1 + 169 = 49 + 121 = 121 + 49 = 169 + 1,$$
$$162 = 81 + 81, \; 72 = 56 + 56, \; 50 = 1 + 49 = 25 + 25 = 49 + 1, \; 26 = 1 + 25 = 25 + 1 ;$$
$$\varepsilon = 1 + 1 - 1 - 1 - 1 - 1 - 1 + 1 - 1 - 1 - 1 - 1 - 1 = -7 = \frac{-27 - 1}{4} \cdot$$

219. Le Théorème VIII paraît avoir des conséquences assez importantes, sur lesquelles je reviendrai peut-être plus tard. Dès à présent, je crois pouvoir signaler celles-ci :

(*) Il ne faut pas oublier, dans l'application de ce théorème, que l'on peut faire $y = 0$, mais non $x = 0$. Ajoutons que, *si un carré impair est égal à la somme de trois carrés, ceux-ci ont les formes* $4x^2$, $4y^2$ et $(2z + 1)^2$. En effet, l'équation

$$(2x + 1)^2 + (2y + 1)^2 + (2z + 1)^2 = (2n + 1)^2$$

donne

$$\mathcal{M}.4 + 2 = \mathcal{M}.4.$$

IX. *Si un nombre premier,* p, *n'est pas la somme de deux carrés,* p^2 *est décomposable en trois carrés.*

X. *Si un nombre premier,* p, *est égal à la somme de trois carrés,* p^2 *est généralement égal aussi à la somme de trois carrés : il ne pourrait y avoir exception que si* p *était décomposable en deux carrés* (*).

Pour démontrer le premier théorème, il suffit d'observer que si l'équation (596) était vérifiée par $y = 0$, les valeurs de x, z, n seraient données par les formules connues :

$$2x = ab, \quad 2z + 1 = a^2 - b^2, \quad 2n + 1 = a^2 + b^2;$$

et celle-ci est contraire à l'hypothèse (**).

220. Si, dans le développement considéré ci-dessus (217), on suppose $x^2 + y^2 + z(z+1) = 2N$, N *n'étant pas triangulaire,* le coefficient de q^{2N} est nul ; donc

XI. *L'équation* $\qquad 4x^2 + 4y^2 + (2z + 1)^2 = 8N + 1, \quad . \; . \; . \; . \; . \; . \; . \; . \; . \quad (598)$

dans laquelle le second membre n'est pas carré, est vérifiée par un même nombre de valeurs paires et de valeurs impaires de x (***).

Soit, par exemple, l'équation

$$4x^2 + 4y^2 + (2z + 1)^2 = 17.$$

Elle admet, comme solutions :

$$x = 1, \; y = 1, \; z = 1; \quad x = 2, \; y = 0, \; z = 0.$$

Donc $\varepsilon = 0$, conformément au théorème.

221. Les égalités (187), (188), qui n'en font réellement qu'une, donnent lieu à ce nouveau théorème, moins simple que les précédents :

(*) Encore n'est-il pas sûr que ce cas d'exception puisse se présenter : le nombre premier $29 = 16 + 9 + 4 = 25 + 4$; néanmoins, $29^2 = 24^2 + 16^2 + 5^2$.

(**) Le Théorème X, compris dans celui-ci, semblera peut-être digne d'attention, si l'on se rappelle que *le produit de deux facteurs, égaux chacun à la somme de trois carrés, n'est pas toujours égal à la somme de trois carrés* (LEGENDRE, *Théorie des Nombres,* t. I, p. 215).

(***) On fait toujours abstraction de $x = 0$.

XII. a *étant le nombre des solutions de l'équation*

$$(2x + 1)^2 + (2y + 1)^2 = 2(2n + 1)^2;$$

l'excès du nombre des valeurs paires de z qui vérifient

$$(2x + 1)^2 + (2y + 1)^2 + 8z^2 = 2(2n + 1)^2,$$

sur le nombre des valeurs impaires, est

$$\varepsilon = \frac{(2n + 1)(-1)^n - a}{2}.$$

222. *Exemple.* Soit $n = 3$. Les deux équations deviennent

$$(2x + 1)^2 + (2y + 1)^2 = 98, \quad (2x + 1)^2 + (2y + 1)^2 + 8z^2 = 98.$$

La première n'est vérifiée que par $x = 3$, $y = 3$; ainsi $a = 1$. Les solutions de la seconde sont

$$x = 4,\ y = 1,\ z = 1; \quad x = 1,\ y = 4,\ z = 1; \quad x = 2,\ y = 0,\ z = 3; \quad x = 0,\ y = 2,\ z = 3.$$

Par suite, $\qquad\qquad \varepsilon = -4 = \dfrac{-7-1}{2}.$ (*)

ADDITIONS AUX PARAGRAPHES VI ET VII (**).

223. *Développement de* $f(q)$. En continuant le calcul indiqué précédemment (156), on trouve

$$
\begin{aligned}
f(q) = {}& q + q^2 + q^4 + 2q^5 + q^8 + q^9 + 2q^{10} + 2q^{13} + q^{16} + 2q^{17} + q^{18} + 2q^{20} + 3q^{25} + 2q^{26} + 2q^{29} \\
& + q^{32} + 2q^{34} + q^{36} + 2q^{37} + 2q^{40} + 2q^{41} + 2q^{45} + q^{49} + 3q^{50} + 2q^{52} + 2q^{53} + 2q^{58} + 2q^{61} + q^{64} \\
& + 4q^{65} + 2q^{68} + q^{72} + 2q^{73} + 2q^{74} + 2q^{80} + q^{81} + 2q^{82} + 4q^{85} + 2q^{89} + 2q^{90} + 2q^{97} + q^{98} + \cdots.
\end{aligned}
$$

(*) On voit qu'*une même valeur de z doit être comptée autant de fois qu'il y a de solutions dont cette valeur fait partie.* Les énoncés de tous nos théorèmes doivent être entendus avec des restrictions analogues à celle-ci.

(**) Rédigées pendant l'impression du Mémoire.

224. *Valeurs de* ε_n (157, 158). Elles résultent de la formule précédente; savoir :

$$\varepsilon_1 = \varepsilon_2 = \varepsilon_4 = \cdots = 1,\quad \varepsilon_5 = \varepsilon_{10} = \varepsilon_{20} = \cdots = 2,\quad \varepsilon_9 = \varepsilon_{18} = \varepsilon_{36} = \cdots = 1,$$
$$\varepsilon_{13} = \varepsilon_{26} = \varepsilon_{52} = \cdots = 2,\quad \varepsilon_{17} = \varepsilon_{34} = \varepsilon_{68} = \cdots = 2,\quad \varepsilon_{25} = \varepsilon_{50} = \varepsilon_{100} = \cdots = 3,$$
$$\varepsilon_{29} = \varepsilon_{58} = \varepsilon_{116} = \cdots = 2,\quad \varepsilon_{37} = \varepsilon_{74} = \varepsilon_{148} = \cdots = 2,\quad \varepsilon_{41} = \varepsilon_{82} = \varepsilon_{164} = \cdots = 2,$$
$$\varepsilon_{45} = \varepsilon_{90} = \varepsilon_{180} = \cdots = 2,\quad \varepsilon_{49} = \varepsilon_{98} = \varepsilon_{196} = \cdots = 1,\quad \varepsilon_{53} = \varepsilon_{106} = \varepsilon_{212} = \cdots = 2,$$
$$\varepsilon_{61} = \varepsilon_{122} = \varepsilon_{244} = \cdots = 2,\quad \varepsilon_{65} = \varepsilon_{130} = \varepsilon_{260} = \cdots = 4,\quad \varepsilon_{73} = \varepsilon_{146} = \varepsilon_{292} = \cdots = 2,$$
$$\varepsilon_{81} = \varepsilon_{162} = \varepsilon_{324} = \cdots = 1,\quad \varepsilon_{85} = \varepsilon_{170} = \varepsilon_{340} = \cdots = 4,\quad \varepsilon_{89} = \varepsilon_{178} = \varepsilon_{356} = \cdots = 2,$$
$$\varepsilon_{97} = \varepsilon_{194} = \varepsilon_{388} = \cdots = 2, \ldots$$

225. *Théorème d'arithmétique.* L'équation

$$(1 + q^4 + q^{12} + q^{24} + \cdots)^2 = \sum_0^\infty \varepsilon_{4n+1} q^{4n}, \qquad (293)$$

peut être mise sous la forme

$$(q + q^9 + q^{25} + q^{49} + \cdots)^2 = \sum_0^\infty \varepsilon_{4n+1} q^{8n+2}.$$

D'ailleurs

$$(q + q^9 + q^{25} + q^{49} + \cdots)^4 = \sum_0^\infty q^{4i} \int i; \qquad (375)$$

donc

$$\left[\sum_0^\infty \varepsilon_{4n+1} q^{8n+2}\right]^2 = \sum_0^\infty q^{4i} \int i. \qquad (399)$$

Par conséquent, si $2i = i' + i''$, i' *et* i'' *ayant la forme* $4\mu + 1$:

$$\int i = \sum \varepsilon_{i'} \varepsilon_{i''}; \qquad (400)$$

résultat que l'on peut énoncer ainsi :

La somme des diviseurs d'un nombre impair, i, *est égale à la somme des produits deux à deux des excès relatifs aux nombres impairs dont la somme est* 2i.

226. *Remarques.* I. Ce théorème est plus simple que celui qui a été démontré dans le numéro 171.

II. Suivant que i a la forme $4\mu - 1$ ou la forme $4\mu + 1$, l'équation (400) est réductible à

$$\int i = 2 \sum_{i'=1}^{i'=i-2} \varepsilon_{i'}\varepsilon_{2i-i'}, \quad \dots \dots \dots \quad (401)$$

ou à

$$\int i = (\varepsilon_i)^2 + 2 \sum_{i'=1}^{i'=i-4} \varepsilon_{i'}\varepsilon_{2i-i'} \quad \dots \dots \quad (402)\;(^*)$$

III. Admettons que i ait la première forme; alors, la comparaison des équations (312), (401) donne celle-ci :

$$\sum_{i'=1}^{i'=i-2} \varepsilon_{i'}\varepsilon_{2i-i'} = 2 \sum_{n=1}^{n=\frac{i-1}{2}} \varepsilon_n\varepsilon_{i-n} \quad \dots \dots \dots \quad (405)$$

227. *Vérifications.* 1° Soit, comme au numéro 174, $i = 45$: l'égalité (402) devient

$$\int 45 = (\varepsilon_{45})^2 + 2\left[\varepsilon_1\varepsilon_{89} + \varepsilon_5\varepsilon_{85} + \varepsilon_9\varepsilon_{81} + \varepsilon_{13}\varepsilon_{77} + \varepsilon_{17}\varepsilon_{73} + \varepsilon_{21}\varepsilon_{69} + \varepsilon_{25}\varepsilon_{65} + \varepsilon_{29}\varepsilon_{61} + \varepsilon_{33}\varepsilon_{57} + \varepsilon_{37}\varepsilon_{53} + \varepsilon_{41}\varepsilon_{49}\right];$$

ou, d'après le tableau ci-dessus (224),

$$78 = 4 + 2\left[1.2 + 2.4 + 1.1 + 0 + 2.2 + 0 + 3.4 + 2.2 + 0 + 2.2 + 2.1\right].$$

2° Prenons $i = 27 = 4.7 - 1$. D'après l'égalité (405),

$$\varepsilon_1 \cdot \varepsilon_{53} + \varepsilon_5 \cdot \varepsilon_{49} + \varepsilon_9\varepsilon_{45} + \varepsilon_{13}\varepsilon_{41} + \varepsilon_{17}\varepsilon_{37} + \varepsilon_{21}\varepsilon_{33} + \varepsilon_{25}\varepsilon_{29} = 2\left[\varepsilon_1 \cdot \varepsilon_{26} + \varepsilon_2 \cdot \varepsilon_{25} + \varepsilon_9\varepsilon_{18} + \varepsilon_{10}\varepsilon_{17}\right]\;(^{**});$$

ou

$$2 + 2 + 2 + 2.2 + 2.2 + 0 + 3.2 = 2\left[2 + 3 + 1 + 2.2\right].$$

228. *Développements de $\frac{\omega}{\pi}\sqrt{k}$.* D'après les formules (278), (270) et (292), on a

$$f(q) - f(q^2) = \frac{(1-k')\,\omega}{4\pi} = \frac{q}{1-q^2} - \frac{q^3}{1-q^6} + \frac{q^6}{1-q^{10}} - \dots = \sum_0^\infty \varepsilon_{4n+1} q^{4n+1}; \quad (404)$$

(*) Encore, dans l'application de ces formules, doit-on rejeter les valeurs de i' qui ont la forme $4\mu - 1$: les excès correspondants sont nuls (**155**).

(**) Cette seconde somme ne contient pas les excès nuls.

et, par le changement de q en $q^{\frac{1}{4}}$ (160) :

$$q^{\frac{1}{4}}\frac{\omega}{\pi}\sqrt{k}=\frac{\alpha'^2}{\alpha^2}q^{\frac{1}{2}}=\frac{q^{\frac{1}{2}}}{1-q^{\frac{1}{2}}}-\frac{q}{1-q^{\frac{3}{2}}}+\frac{q^{\frac{3}{2}}}{1-q^{\frac{5}{2}}}-\frac{q^2}{1-q^{\frac{7}{2}}}+\cdots=\sum_0^\infty \varepsilon_{4n+1}q^{n+\frac{1}{2}}. \quad (405)\ (*)$$

229. *Nouvelle expression de* $\sqrt{k}$. On sait que

$$\frac{\omega k}{2\pi}=\sum_0^\infty \varepsilon_{4n+1}q^{2n+\frac{1}{2}}. \quad\ldots\ldots\quad (406)\ (**)$$

Donc, par la formule précédente,

$$\sqrt{k}=2q^{\frac{1}{4}}\frac{\sum_0^\infty \varepsilon_{4n+1}q^{2n}}{\sum_0^\infty \varepsilon_{4n+1}q^n}\ ;\quad\ldots\ldots\ldots\quad (407)$$

ou

$$\sqrt{k}=2q^{\frac{1}{4}}\frac{1+\varepsilon_5 q^2+\varepsilon_9 q^4+\varepsilon_{13}q^6+\varepsilon_{17}q^8+\cdots}{1+\varepsilon_5 q^1+\varepsilon_9 q^2+\varepsilon_{13}q^3+\varepsilon_{17}q^4+\cdots},\quad\ldots\ldots\quad (408)$$

Il est aisé de reconnaître que cette forme de $\sqrt{k}$ est identique, au fond, avec la valeur connue (26).

230. *Transformation d'une série.* Reprenons l'égalité

$$\frac{q^{\frac{1}{2}}}{1-q^{\frac{1}{2}}}-\frac{q}{1-q^{\frac{3}{2}}}+\frac{q^{\frac{5}{2}}}{1-q^{\frac{5}{2}}}-\frac{q^2}{1-q^{\frac{7}{2}}}+\cdots=\sum_0^\infty \varepsilon_{4n+1}q^{n+\frac{1}{2}}\quad\ldots\quad (405)$$

Le développement du premier membre ne doit renfermer aucune puissance entière de q. Par conséquent, nous pouvons remplacer les fractions

$$\frac{q^{\frac{1}{2}}}{1-q^{\frac{1}{2}}},\quad \frac{q}{1-q^{\frac{3}{2}}},\quad \frac{q^{\frac{5}{2}}}{1-q^{\frac{5}{2}}},\quad \frac{q^2}{1-q^{\frac{7}{2}}},\cdots$$

respectivement par

$$\frac{q^{\frac{1}{2}}}{1-q},\quad \frac{q^{\frac{5}{2}}}{1-q^3},\quad \frac{q^{\frac{3}{2}}}{1-q^5},\quad \frac{q^2}{1-q^7},\cdots$$

(*) Je n'ai trouvé nulle part ces développements de $\frac{\omega}{\pi}\sqrt{k}$. Il n'est cependant pas probable qu'ils soient nouveaux.

(**) *Fundamenta*, p. 105.

D'après cette remarque, la relation (405) devient

$$q^{-\frac{1}{4}}\frac{\omega}{\pi}\sqrt{k} = \frac{1}{1-q} - \frac{q^2}{1-q^3} + \frac{q}{1-q^5} - \frac{q^5}{1-q^7} + \frac{q^2}{1-q^9} - \cdots = \sum_0^\infty \varepsilon_{4n+1}q^n; \qquad (409)$$

ou, sous une forme plus simple,

$$q^{-\frac{1}{4}}\frac{\omega}{\pi}\sqrt{k} = \sum_0^\infty \left(\frac{q^n}{1-q^{4n+1}} - \frac{q^{3n+2}}{1-q^{4n+3}}\right) = \sum_0^\infty \varepsilon_{4n+1}q^n \ . \ . \ . \ . \ . \quad (410)$$

231. *Remarque.* Si l'on exprime que, dans le développement de la première série, les termes renfermant des puissances entières se détruisent, on retombe sur l'identité (340).

232. *Développement de* $\frac{\omega k}{2\pi}\cdot$ Le changement de q en q^2, dans la formule précédente, donne

$$q^{-\frac{1}{2}}\frac{\omega k}{2\pi} = \sum_0^\infty \left(\frac{q^{2n}}{1-q^{8n+2}} - \frac{q^{6n+4}}{1-q^{8n+6}}\right) = \sum_0^\infty \varepsilon_{4n+1}q^{2n}, \ . \ . \ . \ . \ . \quad (411)$$

attendu que $\omega_1\sqrt{k_1} = \frac{\omega k}{2}\,(59)$.

233. *Décompositions de* α'^2 *et de* α'^3. D'après la formule (59), la décomposition de α'^3, non effectuée dans le numéro 164, est

$$(1-q^2-q^4+q^{10}+q^{14}-\cdots)^2 = \left[\sum_0^\infty \varphi_i(n)(-q)^n\right]^2 \times \sum_0^\infty \varepsilon_{4n+1}q^n \ . \ . \quad (412)$$

Si l'on se rappelle que

$$\alpha^2 = \frac{1-2q+2q^4-2q^9+2q^{16}-\cdots}{1-q^2-q^4+q^{10}+q^{14}-\cdots}, \ . \ . \ . \ . \ . \ . \ . \quad (178)$$

on peut remplacer la relation précédente par

$$(1-q^2-q^4+q^{10}+q^{14}-\cdots)^5 = (1-2q+2q^4-2q^9+\cdots)\times\sum_0^\infty \varepsilon_{4n+1}q^n,$$

ou

$$\left.\begin{aligned}
1-3q^2+5q^6-7q^{12}+9q^{20}-11q^{30}+13q^{42}-15q^{56}+\cdots \\
=(1-2q+2q^4-2q^9+2q^{16}-\cdots)(1+\varepsilon_5 q+\varepsilon_9 q^2+\varepsilon_{13}q^3+\varepsilon_{17}q^4+\varepsilon_{21}q^5+\cdots).
\end{aligned}\right\} \quad (415)$$

Voici donc une *treizième* décomposition de $S\,(214)$, non moins curieuse, semble-t-il, que toutes les précédentes. Elle donne lieu au théorème suivant,

qui permet de calculer, d'une manière assez simple, les *excès* ε_5, ε_9, ε_{13}, ... :
La fonction

$$\varepsilon_{4n+1} - 2\varepsilon_{4n-3} + 2\varepsilon_{4n-15} - 2\varepsilon_{4n-35} + 2\varepsilon_{4n-63} - \cdots,$$

égale à $(-1)^\lambda (2\lambda + 1)$ *si* $n = \lambda(\lambda + 1)$, *est nulle dans le cas contraire* (*).

234. *Vérifications.* 1° $n = 12 = 3.4$. On doit trouver

ou (224)

$$\varepsilon_{49} - 2\varepsilon_{45} + 2\varepsilon_{33} - 2\varepsilon_{13} = -7;$$

$$1 - 2.2 + 0 - 2.2 = -7;$$

ce qui est exact.

2° $n = 20 = 4.5$:

ou

$$\varepsilon_{81} - 2\varepsilon_{77} + 2\varepsilon_{65} - 2\varepsilon_{45} + 2\varepsilon_{17} = 9;$$

$$1 - 0 + 2.4 - 2.2 + 2.2 = 9.$$

3° $n = 22$:

ou

$$\varepsilon_{89} - 2\varepsilon_{85} + 2\varepsilon_{73} - 2\varepsilon_{53} + 2\varepsilon_{25} = 0;$$

$$2 - 2.4 + 2.2 - 2.2 + 2.5 = 0.$$

235. *Théorèmes d'arithmétique.* 1. *Soit un nombre* $n = 4\mu + 1$, *que l'on décompose, de toutes les manières possibles, en* $4i + i'^2$, i *et* i' *étant impairs. On a*

$$n \sum \int i = 3 \sum i \int i.$$

II. *Soit* $n = 2^\alpha i + i'$, i *et* i' *étant impairs. Soient,* conformément à la notation de M. Liouville, $\zeta_1(n) = \int n$, $\zeta_3(n)$ *la somme des cubes des diviseurs de* n. *On a*

$$\sum \left[\zeta_1(i) \zeta_1(i') \right] = \frac{\zeta_3(n) - \zeta_1(n)}{24}. \quad (**)$$

236. Applications.

1° $n = 69 = 4.5 + 7^2 = 4.11 + 5^2 = 4.15 + 3^2 = 4.17 + 1^2$; $\int i = 6, 12, 24, 18.$

(*) *Si* $n = \lambda(\lambda + 1)$, *l'indice* $4n + 1$ *est un carré, et chacun des autres indices est la différence de deux carrés.*

(**) Nous supprimons les démonstrations, d'ailleurs très-simples, parce que ces théorèmes sont probablement connus.

Donc $\quad 69\,(6+12+24+18) = 5\,(5.6+11.12+15.24+17.18) = 4\,140.$

$2°$
$$n = 15 = 2+15 = 4+11 = 6+9 = 8+7 = 10+5 = 12+5 = 14+1;$$
$$i = 1,\ 1,\ 5,\ 1,\ 5,\ 5,\ 7; \qquad \zeta_1(i) = 1,\ 1,\ 4,\ 1,\ 6,\ 4,\ 8;$$
$$i' = 15,\ 11,\ 9,\ 7,\ 5,\ 5,\ 1; \qquad \zeta_1(i') = 14,\ 12,\ 13,\ 8,\ 6,\ 4,\ 1;$$
$$\zeta_1(15) = 1+5+5+15 = 24; \qquad \zeta_3(15) = 1+27+125+5\,375 = 5\,528.$$

Donc
$$1.14 + 1.12 + 4.13 + 1.8 + 6.6 + 4.4 + 8.1 = \frac{5\,528 - 24}{24} = 146.$$

237. *Décompositions de séries.* Soient

$$\left.\begin{array}{l}
\dfrac{q}{1+q} + 5\,\dfrac{q^3}{1+q^3} + 5\,\dfrac{q^5}{1+q^5} + \cdots = A,\\[2ex]
\dfrac{q^2}{1-q^2} + 2\,\dfrac{q^4}{1-q^4} + 5\,\dfrac{q^6}{1-q^6} + \cdots = B,\\[2ex]
\dfrac{q}{1-q} + 2\,\dfrac{q^2}{1-q^2} + 5\,\dfrac{q^3}{1-q^3} + \cdots = C,\\[2ex]
\dfrac{q}{1-q} + 5\,\dfrac{q^3}{1-q^3} + 5\,\dfrac{q^5}{1-q^5} + \cdots = D.
\end{array}\right\} \qquad \cdots \cdots \quad (414)$$

Nous avons trouvé $(188,\ 192)$:

$$C = \frac{1}{24} + \frac{2}{5}\,\frac{k^2\omega^2}{\pi^2} + \frac{5}{6}\,\frac{k'^2\omega^2}{\pi^2} - \frac{E_1\omega}{\pi^2},$$

$$A + 2B = \frac{\omega^2}{2\pi^2} - \frac{\omega E_1}{\pi^2} + \frac{1}{8}.$$

Il est visible que
$$D = C - 2B.$$

De plus,
$$D - A = 2\left[\frac{q^2}{1-q^2} + 5\,\frac{q^6}{1-q^6} + 5\,\frac{q^{10}}{1-q^{10}} + \cdots\right];$$

et cette série se déduit de D, par le changement de q en q^2. Par conséquent, si l'on pose, pour plus de clarté, $C = \psi(q)$, on a

$$\left.\begin{array}{l}
B = \psi(q^2),\ D = \psi(q) - 2\psi(q^2),\ D - A = 2\psi(q^2) - 4\psi(q^4),\\[1ex]
A = \psi(q) - 4\psi(q^2) + 4\psi(q^4),\ A + 2B = \psi(q) - 2\psi(q^2) + 4\psi(q^4).
\end{array}\right\} \quad \cdots\ (415)$$

Ainsi, en particulier, *la série* (367) :

$$\frac{q}{1+q} + 2\frac{q^2}{1-q^2} + 5\frac{q^3}{1+q^3} + 4\frac{q^4}{1-q^4} + \cdots,$$

est équivalente : 1° *à*

$$\left[\frac{q}{1-q} + 2\frac{q^2}{1-q^2} + 5\frac{q^3}{1-q^3} + 4\frac{q^4}{1-q^4} + \cdots\right]$$
$$- 2\left[\frac{q^2}{1-q^2} + 2\frac{q^4}{1-q^4} + 5\frac{q^6}{1-q^6} + 4\frac{q^8}{1-q^8} + \cdots\right]$$
$$+ 4\left[\frac{q^4}{1-q^4} + 2\frac{q^8}{1-q^8} + 5\frac{q^{12}}{1-q^{12}} + 4\frac{q^{16}}{1-q^{16}} + \cdots\right];$$

2° *à*

$$\frac{q}{1-q} + 2\frac{q^3}{1-q^3} + 5\frac{q^5}{1-q^5} + \cdots + 4\left[\frac{q^4}{1-q^4} + 2\frac{q^8}{1-q^8} + 5\frac{q^{12}}{1-q^{12}} + \cdots\right].$$

238. *Remarques.* I. A cause de

$$C = \psi(q) = q + 5q^2 + 4q^3 + \cdots + q^n \int n + \cdots, \quad \ldots \ldots \quad (360)$$

le coefficient de q^n, dans le développement de la première série, *est*

$$\int n - 2\int \frac{n}{2} + 4\int \frac{n}{2}. \; (^*)$$

II. Ce coefficient égale aussi $\pm(S_i - S_p)$, selon que n est *impair* ou *pair*, $(192, 175)$. Par conséquent.

$$(-1)^{n-1}(S_i - S_p) = \int n - 2\int \frac{n}{2} + 4\int \frac{n}{2}; \quad \ldots \ldots \quad (416)$$

relation presque évidente.

$(^*)$ Cette quantité se réduit à $\int n - 2\int \frac{n}{2}$ si n est *simplement impair ;* etc.

VIII.

SOMMATIONS PAR INTÉGRALES DÉFINIES.

239. Les *séries à termes fractionnaires*, qui ont pour type la *série de Lambert* (185), se rencontrent fréquemment dans la théorie des fonctions elliptiques ; et Jacobi en a conclu un grand nombre de beaux théorèmes. Si l'on transformait ces suites en intégrales définies, on trouverait des relations simples entre des transcendantes d'espèces fort différentes. Nous allons effectuer quelques-unes de ces transformations, en commençant par la série de Lambert, la plus simple de toutes celles dont il s'agit, et qui, cependant, n'a pas encore été sommée (*).

240. On a (**), pour toute valeur positive de p :

$$\frac{1 + e^{-p}}{1 - e^{-p}} - \frac{2}{p} = 4 \int_0^\infty \frac{\sin (p\alpha)\, d\alpha}{e^{2\pi\alpha} - 1} \quad\ldots\ldots\ldots\ldots \quad (417)$$

Si l'on fait $e^{-p} = q^n$, cette formule, due à Poisson, devient

$$\frac{1 + q^n}{1 - q^n} + \frac{2}{nlq} = - 4 \int_0^\infty \frac{\sin (nalq)\, d\alpha}{e^{2\pi\alpha} - 1},$$

ou

$$- q^n + 2 \frac{q^n}{1 - q^n} + 2 \frac{q^n}{nlq} = - 4 \int_0^\infty \frac{d\alpha}{e^{2\pi\alpha} - 1}\, q^n \sin n (\alpha lq). \quad\ldots\ldots \quad (418)$$

Conséquemment,

$$\frac{q}{1 - q} + \frac{q^2}{1 - q^2} + \cdots + \frac{q^n}{1 - q^n} + \cdots = \frac{1}{2}\frac{q}{1 - q} + \frac{l(1 - q)}{lq} - 2 \int_0^\infty \frac{d\alpha}{e^{2\pi\alpha} - 1} \sum_1^\infty q^n \sin n (\alpha lq).$$

(*) Cette question a été traitée dans les *Annali di Matematica* ; mais l'auteur est arrivé à des résultats inexacts, parce qu'il a fait usage d'intégrales *indéterminées*. Il y a environ trois ans, j'ai adressé, au savant rédacteur des *Annali*, une Note dans laquelle je signalais les erreurs dont il s'agit : ma lettre n'a pas été mentionnée.

(**) *Mélanges mathématiques*, p. 188.

Mais par une formule connue, dont la vérification est facile :

$$\sum_{1}^{\infty} q^n \sin n\,(\alpha lq) = \frac{q \sin (\alpha lq)}{1 - 2q \cos (\alpha lq) + q^2}; \quad \ldots \quad (419)\,(^*)$$

donc enfin,

$$\sum_{1}^{\infty} \frac{q^n}{1 - q^n} = \frac{1}{2}\frac{q}{1-q} + \frac{l(1-q)}{lq} - 2q \int_0^{\infty} \frac{\sin (\alpha lq)}{1 - 2q \cos (\alpha lq) + q^2}\,\frac{d\alpha}{e^{2\pi\alpha}-1} \cdot \cdot (420)$$

241. Dans cette égalité, changeons q en q^2; multiplions par 2; puis retranchons membre à membre : il vient

$$\frac{q}{1-q} - \frac{q^2}{1-q^2} + \frac{q^3}{1-q^3} - \frac{q^4}{1-q^4} + \cdots = \frac{1}{2}\frac{q}{1+q} - \frac{l(1+q)}{lq}$$
$$- 2 \int_0^{\infty} \left[\frac{q \sin (\alpha lq)}{1 - 2q \cos (\alpha lq) + q^2} - \frac{2q^2 \sin 2\,(\alpha lq)}{1 - 2q^2 \cos 2\,(\alpha lq) + q^4}\right]\frac{d\alpha}{e^{2\pi\alpha} - 1}$$

La quantité entre parenthèses est réductible à $\dfrac{q \sin (\alpha lq)}{1 + 2q \cos (\alpha lq) + q^2}\cdot$ Donc

$$\frac{q}{1-q} - \frac{q^2}{1-q^2} + \frac{q^3}{1-q^3} - \cdots = \frac{1}{2}\frac{q}{1+q} - \frac{l(1+q)}{lq} - 2q \int_0^{\infty} \frac{\sin (\alpha lq)}{1 + 2q \cos (\alpha lq) + q^2}\,\frac{d\alpha}{e^{2\pi\alpha}-1} \quad (421)$$

Si l'on suppose le premier membre développé suivant les puissances de q, *le coefficient de* q^n *est*, comme l'on sait, *égal à l'excès du nombre des diviseurs impairs de* n *sur le nombre des diviseurs pairs.*

242. On tire, de la relation (418) :

$$\sum_{1}^{\infty} n\,\frac{q^n}{1-q^n} = \frac{1}{2}\sum_{1}^{\infty} nq^n - \frac{1}{lq}\sum_{1}^{\infty} q^n - 2 \int_0^{\infty} \frac{d\alpha}{e^{2\pi\alpha} - 1}\sum_{1}^{\infty} nq^n \sin n\,(\alpha lq),$$

ou

$$\sum_{1}^{\infty} n\,\frac{q^n}{1-q^n} = \frac{1}{2}\frac{q}{(1-q)^2} - \frac{q}{(1-q)\,lq} - 2 \int_0^{\infty} \frac{d\alpha}{e^{2\pi\alpha} - 1}\sum_{1}^{\infty} nq^n \sin n\,(\alpha lq). \quad \cdot \quad (422)$$

Soient, pour un instant :

$$y = \sum_{1}^{\infty} q^n \sin n\,(\alpha lq), \quad z = \sum_{1}^{\infty} q^n \cos n\,(\alpha lq);$$

(*) Euler, *Introduction à l'Analyse*, p. 174.

d'où résulte

$$\sum_1^\infty nq^n \sin n\,(\alpha lq) = \frac{q}{1+\alpha^2}\left(\frac{dy}{dq} - \alpha\,\frac{dz}{dq}\right).$$

On sait que

$$y = \frac{q\sin(\alpha lq)}{1 - 2q\cos(\alpha lq) + q^2}, \qquad z = \frac{q\cos(\alpha lq) - q^2}{1 - 2q\cos(\alpha lq) + q^2}.$$

Conséquemment

$$\frac{dy}{dq} - \alpha\,\frac{dz}{dq} = \frac{(1-q^2)(1+\alpha^2)\sin(\alpha lq)}{\left[1 - 2q\cos(\alpha lq) + q^2\right]^2};$$

puis

$$\sum_1^\infty nq^n \sin n\,(\alpha lq) = \frac{q(1-q^2)\sin(\alpha lq)}{\left[1 - 2q\cos(\alpha lq) + q^2\right]^2}. \qquad \dots \qquad (423)$$

La formule (422) devient donc

$$\left. \begin{aligned} &\frac{q}{1-q} + 2\,\frac{q^2}{1-q^2} + 3\,\frac{q^3}{1-q^3} + 4\,\frac{q^4}{1-q^4} + 5\,\frac{q^5}{1-q^5} + \cdots \\ &= \frac{1}{2}\,\frac{q}{(1-q)^2} - \frac{q}{(1-q)\,lq} - 2q(1-q^2)\int_0^\infty \frac{\sin(\alpha lq)}{\left[1 - 2q\cos(\alpha lq) + q^2\right]^2}\,\frac{d\alpha}{e^{2\pi\alpha}-1} \end{aligned} \right\} \quad (424)$$

243. Si l'on égale les seconds membres des formules (363), (424), on trouve l'une des relations annoncées :

$$\left. \begin{aligned} &\frac{1}{24} + \frac{2}{3}\,\frac{k^2\omega^2}{\pi^2} + \frac{5}{6}\,\frac{k'^2\omega^2}{\pi^2} - \frac{E_1\omega}{\pi^2} \\ &= \frac{1}{2}\,\frac{q}{(1-q)^2} - \frac{q}{(1-q)\,lq} - 2q(1-q^2)\int_0^\infty \frac{\sin(\alpha lq)}{\left[1 - 2q\cos(\alpha lq) + q^2\right]^2}\,\frac{d\alpha}{e^{2\pi\alpha}-1}. \end{aligned} \right\} \quad (425)$$

244. On parvient à un résultat assez simple en partant de la formule

$$f(q) = \frac{1}{4}\left(\frac{2\omega}{\pi} - 1\right), \qquad \dots \qquad (280)$$

dans laquelle

$$f(q) = \frac{q}{1-q} - \frac{q^3}{1-q^3} + \frac{q^5}{1-q^5} - \cdots \qquad \dots \qquad (278)$$

En effet, la relation (418) donne d'abord, si l'on pose $\alpha lq = a$:

$$f(q) = \frac{1}{2}(q - q^3 + q^5 - \cdots) - \frac{1}{lq}\left(q - \frac{q^3}{3} + \frac{q^5}{5} - \cdots\right)$$
$$- 2\int_0^\infty \frac{d\alpha}{e^{2\pi\alpha}-1}(q\sin a - q^3\sin 3a + q^5\sin 5a - \cdots).$$

La première série égale $\dfrac{q}{1+q^2}$; la deuxième représente arc tg q. Quant à la troisième, on trouve aisément qu'elle a pour somme

$$\frac{(q - q^3)\sin \alpha}{1 + 2q^2 \cos 2a + q^4} = \frac{(q - q^3)\sin (\alpha lq)}{1 + 2q^2 \cos (2\alpha lq) + q^4} .$$

Par suite,

$$f(q) = \frac{1}{2}\frac{q}{1+q^2} - \frac{\text{arc tg }q}{lq} - 2q\,(1 - q^2)\int_0^{2\infty} \frac{\sin (\alpha lq)}{1 + 2q^2 \cos (2\alpha lq) + q^4}\frac{d\alpha}{e^{2\pi\alpha} - 1} ; \qquad (426)$$

ou encore

$$\frac{2\omega}{\pi} = 1 + 2\frac{q}{1+q^2} - 4\frac{\text{arc tg }q}{lq} - 8q\,(1 - q^2)\int_0^{2\infty} \frac{\sin (\alpha lq)}{1 + 2q^2 \cos (2\alpha lq) + q^4}\frac{d\alpha}{e^{2\pi\alpha} - 1} . \qquad (427)$$

Ainsi, l'intégrale elliptique de première espèce est exprimable au moyen d'une intégrale définie ayant une tout autre forme, et de la transcendante $\frac{\text{arc tg }q}{lq}$. Si l'on pouvait développer en série cette fraction, on aurait, par cela même, le développement de l'intégrale définie.

245. Une seconde formule de Poisson va nous donner de nouveaux résultats. Cette formule est

$$\frac{e^p - e^{-p}}{e^p + 2\cos \theta + e^{-p}} = 2\int_0^{2\infty} \frac{e^{\theta x} + e^{-\theta x}}{e^{\pi x} - e^{-\pi x}}\sin px\,dx. \; (^*)$$

Pour $\theta = 0$, elle se réduit à

$$\frac{e^p - 1}{e^p + 1} = 4\int_0^{2\infty} \frac{\sin p\alpha\,d\alpha}{e^{\pi x} - e^{-\pi\alpha}} . \quad \ldots \ldots \ldots \quad (428)$$

Soit, comme ci-dessus (240), $p = -nlq$: il vient

$$\frac{1 - q^n}{1 + q^n} = -4\int_0^{2\infty} \frac{\sin n\,(\alpha lq)}{e^{\pi\alpha} - e^{-\pi x}}\,d\alpha . \quad \ldots \ldots \ldots \quad (429)$$

Si l'on multiplie les deux membres par q^n, que l'on décompose la fraction en

$$2\,\frac{q^n}{1 + q^n} - q^n,$$

(*) *Journal de l'École polytechnique*, 18e Cahier, p. 297.

et que l'on fasse varier n de 1 à $+\infty$, on obtient

$$2 \sum_1^\infty \frac{q^n}{1+q^n} - \frac{q}{1-q} = -4 \int_0^\infty \frac{d\alpha}{e^{\pi\alpha} - e^{-\pi\alpha}} \sum_1^\infty q^n \sin n\,(\alpha lq) ;$$

ou, par la formule (419) :

$$\frac{q}{1+q} + \frac{q^2}{1+q^2} + \cdots + \frac{q^n}{1+q^n} + \cdots = \frac{1}{2}\frac{q}{1-q} - 2q \int_0^\infty \frac{\sin (\alpha lq)}{e^{\pi\alpha} - e^{-\pi\alpha}} \frac{d\alpha}{1-2q \cos (\alpha lq) + q^2} \cdot \quad (430)$$

246. On sait, et il est facile de démontrer, que le développement du premier membre a la forme $\sum_1^\infty (I_n - P_n) q^n$, I_n désignant le nombre des diviseurs *impairs* de n, et P_n le nombre des diviseurs *pairs*. Par conséquent

$$4 \int_0^\infty \frac{\sin (\alpha lq)}{1-2q \cos (\alpha lq) + q^2} \frac{d\alpha}{e^{\pi\alpha} - e^{-\pi\alpha}} = \sum_1^\infty (1 + 2P_n - 2I_n) q^{n-1} \quad . \quad . \quad (451)$$

247. Quand n est *premier impair*, et dans ce cas seulement, $I_n - P_n = 2$; de sorte que le coefficient de q^{n-1} est -3. Si donc l'on pouvait développer, suivant les puissances de q, la fonction contenue sous le signe $\int$, on aurait la *loi des nombres premiers* (*).

248. La combinaison des formules (420), (430) donne ces deux autres égalités :

$$\left. \begin{aligned} &\frac{q^2}{1-q} + \frac{q^4}{1-q^2} + \cdots + \frac{q^{2n}}{1-q^n} + \cdots \\ &= \frac{1}{2}\frac{q}{1-q} + \frac{1}{2}\frac{l(1-q)}{lq} - q \int_0^\infty \frac{\sin (\alpha lq)}{1-2q \cos (\alpha lq) + q^2}\frac{d\alpha}{e^{\pi\alpha}-1} , \end{aligned} \right\} \quad . \quad . \quad (452)$$

$$\frac{q^2}{1-q^2} + \frac{q^4}{1-q^4} + \cdots + \frac{q^{2n}}{1-q^{2n}} + \cdots = \frac{1}{2}\frac{l(1-q)}{lq} + q \int_0^\infty \frac{\sin (\alpha lq)}{1-2q \cos (\alpha lq) + q^2}\frac{d\alpha}{e^{\pi\alpha}+1} \cdot (453)$$

Le premier membre de celle-ci est la série de Lambert, dans laquelle q serait remplacé par q^2. Conséquemment,

(*) Cette idée appartient au Géomètre à qui j'ai fait allusion précédemment. Elle mérite d'être approfondie.

$$\frac{1}{2}\frac{l(1-q)}{lq} + q\int_0^{2\infty} \frac{\sin(\alpha lq)}{1-2q\cos(\alpha lq)+q^2}\frac{d\alpha}{e^{\pi\alpha}+1}$$

$$= \frac{1}{2}\frac{q^2}{1-q^2} + \frac{1}{2}\frac{l(1-q^2)}{lq} -2q^2\int_0^{2\infty} \frac{\sin(2\alpha lq)}{1-2q^2\cos(2\alpha lq)+q^4}\frac{d\alpha}{e^{2\pi\alpha}-1};$$

ou, après quelques réductions :

$$\int_0^{2\infty}\frac{\sin(\alpha lq)\,d\alpha}{e^{2\pi\alpha}-1}\left[\frac{e^{\pi\alpha}}{1-2q\cos(\alpha lq)+q^2}-\frac{1}{1+2q\cos(\alpha lq)+q^2}\right]=\frac{1}{2q}\left[\frac{q^2}{1-q^2}+\frac{l(1+q)}{lq}\right]\cdot (454)$$

249. Dans cette formule générale, prenons $q = e^{-\pi}$, ce qui revient à supposer $\omega = \omega'$, $k = k'$ (193). Elle devient, par le changement de α en $\frac{\alpha}{\pi}$,

$$\int_0^{\infty}\frac{\sin\alpha\,d\alpha}{e^{2\alpha}-1}\left[\frac{e^{\alpha}}{e^{\pi}-2\cos\alpha+e^{-\pi}}-\frac{1}{e^{\pi}+2\cos\alpha+e^{-\pi}}\right]=\frac{1}{2}\left[l(1+e^{-\pi})-\frac{\pi}{e^{2\pi}-1}\right]\cdot (455)$$

250. Des relations

$$\frac{1+q^n}{1-q^n} = -\frac{2}{nlq} - 4\int_0^{2\infty}\frac{\sin(n\alpha lq)\,d\alpha}{e^{2\pi\alpha}-1},\quad \frac{1-q^n}{1+q^n} = -4\int_0^{2\infty}\frac{\sin(n\alpha lq)\,d\alpha}{e^{\pi\alpha}-e^{-\pi\alpha}},$$

trouvées ci-dessus (240, 245), on conclut, par soustraction,

$$\frac{q^n}{1-q^{2n}} = -\frac{1}{2nlq} + \int_0^{2\infty}\frac{\sin n(\alpha lq)\,d\alpha}{e^{\pi\alpha}+1}.$$

Donc

$$\frac{q}{1-q^2} - \frac{q^3}{1-q^6} + \frac{q^5}{1-q^{10}} - \cdots = \frac{1}{2lq}\left(1 - \frac{1}{3} + \frac{1}{5} - \frac{1}{7} + \cdots\right)$$

$$+ \int_0^{2\infty}\frac{d\alpha}{e^{\pi\alpha}+1}\left[\sin(\alpha lq) - \sin(3\alpha lq) + \sin(5\alpha lq) - \cdots\right];$$

ou, à cause de la formule (279) :

$$\frac{(1-k')\,\omega}{4\pi} + \frac{\pi}{8lq} = \int_0^{2\infty}\frac{d\alpha}{e^{\pi\alpha}+1}\left[\sin(\alpha lq) - \sin(3\alpha lq) + \sin(5\alpha lq) - \cdots\right]. \qquad (456)$$

Cette équation offre une particularité assez remarquable : le second membre a une valeur connue, bien que la série contenue sous le signe $\int$ soit *indéterminée* (*). **Du** reste, on peut remplacer l'intégrale par une autre, qui ne présente pas cette espèce de paradoxe.

L'identité

$$\frac{1 - q^n}{1 + q^n} + \frac{1 + q^n}{1 - q^n} = -2 + \frac{4}{1 - q^{2n}}$$

donne, si l'on a égard aux formules ci-dessus,

$$\frac{q^n}{1 - q^{2n}} = \frac{1}{2} q^n - \frac{1}{2lq} \frac{q^n}{n} - q^n \int_0^\infty \frac{\sin n (\alpha lq)\, d\alpha}{e^{\pi\alpha} - 1}; \quad \ldots \ldots \quad (437)$$

puis, par un calcul déjà effectué (244) :

$$\frac{(1 - k')\omega}{4\pi} + \left[\frac{\operatorname{arc\,tg} q}{lq} - \frac{q}{1 + q^2}\right] = -(q - q^3) \int_0^\infty \frac{\sin (\alpha lq)}{1 + 2q^2 \cos (2\alpha lq) + q^4} \frac{d\alpha}{e^{\pi\alpha} - 1}. \quad (438)$$

251. De cette relation, combinée avec la formule (427), on conclut ce résultat assez simple :

$$\frac{2k'\omega}{\pi} = \frac{(1 - q)^2}{1 + q^2} + 8 (q - q^3) \int_0^\infty \frac{\sin (\alpha lq)}{1 + 2q^2 \cos 2 (\alpha lq) + q^4} \frac{d\alpha}{e^{\pi\alpha} - e^{-\pi\alpha}}. \quad \ldots \quad (439)$$

252. Comme dernière application, cherchons, sous forme d'intégrale définie, la somme de la série

$$\frac{q^{\frac{1}{2}}}{1 - q} - \frac{q^{\frac{3}{2}}}{1 - q^3} + \frac{q^{\frac{5}{2}}}{1 - q^5} - \ldots = \frac{k\omega}{2\pi} \quad \ldots \ldots \quad (440) \; (**)$$

A cet effet, remplaçons q par $q^{\frac{1}{2}}$, dans la formule (437) : elle devient

$$\frac{q^{\frac{n}{2}}}{1 - q^n} = \frac{1}{2} q^{\frac{n}{2}} - \frac{1}{lq} \frac{q^{\frac{n}{2}}}{n} - q^{\frac{n}{2}} \int_0^\infty \frac{\sin n \left(\frac{1}{2} \alpha lq\right) d\alpha}{e^{\pi\alpha} - 1}.$$

On conclut, de celle-ci :

$$\frac{k\omega}{2\pi} = \frac{1}{2} \frac{q^{\frac{1}{2}}}{1 + q} - \frac{1}{lq} \operatorname{arc\,tg} \left(\sqrt{q}\right) - \int_0^\infty \frac{d\alpha}{e^{\pi\alpha} - 1} \left[q^{\frac{1}{2}} \sin \frac{\alpha}{2} - q^{\frac{3}{2}} \sin \frac{5\alpha}{2} + q^{\frac{5}{2}} \sin \frac{5\alpha}{2} - \ldots\right].$$

(*) J'ai signalé, autrefois, un exemple analogue à celui-ci (*Mélanges mathématiques*, p. 127).
(**) *Fundamenta nova*, p. 103.

La série entre parenthèses a pour somme (244)

$$\frac{\left(q^{\frac{1}{2}} - q^{\frac{5}{2}}\right) \sin \frac{a}{2}}{1 + 2q \cos a + q^2} = \frac{(1 - q)\sqrt{q} \sin \frac{1}{2}(\alpha l q)}{1 + 2q \cos (\alpha l q) + q^2}.$$

Donc,

$$\frac{k\omega}{2\pi} = \frac{1}{2}\frac{\sqrt{q}}{1 + q} - \frac{1}{lq} \operatorname{arc\,tg}\left(\sqrt{q}\right) - (1 - q)\sqrt{q} \int_{0}^{\infty} \frac{\sin \frac{1}{2}(\alpha l q)}{1 + 2q \cos (\alpha l q) + q^2}\frac{d\alpha}{e^{\pi\alpha} - 1}. \quad (441)$$

A cause des relations (59), cette formule ne diffère pas de celle qui donne $(1 - k')\omega$ (458).

ERRATUM.

—

Page 30, ligne 4, en remontant, *au lieu de : αα'. α ; lisez : αα', α'.*

OBSERVATIONS

DES

PHÉNOMÈNES PÉRIODIQUES

PENDANT L'ANNÉE 1871.

Tome XL.

RÉSUMÉ

DES

OBSERVATIONS SUR LA MÉTÉOROLOGIE, SUR LE MAGNÉTISME,

SUR LES RÈGNES VÉGÉTAL ET ANIMAL, ETC.

« Un grand nombre d'observateurs exercés, et le célèbre Linné à leur tête, ont fait individuellement tous leurs efforts pour jeter le plus de lumière possible sur la succession des phénomènes qui s'accomplissent, soit pendant que la terre tourne sur son axe, soit pendant qu'elle décrit son orbite annuelle autour du soleil. Ils ont présenté la série des êtres organisés sous les formes les plus intéressantes, tour à tour dans un état de sommeil ou d'activité, de vie ou de mort. Mais ces travaux individuels ne pouvaient que préparer la solution du problème qui occupe l'Académie et qui exige nécessairement le concours d'un grand nombre de collaborateurs répandus à la surface du globe, et observant d'après des principes bien arrêtés et sur un plan parfaitement uniforme. Il semble en effet que les *phénomènes périodiques* forment, pour les êtres organisés, en dehors de la vie individuelle, une vie commune dont on ne peut saisir les phases qu'en l'étudiant sur toute la terre. Cette succession de phénomènes, quand on l'observe attentivement, s'accomplit de la manière la plus régulière et avec la plus frappante harmonie. Si l'œil pouvait la saisir dans son ensemble, il verrait, à la suite des hivers, la végétation se développer progressivement, de l'équateur vers les pôles, et dérouler, pour ainsi dire, ses vagues verdoyantes, en reculant de jour en jour ses limites. Mais ces limites, quelles sont-elles? Quelle main assez hardie pourrait les tracer à la surface du globe? D'ailleurs sont-elles annuellement les mêmes? Ne varient-elles point selon la nature des plantes? Et quand les fleurs se développent à leur tour, comment se propagent ces ondes nouvelles d'une mer embaumée et diaprée de mille couleurs? Quelles sont les modifications qu'elles subissent dans leur marche? Dans quel ordre naissent les fruits? Et les animaux divers qui se mêlent à ce brillant cortége, attendent-ils un signal naturel pour se montrer? Les oiseaux surtout suivent-ils constamment les mêmes routes en visitant nos climats, et leur existence se rattache-t-elle au retour des mêmes phénomènes? Que de questions diverses se présentent à la fois, et combien elles sont dignes d'échauffer l'imagination du naturaliste et d'occuper ses méditations!

» On conçoit sans peine que des travaux individuels ne peuvent rien pour la solution du problème important qui reste à résoudre : il faudrait que l'œil de l'observateur pût être ouvert à la fois sur les différents points du globe, et suivît la nature pas à pas dans sa marche, pour tenir compte de tous les accidents qui la modifient. Mais on conçoit d'une autre part qu'en substituant un grand nombre d'observateurs à un seul, il faut avoir la conviction que tous ces observateurs voient de la même manière et que leurs appréciations sont identiquement les mêmes. Sans une pareille certitude, on retombe nécessairement dans le vague d'où l'on voulait sortir, chaque savant aura son *équation personnelle* propre (¹) : ainsi, en n'établissant aucun point de départ, quand il s'agira de la feuillaison, l'on marquera l'instant ou le bouton s'épanouit; l'autre, l'instant où la feuille étale sa lame à l'action de l'air; d'autres prendront la feuille dans un état de développement plus ou moins avancé; il en sera à peu près de même pour les instants de la floraison (²) ».

Telles étaient les observations qui m'occupaient principalement en 1842, quand je présentai les premiers résultats de mes réflexions sur la croissance des plantes et des animaux. On a pu voir dès lors que les époques principales des plantes, selon leur degré de chaleur et l'état de leur développement, présentaient, dans les mêmes lieux, des phases assez différentes, et assez distinctes, pour qu'on pût en assigner les valeurs.

Des observations faites en Russie, spécialement par M. Carl Linsser, et répétées dans des climats ayant des températures très-différentes, montrèrent dans les principales époques de ces plantes des différences très-sensibles. Malheureusement la manière d'observer

(¹) Nous employons ce mot, avec la signification qu'on lui donne dans les sciences physiques.

(²) Prolégomènes aux *Observations des phénomènes périodiques de 1842.* MÉMOIRES DE L'ACADÉMIE ROYALE DE BRUXELLES, t. XVI, in-4°.

pour les divers botanistes n'était pas généralement la même : on observait souvent la feuillaison, la floraison, la fructification à des époques très-différentes, soit en prenant les plantes trop tôt et lorsqu'elles portaient accidentellement quelques feuilles ou quelques fleurs, sans attendre le véritable instant de leur développement ([1]). La loi était assez bien marquée dans nos climats tempérés, mais en était-il de même pour les climats extrêmes, qui méritent le plus de fixer l'attention? Les recherches faites, à ma prière, par M. Carl Linsser, l'un des aides de l'Observatoire impérial de Pulkowa, et publiées dans deux mémoires, successivement imprimés dans les actes de l'Académie impériale de Saint-Pétersbourg, tendirent à montrer que les plantes subissent, en quelque sorte, une transformation nouvelle sous le ciel boréal de la Russie, et que la loi de la floraison y reçoit des changements sensibles. M. Alphonse de Candolle, dont les connaissances sont de la plus haute importance pour cette partie de la botanique, voulut bien m'exprimer ses doutes à cet égard. On voit combien cette intéressante question mérite encore l'étude des hommes de science.

Malheureusement, pendant qu'on imprimait le second mémoire de M. Carl Linsser, l'honorable M. Struve me donna connaissance de la mort de ce jeune savant dont les talents promettaient tant à la science, et qui avait la constance de suivre avec un zèle infatigable les conséquences d'une grande loi naturelle dans toutes les modifications qu'elle peut offrir.

Dans les tableaux que nous donnons plus loin, on trouvera l'indication des observations faites pour la météorologie, pour la physique du globe, pour la végétation et pour le règne animal.

Pour ce qui concerne la météorologie et la physique du globe, les observations, pendant l'année 1871, sont les suivantes :

1° *Résumé des observations sur la météorologie, l'électricité et le magnétisme terrestre*, faites à l'Observatoire royal de Bruxelles, et communiquées par le Directeur Ad. Quetelet, secrétaire perpétuel de l'Académie ;

2° *Résumé des observations météorologiques* faites à Gand par M. F. Duprez, membre de l'Académie ;

3° *Résumé des observations météorologiques* faites à Liége par M. D. Leclercq, agrégé à l'Université ;

4° *Résumé des observations météorologiques* faites à Ostende par M. J. Cavalier, professeur à l'École de navigation ;

([1]) Nous avons pris soin d'indiquer, d'accord avec quelques amis qui voulurent bien m'aider de leurs lumières, les instants qu'il fallait choisir de préférence pour les époques de la feuillaison, de la floraison, de la fructification et de la chute des feuilles.

5° *Résumé des observations météorologiques* faites à Ostende par M. P. Michel, chef
au nouveau Phare;

6° *Observations* faites à Anvers par M. Ad. De Boë;

7° *Observations météorologiques* faites à Chimay par M. Christ, pharmacien.

Les observations qui concernent les sciences naturelles ont été recueillies, pendant
l'année 1871, dans les localités suivantes :

1° BOTANIQUE.

Bruxelles, *dans le jardin de l'Observatoire, par MM. Ad. et Ern. Quetelet;*
Anvers, *par M. Acar, directeur du Jardin Botanique;*
Ostende, *par M. Ed. Lanszweert, pharmacien;*
Namur, *par M. Bellynck, associé de l'Académie;*
Vienne, *par M. Ch. Fritsch, de l'Académie impériale de Vienne;*

2° ZOOLOGIE.

Bruxelles, *par MM. J.-B. Vincent et fils.*
Melle, *près de Gand, par M. le professeur Bernardin;*
Ostende, *par M. Ed. Lanszweert;*
Visé, *par M. L. Quaedvlieg;*
Vienne, *par M. Ch. Fritsch;*
Salzbourg, *par le même.*

3° BOTANIQUE.

(*Observations faites à des époques déterminées.*)

Bruxelles, *par M. Ad. Quetelet;*
Melle, *par M. Bernardin;*
Gembloux, *par M. Malaise, correspondant de l'Académie;*
Namur, *par M. Bellynck;*
Waremme, *par M. de Selys Longchamps, membre de l'Académie;*
Liége, *par M. Dewalque, membre de l'Académie.*

On trouvera, sur la carte que nous donnons ci-après, la disposition des principaux lieux de la Belgique où des observations ont été faites sur les phénomènes périodiques de la météorologie, des plantes ou des animaux.

Le tableau suivant fait connaître, pour Bruxelles, les époques de la floraison et de la feuillaison de quelques plantes principales.

NOMS DES PLANTES.	1841-50.	1851-60.	1861-70.	1871.
Feuillaison.				
Acer campestre .	20 avril.	24 avril.	17 avril.	28 avril.
Æsculus hippocastanum .	6 »	12 »	9 »	2 »
Cratægus oxyacantha .	23 mars.	31 mars.	6 »	16 »
Philadelphus coronarius .	18 »	22 »	23 mars.	17 mars.
Ribes rubrum .	17 »	24 »	4 »	17 »
Syringa vulgaris .	18 »	25 »	15 »	18 »
Floraison.				
Æsculus hippocastanum .	3 mai.	9 mai.	1 mai.	1 mai.
Cratægus oxyacantha .	3 »	10 »	1 »	1 »
Philadelphus coronarius .	23 »	29 »	21 »	20 »
Prunus domestica .	16 avril.	18 avril.	11 avril.	25 mars.
Ribes rubrum .	2 »	9 »	6 »	—
Syringa vulgaris.	28 »	5 mai.	23 »	19 avril.

On voit d'après le tableau ci-dessus, et en comparant les nombres de la dernière colonne à ceux contenus dans les trois colonnes précédentes, que, pour l'année 1871, les dates de la feuillaison sont un peu en retard pour l'*Acer campestre*, le *Cratægus oxyacantha* et le *Ribes rubrum*, tandis qu'elles sont un peu en avance pour l'*Æsculus hippocastanum* et le *Philadelphus coronarius*.

La floraison, pour la même année, a eu lieu plus tôt que d'habitude, comme l'explique d'ailleurs l'accroissement notable de température observé pendant les mois de mars et avril.

L'examen du tableau suivant fera mieux apprécier encore ces faits intéressants :

MOIS.	TEMPÉRATURE MOYENNE DE 1871.					Température moyenne à Bruxelles, de 1833 à 1862.
	Bruxelles. Alt. : 50m,6.	Gand. Alt.: 12m,0?	Liége. Alt.: 60m,7?	Ostende. Alt. : 12m,0.	Anvers. Alt. : 11m0?	
Janvier	− 1,62	− 1,5	− 1,82	− 0,75	− 1,62	1,95
Février.	4,75	4,6	4,43	4,38	4,59	3,08
Mars	8,02	7,1	7,85	7,37	8,25	5,14
Avril	9,66	9,1	9,86	9,10	9,77	8,62
Mai	11,68	10,7	11,76	11,31	11,41	13,07
Juin	14,51	15,0	14,65	14,09	14,11	16,80
Juillet	18,48	18,4	18,64	16,86	18,06	17,89
Août	19,13	19,3	19,00	19,27	18,66	17,51
Septembre	16,15	16,0	16,22	15,87	15,70	14,48
Octobre	9,23	8,6	8,50	9,99	8,93	10,55
Novembre.	2,92	2,7	2,23	3,55	2,65	5,60
Décembre	− 0,40	0,7	− 0,48	2,01	0,55	3,15
L'année	9,44	9,2	9,34	9,42	9,23	9,82

Ad. QUETELET.

RÉSUMÉ

DES

OBSERVATIONS SUR LA MÉTÉOROLOGIE ET SUR LE MAGNÉTISME TERRESTRE,

Faites à l'Observatoire royal de Bruxelles, en 1871, et communiquées par le Directeur, Ad. QUETELET.

Pression atmosphérique. — Le baromètre n° 120 d'Ernst, qui a servi aux observations, est à niveau constant; il a été placé, en 1842, dans une salle spacieuse dont les fenêtres sont dirigées vers le nord et dont la température est fort égale.

D'après la comparaison faite par MM. Delcros et Mauvais, de novembre 1841 à janvier 1842 :

$$\text{Barom. 120 Ernst} = \text{hauteur absolue} - 0^{\text{mm}},46.$$

Différentes comparaisons faites depuis (voyez les résumés précédents) permettent de supposer qu'on peut s'en tenir à cette correction; elle comprend la dépression due à la capillarité, l'erreur du thermomètre et celles qui pourraient provenir d'autres imperfections de l'instrument.

Les hauteurs barométriques sont inscrites dans les tableaux, telles qu'elles ont été obtenues par l'observation, mais après avoir été réduites à la température de 0° centigrade.

D'après un nivellement exécuté en 1833, on avait admis que la cuvette du baromètre se trouvait à 59 mètres au-dessus du niveau moyen de la mer. Il a été reconnu depuis que cette altitude n'est que de $56^{m},66$ ([1]).

Température de l'air. — La température a été déterminée par un thermomètre Fahrenheit (de Newman), dont les indications sont réduites à l'échelle centigrade. Des comparaisons récentes ont montré que les nombres doivent subir une correction progressive qui peut être prise avec assez d'exactitude dans le tableau suivant :

+ 0,4 C.	au-dessous de	— 6° C.			— 0,1 C.	de + 8°	à	+ 11° C.
+ 0,3	de — 6° à	— 2			— 0,2	+ 11		+ 14
+ 0,2	— 2	+ 2			— 0,3	+ 14		+ 18
+ 0,1	+ 2	+ 5			— 0,4	+ 18 et au-dessus.		
0,0	+ 5	+ 8						

([1]) Voy. la note sur l'altitude de l'Observatoire royal de Bruxelles, dans l'*Annuaire* de 1856, pp. 246-250.

Cet instrument indique, en même temps que les températures des différentes époques du jour, les deux températures extrêmes, au moyen d'index que l'on descend, chaque jour, à midi. Le thermomètre est suspendu librement au nord et à l'ombre, sans avoir de communication ni avec les murs, ni avec les fenêtres, à la hauteur de 3 mètres environ au-dessus du sol.

Humidité de l'air. — L'état hygrométrique de l'air a été observé au moyen du psychromètre d'August; l'on n'a pas fait entrer dans le calcul des moyennes les jours où une des quatre observations manquait, ni ceux où, par suite de la gelée, le linge qui recouvre la boule du thermomètre humide était sec. Les observations ont été calculées d'après les tables de Stierlin; on en déduit la *tension de la vapeur contenue dans l'air* et *l'humidité relative*, ou le rapport de la quantité de vapeur contenue dans l'air à la quantité *maximum* qu'il pourrait contenir à la même température.

La quantité d'eau recueillie a été mesurée d'un midi à l'autre; on a distingué celle provenant de la fusion de la neige, et lorsqu'il était tombé à la fois de la pluie et de la neige, l'eau a été attribuée par moitié à l'une et à l'autre.

On comprend parmi les jours de *pluie* ceux même où la quantité d'eau tombée a été trop faible pour pouvoir être mesurée; les jours où il est tombé de la pluie et de la *neige* ou de la pluie et de la *grêle*, sont comptés à la fois parmi les jours de pluie et de neige ou de pluie et de grêle; enfin, on n'admet comme *jours de ciel entièrement couvert* que ceux où, pendant 24 heures, on n'a pas aperçu une seule éclaircie; et comme *jours de ciel serein*, ceux seulement où l'on n'a pas vu le plus petit nuage.

État du ciel. — Outre la *forme des nuages*, d'après la nomenclature d'Howard, on a annoté encore, aux quatre heures d'observation, le *degré moyen de sérénité du ciel*, en représentant par 0 un ciel entièrement couvert, par 10 un ciel entièrement serein, et par les nombres compris entre 0 et 10 les états intermédiaires. Par *ciel serein*, on désigne un ciel pur et l'absence complète du plus léger nuage à l'instant de l'observation; *ciel couvert* indique que l'on n'aperçoit pas la plus petite portion du ciel, et par *éclaircies*, on entend les ouvertures qui se font dans un ciel généralement couvert et qui permettent de voir l'azur du ciel.

Direction du vent. — Les courants supérieurs ont été observés quatre fois par jour (à 9 heures du matin, à midi, à 3 heures et à 9 heures du soir); toutefois, il arrive fréquemment que l'absence de nuages, un ciel uniformément couvert, ou bien un brouillard épais, empêchent de déterminer leur direction. — Les courants inférieurs sont donnés d'après l'anémomètre d'Osler, qui enregistre mécaniquement leur direction d'une manière continue. Les indications ont été relevées de 2 en 2 heures. La direction marquée est celle qu'avait le vent à l'heure même de l'annotation. L'intensité est exprimée en kilogrammes et représente l'action, sur une plaque carrée d'un pied anglais de côté, du plus fort coup de vent arrivé pendant l'heure qui précède et l'heure qui suit celle marquée dans le tableau en tête de chaque colonne.

Magnétisme terrestre. — Les déclinaisons données dans le tableau ne représentent que les valeurs relatives obtenues au moyen du magnétomètre de Gauss, placé à l'intérieur du bâtiment, dans le but de constater les variations diurnes. Les valeurs absolues pour la déclinaison et l'inclinaison de l'aiguille magnétique ont été observées dans le jardin de l'Observatoire, à l'aide de deux instruments de Troughton.

La déclinaison absolue, observée le 30 juin, a été trouvée en moyenne de 17° 53',5.

L'inclinaison absolue, observée le 29 juin, a été trouvée en moyenne de 67° 8',0.

La moyenne des déterminations, obtenue depuis plusieurs années, a donné la valeur de 18° 29' 50", à laquelle répond la division du barreau 30^{d}00. Cette relation a servi à convertir les valeurs de l'échelle arbitraire en valeurs angulaires.

Électricité de l'air. — Ces observations ont été faites chaque jour, à midi, au moyen de l'électromètre de Peltier, placé toujours à la même hauteur, au sommet de la tourelle orientale de l'Observatoire. Les nombres négatifs n'ont pas été compris dans les moyennes de toute la période. En outre, on n'a plus fait entrer dans le calcul des moyennes les observations faites pendant les temps d'anomalies, tels que les orages, les pluies, les grêles, les neiges et les brouillards. Dans tous les cas où l'électromètre dépassait 72 degrés, on n'a fait entrer dans le calcul des moyennes des nombres proportionnels que le nombre 2000, correspondant à 72°,5 (¹).

(¹) Nous croyons devoir reproduire ici le texte explicatif, relatif aux instruments, pour éviter de recourir aux volumes qui précèdent, et de perdre plus ou moins de vue les explications nécessaires aux observations.

Pression atmosphérique à Bruxelles, en 1871.

| MOIS. | | HAUTEUR MOYENNE DU BAROMÈTRE PAR MOIS. | | | | | | | | | | | | | | | MOY. des heures paires. | MAX. moyen par mois. | MIN. moyen par mois. | MAX. absolu par mois. | MIN. absolu par mois. | DATE du MAXIMUM absolu. | DATE du MINIMUM absolu. |
| | | MATIN. | | | | | | MIDI. | SOIR. | | | | | | | | | | | | | |
	MINUIT.	2 H.	4 H.	6 H.	8 H.	9 H.	10 H.		2 H.	3 H.	4 H.	6 H.	8 H.	9 H.	10 H.							
	mm.	mm.	mm.	mm.	mm.	mm.	mm.	mm.	mm.	mm.	mm.	mm.	mm.	mm.	mm.	mm.	mm.	mm.	mm.	mm.		
Janvier . .	753,25	753,25	753,26	753,20	753,47	753,33	753,73	753,39	752,99	753,01	753,05	753,13	753,25	753,96	753,94	753,27	755,60	750,93	765,2	735,2	le 31	le 13
Février . .	58,69	58,74	58,50	58,46	58,77	58,91	58,69	58,93	58,50	58,48	58,46	58,73	58,91	58,98	59,01	58,72	61,33	56,97	67,93	41,3	le 24	le 10
Mars . . .	59,07	58,95	58,74	58,88	59,21	59,34	59,40	59,13	58,58	58,34	58,15	58,19	58,52	58,60	58,63	58,79	61,27	56,39	70,7	44,3	le 1	le 16
Avril . . .	53,29	52,80	52,73	52,40	52,65	52,73	52,79	52,76	52,70	52,65	52,07	52,82	53,28	53,39	53,40	52,86	58,40	50,21	62,5	37,8	le 7	le 18
Mai. . . .	57,85	57,69	57,61	57,90	58,21	58,29	58,31	58,20	57,98	57,81	57,69	57,66	57,85	57,98	58,02	57,91	59,54	56,40	65,4	50,6	le 7	le 4
Juin . . .	54,22	53,92	53,72	53,88	54,09	54,43	54,09	54,00	53,74	53,75	53,69	53,73	53,96	54,12	54,16	53,93	55,41	52,61	60,27	46,5	le 20	le 20
Juillet. . .	54,52	54,20	54,07	51,33	54,58	54,55	54,35	54,46	54,28	54,28	54,21	54,24	54,54	54,75	54,82	54,41	56,61	51,80	64,30	40,9	le 6	le 25
Août . . .	57,48	57,05	57,09	57,91	58,19	58,32	58,36	58,15	57,83	57,08	57,54	57,40	57,75	57,86	57,88	57,82	59,77	56,09	68,8	41,7	le 28	le 19
Septembre .	54,55	54,32	54,02	54,08	54,23	54,31	54,27	54,17	53,91	53,85	53,76	53,82	54,20	54,35	54,37	54,14	56,73	51,73	65,0	36,7	le 14	le 28
Octobre .	56,91	56,73	56,51	56,52	56,93	57,07	57,07	56,79	56,55	56,50	56,47	56,85	57,02	57,11	56,84	56,77	59,08	54,34	70,0	34,5	le 15	le 2
Novembre. .	56,08	55,95	55,75	55,67	55,94	56,07	56,11	55,74	55,37	55,40	55,46	55,70	55,82	55,89	55,88	55,79	58,12	53,66	69,0	43,3	le 20	le 8
Décembre. .	59,64	59,64	59,56	59,58	59,96	60,31	60,48	60,28	59,93	59,87	59,82	59,87	59,95	59,93	59,92	59,88	62,10	57,14	70,1	43,9	le 12	le 20
Moyenne. .	756,31	756,16	756,01	756,07	756,35	756,47	756,49	756,33	756,03	755,97	755,92	756,01	756,25	756,33	756,35	756,19	758,41	755,97	766,43	741,39	1 mars.	2 oct.

Température centigrade de l'air à Bruxelles, en 1871.

MOIS.	MINUIT.	MATIN 2 H.	MATIN 4 H.	MATIN 6 H.	MATIN 8 H.	MATIN 9 H.	MATIN 10 H.	MIDI.	SOIR 2 H.	SOIR 3 H.	SOIR 4 H.	SOIR 6 H.	SOIR 8 H.	SOIR 9 H.	SOIR 10 H.	MOY. des heures paires.	MAX. moyen par nuit.	MIN. moyen par mois.	MOY. par mois.	MAX. absolu par mois.	MIN. absolu par mois.	DATE du maximum absolu.	DATE du minimum absolu.
Janv.	- 2,12	- 2,19	- 2,20	- 2,59	- 2,02	- 2,30	- 1,80	- 0,85	- 0,40	- 0,50	- 0,86	- 1,25	- 1,58	- 1,64	- 1,81	- 1,70	0,66	- 3,91	- 1,02	5,4	-13,2	le 18	le 5
Fév..	3,33	3,11	2,96	2,84	2,92	3,65	4,50	0,15	6,82	6,64	6,27	5,26	4,54	4,24	3,96	4,39	7,54	1,96	4,75	12,6	-11,6	le 26	le 11
Mars.	6,02	5,52	4,93	4,46	5,46	6,50	7,73	9,73	10,66	10,93	10,73	9,16	7,81	7,24	6,88	7,43	12,00	4,05	8,02	19,6	- 1,7	le 24	le 2
Avril.	7,51	6,94	6,57	6,78	8,49	9,34	10,26	11,43	12,27	12,07	11,90	10,57	9,03	8,61	8,16	9,15	13,33	6,00	9,66	18,0	- 1,0	le 20	le 7
Mai..	9,57	8,02	7,79	8,50	10,86	11,70	12,56	13,82	14,64	14,84	14,76	13,99	11,94	11,21	10,62	11,47	15,90	7,47	11,68	26,7	3,2	le 26	le 18
Juin.	12,48	11,84	11,46	12,08	14,02	14,58	14,99	16,00	16,62	16,55	16,86	16,05	14,71	14,00	13,58	14,20	17,95	11,09	14,51	26,9	4,9	le 16	le 4
Juill.	15,90	15,36	14,84	15,51	17,75	18,29	18,84	20,15	21,12	21,24	20,99	20,18	18,18	17,56	16,84	17,97	22,44	14,52	18,48	26,0	11,6	le 18	12 et 27
Août.	17,30	16,45	15,85	15,85	18,11	19,06	19,06	21,51	22,29	22,58	22,42	22,15	19,85	19,18	18,53	19,17	23,13	15,11	19,13	29,3	10,7	le 14	le 28
Sept.	14,18	13,68	13,32	12,98	14,28	15,28	16,50	17,85	18,42	18,53	18,30	17,24	15,61	15,02	14,36	15,38	19,90	12,41	16,15	28,4	7,1	le 3	le 21
Oct..	7,40	7,12	6,77	6,44	7,05	8,06	9,19	10,75	11,73	11,70	11,19	9,61	8,45	8,15	7,79	8,02	12,49	5,98	9,23	18,2	- 1,1	le 20	le 27
Nov..	1,84	1,64	1,46	1,10	1,14	1,66	2,34	3,84	4,08	3,92	3,47	2,79	2,43	2,10	2,08	2,35	5,24	0,61	2,02	10,7	- 5,3	1 et 8	le 21
Déc..	- 0,10	- 0,51	- 0,76	- 0,67	- 0,79	- 0,52	- 0,03	1,15	1,58	1,46	0,92	0,55	0,39	0,19	0,14	0,13	2,53	- 1,72	- 0,40	6,9	-16,8	le 30	le 8
Moy.	7,76	7,30	6,92	6,92	8,06	8,78	9,60	10,06	11,65	11,60	11,39	10,53	9,27	8,81	8,44	9,07	12,76	6,13	9,44	19,21	- 1,10	14 août.	8 déc.

TEMPÉRATURE MOYENNE DE L'ANNÉE.

D'après la moyenne des heures paires 9,07
  » les maxima et minima moyens 9,44
  » les maxima et minima absolus mensuels. 9,05
  » les observations de 0 heures du matin 8,78
  » la température moyenne du mois d'octobre 8,02

EXTRÊMES DE L'ANNÉE.

Maximum 29,3
Minimum . . . . -16,8
Intervalle de l'échelle parcouru. 46,1

OBSERVATIONS

Psychromètre d'August à Bruxelles, en 1871.

MOIS.	9 H. DU MATIN.		MIDI.		3 H. DU SOIR.		9 H. DU SOIR.	
	Thermomètre sec.	Thermomètre humide.	Thermomètre sec.	Thermomètre humide.	Thermomètre sec.	Thermomètre humide.	Thermomètre sec.	Thermomètre humide.
Janvier	− 1,15	− 1,56	− 0,28	− 0,52	0,63	0,08	− 0,42	− 0,82
Février	4,93	4,20	7,05	5,67	7,59	5,92	4,69	3,95
Mars	6,42	4,88	9,66	6,83	10,90	7,36	7,14	5,56
Avril	10,02	8,27	11,93	9,08	12,57	9,34	9,07	7,54
Mai.	11,82	8,70	13,85	9,58	14,83	10,12	11,32	8,89
Juin	14,86	12,45	16,25	13,08	16,82	13,62	14,25	12,52
Juillet.	18,39	15,87	20,26	16,82	21,38	17,12	17,59	15,50
Août	19,49	16,82	21,98	17,07	23,19	18,05	19,17	16,92
Septembre	15,41	13,71	18,09	14,89	18,84	15,16	15,17	13,57
Octobre	8,33	7,44	10,99	9,22	11,75	9,67	8,26	7,55
Novembre	1,95	1,49	4,05	2,94	4,10	2,89	2,64	1,87
Décembre	− 0,57	− 0,61	1,38	0,90	1,76	1,20	0,71	0,37
Moyenne.	9,17	7,64	11,27	8,86	12,01	9,21	9,14	8,77

État hygrométrique de l'air à Bruxelles, en 1871.

MOIS.	TENSION DE LA VAPEUR D'EAU contenue dans l'air.				HUMIDITÉ RELATIVE DE L'AIR.			
	9 heures du matin.	Midi.	3 heures du soir.	9 heures du soir.	9 heures du matin.	Midi.	3 heures du soir.	9 heures du soir.
	mm.	mm.	mm.	mm.				
Janvier	4,50	4,74	4,87	4,69	93,0	90,8	90,9	93,2
Février	6,52	6,50	6,54	6,07	90,2	81,6	80,5	89,4
Mars	6,10	6,24	6,18	6,38	79,6	67,1	62,0	79,0
Avril	7,70	7,42	7,33	7,45	78,2	68,6	64,9	80,5
Mai.	7,02	6,80	6,92	7,53	66,3	57,4	53,7	75,7
Juin	9,81	9,83	10,18	10,25	75,4	70,3	70,5	82,3
Juillet.	12,18	12,40	12,22	12,33	76,2	70,2	64,2	80,0
Août	12,88	12,75	12,47	13,09	76,4	64,7	60,5	79,5
Septembre	11,14	11,19	11,10	11,13	82,9	70,9	68,1	83,8
Octobre	7,73	8,13	8,24	7,85	88,8	79,7	76,7	90,5
Novembre.	5,47	5,56	5,44	5,38	93,0	84,4	82,6	88,0
Décembre.	4,94	5,25	5,30	5,18	96,1	92,5	90,7	95,3
Moyenne.	7,98	8,07	8,07	8,11	84,0	74,8	72,1	84,6

État du ciel à Bruxelles, en 1871.

MOIS.	SÉRÉNITÉ DU CIEL.					INDICATIONS DE L'ÉTAT DES NUAGES ET DU CIEL, d'après les observations faites à 9 h. du matin, midi, 3 h. et 9 h. du soir.									
	9 heures du matin.	Midi.	3 heures du soir.	9 heures du soir.	Moyenne	Ciel serein.	Cirrhus.	Cirrho-cumul.	Cu-mulus.	Cirrho-stratus.	Cumulo-stratus.	Stratus.	Nimbus.	Éclair-cies.	Ciel couvert
Janvier	1,58	1,54	1,50	2,55	1,74	13	4	4	21	3	11	39	0	27	60
Février	1,88	2,33	2,46	3,00	2,42	9	8	5	27	6	17	41	0	26	45
Mars.	4,48	4,89	5,00	6,67	5,26	27	13	12	45	2	15	18	2	20	20
Avril.	1,46	1,50	1,96	4,29	2,30	9	5	9	25	2	39	35	3	37	35
Mai	2,68	2,56	2,64	3,84	2,93	12	7	4	46	3	37	22	0	38	25
Juin	1,32	1,52	1,24	2,24	1,58	0	10	14	42	2	38	41	6	48	38
Juillet	2,28	2,08	2,12	4,32	2,70	1	10	19	67	2	31	19	7	45	16
Août.	5,04	4,60	4,69	5,54	4,99	20	7	7	52	4	18	20	4	29	19
Septembre. . . .	4,50	4,62	3,73	5,42	4,57	25	8	12	37	3	16	19	7	21	30
Octobre.	3,15	3,19	3,12	5,54	5,75	22	8	11	29	11	7	15	7	29	27
Novembre	2,16	2,24	2,20	2,60	2,30	8	6	0	57	0	6	16	7	28	46
Décembre	2,25	2,04	1,58	1,17	1,76	5	2	4	21	5	5	20	6	21	58
L'ANNÉE. . .	2,75	2,77	2,69	3,91	5,02	149	88	107	445	45	240	303	49	309	419

Quantité de pluie et de neige; nombre de jours de pluie, de grêle, de neige, etc., à Bruxelles, en 1871.

MOIS.	QUANTITÉ D'EAU RECUEILLIE par mois				Nombre de jours où l'on a recueilli de l'eau.	NOMBRE DE JOURS DE							
	SUR LA TERRASSE.			sur la tourelle.		Pluie.	Grêle.	Neige.	Gelée.	Tonnerre.	Brouil-lard.	Ciel entièrem.t couvert.	Ciel serein.
	Pluie.	Neige.	TOTAL.										
Janvier . . .	16,83	8,52	25,35	16,95	17	7	0	13	24	0	10	6	1
Février . . .	41,65	4,90	46,55	34,50	14	16	0	1	4	0	7	4	1
Mars	16,55	3,20	19,75	8,50	14	13	0	5	6	0	9	2	2
Avril	93,80	»	93,80	73,50	21	21	2	1	3	1	0	0	1
Mai	21,60	»	21,60	16,10	12	13	1	0	0	0	1	0	0
Juin	83,25	»	83,25	61,55	20	21	1	0	0	4	2	3	0
Juillet. . . .	141,95	»	141,95	121,00	19	25	1	0	0	4	1	0	0
Août	60,60	»	60,60	60,00	12	10	1	0	0	5	2	0	1
Septembre . .	60,20	»	60,20	55,15	14	17	0	0	0	2	4	2	0
Octobre . . .	35,95	»	35,95	33,20	12	10	0	0	1	1	16	1	0
Novembre . .	9,35	4,50	13,85	7,25	12	11	1	7	9	1	13	4	1
Décembre . .	25,75	7,95	33,70	14,55	15	9	0	5	18	0	19	6	0
L'ANNÉE. .	607,48	29,07	636,55	502,05	182	173	7	32	65	18	84	28	7

OBSERVATIONS

Nombre d'indications de chaque vent à Bruxelles, en 1871.
(D'après la direction des nuages, observée 4 fois par jour : à 9 heures du matin, midi, 3 heures et 9 heures du soir.)

MOIS.	N.	NNE.	NE.	ENE.	E.	ESE.	SE.	SSE.	S.	SSO.	SO.	OSO.	O.	ONO.	NO.	NNO.	NOMBRE de Jours.
Janvier	2	0	5	2	5	2	1	3	2	8	10	2	9	4	3	3	31
Février	1	1	0	1	1	1	1	1	2	6	13	16	22	7	3	3	28
Mars	9	5	4	2	3	2	2	0	3	7	18	13	4	2	5	4	31
Avril	0	1	4	4	2	0	0	0	2	3	13	18	20	14	17	3	30
Mai	20	3	8	8	4	2	0	1	1	0	1	3	15	8	11	10	31
Juin	11	7	10	1	3	2	3	10	8	5	12	11	16	9	15	8	30
Juillet	0	0	0	0	1	1	2	3	4	6	39	38	21	9	10	1	31
Août	3	2	5	5	4	6	1	1	4	6	11	18	12	1	4	4	31
Septembre	4	1	2	8	3	1	3	3	3	10	23	10	4	0	2	5	30
Octobre	0	1	4	5	1	0	3	0	8	10	11	14	6	3	5	2	31
Novembre	6	6	4	8	6	1	0	0	5	1	8	3	2	3	6	3	30
Décembre	8	5	3	2	0	0	0	0	1	5	18	1	6	2	4	4	31
Total	64	32	40	44	33	18	16	22	43	67	177	147	137	62	85	48	365

Nombre d'indications de chaque vent à Bruxelles, en 1871.
(D'après les résultats fournis, de 2 en 2 heures, par l'appareil d'Osler.)

MOIS.	N.	NNE.	NE.	ENE.	E.	ESE.	SE.	SSE.	S.	SSO.	SO.	OSO.	O.	ONO.	NO.	NNO.	NOMBRE de Jours.
Janvier	0	0	43	14	45	3	21	51	54	69	45	16	4	7	0	0	31
Février	0	4	3	7	7	3	3	31	51	43	90	59	7	16	5	7	28
Mars	7	14	17	49	5	19	35	12	16	55	78	29	7	6	5	18	31
Avril	0	16	17	24	21	18	2	9	17	30	81	50	33	15	22	5	30
Mai	59	26	58	16	56	20	13	1	10	8	8	18	26	20	34	19	31
Juin	33	22	53	28	4	0	20	2	11	29	23	29	26	35	34	31	30
Juillet	10	5	4	7	3	0	2	8	7	10	73	88	102	24	22	7	31
Août	1	13	30	26	54	27	16	14	16	18	41	47	40	11	8	10	31
Septembre	1	13	20	68	28	27	9	7	26	41	46	36	17	7	4	10	30
Octobre	1	10	1	40	79	5	0	9	17	30	87	53	9	8	7	16	31
Novembre	0	0	9	4	68	21	24	32	31	27	39	18	20	34	32	1	30
Décembre	3	6	4	14	2	0	0	22	20	67	170	19	13	18	14	0	31
Total	115	129	239	297	352	143	145	198	276	427	781	462	504	201	187	124	365

Intensité totale du vent à Bruxelles, en 1871.
(D'après l'appareil d'Osler.)

MOIS.	MINUIT.	MATIN.					MIDI.	SOIR.					INTENSITÉ totale.
		2 H.	4 H.	6 H.	8 H.	10 H.		2 H.	4 H.	6 H.	8 H.	10 H.	
	k.	k.	k.	k.	k.	k.	k.	k.	k.	k.	k.	k.	k.
Janvier . . .	5,5	6,3	6,8	7,3	8,0	9,1	8,3	7,9	5,6	6,0	5,5	4,7	81,0
Février . . .	10,6	11,2	9,3	11,5	10,9	13,5	16,7	17,7	14,9	11,1	11,4	11,9	150,7
Mars. . . .	8,4	6,3	7,0	7,8	10,2	15,1	18,4	24,2	16,3	12,0	16,0	11,7	153,4
Avril . . .	7,1	7,6	7,6	8,7	14,1	21,3	28,9	29,1	21,5	19,1	11,0	9,3	185,6
Mai	1,3	3,1	3,3	3,5	7,0	9,8	10,7	11,9	9,8	7,0	2,0	1,4	71,7
Juin. . . .	3,4	3,1	4,3	5,3	9,0	11,9	13,3	14,1	11,0	8,9	2,6	2,2	89,7
Juillet . . .	3,5	4,1	4,1	5,7	10,1	15,0	19,6	20,6	19,4	13,4	4,7	3,6	123,8
Août. . . .	3,0	3,0	2,6	2,4	5,0	8,3	10,3	9,0	10,2	4,2	3,9	3,1	65,0
Septembre. .	4,3	5,8	6,9	10,0	14,0	20,0	25,0	19,4	18,3	9,3	7,7	5,0	145,7
Octobre. . .	2,5	3,4	2,2	2,3	4,4	5,6	7,9	9,0	5,0	3,2	4,0	4,2	53,7
Novembre . .	1,9	2,3	2,8	4,2	4,5	5,4	6,1	6,8	4,1	3,5	2,5	2,2	46,1
Décembre . .	13,0	9,2	7,1	6,0	7,7	6,9	9,1	9,7	9,7	12,3	11,3	14,8	116,8
L'ANNÉE. .	64,5	65,4	64,0	74,7	105,2	141,9	174,3	179,4	146,4	109,8	83,5	74,1	1283,2

Intensité moyenne du vent par heure à Bruxelles, en 1871.
(D'après l'appareil d'Osler.)

MOIS.	MINUIT.	MATIN.					MIDI.	SOIR.					INTENSITÉ moyenne.
		2 H.	4 H.	6 H.	8 H.	10 H.		2 H.	4 H.	6 H.	8 H.	10 H.	
	k.	k.	k.	k.	k.	k.	k.	k.	k.	k.	k.	k.	k.
Janvier. . .	0,18	0,20	0,22	0,24	0,26	0,29	0,27	0,25	0,18	0,19	0,18	0,15	0,22
Février . . .	0,58	0,40	0,33	0,41	0,39	0,48	0,60	0,63	0,53	0,40	0,41	0,42	0,45
Mars. . . .	0,27	0,20	0,23	0,25	0,37	0,49	0,59	0,78	0,53	0,39	0,52	0,38	0,42
Avril. . . .	0,24	0,25	0,25	0,29	0,48	0,71	0,96	0,97	0,72	0,64	0,37	0,31	0,52
Mai	0,04	0,10	0,11	0,11	0,23	0,32	0,34	0,38	0,32	0,23	0,09	0,04	0,19
Juin	0,11	0,10	0,14	0,18	0,30	0,40	0,44	0,47	0,39	0,30	0,09	0,07	0,24
Juillet . . .	0,12	0,14	0,14	0,19	0,34	0,50	0,65	0,69	0,65	0,45	0,16	0,12	0,35
Août. . . .	0,10	0,10	0,09	0,08	0,17	0,28	0,34	0,30	0,34	0,14	0,13	0,10	0,18
Septembre. .	0,14	0,19	0,23	0,33	0,47	0,67	0,83	0,65	0,61	0,31	0,26	0,17	0,40
Octobre. . .	0,08	0,11	0,07	0,07	0,14	0,18	0,25	0,29	0,16	0,10	0,13	0,14	0,14
Novembre . .	0,06	0,08	0,09	0,14	0,15	0,18	0,20	0,23	0,14	0,11	0,08	0,07	0,13
Décembre . .	0,42	0,30	0,23	0,19	0,25	0,22	0,29	0,31	0,31	0,40	0,36	0,48	0,31
MOYENNE. .	0,18	0,18	0,18	0,20	0,30	0,39	0,48	0,50	0,41	0,30	0,23	0,20	0,30

Déclinaison magnétique à Bruxelles, en 1871.

MOIS.	ÉCHELLE ARBITRAIRE.					VALEUR ANGULAIRE.				
	9 heures du matin.	Midi.	3 heures du soir.	9 heures du soir.	MOYENNE du mois.	9 heures du matin.	Midi.	3 heures du soir.	9 heures du soir.	MOYENNE du mois.
Janvier	46,70	45,24	45,20	46,99	46,03	17°51' 8"	17°54'32"	17°54'37"	17°50'29"	17°52'41"
Février	47,21	45,54	44,85	47,28	46,17	49 57	54 18	55 26	49 48	52 22
Mars	47,79	44,61	44,36	47,05	45,96	48 37	55 59	56 34	50 19	52 52
Avril	48,57	44,80	44,87	47,41	46,41	46 48	55 32	55 22	49 29	51 48
Mai	48,09	44,91	45,00	46,99	46,25	47 55	55 17	55 5	50 28	52 12
Juin	48,55	45,42	45,11	47,18	46,56	46 54	54 6	54 49	50 2	51 28
Juillet	48,64	45,64	45,62	47,76	46,91	46 39	53 35	55 39	48 40	50 39
Août	48,87	45,88	46,16	48,57	47,37	46 8	53 3	52 24	46 49	49 36
Septembre . . .	48,52	45,78	46,38	48,52	47,25	46 56	53 16	51 53	47 23	49 52
Octobre	49,18	46,55	46,92	49,10	47,94	45 25	51 28	50 39	48 36	48 16
Novembre . . .	49,01	47,52	47,77	49,60	48,45	45 17	49 15	48 39	44 26	47 2
Décembre . . .	48,95	47,69	47,90	49,59	48,53	45 56	48 51	48 22	44 27	46 54
MOYENNE. . .	48,33	45,78	45,84	47,99	46,99	17°47'21"	17°53'16"	17°53' 7"	17°48'10"	17°50'28"

Électricité de l'air à Bruxelles, de 1862 à 1871.

MOIS.	MOYENNE des degrés observés à l'électromètre.											MOYENNE des nombres proportionnels.											Degrés correspondants.
	1862.	1863.	1864.	1865.	1866.	1867.	1868.	1869.	1870.	1871.	MOY.	1862.	1863.	1864.	1865.	1866.	1867.	1868.	1869.	1870.	1871.	MOY.	
Janv. .	58	49	56	44	45	48	47	50	45	57	50	470	449	677	261	258	437	410	426	327	856	457	58°
Févr. .	48	52	40	42	36	38	46	44	51	54	46	250	416	412	205	157	195	349	356	543	745	367	55
Mars .	40	36	30	32	55	55	36	34	37	41	37	168	228	193	137	146	144	153	140	196	267	177	41
Avril .	32	29	30	26	22	26	30	26	29	32	28	107	106	113	74	55	78	107	84	109	120	96	30
Mai . .	28	19	20	20	17	26	25	28	28	24	23	82	70	49	51	39	75	70	90	89	67	68	26
Juin . .	22	22	18	18	14	23	18	18	23	46	22	50	55	38	40	27	60	41	43	67	86	51	22
Juill. .	27	16	16	19	26	28	22	24	21	31	23	76	34	30	48	77	70	59	66	58	126	64	25
Août .	24	28	21	24	27	22	25	25	26	28	25	60	92	122	73	86	54	73	74	75	89	80	28
Sept. .	20	29	24	25	29	26	29	25	32	25	27	88	112	66	75	97	80	100	71	146	74	78	27
Oct. .	37	38	28	27	34	36	40	24	39	39	34	144	170	93	89	131	154	211	130	164	190	149	38
Nov. .	44	52	43	39	39	46	42	47	46	43	44	204	582	226	272	164	284	230	438	301	352	307	52
Déc. .	53	49	44	44	40	54	45	55	54	61	50	333	406	254	242	237	719	260	760	559	1080	491	57
Moy.	37	35	32	30	30	34	34	33	36	40	34	169	251	189	135	124	196	172	222	217	339	199	
Degrés correspts.											40°	47°	42°	36°	34°	43°	41°	46°	45°	53°	43°	

RÉSUMÉ

Des observations météorologiques faites à Gand, en 1871,

PAR M. F. DUPREZ,

Membre de l'Académie royale de Belgique.

Les observations ont été faites dans l'endroit de la ville nommé la *Cour du Prince.*

Pression atmosphérique. — Le baromètre employé pour déterminer la pression atmosphérique est le même que celui qui a servi pendant les années antérieures : c'est un baromètre de *Lion,* pourvu des moyens nécessaires pour assurer sa verticalité. Cet instrument a une monture de bois, et son échelle, de laiton, s'étend jusqu'à la cuvette ; il est placé dans une chambre dont la température varie très-peu en vingt-quatre heures, et sa cuvette est élevée de 8 mètres au-dessus du sol. Les nombres relatifs aux observations sont corrigés des effets de la capillarité ; ils ont été ramenés à zéro degré de température à l'aide des tables de réduction insérées dans l'*Almanach séculaire de l'Observatoire royal de Bruxelles.* Une table calculée d'après le rapport connu entre le diamètre intérieur du tube et le diamètre intérieur de la cuvette, a donné la correction nécessitée par le changement du niveau du mercure dans la cuvette ; les nombres ont également subi cette correction.

Température. — Les observations qui se rapportent à la température sont exprimées en degrés centigrades. Les températures *maxima* et *minima* sont comptées d'un midi à l'autre et ont été données par deux thermomètres, l'un à mercure et l'autre à esprit-de-vin, munis chacun d'un indicateur. Ces instruments sont placés au nord et à l'ombre, à 4^m,80 au-dessus du sol; leur vérification a fait connaître que le zéro de l'échelle du premier était trop bas de sept dexièmes de degré, et celui du second trop haut de six dixièmes; les nombres ont été corrigés de ces erreurs.

Humidité. — L'état hygrométrique de l'air a été observé au moyen du psychromètre d'August; la tension de la vapeur d'eau contenue dans l'air et l'humidité relative ont été calculées d'après les tables de Stierlin.

Pluie, neige, grêle, etc. — La quantité d'eau recueillie a été mesurée d'un midi à l'autre, et comprend aussi celle qui est provenue de la fusion de la neige et de la grêle. Le nombre de jours où l'on a recueilli de l'eau a été distingué du nombre de jours de pluie; parmi ces derniers sont compris tous les jours où il est tombé de la pluie, même quand celle-ci était trop faible pour pouvoir être mesurée; les jours où il est tombé de la pluie et de la neige, ou de la pluie et de la grêle, sont comptés à la fois parmi les jours de pluie et de neige, ou de pluie et de grêle.

Sérénité. — Pour obtenir les nombres rapportés dans le tableau relatif à la sérénité du ciel, on a représenté par 0 un ciel entièrement couvert, par 10 un ciel entièrement serein, et par les nombres compris entre 0 et 10, les états intermédiaires.

Pression atmosphérique à Gand, en 1871.

MOIS.	HAUTEURS MOYENNES DU BAROMÈTRE par mois.				Maximum absolu par mois.	Minimum absolu par mois.	DIFFÉRENCE ou VARIATION mensuelle.	DATE du *maximum*.	DATE du *minimum*.
	9 heures du matin.	Midi.	3 heures du soir.	9 heures du soir.					
	mm.	mm.	mm.	mm.	mm.	mm.	mm.		
Janvier	756,39	756,28	755,94	756,52	768,31	737,49	30,82	le 31	le 16
Février.	61,05	61,66	61,48	62,05	70,82	45,51	25,51	le 24	le 10
Mars	62,29	62,50	61,52	61,94	74,26	47,37	26,89	le 1	le 16
Avril	55,68	55,77	55,65	56,49	65,38	41,29	24,09	le 7	le 19
Mai	61,52	61,47	61,24	61,52	68,94	54,71	14,23	le 7	le 14
Juin	57,50	57,33	57,09	57,48	64,23	49,69	14,54	le 20	le 20
Juillet	57,54	57,57	57,55	58,21	67,48	44,19	23,29	le 6	le 25
Août	61,46	61,19	60,38	60,52	72,01	46,16	25,85	le 28	le 18
Septembre . . .	57,50	57,27	57,22	57,54	66,41	39,78	26,63	le 14	le 28
Octobre . . .	59,95	59,85	59,33	60,05	72,76	40,31	32,45	le 13	le 2
Novembre. . .	59,18	58,85	58,35	58,89	71,91	46,41	25,50	le 20	le 8
Décembre. . .	62,87	62,85	62,41	62,43	72,70	45,94	26,76	le 8	le 20
MOYENNE. . .	759,45	759,56	759,01	759,45	769,60	744,89	24,71		

Hauteur moyenne de l'année . . . . 759,32 mm.
Différence à 9 heures du matin . . . . . . +0,13
— à midi . . . . +0,04
— à 3 heures du soir . . . . —0,31
— à 9 heures du soir . . . . +0,13

Extrêmes de l'année. { Maximum, le 1 mars . . 774,26 mm. ; Minimum, le 10 janvier . 737,49 }
Intervalle de l'échelle parcouru. . . 36,77

Température centigrade de l'air à Gand, en 1871.

MOIS.	TEMPÉRATURE MOYENNE PAR MOIS.				Maximum moyen par mois.	Minimum moyen par mois.	MOYENNE par mois.	Maximum absolu par mois.	Minimum absolu par mois.	DATE du maximum absolu.	DATE du minimum absolu.
	9 heures du matin.	Midi.	3 heures du soir.	9 heures du soir.							
Janvier	- 2,4	- 0,6	- 0,4	- 1,3	0,9	- 4,0	- 1,5	5,0	- 13,6	le 18	le 5
Février	3,2	6,5	7,0	5,8	8,3	1,0	4,6	14,1	- 10,1	le 28	le 11
Mars	6,4	10,2	10,8	5,7	12,5	1,8	7,1	10,1	- 3,0	le 27	le 2 et le 17
Avril	9,4	12,8	13,4	7,6	14,7	3,5	9,1	19,7	- 3,0	le 20	le 7
Mai	12,5	15,5	16,0	10,5	17,6	3,8	10,7	25,0	- 1,3	le 26	le 18
Juin	15,5	18,5	18,4	12,9	20,0	10,1	15,0	27,9	5,0	le 16	le 4
Juillet	19,4	20,6	22,3	16,2	24,9	12,0	18,4	28,7	9,2	le 15 et le 20	le 29
Août	20,7	23,5	24,4	18,5	25,5	13,1	19,3	30,6	8,2	le 14	le 2
Septembre . . .	16,8	19,0	19,1	13,8	20,8	11,2	16,0	30,0	6,1	le 3	le 25
Octobre . . .	7,5	11,5	12,0	7,1	13,1	4,1	8,6	19,1	- 1,0	le 20	le 27
Novembre . . .	1,7	5,8	4,0	2,2	5,4	0,1	2,7	11,6	- 5,2	le 8	le 21
Décembre . . .	0,2	1,4	1,6	0,7	3,1	- 1,7	0,7	7,2	- 13,2	le 16	le 8
MOYENNE. . .	9,2	11,9	12,4	8,1	13,9	4,6	9,2	19,8	- 2,0		

TEMPÉRATURE MOYENNE DE L'ANNÉE.
D'après les *maxima* et les *minima* moyens 9,2
— — absolus mensuels . 8,9
— les observations de 9 heures du matin . . 9,2
— la température moyenne du mois d'octobre . 8,6

EXTRÊMES DE L'ANNÉE.
Maximum, le 14 août 30,6
Minimum, le 8 décembre . . . . -13,2
Intervalle de l'échelle parcouru. 43,8

OBSERVATIONS

Psychromètre d'August à Gand, en 1871.

MOIS.	9 H. DU MATIN.		MIDI.		3 H. DU SOIR.		9 H. DU SOIR.	
	Thermomètre sec.	Thermomètre humide.	Thermomètre sec.	Thermomètre humide.	Thermomètre sec.	Thermomètre humide.	Thermomètre sec.	Thermomètre humide.
Janvier	-2,00	-2,62	-0,85	-1,60	-0,62	-1,55	-1,05	-1,93
Février	3,75	2,50	6,00	4,75	6,52	5,00	4,76	3,80
Mars	6,30	4,88	9,87	6,96	10,82	7,34	6,50	4,84
Avril	9,03	7,53	11,78	8,73	12,45	9,34	8,00	6,34
Mai.	11,80	9,25	14,16	10,28	14,66	10,65	10,80	8,51
Juin	14,40	12,54	16,94	13,62	17,16	13,81	13,00	11,31
Juillet.	18,69	16,00	21,26	17,60	21,85	17,40	16,46	14,01
Août	20,46	16,94	23,25	17,90	23,81	17,98	18,49	15,90
Septembre	16,05	13,91	17,93	14,63	18,78	14,70	14,23	12,65
Octobre	7,60	6,74	11,08	9,24	11,36	9,48	8,01	7,10
Novembre.	1,94	1,13	3,43	2,79	4,18	2,75	2,60	1,68
Décembre.	0,46	-0,54	1,35	0,66	1,53	0,66	0,70	-0,10
MOYENNE.	9,04	7,35	11,35	8,75	11,87	8,96	8,52	7,00

État hygrométrique de l'air à Gand, déduit de l'observation du psychromètre d'August, en 1871.

MOIS.	TENSION DE LA VAPEUR D'EAU contenue dans l'air.				HUMIDITÉ RELATIVE DE L'AIR.			
	9 heures du matin.	Midi.	3 heures du soir.	9 heures du soir.	9 heures du matin.	Midi.	3 heures du soir.	9 heures du soir.
	mm.	mm.	mm.	mm.				
Janvier	3,95	4,17	4,09	4,01	88,8	87,1	84,1	84,7
Février	5,17	6,09	6,03	5,85	80,7	82,3	78,8	85,4
Mars	6,03	6,10	5,98	5,99	80,3	64,9	60,0	79,5
Avril	7,28	6,98	7,29	6,57	81,5	66,1	66,2	78,6
Mai.	7,53	7,32	7,47	7,27	71,1	60,0	59,4	73,1
Juin	9,96	9,84	9,96	9,26	80,4	67,9	68,2	81,4
Juillet	12,04	11,94	12,17	10,64	75,2	64,2	63,2	76,2
Août	12,31	12,07	11,86	12,00	69,4	57,8	55,0	75,9
Septembre	10,74	10,60	10,19	10,18	78,6	69,3	63,4	82,2
Octobre	7,25	7,95	8,05	7,38	88,4	78,5	78,2	88,0
Novembre	4,96	5,66	5,18	5,08	86,6	89,9	78,5	85,1
Décembre.	4,85	4,86	4,80	4,67	93,7	88,1	86,2	88,2
MOYENNE.	7,67	7,79	7,75	7,41	81,2	73,0	70,1	81,5

Quantité d'eau recueillie; nombre de jours de pluie, de grêle, de neige, etc., à Gand, en 1871.

MOIS.	Quantité d'eau recueillie par mois, en millimètres.	Nombre de jours où l'on a recueilli de l'eau.	NOMBRE DE JOURS DE							
			Pluie.	Grêle.	Neige.	Gelée.	Tonnerre.	Brouillard.	Ciel entièrement couvert.	Ciel sans nuages.
Janvier . . .	mm. 58,0	16	7	»	9	27	»	5	15	2
Février . . .	76,7	9	11	»	2	9	»	6	8	»
Mars	30,0	13	10	2	3	8	»	4	3	4
Avril	122,4	18	10	1	»	5	2	»	2	1
Mai.	46,6	7	10	»	»	3	1	1	1	2
Juin	120,3	17	19	»	»	»	3	5	7	»
Juillet. . . .	106,6	13	20	»	»	»	4	1	1	»
Août	34,3	6	11	»	»	»	2	1	1	1
Septembre . .	123,3	12	14	1	»	»	3	4	1	1
Octobre . . .	80,4	9	11	»	»	2	1	6	1	»
Novembre . .	25,7	10	11	3	3	13	1	9	6	1
Décembre . .	58,3	13	9	»	5	17	»	9	7	»
Total. . .	862,6	143	152	7	22	84	17	51	55	12

État du ciel à Gand, en 1871.

MOIS.	SÉRÉNITÉ DU CIEL.					INDICATIONS DE L'ÉTAT DES NUAGES ET DU CIEL, d'après les observations faites à 9 h. du matin, à midi, à 3 et à 9 h. du soir.									
	9 heures du matin.	Midi.	3 heures du soir.	9 heures du soir.	Moyenne.	Ciel serein.	Cirrhus.	Cirrho-cumul.	Cu-mulus.	Cirrho-stratus.	Cumulo-stratus.	Stratus.	Nimbus.	Éclair-cies.	Ciel couvert.
Janvier . . .	2,0	2,5	1,8	1,9	2,0	18	1	»	10	1	3	28	»	15	74
Février . . .	1,4	1,5	1,7	2,1	1,7	6	2	3	18	1	10	21	»	23	50
Mars. . . .	4,7	4,8	5,4	4,9	4,9	26	6	4	30	5	13	12	2	22	27
Avril. . . .	1,7	1,6	1,7	4,2	2,3	12	10	1	20	2	22	17	3	34	41
Mai	2,8	3,2	2,0	4,6	3,4	16	5	1	23	8	19	17	1	31	56
Juin. . . .	1,5	1,2	1,1	2,5	1,6	3	3	5	24	4	25	31	3	38	42
Juillet . . .	2,4	1,6	1,0	4,5	2,0	2	6	4	42	2	5	28	5	32	24
Août. . . .	5,5	5,2	5,4	6,5	5,6	21	9	4	34	4	6	14	1	12	21
Septembre. .	4,5	4,0	4,0	4,0	4,3	20	6	7	18	1	14	24	2	21	32
Octobre. . .	2,8	3,4	3,3	5,8	3,8	18	11	8	9	7	4	22	1	32	28
Novembre . .	2,0	2,6	2,2	2,0	2,2	8	2	4	8	1	5	35	2	29	52
Décembre . .	1,5	2,9	1,5	2,8	2,0	7	3	5	3	4	3	42	»	21	62
L'année. .	2,7	2,8	2,7	3,9	3,0	157	64	46	239	40	129	291	20	310	498

OBSERVATIONS

Nombre d'indications de chaque vent à Gand, en 1871.

(D'après les observations faites trois fois par jour, à 9 h. du matin, à midi et à 5 h. du soir.)

MOIS.	N.	NNE.	NE.	ENE.	E.	ESE.	SE.	SSE.	S.	SSO.	SO.	OSO.	O.	ONO.	NO.	NNO.
Janvier	4	»	4	1	9	3	17	1	29	2	9	»	2	»	6	1
Février	1	»	1	»	1	»	7	»	31	1	9	7	16	1	7	»
Mars	13	2	6	»	13	»	7	1	12	1	19	2	13	»	2	2
Avril	6	»	7	2	4	1	1	1	12	2	11	4	19	4	15	»
Mai	16	»	5	2	11	5	3	»	4	»	5	2	12	2	14	10
Juin	14	»	6	2	3	1	7	»	14	3	5	2	9	5	10	7
Juillet	4	»	»	»	2	»	6	»	33	3	18	5	13	4	1	»
Août	1	1	9	2	20	3	10	1	11	2	12	4	8	3	3	»
Septembre	4	2	6	4	12	5	13	2	16	4	9	3	5	»	4	1
Octobre	»	»	6	2	9	4	20	2	15	4	14	»	8	4	3	»
Novembre	3	»	14	»	15	2	6	4	10	1	7	»	7	9	9	»
Décembre	»	»	11	»	»	»	5	1	30	6	17	1	6	2	6	»
L'année	66	5	75	15	99	22	102	13	210	29	135	30	118	54	80	21

RÉSUMÉ

Des observations météorologiques faites à Liége, en 1871,

Par M. D. LECLERCQ,

Agrégé à l'Université, directeur honoraire de l'École industrielle.

Pression atmosphérique.— Le baromètre, construit d'après le système Forlin et modifié par Delcros, porte le n° 243 d'Ernst. Le lieu d'observation est situé dans l'intérieur de la ville.

Des comparaisons, faites à l'Observatoire royal de Bruxelles, ont montré que les indications barométriques exigent une correction additive de $0^{mm},45$, pour exprimer des hauteurs absolues. Les nombres obtenus par l'observation ont été ramenés à zéro degré de température centigrade et ont subi ensuite la correction totale qui renferme la dépression due à la capillarité ainsi que l'erreur du zéro du thermomètre et celles qui pourraient provenir d'autres imperfections de l'instrument.

La cuvette du baromètre se trouve à six mètres au-dessus du zéro de l'échelle du pont des Arches. D'après les ingénieurs des ponts et chaussées, l'altitude de ce repère, par rapport au niveau moyen de la mer du Nord, est de $54^{m},71$, ce qui élève à $60^{m},71$ la hauteur de la cuvette.

Température. — Le thermométrographe de Six, perfectionné par Bellani, a continué d'indiquer les différentes températures du jour et les extrêmes; sa marche a été constamment comparée avec celle d'autres thermomètres dont les zéros sont déterminés au commencement de chaque année; les nombres inscrits dans les tableaux ont subi les corrections qui les concernent.

Pluie et vents. — L'udomètre, pareil à celui de l'Observatoire royal de Bruxelles, est placé au milieu d'un vaste jardin; il se trouve éloigné des bâtiments et des arbres.

La direction des vents supérieurs est prise d'après le mouvement des nuages; celle des vents inférieurs est donnée d'après une girouette parfaitement mobile et d'après la direction de la fumée des plus hautes cheminées de machines à vapeur.

Tableaux. — Un changement a été apporté au tableau concernant la pression atmosphérique; au lieu de présenter seulement les *maxima* et *minima* absolus de chaque mois, il en rapporte les principaux, trois pour les *maxima*, et autant pour les *minima*, avec leur date respective. Entre deux de ces *maxima* consécutifs et les *minima* qui les alternent, il y en a d'autres de chaque sorte qui sont inférieurs aux premiers et supérieurs aux seconds, en ne considérant toutefois qu'un *maximum* principal et un de ses *minima* principaux qui l'alternent; il semblerait donc, d'après ce qui est transcrit, que l'atmosphère éprouve chaque mois trois oscillations principales, dont les intermédiaires ne seraient que les ondulations. Quoi qu'il en soit, la modification faite à ce tableau n'a eu pour objet que de mieux faire connaître le mouvement de l'atmosphère à la station de Liége.

Pression atmosphérique à Liége, en 1871.

MOIS.	HAUTEUR MOYENNE du baromètre par mois. 9 heures du matin.	midi.	MOYENNE par mois. des maxima diurnes.	des minima diurnes.	Différ.s ou variations diurnes.	MAXIMUM absolu par mois.	MINIMUM absolu par mois.	Différ.s ou variations mensuelles.	MAXIMA PRINCIPAUX du mois. 1ers.	2mes.	3mes.	MINIMA PRINCIPAUX du mois. 1ers.	2mes.	3mes.	DATES DES MAXIMA principaux.	DATES DES MINIMA principaux.
	mm.	mm.	mm.	mm.	mm.	mm.	mm.	mm.	mm.	mm.	mm.	mm.	mm.	mm.		
Janvier. . . .	755,34	755,10	755,17	750,86	4,31	764,40	736,70	27,70	762,19	762,05	764,40	745,17	730,70	749,65	le 31 décemb.; les 13 et 31 janv.	les 9 et 17 janv.; le 6 février.
Février. . . .	58,85	58,60	60,03	56,16	4,77	67,34	39,70	27,64	64,40	64,30	67,34	30,70	51,89	52,46	les 7, 18, 24	les 10, 20, 28
Mars. . . .	59,06	58,54	60,02	56,01	4,61	70,24	44,79	26,45	70,24	66,34	63,21	51,67	44,79	52,71	les 1, 9, 18	les 6, 16, 24
Avril	52,31	52,16	54,57	50,13	4,44	61,51	39,13	22,38	62,77	61,31	58,83	49,88	59,13	45,49	le 26 mars; les 7 et 22 avril.	les 3, 19, 29
Mai. . . .	57,47	57,22	58,52	53,55	2,97	64,17	48,97	15,20	61,08	64,17	64,02	52,11	48,97	53,82	les 2, 7, 22	les 5, 14, 27
Juin. . . .	53,49	53,25	54,48	52,04	2,44	60,02	46,15	13,87	60,02	57,30	58,49	48,09	46,69	46,15	le 30 mai; les 13 et 26 juin.	les 8 et 20 juin; le 2 juillet.
Juillet	54,23	54,03	56,13	51,04	4,49	63,58	41,00	22,58	63,58	61,17	57,80	43,75	48,44	41,00	les 6, 16, 21	les 11, 19, 25
Août. . . .	57,63	57,43	58,57	55,70	3,17	68,03	45,39	22,64	59,96	69,39	61,29	49,64	45,39	59,64	les 1, 6, 20	les 3, 18, 24
Septembre. . .	53,98	53,57	55,98	50,06	5,92	62,03	38,47	23,56	68,03	62,03	54,80	49,65	40,92	38,47	le 25 août; les 15 et 22 sept.	les 8, 21, 28
Octobre . . .	56,74	56,33	58,45	54,10	4,35	69,23	36,08	33,15	52,90	69,23	66,03	30,08	51,41	50,15	le 22 sept.; les 13 et 25 oct.	les 1, 19, 30
Novembre. . .	55,40	54,98	57,27	52,92	4,35	69,02	42,70	26,32	59,90	65,95	69,02	42,70	47,30	45,47	les 5, 14, 20	les 8, 17, 30
Décembre. . .	59,99	60,03	61,73	57,20	4,46	70,23	46,87	23,36	63,02	70,23	63,48	52,23	46,87	48,36	les 2, 12, 24	les 6, 20, 28
Moyenne. . . .	750,04	755,77	757,73	753,34	4,19	765,82	742,21	23,61	762,39	763,90	762,30	746,36	745,71	748,03		

Extrêmes de l'année . . .
$\left\{\begin{array}{l}\text{Maximum, le 1}^{er}\text{ mars . . . . . 770,24}\\ \text{Minimum, le 1}^{er}\text{ octobre . . . . . 736,08}\end{array}\right.$

Intervalle de l'échelle parcouru 34,16

Température centigrade de l'air à Liége, en 1871.

MOIS.	MOYENNE PAR MOIS.		MOYENNE PAR MOIS		TEMP. moyenne par mois.	DIFFÉR.s ou variations diurnes.	MAX. absolus par mois.	MIN. absolus par mois.	DIFFÉR.s ou variations mensuelles.	MAXIMA PRINCIPAUX du mois.			MINIMA PRINCIPAUX du mois.			DATES	
	9 heures du matin.	Midi.	des maxima diurnes.	des minima diurnes.						1ers.	2mes.	3mes.	1ers.	2mes.	3mes.	DES MAXIMA principaux.	DES MINIMA principaux.
Janvier . .	— 2,45	— 0,33	0,99	— 4,65	— 1,82	5,02	5,70	—14,80	20,50	3,90	5,70	0,80	—14,80	— 8,60	— 7,10	les 7, 17, 30	les 5, 16, 27
Février . .	3,63	5,82	7,34	1,63	4,43	5,61	14,10	— 9,80	23,90	9,40	11,70	14,10	— 7,80	— 9,80	0,10	les 5, 19, 27	le 31 janvier; les 11 et 26 fév.
Mars . . .	6,17	9,72	11,85	3,28	7,55	8,35	20,40	— 2,20	22,60	15,00	15,40	20,40	— 2,80	4,60	— 1,80	les 4, 12, 23	les 2, 11, 20
Avril . . .	9,47	11,77	13,86	5,86	9,80	8,00	19,10	— 0,60	19,70	14,10	19,10	16,70	— 0,60	0,46	4,90	les 5, 10, 29	le 30 mars; les 7 et 29 avril
Mai	11,83	13,98	16,10	7,42	11,76	8,08	24,50	3,10	21,40	17,90	16,20	24,50	4,10	4,00	3,10	les 3, 10, 26	les 2, 17, 18
Juin	14,82	16,39	18,40	10,51	14,65	7,40	26,70	4,00	21,80	24,50	16,30	26,70	4,90	8,00	8,50	le 26 mai; les 10 et 17 juin	les 4, 11, 20
Juillet . .	19,28	21,74	23,49	13,70	18,64	9,70	27,10	11,30	15,80	26,90	27,10	26,70	11,90	12,10	11,30	les 2, 18, 22	les 12, 21, 27
Août . . .	18,86	21,94	23,51	14,08	19,09	8,83	28,90	9,50	19,40	23,00	28,90	25,30	12,10	19,80	9,50	les 3, 13, 21	les 5, 20, 23
Septembre.	15,38	19,05	20,68	11,77	16,22	8,91	28,20	3,20	25,00	28,20	27,20	18,50	14,40	5,20	7,90	les 1, 6, 24	les 4, 20, 26
Octobre. .	7,31	10,67	12,47	4,31	8,39	8,16	17,90	— 3,20	21,10	17,90	17,10	17,10	7,00	0,10	— 3,20	le 30 sept.; les 7 et 19 oct.	les 4, 12, 27
Novembre.	1,41	3,32	4,75	— 0,96	2,23	5,03	13,20	— 5,50	18,70	13,20	10,60	2,30	— 3,80	— 5,50	— 0,30	le 30 oct.; les 8 et 25 nov.	les 6, 21, 26
Décembre.	— 1,44	0,14	1,81	— 2,77	— 0,48	4,58	5,80	—18,30	24,10	2,10	0,90	5,80	— 3,30	—18,30	— 4,90	le 27 nov.; les 5 et 29 déc.	les 2, 8, 23
Moyenne .	8,71	11,18	13,18	5,50	9,34	7,08	19,30	— 1,70	21,00	16,16	16,35	16,57	1,62	0,47	2,30		

TEMPÉRATURE MOYENNE DE L'ANNÉE.

D'après les *maxima* et *minima* moyens 0,54
» les maxima et minima absolus par mois 8,80
» les deux extrêmes de l'année 8,30
» les observations de 9 h. du matin pendant l'année . 8,71
» la température moyenne du mois d'octobre 8,60
» les observations de 9 h. du m. pendant le mois d'octob. 7,31

TEMPÉRATURES EXTRÊMES DE L'ANNÉE.

Maximum, le 13 août 28,90
Minimum, le 8 décembre . . . . —18,30

Intervalle de l'échelle parcouru 47,20

Quantité d'eau recueillie; nombre de jours de pluie, de grêle, etc., à Liége, en 1874.

MOIS.	Nombre de jours de pluie, de neige et de grêle.	Quantité d'eau recueillie par mois, en millimètres.	Hauteur moy. de l'eau tombée par chaque jour de pluie, de neige et de grêle.	NOMBRE DE JOURS DE							
				Ciel sans nuages.	Pluie.	Grêle.	Neige.	Brouillard.	Gelée.	Tonnerre.	Ciel entièrem' couvert.
		mm.	mm.								
Janvier	15	24,32	1,62	5	4	5	6	27	27	0	18
Février	13	55,73	4,13	3	12	2	1	21	6	0	16
Mars	15	26,61	1,77	9	14	2	5	21	7	1	10
Avril	24	115,60	4,82	5	24	4	1	24	1	5	21
Mai	13	38,83	2,95	5	13	0	0	13	0	1	11
Juin	25	154,59	6,17	1	25	5	0	14	0	6	19
Juillet . . .	22	106,82	4,85	1	22	4	0	14	0	13	15
Août	11	36,70	3,34	8	11	0	0	22	0	4	11
Septembre . . .	15	64,55	4,30	5	15	0	0	24	0	5	12
Octobre . . .	12	31,16	2,59	6	12	0	0	29	3	0	15
Novembre . . .	18	18,65	1,04	5	16	0	6	30	13	0	17
Décembre . . .	17	46,73	2,75	2	10	1	7	29	20	0	17
L'année . . .	200	717,96	3,59	53	178	21	24	268	77	51	180

État du ciel à Liége, en 1874.

MOIS.	SÉRÉNITÉ DU CIEL.			INDICATIONS DE L'ÉTAT DES NUAGES, d'après les observations faites chaque jour, à 9 heures du matin et à midi.						
	9 heures du matin.	Midi.	Moyenne.	Cirrhus.	Cirrho-cumulus.	Cumulus.	Cirrho-stratus.	Cumulo-stratus.	Stratus.	Nimbus.
Janvier	3,00	2,83	2,91	7	1	25	0	17	25	14
Février	1,64	2,07	1,85	10	0.	24	5	19	25	26
Mars	4,71	4,77	4,74	13	0	25	0	20	12	17
Avril	1,70	1,86	1,78	10	2	27	2	31	20	37
Mai	3,16	3,61	3,38	11	3	35	4	30	9	20
Juin	1,70	1,37	1,53	18	2	29	2	31	21	40
Juillet	2,09	2,03	2,06	25	3	39	6	39	13	31
Août	4,74	3,35	4,04	16	4	35	5	33	10	20
Septembre	4,03	3,63	3,83	24	6	25	8	25	12	14
Octobre	3,23	3,74	3,48	23	4	26	12	21	15	41
Novembre.	2,57	2,50	2,53	7	2	29	5	28	22	12
Décembre.	3,16	2,42	2,79	11	1	20	5	16	31	9
L'année. . . .	2,98	2,85	2,91	173	28	339	52	310	211	251

OBSERVATIONS

Nombre d'indications de chaque vent supérieur à Liége, en 1871.

(D'après les observations faites chaque jour, à 9 h. du matin et à midi.)

MOIS.	N.	NNE.	NE.	ENE.	E.	ESE.	SE.	SSE.	S.	SSO.	SO.	OSO.	O.	ONO.	NO.	NNO.
Janvier	0	0	2	1	0	0	1	2	0	1	14	0	0	2	4	1
Février	0	0	0	0	0	1	0	0	0	5	8	4	5	13	5	2
Mars	0	2	3	0	0	0	0	0	0	2	12	1	2	7	5	2
Avril	0	3	2	0	0	0	0	1	0	3	7	2	12	19	1	2
Mai	5	10	1	1	0	0	1	0	0	2	1	0	3	7	12	6
Juin	1	2	4	0	0	0	5	3	1	4	10	3	6	5	1	2
Juillet	0	0	0	0	0	0	0	2	0	3	28	6	3	11	5	0
Août	0	2	5	0	0	7	0	0	0	5	17	0	8	1	4	1
Septembre	0	2	2	0	0	0	3	0	0	7	16	1	7	6	2	0
Octobre	0	0	1	1	0	1	4	0	0	2	11	1	9	7	8	1
Novembre	0	1	3	9	2	3	3	0	0	2	2	0	3	8	7	2
Décembre	1	4	0	0	0	0	0	0	0	2	13	0	2	7	5	2
L'année	5	26	23	12	2	12	17	8	1	38	139	18	60	83	57	20

Nombre d'indications de chaque vent inférieur à Liége, en 1871.

(D'après les observations faites chaque jour, à 9 h. du matin et à midi.)

MOIS.	N.	NNE.	NE.	ENE.	E.	ESE.	SE.	SSE.	S.	SSO.	SO.	OSO.	O.	ONO.	NO.	NNO.
Janvier	2	12	12	0	0	0	3	1	6	19	2	0	0	1	3	1
Février	5	1	1	0	0	0	3	0	4	23	10	0	0	5	2	2
Mars	2	8	4	3	0	2	3	2	4	19	5	0	1	4	2	3
Avril	2	7	8	1	0	0	1	0	0	9	16	0	2	12	1	1
Mai	8	10	12	0	0	3	2	0	3	2	3	0	1	9	5	4
Juin	4	13	2	0	0	0	0	4	2	11	6	0	1	11	5	1
Juillet	0	3	2	0	0	0	2	2	6	24	6	0	1	14	0	2
Août	1	12	12	0	0	0	1	1	6	9	6	0	0	11	3	0
Septembre	0	10	14	0	0	0	4	1	1	17	8	0	0	5	0	0
Octobre	0	15	8	0	0	0	2	1	5	13	6	0	0	9	3	0
Novembre	4	12	14	1	0	2	0	1	1	8	7	0	2	4	4	0
Décembre	2	5	1	0	0	1	1	2	5	35	7	1	1	2	1	0
L'année	30	108	90	5	0	8	22	15	43	187	82	1	9	87	29	14

Nombre d'indications de chaque vent par lequel il y a eu éclairs ou tonnerre à Liége, en 1871.

MOIS.	N.	NNE.	NE.	ENE.	E.	ESE.	SE.	SSE.	S.	SSO.	SO.	OSO.	O.	ONO.	NO.	NNO.
Mars	0	0	0	0	0	0	0	0	0	0	0	0	0	1 le 27	0	0
Avril	0	0	0	0	0	0	0	0	0	1 le 19	0	0	1 le 16	1 le 25	0	0
Mai	0	0	0	0	0	0	0	0	0	1 le 26	0	0	0	0	0	0
Juin	0	0	0	0	0	0	0	1 le 17	0	1 le 20	2 les 11 et 23	0	0	2 les 20 et 21	0	0
Juillet	0	0	0	0	0	0	0	1 le 2	0	5 5,19,22,29,50	5 1,8,10,11,24	1 le 25	0	0	1 le 18	0
Août	0	0	0	0	0	0	0	2 le 14	0	1 le 18	1 le 25	0	0	0	0	0
Septembre . .	0	0	0	0	0	0	1 le 8	0	0	2 les 3 et 4	0	0	0	0	0	0
L'ANNÉE . . .	0	0	0	0	0	0	1	4	0	11	8	1	1	4	1	0

Nombre d'indications de chaque vent par lequel il tombait de la pluie, de la neige ou de la grêle à Liége, en 1871.

(D'après les observations relevées chaque jour à 0 h. du matin et à midi.)

MOIS.	N.	NNE.	NE.	ENE.	E.	ESE.	SE.	SSE.	S.	SSO.	SO.	OSO.	O.	ONO.	NO.	NNO.
Janvier	1	3	2	0	0	0	2	0	0	0	7	0	0	0	0	0
Février	0	1	0	0	0	0	0	0	0	3	4	0	5	2	0	0
Mars	1	2	0	0	0	0	0	0	0	3	3	0	0	4	1	1
Avril	0	1	0	0	0	0	0	0	0	5	3	1	5	9	1	1
Mai	0	1	0	0	0	0	0	0	0	2	0	0	2	4	3	1
Juin	2	3	3	0	0	0	1	1	0	4	4	0	2	3	2	0
Juillet	0	0	0	0	0	0	0	0	0	5	11	2	1	3	0	0
Août	0	0	0	0	0	0	0	2	0	1	3	0	3	0	2	0
Septembre	0	1	0	0	0	0	1	0	0	5	6	0	2	0	0	0
Octobre	0	0	0	0	0	0	0	0	0	2	2	3	3	2	0	0
Novembre	1	2	0	2	0	1	0	0	0	3	1	0	1	4	3	0
Décembre	0	2	0	0	0	0	0	0	0	6	3	0	2	2	2	0
L'ANNÉE	5	16	5	2	0	1	4	3	0	37	47	0	24	33	14	3

Nombre d'indications de tempêtes et de très-forts vents supérieurs et inférieurs à Liége, en 1871.

MOIS.	N.	NNE.	NE.	ENE.	E.	ESE.	SE.	SSE.	S.	SSO.	SO.	OSO.	O.	ONO.	NO.	NNO.
Janvier	1	3	0	0	0	0	0	0	0	5	1	0	0	0	0	0
Février	0	1	1	0	0	0	0	0	0	6	4	0	0	3	0	0
Mars	0	3	3	0	0	2	0	1	1	7	1	0	0	0	1	1
Avril	0	3	3	0	0	0	0	0	0	6	7	0	0	3	1	0
Mai	1	5	3	0	0	1	2	0	0	0	1	0	1	2	0	1
Juin	3	4	0	0	0	0	0	1	0	2	1	0	0	1	2	0
Juillet	0	0	0	0	0	0	1	1	2	12	5	0	0	3	0	0
Août	0	5	4	0	0	0	0	0	1	2	3	0	1	6	2	0
Septembre	0	6	2	0	0	0	0	0	0	3	4	0	0	1	0	0
Octobre	0	2	0	0	0	0	0	0	0	4	2	0	2	2	0	0
Novembre	0	3	3	1	0	0	0	0	0	1	4	0	1	1	0	0
Décembre	0	2	0	0	0	0	0	0	2	5	5	0	1	0	0	0
L'ANNÉE	5	37	19	1	0	3	3	3	6	55	38	0	6	22	6	2

RÉSUMÉ

Des observations météorologiques faites à Ostende, en 1871,

Par M. J. CAVALIER,

PROFESSEUR A L'ÉCOLE DE NAVIGATION.

———

Pression atmosphérique. — Le baromètre employé pour déterminer la pression atmosphérique est construit selon le système Fortin-Delcros; il est placé dans une chambre qui fait face au NO. et dont la température varie peu; sa cuvette est élevée de 6^m,65 au-dessus du sol, ou de 9^m,33 au-dessus du *niveau moyen* de la mer.

Des comparaisons faites en 1865 ont constaté que ses indications exigent la correction de +0^{mm},05 aux hauteurs données ([1]). Les corrections pour la réduction à la température de zéro degré centigrade ont été faites aux observations à l'aide des tables de Delcros.

Température de l'air. — Les températures extrêmes ont été déterminées par des thermomètres à *maxima* et *minima,* divisés sur tige. Celles des différentes époques du jour ont été relevées d'après le thermomètre à boule sèche du psychromètre, lequel, divisé sur tige en cinquièmes de degré, donne par estimation le vingtième de degré. Ces instruments se trouvent à 6^m,65 au-dessus du sol.

État hygrométrique de l'air. — Les tables de Biot, suivant les expériences de Dalton, ont donné la tension de la vapeur d'eau; l'humidité relative de l'air en a été déduite d'après la formule employée à l'Observatoire royal de Bruxelles.

Radiation solaire. — Les observations de la radiation solaire ont été faites au moyen de l'héliothermomètre. Cet instrument se compose d'un thermomètre à *maxima* à bulle d'air, gradué sur tige, introduit dans un tube de verre hermétiquement fermé et vide d'air,

([1]) Voir le résumé des observations faites en 1865.

qui se termine en sphère creuse et mince, de 66 millimètres de diamètre, dont la boule noire du thermomètre occupe le centre. Les observations sont faites à midi, par un ciel clair.

Tous les thermomètres employés aux observations sont construits à l'échelle centigrade par Casella; les zéros en ont été soigneusement vérifiés au commencement de l'année.

Jours de pluie, de grêle, de neige, etc. — L'udomètre se trouve à $10^m,42$ au-dessus du sol. La quantité d'eau recueillie a été mesurée à midi; lorsqu'il était tombé à la fois de la pluie et de la neige, l'eau a été attribuée par moitié à l'une et à l'autre. Le nombre de jours de pluie, de grêle et de neige est donné sans avoir égard à la quantité d'eau tombée; les jours où la pluie a été accompagnée de grêle ou de neige sont comptés parmi les jours de pluie, de grêle et de neige respectivement. Les brouillards de terre assez prononcés ont été les seuls annotés.

Vents. — La direction du vent a été déterminée d'après la girouette établie sur le sommet du clocher de l'église Saint-Pierre.

Pression atmosphérique à Ostende, en 1871.

MOIS.	HAUTEUR MOYENNE DU BAROMÈTRE PAR MOIS.						Maximum absolu par mois.	Minimum absolu par mois.	différences ou variations mensuelles.	DATE du maximum absolu.	DATE du minimum absolu.
	9 heures du matin.	Midi.	3 heures du soir.	6 heures du soir.	9 heures du soir.	Minuit.					
	mm.	mm.	mm.	mm.	mm.	mm.	mm.	mm.	mm.		
Janvier	758,21	757,05	757,55	757,71	757,95	757,81	769,91	737,88	32,03	le 31	le 16
Février	63,18	63,19	62,69	63,01	63,52	63,46	72,43	44,42	28,01	le 22	le 10
Mars.	63,80	63,72	63,13	63,00	63,25	63,22	75,38	47,74	27,64	le 4	le 16
Avril	57,33	57,43	57,57	57,41	57,82	57,61	67,47	42,65	24,82	le 6	le 19
Mai.	63,49	63,44	63,14	62,95	63,18	63,08	71,03	56,55	14,48	le 7	le 14
Juin.	59,20	59,11	59,05	59,03	59,34	59,15	66,48	50,32	16,16	le 26	le 17
Juillet.	58,75	58,71	58,65	58,71	59,04	58,73	68,70	45,30	23,40	le 6	le 25
Août	62,80	62,57	62,15	61,88	62,29	62,28	73,69	46,99	26,70	le 27	le 18
Septembre	58,80	58,64	58,52	58,51	58,58	58,85	68,03	41,34	26,69	le 14	le 28
Octobre.	61,40	61,34	61,01	61,21	61,41	61,34	74,65	41,86	32,79	le 12	le 1
Novembre.	61,09	60,82	60,44	60,78	61,01	60,78	73,51	47,59	25,92	le 19	le 8
Décembre.	64,80	64,77	64,11	64,15	64,36	64,69	74,30	46,27	28,03	le 12	le 20
L'ANNÉE. . . .	761,08	760,97	760,65	760,68	760,96	760,92	771,30	745,74	25,56	le 1er mars	le 16 janv.

		mm.
Extrêmes de l'année. . . . {	Maximum, le 1er mars	775,38
	Minimum (le 16 janvier)	737,88
	Intervalle de l'échelle parcouru.	37,50

Température centigrade de l'air à Ostende, en 1871.

MOIS.	TEMPÉRATURE MOYENNE PAR MOIS.						Maximum moyen par mois.	Minimum moyen par mois.	différence moyenne par mois.	moyenne par mois.
	9 heures du matin.	Midi.	3 heures du soir.	6 heures du soir.	9 heures du soir.	Minuit.				
Janvier. . .	-1,10	-0,03	0,10	-0,50	-0,49	-0,74	1,03	-2,54	3,57	-0,75
Février . . .	4,33	5,68	6,05	5,20	4,65	4,16	6,74	2,01	4,73	4,58
Mars	7,43	9,43	10,04	8,64	7,31	6,18	10,78	3,07	6,81	7,57
Avril	9,52	10,88	11,05	9,92	8,80	7,78	11,89	6,30	5,59	9,10
Mai.	12,01	13,64	13,95	13,17	11,34	9,60	14,97	7,64	7,33	11,31
Juin	14,47	15,53	15,04	15,22	13,60	12,76	16,04	11,23	8,71	14,09
Juillet . . .	17,68	19,40	19,58	18,76	16,52	14,73	20,80	12,92	7,88	16,86
Août	19,89	22,10	22,25	21,13	19,21	17,55	23,54	15,01	8,13	19,27
Septembre .	16,05	18,76	18,54	17,25	15,68	13,91	19,46	12,27	7,19	15,87
Octobre . .	9,02	12,43	13,10	11,04	9,41	8,46	13,38	6,60	6,78	9,39
Novembre .	3,13	4,84	5,32	4,29	3,78	3,14	5,70	1,36	4,34	3,33
Décembre .	1,69	2,66	3,04	2,56	2,36	1,80	4,00	0,02	3,98	2,01
Moyenne . .	9,54	11,28	11,56	10,57	9,50	8,26	12,42	6,42	6,00	9,42

MOIS.	moyenne par mois.	Maximum des moyennes diurnes.	Minimum des moyennes diurnes.	DATE du maximum des moyennes diurnes.	DATE du minimum des moyennes diurnes.	Maximum absolu par mois.	Minimum absolu par mois.	différence ou variation mensuelle.	DATE du maximum absolu.	DATE du minimum absolu.
Janvier. . .	-0,75	8,95	-7,95	le 7	le 2	6,30	-11,00	17,30	le 7	le 5
Février . . .	4,58	9,95	-5,58	le 27	le 11	11,80	-7,10	18,90	le 27	le 11
Mars	7,57	13,40	1,90	le 24	le 21	19,60	-1,60	21,20	le 24	le 21
Avril	9,10	12,30	5,55	le 20	le 1	16,20	0,00	16,20	le 20	le 7
Mai.	11,31	19,15	6,90	le 25	le 17	26,40	2,80	23,60	le 25	le 18
Juin	14,09	22,00	9,75	le 15	le 8	27,80	7,50	20,30	le 15	le 4
Juillet . . .	16,86	21,65	14,70	le 14	le 11	26,40	11,40	15,00	le 14	les 24 et 27
Août	19,27	22,80	15,05	le 13	le 1	27,20	11,00	16,20	le 20	le 28
Septembre .	15,87	24,10	9,30	le 2	le 26	29,00	7,00	22,00	le 2	le 23
Octobre . .	9,39	15,25	2,60	le 19	le 27	19,20	0,40	18,80	le 19	le 27
Novembre .	3,33	8,45	-1,20	le 8	le 24	10,30	-3,60	13,90	le 8	le 24
Décembre .	2,01	5,05	-9,00	le 10	le 8	7,80	-12,50	20,30	le 10	le 8
Moyenne . .	9,42	14,91	3,57	2 sept.	8 déc.	19,00	0,50	18,64	2 sept.	8 déc.

TEMPÉRATURE MOYENNE DE L'ANNÉE.

D'après les *maxima* et *minima* moyens. 9,42
»   »   » des moyennes diurnes . . 9,24
»   »   » absolus mensuels . . . 9,08
» les observations de 9 h. du matin 9,54
»   »   »   » et 9 h. du soir . 9,45
» la température moyenne du mois d'octobre . . 9,39

EXTRÊMES DE L'ANNÉE.

Maximum (le 2 septembre) 29,00
Minimum (le 8 décembre) . . . . -12,50

Intervalle de l'échelle parcouru 41,50

Psychromètre d'August à Ostende, en 1871.

MOIS.	9 H. DU MATIN.		MIDI.		5 H. DU SOIR.		6 H. DU SOIR.		9 H. DU SOIR.		MINUIT.	
	Ther-momètre sec.	Ther-momètre humide.	Ther-momètre sec.	Ther-momètre humide.	Ther-momètre sec.	Ther-momètre humide.	Ther-momètre sec.	Ther-momètre humide.	Ther-momètre sec.	Ther-momètre humide.	Ther-momètre sec.	Ther-momètre humide.
Janvier. . .	− 1°,19	− 1°,71	− 0°,03	− 0°,79	0°,19	− 0°,51	− 0°,30	− 0°,97	− 0°,42	− 1°,05	− 0°,74	− 1°,32
Février. . .	4,33	3,55	5,68	4,56	6,05	4,83	5,20	4,27	4,65	3,74	4,16	3,32
Mars	7,43	5,55	9,45	6,82	10,04	7,15	8,61	6,49	7,31	5,71	6,18	4,86
Avril. . . .	9,32	7,70	10,88	8,68	11,05	8,70	9,92	8,05	8,89	7,39	7,78	6,64
Mai.	12,01	9,26	13,64	10,25	13,95	10,36	13,17	10,04	11,34	9,01	9,60	7,87
Juin	14,47	12,37	15,53	13,10	15,64	15,48	15,22	12,96	13,66	12,10	12,76	11,44
Juillet . . .	17,68	14,91	19,40	15,76	19,58	15,79	18,76	15,02	16,52	14,03	14,73	13,05
Août	19,99	16,87	22,10	17,82	22,25	17,98	21,13	17,55	19,21	16,70	17,33	15,51
Sept. (1-15)	19,25	16,58	21,71	17,08	21,44	17,72	19,95	17,00	18,13	15,88	16,11	14,72
Octobre . .	8,46	6,87	11,67	9,04	12,30	9,60	10,36	8,59	8,83	7,52	7,94	6,82
Novembre .	3,13	1,98	4,84	3,30	5,52	3,68	4,29	2,90	3,76	2,45	3,14	2,01
Décembre .	1,69	1,08	2,66	1,89	3,04	2,25	2,56	1,90	2,36	1,71	1,80	1,21
Moyenne. .	9,71	7,92	11,46	9,01	11,74	9,23	10,74	8,66	9,52	7,94	8,40	7,18

État hygrométrique de l'air à Ostende, déduit de l'observation du psychromètre, en 1871.

MOIS.	TENSION DE LA VAPEUR D'EAU contenue dans l'air.						HUMIDITÉ RELATIVE DE L'AIR.					
	9 heures du matin.	Midi.	3 heures du soir.	6 heures du soir.	9 heures du soir.	Minuit.	9 heures du matin.	Midi.	3 heures du soir.	6 heures du soir.	9 heures du soir.	Minuit.
	mm.	mm.	mm.	mm.	mm.	mm.						
Janvier . .	4,26	4,35	4,49	4,45	4,40	4,33	91°,0	86°,4	87°,7	89°,7	89°,3	89°,8
Février . .	5,88	6,10	6,15	6,08	5,88	5,76	88,3	84,3	85,0	84,9	86,5	87,5
Mars. . .	6,05	6,22	6,22	6,35	6,51	6,10	74,9	67,8	65,5	72,9	78,6	81,6
Avril. . .	7,26	7,43	7,43	7,28	7,18	7,03	79,9	74,3	73,6	77,3	81,2	85,1
Mai . . .	7,43	7,53	7,53	7,63	7,53	7,27	69,4	65,7	62,5	66,7	73,2	78,6
Juin . . .	9,72	10,01	10,05	10,01	9,86	9,57	78,1	75,6	75,3	76,9	83,3	85,3
Juillet . .	11,04	11,28	11,21	10,65	10,64	10,41	73,3	67,7	66,5	66,3	75,7	82,4
Août. . .	12,50	12,64	12,79	12,79	12,81	12,16	72,4	64,7	64,4	69,3	77,7	82,4
Sept. (1-15)	12,43	12,66	12,80	12,72	12,20	11,81	75,2	66,5	68,6	73,9	78,9	86,1
Octob. (8-31).	6,86	7,57	7,65	7,65	7,35	7,12	79,6	70,2	70,1	78,7	85,4	85,4
Novembre .	5,06	5,33	5,42	5,26	5,14	5,08	82,0	77,5	76,4	79,2	80,0	82,2
Décembre .	5,05	5,26	5,38	5,32	5,25	5,12	89,7	87,8	87,6	89,4	80,3	90,3
Moyenne. .	7,80	8,02	8,10	8,01	7,88	7,65	79,5	73,8	73,4	77,1	81,4	84,7

Radiation solaire à Ostende, en 1871.

(D'après les observations faites à midi, au moyen de l'héliothermomètre à échelle centigrade.)

DATE.	Radiation solaire à midi.	Température Midi.	Température Maxim.
Février 5	29°00	9°60	10°00
9	27,60	5,05	6,30
11	27,70	−5,60	−3,60
17	34,25	8,15	9,40
20	34,30	8,60	9,20
22	34,75	6,95	7,00
23	27,80	7,80	8,80
26	34,00	9,75	10,90
Mars 1	30,00	4,45	6,20
2	36,65	6,45	9,70
3	37,30	11,40	14,90
4	36,95	13,30	15,20
8	34,85	8,85	9,40
17	32,75	6,60	6,60
23	40,30	17,00	19,20
24	39,90	16,80	19,60
25	42,00	14,20	15,10
26	42,95	15,60	16,50
28	35,50	6,90	7,50
Avril 2	36,70	8,75	9,20
6	38,00	8,85	9,20
7	42,00	10,40	11,90
8	42,70	11,20	11,70
9	57,00	9,65	10,20
10	42,00	9,55	10,50
11	39,25	12,40	13,20
25	39,00	11,15	11,80
28	44,00	13,45	14,20
Mai 3	43,40	17,00	18,10
7	43,65	13,30	14,20
8	45,65	13,50	13,80
16	42,50	11,25	12,10
17	43,75	10,70	10,80
21	47,90	14,60	15,40
22	46,65	15,20	17,20
23	48,55	20,60	23,00
24	48,50	23,60	26,30
25	48,35	24,00	26,40
27	44,25	14,15	16,30

DATE.	Radiation solaire à midi.	Température Midi.	Température Maxim.
Juin 10	46,85	16°25	16,80
13	47,00	17,65	21,20
15	49,65	26,80	27,80
20	45,95	17,45	18,40
24	42,00	17,00	17,50
26	44,05	13,35	14,50
27	44,95	15,00	17,50
29	46,15	17,50	18,90
Juillet 1	49,25	18,60	19,80
7	52,40	24,15	25,30
8	47,80	18,75	19,90
9	49,55	19,55	20,20
15	52,35	21,00	21,80
18	48,75	21,20	21,80
19	50,05	23,90	24,70
20	48,85	19,60	20,20
24	49,40	19,00	19,90
25	45,90	17,70	18,50
27	47,15	18,05	20,00
31	47,00	17,80	20,00
Août 1	47,60	19,45	20,10
2	52,25	22,20	23,50
3	46,00	21,55	24,70
5	48,05	19,00	19,80
7	49,65	22,55	22,80
8	52,15	23,40	26,60
9	50,40	24,00	24,90
10	52,05	23,80	25,70
11	53,75	26,00	26,20
12	52,00	25,95	25,80
13	54,00	26,60	27,20
14	49,80	24,85	25,20
15	48,20	23,20	23,60
16	50,05	23,60	25,20
17	46,95	26,25	26,40
19	46,00	18,85	20,70
20	46,55	22,80	23,60
26	48,00	18,80	19,80
27	47,95	18,45	19,60

DATE.	Radiation solaire à midi.	Température Midi.	Température Maxim.
Août 28	47°80	20°60	21°80
29	48,00	23,00	24,60
30	49,65	25,85	27,10
31	49,85	21,40	22,80
Septembre 1	49,10	21,20	25,20
2	51,65	28,60	29,00
4	45,90	23,80	25,20
5	46,65	20,60	20,80
6	46,75	24,60	26,80
7	43,30	19,05	19,90
10	48,00	23,15	23,80
11	49,25	23,35	23,80
12	47,95	22,40	22,70
15	46,95	21,00	21,30
Octobre 9	36,00	13,35	13,50
10	35,00	13,35	13,80
12	39,75	12,00	13,40
13	39,40	13,20	14,40
14	29,40	10,60	12,10
15	28,50	11,00	13,00
16	33,95	12,00	14,40
18	37,70	15,80	17,50
20	38,65	16,85	17,80
21	31,50	14,85	15,30
22	32,75	13,00	13,80
23	38,65	13,00	14,20
24	34,00	9,90	12,40
29	25,15	8,55	11,40
30	24,40	9,85	11,30
Novembre 3	35,25	8,00	8,80
5	31,50	4,10	5,10
6	30,75	3,75	4,20
7	30,95	8,20	9,80
9	30,65	7,00	8,10
11	25,10	7,45	8,00
12	31,50	6,65	7,10
20	24,00	3,65	4,20
21	24,00	0,30	1,10

Radiation solaire à Ostende, en 1871.

(D'après les observations faites à midi, au moyen de l'héliothermomètre à échelle centigrade.)

MOIS.	NOMBRE d'observations.	MOYENNE.	MAXIMUM.	MINIMUM.	DIFFÉRENCE.	DATE du maximum.	DATE du minimum.
Février	8	31°18	34°75	27°60	7°15	le 22	le 9
Mars	11	37,20	42,95	30,00	12,95	le 26	le 1
Avril	9	40,07	44,00	36,70	7,30	le 28	le 2
Mai	11	45,74	48,55	42,50	6,05	le 23	le 16
Juin	8	45,83	49,65	42,00	7,65	le 15	le 24
Juillet	12	49,02	52,40	45,90	6,50	le 7	le 25
Août	23	49,51	54,00	46,00	8,00	le 13	le 3
Septembre	10	47,55	51,65	43,30	8,35	le 2	le 7
Octobre	18	33,64	39,75	24,40	15,35	le 12	le 30
Novembre	9	29,28	35,25	24,00	11,25	le 3	le 21
L'année	116	41,80	45,30	36,24	9,06	le 13 août.	le 21 novemb.

Quantité de pluie, de grêle, etc.; nombre de jours de pluie, de grêle, etc.; et sérénité du ciel à Ostende, en 1871.

MOIS.	Quantité de pluie.	Quantité de neige.	Quantité d'eau recueillie par mois en millimètres.	Nombre de jours où l'on a recueilli de l'eau.	NOMBRE DE JOURS DE							SÉRÉNITÉ DU CIEL.						
					Pluie.	Grêle.	Neige.	Tonnerre.	Brouill.	Ciel couvert.	Ciel serein.	9 heures du matin.	Midi.	3 heures du soir.	6 heures du soir.	9 heures du soir.	Minuit.	moyenne.
	mm.	mm.	mm.															
Janvier.	10,105	17,815	27,920	17	10	1	12	0	6	11	1	2,48	2,16	2,18	1,71	2,10	3,10	2,33
Février.	41,355	3,420	44,775	15	17	0	2	0	6	7	1	2,04	2,39	1,40	2,04	2,18	2,25	2,14
Mars . .	11,905	7,605	19,510	17	14	0	2	0	5	4	5	4,23	4,35	5,00	5,26	5,45	4,45	4,79
Avril . .	75,290	»	75,290	17	18	0	0	0	1	4	1	2,27	3,67	2,37	3,37	3,90	3,03	3,26
Mai . . .	17,200	»	17,200	10	14	0	0	1	1	1	3	3,58	3,68	3,90	3,32	3,94	4,18	3,82
Juin . .	75,230	»	75,230	18	23	0	0	2	3	3	0	2,47	2,50	2,93	2,85	1,43	2,57	2,46
Juillet .	78,495	»	78,495	17	22	0	0	3	1	1	0	3,68	3,05	4,00	4,55	4,26	5,61	4,29
Août . .	31,265	»	31,265	6	9	0	0	1	3	1	1	6,35	6,19	5,94	5,94	6,42	6,08	6,23
Sept. . .	62,190	»	62,190	13	16	0	0	1	5	6	0	3,40	3,80	3,40	3,55	4,57	3,90	3,73
Octob. .	48,190	»	48,190	12	10	2	0	1	12	3	2	4,10	4,63	4,32	4,32	4,00	5,13	4,57
Nov. . .	32,245	1,845	34,090	11	13	2	3	0	10	6	1	3,17	2,87	2,53	3,07	3,07	3,03	3,14
Déc. . .	26,510	19,820	46,330	22	15	2	7	0	11	8	0	1,90	1,71	1,87	2,30	3,49	2,77	2,34
L'année.	507,980	50,505	558,485	177	181	7	26	9	64	66	15	3,56	3,46	3,55	3,35	3,96	4,07	3,62

Nombre d'indications de chaque vent à Ostende, en 1871.
(D'après les observations faites trois fois par jour à 9 h. du matin, à midi et à 3 h. du soir.)

MOIS.	NOMBRE d'observations	N.	NNE.	NE.	ENE.	E.	ESE.	SE.	SSE.	S.	SSO.	SO.	OSO.	O.	ONO.	NO.	NNO.
Janvier	93	0	0	5	16	8	5	5	8	15	19	6	1	3	2	0	0
Février	84	0	0	0	3	0	1	5	7	14	12	12	22	6	1	1	0
Mars	93	10	7	7	4	2	0	6	6	9	10	12	13	3	1	2	1
Avril	90	3	8	4	2	3	3	2	2	2	9	16	19	7	4	3	3
Mai	93	18	18	9	1	5	2	6	1	3	1	4	8	6	4	7	2
Juin	90	23	9	7	1	0	0	5	1	3	4	4	14	4	4	7	6
Juillet	93	3	5	1	0	0	3	2	1	4	16	19	30	4	3	2	0
Août	93	1	12	14	3	2	6	5	3	3	6	6	20	8	3	3	1
Septembre	90	3	2	15	6	11	10	6	1	4	4	6	10	6	2	3	1
Octobre	93	0	0	3	2	6	8	9	7	19	6	6	9	8	7	1	2
Novembre	90	6	0	4	17	10	4	5	4	9	4	2	6	3	5	8	3
Décembre	93	1	1	4	6	3	0	2	2	24	23	11	6	4	3	3	0
9 heures du matin . .	365	15	12	21	28	16	19	20	18	43	44	41	42	15	9	14	10
Midi	365	22	25	21	15	18	15	21	13	32	37	33	57	21	17	13	5
3 heures du soir . . .	365	33	25	31	18	14	8	15	12	34	33	30	59	23	13	13	4
L'année . . .	1095	68	62	73	61	48	42	56	43	109	114	104	158	50	39	40	19

Vents remarquables et leurs directions à Ostende, en 1871.

MOIS.	GRANDS.	TRÈS-GRANDS.	EXTRAORDINAIRES.	N.	NNE.	NE.	E.	S.	SSO.	SO.	OSO.	O.	ONO.	NO.	NNO.
Janvier	1	0	0	0	0	0	0	1	0	0	0	0	0	0	0
Février	5	1	0	0	0	0	2	0	0	4	0	0	0	0	0
Mars	1	1	0	0	0	0	0	0	0	1	1	0	0	0	0
Avril	1	1	0	0	0	0	0	0	0	2	0	0	0	0	0
Mai	1	0	0	0	0	0	0	0	0	0	0	1	0	0	0
Juin	6	0	0	2	1	0	0	0	0	0	0	0	1	0	2
Juillet	4	1	0	0	0	0	0	0	0	4	0	0	0	1	0
Août	5	0	0	0	0	0	0	0	0	0	3	0	0	0	0
Septembre	1	1	1	0	0	0	0	0	1	0	1	0	0	1	0
Octobre	2	0	0	0	0	0	0	0	0	1	0	1	0	0	0
Novembre	1	0	0	0	0	0	0	0	0	0	0	0	0	1	0
Décembre	1	1	1	1	0	1	0	0	0	0	0	1	0	0	0
L'année . . .	27	6	2	3	1	1	2	1	1	12	5	3	1	3	2

RÉSUMÉ

Des observations météorologiques faites à Ostende, en 1871,

Par M. P. MICHEL,

chef au nouveau Phare.

Température et humidité de l'air. — Les thermomètres à boule sèche et à boule humide du psychromètre, placés dans l'embrasure d'une fenêtre exposée au NO., sont abrités de la pluie et du rayonnement solaire par un toit en verre, et élevés de 5^m,30 au-dessus du sol, ou de 15^{m}88 au-dessus du niveau de la mer, à marée basse.

La correction —0°,50 pour le thermomètre à boule sèche a été appliquée à chaque observation, ainsi que celle de —0°,10 pour celui à boule humide.

Pluie, neige. — L'udomètre est placé à environ 5^m,10 au-dessus du sol; la quantité d'eau recueillie a été observée chaque jour à midi. L'indication de l'instrument qui donnait le chiffre le moins élevé a été écartée.

L'eau de neige a été distinguée, et lorsqu'il était tombé à la fois de la pluie et de la neige, l'eau a été attribuée par moitié à l'une et à l'autre. Le nombre de jours où l'on a recueilli de l'eau a été distingué du nombre de jours de pluie ou de neige.

Forme des nuages, état du ciel. — Outre la forme des nuages, pour obtenir les nombres rapportés dans le tableau relatif à la sérénité du ciel, j'ai représenté par 0 un ciel entièrement couvert, par 10 un ciel entièrement serein, et par les nombres compris entre 0 et 10 les états intermédiaires.

Vents. — La direction des vents est donnée d'après une girouette parfaitement mobile, fixée au sommet de la tour du phare, et d'après une boussole indiquant le nord vrai. La force du vent est indiquée par les nombres allant de 0 à 10 : 0 signifie calme plat; 1, sillage de un à deux nœuds; 2, sillage de trois à quatre nœuds; 3, sillage de cinq à six nœuds; 4, brise de perroquets; 5, un ris aux huniers; 6, deux ris aux huniers; 7, trois ris aux huniers; 8, les huniers au bas-ris; 9, au bas-ris des voiles basses; 10, ouragan.

Remarque. — L'udomètre n'a pu être observé pendant les cinq derniers mois de l'année 1871, à cause de sa détérioration.

Psychromètre à Ostende, en 1871.

MOIS.	9 H. DU MATIN.		MIDI.		5 H. DU SOIR.		MAXIMUM par mois. — Boule sèche.	MINIMUM par mois. — Boule sèche.	DATE du maximum absolu. — Boule sèche.	DATE du minimum absolu. — Boule sèche.
	Thermomètre sec.	Thermomètre humide.	Thermomètre sec.	Thermomètre humide.	Thermomètre sec.	Thermomètre humide.				
Janvier	-1°,63	-2°,02	-0°,17	-0°,07	-0°,22	-0°,74	5°,80	-11°,70	le 7	le 5
Février	3,64	2,35	5,36	4,39	5,71	4,68	10,80	-6,70	le 27	le 11
Mars.	6,58	5,03	8,57	6,32	9,58	6,81	18,50	0,10	le 23	le 1
Avril.	8,74	7,31	9,90	7,89	10,51	8,56	14,90	5,20	le 26	le 9
Mai	10,87	8,39	12,24	9,23	13,11	9,72	26,70	7,50	le 24	le 17
Juin.	13,79	11,53	14,30	12,13	14,77	12,43	27,30	8,40	le 15	le 7
Juillet	16,65	14,57	18,50	15,90	19,27	16,39	24,70	13,10	le 14	le 11
Août.	18,67	16,44	20,16	17,46	21,16	18,22	24,90	15,60	le 17	le 5
Septembre.	15,30	13,84	16,87	14,49	17,34	14,70	24,20	8,70	le 6	le 26
Octobre.	8,47	7,24	11,55	9,39	12,41	9,77	18,50	1,20	le 19	le 27
Novembre	2,90	1,91	4,39	3,10	4,84	3,31	9,30	-2,80	le 8	le 21
Décembre	1,31	0,96	2,41	1,88	2,66	2,07	7,40	-12,70	le 16	le 8
MOYENNE. . .	8,78	7,29	10,54	8,43	10,91	8,81	17,73	2,16	le 15 juin.	le 8 déc.

État du ciel à Ostende, en 1871.

MOIS.	SÉRÉNITÉ DU CIEL.				INDICATIONS DE L'ÉTAT DES NUAGES ET DU CIEL, d'après les observations faites à 9 h. du matin, à midi et à 5 h. du soir.									
	9 heures du matin.	Midi.	5 heures du soir.	Moyenne.	Ciel serein.	Cirrhus.	Cirrho-cumul.	Cumulus.	Cirrho-stratus.	Cumulo-stratus.	Stratus.	Nimbus.	Éclaircies.	Ciel couvert.
Janvier	2,48	2,19	2,19	2,29	5	3	2	5	9	14	11	19	2	54
Février	2,78	3,00	2,60	2,59	2	2	5	4	19	17	11	9	5	21
Mars	4,23	4,26	4,29	4,26	8	11	2	8	22	26	14	6	1	10
Avril	2,43	3,03	2,47	2,64	»	8	5	8	15	35	»	20	5	8
Mai.	3,55	3,84	4,06	3,75	8	5	1	7	10	51	4	2	1	15
Juin	2,77	3,00	2,57	2,78	»	2	1	3	16	60	1	16	1	5
Juillet.	3,25	4,23	4,00	3,82	1	3	5	14	23	56	1	9	1	2
Août	5,03	5,71	5,48	5,41	4	0	2	42	24	40	1	5	»	1
Septembre	3,87	4,17	3,83	3,96	2	6	4	11	34	35	1	14	»	5
Octobre	3,87	4,68	4,61	4,39	5	1	5	14	31	26	19	9	1	12
Novembre.	3,20	3,25	2,93	3,12	»	»	5	13	11	37	10	0	1	21
Décembre.	1,61	1,45	2,05	1,70	1	5	3	3	15	24	11	9	6	38
L'ANNÉE. . .	3,24	3,57	3,57	3,59	54	55	54	132	229	421	84	127	24	164

OBSERVATIONS

Quantité d'eau recueillie; nombre de jours de pluie, de grêle, de neige, de gelée, de tonnerre, de brouillard, etc., à Ostende, en 1871.

MOIS.	Quantité d'eau recueillie par mois en millimètres.	Quantité de neige recueillie par mois en millimètres.	Nombre de jours où l'on a recueilli de l'eau.	NOMBRE DE JOURS DE							
				Pluie.	Grêle.	Neige.	Gelée.	Tonnerre.	Brouillard.	Ciel couvert.	Ciel sans nuages.
Janvier	7,834	1,782	12	9	1	10	20	»	10	15	»
Février	28,520	0,032	14	16	1	2	4	»	10	7	»
Mars.	11,809	3,056	15	14	4	2	4	»	5	6	2
Avril.	60,572	»	20	18	2	»	2	1	3	3	»
Mai	17,601	»	12	14	»	»	»	1	»	2	2
Juin.	57,262	»	21	17	»	»	»	2	4	4	»
Juillet.	79,712	»	17	22	»	»	»	4	1	1	»
Août.	»	»	»	10	»	»	»	2	1	»	»
Septembre	»	»	»	14	»	»	»	1	»	2	»
Octobre	»	»	»	12	4	»	»	1	10	3	»
Novembre.	»	»	»	11	5	2	7	»	6	5	»
Décembre	»	»	»	11	3	5	10	»	11	8	»
Total. . .	»	»	»	168	20	21	47	12	61	54	4

Nombre d'indications de chaque vent à Ostende, en 1871.

(D'après les observations faites trois fois par jour, à 9 heures du matin, à midi et à 3 heures du soir.)

MOIS.	N.	NNE.	NE.	ENE.	E.	ESE.	SE.	SSE.	S.	SSO.	SO.	OSO.	O.	ONO.	NO.	NNO.	NOMBRE de jours.
Janvier	3	»	3	2	30	4	7	2	24	5	3	»	2	»	4	»	31
Février	»	»	»	»	3	5	6	1	29	»	5	9	20	»	6	»	28
Mars	7	4	11	1	6	11	4	3	10	2	10	6	5	4	1	»	31
Avril	4	2	8	2	6	2	4	2	6	2	7	5	19	6	13	1	30
Mai	4	28	12	»	7	1	7	»	2	»	»	»	10	3	16	3	31
Juin	15	11	9	2	»	»	5	»	3	1	3	1	9	3	25	2	30
Juillet.	8	5	»	»	1	»	»	2	23	5	13	4	16	5	13	»	31
Août	8	11	10	2	4	3	3	»	11	1	6	2	15	2	12	1	31
Septembre	6	4	21	6	8	4	5	»	14	»	4	3	8	1	4	»	30
Octobre	4	1	3	1	6	4	13	6	23	1	10	1	5	5	6	1	31
Novembre	4	8	5	6	15	7	13	1	8	»	6	1	7	»	5	3	30
Décembre	1	»	4	1	2	1	13	4	31	8	5	2	8	2	5	»	31
L'année. . .	64	74	86	23	88	42	80	21	184	23	72	34	124	31	108	11	365

Intensité du vent à Ostende, en 1871.

(D'après les observations faites trois fois par jour, à 9 h. du matin, à midi et à 3 h. du soir.)

MOIS.	0 Calme plat.	1 Sillage de 1 à 2 nœuds.	2 Sillage de 3 à 4 nœuds.	3 Sillage de 5 à 6 nœuds.	4 Brise de perroquets.	5 Un ris aux huniers.	6 Deux ris aux huniers.	7 Trois ris aux huniers.	8 Les huniers au bas-ris.	9 Au bas-ris des voiles basses.	10 Ouragan.
Janvier	4	30	46	4	6	1	»	2	»	»	»
Février	»	»	52	13	8	4	3	4	»	»	»
Mars	8	16	26	12	15	9	5	1	1	»	»
Avril	1	6	22	25	24	11	3	»	»	»	»
Mai.	»	11	56	10	12	3	1	»	»	»	»
Juin	5	9	30	18	19	5	4	1	1	»	»
Juillet.	»	11	36	13	23	7	3	»	»	»	»
Août	2	19	43	16	11	1	1	»	»	»	»
Septembre	2	29	28	16	8	3	1	»	1	»	2
Octobre	3	32	27	15	8	8	2	»	»	»	»
Novembre.	1	27	28	16	13	3	»	2	»	»	»
Décembre.	6	26	34	21	2	2	1	1	»	»	»
Total . . .	30	216	428	165	149	57	24	11	3	»	2

OBSERVATIONS

Pression atmosphérique à Anvers, en 1871, par M. Ad. De Boe.

(Baromètre Fortin, à 10 mètres au-dessus du sol.)

MOIS.	HAUTEUR moyenne par mois.	MAXIMUM absolu par mois.	MINIMUM absolu par mois.	DIFFÉRENCE.	DATE du maximum absolu.	DATE du minimum absolu.
	mm.	mm.	mm.	mm.		
Janvier	757,55	769,84	739,30	30,54	le 31	le 17
Février	62,11	71,70	51,43	20,27	le 24	le 10
Mars	63,18	73,72	50,91	22,81	le 2	le 16
Avril	57,35	67,24	43,19	24,05	le 2	le 17
Mai	61,83	69,55	55,03	14,50	le 7	le 19
Juin	57,85	63,28	50,82	12,46	le 26	le 20
Juillet	58,16	66,95	44,74	22,21	le 5	le 25
Août	62,28	72,13	51,75	20,38	le 28	le 18
Septembre . . . . : . . .	58,15	69,90	39,64	30,26	le 15	le 28
Octobre	60,51	74,22	41,07	33,15	le 13	le 2
Novembre	60,37	72,89	47,70	25,19	le 20	le 8
Décembre	65,87	73,84	53,34	20,50	le 8	le 29

Extrèmes de l'année . . . . { Maximum. . . . . 774,22 mm.
{ Minimum 739,30

Intervalle de l'échelle parcouru . . . 34,92

Température centigrade de l'air et eau tombée à Anvers, en 1871.

MOIS.	TEMPÉRATURE.							QUANTITÉ d'eau recueillie en millimètres.
	MAXIMUM moyen par mois.	MINIMUM moyen par mois.	MOYENNE par mois.	MAXIMUM absolu.	MINIMUM absolu.	DATE du maximum absolu.	DATE du minimum absolu.	
								mm.
Janvier	1,04	− 4,28	− 1,62	5,6	−12,5	le 17	le 4	18,9
Février.	7,40	1,39	4,39	12,9	−12,5	les 27 et 28	le 12	46,3
Mars	13,18	3,32	8,25	21,9	− 2,7	le 24	le 2	22,0
Avril	14,00	5,55	9,77	19,6	− 1,3	le 20	le 7	74,9
Mai.	16,18	6,64	11,41	25,3	1,8	le 26	le 18	18,1
Juin	18,17	10,05	14,11	27,0	4,5	le 17	le 3	55,8
Juillet	22,01	14,09	18,05	26,0	9,4	le 15	le 7	144,7
Août	23,28	14,04	18,66	29,4	9,3	le 14	le 28	44,0
Septembre . . .	19,91	11,49	15,70	28,7	6,2	le 3	le 25	95,0
Octobre	13,07	4,79	8,93	18,8	− 1,7	le 20	le 27	55,7
Novembre. . . .	5,00	0,31	2,65	11,4	− 5,5	le 6	le 21	24,1
Décembre. . . .	2,73	− 1,62	0,55	6,9	−19,4	le 21	le 8	82,0
Moyenne.			9,23			L'année. . . .		681,5

Observations météorologiques faites à Chimay, en 1871, par M. Christ, pharmacien.

| JANVIER. | | | | | FÉVRIER. | | | | | MARS. | | | | |
Dates.	Baromètre.	Températ. centig.	Vent.	État du ciel.	Dates.	Baromètre.	Températ. centig.	Vent.	État du ciel.	Dates.	Baromètre.	Températ. centig.	Vent.	État du ciel.
1	mm. 755,50	−12,00	E.	Serein.	1	mm. 757,00	2,50	S.	Pluvieux.	1	mm. 765,00	4,00	E.	Serein.
2	52,50	−7,00	S.	Neigeux.	2	55,50	4,00	S.	Couvert.	2	64,00	5,00	SE.	»
3	55,00	−7,00	S.	Couvert.	3	50,50	5,00	S.	Pluvieux.	3	63,00	10,50	S.	»
4	51,50	−10,00	SE.	Serein.	4	52,00	7,50	S.	Couvert.	4	58,00	10,50	S.	»
5	51,50	−9,00	S.	Id.	5	52,00	6,75	S.	Id.	5	58,00	10,75	S.	»
6	57,00	1,75	N.	Neigeux.	6	60,00	6,00	O.	»	6	52,00	11,00	S.	»
7	51,00	2,00	S.	Pluvieux.	7	54,00	4,00	NE.	Brumeux.	7	53,00	10,75	SO.	Pluvieux.
8	45,50	1,25	SO.	Neigeux.	8	51,00	5,75	O.	Pluvieux.	8	55,00	7,50	S.	»
9	41,00	0,50	S.	Couvert.	9	46,00	4,50	N.	»	9	63,50	7,50	O.	Serein.
10	48,00	0,00	O.	Serein.	10	55,00	3,00	S.	»	10	57,00	7,75	O.	»
11	45,00	−4,00	E.	Id.	11	54,00	−3,00	E.	Serein.	11	59,00	8,00	SO.	Pluvieux.
12	55,00	−4,00	N.	Id.	12	52,50	−4,00	S.	»	12	59,00	11,00	S.	Serein.
13	59,00	2,25	N.	Neigeux.	13	60,00	1,25	S.	Pluvieux.	13	55,00	8,75	O.	Pluvieux.
14	56,50	−3,00	SO.	Serein.	14	55,00	4,50	S.	Couvert.	14	53,00	7,00	S.	»
15	48,50	−8,00	S.	Neigeux.	15	60,00	5,50	S.	Serein.	15	50,00	4,50	N.	»
16	37,50	2,50	S.	Pluvieux.	16	60,00	3,00	S.	»	16	40,00	−1,00	S.	Neigeux.
17	35,50	3,00	SO.	Id.	17	50,50	4,50	S.	»	17	58,00	3,75	E.	Serein.
18	34,50	2,25	S.	Id.	18	62,50	6,75	SE.	Pluvieux.	18	60,00	2,25	S.	Neigeux.
19	40,00	2,50	S.	Couvert.	19	60,50	8,00	O.	Serein.	19	58,00	4,00	SE.	Serein.
20	45,00	2,50	S.	Id.	20	52,00	7,50	O.	Pluvieux.	20	54,00	6,00	E.	»
21	47,00	3,50	S.	Pluvieux.	21	55,00	5,75	NO.	Serein.	21	55,00	7,25	E.	»
22	46,00	2,00	S.	Neigeux.	22	64,00	6,75	N.	»	22	55,00	10,00	E.	»
23	48,00	1,50	S.	Id.	23	64,00	5,50	O.	Couvert.	23	54,00	15,00	S.	»
24	53,00	2,75	S.	Couvert.	24	65,00	5,75	O.	»	24	52,50	14,00	S.	»
25	51,50	−2,00	E.	Id.	25	64,00	5,75	O.	»	25	52,50	14,50	O.	»
26	51,00	−1,50	E.	Neigeux.	26	58,00	7,00	S.	Serein.	26	53,50	14,00	S.	»
27	54,50	−3,00	N.	Id.	27	54,50	8,50	S.	Pluvieux.	27	53,50	14,50	S.	»
28	54,50	−3,00	N.	Couvert.	28	53,00	9,00	O.	»	28	59,50	4,00	E.	»
29	55,00	−0,50	N.	Neigeux.						29	60,00	4,00	N.	Pluvieux.
30	56,00	0,50	E.	Id.						30	58,00	3,50	E.	Serein.
31	59,50	−1,50	SE.	Couvert.						31	55,50	6,00	O.	Pluvieux.

Observations faites à Chimay, en 1871.

AVRIL.					MAI.					JUIN.				
Dates.	Baromètre.	Températ. centig.	Vent	État du ciel.	Dates.	Baromètre.	Températ. centig.	Vent	État du ciel.	Dates.	Baromètre.	Températ. centig.	Vent	État du ciel.
1	mm. 751,00	4,75	NO.	Neigeux.	1	mm. 754,00	10,50	O	Serein.	1	mm. 755,00	15,50	N.	Serein.
2	52,50	6,25	O.	Couvert	2	58,00	11,75	E.	»	2	53,50	10,25	N.	Couvert.
3	49,00	8,50	O.	Pluvieux.	3	53,00	15,50	S.	»	3	55,00	11,50	N.	»
4	54,00	6,75	E.	Couvert.	4	52,50	9,50	O.	Couvert.	4	51,50	9,50	N.	»
5	54.50	6,50	O.	Pluvieux.	5	57,00	11,25	NO.	Serein.	5	52,52	6,00	NE.	Pluvieux.
6	56,00	6,75	O.	»	6	59,00	14,25	NE.	Couvert.	6	52,00	11,50	N.	»
7	57,00	6,75	E.	Serein.	7	60,50	10,25	E.	Serein.	7	49,50	9,00	O.	»
8	54,00	10,75	E.	»	8	59,00	13,50	N.	»	8	48,50	9,00	N.	»
9	52,00	11,50	NE	»	9	54,00	9,25	N.	Pluvieux.	9	50,00	11,25	O.	»
10	52,00	8,00	E.	Couvert.	10	56,00	11,50	NE.	Serein.	10	51,50	14,00	O.	»
11	56,50	9,00	E	Serein.	11	56,00	11,00	N.	»	11	52,00	15,50	S.	»
12	54,00	13,00	S.	Pluvieux.	12	53,00	8,00	NE.	Couvert.	12	53,00	18,50	N.	Serein.
13	56,00	11,00	O.	»	13	52,00	9,75	NE.	»	13	54,00	19,50	N.	»
14	55,00	14,00	O.	Serein.	14	48,50	10,00	NE.	Serein.	14	54,00	22,00	S.	»
15	. 44,00	8,75	O.	Pluvieux.	15	48,50	10,50	NE.	»	15	52,00	22,00	S.	»
16	45,00	10,00	O.	»	16	50,00	11,00	N.	»	16	51,50	18,00	SO.	Pluvieux.
17	40,00	8,75	O.	»	17	51,00	8,00	E.	Pluvieux.	17	46,00	22,00	S.	Couvert.
18	46,00	15,00	S.	Couvert.	18	51,50	10,75	O	»	18	49,00	17,50	O.	»
19	39,00	14,50	SO.	Pluvieux.	19	58,00	14,25	N.	Serein.	19	47,00	15,50	O.	Pluvieux.
20	43,00	7,00	O.	»	20	59,50	15,50	NO.	»	20	46,00	13,00	O.	»
21	44,50	10,50	O.	»	21	60,00	14,00	N.	»	21	48,50	13,00	NO.	»
22	50,50	11,50	O.	»	22	59,50	13,75	E.	»	22	52,50	14,50	O.	»
23	47,50	12,00	O.	»	23	54,00	17,25	E.	»	23	51,00	16,00	O	»
24	51,50	9,75	NO	Couvert.	24	53,00	20,50	S.	»	24	52,50	12,75	E.	»
25	55,50	11,25	N.	»	25	52,00	19,50	S.	»	25	52,00	12,00	N.	»
26	55,50	14,00	O.	»	26	53,50	20,00	O.	Pluvieux.	26	56,00	12,00	N.	»
27	50,00	9,75	O.	Pluvieux.	27	53,50	14,50	N.	Serein.	27	54,50	12,50	N.	Serein.
28	52,50	9,00	O.	»	28	53,50	18,00	E.	»	28	50,50	12,50	SO.	Pluvieux.
29	46,00	11,75	S.	»	29	58,50	21,75	N.	»	29	52,00	17,00	O.	Serein.
30	48,50	10,00	NO.	»	30	56,00	15,50	N.	»	30	51,00	19,75	S.	»
					31	55,00	15,00	N.	»					

Observations faites à Chimay, en 1871.

	JUILLET.					AOUT.					SEPTEMBRE.			
Dates.	Baromètre.	Températ. centig.	Vent.	État du ciel.	Dates.	Baromètre.	Températ. centig.	Vent.	État du ciel.	Dates.	Baromètre.	Températ. centig.	Vent.	État du ciel.
1	mm. 752,50	21,50	S.	Couvert.	1	mm. 757,00	16,75	O.	Serein.	1	mm. 757,00	21,50	S.	Serein.
2	49,00	25,50	S.	Pluvieux.	2	54,00	18,50	O.	»	2	57,00	23,00	S.	»
3	49,00	16,75	O.	Serein.	3	50,00	16,50	S.	»	3	54,00	19,50	SO.	Pluvieux.
4	52,00	17,50	SO.	Pluvieux.	4	50,00	16,50	O.	Pluvieux.	4	53,00	19,50	S.	Serein.
5	54,50	17,00	O.	»	5	56,00	15,75	NO.	Couvert.	5	55,50	19,25	O.	»
6	61,00	18,75	O.	Serein.	6	60,00	19,00	O.	Serein.	6	55,00	22,00	S.	»
7	59,00	19,25	S.	»	7	59,00	19,50	E.	»	7	55,00	20,00	O.	»
8	54,00	18,50	O.	»	8	56,00	21,00	E.	»	8	51,50	21,00	S.	»
9	55,00	20,50	SO.	»	9	50,00	21,75	SE.	»	9	50,50	17,00	O.	Pluvieux.
10	54,00	20,00	E.	Pluvieux.	10	57,00	21,00	E.	»	10	52,50	18,50	E.	Serein.
11	44,00	15,25	S.	»	11	57,00	22,50	E.	»	11	52,00	20,75	SE.	»
12	52,50	16,75	O.	Serein.	12	56,00	24,00	E.	»	12	53,50	19,00	SE.	»
13	54,50	17,00	SO.	Couvert.	13	53,00	24,00	SE.	»	13	56,00	16,00	E.	»
14	56,00	21,50	SO.	Serein.	14	51,50	25,00	SE.	»	14	57,50	15,25	E.	»
15	56,00	22,25	S.	Pluvieux.	15	51,50	24,50	SE.	»	15	57,50	16,50	E.	»
16	58,50	22,75	O.	Serein.	16	52,00	23,50	SE.	Pluvieux.	16	57,50	17,75	E.	»
17	56,50	25,00	SO.	»	17	51,50	20,25	O.	Serein.	17	56,00	15,25	NE.	»
18	54,50	27,00	O.	»	18	46,50	16,00	S.	Pluvieux.	18	54,50	11,50	E.	»
19	60,00	25,00	E.	»	19	51,00	16,75	O.	»	19	54,50	13,75	NE.	Couvert.
20	50,00	16,75	O.	Pluvieux.	20	59,00	18,00	S.	Serein.	20	53,00	12,50	E.	Serein.
21	54,00	18,00	S.	Serein.	21	57,00	21,50	O.	Couvert.	21	44,50	13,00	S.	Pluvieux.
22	48,00	22,75	S.	»	22	56,50	23,00	N.	Serein.	22	50,00	11,50	O.	Couvert.
23	50,00	17,00	O.	»	23	54,00	18,00	NO.	»	23	51,00	14,00	S.	»
24	49,00	16,00	O.	Pluvieux.	24	53,50	18,50	O.	Couvert.	24	40,50	13,50	O.	Pluvieux.
25	41,00	14,75	O.	»	25	55,50	18,00	N.	Pluvieux.	25	47,50	12,00	O.	»
26	44,00	12,50	O.	»	26	58,00	17,50	O.	Serein.	26	40,00	11,50	O.	»
27	48,00	15,00	O.	Serein.	27	63,50	15,50	N.	»	27	42,50	11,00	S.	»
28	50,50	18,00	SO.	Pluvieux.	28	64,00	15,00	E.	»	28	40,50	12,50	O.	Orageux, pluvieux.
29	53,50	19,50	S.	»	29	60,00	18,00	E.	»	29	48,50	13,50	S.	Couvert.
30	51,00	16,75	SO.	»	30	57,00	19,50	S.	»	30	46,00	13,25	O.	Pluvieux.
31	54,00	16,00	O.	Serein.	31	57,00	20,75	O.	»					

OBSERVATIONS

Observations faites à Chimay, en 1871.

OCTOBRE.					NOVEMBRE.					DÉCEMBRE.				
Dates.	Baromètre	Températ. centig.	Vent.	État du ciel.	Dates.	Baromètre.	Températ. centig.	Vent.	État du ciel.	Dates.	Baromètre.	Températ. centig.	Vent.	État du ciel.
1	mm. 759,00	9,00	O.	Pluvieux.	1	mm. 751,00	6,50	E.	Serein.	1	mm. 747,00	0,00	N.	Neigeux.
2	57,50	7,25	O.	»	2	55,00	3,75	E.	»	2	59,50	−5,00	E.	Serein.
3	57,50	8,00	O.	»	3	53,50	5,75	E.	Couvert.	3	52,50	−2,00	O.	Couvert.
4	47,00	10,25	SO.	Couvert.	4	53,50	3,50	E.	»	4	53,00	0,50	N.	»
5	50,00	12,00	SO.	Pluvieux.	5	54,00	4,00	E.	Serein.	5	58,00	−5,00	N.	»
6	54,00	12,50	O.	Serein.	6	51,00	4,50	SE.	Couvert.	6	53,00	−3,00	O.	Neigeux.
7	50,00	13,50	S.	Pluvieux.	7	45,00	9,50	S.	»	7	54,00	−5,00	S.	Serein.
8	51,00	13,00	NO.	»	8	42,00	9,50	O.	»	8	63,50	−14,00	SE.	»
9	57,00	10,25	N.	Serein.	9	46,00	6,00	O.	Serein.	9	65,50	−9,00	S.	Couvert.
10	65,50	9,00	E.	»	10	47,00	3,00	O.	Neigeux.	10	60,00	−3,00	O.	Neigeux.
11	59,50	8,75	E.	»	11	46,00	4,50	O.	Serein.	11	64,00	0,00	S.	Couvert.
12	65,00	8,00	E.	»	12	51,00	4,50	N.	»	12	66,00	0,00	S.	»
13	65,50	9,00	E.	»	13	58,00	5,00	N.	»	13	66,00	0,00	S.	Pluvieux.
14	62,00	6,75	E.	»	14	61,50	0,50	N.	»	14	64,00	1,00	S.	Brumeux.
15	57,00	9,50	E.	»	15	50,00	1,25	S	Pluvieux.	15	62,00	2,50	S.	»
16	55,00	10,00	S.	»	16	51,00	5,00	N.	»	16	62,50	3,00	O.	»
17	56,00	12,50	S.	Couvert.	17	46,00	1,00	O.	Neigeux.	17	64,00	2,50	S.	Neigeux.
18	54,50	13,00	S.	Serein.	18	57,00	2,00	NO.	Pluvieux.	18	61,50	−1,00	SO.	Couvert.
19	51,00	13,00	S.	»	19	63,00	4,00	N.	Serein.	19	»	»	»	Pluvieux.
20	51,00	13,00	S.	»	20	64,00	−4,00	E.	»	20	55,00	4,00	O.	Couvert.
21	55,00	12,00	S.	Pluvieux.	21	58,00	−3,00	E.	»	21	54,00	2,75	O.	Serein.
22	61,00	10,75	NO.	Couvert.	22	56,00	−2,00	S.	Couvert.	22	50,50	2,50	SE.	Couvert.
23	62,50	6,50	E.	»	23	57,50	−1,00	SE.	»	23	55,00	0,50	E.	»
24	59,00	8,50	E.	Serein.	24	55,00	0,75	S.	Neigeux.	24	59,50	−5,00	S.	Serein.
25	59,00	7,00	E.	»	25	51,00	1,25	SE.	Couvert.	25	57,00	−2,00	S.	»
26	61,50	2,25	E.	Couvert.	26	50,50	1,00	E.	»	26	55,00	2,50	S.	Pluvieux.
27	56,00	5,50	N.	Serein.	27	52,00	0,75	E.	Neigeux.	27	50,00	2,50	S.	»
28	53,00	3,00	S.	»	28	50,00	1,00	E.	Couvert.	28	48,50	3,25	S.	»
29	49,50	8,00	S.	»	29	46,00	0.00	N.	»	29	48,50	3,00	S.	Serein.
30	47,50	9,00	S.	»	30	46,00	1,75	NO.	Neigeux.	30	55,00	3,00	S.	»
31	49,00	9,50	E.	Couvert.						31	55,00	4,50	O.	Pluvieux.

PHÉNOMÈNES PÉRIODIQUES NATURELS. — Règne végétal. — 1871.

NOMS DES PLANTES. (Feuillaison, 1871.)	BRUXELLES. (M. Ad. Quetelet.)	OSTENDE. (M. Lanszweert.)	NAMUR. (M. Bellynck.)
Acacia caragana. L.	4 mai.		
Acer campestre. L.	28 avril.	2 mars.	8 avril.
» pseudo-Platanus. L.	20 »	—	25 mars.
Æsculus Hippocastanum. L.	2 »	29 mars.	20 »
» lutea. Pers.	—	—	10 avril.
» Pavia. L.	—	—	25 mars.
Amygdalus persica. L. (β mad.)	21 mars.	30 avril.	24 »
Aristolochia Sipho. L.	—	—	20 avril.
Berberis vulgaris. L.	22 mars.	—	25 mars.
Betula alba. L.	10 avril.	29 avril.	18 avril.
» Alnus. L.	—	27 »	18 »
Bignonia Catalpa. L.	2 mai.	—	25 »
Carpinus Betulus. L.	20 avril.	—	28 mars.
Cercis Siliquastrum. L.	—	—	20 avril.
Colutea arborescens. L.	—	—	10 »
Corchorus japonicus. L.	15 mars.	—	1 mars.
Cornus mas. L.	10 »	—	4 avril.
» sanguinea. L.	—	—	4 »
Corylus Avellana. L.	—	19 avril.	20 mars.
Crataegus coccinea. L.	—	—	25 »
» oxyacantha. L.	10 avril.	20 avril.	
Cytisus Laburnum. L.	3 mai.	2 mai.	2 avril.
Daphne Mezereum. L.	16 mars.	29 mars.	1 mars.
Evonymus europaeus. L.	—	—	2 avril.
» latifolius. Mill.	—	—	2 »
Fagus Castanea. L.	—	—	25 »
» sylvatica. L.	—	—	22 »
Fraxinus excelsior. L.	20 avril.	—	28 »
Gingko biloba. L.	—	—	14 »
Glycine sinensis. L.	24 avril.	—	10 »
Gymnocladus canadensis. Lam.	—	—	25 »
Hippophaë rhamnoïdes. L.	—	10 avril.	25 mars.
Hydrangea arborescens. L.	—	—	10 avril.
Juglans regia. L.	25 avril.	30 avril.	25 »
Ligustrum vulgare. L.	—	—	4 mars.
Liriodendron tulipifera. L.	—	—	10 avril.

NOMS DES PLANTES. (*Feuillaison*, 1871.)	BRUXELLES.	OSTENDE.	NAMUR.
Lonicera Periclymenum. L.	16 mars.	19 mars.	10 mars.
» symphoricarpos. L.	20 »	—	1 »
» tatarica. L.	—	—	25 févr.
» Xylosteum. L.	—	—	8 mars.
Magnolia tripetala. L.	20 avril.	—	18 avril.
» Yulan. Desf.	—	—	18 »
Mespilus germanica. L.	—	—	2 »
Morus alba. L.	8 mai.	—	1 mai.
» nigra. L.	—	30 mai.	1 »
Philadelphus coronarius. L.	17 mars.	—	4 mars.
Pinus Larix. L.	—	—	20 »
Platanus occidentalis. L.	—	—	14 avril.
Populus alba. L.	23 avril.	30 avril.	
» fastigiata. Poir.	15 »	—	2 avril.
» nigra. L.	20 »		
Prunus armeniaca. L. (*β abric.*)	—	3 mai.	25 mars.
» Cerasus. L. (*big. noir.*).	23 mars.	—	30 »
» domestica. L. (*β gr. dam. v.*).	—	—	30 »
» Padus. L.	—	—	10 avril.
Pyrus communis. L. (*β bergam.*)	22 mars.	18 mai.	2 »
» japonica. L.	—	2 mars.	2 mars.
» Malus. L. (*β calville d'été*)	10 avril.	—	10 avril.
Quercus pedunculata. Willd.	1 mai.	—	15 »
» sessiliflora. Smith.	24 avril.	—	15 »
Rhamnus catharticus. L.	—	—	20 »
» Frangula. L.	—	—	20 »
Rhus Cotinus. L.	—	—	10 »
» typhina. L.	15 avril.		
Ribes alpinum. L.	—	—	1 mars.
» Grossularia. L.	17 mars.	22 mars.	4 »
» nigrum. L.	—	—	4 »
» rubrum. L.	17 mars.	24 mars.	4 »
Robinia pseudo-Acacia. L.	1 mai.	—	24 avril.
Rosa centifolia. L.	—	—	20 mars.
» gallica. L.	—	—	20 »
Rubus idæus. L.	20 mars.		
Sambucus Ebulus. L.	15 »		
» nigra. L.	16 »	22 mars.	4 févr.
» racemosa. L.	—	—	1 mars.
Sorbus aucuparia. L.	—	—	1 avril.
Spiræa hypericifolia. L.	16 mars.		
Staphylæa pinnata. L.	—	—	24 mars.

NOMS DES PLANTES. (*Feuillaison*, 1871.)	BRUXELLES.	OSTENDE.	NAMUR.
Syringa persica. L.	22 mars.	—	6 mars.
» rothomagensis. Hort.	—	—	6 »
» vulgaris. L.	18 mars.	24 mars.	4 »
Tilia europæa. L.	4 avril.	28 avril.	
» parvifolia. Hoffm.	20 »		
» platyphylla. Vent.	—	—	25 mars.
Ulmus campestris. L.	—	—	2 avril.
Vaccinium Myrtillus. L.	—	—	2 »
Viburnum Lantana. L.	—	—	1 mars.
» Opulus. L. (*fl. simpl.*)	—	—	15 »
» » L. (*fl. pleno*).	—	—	15 »
Vitex incisus. L.	—	—	6 mai.
Vitis vinifera. L.	25 avril.	19 avril.	25 avril.

NOMS DES PLANTES. (*Floraison*, 1871.)	BRUXELLES. — (M. Ad. Quetelet.)	ANVERS. — (M. Acor.)	OSTENDE. — (M. Lonszweert).	NAMUR. — (M. Bellynck.)	VIENNE. — (M. Fritsch.)
Acacia Caragana. L.	22 juin.				
Acer campestre. L.	—	—	—	25 avril.	
» pseudo-Platanus. L.	—	—	—	25 »	
Achillea Millefolium. L.	—	—	—	12 juin.	
Aconitum Napellus. L.	30 mai.	—	—	15 mai.	
Æsculus Hippocastanum. L.	1 »	—	—	4 »	28 avril.
» macrostachya. Mich.	—	—	12 mai.		
» Pavia. L.	—	—	—	6 mai.	
Ajuga reptans. L.	—	—	—	22 avril.	
Alisma Plantago. L.	—	—	—	20 juin.	
Allium ursinum. L.	—	—	—	1 mai.	
Alnus glutinosa. L.	—	—	—	18 mars.	
Althæa officinalis. L.	—	—	—	25 juillet.	
Amygdalus communis. L.	—	—	—	—	28 mars.
» persica. L. (β mad.)	18 mars.	—	28 mars.	21 mars.	
Anchusa sempervirens. L.	—	10 juin.			
Anemone Hepatica. L.	23 mars.	6 avril.	—	1 mars.	10 mars.
» nemorosa. L.	—	—	—	12 »	
Antirrhinum majus. L.	7 juin.	—	—	6 juin.	
Aquilegia vulgaris. L.	28 mai.				
Arabis caucasica. Willd.	—	28 mars.	—	19 mars.	
Aristolochia Clematitis. L.	—	29 mai.			
» Sipho. L.	—	—	—	6 mai.	
Arum maculatum. L.	—	—	—	10 avril.	
Asarum europæum. L.	—	—	—	1 »	
Asclepias Vincetoxicum. L.	—	—	—	6 juin.	
Asperula odorata. L.	—	20 mai.	—	22 avril.	
Astrantia major. L.	—	—	—	6 juin.	
Atropa Belladona. L.	—	18 juin.	—	15 »	
Aubrietia deltoïdea.	—	—	—	26 mars.	8 avril.
Azalea pontica. L.	29 avril.				
Bellis perennis. L.	12 mai.	—	—	8 mars.	13 mars.
Berberis vulgaris. L.	5 »	6 mai.	—	1 mai.	7 mai.
Betula alba. L.	—	—	—	30 mars.	
Bignonia radicans. L.	—	—	—	28 juillet.	
Bryonia dioïca. Jacq.	—	—	—	4 mai.	
Buxus sempervirens. L.	19 mars.	—	—	1 avril.	
Campanula persicifolia. L.	—	20 juin.	—	2 juin.	
Cardamine pratensis. L.	—	—	—	21 mars.	
Cassia marylandica. L.	—	—	—	20 août.	
Cercis Siliquastrum. L.	—	—	—	2 mai.	
Cheiranthus Cheiri. L.	25 mars.	—	—	6 avril.	

NOMS DES PLANTES. (*Floraison*, 1871.)	BRUXELLES.	ANVERS.	OSTENDE.	NAMUR.	VIENNE.
Chelidonium majus. L.	—	20 avril.	—	22 avril.	
Chrysanthemum Leucanthemum. L.	—	28 juin.	—	20 mai.	
Chrysocoma Linosyris. L.	—	—	—	20 août.	
Clematis viticella. L.	20 juin.				
Colchicum autumnale. L.	—	—	—	25 août.	
Colutea arborescens. L.	—	—	—	15 mai.	
Convallaria bifolia. L.	—	—	—	6 »	
» majalis. L.	15 avril.	—	—	1 »	12 mai.
Convolvulus arvensis. L.	—	—	—	4 juin.	8 juin.
» sepium. L.	—	—	—	24 »	
Corchorus japonicus. L.	10 avril.	—	—	10 avril.	
Cornus mas. L.	7 mars.	—	—	10 mars.	22 mars.
» sanguinea. L.	—	—	—	8 juin.	
Corydalis solida. L.	—	—	—	2 mars.	
Corylus Avellana. L.	1 mars.	18 février.	15 février.	26 février.	7 mars.
Cratægus coccinea. L.	8 mai.				
» oxyacantha. L.	1 »	—	—	1 mai.	10 mai.
Crocus mœsiacus. Sims.	5 mars.				
» sativus. L.	—	—	22 février.		
» vernus. Sw.	1 mars.	15 mars.	—	15 mars.	12 mars.
Cynoglossum officinale. L.	—	—	—	—	25 avril.
Cytisus Laburnum. L.	9 mai.	18 mai.	16 mai.	28 avril.	12 mai.
Daphne Laureola. L.	—	—	—	1 mars.	
» Mezereum. L.	4 mars.	—	20 février.	24 janvier.	2 mars.
Delphinium Ajacis. L.	28 juin.				
Dianthus barbatus.	18 »				
» europæus	16 »				
Dictamnus albus. L.	—	—	—	24 mai.	
Digitalis purpurea. L.	18 juin.				
Epilobium spicatum. Lam.	—	20 juin.	—	30 juin.	
Equisetum arvense. L.	—	—	—	15 avril.	
Erica vulgaris. L.	—	—	—	27 juillet.	
Evonymus europæus. L.	1 juin.	—	—	26 mai.	
Fagus Castanea. L.	—	—	—	30 juin.	
Forsythia viridissima	—	—	—	20 mars.	
Fragaria vesca. L. (β *Hortens.*)	1 mai.				
Fraxinus excelsior. L.	—	—	—	12 avril.	10 avril.
Galanthus nivalis. L.	1 mars.	1 mars.	—	20 février.	24 février.
Gentiana acaulis. L.	—	—	—	15 avril.	
Geranium pratense. L.	17 mai.	10 juin.	—	24 mai.	
» sanguineum. L.	—	—	—	8 »	
Glechoma hederacea. L.	—	—	—	10 avril.	8 avril.

NOMS DES PLANTES. (*Floraison*, 1871.)	BRUXELLES.	ANVERS.	OSTENDE.	NAMUR.	VIENNE.
Glycine sinensis. L.	3 mai.	—	—	12 mai.	
Hedysarum Onobrychis. L.	—	—	—	15 »	28 mai.
Helleborus fœtidus. L.	—	—	—	1 mars.	
» hiemalis. L.	—	—	—	1 »	
» niger. L.	22 février.	—	—	24 janvier.	
» viridis. L.	—	—	—	1 mars.	16 mars.
Hemerocallis cœrulea. Andr.	—	—	—	12 juillet.	
» flava. L.	17 juin.	4 juin.	—	17 juin.	
» fulva. L.	—	—	—	25 »	
Hibiscus syriacus. L.	—	—	—	22 juillet.	
Hieracium aurantiacum. L.	—	—	—	8 juin.	
Hippophaë rhamnoïdes. L.	—	—	28 avril.		
Hortensia virginica	11 juillet.				
Hyacinthus botryoïdes. L.	17 mars.	—	—	28 mars.	
» orientalis. L.	16 »	6 avril.			
Hydrangea arborescens. L.	—	—	—	1 juillet.	
Hypericum perforatum. L.	—	—	—	20 juin.	
Iberis sempervirens. L.	—	—	—	20 mars.	
Ilex aquifolium. L.	—	—	—	2 mai.	
Iris germanica. L.	27 mai.	—	—	22 »	14 mai.
» pumila. L.	26 mars.	20 avril.	—	26 avril.	
» Xiphium. L.	24 mai.				
Jasminum officinale. L.	26 juin.				
Juglans regia. L.	—	—	1 juin.	—	13 mai.
Lamium album. L.	—	20 mai.	—	25 avril.	
Leontodon Taraxacum. L.	—	—	—	23 mars.	
Leucoïum album. L.	—	—	22 février.		
Ligustrum vulgare. L.	—	—	—	25 juin.	
Lilium candidum. L.	7 juillet.	—	—	5 juillet.	
» flavum. L.	25 juin.				
Lonicera Periclymenum. L.	13 mai.	—	8 juin.	12 juin.	
» symphoricarpos. L.	13 »	—	—	4 »	
» tatarica. L.	13 »	—	—	15 avril.	13 avril.
» Xylosteum. L.	—	—	—	1 mai.	
Lychnis chalcedonica. L.	—	—	—	15 juin.	
Lythrum Salicaria. L.	—	—	—	1 »	
Magnolia Yulan, Desf.	—	12 avril.	—	1 avril.	
Malva sylvestris. L.	—	—	—	18 juin.	
Melissa officinalis. L.	—	—	—	10 juillet.	
Mespilus germanica, L.	—	—	—	22 mai.	
Morus nigra. L.	—	—	6 juin.		
Myosotis palustris. L.	23 avril.				

NOMS DES PLANTES. (*Floraison*, 1871.)	BRUXELLES.	ANVERS.	OSTENDE.	NAMUR.	VIENNE.
Narcissus poeticus. L.	27 avril.	—	—	—	12 mai.
» pseudo-narcissus. L.	15 mars.	20 avril.	25 mars.	12 mars.	
Nymphæa alba. L.	—	—	—	—	12 juin.
» lutea. L.	—	—	—	25 juin.	14 »
Ornithogalum umbellatum. L.	16 mai.	2 avril.	—	21 mai.	8 mai.
Orobus vernus. L.	—	12 »			
Oxalis acetosella. L.	—	—	—	5 mai.	
» stricta. L.	—	—	—	12 juin.	
Pæonia fœtida	15 mai.				
» officinalis. L.	15 »				
» simplex.	5 »				
Papaver bracteatum. L.	—	30 mai.			
» orientale. L.	—	—	—	10 juin.	
» Rhœas. L.	1 juillet.				
Paris quadrifolia. L.	—	—	—	28 avril.	
Philadelphus coronarius. L.	20 mai.	4 juin.	—	20 mai.	5 juin.
» latifolius	—	18 »			
Polemonium cœruleum. L.	—	10 »	—	15 mai.	
» anthères dorées	12 mai.				
Populus alba. L.	—	—	—	—	25 mars.
» fastigiata. Poir.	25 mars.	6 avril.	—	18 mars.	
Primula elatior. L.	—	15 »	—	1 avril.	
» officinalis. L.	—	—	—	21 mars.	
» veris. L.	—	10 avril.	—	—	16 avril.
Prunus armeniaca. L. (β *abric.*)	—	—	2 avril.	25 mars.	7 »
» Cerasus. L. (β *bigarr. n.*)	25 mars.	—	—	2 avril.	
» domestica. L. (β *g. dam. v.*)	25 »	—	—	2 »	
» Padus. L.	—	—	—	28 »	
» spinosa. L.	—	—	—	4 »	19 avril.
Pulmonaria officinalis. L.	—	15 avril.	—	10 mars.	
Pyrus communis. L. (β *berg.*)	22 mars.	—	4 mai.	2 avril.	19 avril.
» Cydonia L.	—	10 avril.			
» japonica. L.	16 mars.	—	26 février.	4 avril.	
» Malus. L. (β *calv. d'été.*)	18 avril.	—	—	10 »	
Ranunculus acris. L. (*fl. plen.*)	—	—	—	14 mai.	
» Ficaria. L.	—	28 mars.	—	21 mars.	
Rhamnus Frangula. L.	—	—	—	20 mai.	
Rhododendron ponticum. L.	17 mai.	—	—	16 »	
Rhus Cotinus. L.	—	—	—	—	4 juin.
Ribes alpinum. L.	—	—	—	2 avril.	
» Grossularia. L. (*Fr. vir.*)	20 mars.	—	28 mars.	2 »	
» nigrum. L.	—	—	—	—	11 avril.
» rubrum. L.	—	—	—	2 avril.	

NOMS DES PLANTES. (*Floraison*, 1871.)	BRUXELLES.	ANVERS.	OSTENDE.	NAMUR.	VIENNE.
Robinia pseudo-Acacia. L.	11 mai.	—	—	30 mai.	1 juin.
Rosa centifolia. L.	1 juin.	—	—	12 juin.	
» gallica. L.	—	—	—	12 »	
Ruta graveolens. L.	—	—	—	25 »	
Salix capræa. L.	—	—	—	20 mars	
Salvia officinalis. L.	—	—	—	12 juin.	
Sambucus nigra. L.	28 mai.	—	4 juin.	10 »	11 juin.
Sanguinaria canadensis. L.	—	12 avril.			
Saxifraga crassifolia. L.	7 mars.	—	—	28 mars.	
Scabiosa arvensis. L.	—	—	—	10 juin.	
Scrophularia nodosa. L.	—	—	—	12 »	
Sedum acre. L.	—	—	—	10 »	16 juin.
» album. L.	25 juin.	—	—	28 »	
» Telephium. L.	—	—	—	8 août.	
Solanum Dulcamara. L.	—	—	—	20 juin.	
Sorbus aucuparia. L.	—	—	—	2 mai.	
Spartium scoparium. L.	—	—	—	4 »	
Spiræa filipendula. L.	—	—	—	2 juillet.	
Staphylæa pinnata. L.	—	—	—	22 avril.	8 mai.
Statice Armeria. L.	—	—	—	5 mai.	
Symphytum officinale. L.	10 mai.	—	—	24 »	
Syringa persica. L.	23 avril.	—	—	22 avril.	
» vulgaris. L.	19 »	28 avril.	30 avril.	20 »	1 mai.
Thymus Serpillum. L.	—	—	—	25 juin.	14 »
Tilia platyphylla. Vent.	—	—	—	24 »	
Tradescantia virginica. L.	1 juin.	6 juin.	—	6 »	
Trifolium pratense. L.	—	—	—	15 mai.	13 mai.
Tulipa Gesneriana. L.	16 avril.	3 mai.			
Ulmus campestris. L.	26 mars.	—	—	20 mars.	21 mars.
Vaccinium Myrtillus. L.	—	—	—	6 mai.	
Valeriana rubra. L.	—	25 juin.			
Veratrum nigrum. L.	—	10 »			
Verbena officinalis. L.	—	—	—	28 juin.	
Veronica gentianoïdes. L.	—	—	—	12 mai.	
» longifolia. L.	19 juillet.				
» spicata. L.	—	—	—	24 juin.	
Viburnum Lantana. L.	—	—	—	20 avril.	7 mai.
» Opulus. L. (*fl. simpl.*)	14 mai.	—	—	23 mai.	
» » (*fl. pleno*)	—	—	—	20 »	
Vinca minor. L.	15 mars.	—	—	12 mars.	
Viola odorata. L.	6 »	—	12 mars.	20 février.	
Vitis vinifera. L.	juin.	—	14 juin.	20 juin.	
Waldsteinia geoïdes. Kit.	—	6 avril.	—	21 mars.	

NOMS DES PLANTES. (*Fructification*, 1871.)	BRUXELLES. — (M. Ad. Quetelet.)	OSTENDE. — (M. Lanszweert.)	SALZBOURG. — (M. Fritsch.)
Æsculus hippocastanum. L.	—	12 octobre.	
Betula alba. L.	—	8 juin.	
Corylus Avellana. L.	—	—	21 août.
Cratægus oxyacantha. L.	—	2 sept.	
Daphne Mezereum. L.	—	28 juin.	
Fragaria vesca. L. (*β hortens.*)	16 juin.		
Hippophaë rhamnoïdes. L.	—	12 août.	22 août.
Lonicera Periclymenum. L.	—	4 »	
Morus nigra. L.	—	10 »	
Prunus cerasus. L. (*β bigarr. n.*)	20 juin.	—	3 août.
Pyrus communis. L. (*β berg.*)	—	1 sept.	
Ribes Grossularia. L.	20 juin.	10 juillet.	13 juillet.
» rubrum. L.	20 »	30 juin.	2 »
Sambucus nigra. L.	—	10 août.	22 août.
Secale cereale. L.	—	—	16 juillet.
Vitis vinifera. L.	—	13 sept.	

NOMS DES PLANTES. (*Chute des feuilles*, 1871.)	BRUXELLES. — (M. Ad. Quetelet.)	OSTENDE. — (M. Lanszweert.)	NAMUR. — (M. Bellynck.)
Acer campestre. L.	—	—	1 novemb.
» pseudo-Platanus. L.	—	—	27 octobre.
Æsculus Hippocastanum. L.	—	5 novemb.	24 »
» lutea. Pers.	—	—	30 sept.
» Pavia. L.	—	—	24 octobre.
Amygdalus communis. L.	15 novemb.		
» persica. L. (*β mad.*)	—	5 novemb.	1 novemb.
Aristolochia Sipho. L.	—	—	6 octobre.
Berberis vulgaris. L.	5 novemb.	—	10 novemb.
Betula alba. L.	8 »	10 novemb.	1 »
» Alnus. L.	—	3 »	1 »
Bignonia Catalpa. L.	1 novemb.	—	28 octobre.
» radicans. L.	—	—	15 »
Carpinus Betulus. L.	—	—	1 novemb.
Cercis Siliquastrum. L.	—	—	8 »
Colutea arborescens. L.	—	—	28 octobre.
Corchorus japonicus. L.	—	—	25 novemb.

NOMS DES PLANTES. (*Chute des feuilles*, 1871.)	BRUXELLES.	OSTENDE.	NAMUR.
Cornus mas. L.	20 novemb.	—	12 novemb.
» sanguinea. L.	—	—	12 »
Corylus Avellana. L.	2 novemb.	8 novemb.	1 »
Cratægus oxyacantha. L.	—	21 »	1 »
Cytisus Laburnum. L.	4 novemb.	—	22 »
Daphne Mezereum. L.	10 octobre.	18 novemb.	4 »
Deutzia scabra. Thunb.	—	—	12 »
Evonymus europæus. L.	—	—	10 »
Fagus Castanea. L.	—	—	6 »
» sylvatica. L.	—	—	8 »
Fraxinus excelsior. L.	—	—	4 »
Gingko biloba. L.	—	—	27 octobre.
Glycine sinensis. L.	25 novemb.	—	20 novemb.
Gymnocladus canadensis. Lam.	—	—	7 octobre.
Hippophaë rhamnoïdes. L.	—	15 novemb.	25 novemb.
Hydrangea arborescens. L.	18 novemb.	—	2 »
Juglans regia. L.	10 »	18 novemb.	1 »
Ligustrum vulgare. L.	—	—	30 »
Liriodendron tulipifera. L.	—	—	28 octobre.
Lonicera Periclymenum. L.	5 novemb.	—	4 novemb.
» symphoricarpos. L.	6 »	—	10 »
» tatarica. L.	6 »	—	20 octobre.
» Xylosteum. L.	10 »	—	30 »
Magnolia tripetala. L.	—	—	10 novemb.
» Yulan. Desf.	—	—	5 octobre.
Mespilus germanica. L.	5 novemb.	—	2 novemb.
Morus alba. L.	25 »	—	26 octobre.
» nigra. L.	—	6 novemb.	26 »
Philadelphus coronarius. L.	6 novemb.	—	8 novemb.
Platanus occidentalis. L.	—	—	1 »
Populus alba. L.	1 novemb.	29 novemb.	
» fastigiata. Poir.	8 »	—	5 novemb.
Prunus armeniaca. L. (β *abric.*).	5 »	30 octobre.	2 »
» Cerasus. L. (*big. noir.*).	—	—	2 »
» domestica. L. (β *gr. dam. v.*).	5 novemb.	—	2 »
» Padus. L.	—	—	2 »
Ptelea trifoliata. L.	—	—	16 »
Pyrus communis. L. (β *bergam.*).	8 novemb.	18 novemb.	28 »
» japonica. L.	10 »	17 octobre.	30 »
» Malus. L. (β *calville d'été*).	10 »	—	2 »
Quercus pedunculata. Willd.	—	—	22 »
» sessiliflora. Sm.	15 novemb.	—	22 »

NOMS DES PLANTES. (*Chute des feuilles*, 1871.)	BRUXELLES.	OSTENDE.	NAMUR.
Rhamnus catharticus. L.	—	—	12 novemb.
» Frangula. L.	—	—	12 »
Ribes alpinum. L.	—	—	25 »
» Grossularia. L.	24 octobre.	28 novemb.	20 »
» nigrum. L.	28 »	—	20 »
» rubrum. L.	25 »	—	20 »
Robinia pseudo-Acacia. L.	5 novemb.	—	1 »
Rosa centifolia. L.	12 »	—	28 »
» gallica. L.	12 »	—	28 »
Rubus idæus. L.	5 »		
Salix alba. L.	5 »		
Sambucus nigra. L.	8 »	27 octobre.	28 octobre.
» racemosa. L.	—	—	27 »
Sorbus aucuparia. L.	5 novemb.	—	1 novemb.
Staphylæa pinnata. L.	—	—	28 octobre.
Syringa persica. L.	5 novemb.	—	28 »
» rothomagensis. Hort.	3 »	—	28 »
» vulgaris. L.	5 »	20 novemb.	28 »
Tilia platyphylla. Vent.	—	—	5 »
Ulmus campestris. L.	10 novemb.	—	2 novemb.
Vaccinium Myrtillus. L.	—	—	2 »
Viburnum Lantana. L.	—	—	30 »
» Opulus. L. (*fl. simpl.*)	—	—	5 »
» » (*fl. pleno*)	—	—	5 »
Vitex incisus. L.	—	—	28 octobre.
Vitis vinifera. L. (β *chass. doré.*)	10 novemb.	20 novemb.	1 novemb.

PHÉNOMÈNES PÉRIODIQUES NATURELS.

RÈGNE ANIMAL.

Observations faites dans les environs de Bruxelles, en 1871, par MM. J.-B. Vincent et fils.

OISEAUX.

PÉRIODE DE PRINTEMPS.

Février	9. *Motacilla alba.* Arrivé.	
	10. *Fringilla cœlebs.* Chante.	
Mars	8. *Cycnus olor.* Une vingtaine d'individus pendant plusieurs jours sur nos étangs.	
	11. *Ruticilla tithys.* Arrivé.	
	17. *Saxicola rubicola.* Arrivé.	
	18. *Otis tarda.* Passe.	
	19. *Vanellus cristatus.* Repasse.	
	» *Fuligula cristata.* Repasse.	
	» *Alauda arvensis.* Chante.	
	27. *Phyllopneuste rufa.* Arrivé.	
Avril	5. *Hirundo rustica.* Arrivé.	
	6. *Saxicola œnanthe.* Repasse.	
	7. *Motacilla flava.* Arrive.	
	9. *Ruticilla phœnicurus.* Arrivé.	
	» *Anthus arboreus.* Arrivé.	
	10. *Sylvia atricapilla.* Arrivé.	
Avril	10. *Ruticilla luscinia.* Arrivé.	
	» *Saxicola rubetra.* Arrive.	
	11. *Hirundo urbica.* Arrive.	
	14. *Cypselus apus.* Arrive.	
	17. *Sylvia curruca.* Arrive.	
	23. *Cuculus canorus.* Arrive.	
	» *Emberiza miliaria.* Arrive.	
	» *Phyllopneuste sibilatrix.* Arrive.	
	» *Perdix coturnix.* Arrive.	
	24. *Sylvia hortensis.* Arrive.	
	25. *Lanius excubitor.* Arrive.	
	28. *Calamoherpe turdoïdes.* Arrive.	
	30. *Muscicapa ficedula.* Arrive.	
	» *Oriolus galbula.* Arrive.	
Mai	2. *Muscicapa grisola.* Arrivé.	
	» *Hypolaïs icterina.* Arrive.	
	22. *Calamoherpe palustris.* Arrive.	

PÉRIODE D'AUTOMNE.

Août	27. *Saxicola œnanthe.* Émigre.	*Octobre* 5. *Fringilla cœlebs.* Émigre.
Septembre	17. *Buteo communis.* Passage.	» — *cannabina.* Émigre.
Octobre	5. *Alauda arvensis.* Émigre.	6. *Corvus cornix.* Arrive.
	» *Anthus pratensis.* Émigre.	8. *Fringilla montifringilla.* Arrive.

INSECTES.

Mars 26. *Colias rhamni.* Vole.
» *Pieris napi.* Vole.
» *Geotrupes stercorarius.* Vole.

MAMMIFÈRES.

Mars 18. *Vespertilio pipistrellus.* Apparaît.

Note sur quelques changements observés dans la faune ornithologique des environs de Bruxelles, par M. G. VINCENT.

En faisant nos observations sur les phénomènes périodiques, observations dont les premières remontent à vingt ans environ, nous avons été frappés plus d'une fois des changements survenus dans la faune ornithologique des environs de Bruxelles, et principalement de la vallée de la Woluwe et des vastes coteaux qui bordent ce cours d'eau.

D'année en année le nombre des oiseaux y diminue d'une manière sensible; quelques espèces, communes autrefois, deviennent de plus en plus rares; d'autres tendent à disparaître; d'autres enfin ont cessé d'appartenir en réalité à la faune de Bruxelles.

Nous citerons d'abord la *Calamoherpe palustris,* la *Sylvia curruca,* l'*Emberiza hortulana,* la *Perdix coturnix,* qui ont considérablement diminué. La dernière mérite une mention spéciale. Elle était auparavant très-abondante, malgré la chasse active qu'on lui faisait au filet dès son arrivée, chasse qui était autorisée par la loi. Quoique cette chasse soit maintenant prohibée, la *Perdix coturnix* n'en va pas moins diminuant toujours.

Nous mentionnerons encore la disparition presque complète du *Turdus pilaris,* qui se montrait en troupes nombreuses en automne.

Enfin, une variété de l'*Alauda arvensis* plus noire que celle qui habite ici et dont les bandes nous arrivaient régulièrement, n'apparaît plus que rarement; elle semble prendre, en émigrant, une route différente de celle qu'elle a suivie jusqu'aujourd'hui.

Deux espèces ont cessé de séjourner dans la contrée; ce sont le *Rallus crex* et la *Linota cannabina.* La première arrivait tous les ans au mois de mai et nichait ici; la *Linota cannabina* venait nicher aussi, quoique plus rarement que le *Rallus;* tous deux ne font plus que passer en octobre, époque de leur migration.

Observations faites à Melle, près de Gand, en 1871, par M. le professeur Bernardin.

OISEAUX.

PÉRIODE DE PRINTEMPS.

Janvier   7 au 15. Passage de Grives.
15 et 21. *Cygnus ferus.* Passe.
25. *Anas boschas.* Passe.
Février   7 au 11, 16 et 20. *Anas Penelope.* Séjourne.
14. *Anas boschas.* Séjourne.
16, 17, 20 et 25. *Vanellus cristatus, Charadrius pluvialis* et *Sturnus vulgaris.* Très-grandes troupes séjournent.
19. *Fringilla domestica.* Apparie.
21. *Fringilla cœlebs.* Chante.
» *Mergus merganser.* Séjourne.
Mars   5. *Corvus cornix* et *corone.* Départ.
11. *Alauda arvensis.* Chante.
12. *Emberiza citrinella.* Chante.
» *Sturnus vulgaris.* Nidifie.
Avril   10. *Hirundo rustica.* Arrive.

Avril   10. *Sylvia luscinia.* Arrive à Louvain.
12. — *atricapilla.* Chante.
14. — *luscinia.* Arrive à Melle.
16. *Coturnix dactylisonans.* Chante.
18. *Sylvia luscinia.* Arrive dans notre jardin.
19. *Cuculus canorus.* Chante.
24. *Sylvia curruca.* Chante.
26. *Cypselus apus.* Arrive.
Mai   1. *Sylvia hippolaïs.* Arrive.
2. *Oriolus galbula.* Chante.
12. *Rallus crex.* Chante.
13. *Fringilla domestica.* Petits volent.
16. *Sylvia luscinia.* Dans notre jard.: 5 œufs.
31. — — Petits.

PÉRIODE D'AUTOMNE.

Juillet   14. *Ardea cinerea.* Passe.
Août   8. *Cypselus apus.* Partis.
18. — — Vu un individu.
Septembre   4. — — Vu encore un individu.
21, 22 et 28. Bergeronnettes en masse.

Septembre 23 et 28. *Hirundo urbica.* S'assemble.
Octobre   1 et 2. *Hirundo rustica.* Départ.
7. — — Vu encore.
11. *Corvus cornix* et *corone.* Arrivent.

MAMMIFÈRES.

Février   10. *Talpa europœa.* Travaille.
Mars   5. *Vespertilio pipistrellus.* Réveil.

REPTILES.

Mars   11. *Rana temporaria.* Réveil.
21. — Coasse.

POISSONS.

Février   26. *Cyprinus auratus.* À la surface.

INSECTES.

Février 4. *Vanessa urticæ.* Vole.
Mars 3. *Colias rhamni.* Vole.
» *Hydrometra stagnorum.* Paraît.
» *Gyrinus natator.* Paraît.
9. *Apis mellifica.* Vole.
21. *Bombus muscorum.* Vole.
Avril 13. *Pieris cardamines.* Vole.
» *Criocera merdigera.* Paraît.
23. *Meloë proscarabæus.* Vole.
Mai 21. *Agrion minium.* Vole.

Mai 21. *Agrion puella.* Vole.
Juillet 5. *Zygæna quercus.* Vole.
14, 15 et 16. Staphylins.
Août 13. —
14. *Agrion minium.* Vole.
» — *puella.* Vole.
Septembre 6. *Macroglossus stellatarum.* Vole.
7. *Pieris brassicæ.* Vole en quantité.
11. *Noctua sponsa.* Vole.

Observations faites à Ostende, en 1871, par M. ÉDOUARD LANSZWEERT, pharmacien.

MAMMIFÈRES.

Janvier 6. *Talpa europæa.* Apparaît.
Février 26. *Vespertilio pipistrellus.* Réveil.

OISEAUX.

PÉRIODE DE PRINTEMPS.

Janvier 1, 4, 6. *Cycnus musicus.* Passe par bandes.
8. *Emberiza nivalis.* Arrive par troupes nombreuses.
10. *Anser segetum.* ⎱ Passent en masse.
» *Anas boschas.* ⎰
23. — *mollissima.* Pris un individu viv^t.
26 et 27. *Mergus merganser.* Passe.
Février 2. *Cycnus musicus.* Passe.
» *Ardea cinerea.* Plusieurs indiv. passent.
4. *Anas tadorna.* Tiré un individu.
10. *Numenius arquata.* Grand passage au soir et la nuit.
10 et 11. *Anas tadorna.* Vu plusieurs.
12. *Anas boschas.* ⎱ Grand passage.
» *Fuliga nigra.* ⎰
» *Anser segetum.* Plusieurs bandes vont vers le NE.
» *Cycnus musicus.* Passage de plusieurs bandes; cinq individus ont été tirés.

Février 14. *Anser segetum.* Passage énorme vers le N.
» *Anser leucopsis.* Trois individus ont été tirés.
21. *Anser segetum.* Passe au soir.
Mars 2. *Totanus incanus.* Grand passage.
6. *Cycnus musicus.* Un individu se présente devant le port.
7. *Anser segetum.* Se dirigent vers l'E.
23. *Numenius arquata.* Vont vers l'O.
27. *Totanus calidris.* Passe.
Avril 2. *Hirundo urbica.* Vu deux individus.
10. — Arrivent en masse.
Mai 16 et 17. *Numenius arquata.* ⎱ Passent au soir.
» » *Totanus calidris.* ⎰
27. *Anas boschas.* ⎱ Passage énorme.
» — *marila.* ⎰
Juillet 28. *Numenius arquata.* Passe.

PÉRIODE D'AUTOMNE.

Août   6-7. *Totanus incanus*. Passe par grandes bandes.

Octobre   1-2. *Hirundo urbica*. Vu encore beaucoup d'individus.

8. *Scolopax rusticola*. Vu la première.

10-11. *Corvus cornix*. Arrive.

11-12. *Turdus musicus*. Passage.

29. *Recurvirostra avocetta*. Vu cinq indiv.

Octobre   31. *Hydrocorax carbo*. Tiré un individu.

Novembre   3. *Anser segetum*.)Grand pass⁶ᵉ au matin

» *Anas boschas*.)dans la direct. du SO.

6. *Numenius arquata*. Grand passage au soir.

7. *Scolopax rusticola*. Vu encore un indiv.

8. *Numenius arquata*. Passage énorme au soir.

REPTILES.

Mars   25. *Bufo calamita*. Accouplement.

» *Rana temporaria*. Réveil.

POISSONS.

Février   14. *Clupea sprattus*. Arrive sur les côtes anglaises en masse; mais rien sur nos côtes.

25. *Scomber scombrus*. Apparaît.

Octobre   8. *Clupea harengus*. Apparition.

Décembre   21. — *sprattus*. Apparaît sur nos côtes en masse.

INSECTES.

Mars   23. De petites fourmis ailées et de petits coléoptères volent en masses compactes.

25. Gyrins nagent.

Mai   29. *Melolontha vulgaris*. Apparaît.

Août   20-22. Libellules. Passage énorme et continuel du NNE. au SSO.

Observations faites à Visé et dans quelques autres localités, en 1871, par M. L. QUAEDVLIEG (¹).

OISEAUX.

Cygnes. Observés l'hiver dernier sur la Meuse en divers endroits.
Février 2-3. Pies. Accouplement et nidification.
Avril   7. Hirondelles. Apparition.
      12. Rossignol. Premier chant.

COLÉOPTÈRES.

Dates des premières observations en 1871.

Mars	12. *Aphodius fimetarius.*		*Mai*	3. *Attelabus curculionoides.*
	» *Coccinella 7-punctata.*			14. *Telephorus fuscus.*
	26. *Cicindela campestris.* (Chaudfontaine.)		*Juin*	13. *Trichius gallicus.* Très-commun sur les rosiers.
	» *Gyrinus sp. (natator?)* Ibid.			
Avril	12. *Carabus auratus.*			18. *Cetonia aurata.*
	14. *Meloë proscarabœus*			» *Oxythyrea stictica.*
	26. *Melolontha vulgaris.*		*Juillet*	2. *Lampyris noctiluca.*
	20. *Valgus hemipterus*			

(¹) Ces observations nous ont été transmises obligeamment par M. Alfred Preudhomme de Borre, conservateur au Musée royal d'histoire naturelle de Belgique. La lettre suivante, qui sera lue avec intérêt, les accompagnait.

(AD. Q.)

« MONSIEUR LE SECRÉTAIRE PERPÉTUEL,

» Il y a une douzaine d'années environ, j'avais l'honneur de collaborer à la constatation des phénomènes périodiques des plantes et des animaux, établie sous votre savante direction; mais, vers cette époque, ayant cessé d'habiter la campagne et n'étant plus à même de faire des observations suffisamment suivies, je renonçai, à mon grand regret, à continuer à vous en envoyer.

» Cependant, à mesure que j'ai approfondi davantage l'étude de l'entomologie, j'ai acquis l'intime conviction que les observations de ce genre, quand elles sont faites avec conscience et avec une saine critique, sont appelées à fournir l'histoire naturelle de matériaux d'une importance capitale, en même temps qu'elles enrichissent le domaine de l'étude statistique de la physique du globe.

» J'ai depuis longtemps pris l'habitude de ne jamais recueillir un insecte sans mentionner sur son étiquette les indications du lieu et de la date précise de sa capture. A mesure que les matériaux ainsi amassés par moi se sont augmentés, j'y ai pu faire des découvertes très-curieuses. Je n'en citerai qu'une. Dans les genres, dont notre pays possède plusieurs espèces, l'époque d'apparition de ces espèces n'étant pas les mêmes, on observe que les intervalles qui les séparent, restent sensiblement constants, alors que les époques varient suivant les années.

» Je crois donc que les entomologistes, et généralement tous les naturalistes, devraient se préoccuper, beaucoup plus qu'ils ne le font, de la question des dates et de toutes les autres questions statistiques qui se rattachent à la vie annuelle des êtres. Ainsi, toute espèce annuelle a une période; cette période devrait être étudiée de manière à en déduire le point maximum quant au nombre d'individus, point à trouver dans l'intervalle qui sépare la première observation de la dernière que l'on a faite de l'espèce pendant l'année. Parmi les insectes, il est beaucoup d'espèces qui vivent plusieurs années à l'état de larves, et qui, alors, ne se montrent pas tous les ans à l'état parfait avec la même abondance, comme les hannetons; l'étude statistique de ce phénomène périodique est encore

LÉPIDOPTÈRES.

Datés des premières observations en 1871.

	A. — Diurnes.		
Février	16. Vu une *Pieris* (*Rapæ* ou *Napi*).		
	» Vu une *Vanessa* (*Urticæ* ou *Polychloros*).		
Mars	1. *Gonopteryx Rhamni.*		
	3. *Vanessa Urticæ.*		
	4. — *polychloros.*		
	» *Pararga Megæra.*		
	12. *Vanessa Io.*		
	24. *Papilio Machaon.*		
Avril	11. *Pieris rapæ.*		
	» *Anthocharis cardamines.*		
Mai	3. *Pararga Ægeria.*		
	7. *Thanaos Tages.*		
	» *Spilothyrus malvæ.*		
	» *Polyommatus rubi.*		
	» *Pieris brassicæ.*		
	14. *Cœnonympha Pamphilus.*		
	21. *Argynnis Euphrosyne.*		
	28. *Lycæna Alsus.*		
Mai	28. *Lycæna Alexis.*		
	» *Polyommatus Xanthe.*		
	» *Lycæna Acis.*		
	29. *Melitæa Athalia.*		
	» *Lycæna Agestis.*		
Juin	4. — *Adonis.*	(Comblain-au-Pont.)
	» *Syrichtes alveolus.*	Ibid.
	» *Pararga Mœra.*	Ibid.
	» *Colias Hyale.*	Ibid.
	» *Polyommatus Phlœas.*	Ibid.
	» *Melitæa Artemis.*	Ibid.
	» — *cinxia.*	Ibid.
	» — *Dictynna.*	(Val-Dieu.)
	» *Steropes Paniscus*	Ibid.
	» *Vanessa Antiopa.*	Ibid.
	» *Leuconæa cratægi.*	(Tilff.)
	11. *Argynnis Selene.*	(Val-Dieu.)
	» *Hesperia Sylvanus.*	
Juillet	2. *Pyrameis Atalanta.*	(Lanaeken.)
	» *Epinephele Janira.*	Ibid.
	9. *Hesperia lineola.*	(Barvaux.)

importante. D'autres espèces, au contraire, se montrent deux fois par an; il y aurait à étudier, dans ce cas, quels rapports on peut établir entre les deux générations vernale ou estivale, et automnale, tant pour les dates que pour l'abondance des individus.

» Les espèces erratiques, qui se montrent accidentellement dans notre pays, les variétés plus ou moins accidentelles, les hybrides, qu'on remarque quelquefois en plus grand nombre certaines années, sont aussi des phénomènes dont il faudrait faire la statistique, c'est-à-dire l'étude par les chiffres et les dates.

» Dans toutes ces questions, il faut aussi faire la part des causes extérieures, ou des relations que les faits observés peuvent avoir avec les lieux où on les observe, avec les phénomènes périodiques d'autres espèces animales ou végétales, enfin avec les phénomènes météorologiques.

» Il y a donc là toute une science, la statistique entomologique, qui d'abord doit jouer un rôle incontestable dans cette statistique cosmique, dont on vous cite à bon droit, Monsieur le Secrétaire perpétuel, comme le plus ardent et le plus digne promoteur, mais qui, je pense, sera appelée un jour, par le dépouillement des matériaux qu'elle aura accumulés, à jeter des lumières dans les plus hautes questions des causes naturelles, ou de la philosophie de l'histoire naturelle.

» C'est pourquoi étant maintenant, par les fonctions qui m'attachent au milieu de la capitale, moins en état que jamais de recueillir patiemment et minutieusement les observations quotidiennes indispensables pour cette étude, je me suis décidé à l'encourager autant que je puis chez les autres. Un jeune homme de la province de Liége, M. Louis Quaedvlieg, de Visé, qui s'occupe spécialement de l'étude des Lépidoptères, a bien voulu prendre mes conseils pour le diriger dans cette étude. Lui reconnaissant les qualités d'observation consciencieuse et d'ardeur scientifique nécessaires, je l'ai engagé à recueillir des observations sur les phénomènes périodiques, et naturellement il les a portées de préférence sur les Lépidoptères, qu'il connaît le mieux. Je compte l'aider à les étendre davantage dans la suite.

» J'ai l'honneur de vous adresser ces observations, dont j'ai éliminé celles qui me paraissaient douteuses.

» Agréez, Monsieur le Secrétaire perpétuel, l'assurance de ma considération la plus distinguée.

» A. DE BORRE. »

Juillet	9.	*Lycœna Arion.* (Barvaux.)
	»	*Cœnonympha Arcanius.* (Barvaux, Comblain-la-Tour.)
	»	*Lycœna Aegon.* (Comblain-la-Tour.)
	»	*Epinephele Hyperanthus.* Ibid.
	»	*Hesperia Sao.* (Barvaux.)
	»	*Lycœna Dorylas.* (Comblain-la-Tour.)
	16.	*Satyrus Semele.* (Val-Dieu.)
	23.	*Epinephele Tithonus.* (Lanaeken)
	26.	*Arge Galathea.* (Val-Dieu.)
	»	*Thecla Lynceus.* Ibid.
Aoùt	11.	*Argynnis Lathonia.* Ibid.
	15.	*Hesperia comma.* (Montagne-St-Pierre.)
	20.	*Papilio Machaon.* Éclosion de l'année. (Val-Dieu.)
	27.	*Colias Edusa.* (Montagne-St-Pierre.)
	»	*Pieris Daplidice.* Ibid.
	»	*Thecla betulæ.* Ibid.

B. — CRÉPUSCULAIRES.

Juin	4.	*Procris statices* (Val-Dieu.)
	11.	*Macroglossa fuciformis.* Ibid.
	»	*Zygœna trifolii.* Ibid.
	»	— *filipendulœ.* Ibid.
	22.	*Sphinx ligustri.*
Aoùt	5.	*Macroglossa stellatarum.*

C. — NOCTURNES ET MICROLÉPIDOPTÈRES.

Mars	19.	*Euclidia glyphica.*
Avril	16.	*Saturnia carpini.*
	25.	*Selenia illunaria.*
Mai	3.	*Adela Reaumurella.*
	5.	*Grapholitha Rhodiana.*
	7.	*Venilia macularia.*
	»	*Melanippe marginaria.*
	19.	*Lita rhombella.*
	22.	*Abrostola urticœ.*
	23.	*Hadena thalassina.*
	»	*Arctia mendica.*
	»	*Cilix spinula.*
Juin	10.	*Caradrina trilinea.*
	»	*Eupitheria subnotaria.*
		— subumbraria.
	»	*Abrostola triplasia.*
	11.	*Hypena rostralis.*
	12.	*Euprepia menthastri.*
	14.	*Eupitheria rectangularia.*
	»	*Asopia farinalis.*
	»	*Eubolia ferrugaria.*
	15.	*Melanthia adustaria.*
	16.	*Agrotis exclamationis.*

Juin	16.	*Plusia chrysitis.*
	18.	*Hypena proboscidalis.*
	»	*Boarmia rhomboidaria.*
	24.	*Sciaphila nubilosa.*
	»	*Caradrina alsines.*
	»	*Luperina pini.*
	»	*Zerene grossulariata.*
	30.	*Tortrix laviceana.*
	»	*Asopia glaucinalis.*
	»	*Ephyra omicronaria.*
	»	*Geometra vernaria.*
Juillet	1.	*Caradrina cubicularis.*
	2.	*Hypena crassalis* et sa variété *nigralis.* (Lanaeken.)
	4.	*Herminia tarsiplumalis.*
	7.	*Acidalia* var. *latifasciaria.*
	»	*Cidaria fulvaria.*
	»	*Spœlotis augur.*
	8.	*Caradrina Morpheus.*
	»	*Apamea furuncula.*
	»	*Cidaria pyraliaria.*
	»	*Acronycta strigosa.*
	»	*Hadena oleracea.*
	»	*Agrotia segetum.*
	»	*Polia dysodea.*
	9.	*Sciaphila Wahlbaumiana.*
	»	*Penthina lusiana.*
	»	*Crambus falsellus.*
	»	*Tortrix holmiana.*
	»	*Cabera exanthemaria.*
	10.	*Acidalia aversaria.*
	»	*Caradrina respersa.*
	»	*Noctua festiva.*
	11.	*Leucania pallens.*
	12.	*Larentia bilinearia.*
	13.	*Elachista emyella.*
	»	*Tortrix ribeana.*
	»	*Schoenobius forficellus.*
	»	*Acidalia ossearia.*
	14.	*Eurymene dolabraria.*
	15.	*Scopula prunalis.*
	»	*Cidaria rubidaria.*
	»	*Orthosia ypsilon.*
	»	*Urapteryx sambucaria.*
	16.	*Crambus hortuellus.*
	17.	— *perlellus.*
	»	*Botys silacealis.*
	»	*Scopula pulicalis.*
	»	*Gonoptera libatrix.*
	»	*Leucania albipuncta.*
	18.	*Crambus aquilellus.*
	»	*Luperina polyodon.*

Juillet	19. *Crocalis elinguaria.*		Août	7. *Plastenis subtusa.*
	» *Nudaria mundana.*			» *Chersotis plecta.*
	21. *Hadena pisi.*			8. *Hadena brassicæ.*
Août	6. *Botys fulvalis.*			9. — *chenopodii.*

Observations faites à Vienne, en 1871, par M. CHARLES FRITSCH.

PÉRIODE DE PRINTEMPS.

Février	26. *Pollenia rudis.* Apparaît.		Avril	23. *Vanessa C. album.* Vole.
	27. *Aphodius fimetarius.* Vole.			» *Eristalis tenax.* Vole.
Mars	5. *Opatrum sabulosum.* Apparaît.			» — *arbustorum.* Vole.
	13. *Vanessa polychloros.* Vole.			25. *Monophadnus nigerrimus.* Apparaît.
	» *Turdus merula.* Chante.			26. *Bibio Marci.* Apparaît.
	15. *Coccinella 7-punctata.* Apparaît.		Mai	1. *Melolontha vulgaris.* Apparaît.
	» *Notonecta Fabricii.* Apparaît.			8. *Rhizotrogus æquinoctialis.* Disparaît.
	» *Dermestes lardarius.* Apparaît.			» *Dorcadion morio.* Apparaît.
	23. *Clerus formicarius.* Apparaît.			10. *Monophadnus nigerrimus.* Disparaît.
	» *Haltica oleracea.* Apparaît.			13. *Lema 12-punctata.* Apparaît.
	24. *Schirus bicolor.* Apparaît.			» *Cetonia aurata.* Apparaît.
	26. *Lacerta agilis.* Réveil.			» *Valgus hemipterus.* Apparaît.
	» *Bombus terrestris.* Vole.			» *Eristalis æneus.* Disparaît.
	» *Gastrophysa polygoni.* Apparaît.			» *Platystoma seminationis.* Apparaît.
	» *Podarcis muralis.* Réveil.			» *Bibio hortulanus* ♂. Apparaît.
	» *Geotrupes stercorarius.* Apparaît.			14. *Epicometis hirtella.* Disparaît.
	» *Eurygaster maurus.* Apparaît.			» *Bibio marci* ♀. Apparaît.
	» *Eristalis æneus.* Vole.			15. *Dermestes lardarius.* Disparaît.
	» *Syrphus Pyrastri.* Vole.			19. *Cypselus apus.* Arrive.
Avril	6. *Chelidon urbica.* Arrivée.			20. *Lygæus equestris.* Apparaît.
	8. *Lygæus saxatilis.* Apparaît.			» *Helophilus floreus.* Vole.
	» *Pollistes gallica.* Vole.			24. *Halyzia ocellata.* Disparaît.
	9. *Epicometis hirtella.* Apparaît.			» *Strachia oleracea.* Disparaît.
	» *Strachia oleracea.* Apparaît.			» *Schirus discolor.* Disparaît.
	» *Hydrometra lacustris.* Apparaît.			» *Dorcadion rufipes.* Disparaît.
	10. *Pieris napi.* Vole.			25. *Omophlus lepturoides.* Apparaît.
	16. *Gonopteryx Rhamni.* Vole.			» *Brachinus explodens.* Apparaît.
	» *Cicindela campestris.* Apparaît.			» *Cœnonympha Pamphilus.* Vole.
	» *Dorcadion fulvum.* Apparaît.			» *Lycæna Adonis.* Apparaît.
	17. *Rhizotrogus æquinoctialis.* Vole.			» *Agrophila sulphurea.* Apparaît.
	19. *Dorcadion rufipes.* Apparaît.			26. *Agelastica Alni.* Apparaît.
	» *Halyzia ocellata.* Apparaît.			» *Crioceris 12-punctata.* Disparaît.
	» *Bombus lapidarius.* Vole.			» *Rhynchites Populi.* Apparaît. Déjà fré-
	21. *Scatophaga stercoraria.* Apparaît.			quent.

28. *Clerus formicarius.* Disparaît.
» *Lygœus saxatilis.* Disparaît.
» *Pyrrhocoris apterus.* Disparaît.
29. *Gastrophysa polygoni.* Disparaît.
» *Lina Populi.* Apparaît.
» *Colias Hyale.* Vole.
31. *Syromastes marginatus.* Apparaît.
Juin 4. *Haltica oleracea.* Disparaît.
» *Platystoma Seminationis.* Disparaît.

Juin 8. *Cantharis rustica.* Apparaît.
» *Syrphus pyrastri.* Disparaît.
9. *Clythra 4-punctata.* Apparaît.
» *Bibio hortulanus.* Disparaît.
15. *Lycœna Adonis.* Disparaît.
16. *Scatophaga stercoraria.* Disparaît.
17. *Sargus cuprarius.* Apparaît.
21. *Cantharis fusca.* Disparaît.
24. *Omophlus lepturoides.* Disparaît.

Observations faites à Salzbourg, en 1871, par M. Charles Fritsch.

PÉRIODE D'AUTOMNE.

Juillet 2. *Cantharis obscura.* Disparaît.
» *Epinephele Hyperanthus.* Vole.
3. *Corymbites tessellatus.* Disparaît.
4. *Calidium violaceum.* Disparaît.
» *Carabus cancellatus.* Apparaît. (2ᵉ pér.)
7. *Ragonycha melanura.* Apparaît.
» *Trichius fasciatus.* Apparaît.
» *Trichodius apiarius.* Apparaît.
» *Graphosoma lineata.* Apparaît.
» *Mormidea baccarum.* Apparaît.
» *Centrotus cornutus.* Disparaît.
» *Antocharis cardamines.* Disparaît.
» *Arge galatea.* Vole.
» *Epinephele janira.* Vole.
» *Laphria flava.* Vole.
8. *Agelastica Alni.* Disparaît.
» *Chrysomela Güttingensis.* App. (2ᵉ pér.)
» *Hoplia philanthus.* Apparaît.
» *Strangalia armata.* Apparaît.
» *Tropicoris rufipes.* Apparaît.
10. *Dorytis Mnemosyne.* Disparaît.
» *Polyommatus Chryseis.* Disparaît.
11. *Cteniopus sulphureus.* Apparaît.
» *Epilachna globosa.* Apparaît. (2ᵉ pér.)
» *Fidonia Clathraria.* Vole. (2ᵉ période.)
» *Plusia gamma.* Vole. (2ᵉ période.)
» *Torula chaerophyllaria.* Disparaît.
13. *Chrysomela fastuosa.* Appar. (2ᵉ pér.)
14. *Doritis Apollo.* Vole.
» *Sicus ferrugineus.* Apparaît.
15. *Cantharis dispar.* Disparaît.
» *Cryptocephalus bipustulatus.* Dispar.

Juillet 15. *Leptura rubrotestacea.* Apparaît.
» *Phyllopertha horticola.* Disparaît.
» *Saperda populea.* Disparaît.
» *Cœnonympha pamphilus.* Vole. (2ᵉ pér.)
» *Euclydia glyphica.* Vole. (2ᵉ période.)
» *Leucophasia Sinapis.* Vole. (2ᵉ période.)
» *Lycœna Corydon.* Vole.
17. *Lampyris splendidula.* Disparaît.
» *Cercopis sanguinolenta.* Disparaît.
» *Acidalia decoloraria.* Vole.
» *Botys urticalis.* Vole.
» *Nematois scabiosellus.* Apparaît.
» *Tipula gigantea.* Disparaît.
19. *Harpalus ruficornis.* App. (2ᵉ période.)
» *Apatura Iris.* Vole.
20. — *Ilia.* Vole.
» *Gastropacha Neustria.* Apparaît.
21. *Gonopteryx Rhamni.* Vole. (2ᵉ période.)
» *Graphomyia maculata.* Apparaît.
22. *Anthaxia 4-punctata.* Disparaît.
» *Hoplia philanthus.* Disparaît.
» *Toxotus 4-maculatus.* Apparaît.
» *Æschna grandis.* Vole.
» *Aporia Cratœgi.* Disparaît.
» *Argynnis Paphia.* Vole.
» *Fidonia atomaria.* Vole. (2ᵉ période.)
» *Abia sericea.* Apparaît.
23. *Papilio Machaon.* Vole. (2ᵉ période.)
25. *Hirundo rustica.* Les petits volent.
» *Eristalis sepulchralis.* Apparaît.
28. *Botys verticalis.* Vole.
27. *Geotrupes stercorarius.* Vole. (2ᵉ pér.)

Juillet 27. *Vanessa polychloros.* Vole. (2e période.)
" *Volucella pellucens.* Vole.
28. *Chrysomyia formosa.* Disparaît.
29. *Mordella aculeata.* Disparaît.
" *Æschna cyanea.* Vole.
Août 1. *Alucitina hexadactyla.* Disparaît.
" *Polyommatus Circe.* Disparaît.
" *Syrphus pyrastri.* Vole. (2e période.)
2. *Cicindella campestris.* Disparaît.
" *Pachyta collaris.* Disparaît.
" *Apatura Ilia.* Disparaît.
" *Botys sambucalis.* Disparaît.
" *Callimorpha Hera.* Vole.
" *Calpe Libatrix.* Vole.
" *Fidonia atomaria.* Disparaît.
" *Gnophria quadra.* Apparaît.
" *Satyrus Phædra.* Vole.
3. *Cassida equestris.* Appar. (2e période.)
" *Chelonia Caja.* Disparaît.
" *Sphinx Convolvuli.* Vole. (2e période.)
7. *Carabus granulatus.* App. (2e période.)
" *Hoplia squammosa.* Disparaît.
" *Toxotus 4-maculatus.* Disparaît.
" *Pararga maera.* Disparaît.
" *Abia sericea.* Disparaît.
8. *Apoderus Coryli.* Disparaît.
" *Cteniopus sulphureus.* Disparaît.
" *Plusia chrysitis.* Vole. (2e période.)
" *Vanessa Io.* Vole. (2e période.)
" *Sicus ferrugineus.* Disparaît.
9. *Pieris Brassicæ.* Vole. (2e période.)
10. *Melolontha vulgaris.* Disparaît. (Cette année, très-fréquent.)
" *Gryllus campestris.* Cesse de pépier.
" *Doritis Apollo.* Disparaît.
" *Vanessa antiopa.* Vole. (2e période.)
" — Prorsa. Vole.
11. *Byrrhus pilula.* Apparaît. (2e période.)
" *Chrysops cœcutiens.* Disparaît.
12. *Vanessa cardui.* Vole. (2e période.)
13. *Papilio Machaon.* Disparaît.
" *Sphinx convolvuli.* Vole. (2e période.)
14. *Apatura Iris.* Disparaît.
15. *Psila fimetaria.* Disparaît.
" *Tipula nigra.* Disparaît.
18. *Cidaria Mœniaria.* Apparaît.
" *Colias hyale.* Vole. (2e période.)
" *Fidonia clathraria.* Disparaît.
" *Macrophya rustica.* Disparaît.
19. *Osmylus chrysops.* Disparaît.
" *Catocala electa.* Vole.
20. *Arge Galatea.* Disparaît.

Août 20. *Nematois scabiosellus.* Disparaît.
" *Tipula oleracea.* Vole. (2e période.)
21. *Tarpa cephalotes.* Disparaît.
22. *Epinephele hyperanthus.* Disparaît.
" *Tabanus bromius.* Disparaît.
23. *Lacon murinus.* Disparaît.
25. *Polyommatus phlœas.* Disparaît.
28. *Chrysomela fastuosa.* Disparaît.
" *Molytes germanus.* Disparaît.
" *Cheilosia œstracea.* Disparaît.
29. *Stratiomys chamæleon.* Disparaît.
Septembre 1. *Cetonia aurata.* Disparaît.
" *Leptura rubrotestacea.* Disparaît.
" *Stangalia armata.* Disparaît.
" *Lygæus equestris.* Disparaît.
" *Leucophasia sinapis.* Disparaît.
" *Vanessa polychloros.* Disparaît.
" — prorsa. Disparaît.
" *Volucella pellucens.* Disparaît.
2. *Carabus cancellatus.* Disparaît.
" — granulatus. Disparaît.
" *Ragonycha melanura.* Disparaît.
" *Amphipyra pyramidea.* Disparaît.
" *Catocala nupta.* Vole.
" *Chelonia Caja.* Disparaît.
" *Cidaria Mœniaria.* Disparaît.
4. *Calopteryx virgo.* Disparaît.
" *Libellula depressa.* Disparaît.
" *Euclydia glyphica.* Disparaît.
5. *Nymphula litteralis.* Disparaît.
7. *Syromastes marginatus.* App. (2e pér.)
" *Cordulegaster annulatus.* Disparaît.
" *Thecla betulæ.* Disparaît.
" *Zygæna filipendulæ.* Disparaît.
" *Laphria flava.* Disparaît.
8. *Gnophria quadra.* Disparaît.
9. *Æschna grandis.* Disparaît
" *Polyommatus Circe.* Disparaît.
10. *Vanessa Antiopa.* Disparaît.
" *Olivieria lateralis.* Disparaît.
11. *Cœnonympha Pamphilus.* Disparaît.
" *Hesperia comma.* Disparaît.
12. *Callimorpha Hera.* Disparaît.
" *Lycæna Corydon.* Disparaît.
" *Gymnosoma rotundata.* Disparaît.
13. *Lygæus saxatilis.* Disparaît.
" *Acidalia decoloraria.* Disparaît.
" *Lycæna Alexis.* Disparaît.
14. *Syrphus balteatus.* Disparaît.
15. *Catocala nupta.* Disparaît.
" *Mormidea nigricornis.* Disparaît.
16. *Cryptocephalus sericeus.* Disparaît.

Septembre 16. *Cœnonympha arcania.* Disparaît.
» *Larentia bilinearia.* Disparaît.
» *Chrysotoxum bicinctum.* Disparaît.
17. *Plusia chrysitis.* Disparaît.
19. *Calpe Libatrix.* Disparaît.
21. *Botys verticalis.* Disparaît.
» *Vanessa cardui.* Disparaît.
23. *Argynnis Paphia.* Disparaît.
» *Catocala electa.* Disparaît.
26. *Eristalis sepulchralis.* Disparaît.
27. *Decticus verrucivorrus.* Disparaît.
» *Vanessa urticœ.* Disparaît.
» *Hœmatopota pluvialis.* Disparaît.
28. *Cassida equestris.* Disparaît.
» *Sarcophaga carnaria.* Disparaît.
29. *Trichius fasciatus.* Disparaît.
» *Trichodes apiarius.* Disparaît.
» *Graphosoma lineata.* Disparaît.
» *Syromastes marginatus.* Disparaît.
» *Lestes fusca.* Vole.
30. *Mormydea baccarum.* Disparaît.
» *OEdipoda stridula.* Disparaît.
» *Colias Hyale.* Disparaît.
» *Epinephele Janira.* Disparaît.
» *Athalia rosœ.* Disparaît.
» *Bombus sylvarum.* Disparaît.
» *Ophion luteus.* Disparaît.
Octobre 6. *Thecla betulœ.* Disparaît.
» *Ammophila sabulosa.* Disparaît.
» *Bombus terrestris.* Disparaît.
» *Vespa crabro.* Disparaît.
7. *Hyla viridis.* Disparaît.
» *Libellula pedemontana.* Disparaît.
» *Argynnis Latonia.* Disparaît.
» *Pieris brassicœ.* Disparaît.
» — *rapœ.* Disparaît.
» *Vanessa C. album.* Disparaît.
» — *Jo.* Disparaît.
» *Apis mellifica.* Disparaît.
» *Bombus lapidarius.* Disparaît.
8. *Macroglossa Stellatarum.* Disparaît.
» *Bombus agrorum.* Disparaît.
10. — *hortorum.* Disparaît.
13. *Vespa vulgaris.* Disparaît.
» *Echinomyia fera.* Disparaît.

Octobre 15. *Pieris napi.* Disparaît.
» *Graphomyia maculata.* Disparaît.
» *Tipula oleracea.* Disparaît.
16. *Cimex pratensis.* Disparaît.
» *Locusta cantans.* Cesse de pépier.
» *Sargus cuprarius.* Disparaît.
19. *Aricia erratica.* Disparaît.
20. *Locusta viridissima.* Cesse de pépier.
21. *Coccinella 7-punctata.* Disparaît.
» *Æschna cyanea.* Disparaît.
» *Formica rufa.* Disparaît.
» *Pollistes gallica.* Disparaît.
» *Rhynyia rostrata.* Disparaît.
» *Stomoxys calcitrans.* Disparaît.
» *Syritta pipiens.* Disparaît.
23. *Coccinella dispar.* Disparaît.
» *Colias Edusa.* Disparaît.
» *Plusia gamma.* Disparaît.
24. *Epilachna globosa.* Disparaît.
» *Staphylinus cæsareus.* Disparaît.
» *Vanessa Atalanta.* Disparaît.
» *Helophilus floreus.* Disparaît.
28. *Chrysomela göttingensis.* Disparaît.
» *Syrphus pyrastri.* Disparaît.
29. *Carabus Ultrichii.* Disparaît.
» *Silpha littoralis.* Disparaît.
» *Barbitistes autumnalis.* Disparaît.
» *Cynomyia mortuorum.* Disparaît.
» *Mesembrina mystacea.* Disparaît.
31. *Chœlopteryx fusca.* Disparaît.
Novembre 5. *Procrustes coriaceus.* Disparaît.
» *Gonopteryx Rhamni.* Disparaît.
6. *Calliphora vomitoria.* Disparaît.
» *Eristalis tenax.* Disparaît.
7. *Cheimatobia Brumaria.* Vole.
8. *Adimonia tanaceti.* Disparaît.
» *Chrysomela staphylea.* Disparaît.
» *Dytiscus marginalis.* Disparaît.
» *Geotrupes stercorarius.* Disparaît.
» *Acridium lineatum.* Disparaît.
» *Forficula biguttata.* Disparaît.
» *Camponotus ligniperdus.* Disparaît.
15. *Calliphora erythrocephala.* Disparaît.
» *Scatophaga stercoraria.* Disparaît.
30. *Cheimatobia Brumaria.* Disparaît.

OBSERVATIONS FAITES A DES ÉPOQUES DÉTERMINÉES.

État de la végétation le 21 mars 1871.

(Pour la Feuillaison, on représente par 1, feuillage complet ; ¾, feuilles aux trois quarts de leur grandeur ; ½, moitié grandeur ; ¼, quart de grandeur ; ⅛, bourgeons ouverts ou très-petites feuilles initiales ; par *bourgeons*, on entend seulement ceux qui sont à moitié ouverts, et par 0, on entend absence de feuillaison.)

NOMS DES PLANTES.	BRUXELLE. (M. Bernardin.)	GEMBLOUX. (M. Malaise.)	NAMUR. (M. Bellynck.)	WAREMME. (M. de Selys Longchamps.)	LIÉGE. (M. Dewalque.)
Feuillaison. (21 mars 1871.)					
Æsculus Hippocastanum	0	0	0	Bourgeons.	Bourgeons.
» lutea	0	—	0		
» Pavia	0	—	⅛		
Alnus glutinosa	Bourgeons.	0	0	Bourgeons.	
Amygdalus persica.	Petits bourg.	Bourgeons.	Bourgeons.		
Aristolochia Sipho	0	—	0		
Arum italicum	—	—	1		
» maculatum	—	—	½	½	
Berberis vulgaris	0	Bourgeons.	Bourgeons.	—	⅛
Betula alba	0	—	0	—	⅛
Bignonia Catalpa.	0	—	0		
» radicans	0	—	0		
Carpinus Betulus.	0	0	Bourgeons.		
Cercis Siliquastrum	—	—	0		
Colchicum autumnale	—	—	0		
Colutea arborescens.	0	0	Bourgeons.		
Corchorus japonicus (*fl. simpl.*).	0	⅛	½	½	¼
Cornus mas.	0	0	0		
» sanguinea	0	0	0		
Corylus Avellana.	⅛	Bourgeons.	Bourgeons.	—	⅛
Cratægus oxyacantha	Bourgeons.	Id.	Id.	Bourgeons.	⅛
Cytisus Laburnum	0	0	0		
Daphne Mezereum	½	⅛	¼	⅛	
Evonymus europæus	Bourgeons.	—	Bourgeons.		
Ficus carica	0				
Gingko biloba	0	—	0		
Gleditschia horrida	0	—	0		
Glycine sinensis	0	—	Bourgeons.		
Hippophaë rhamnoïdes.	0				
Hydrangea hortensis	⅛	—	0		
Juglans regia	0	—	0		
Larix europæa	—	—	Bourgeons.		
Ligustrum vulgare	⅛	—	⅛	—	⅛
Liriodendron tulipifera.	0	—	0		
Lonicera biflora	—	—	—	—	¾

NOMS DES PLANTES.	MELLE.	GEMBLOUX.	NAMUR.	WAREMME.	LIÉGE.
Feuillaison (*suite*). (21 mars 1871.)					
Lonicera Periclymenum	1/4	1/8	1/4	1/2	
» Symphoricarpos	Bourgeons.	1/8	1/4		
» tatarica	1/8	—	2/5		
» Xylosteum	—	—	Bourgeons.	1/4	
Magnolia Yulan	0	—	0	Bourgeons.	
Mespilus germanica	Bourgeons.	0	0		
Philadelphus coronarius	1/4	1/8	Bourgeons.	—	0
Populus alba	—	—	0		
» fastigiata	—	0	0		
Prunus armeniaca	1/4	Bourgeons.	Bourgeons.		
» Cerasus	Bourgeons.	—	Id.		
» domestica	—	0	0		
» Padus	—	—	0		
Pyrus communis	Bourgeons.	0	0		
» japonica	1/4	Bourgeons.	1/4	—	1/2
Rhus coriaria	0	—	0		
» Cotinus	0	—	0		
Ribes alpinum	Bourgeons.	—	1/2	Bourgeons.	
» Grossularia	1/2	1/4	1/4	1/4	1/8
» malvaceum	—	—	—	—	1/8
» nigrum	1/4	1/8	1/4	Bourgeons.	Bourgeons.
» rubrum	1/8	1/8	1/4	—	1/4
» sanguineum	1/4	1/8	1/4	1/8	
» Uva-crispa	—	1/4	1/4	1/4	
Robinia pseudo-Acacia	0	—	0		
Rosa centifolia	0	0	Bourgeons.		
» gallica	—	—	Id.		
» rubiginosa	—	—	Id.	1/8	
Salix babylonica	1/8	—	—	1/8	
Sambucus nigra	1/8	1/8	1/5	1/4	1/2
» racemosa	—	—	1/5		
Sorbus aucuparia	0	—	0		
Spiræa sorbifolia	—	—	—	1/2	
Staphylea pinnata	Bourgeons.	—	Bourgeons.		
Syringa persica	—	Bourgeons.	1/8	1/8	1/4
» vulgaris	1/4	Id.	1/3	1/8	1/4
Tilia europæa	0	—	0	—	0
Ulmus campestris	0	0	0		
Viburnum Lantana	—	—	Bourgeons.		
» Opulus	Bourgeons.	—	0	—	1/4
Vitis vinifera	0	—	0		

NOMS DES PLANTES.	MELLE. (M. Bernardin.)	GEMBLOUX. (M. Malaise.)	NAMUR. (M. Bellynck.)	WAREMME. (M. de Selys Longchamps.)	LIÉGE. (M. Dewalque.)
Floraison. (21 mars 1871.)					
Alnus glutinosa	—	Générale.	Terminée.	Terminée.	
Amygdalus persica	Nulle.	Commence.	Commence.	Commencée.	
Anemone Hepatica	Générale.	Avancée.	Générale.	Générale.	Générale.
» nemorosa	Boutons.	—	Commence.		
Arabis caucasica	Commence.	—	Id.		
Aubrietia deltoïdea	—	—	Id.		
Bellis perennis	Partielle.	Commence.	Nulle.	Commencée.	Commence.
Berberis vulgaris.	Nulle.	—	Id.		
Betula alba.	Boutons.	—	Id.		
Buxus sempervirens	Commencée.	—	Id.	Commencée.	
Corchorus japonicus (fl. simpl.)	Nulle.	Nulle.	Boutons.		
» » (fl. pleno)	—	—	Id.		
Cornus mas.	Générale.	Générale.	Générale.	Tend à finir.	
» sanguinea.	Nulle.	—	Nulle.		
Corylus Avellana.	Terminée.	Terminée.	Finie.	Terminée.	Avancée.
Crocus vernus.	Générale.	Avancée.	Générale.		
Daphne Laureola.	—	—	Id.	Générale.	
» Mezereum	Presq. term.	Générale.	Id.	Presq. finie.	Générale.
Eranthis hiemalis	Générale.	—	Finie.		
Forsythia viridissima	Gros boutons	—	Commence.		
Galanthus nivalis.	Terminée.	Terminée.	Finie.	Presq. finie.	
Glechoma hederacea	Nulle.				
Helleborus fœtidus	—	—	Générale.		
» niger.	Générale.	Terminée.	Finie.	Presq. finie.	
» viridis	—	—	Id.	—	Générale.
Hyacinthus botryoïdes.	Boutons.	—	Boutons.	—	Boutons.
» orientalis	—	—	Commence.		
Iberis sempervirens.	—	—	—	—	Nulle.
Lamium album	Nulle.	—	Nulle.		
» purpureum	Id.	Commence.	Commence.	Commence.	
Leontodon Taraxacum.	Id.	Boutons.	Id.	Id.	
Lonicera Periclymenum	Id.	—	Nulle.		
» Symphoricarpos.	Id.	—	Id.		
» tatarica.	Id.	—	Boutons.		
Magnolia Yulan	Boutons.	—	Nulle.	Boutons.	
Narcissus poeticus	—	—	Générale.		
» pseudo-Narcissus.	Boutons.	Commence.	—	Générale.	
Populus alba	—	—	Générale.	Chute des chatons.	
» fastigiata	—	—	Id.		
» virginiana	—	—	Id.	Chatons tombés.	
Primula auricula.	—	—	Nulle.		

NOMS DES PLANTES.	MELLE.	GEMBLOUX.	NAMUR.	WAREMME.	LIÉGE.
Floraison (*suite*). (21 mars 1871.)					
Primula elatior	Nulle.	—	Nulle.	Commencée.	
» grandiflora	—	—	Générale.	Générale.	
» officinalis	—	—	Commence.	Id.	
» veris	—	Boutons.			
Prunus armeniaca	Commence.	Commence.	Boutons.	Commencée.	
» Cerasus	Boutons.	—	Id.		
» domestica	—	—	Nulle.	Boutons.	
Pulmonaria officinalis	—	—	Générale.		
Pyrus communis	Nulle.	—	Nulle.		
» cydonia	Id.				
» japonica	Commence.	Commence.	Boutons.	—	Boutons.
Ranunculus Ficaria	—	Id.	Commence.		
Ribes nigrum	Nulle.				
» rubrum	Id.				
» sanguineum	Id.	Boutons.	Boutons.		
» Uva-crispa	—	—	Nulle.		
Salix caprea	—	Chatons.	Générale.	Presq. finie.	
Saxifraga crassifolia	—	—	Boutons.		
Scilla bifolia	—	—	Commencée.	—	Commence.
Senecio vulgaris	Nulle.				
Sorbus aucuparia	Id.				
Staphylea pinnata	Id.	—	Nulle.		
Syringa vulgaris	Id.	—	Id.		
Taxus baccata	Générale.	—	Commence.	—	Avancée.
Tussilago farfara	—	—	Générale.		
» petasites	—	—	Nulle.	—	Commence.
Ulmus campestris	Nulle.	—	Générale.	?	
Viburnum Opulus (*fl. pl.*)	Id.	—	Nulle.		
Vinca minor	—	Commence.	Commence.	Commencée.	Générale.
Viola odorata	Commencée.	Générale.	Générale.	Id.	Id.
» tricolor	—	—	Commence.		
Vitis vinifera	Nulle.				

OISEAUX ARRIVÉS.

Observations faites à Waremme, par M. DE SELYS LONGCHAMPS.

Mars 9. *Motacilla alba*. Arrivée.	Mars. 9. *Turdus musicus*. Passage.
Phyllopneuste rufa. Arrivée.	— 12. *Grus cinerea*. Passage.
Turdus iliacus. Passage.	

État de la végétation le 21 avril 1871.

NOMS DES PLANTES.	MELLE. (M. Bernardin.)	GEMBLOUX. (M. Malaise.)	WAREMME. (M. de Selys Longchamps.)	NAMUR. (M. Bellynck.)	LIÉGE. (M. Dewalque.)
Feuillaison. (21 avril 1871.)					
Æsculus Hippocastanum	1/2	3/4	Bourgeons.	1/2	1/2
» lutea	1/2	—	—	1/5	
» Pavia	3/4	—	—	1/2	
Alnus glutinosa	3/4	1/2	1/4	1/8	
Amygdalus communis	—	—	1/2		
» persica	1/4	3/4	1/2	1/2	
Aristolochia Sipho	0	—	—	1/8	
Arum maculatum	—	1	1	1	
Berberis vulgaris	1	—	1/2	1/2	
Betula alba	1/2	—	1/4	1/8	1/2
Bignonia Catalpa	0				
» radicans	0	—	—	Bourgeons.	
Carpinus Betulus	—	1/4	Bourg. ouv.	1/8	
Cercis Siliquastrum	—	—	—	Bourgeons.	
Colutea arborescens	1/4				
Corchorus japonicus	3/4	1/2	1/4	3/4	
Cornus mas	1/2	1/8	1/4	1/4	
» sanguinea	3/4	—	1/4	1/4	
Corylus Avellana	7/8	1/8	1/2	1/2	1/2
Cratægus oxyacantha	1	1/2	1/2	1	1
Cytisus Laburnum	3/4	—	1/2	1/8	
Daphne Mezereum	1	3/4	Bourg. ouv.	1	
Evonymus europæus	3/4	—	—	1/4	
Fagus sylvatica	—	—	Bourgeons.	Bourgeons.	
Ficus carica	0				
Fraxinus ornus	—	—	—	—	Bourgeons.
Gingko biloba	Bourgeons.	—	—	1/8	
Gleditschia horrida	—	—	—	0	
» triacanthos	Bourgeons.				
Glycine sinensis	Id.	—	0	1/8	
Hippophaë rhamnoïdes	1/4				
Hydrangea hortensis	3/4				
Juglans regia	1/8	—	1/8	0	
Larix europæa	—	—	1/2	1	
Ligustrum vulgare	1/2	—	1/4	1/2	1
Liriodendron tulipifera	1/8	—	—	1/8	
Lonicera biflora	—	—	—	—	1
» Periclymenum	1	3/4	3/4	1	1

NOMS DES PLANTES.	BRUXELLES.	MELLE.	GEMBLOUX.	WAREMME.	NAMUR.
Feuillaison (*suite*). (21 avril 1871)					
Lonicera symphoricarpos	3/4	—	—	1	1
» tatarica	1	—	—	1	
» Xylosteum	—	3/4	3/4	1	
Magnolia Yulan	1/4				
Mespilus germanica	3/4	—	—	1/4	
Philadelphus coronarius	1	—	—	1	
Populus alba	1/8	—	1/4		
» fastigiata	—	1/8	—	1/2	1/4
Prunus armeniaca	1	1/2	1/4	1/2	
» Cerasus	1	1/8	1/4	1/2	
» domestica	—	1/8	3/4	1/4	
» Padus	—	—	1/2	1/2	
Pyrus communis	3/4	1/4	1/4	1/4	
» Cydonia	3/4	1/8	—	1/4	
» japonica	1	1/2	3/4	3/4	1
» Malus	—	1/8	1/4	1/8	
Rhus coriaria	Bourgeons.				
» Cotinus	Id.				
Ribes alpinum	7/8				
» Grossularia	1/2	3/4	3/4	3/4	3/4
» malvaceum	—	—	—	—	3/4
» nigrum	3/4	—	3/4	3/4	1/2
» rubrum	3/4	3/4	3/4	3/4	3/4
» sanguineum	—	3/4	3/4	3/4	
» Uva-crispa	—	—	3/4	3/4	
Robinia pseudo-Acacia	Bourgeons.	Bourgeons.	—	Bourgeons.	
Rosa centifolia	3/4	—	—	3/4	
» rubiginosa	—	—	—	3/4	
Salix babylonica	3/4	—	1/4	—	1/2
Sambucus nigra	7/8	3/4	3/4	3/4	1
Sorbus aucuparia	1/2	—	1/4	1/4	
Spiræa sorbifolia	—	—	1	1/2	
Staphylæa pinnata	3/4	—	1/2	3/4	
Syringa persica	1/2	—	1/2	1	1
» vulgaris	3/4	1/2	1/2	1	1
Tilia europæa	1/2	1/2	1/4	1/2	1/2
Ulmus campestris	1/4	1/8	—	1/4	
Viburnum Lantana	3/4	—	1/2	3/4	
» Opulus	3/4	—	1/4	1/4	1
Vitis vinifera	Gros bourg.	1/4	0	0	1/8

OBSERVATIONS

NOMS DES PLANTES.	MELLE. (M. Bernardin.)	GEMBLOUX. (M. Malaise.)	WAREMME. (M. de Selys Longchamps.)	NAMUR. (M. Bellynck.)	LIÉGE. (M. Dewalque.)
Floraison. (21 avril 1871.)					
Adonis vernalis	—	—	—	—	Générale.
Amygdalus communis	—	—	Terminée.		
» persica	Terminée.	Terminée.	Id.	Terminée.	
Anemone Hepatica	Id.	Id.	Id.	Id.	
» nemorosa	Id.	Générale.	Id.	Générale.	
» sylvia	—	—	Générale.		
Arabis caucasica	—	—	—	Générale.	
Asarum europæum	—	—	—	Terminée.	
Bellis perennis	Générale.	Générale.	Générale.	Générale.	Générale.
Berberis vulgaris	Boutons.	Nulle.	Boutons.	Boutons.	
Betula alba	Générale.	—	—	Terminée.	
Buxus sempervirens	Presq. term.	—	Terminée.	Générale.	
Caltha palustris	—	Générale.	Générale.	Id.	
Cardamine pratensis	Avancée.	Id.	Id.	Id.	
Carpinus betulus	—	—	Id.		
Cheiranthus Cheiri	Partielle.	Partielle.	—	Générale.	
Corchorus japonicus	Nulle.	Commence.	Générale.	Id.	
Cornus mas	Terminée.	Terminée.	Terminée.	Terminée.	
» sanguinea	Boutons.	—	Id.	Boutons.	
Corylus Avellana	Terminée.	Terminée.	Id.	Terminée.	
Cratægus oxyacantha	—	—	—	—	Petits bout.
Crocus vernus	Terminée.	Terminée.	Terminée.	Terminée.	
Daphne Laureola	—	—	Presq. finie.	Id.	
» Mezereum	Terminée.	—	Terminée.	Id.	
Eranthis hiemalis	Id.	—	—	Id.	
Forsythia viridissima	Générale.	—	—	Générale.	
Fritillaria imperialis	—	Générale.	Générale.	Terminée.	Générale.
Galanthus nivalis	—	Terminée.	—	Id.	
Glechoma hederacea	Commence.	Commence.	—	Générale.	Générale.
Glycine sinensis	—	—	Nulle.	Nulle.	
Helleborus fœtidus	—	—	—	Terminée.	
» niger	Terminée.	—	—	Id.	
» viridis	—	Terminée.	—	Id.	
Hyacinthus botryoïdes	Presq. term.	Générale.	—	Générale.	Générale.
» moschatus	—	—	—	—	Id.
» orientalis	—	—	—	Générale.	
Iberis sempervirens	—	—	—	Id.	
Iris pumila	—	—	—	Commence.	
Lamium album	Commence.	Commence.	Commence.	Générale.	
» purpureum	Id.	Id.	Id.	Id.	
» rubrum	—	—	—	—	Générale.

NOMS DES PLANTES.	MELLE.	GEMBLOUX.	WAREMME.	NAMUR.	LIÉGE.
Floraison (*suite*). (21 avril 1871.)					
Leontodon Taraxacum	Partielle.	Générale.	Générale.	Générale.	Générale.
Lonicera biflora	—	—	—	—	Commence.
» Periclymenum	Nulle.	—	—	Nulle.	
» symphoricarpos	Id.	—	—	Id.	
» tatarica	Commence.	—	—	Générale.	
Magnolia Yulan	Presq. term.	—	Générale.	Id.	
Mahonia aquifolium	Générale.				
» fascicularis	—	—	—	—	Générale.
Narcissus pseudo-Narcissus	Presq. term.	Terminée.	Générale.	Terminée.	
Orobus vernus	Générale.	—	—	Générale.	
Populus alba	—	—	—	Terminée.	
» fastigiata	—	—	—	Id.	
Primula Auricula	—	Commence.	Générale.	Générale.	
» elatior	—	Générale.	Id.	Id.	
» grandiflora	—	—	—	Id.	
» officinalis	—	Générale.	—	Id.	
» veris	Générale.	Id.	Générale.	—	Générale.
Prunus armeniaca	Terminée.	Terminée.	Terminée.	Terminée.	
» Cerasus	Générale.	Générale.	Générale.	Générale.	
» domestica	—	—	Id.	Id.	
» Padus	—	—	Commence.	Id.	Générale.
» spinosa	—	Générale.	Générale.	Id.	
Pulmonaria officinalis	—	—	—	Terminée.	
Pyrus communis	Générale.	Boutons.	Générale.	Générale.	
» Cydonia	Boutons.	Nulle.			
» domestica	—	Avancée.	Commencée.	—	Générale.
» japonica	Générale.	Générale.	Générale.	Générale.	Avancée.
» Malus	—	Nulle.	Commencée.	Id.	Commence.
Ranunculus Ficaria	Presq. term.	Commence.	Générale.	Id.	
Ribes aureum	—	—	—	Id.	
» Grossularia	Générale.	Générale.	—	Id.	Générale.
» malvaceum	—	—	—	—	Id.
» nigrum	Générale.	Commence.	—	Générale.	Commence.
» rubrum	Id.	Générale.	—	Id.	Générale.
» sanguineum	—	Avancée.	Générale.	Id.	
» Uva-crispa	—	Générale.	Id.	Id.	
Salix capræa	—	—	Terminée.	Terminée.	
Sambucus nigra	—	—	—	Nulle.	
Saxifraga crassifolia	—	—	—	Générale.	Générale.
Scilla nutans	—	—	—	Nulle.	
Senecio vulgaris	—	Boutons.	Commence.	Générale.	

NOMS DES PLANTES.	MELLE.	GEMBLOUX.	WAREMME.	NAMUR.	LIÉGE.
Floraison (*suite*). (21 avril 1871.)					
Sorbus aucuparia.	Boutons.	—	—	Boutons.	
Staphylæa pinnata	Commence.	—	—	Commencée.	Boutons médiocres.
Syringa persica	—	—	—	—	Id.
» vulgaris	Commence.	—	—	Boutons.	Id.
Taxus baccata.	Terminée.	—	—	Terminée.	
Tussilago farfara	—	—	—	Id.	
» Petasites	—	—	—	Générale.	Presq. term.
Ulmus campestris.	Générale.	—	—	Finie.	
Uvularia perfoliata	—	—	—	—	Générale.
Viburnum lantana	Gros bout.				
» Opulus (*fl. pl.*)	Boutons.	—	—	Boutons.	Petits bout.
Vinca minor.	Générale.	Générale.	Presq. finie.	Générale.	
Viola odorata	Terminée.	Avancée.	Terminée.	Finie.	
» tricolor	—	—	Id.		
Vitis vinifera	Nulle.	—	—	Nulle.	
Waldsteinia geoïdes	—	—	—	Générale.	

RÈGNE ANIMAL.

Observations faites à Waremme, par M. Edm. de Selys Longchamps.

Avril 3. *Hirundo rustica.* Arrive.

9-12. { *Ruticilla luscinia.* / *Sylvia atricapilla.* } Arrivent.

21. *Muscicapa ficedula.* Passage.

22. *Cuculus canorus.* Arrive.

Observations faites à Liége, par le même.

Vers le 1er avril. *Ruticilla tithys.*

État de la végétation le 24 octobre 1871.
(Les chiffres 0, 1/4, 1/2, 3/4, 1, indiquent la quantité de feuilles restant sur les arbres.)

NOMS DES PLANTES.	BRUXELLES. (M. Ad. Quetelet.)	MELLE. (M. Bernardin.)	GEMBLOUX. (M. C. Malaise.)	WAREMME. (M. de Selys Longchamps.)	NAMUR. (M. Bellynck.)
Effeuillaison. (21 octobre 1871.)					
Acer campestre	—	—	—	—	1
» Negundo	—	—	—	1/2	
» pseudo-Platanus	—	—	1/2	3/4	1/2
Æsculus Hippocastanum	0	1	3/4	3/4	1/3
» lutea	—	0			
» Pavia	—	3/4	—	—	1/3
Alnus glutinosa	—	3/4			
Amygdalus persica	3/4	0	1	1	1
Aristolochia Sipho	—	0	3/4	3/4	0
Berberis vulgaris	3/4	1	—	1	1
Betula alba	3/4	7/8	—	1/2	1
» Alnus	—	—	1	1	1
Bignonia Catalpa	1/4	1	—	1	1/3
» radicans	—	1	—	—	0
Carpinus Betulus	—	3/4	3/4	3/4	1
Castanea vesca	0	—	—	—	3/4
Cercis Siliquastrum	—	3/4	—	1	1
Colutea arborescens	—	1/4			
Corchorus japonicus	—	1	—	—	1
Cornus mas	1	1	1	1/2	1
» sanguinea	—	1/2	1	1	1
Corylus Avellana	1/2	0	3/4	3/4	1/2
Cratægus oxyacantha	—	1	1	1	1
Cytisus Laburnum	—	0	3/4	3/4	1
Daphne Mezereum	0	1/4			
Evonymus europæus	—	1/4	—	—	1
Fagus Castanea	—	—	—	3/4	
» sylvatica	—	—	—	3/4	1
Ficus Carica	—	3/4	—	—	1
Forsythia viridissima	—	1			
Fraxinus excelsior	—	—	1	1	1
Gingko biloba	—	1	—	1	1/2
Gleditschia trincanthos	—	3/4	—	1/2	
Glycine sinensis	1	1	1	1	1
Hydrangea hortensis	1	1	1	1	1
Juglans regia	1/2	1	3/4	1/4	3/4
Larix europæa	—	3/4	—	1/2	1
Ligustrum vulgare	—	1/2	1	1	1
Liriodendron tulipifera	—	3/4	—	—	3/4
Lonicera Periclymenum	3/4	3/4	—	—	1
» Symphoricarpos	3/4	1	—	—	1

NOMS DES PLANTES.	BRUXELLES.	MELLE.	GEMBLOUX.	WAREMME.	NAMUR.
Effeuillaison (*suite*). (21 octobre 1871.)					
Lonicera tatarica	3/4	1/4	—	—	1/2
» Xylosteum.	—	—	1/2	1	
Magnolia Yulan	—	1	—	—	1/2
Mespilus germanica.	1/4	1	—	—	3/4
Morus alba.	—	—	—	1	1
Paulownia imperialis	—	—	—	0	1/2
Philadelphus coronarius	1/4	1/2	1	3/4	1
Platanus occidentalis	—	—	1	3/4	1
Populus alba	—	—	—	1/8	1/2
» fastigiata	1/2				
» virginiana	—	—	1/2	3/4	1
Prunus armeniaca	—	1	1	1	1
» Cerasus	1/2	1/2	1/2	1/2	1
» domestica	3/4	—	1/2	1/4	3/4
» Padus	—	—	—	3/4	3/4
Pyrus communis.	1	1/2	1/2	3/4	1
» cydonia.	—	3/4			
» japonica	—	1	1	1	1
» Malus	1	—	1/2	3/4	1
Quercus Robur	3/4	1	—	1	1
Rhus coriaria.	—	1/2	—	—	3/4
» Cotinus.	—	3/4	—	—	1/2
Ribes alpinum	—	—	—	1	1
» Grossularia	0	1/4	3/4	3/4	1
» nigrum.	—	1/2	—	0	1
» rubrum.	0	0	0	0	1
» sanguineum	—	—	3/4	3/4	1
Robinia pseudo-Acacia	3/4	1/2	3/4	1	1
Rosa centifolia	3/4				
» gallica	3/4	1/2	—	—	1
» rubiginosa	—	—	—	3/4	
Rubus idæus	3/4	—	1/2	1/4	1
Salix babylonica.	3/4	3/4	—	1	
» capræa	—	—	—	—	1
Sambucus nigra	1/2	1	1	1	1
Sorbus aucuparia.	1/2	1/2	—	1/4	1
Staphylea pinnata	—	1/2	—	1/2	1
Syringa persica	1/4				
» vulgaris.	1/4	1/2	1	3/4	1
Tilia europæa.	0	1	3/4	3/4	0
Ulmus campestris	1/2	1	1	3/4	1

NOMS DES PLANTES.	BRUXELLES.	MELLE.	GEMBLOUX.	WAREMME.	NAMUR.
Effeuillaison (*suite*). (21 octobre 1871.)					
Viburnum Lantana	—	—	—	—	1
» Opulus (*fl. simp.*)	—	1	—	3/4	1
» » (*fl. plen.*)	—	3/4	—	—	1
» Oycoccos	—	—	—	1	
Vitis vinifera	1	3/4	1/2	1	1
Weigelia rosea	—	1			

NOMS DES PLANTES.	BRUXELLES.	MELLE.	GEMBLOUX.
Floraison. (21 octobre 1871.)			
Aster	Générale.	Générale.	Avancée.
Dahlia communis	Passée.	Id.	Générale.
Hedera Helix	—	—	Commence.

REMARQUES. — L'effeuillaison est plus avancée que d'ordinaire; c'est la contre-partie de l'année 1869. On remarque notamment cette avance pour le *Populus alba*. Par exception, la *Gleditschia* conserve la moitié de son feuillage, tandis que, les autres années, elle l'avait perdu entièrement ou presque entièrement.

Les plantes tendres ont été flétries par une petite gelée vers le 16 octobre.

La chaleur ayant manqué pendant l'été, le raisin n'a pu mûrir qu'imparfaitement, de même que les châtaignes. Les pommes et les poires ont presque entièrement manqué. Les pommes de terre donnent une récolte médiocre, mais la maladie n'a détruit qu'une partie des précoces.

A Waremme le seigle et le froment ont été absolument détruits par les fortes gelées de l'hiver dernier, qui, trois fois de suite, ont succédé à une pluie abondante, à quelques heures de distance. On a remplacé ces céréales principalement par de l'avoine qui a été magnifique, ainsi que par de l'orge d'été, des betteraves, des fourrages et des pommes de terre. On n'a essayé qu'exceptionnellement le seigle et le froment de mars.

Waremme, le 21 octobre 1871.

(EDMOND DE SELYS LONGCHAMPS.)

MÉMOIRE

SUR

JEAN DE HAINAUT

SIRE DE BEAUMONT;

PAR

J.-J. DE SMET,

MEMBRE DE L'ACADÉMIE ROYALE.

> « Che Jehan de Beaumont, un prince conquérant,
> » Oncles au gentil conte de Henau le puissant. »
>
> VOEU DE HÉRON.

(Présenté à la classe des lettres de l'Académie le 8 janvier 1872.)

MÉMOIRE

SUR

JEAN DE HAINAUT

SIRE DE BEAUMONT.

Il y a près d'un demi-siècle que M. le Mayeur, ami de notre histoire et toujours prêt à en chanter les événements modernes, sur une lyre qui n'était pas la lyre d'or de Pindare, publia une seconde édition de sa *Gloire belgique*, poëme en dix chants de grands alexandrins. L'époque n'était pas mal choisie : le gouvernement du roi Guillaume se montrait disposé à favoriser les études historiques, et le patriotisme commençait à renaître; cependant la publication de l'écrivain montois demeura sans succès. Qui s'en souvient de nos jours, et à quoi faut-il attribuer l'oubli profond où elle est ensevelie? Le petit poëme *des Belges*, que feu notre confrère M. Lesbroussart fils composa pour un concours d'Alost trouve encore des lecteurs, et le travail plus complet de Helmers, *de Hollandsche Natie*, jouit toujours de la même estime dans son pays.

Quelle peut être la cause de cette différence? Aucune autre sans doute que la triste médiocrité des vers ; car

Il n'est pas de degré du médiocre au pire.

On peut le comparer quelquefois cependant aux écrits du vieux Ennius,
qu'on méprisait au point de les appeler *Stercus* et auxquels on se trouvait
parfois forcé de faire quelques emprunts :

> *Et erat quod tollere velles* [1].

Avant de terminer sa longue carrière, M. le Mayeur caractérise ainsi les
habitants de nos différentes provinces :

> *Flamand, ami des arts, Batave, amant de l'onde* [2];
> *Luxembourgeois, sylvain de nos vastes forêts;*
> *Artésien* [3], *disciple et rival de Cérès;*
> *Brabançon glorieux de posséder nos princes* [4];
> *Zélandais, alcyon des mers de nos provinces;*
> *Hennuyer, fils de Mars, Namurois de Vulcain;*
> *Limburgeois, né pasteur, Gueldrois républicain;*
> *Frison, conservateur des mœurs de tes ancêtres;*
> *Anversois, argonaute, appui de tes vieux maîtres;*
> *Liégeois industrieux, doué du double don*
> *D'inventer et d'atteindre à la perfection, etc.*

En général, ces épithètes semblent bien choisies et conviennent assez aux
pays qu'elles désignent, mais comme le poëte est né dans le Hainaut, son
Hennuyer, fils de Mars, n'est-il pas intéressé et dicté par un amour du
clocher, toujours plus ou moins partial? Nous ne le pensons pas. A toutes les
époques de notre histoire, la chevalerie du Hainaut surtout, s'est constamment
distinguée par son esprit militaire et sa brillante valeur : les croisades, les
guerres de religion et même les temps plus rapprochés de nous, nous en
offrent les preuves les plus abondantes.

Mais de tous ces héros il n'en est qu'un seul, Baudouin de Constantinople,
auquel on ait érigé un monument digne de lui, et encore s'en est-on avisé un

---

[1] *La Gloire belgique*, t. II, p. 588.

[2] La Belgique faisait encore partie des Pays-Bas.

[3] Ce nom a dû gêner notre poëte. Il eût mieux fait de l'omettre, car il y a près de sept siècles
que l'Artois a été démembré de la Flandre.

[4] Il en donna une preuve singulière, en forçant deux fois l'archiduchesse Marie-Christine et
son époux, Albert de Saxe-Tesschen, d'abandonner Bruxelles. M. le Mayeur oublie qu'il a chanté
cet événement.

peu tard. Et si les Gillon de Trasignies et les Gilles de Chin ont conservé une
réputation, c'est aux jeux populaires et aux romans qu'ils en sont redevables.

La plupart de nos élucubrations académiques ont été consacrées à cette
Flandre, où se balança notre berceau ; et la préférence nous paraissait justifiée
par l'étude plus approfondie que nous avions faite de tout ce qui se rapporte
à cette province ; mais l'amour-propre est si subtil, si insinuant, que l'amour
du clocher a bien pu s'y glisser avec lui et à notre insu. Eh bien ! nous
voulons expier notre faute aujourd'hui, en nous occupant d'un héros du
Hainaut, dont la valeur militaire et la courtoisie peu commune nous sont
devenues chères, par le récit si plein de vie et de charmes, que nous en a
laissé le chroniqueur, chanoine de Chimay, que M. Kervyn de Lettenhove
nous en donne enfin une édition si complète. Nous voulons parler de

Jean de Hainaut, sire de Beaumont,

Jean d'Avesnes, troisième fils de Jean II, comte de Hainaut et arrière-petit-
fils de l'empereur Baudouin, qui ceignit la couronne impériale, après avoir
puissamment contribué à la prise de Constantinople. Issu d'une famille distinguée depuis des siècles par ses vertus guerrières, Jean n'y dérogea point,
et rendit célèbre au quatorzième siècle le nom de Jean de Beaumont, que lui
donna la petite ville qui faisait partie de son apanage.

Peut-être nous objectera-t-on que dans son roman, si connu sous le titre :
« *De Roos van Dekama,* » M. le professeur Van Lennep a peint le sire de
Beaumont comme un chevalier accompli, aussi aimable que brave ; mais
dans l'histoire, nous cherchons avant tout la vérité, et pourrions-nous la
découvrir dans le roman hybride et bâtard, où le mensonge coudoie constamment la vérité, sans que rien nous vienne en aide pour distinguer l'une de
l'autre ? Dans l'œuvre même que nous venons de citer, Jean d'Arckel, d'abord
évêque d'Utrecht et plus tard évêque de Liége, paraît tantôt comme un franc
libertin et tantôt comme un modèle d'avarice et d'égoïsme, tandis que l'histoire n'a trouvé que des éloges pour la conduite de ce prélat [1].

C'est bien là, nous semble-t-il, pousser au delà de toute convenance

---

[1] Beka, *in Guid,* p. 207.

la liberté du genre, et jamais l'écrivain, qu'on regarde comme en étant le modèle, sir Walter Scott, ne s'est-il jamais permis de violer ainsi la vérité; les portraits des hommes qui ont réellement vécu, sont peints chez lui avec toute la sévérité de l'histoire, comme Louis XI, Charles le Téméraire, etc.

Mais revenons à notre monographie, où nous pouvons heureusement remonter à des sources excellentes.

A l'époque où Jean de Beaumont vint au monde, la chevalerie brillait encore de tout son éclat, et point de jeune gentilhomme dont le cœur ne battît vivement, à la pensée de se distinguer un jour parmi les fils des Preux. Tout dans l'éducation de notre héros tendit à imprimer dans son âme les sentiments du devoir et de l'honneur, et à donner à ses membres la souplesse et la force nécessaires pour porter avec aisance l'armure de fer des chevaliers et se servir avec adresse de la pesante épée, comme de la masse d'armes. Heureusement, la nature l'avait doué de toute l'énergie de caractère et de toute la vigueur de corps qu'on pouvait désirer. Comme nous l'avons dit plus haut, il trouvait d'excellents modèles dans sa propre famille, et quand lui et ses frères marchaient au combat, on pouvait bien leur crier :

Ituri in aciem et avos et posteros cogitate.

Cependant il ne s'était encore illustré que dans ces joutes et ces tournois à armes courtoises que son frère Guillaume I[er][1] aimait passionnément et qu'il célébrait d'ordinaire à Harlem[2], quand les troubles d'Angleterre vinrent lui offrir l'occasion de faire briller sa bravoure et ses talents de capitaine.

Le roi d'Angleterre, Édouard II, dit de *Caernarvon*[3] s'était aliéné le cœur du peuple, et surtout des hauts barons du pays, par son fol attachement pour Pierre Gaveston d'abord, et ensuite pour les deux Hugh Dispenser ou Spencer, qui furent successivement ses mignons, et à qui il prodigua les richesses et les titres. La reine Isabelle de France, qui, à ce qu'elle prétendait, avait souffert des mépris et des brutalités du roi, entra elle-même dans l'opposition et écrivit à son frère, Charles le Bel, qu'elle n'était considérée

---

[1] Guillaume III en Hollande.
[2] WILH. *Procurator, ad ann. MDXXIII et seq.*
[3] On avait pris alors l'habitude de distinguer les rois par l'endroit de leur naissance.

dans la maison de son mari que comme une servante à gages. Elle eut cependant l'adresse de se faire nommer pour négocier un accord avec le cabinet du Louvre, ce que les Spencers approuvèrent, ainsi que la proposition faite peu après d'envoyer le prince de Galles près d'elle à Paris. Dès lors Isabelle dévoila son plan et en pressa l'exécution avec les Anglais réfugiés en France et particulièrement avec Roger Mortimer de Wighmore, baron puissant du pays de Galles, qui lui avait inspiré la passion la plus vive. L'évêque d'Exeter que le roi avait envoyé en France se hâta de revenir [1] et fit au monarque la triste confidence de son déshonneur et de ses dangers. Édouard somma aussitôt Isabelle [2] de revenir et écrivit dans le même sens à son jeune fils, mais ses ordres furent méconnus. Le pape Jean XXII, qui avait travaillé en vain à la réconciliation des deux époux, finit par écrire à Charles le Bel que son devoir l'obligeait à renvoyer sa coupable sœur, et le monarque, qui avait feint d'ignorer les désordres d'Isabelle, n'osa pas désobéir aux conseils du pontife.

Il conseilla à la reine de se retirer avec sa suite à la cour du comte de Hainaut, son parent; et Isabelle suivit volontiers ce conseil; et Jean de Beaumont apprit bientôt au comte et à la comtesse de Hainaut la prochaine arrivée de la reine : lui-même, accompagné des seigneurs de Ligne, d'Havré, de Barbançon et de plusieurs autres, pour l'amener à Valenciennes. Il s'arrêta à Denain et envoya le sire d'Esne [3] à Bugnicourt [4] pour annoncer leur arrivée à la princesse, et, après avoir soupé à l'abbaye de Denain, il se remit en route pour lui porter lui-même son courtois message.

Accompagnée de son beau-frère, le comte de Kent, et de Roger de Mortimer, son favori, Isabelle entra dans un appartement particulier et s'y tint debout pour entendre les envoyés. Jean de Beaumont s'inclina profondément et la dame le releva en lui prenant la main, mais le chevalier

[1] On avait attenté à sa vie.

[2] Le Dr Lingard nous a conservé cette lettre (*Hist. of Angl.*, édit. 5, t. III, p. 150, note). Il croit que le mot *Dame* qui la commence prouve le mécontentement du roi. Il a tort, pensons-nous, car Jean de Beaumont, modèle de courtoisie, n'emploie lui-même que ce titre, quand il parle à la reine.

[3] A onze kilomètres de Cambrai.

[4] Village à vingt kilomètres d'Orléans.

s'inclina de nouveau, et embrassa la reine : « car des honneurs de ce
» monde, » dit Froissart, «messire Jehan de Hainaut était tous fais et nourris.»
L'entretien fut doux et consolant. La reine fit un récit touchant de ses malheurs et ajouta que les citoyens de Londres l'appelaient et lui promettaient
leur appui, si elle pouvait amener trois ou quatre cents armures de fer [1],
mais qu'elle avait à peine assez d'argent pour ses dépenses et celles de sa
suite. Mais Jean reprit promptement que « si elle le permettait, il serait lui-
» même son chévalier, qu'il n'avait d'ailleurs rien à faire; quant aux
» finances, dit-il, Mons. mon frère et moi, ainsi qu'un grand nombre de
» chévaliers à qui pèse toute oisiveté, nous en sommes fort bien pourvus. »
Il fut résolu qu'on se rendrait à la résidence de Guillaume III, en Hollande,
mais comme l'entreprise qu'on avait en vue exigeait d'assez grands préparatifs, on conduisit d'abord la reine à la salle des comtes à Valenciennes,
qui fut mise à sa disposition et abondamment pourvue de tout ce qu'on
pouvait désirer dans une résidence royale. Le comte et la comtesse, accom-
pagnés de leurs enfants, vinrent y rendre visite à la reine, leur parente, et
après avoir ratifié tout ce qu'avait promis Jean de Beaumont, ils firent
célébrer tous les jours des fêtes brillantes en son honneur.

EXPÉDITION EN ANGLETERRE.

Aussitôt qu'on fut assuré que tout était prêt pour exécuter le passage en
Angleterre, la reine prit congé de ses généreux parents, comme de la ville de
Mons, et se dirigea par Binch et Vilvorde, pour éviter Bruxelles, sur la ville
hollandaise de Geertruydenberg et de là sur Dordrecht, port désigné pour son
embarquement [2]. La flottille était composée d'un grand nombre de bâtiments
de transport pour amener les soldats et les munitions de guerre et de
bouche ; mais des navires de haut bord, armés en guerre, portaient, avec la
reine et sa suite, une multitude de chevaliers et de gens d'armes qui avaient
demandé à Jean de Beaumont l'honneur de combattre sous ses ordres et

---

[1] Autant de chevaliers.
[2] Selon Wagenaar, on s'embarqua à la Brielle.

à leurs dépens pour la cause de la reine. Le roi de Bohême, Jean l'Aveugle, avait même porté quelques chevaliers de l'ordre teutonique à prendre le même parti [1]. Le corps d'armée expéditionnaire comptait près de trois mille combattants.

Le roi Édouard II et ses favoris n'ignoraient rien de ce qu'on préparait contre eux en Hollande, et crurent avoir pris les plus sages mesures pour repousser l'invasion.

L'armée expéditionnaire porta le cap sur Orwell, lieu ordinaire de débarquement, au nord du comté d'Essex, mais les vents contraires en éloignèrent la flottille, et fort heureusement pour elle, car l'endroit en vue était défendu par une armée de plus de vingt mille hommes, archers et yeomen anglais réunis par Édouard II [2], mais après deux jours que l'escadrille erra au gré des vents, le temps changea, et permit d'aborder dans un endroit inhabité, plus au nord d'Harwich au comté de Suffolck, qui ne produisait rien que des broussailles et de stériles genêts. On était au 21 septembre, mais la température était encore aussi chaude qu'au mois d'août, et quoiqu'il n'y eût ni havre ni port, le sable était assez ferme pour permettre le débarquement. On retira sans peine des bâtiments qui les portaient, les munitions, les armes, les hommes et les chevaux; et l'on tira à force de bras, au milieu des buissons, les vaisseaux légers, pour les soustraire à l'action de la mer; mais quant aux navires de guerre, on les laissa occupés par les marins hollandais. La beauté sauvage du site et la bonté du temps retenaient les soldats de l'armée d'invasion à terre et, en particulier, un ruisseau qui descendit des montagnes comme un ruban argenté procurait à l'armée et aux équipages un rafraîchissement aussi pur que limpide. Mais ils se trouvèrent bientôt dans une perplexité singulière, quand le comte de Kent, Mortimer, les soldats anglais et les marins hollandais, qui fréquentaient ces parages, déclarèrent tous d'une voix que la plage où ils avaient abordé, quoique terre anglaise, leur était entièrement inconnue. On tint conseil sur conseil. Quel-

---

[1] WILH. *Procurator ad. ann. 1525.*

[2] Robert d'Avesbary fait aborder la flottille à Harwich, tandis que Lingard et d'autres fixent le lieu de débarquement à Orwell même; mais le récit détaillé de FROISSART doit inspirer plus de confiance; aussi est-il conforme à celui de VINCHANT.

ques-uns proposaient de remettre tous les vaisseaux en mer et de longer
quelque temps encore les côtes, mais la majorité préféra de pénétrer davantage dans les terres et de laisser les Hollandais retourner, après quelques
jours, dans leur pays avec les gros bâtiments, pour donner des nouvelles
de l'armée d'invasion au *Vogelenzang* [1].

Jean de Beaumont ignorait que le roi Édouard II, mieux instruit cette
fois que les partisans de sa femme, avait publié dès le 27 septembre à la
cour de Londres, une proclamation qui mettait hors la loi « les traîtres et
» ennemis bannis et fugitifs entrés en parties de *Suffolck* [2]. »

Ceux-ci, qui ne s'en doutaient pas, partirent de leur campement, trois jours
plus tard, et, après avoir passé un hameau de quelques maisons, ils se trouvèrent devant un monastère considérable qui leur était inconnu, mais
qu'on leur désigna bientôt comme étant la célèbre abbaye de St-Edmonds-
bury, où le tombeau de St-Edmond attirait tous les ans une foule de pèle-
rins. Les moines, croyant avoir affaire à des pillards écossais ou danois,
n'eurent rien de plus pressé que de se cacher. Mais l'abbé ayant été
découvert, on s'aperçut aisément de la méprise, et le dignitaire ecclésiastique, partisan lui-même de la reine, lui conseilla de laisser la troupe se
reposer, pendant quelques jours, dans les dépendances de l'abbaye, sûr qu'il
était que beaucoup de puissants seigneurs viendraient rejoindre l'armée
d'Isabelle. En effet on vit arriver en peu de jours le comte de Lancastre au
col tors, le comte Percy de Northumberland et le sire de Samford ; tous
avec une suite nombreuse de leurs tenanciers, archers et gens d'armes.
Après eux se présentèrent une multitude de bourgeois de Londres, conduits
par le lord-maire, et plus dévoués encore que le baronnage et la *gentry* [3] à
la cause de la reine. Le premier soin des grands seigneurs de cette réunion
fut de rendre hommage, avec de chaleureux remerciments, à Jean de Hainaut,
chef de l'armée, et à ses chevaliers qui leur prêtaient un puissant secours
avec un si noble désintéressement [4].

---

[1] Maison de chasse, près de Harlem, chère au comte de Hainaut.
[2] FROISSART, *Chroniques,* liv. I, chap. X.
[3] *Gentry :* la haute bourgeoisie.
[4] FROISSART, liv. I, chap. XII.

La reine venait de publier à Wellingfort un nouveau manifeste (27 octobre), où elle annonçait que son arrivée n'avait d'autre but que de délivrer la sainte Église et le peuple d'Angleterre de l'oppression des Spencer; elle se plaignait d'avoir été si longtemps éloignée de la bienveillance du roi. Cette proclamation ne resta pas sans effet. Les Gallois, qu'on avait appelés au secours du roi, feignirent d'y aller, mais ne se hâtèrent point, tandis que de nouveaux barons, tels que le comte de Norfolck, second frère du roi, Henri de Beaumont, un des plus puissants seigneurs du pays, et trois évêques venaient encore se ranger sous la bannière d'Isabelle. Elle eut ainsi bientôt une armée qui était bien à elle, et dont elle nomma maréchal Thomas Wake, oncle de lord Beaumont. Rien ne se passait cependant sans le conseil et l'agrément de Jean de Beaumont, toujours chef réel de toute l'entreprise [1].

Ainsi, après la prise d'Oxford, quand on eut contraint Bristol à se rendre, *le prince belge y entra le premier avec Thomas Wake comme son inférieur.* On trouva dans la ville prise le père Hugues Spencer, vieillard octogénaire, à qui l'on ne pouvait reprocher d'autres torts, disait-on, que d'avoir un fils tel que le favori du roi [2]. Le comte d'Arundell, son beau-fils et trois enfants du roi et de la reine, qu'Élisabeth, pleine de joie, réunit au jeune prince Édouard. Les deux seigneurs, confiés d'abord à la garde de sir Thomas Wake, furent bientôt condamnés à mort et décapités : on plaignit le vieillard.

Édouard II et son indigne favori, se voyant trahis ou abandonnés par tout le monde, se hâtèrent d'éviter le même sort par la fuite; ils se confièrent avec le trésor du monarque à une barque de pêcheur qu'ils avaient trouvée dans le canal de Bristol et se mirent en mer, au nombre de sept, dans l'espoir de se sauver au pays de Galles ou en Irlande; mais un fort vent d'ouest s'éleva, contre lequel ils luttèrent pendant onze jours, sans pouvoir atteindre leur but. La frêle embarcation était vue de l'armée et du château, où l'on conclut, des efforts continuels qu'on y faisait pour éviter la ville, qu'elle devait appartenir à des ennemis, et Henri de Lancastre arma une

---

[1] Une chronique nomme l'an 1527 *Annus Jucundus Hannoniae.*
[2] N'avait-il pas été son complice?

barque de trente soldats pour s'en emparer. D'après le récit de Thomas de
la Moor, le roi voulait se sauver dans l'île de Condray, à l'embouchure de
la Saverne [1], mais après la tempête sur les côtes du Glamorgan, où il tomba
entre les mains de ses ennemis, le roi fut conduit de sa personne au château de Kenilworth [2]. On ne tarda pas à condamner le jeune Spencer au supplice qu'avait subi son père, et le chancelier Baldeck, qui s'était trouvé avec
eux, fut, en qualité d'ecclésiastique, enfermé dans une prison pour le reste
de ses jours [3]. Le roi fut peu après déclaré déchu du trône et de la souveraineté, donnée à son fils, Édouard III ou de Windsor [4].

Dans un grand conseil qui s'assembla peu après pour aviser au traitement
qui serait réservé au roi détrôné, on appela en premier lieu le chef de l'armée
unie. « Puisqu'on veut bien, répondit Jean de Hainaut, me faire l'honneur
» de demander mon opinion dans une question aussi grave, je répondrai
» avec toute franchise. Le roi est roi d'Angleterre, et quoi qu'il ait méfait,
» comme il appert par ses œuvres, il n'a rien fait que par avis et conseil.
» Il n'appartient ni à moi, ni à personne de le condamner. Ne se trouve-
» t-il pas parmi vous un chevalier loyal, possesseur d'une place forte, qui
» veuille se charger de lui, lui faire une existence convenable et digne d'un
» monarque anglais, pendant le reste de sa vie? Il pourra s'amender, ce qui
» sera infiniment plus agréable à Dieu. Tel est le jugement que j'émets. »

ENTRÉE A LONDRES.

Les barons s'écrièrent tous : « Vous avez bien et loyalement parlé; » et
le sire de Berkeley, qui avait un château-fort sur la Saverne, fut chargé par
Édouard III et sa mère d'amener avec lui le malheureux roi et de veiller à sa
sûreté [5].

---

[1] Selon LINGARD, il prit terre à Sevana dans l'île de Lundy à l'embouchure du Tanet. LINGARD,
t. III, p. 45.
[2] Ibid., t. III, p. 45.
[3] Ibid.
[4] Le trésor du roi fut trouvé, dix ans plus tard, caché entre les rochers du Glamorgan.
[5] On sait que le roi déchu fut confié aux soins de Thomas Berkeley.

Toutes choses ayant été ainsi réglées, la reine mère, le jeune roi et ses frères firent leur entrée dans Londres, escortés par Jean de Hainaut, à la tête de ses chevaliers hainuyers. Tous les ordres de la Cité richement vêtus et à cheval vinrent au-devant d'eux, en traversant des rues ornées avec une magnificence peu commune. Tous acclamaient avec un enthousiasme qui n'était pas de commande la famille royale et plus encore Jean de Beaumont, son libérateur et ses compagnons d'armes. L'aisance avec laquelle le noble belge conduisait son destrier, haut palefroi noir qu'il devait à la reconnaissance du lord-maire et de la cité de Londres, caparaçonné richement, attirait tous les regards. La foule criait que c'était bien là un guerrier vaillant et méritant le chapelet de pierres précieuses qui couronnait ses cheveux.

Les fêtes ne cessaient pas dans la résidence royale d'Elsham, mais les chevaliers du Hainaut auxquels on y réservait une large part de divertissements commencèrent à souffrir de l'ennui et de la nostalgie. Ils s'en vinrent tous ensemble trouver Jean de Hainaut, leur chef, et lui exposèrent qu'il ne leur restait rien à faire en Angleterre, et qu'ils étaient, au contraire, à charge à la reine et au pays, et que par ces motifs, ainsi que par le désir de revoir leurs familles, ils demandaient la liberté de reprendre la route de la patrie.

Le noble chevalier trouva leur requête fort juste et l'appuya franchement, en la présentant à la reine; mais Isabelle fut vivement contrariée, fit appeler les guerriers et leur dit : que le peuple anglais les aimait et qu'on avait encore compté sur leur présence pendant la saison d'hiver. Cette flatterie ne put triompher de leur résistance et leur interprète s'en expliqua avec plus de force, mais il ajouta que si la reine avait encore besoin de leurs secours, ils ne manqueraient pas de revenir aussitôt [1]. Cette promesse satisfit Isabelle. Elle invita ces fidèles alliés à un grand festin royal dans la salle d'Elsham, avant de leur dire adieu. Au jour fixé tous les chevaliers et écuyers du Hainaut, dont le départ était proche, vinrent s'asseoir à une table chargée des viandes les plus recherchées et des autres mets les plus savoureux, tandis que les ménestrels charmaient leurs oreilles par des chants et des airs de trompes.

[1] Froissart, liv. I, chap. XVIII.

Douze chevaliers en grande livrée vinrent ensuite avec une vaste corbeille, pleine de vaisselle d'argent : pots, plats, drageoirs, hanaps, écuelles, *temproirs* [1], et aiguières. Les chevaliers offrirent ensuite, comme un souvenir de la reine, aux seigneurs du Hainaut des joyaux de vaisselle plate, et chacun d'eux y puisa selon son état. Vinrent après eux leurs pages et leurs varlets auxquels le maître d'hôtel remit un énorme sac de cuir tanné en disant : « Entre vous, varlets des Hainuyers qui devez partir, Mme la reine vous envoie cent livres d'estrelins [2]. Priez pour elle. » Et ils partagèrent cette somme entre eux avec beaucoup de joie. Les chevaux qu'on laissait furent estimés à leur plus haut prix.

Jean de Beaumont n'eut aucune part à ces largesses, mais la reine lui assura une pension de mille marcs d'argent à prendre sur les produits d'issue des laines, des cuirs et des peaux de mouton [3]. Son écuyer et son meilleur conseiller, Philippe de Chasteler, reçut à son tour cent marcs d'esterlins fins.

Les chevaliers et les écuyers prirent alors congé de la reine et de Jean de Beaumont, et, après avoir fait un pèlerinage au tombeau de saint Thomas de Cantorbéry, ils s'acheminèrent sur Douvres, toujours escortés par Thomas Wake et une troupe d'archers. Ils débarquèrent heureusement à Wissant [4] et revinrent sans peine dans leurs foyers.

Le couronnement d'Édouard eut lieu dans l'église de Westminster, le dimanche après la conversion de saint Paul, en présence de Jean de Hainaut. Il créa un grand nombre de nouveaux chevaliers qui le précédaient quand il revint de l'église au palais, porté sur un coursier blanc, vêtu de sambou [5] de la tête aux pieds et couvert, d'une part, des armes d'Angleterre et, de l'autre, de celles de saint Édouard [6].

A table, Jean de Beaumont fut placé après la reine et avant les comtes de Kent et de Lancastre. Les barons, qui ne l'avaient pas vu jusqu'alors, lui rendirent de grands honneurs, et au dessert on lui donna, ainsi qu'aux che-

---

[1] Espèce de tasses.
[2] On sait que cette somme aurait une valeur infiniment plus grande aujourd'hui.
[3] RYMER, *Acta publica Aug.*, t. II, part. 11, pp. 175, 189.
[4] L'ancien *Portus Itius*.
[5] Sambou, brocard.
[6] Ces armes étaient-elles différentes ?

valiers qui étaient demeurés avec lui, des joyaux du plus haut prix, et les
fêtes et passes d'armes qui eurent lieu au palais semblaient n'avoir d'autre
but que d'honorer leur vaillance; mais un tournoi indiqué par son cousin, le
roi Jean de Bohême, à Condé-sur-l'Escaut, fit demander son congé au comte
et il finit par l'obtenir.

Guerre malheureuse d'Écosse.

Jean de Beaumont s'était trouvé heureux de revoir une famille qui lui
portait autant d'amour qu'il en avait pour elle; il espérait pouvoir se reposer
sur ses lauriers, puisque les tournois n'étaient que des jeux militaires, quand
un événement imprévu vint le rappeler aux combats d'outre-mer. Une trêve
existait entre les rois d'Angleterre et d'Écosse; son terme n'était pas venu,
mais l'état où se trouvaient les choses en Angleterre avaient causé au monarque écossais [1] une tentation à laquelle il ne put résister. Il se décida à
rompre ses engagements dans la pensée que la jeunesse d'Édouard et la
désunion qu'il pensait régner encore chez ses voisins du Sud lui rendraient
la victoire facile. La suprématie que les rois Édouard I et Édouard II avaient
prétendu exercer sur son royaume lui pesait au cœur. Il fit donc dénon-
cer le traité et refusa la proposition de négocier pour le renouveler. Les lords
Randolphe de Murray et Douglas passèrent les frontières et y mirent tout à
feu et à sang [2].

D'après le conseil du comte de Kent et de Mortimer, le jeune roi résolut de
rappeler Jean de Hainaut et ses compagnons d'armes. Ses messagers trouvèrent le noble chevalier dans la ville dont il portait le nom et lui remirent
les lettres du roi et de la reine. Jean n'hésita point et fit aussitôt un appel aux
chevaliers du Hainaut, du Brabant, de la Flandre [3] et de la Hesbaye et n'eut
pas de peine à en assembler un grand nombre auquel se joignirent quelques
hommes du Cambrésis. Tous se réunirent à la prière de Jean, les uns à

[1] Robert Bruce II.

[2] Lingard, t. XVIII, p. 2.

[3] Froissart compte à tort parmi ceux de Brabant les trois frères de Harlebeke, qui étaient
flamands comme Hector Villain, Jean de Rodes, Wauflard de Gistele et son frère.

Witsant, les autres à Calais, où des vaisseaux de transport, réunis par ordre
du jeune roi Édouard, les attendaient pour hâter leur passage en Angleterre.

   Tous se réunirent à Cantorbéry, mais avant d'entrer en campagne, il leur
fallut prendre quelques jours de repos pour s'assurer qu'eux et leurs troupes
étaient pourvus des chevaux, des armures et des munitions de guerre dont
ils allaient avoir besoin dans leur entreprise. Pour séjour à l'armée royale
ils avaient une étendue assez considérable de pays, les villes de Donfront et
de Doncastre d'un côté, et de l'autre côté de l'Humber jusqu'à la ville d'York,
où résidaient, pour le moment, la famille royale et le gouvernement. Partout
sur son passage, le corps d'armée auxiliaire avait été très-bien accueilli et
festoyé par la population, mais ces dispositions n'eurent pas une longue durée.
Un couvent très-étendu de moines blancs et ses larges dépendances, où les
plus beaux quartiers étaient réservés pour les chefs et les officiers des troupes
étrangères, avait été mis à leur disposition.

Rixe sanglante a York.

   Malheureusement la reine et son gentil Mortimer, qui, même au début
d'une guerre d'indépendance, ne rêvaient que jeux et plaisirs, s'étaient mis
en devoir de célébrer l'arrivée de ces guerriers d'outre-mer, par de somp-
tueux repas et des réjouissances publiques; mais tandis que les chefs assistaient joyeux et désarmés au banquet, une querelle violente surgit entre les
archers anglais et leurs alliés étrangers. Des flots de sang furent répandus
de part et d'autre, et ce ne fut qu'à grand'peine qu'on parvint à rétablir
l'ordre.

   Comme d'ordinaire, chaque parti attribuait à l'autre la cause du mal. [1] Si
l'on en croit Froissart, contemporain et presque témoin du fait, les archers
des comtés de Lincoln et d'York n'avaient pu voir sans une vive jalousie la
préférence manifeste qu'on montrait à des soldats étrangers, qui ne se faisaient pas scrupule de les rudoyer comme des vilains. Ils se promirent d'en

---

[1] Froissart, liv. I, ch. XXIII. — Vinchant, t. III, p. 158.

prendre vengeance. Au moment où le banquet royal se terminait et qu'on se préparait aux danses et ébattements ordinaires, eut lieu un coup de dés que l'on contesta et dont les archers anglais se servirent comme d'un prétexte pour commencer la lutte projetée. Des injures on en vint aux menaces et des menaces aux coups ; et quand on vit que les Hainuyers s'étaient retirés dans la rue, où étaient leurs logements, le cri de « Lincoln » donna le signal du combat et les archers se rangèrent en ordre, leurs arcs si redoutables à la main, et tombèrent sur leurs ennemis, presque tous désarmés et ne cherchant qu'à se sauver, dans les hôtels qu'on leur avait assignés. D'autres en grand nombre encore préférèrent de se défendre, et la collision devint aussi effrayante que la victoire était incertaine.

Mais la nouvelle de ce tumulte parvint bientôt à la cour, où l'on crut, non sans motifs, que les partisans des Spencer, qui avaient de bonnes raisons pour haïr les soldats du Hainaut, n'étaient pas étrangers à l'échauffourée. Les chevaliers étant à la cour et sans armes, leurs ennemis pensaient bien à en avoir bon marché et peu s'en fallut. Cependant on avait cessé les jeux et les danses auxquels on se livrait, et l'on se promit de triompher du mal. Les sires d'Enghien, de Bousoit des Rues et de Semeries accoururent les premiers au secours de leurs gens, et comme il leur était impossible de rentrer dans les hôtels où ils avaient déposé leurs armes, ils s'emparèrent de gros leviers de bois de chêne qu'ils avaient découverts, et firent pleuvoir des horions si violents et si drus sur leurs adversaires que personne n'osa plus s'approcher d'eux : ils abattaient d'un seul coup le petit nombre de ceux qui étaient assez téméraires pour le tenter. D'autres seigneurs étant accourus à leur aide, ce ne fut bientôt plus qu'un carnage et trois cents archers du Lincoln et du Yorkshire payèrent de leur vie cette levée insensée de boucliers.

Dans l'intervalle, la reine-mère avait conseillé au jeune Édouard d'intervenir dans la querelle et d'y mettre un terme par son autorité avant qu'on en vînt à des extrémités plus cruelles encore [1]. Il arriva en effet bientôt sur les lieux de la lutte environné de plus de soixante barons et chevaliers qui l'engageaient tous à s'entendre avec Jean de Beaumont et à apaiser son juste ressentiment.

[1] Les vaincus s'étaient proposé de mettre le feu aux faubourgs.

Le chef belge accourait en effet; il était en proie à une colère légitime,
à cause du guet-apens qu'on venait de tendre à lui-même et aux siens, et
saluant le roi : « Sire, s'écria-t-il, nous sommes venus dans ce pays à votre
» prière, pour vous servir, vous et votre royaume, contre vos ennemis, et
» vous voyez comment, tandis que nous tenons à vos côtés de joyeux débats,
» vos serviteurs se font un jeu de nous assassiner, nous et nos gens ! Nous ne
» sommes pas hommes à souffrir de pareilles insultes, et nous ne pardonne-
» rons pas aussi longtemps que les auteurs du désordre resteront impunis. »
— « Messire, repartit Édouard, prenez un peu patience et arrêtez la fougue
» de vos combattants. Je saurai bien maintenir seul en paix ceux de mes
» sujets qui se sont portés à ces troubles : et s'ils recommençaient la querelle,
» je me rangerais de votre côté avec mes chevaliers, car je reconnais que
» c'est à vous et à vos compagnons que je dois ma couronne. Mais rentrez
» dans vos cantonnements et laissez-moi terminer cette besogne. »

Ces bonnes paroles apaisèrent entièrement le noble d'Avesnes, mais il ne
voulut pas consentir à laisser le jeune roi seul avec ces émeutiers. Toutefois
ceux-ci s'abstinrent de toute nouvelle hostilité, et, sur l'ordre d'Édouard, se
mirent à ensevelir leurs morts. Une enquête fut ordonnée pour découvrir les
auteurs de ces troubles et les mesures prises par les conseillers du roi, de concert avec Jean de Hainaut, firent tout rentrer dans l'ordre et rétablirent la
confiance.

Le docteur Lingard, naturellement mieux disposé pour ses compatriotes
et n'écrivant que cinq siècles après l'événement, attribue tout le mal à l'insolence des chevaliers belges. *The insolence of the foringers*, dit-il, *had irri-
tated the Lincolnshire archiers* [1]. S'il n'y avait pas eu préméditation de leur
part et un guet-apens inexcusable, pourquoi avaient-ils pris un prétexte aussi
futile, et saisi le moment où ils savaient que les chevaliers étaient absents et
désarmés? Comment avaient-ils eu soin d'avance de rendre leurs armes diffi-
ciles à atteindre? Des commissaires furent nommés pour ouvrir une enquête,
mais le résultat n'en fut jamais publié.

Mais à quelque chose malheur est bon. Cette funeste rencontre fit sentir
à la reine et à Mortimer qu'il était plus que temps de ménager les ressources

[1] *Histor. of Engl.*, t. IX, p. 6.

de l'État et d'arrêter les déprédations de l'ennemi. Une armée de quarante mille hommes se dirigea sur les frontières de l'Écosse, et dans la marche, comme dans les cautionnements, on eut soin de tenir le corps auxiliaire de Jean de Hainaut bien éloigné des archers anglais, tant on craignait une nouvelle collision, qui eût été plus funeste que la première.

On était parvenu sans rencontrer d'obstacles dans la ville de Durham, mais sans y obtenir le moindre renseignement sur la position de l'ennemi. Une armée écossaise de cette époque, exclusivement composée de cavalerie, était merveilleusement propre à une guerre de pillage et de dévastation. Cette fois aussi le chevalier Randolphe de Murray et l'impitoyable Douglas avaient obtenu dans leur invasion un entier succès. On les voyait subitement paraître dans un village des frontières ou des *borders,* comme on parle dans le pays, et après avoir dépouillé de tout ce qu'ils possédaient les pauvres habitants, ils gagnaient de toute la vitesse de leurs légers chevaux quelque montagne élevée, plus voisine de leur pays et dont on ne pouvait les déloger sans un siége régulier qu'ils avaient soin d'éluder, en décampant pendant la nuit. Le lendemain ils recommençaient ailleurs le même manége. La belle armée d'Édouard III, qui s'était flattée de soumettre Robert Bruce aux mêmes conditions que son grand-père avait imposées à l'Écosse, ne parvint pas à atteindre ces maraudeurs et ne put obtenir la paix qu'à des conditions dictées par l'ennemi. Il fallut directement renoncer à la suprématie qu'Édouard I avait prétendu exercer sur l'Écosse. Le jeune roi ne signa le traité qu'en frémissant et en se promettant une revanche éclatante.

MARIAGE D'ÉDOUARD III.

Les services du corps auxiliaire de Jean de Beaumont devenaient dès lors inutiles et le monarque anglais le congédia en exécutant loyalement les promesses qu'il lui avait faites [1]. Les harnais et bagages des chevaliers furent dirigés par l'Humber sur le port de l'Écluse, et eux-mêmes, divisés en plu-

---

[1] Édouard ordonna de remettre à Jean de Hainaut quatre mille livres, et si la somme ne se trouvait pas au trésor, de la prendre sur les joyaux qu'on gardait à la tour de Londres.

sieurs détachements, regagnèrent sans danger la rade de Witsant. Le comte
et la comtesse de Hainaut vinrent à leur rencontre.

Six mois ne s'étaient pas écoulés quand la reine mère et ses conseils son-
gèrent qu'il était temps de marier le jeune Édouard, déjà fiancé à la princesse Philippa de Hainaut, depuis le mois d'août 1326. On en parla au jeune
prince qui se mit à rire et dit qu'il ne voulait pas d'autre femme : « nous
» étions bien d'accord, dit-il, et je sais qu'elle pleura quand je pris congé
» d'elle à Mons. » Il fut donc résolu de prier encore Jean de Hainaut de se
charger de cette affaire et on lui envoya à cet effet l'évêque de Durham avec
les seigneurs de Beaucamp et de Cobham. Ayant appris que le comte et la
comtesse de Hainaut se trouvaient au Quesnoi, ces messagers partirent pour
Beaumont, dont Jean prenait son titre, et ils l'y trouvèrent avec sa femme,
née comtesse de Soissons et de Dargées, au milieu d'une cour peu nombreuse
mais bien choisie. Les envoyés lui remirent les lettres de la reine douairière
d'Angleterre, dont le contenu le remplit de joie. Il répondit qu'il ferait très-
volontiers ce qu'on lui demandait, d'autant plus qu'il devait foi et hommage
au jeune roi [1]. Après avoir noblement traité les messagers pendant deux
jours, il se rendit au Quesnoi, où le comte de Hainaut et de Hollande se tenait
au milieu d'une cour brillante, formée de la meilleure noblesse du pays.

Jean de Beaumont était ravi du message anglais. Il avait une tendre affection pour sa nièce qui joignait à tous les attraits de son sexe toutes les vertus
d'une reine accomplie [2] et il n'avait pas moins de dévouement pour le roi
Édouard, qui faisait preuve, à peine adolescent, d'une prudence et d'une fermeté peu communes.

Un aussi grand mariage ne surpassait pas les espérances du comte Guillaume, car sa fille aînée, Marguerite, avait épousé l'empereur Louis de Bavière; mais cette union avec l'empire toujours agité et inconstant, à cette
époque, offrait bien moins d'avantages à un comte de Hollande qu'une
alliance avec l'Angleterre. Les deux fiancés d'ailleurs se connaissaient déjà
et annonçaient l'un et l'autre les qualités les plus précieuses. Leur âge était

---

[1] En avait-il peut-être obtenu quelque fief ?

[2] Longe et droite était, sage, lie, humble, dévote, large, courtoise, et fut en son temps,
ornée de toutes nobles vertus et aimée de Dieu et du monde. — Froissart, l. I, ch. XXV.

bien proportionné, Philippa comptant plus de treize ans et son futur dix-sept. Un seul obstacle s'opposait à un mariage immédiat; la mère d'Édouard et celle de Philippa étaient cousines germaines : il fallait donc une dispense du St-Siége. Mais les députés anglais s'étant chargés de ce soin, la dispense arriva en peu de jours et le mariage eut lieu par procureur à Valenciennes, où s'étaient rendus d'outre-mer une foule de grands seigneurs et de dames nobles pour saluer leur jeune souveraine.

Jean de Hainaut avec quelques grands seigneurs, tels que les sires de Ligne, Villers et ce Gautier de Mauni, si renommé depuis, comme homme de guerre, suivit la nouvelle reine outre-mer, « mais il m'est avis, dit Frois-» sart, qu'ils n'accompagnèrent la jeune Philippa que jusqu'au palais d'Els-» ham. » Le chanoine de Chimai mérite assurément beaucoup de confiance, mais peut-on penser que l'oncle et l'ami de la reine, qui avait été chargé particulièrement de négocier le mariage, n'aurait pu même y assister? Il est permis de croire que le sire de Beaumont et ses compagnons d'armes sont allés jusqu'à York, où le mariage fut célébré, mais dans l'*incognito* le plus strict, afin de ne pas réveiller la haine des archers de la contrée, depuis le sanglant conflit de 1327. Ils songeaient au proverbe latin : « *Ne moveas camarinam* [1]. »

Au temps de Pâques, les royaux époux revinrent à Windsor et de grandes fêtes eurent encore lieu à l'occasion de l'entrée solennelle de la jeune reine à Londres, et comme on le pense bien, les hommes n'y firent pas défaut, et Jean de Hainaut, comme les sires d'Enghien et de Villers y ajou-tèrent encore à leur haute réputation de valeureux chevaliers. Le peuple ne pouvait se lasser de voir chevaucher la jeune reine à côté de son époux. Depuis la reine Genièvre, femme du roi Arthur, jamais si bonne reine, criait-on partout, n'avait paru dans la cité. Édouard assura à sa jeune épouse un revenu annuel de quinze mille livres tournois [2].

Après ces fêtes, Jean ne se montra plus dans la Grande-Bretagne, mais il y vécut longtemps dans la mémoire des peuples : c'est lui, dit-on, qui fit

---

[1] *Camarina* était un lac inoffensif, quand on le laissait paisible, mais contagieux quand on troublait ses eaux.

[2] Rymer, *Acta publica Angliae*, t. II, part. III, p. 12.

fondre l'énorme bombarde, que l'on montre à la citadelle d'Édimbourg, sous le nom de *Mon's Meg* et dont nous avons ailleurs donné quelques détails [1].

Cependant l'air était gros d'orages politiques. En Italie, Louis de Bavière faisait une guerre acharnée au pape Jean XXII; en Flandre une partie du comté s'était soulevée contre le comte Louis de Nevers, et en France la prétention des deux rois Philippe de Valois et Édouard d'Angleterre promettait de longues discussions. Heureusement le comte de Hainaut avait su éluder la proposition que lui avait faite l'Empereur de joindre ses forces aux siennes pour les mener contre le pontife, et le roi d'Angleterre, paraissant hésiter encore, était disposé à rendre hommage à son rival, tout en signant une protestation pour les fiefs qu'il possédait en France : mais notre pays eut le triste honneur de retentir le premier du bruit des armes.

Bataille de Cassel.

Le quartier et le Franc de Bruges s'étaient insurgés, conduits par Zannekin, habitué à la révolte, avaient forcé quelques villes et bourgades voisines à prendre leur parti contre le comte et s'étaient emparés de la montagne de Cassel. Philippe de Valois y arriva bientôt, accompagné du roi de Navarre, du dauphin du Viennois, des ducs de Lorraine, de Brabant et de Bretagne, des comtes de Bar, de Flandre et de Hainaut : comment une poignée de bourgeois pouvait-elle espérer de vaincre des troupes si nombreuses et si aguerries ? Ils crurent qu'un moyen de vaincre leur restait, celui de la surprise. Le jour de Saint-Barthélemy (1328), quand les alliés se reposaient désarmés et sans aucune inquiétude, ils descendirent en trois corps d'armée et se jetèrent, en bondissant comme des loups affamés, sur le camp français; au premier choc, une multitude de soldats et de bidauds [2] s'enfuirent, croyant tout perdu; Zannekin allait atteindre la tente du roi, quand

---

[1] *Mémoires*, t. II, p. 575.
[2] Soldats peu estimés.

celui-ci, à peine armé, se mit en défense et fut bientôt entouré de ses nobles. Il trouva le comte de Hainaut et son frère soutenus par les Flamands, fidèles au comte Louis, qui avaient fait éprouver de grandes pertes aux révoltés. Bientôt toute l'armée alliée fut sur pied et fit un grand carnage des troupes de Zannekin. On regarde cette journée comme une défaite des *Flamands*, mais cela est-il juste? Les Brugeois, ceux du Franc, les Yprois et les Courtraisiens n'assistaient pas au combat, dit de Meyere, et les métiers de la Flandre impériale étaient retenus par ceux de Gand et d'Oudenarde. Les Français, avec leurs alliés, avaient donc vaincu les insurgés de Cassel, de Furnes, de Bergues et de Bourbourg. Ils avaient d'ailleurs payé cher cette victoire et un écrivain comme Froissart n'aurait pas dû parler de leurs adversaires avec tant de mépris [1].

Mais la rivalité de la France et de l'Angleterre avait une tout autre importance.

Charles le Bel était descendu dans la tombe, sans laisser un héritier direct de la couronne de saint Louis. Il se présentait deux compétiteurs, le roi Édouard d'Angleterre, comme fils d'Isabelle, sœur du dernier roi, et Philippe de Valois, petit-fils de Philippe le Bel. Le premier était incontestablement l'héritier le plus proche, mais il existait, disait-on, quelque part une loi salique qui excluait les femmes de la succession au trône de France. Ce royaume, à ce qu'on ajoutait, était le royaume des lis, et l'Évangile déclarait [2] que *les lis ne filent pas;* d'où l'on devait conclure que le royaume ne tombait pas en quenouille. C'était la première fois que le cas se présentait et le raisonnement ne paraissait pas péremptoire à bien des personnes. Quel code portait cette loi salique, se disait-on, et comment une simple comparaison de l'Écriture pouvait-elle trancher une question de cette importance? Le roi d'Angleterre convenait cependant que les femmes étaient exclues du trône et que sa mère n'aurait pu s'y asseoir, mais elle n'atteignait pas, selon lui, le fils de la princesse. « Je saurai bien prouver au besoin, disait-il, que je suis homme » et que mon épée n'est pas une quenouille. » La cour des pairs de France

---

[1] Dieu ne volt pas consentir que li seigneur, fuissent la desconfit de tel merdaille. — Fnoissart, liv. I, ch. XLII.

[2] Luc, t. XII, p. 27.

prit cependant une décision en faveur de Philippe de Valois, mais les chroniques de l'époque prouvent que l'opinion publique ne fut pas unanime à
l'approuver. On comprit cependant qu'il en serait appelé aux armes, l'*ultima
ratio regum*.

Édouard toutefois ne se hâta pas d'y recourir, et ce ne fut qu'après avoir
châtié les Écossais qu'il prêta l'oreille aux conseils de Robert d'Artois,
ennemi personnel de Philippe de Valois, et songea à faire valoir ses droits à
la couronne de France. Il porta même la question devant le parlement pour
associer la nation à ses projets, mais l'assemblée, tenue à Westminster et
assez tumultueuse d'ailleurs, paraissait mal disposée, quand le comte de Lancastre, oncle du roi, proposa de consulter le comte de Hainaut et son frère,
le sire de Beaumont « qui estoient, disait-il, deux princes sages, vaillants et
de bon conseil. » On se rallia à cette opinion et, pour calmer le roi mécontent, on lui vota un don de vingt mille sacs de laine que les Flamands
désiraient acheter, et dont le prix pouvait servir à la solde de ses hommes
d'armes et aux subsides qu'il avait promis à ses alliés. Quatre députés partirent ensuite pour le continent.

Arrivés sans danger à Valenciennes, ils trouvèrent le comte Guillaume
malade d'une attaque de goutte, et avec lui la comtesse, sa femme, et Jean
de Beaumont, son frère.

L'évêque de Lincoln, chef de l'ambassade, exposa avec précision la
requête de l'assemblée de Westminster, et le comte lui répondit que ce n'était
pas une chose légère de défier le royaume de France, mais que son gendre
en étant le plus proche héritier, il devait poursuivre son bon droit et réclamer la couronne de France comme son légitime héritage; qu'il l'aiderait
en toutes choses comme il y était tenu et qu'il devait soutenir le bon droit.

Dans une assemblée tenue à Halle, à laquelle assista Jean de Beaumont,
on résolut de ne pas commencer les hostilités contre la France aussi longtemps qu'on ne serait pas assuré des bonnes dispositions de tous les princes
du pays. Ceux-ci se déclarèrent presque aussitôt, exception faite du comte
de Flandre, dont l'autorité était purement nominale, et de l'évêque d'Utrecht.
En revanche, les ducs de Brabant, de Gueldre et de Juliers, l'archevêque de
Cologne et le comte de Namur promettaient leur secours à la ligue. L'Empe-

reur fit plus : il nomma Édouard vicaire de l'Empire et le comte de Hainaut gardien de ses frontières ou marches.

D'une autre part, Philippe de Valois comptait parmi ses alliés les rois d'Écosse et de Navarre.

On devait craindre ainsi de voir toute l'Europe centrale en feu, surtout quand on apprit que le roi d'Angleterre, accompagné de la reine Philippa et suivi d'un grand nombre de seigneurs anglais, venait d'atterrir à l'Écluse. Il aurait bien voulu y descendre, mais Jacques d'Artevelde, qui voulait garder encore quelque temps une stricte neutralité, lui conseilla de s'arrêter à Anvers.

Édouard fut charmé d'y rencontrer Jean de Beaumont, son oncle, dont il connaissait les hautes qualités et l'attachement à sa personne, et qui dans ce moment lui était doublement utile comme prince belge et très-aimé dans son pays. C'était d'ailleurs un excellent conseiller pour la reine dans les absences du roi qui devaient être fréquentes.

Les hostilités n'eurent pas d'abord le caractère violent qu'on leur avait supposé. Le duc de Normandie prenait ou pillait quelques places peu importantes du Hainaut, et le comte de Blois [1], gendre de Jean de Beaumont [2], et Gautier de Manni s'emparaient à leur tour de quelques forts et manoirs du Tournaisis. Jean de Beaumont et Henri de Flandre, comte de Lodi, échouèrent dans une tentative sur Hennecourt devant la bravoure de l'abbé du lieu.

Les armées principales, qui avaient pour chefs les deux rois en personne, étaient campées près de S¹-Quentin et de Buronville; elles s'observaient sans oser en venir à une attaque. Froissart [3] avance que le comte de Hainaut paraissait tour à tour dans les deux camps pour remplir ses devoirs de feudataire de la France et de l'Empire. Pour prouver l'invraisemblance d'un pareil manége, nous avons remarqué déjà que jamais le Hainaut ne releva de la France. Ce qui est vrai, c'est que les comtes de Hainaut et de Namur se retirèrent avec leurs troupes, sous prétexte qu'on avait passé les frontières de l'Empire et qu'on ne devait pas suivre au delà les bannières d'Édouard.

---

[1] De cette famille descendait le pieux Louis de Blois, plus connu sous le nom de Blosius, auteur de plusieurs traités ascétiques du premier mérite.

[2] Jean de Beaumont n'eut qu'une fille unique.

[3] Le comte protesta hautement que son comté ne relevait que de Dieu et du soleil.

Ce monarque se trouvait dans une position précaire et difficile. Les grands trésors qu'il avait apportés d'outre-mer s'étaient fondus en subsides à des alliés indolents ou douteux; les escarmouches qui avaient eu lieu en plusieurs endroits ne pouvaient avoir de résultat, et quand on avait présenté la bataille à l'ennemi, il s'était retiré dans l'intérieur de la France.

Édouard laissa la reine à Gand, où sa présence pouvait être singulièrement utile pour gagner les Flamands, déjà favorablement disposés à se déclarer ouvertement pour l'Angleterre, et où elle était comme une garantie pour les dettes de son époux. Jacques d'Artevelde venait d'écraser un fort parti de chevaliers *leliaerts* dans les murs de Biervliet.

Bataille navale de l'Écluse.

Édouard avait obtenu du parlement un subside extraordinaire et se trouvait en mesure de remplir tous ses engagements; il se disposait à repartir pour le continent, quand il reçut l'avis que Philippe de Valois avait préparé une flotte de vaisseaux génois et français pour le surprendre au passage [1]. Elle portait trente-cinq mille hommes, commandés par Hugues Quieret, chevalier artésien, mais son chef supérieur était Nicolas Behuchet. Trente galères génoises obéissaient à un capitaine de corsaires nommé Barbavara. Behuchet débarqua un grand nombre de ses gens d'armes dans l'île de Cadsant, où il fit brûler les maisons et égorger les habitants désarmés. Mais des bourgeois de Bruges accoururent assez tôt pour sauver la ville de l'Écluse et virent la flotte française réunie près des ruines mal éteintes de Cadzand.

Ces nouvelles parvinrent bientôt à Orwell, où Édouard préparait tout pour son retour en Belgique, mais il ne voulut y croire que lorsqu'il reçut le même avis du duc de Gueldre. Il fit réunir immédiatement tous les vaisseaux qui se trouvaient dans les ports du sud, et dit aux conseillers qui voulaient le retenir : « Vous conspirez tous contre moi. J'irai : que ceux qui ont peur

---

[1] *On the of Sluys*, dit Lingard, mais par erreur. La flotte de Philippe respecta la neutralité flamande et y fut d'ailleurs forcée par les Brugeois.

restent chez eux [1]. » Cinquante nobles dames s'embarquèrent avec lui pour
aller rendre leurs hommages à la reine. La rencontre des deux flottes ne
pouvait se différer. Barbavara s'échappa, mais, grâce au secours des Flamands, la victoire se déclara bientôt pour Édouard, et jamais peut-être victoire navale ne fut plus complète; le roi perdit quatre mille hommes; mais
près de vingt-huit mille Français furent tués ou se noyèrent dans les flots [2].
Behuchet fut pendu au grand mât de son vaisseau et Quiéret décapité sur le
sien. Le roi les traita comme des forbans et des écumeurs de mer, et il
n'avait pas tout à fait tort (24 juin 1340).

Quoique blessé à la jambe, le vainqueur se rendit le lendemain à l'église
d'Ardembourg pour rendre grâce au Tout-Puissant de son triomphe et se
hâta ensuite d'aller à Gand pour revoir sa royale compagne [3] et y trouva
plusieurs de ses alliés belges et allemands.

Parmi eux on remarquait en premier lieu Jacques d'Artevelde, le chevale-
resque capitaine des Gantois. Depuis quelque temps, celui-ci avait renoncé
à la neutralité, après avoir persuadé au monarque de prendre le titre et les
armes du roi de France pour faire taire les scrupules des Flamands qui
n'osaient pas envahir les domaines de leur suzerain. C'est alors qu'Édouard
publia cette espèce de manifeste en vers latins que l'on connait :

Rex sum regnorum bina ratione duorum.
Anglorum cerno me regem jure paterno :
Matris jure quidem rex Francorum vocor idem,
Hinc est armorum variatio facta meorum.

Tout semblait favoriser les espérances du roi d'Angleterre : sa victoire
récente rehaussait sa puissance, les subsides énormes qu'il avait reçus du
parlement réunirent sous ses drapeaux ses anciens alliés allemands et belges,
l'accession des communes flamandes à sa confédération multipliait ses forces.
Et cependant rien ne réussit. Une armée commandée par Robert d'Artois, et

[1] Lingard, t. IV, p. 41.

[2] Selon le *Chronicum Fland.*, le roi perdit dix mille hommes et ses ennemis vingt.

[3] La reine Philippa résida près d'une année à l'abbaye de St-Pierre; elle y accoucha d'un fils
que Shakespeare appelle Jean de Gand et tint sur les fonts Philippe d'Artevelde, le plus jeune
des fils de Jacques.

destinée à prendre St-Omer, se dispersa avant d'y arriver, une autre s'enfuit dans toutes les directions, jetant armes et bagages, par suite d'une fausse alerte. La ville de Tournai, assiégée par Édouard lui-même, se défendait avec vigueur. Cependant les horreurs de la famine commençaient à y sévir et elle était sur le point de se rendre, quand Jeanne de Valois, comtesse douairière de Hainaut et sœur de Philippe de Valois, quitta le monastère de Fontenelle, où elle s'était retirée depuis la mort de son époux, se rendit à Gand et conjura à genoux Édouard, son gendre, à consentir à un accommodement [1].

Rien n'était plus opposé aux vœux du roi, mais le souvenir des lettres que le Pape lui avait écrites sur le même sujet et la vue du mauvais vouloir de quelques-uns de ses alliés lui firent prendre le parti d'acquiescer à une trêve de neuf mois, prolongée plus tard d'un an et étendue à l'Écosse.

Le comte Guillaume de Hainaut et Jean de Beaumont, son frère, présents à une entrevue aussi touchante, n'en auraient-ils pas conclu à leur tour qu'il fallait se réconcilier avec un parent aussi proche, et dont les droits paraissaient si bien fondés, que Philippe de Valois? Ce motif serait en tout cas infiniment préférable à celui qui attribue leur changement à une versatilité qui est absolument imaginaire.

La fameuse guerre de la succession de Bretagne qui partagea nécessairement la France et l'Angleterre fit rompre aussi la trêve. Instruit par une longue expérience des inconvénients qu'offrent les coalitions, Édouard ne conserva d'autre alliance que celle des Flamands et réunit une belle armée d'Anglais et d'Irlandais. Il fit voile de Southampton pour envahir, disait-il, les provinces méridionales de France, mais il changea d'avis et jeta l'ancre près de Hague en Normandie. C'est ainsi que tout le Cotentin, Caen, Honfleur, Valogne, Lisieux et St-Malo furent pris de même que tous les bâtiments qu'on trouva dans les ports de la côte. Il paraissait avoir l'intention de passer la Seine pour rejoindre les Flamands qui assiégeaient Béthune. Mais arrivé à Rouen, il trouva le pont sur la Seine rompu et Philippe de Valois occupant la rive opposée avec des forces imposantes. Il continua de marcher

---

[1] FROISSART, cap. LXII, avert. LXIV.

le long de la rivière, brûlant les villages et pillant les villes de Mantes et de
Vernou, et envoyant même sa cavalerie légère insulter les faubourgs de
Paris. Mais averti que l'armée française le suivait à marches forcées, il battit
en retraite, passa le pont réparé et prit possession de Ponthieu, héritage
de sa mère [1]. « Nous n'irons pas plus loin, disait-il à ses courtisans, je dois
défendre le Ponthieu, son apanage. »

Philippe s'arrêta un jour dans Abbeville pour augmenter son armée, déjà
très-forte, de quelques milliers de soldats. Pour Édouard qui avait à combattre pour sa vie et sa liberté, le délai avait un grand prix et il en profita
pour laisser reposer son armée après tant de marches et arrêter ses plans.

BATAILLE DE CRÉCY.

Le terrain sur lequel il était résolu d'attendre l'ennemi était une éminence
qui s'élevait doucement, un peu en arrière du village de Crécy. Le soir il
invita ses barons à souper, leur parla avec bienveillance et promit en les
quittant une victoire éclatante pour le lendemain. Après il entra dans son
oratoire, se jeta à genoux devant l'autel et pria Dieu de sauvegarder son
honneur. Après l'aurore, il entendit la messe et communia avec le prince de
Galles, qui venait d'atteindre sa quinzième année.

Aussitôt que les troupes eurent déjeuné, chaque lord marcha sous sa
propre bannière à l'endroit qui lui avait été assigné la veille. Tous étaient
démontés pour prévenir toute tentation de prendre la fuite ou de trop poursuivre l'ennemi. Édouard, monté sur un palefroi, entre deux maréchaux,
alla de compagnie en compagnie parlant à tous, les priant de défendre son
honneur et exprimant sa confiance dans la victoire. Vers dix heures il leur
ordonna de prendre des rafraîchissements et les fit asseoir en rangs par terre,
avec leurs casques et leurs arcs devant eux.

Le roi de France avait quitté Abbeville au lever du soleil, mais la multitude de ses soldats avançait avec tant de désordre que deux chevaliers,

---

[1] Il ne savait rien de ses alliés de Flandre, dit LINGARD (t. IV, p. 65). Cependant Édouard
savait parfaitement, puisqu'il avait voulu les rejoindre, qu'ils ravageaient l'Artois.

envoyés pour reconnaître les Anglais, conseillèrent de différer la bataille et d'employer la matinée à organiser l'armée. Des ordres furent donnés en conséquence. Quelques troupes y obéirent, d'autres les comprirent mal et la plupart les méprisèrent. Philippe lui-même se laissa entraîner par le torrent. A la vue des Anglais, le sang lui monta à la tête, et, ne se possédant plus, il ordonna aux Génois auxiliaires qui combattaient avec l'arbalète, sous les ordres de Charles Grimaldi et d'Antoine Doria, de commencer le combat. Ces mercenaires venaient de faire cinq lieues par la pluie et la chaleur, en proie à la soif et à la faim; ils étaient mécontents contre leurs chefs français : ils demandèrent un instant de repos, et, ne pouvant l'obtenir, déchargent avec peine leurs armes mouillées. Les archers anglais y répondent si vigoureusement que ces étrangers commencent à s'ébranler et à reculer. A cette vue, le comte d'Alençon indigné s'écrie, en se tournant vers ses gens d'armes : « Or sus! tuez-moi tous ces ribauds qui ne font que nous obstruer la route! » Trop fidèle à cet ordre, la cavalerie se rue sur les Génois, en désordre, les foule aux pieds et les écrase sans pitié. Un grand nombre de chevaliers sont démontés par les archers anglais et mis à mort par les dagues des Gallois.

Bientôt une scène lamentable se déploie, comme aux champs de Courtrai; presque toute la cavalerie française, lancée avec cette impétuosité qu'on appelle la *Furia francese*, mais avec une confusion honteuse, au milieu des trois corps de bataille ennemis, est enveloppée, assaillie et massacrée de sang-froid. Le comte de Flandre se battait avec un courage de lion contre la division que commandait le prince de Galles, mais il expira percé de coups dans le fond d'un ravin. D'autres princes prennent leur nom du lieu de leur naissance et Louis le dut à celui de sa mort.

A l'aspect de ce désastre, Philippe demanda conseil à Jean de Beaumont qui combattait à ses côtés, mais quel pourrait être l'avis d'un général qui ne s'était jamais imaginé une pareille déroute? Aussi le roi n'attendit pas une réponse et se précipita contre les Anglais en criant *Montjoie St-Denis;* deux chevaux sont tués sous lui, lui-même, blessé à la gorge, va succomber comme ses compagnons d'armes, quand Jean de Beaumont saisit vivement la bride de son cheval et l'entraîne malgré lui.

Mené par Jean de Hainaut et suivi de cinq ou six barons et de quelques chevaliers, Philippe profita d'une nuit sombre et orageuse pour se rendre au château de la Braie, et, après une heure de repos, à la ville d'Amiens.

Son armée, forte de cent vingt mille hommes, pleine de bravoure, mais sans ordre et sans discipline, fut dispersée et détruite par la tactique habile et le courageux sang-froid du roi d'Angleterre. Les ducs de Bourbon et de Lorraine, les comtes d'Alençon, de Flandre et de Nevers, six autres princes, deux archevêques, quatre-vingts barons à bannière, douze cents chevaliers et trente mille fantassins restèrent sur le champ de bataille (25 août 1346).

Si l'on en croit l'historien florentin Villain [1], Édouard fit le premier usage d'artillerie à cette journée. Quatre bombardes du genre de celles qu'on appela plus tard fauconneaux, chargées de mitraille et habilement dirigées, firent un grand carnage au milieu des débris de la chevalerie française. Mais Jean Lobet et Gilles Ly Muisis, auteurs contemporains, ne font aucune mention du fait.

Après avoir sauvé la vie au roi de France, Jean de Beaumont crut qu'il pouvait quitter une armée entièrement dispersée et retourner en Hollande, où l'attendait d'ailleurs le comte Guillaume IV, son seigneur et son neveu. Le diocèse d'Utrecht [2], dont la souveraineté appartenait à l'évêque, était depuis longtemps convoité par les princes hollandais. Guillaume avait cru qu'il allait atteindre ce but, en se faisant nommer par le clergé régent ou *mambour* [3], pour douze ans, et en gardant plusieurs forts qu'on lui avait donnés en garantie pour les sommes qu'il avait avancées afin d'aider leurs finances obérées. Mais le nouvel évêque, Jean d'Arckel, avait pressenti les desseins de Guillaume, et, pour y échapper, il parvint par une sévère économie à se libérer des dettes les plus importantes et vivait à Grenoble en simple particulier; afin d'y parvenir entièrement, son frère Robert gouvernait le pays avec les pouvoirs du prélat.

La découverte de son plan irrita vivement le comte et le poussa à recourir

---

[1] *Recueil de mémoires*, t. II, p. 559 et suivantes.
[2] Que les Hollandais appelaient, par autonomase, le diocèse, *het Sticht*.
[3] MATTH., *Analecta*, t. V, p. 555.

à la force. En 1345, il vint au milieu de l'été assiéger Utrecht et en fit battre
les murailles par treize de ces engins dont on se servait alors dans le siége
des villes. S'étant avancé lui-même pendant une nuit obscure jusqu'aux fossés
de la place pour en sonder la profondeur, il fut blessé au tendon d'Achille [1]
et laissa à son oncle le soin de continuer le siége. Robert d'Arckel se défendait
vaillamment, mais la famine s'étant déclarée par suite du siége, il rappela
son frère; celui-ci, accouru de France, ouvrit une négociation avec Jean de
Hainaut, qui n'aboutit qu'à une trêve qui devait cesser à la St-Martin, 11 novembre 1345. Elle permit à Jean de Beaumont de commettre de nouveaux
exploits et de rendre à Philippe de Valois le service que nous avons rapporté.

A peine en était-il revenu qu'il fut appelé à seconder son neveu qui voulait se servir de l'armée qu'il avait ramenée de devant Utrecht pour châtier
les Frisons qui avaient maltraité ses employés. Des troupes nombreuses
s'embarquèrent à Dordrecht pour attaquer la Frise, mais plusieurs causes et
surtout les vents orageux d'automne dispersèrent les vaisseaux et ne leur
permirent pas d'arriver à la côte en même temps. Jean de Beaumont fut un
des premiers capitaines qui l'atteignit et il prit terre dans une plaine assez belle
appelée de *Zuidvenne*, près du monastère de St-Odulphe et non loin de Sta-
veren ; à peine se vit-il entouré d'un petit nombre de soldats, qu'il se jeta
sur un détachement de Frisons qui étaient sur leur garde et se défendirent
avec tant de vigueur qu'une partie des assaillants fut tuée et l'autre mise en
fuite. Le comte qui avait pris terre en même temps, mais sur un autre point,
ne se donna pas la peine de ranger son armée, il brûla un village qu'il rencontra, et, sans attendre d'autres troupes qui le suivaient, il attaqua un corps
de Frisons et, dès la première charge, tua un de leurs chefs qui se défendait
vaillamment. A cette vue, les autres bandes frisonnes se ruèrent comme des
forcenés sur la petite troupe qu'ils défirent et brisèrent d'un coup de hache
le crâne du comte sans le connaître. Cette malheureuse rencontre eut lieu sur
le même tertre où les comtes de Hollande tenaient leurs lits de justice dans la
Frise orientale [2].

[1] Au muscle du pouce, dit VINCHANT, *Annales*, t. III, p. 225.
[2] VINCHANT, *Ibid.*, p. 226.

Le vieux comte de Gueldre, Renaud le Noir, avait dit en tenant Guillaume sur les fonts du baptême :
Un jour cet enfant sera tué par les Frisons.

Son oncle fut plus heureux. Il était sur le point de succomber sous la masse des ennemis, tout en leur vendant chèrement la vie, quand la marée montante amena quelques bâtiments près de la rive, et son écuyer, Robert de Gluves, le prit malgré lui, et le porta à bras le corps dans le bâtiment. Chose remarquable ! Il avait sauvé de la même manière Philippe de Valois ! Le vaisseau vira de bord aussitôt et déposa le noble chevalier sur la terre hollandaise.

La plupart des grandes familles y perdirent un chef ou un descendant; vingt-cinq chevaliers à peine en revinrent. D'après le calcul le plus modéré, les Hollandais y perdirent 3,700 hommes [1]. Ce désastre eut lieu le 26 ou le 27 septembre 1345 [2], et, dix jours après, le commandeur des chevaliers de Saint-Jean à Harlem vint en Frise pour chercher le corps du comte, que les ennemis avaient tué sans le connaître et qu'il fit ensevelir avec huit grands seigneurs qui entouraient leur chef, dans l'abbaye de Champfleuri ou Bloemkamp, qu'on nommait aussi Oldenklooster, mais ses restes furent transférés plus tard à la Haye et enterrés dans la chapelle de la cour.

Guillaume était mort sans laisser d'enfants de Jeanne de Brabant, sa femme. Il n'avait pas de frère, mais deux sœurs, Marguerite, mariée à l'empereur Louis de Bavière et Philippa, reine d'Angleterre, dont nous avons dû souvent entretenir nos lecteurs. Après elle, son parent le plus proche était Jean de Beaumont, qui, à ses fiefs, situés en Hainaut, ajoutait les seigneuries de Schoonhoven [3], Ter Goes et Ter Tholen en Zélande; mais comme oncle de Guillaume IV, il n'avait aucun droit a son héritage.

Quand il se vit sauvé de la main des Frisons, il crut devoir se hâter de s'informer du sort de son neveu; mais à peine eut-il appris son décès d'une manière certaine, qu'il courut à Geertruidenberg, où se désolait la comtesse douairière, et, comme le noble, le plus illustre proche parent du

[1] BILDERDYK, *Geschiedenis des Vaderlands*, t. III, p. 119.
[2] Le 26, selon VINCHANT.
[3] Il y avait fondé un couvent de douze franciscains qui fut détruit par la prétendue réforme.

comte et le plus qualifié par ses titres et ses emplois, avait provisoirement le pouvoir en mains, et il nous reste quelques actes émanés de lui [1]; mais quand il s'aperçut combien son autorité était précaire dans un pays mécontent et désuni, il s'empressa de l'abandonner à lui-même [2].

Il avait quelques droits, ce semble, sur la partie féodale du comté, le domaine d'Ostrevant; mais on jugea que tout l'héritage était dévolu à l'Empire, et l'Empereur en investit sa femme, fille aînée de Guillaume III d'Avesnes, et son décret fut reçu sans aucune opposition.

Bataille de Nevil'cross. Prise de Calais.

Le sire de Beaumont ne fit entendre aucune réclamation : il venait d'ailleurs d'être appelé sur un plus grand théâtre.

Après sa victoire, Édouard continuait à ravager les provinces méridionales de la France et avait mis le siége devant Calais, qui se défendait à outrance. Philippe V en profita pour engager son allié, le roi David II d'Écosse, à faire une invasion en Angleterre, rendue facile par l'absence d'Édouard et de ses forces principales. L'Écossais ne se le laissa pas dire deux fois et entra en Angleterre avec une puissante armée. Les Anglais, pris au dépourvu, presque sans cavalerie et sans généraux, semblaient condamnés d'avance à une défaite sanglante, quand la reine Philippa de Hainaut, revenue de Flandre depuis peu, se montra la digne émule de Jeanne de Flandre, comtesse de Montfort en Bretagne. Elle leva l'étendard d'Angleterre et, après avoir chargé les lords Henri Percy, Raphaël Nevil et l'archevêque d'York de l'ordonnance de l'armée, elle parcourut tous les rangs sur un palefroi, exhorta les soldats à faire leur devoir et à combattre avec courage les ennemis du roi et du pays. Ensuite elle entra dans un oratoire pour obtenir les bénédictions du Dieu des armées. Ces vœux furent exaucés et sa victoire complète. Les Écossais comptèrent quinze mille morts et un grand nombre de prisonniers, dont plusieurs seigneurs de la plus haute noblesse et le roi David

---

[1] *Hands. van Kennemerland*, p. 9, et *Grootplakaatboek*, p. 713.

[2] Il passa alors au service de Philippe de Valois, dit Wagenaar : qui donc suivit-il à Crécy?

lui-même[1]. La reine pouvait porter haut la belle devise « *Dieu et mon droit*».
Après quelques jours, elle partit pour la France, où l'attendait une victoire
plus belle encore.

Son royal époux, qui avait bloqué Calais par terre et par mer, déjouant
tous les moyens employés pour la délivrer, s'en rendit maître par la famine.
Irrité par la longue résistance de la place, il avait résolu de la traiter comme
un repaire de pirates. Lui, qui d'ordinaire avait le cœur si haut placé, se
laissa cette fois emporter par la colère. Six bourgeois qui s'étaient dévoués
pour leurs concitoyens furent conduits, tête et pieds nus, ayant la hart à la
main, devant lui, et au lieu de leur dire, comme l'Auguste de Corneille plus
tard :

> Soyons amis, seigneurs, c'est moi qui vous en prie,

il les apostropha durement et donna ordre d'introduire le bourreau. En vain
ses courtisans les plus chers imploraient-ils sa clémence, quand la reine se
jeta à ses genoux, implorant avec larmes leur pardon. Vaincu enfin, Édouard
lui répondit : « Je ne puis rien vous refuser; allez et délivrez ces bourgeois et traitez-les selon votre bon plaisir. » La reine alors les emmena,
leur fit ôter la corde qu'ils avaient au col, leur fit donner des vêtements
honorables et un repas substantiel. Ils furent ensuite conduits en sécurité
hors du camp.

Vivement ému d'une guerre si longue et si meurtrière, le pape Benoit XII
avait envoyé en France deux cardinaux pour négocier une trève, mais sans
succès. Après la prise de Calais, Clément VI renouvela les instances et se fit
écouter des deux partis. De la part de la France furent députés au congrès
les ducs de Bourgogne et de Bretagne, Louis de Savoie et Jean de Hainaut;
de la part de l'Angleterre les comtes de Derby et de Northamton, Renaud de
Cobham et Gautier Manny. Les cardinaux de Naples et de Clermont obtinrent
un armistice qui fut graduellement prolongé pour six ans [2].

Nous aurions tort envers Jean de Beaumont, si nous gardions le silence

---

[1] LINGARD, t. IV, p. 72 et suiv.

[2] RYMER, *Acta publica Angliae*, t. V, pp. 5-8.

sur ses exploits en Espagne, sous Alphonse IX, roi de Castille, et beaucoup plus tard avec les chevaliers de l'ordre teutonique contre les Lithuaniens encore idolâtres. Il fit encore éclater sa valeur; mais depuis la fameuse victoire des Las Navas de Toledo, l'islamisme était trop affaibli en Espagne pour donner lieu à de grandes actions, et les annalistes ont confondu trop souvent ses exploits avec ceux du comte, son oncle.

Jean joignait à des vertus chrétiennes élevées, un esprit propre à toutes les connaissances nécessaires pour réussir partout, et l'on admirait ses talents. Une chose peut lui être reprochée : l'aisance avec laquelle il passa d'un drapeau à l'autre; mais on a vu aussi qu'il y a de quoi l'expliquer en bien, et aucun de ses contemporains ne lui en a fait un crime, tout en faisant l'éloge de ses exploits dans l'un ou l'autre camp. En les voyant, on est tenté de lui accorder les épithètes un peu emphatiques que Lambert d'Ardre a données au comte de Guines, Baudouin II : qu'il brillait comme une perle précieuse dans la couronne de France et comme une escarboucle dans le diadême d'Angleterre.

Jean de Beaumont, déplorant les maux que les *Hocks* et les *Cabeljauws* répandaient sur sa patrie, se tint éloigné de toute politique et mourut pieusement le 2 mars 1357. Il fut enseveli dans une simple tombe, placée dans une arcade du chœur de l'église des Frères Mineurs à Valenciennes.

FIN.

HISTOIRE

DES

BANDES D'ORDONNANCE

DES PAYS-BAS;

PAR

LE BARON GUILLAUME,

LIEUTENANT GÉNÉRAL, MEMBRE DE L'ACADÉMIE ROYALE.

Ornare patriam et amplificare gaudemus.

(PLINE le jeune.)

—

(Mémoire présenté à la classe des lettres de l'Académie le 3 février 1873.)

PRÉFACE.

———

La gendarmerie flamande, connue dans l'histoire sous le nom de BANDES D'ORDONNANCE, est le premier corps de troupes nationales permanentes qui ait existé dans notre pays.

Ses annales sont longues et glorieuses! Elles commencent au moment où le dernier prince de l'illustre maison de Bourgogne, l'audacieux duc Charles, cédant à l'ambition qui le dévore d'échanger sa splendide couronne ducale contre le manteau des rois, se laisse entraîner dans une suite de guerres fatales à lui-même et à ses peuples. Elles finissent à l'époque où la maison d'Espagne, après avoir vu l'antique gloire de ses armées s'éclipser pour jamais dans les champs de Rocroy et de Lens, s'éteint elle-même par la mort du dernier descendant de la race de Charles-Quint.

L'histoire complète de cette vaillante milice embrasse donc plus de deux siècles de guerre presque continue. Pendant deux cents ans, la redoutable cavalerie flamande a figuré avec honneur dans les guerres civiles, dans les guerres de religion, dans les guerres de conquête; elle s'est illustrée tour à tour sur le sol de la patrie et sur la terre étrangère......; elle a eu ses jours de gloire et ses jours d'adversité.....

C'est l'histoire des phases diverses de l'existence des bandes d'ordonnance que je vais essayer de retracer. Cette histoire se divise naturellement en trois périodes : la première est celle qui correspond aux événements du règne de Charles le Téméraire; la deuxième s'étend depuis la mort de ce prince jusqu'à l'époque où l'empereur Charles-Quint donne à l'institution des bandes d'ordonnance une organisation définitive; la troisième, enfin, embrasse les événements qui ont suivi cette organisation, elle finit obscurément à la fin du dix-septième siècle.

« Une véritable histoire des compagnies d'ordonnance des Pays-Bas, » disait naguère M. Gachard, « serait à la fois un livre plein d'intérêt et un » monument élevé à la gloire de nos ancêtres. Elle montrerait cette milice » si brillante et si redoutée, prenant part à tous les événements militaires » qui signalèrent les règnes de Charles le Hardi, de Maximilien, de Charles- » Quint, de Philippe II....... On trouverait en outre dans cette histoire un » tableau détaillé du nombre et de la composition des bandes d'ordonnance » aux différentes époques; on y verrait les variations auxquelles leur solde, » leur armement, leur équipement furent soumis; on y lirait enfin les noms » de ceux qui les commandèrent successivement et qui toujours furent choisis » parmi les membres les plus illustres de la noblesse des Pays-Bas. »

Tel est le programme d'une histoire des bandes d'ordonnance des Pays-Bas tracé par le savant archiviste du royaume [1]; tel est le programme du livre que je soumets au public. Je l'ai suivi attentivement; j'espère l'avoir rempli aussi complétement qu'il est possible de le faire avec les matériaux, malheureusement bien rares, qui ont échappé à la destruction du temps et sont parvenus jusqu'à nous.

J'ai ajouté à mon travail une série de notes biographiques sur les officiers qui servirent dans les bandes d'ordonnance. Les plus illustres familles du pays y retrouveront leurs noms et constateront par là que leurs ancêtres, loin de dédaigner la carrière des armes et de se faire représenter à l'armée par des *remplaçants*, tenaient à honneur de remplir personnellement leurs devoirs envers la patrie.

[1] *Bulletins de l'Académie royale de Belgique*, t. XVII.

HISTOIRE

DES

BANDES D'ORDONNANCE.

PREMIÈRE PÉRIODE.

HISTOIRE DES BANDES D'ORDONNANCE DEPUIS LEUR CRÉATION PAR CHARLES DUC DE BOURGOGNE
JUSQU'A LA MORT DE CE PRINCE

(1471-1477).

CHAPITRE Ier.

HISTOIRE DE L'ORGANISATION DES BANDES D'ORDONNANCE SOUS CHARLES DE BOURGOGNE [1].

§ Ier. — *Création des bandes d'ordonnance.*

C'est en 1471 que commence l'histoire du corps célèbre qui, pendant plus de deux cents ans, porta le nom de *Compagnies* ou *Bandes d'ordonnance.*

Voici les circonstances qui amenèrent l'institution de cette milice :

Le roi de France, Louis XI, qui, peu de temps auparavant, avait conclu avec le duc Charles de Bourgogne le traité de Péronne et s'était lié par un serment prononcé sur un morceau du bois de la vraie croix, précieuse relique dont il ne se séparait jamais, le roi Louis XI, dis-je, venait de se faire

---

[1] Ce chapitre est extrait en partie de mon mémoire sur l'*Organisation militaire sous les ducs de Bourgogne.* (MÉMOIRES COURONNÉS DE L'ACADÉMIE, t. XXII.) J'ai pensé qu'il devait nécessairement prendre place dans une histoire complète des bandes d'ordonnance.

dégager de toutes ses promesses par l'assemblée de Tours [1]; déjà même et sans déclaration de guerre préalable, chose tout à fait inusitée à cette époque, il avait ouvert les hostilités contre son beau-cousin de Bourgogne.

Ce fut dans ces circonstances que le duc Charles résolut définitivement d'organiser un corps de troupes permanentes qui mit désormais ses États à l'abri des entreprises inopinées de son astucieux voisin.

Avant cette époque, les princes de la maison de Bourgogne n'avaient point eu de troupes nationales permanentes. Ils s'étaient toujours contentés du service militaire que leur devaient les vassaux possesseurs de fiefs et leurs bonnes gens des communes. Le seul changement un peu considérable qui eût été apporté à l'ancienne constitution de l'état militaire avait été l'établissement, par Philippe le Bon, après le traité de Conflans (1465), de quelques troupes entretenues dans leurs foyers par *gages messagers* aux frais du prince, sous l'obligation de se tenir prêtes à prendre les armes au premier appel [2].

En France, au contraire, il existait des troupes permanentes depuis plus d'un siècle [3]; Louis XI avait à sa disposition des compagnies d'ordonnance toujours prêtes à entrer en campagne, et Charles appréciait trop bien l'importance d'une semblable institution pour ne pas l'introduire dans ses États.

Ce projet, il le méditait depuis assez longtemps déjà [4] : Dans l'assemblée générale des États, du mois de mai 1470, il avait exposé les dangers que le pays avait courus en l'absence de troupes organisées de manière à pouvoir entrer immédiatement en campagne, ainsi que cela existait en France. Il assurait alors, faisant allusion aux dernières entreprises de son redoutable

---

[1] Ce fut le succès que Warwick avait obtenu en Angleterre qui détermina Louis XI à reprendre ses projets contre le duc de Bourgogne et à se faire délier par l'assemblée de Tours du serment qu'il avait fait à Péronne. (Voir la correspondance du 28 octobre 1470 avec le grand maître, comte Dammartin.)

[2] *Mémoire concernant les États généraux et particuliers des Pays-Bas.* (BULLETINS DE LA COMMISSION ROYALE D'HISTOIRE, 2ᵉ sér., t. II, p. 54.)

[3] Les compagnies d'ordonnance avaient été créées en France, en 1445, par Charles VII. On ne trouve, ni dans Rebuffe, ni dans Fontanon, l'acte par lequel les quinze premières compagnies furent créées.

[4] Dès la rupture du traité de Conflans le duc de Bourgogne avait demandé aux États une aide de 20,000 écus pour payer huit cents lances.

voisin, que cinq cents hommes d'armes eussent suffi pour garder les frontières, empêcher Louis XI de rompre la paix et de troubler le repos du pays.
Faisant ensuite entrevoir aux membres de l'assemblée les périls et les malheurs qu'une semblable situation pouvait, dans l'avenir, attirer sur eux, il
les avait engagés instamment à seconder ses vues en accordant les aides
nécessaires pour l'entretien de huit cents lances.

Les États avaient fini par se rendre aux instances du duc en lui accordant une aide annuelle de 120,000 écus pendant trois ans « mais, » dit
Commines, « grand doute faisaient ses sujets, et pour plusieurs raisons, de
» se mettre en cette subjection où ils voyaient le royaume de France, à
» cause de ses gens d'armes. Et, à la vérité, leur grand doute n'estoit pas
» sans cause; car, quand il se trouva cinq ou six cents hommes d'armes,
» la volonté lui vint d'en avoir plus et de plus hardiment entreprendre contre
» tous ses voisins, et de six vingt mille écus les fit monter jusques à cinq
» cents mille et crut de gens d'armes, en très-grande quantité [1]. »

Pour arriver à la réalisation de ses desseins, Charles avait dû vaincre de
grandes répugnances de la part des États; la Flandre surtout avait opposé
une vive résistance à ses désirs; elle voulait tout au moins que l'aide fût
répartie sur toutes les provinces de la domination du duc en y comprenant
la Bourgogne, mais Charles repoussa cette demande en alléguant les sacrifices
que s'était imposés cette partie de ses États; il dit, à cette occasion, de bien
dures paroles aux députés qui vinrent lui faire des observations à Middel-
bourg, le 25 mai 1470; il leur reprocha, en termes sévères et blessants, la
parcimonie et la mauvaise grâce avec laquelle ils avaient, de tous temps,
accordé à leurs princes les aides nécessaires à la défense du pays; enfin il
les menaça, s'ils ne cédaient pas à ses volontés, de briser *leurs testes fla-
mengues si grosses et si dures* [2].

Charles fit observer, du reste, que la somme demandée aux États ne per-
mettrait de faire face qu'au tiers de la dépense qu'occasionneraient les mille
lances, c'est-à-dire les cinq mille combattants qu'il voulait lever; que, par

[1] Commines. Éd. Buchon, p. 66.
[2] *Documents inédits concernant l'histoire de la Belgique*, publiés par M. Gachard, t. I,
pp. 216 et suivantes.

suite, il se trouverait obligé de payer le surplus de la dépense sur les revenus de son propre domaine.

Nonobstant la résistance des Flamands, le duc s'occupa sans plus tarder de l'organisation des compagnies d'ordonnance. Dès le 23 octobre 1470, il donna un mandement où il annonçait à ses officiers dans les provinces sa résolution de lever mille hommes d'armes pour la défense de ses pays, tant de Bourgogne que de *par deçà*. Il ordonna que tous ceux de ses sujets qui voudraient le servir, en qualité d'homme d'armes ou d'archer, se fissent inscrire chez les grands baillis ou autres officiers qu'il chargea spécialement de faire un choix parmi les postulants et de lui en soumettre les listes [1].

Ce n'était là que le premier projet d'organisation d'un corps spécial de cavalerie; il n'était pas encore question d'y adjoindre des *gens de pied*, comme on disait alors pour désigner les fantassins.

Les hommes d'armes et les archers furent donc choisis conformément aux dispositions précédentes; le duc approuva les listes soumises à sa sanction par ses hauts officiers dans les provinces, puis, un nouveau mandement du 12 janvier 1471 (n. s.) ordonna la réunion des élus, à Dourlens, pour le 1er février suivant.

Charles voulut bientôt augmenter cette première *ordonnance*, ainsi nomma-t-on dès l'origine la nouvelle milice : dès le 20 avril de la même année il prescrivit à ses officiers dans les provinces de faire de nouveaux appels à tous les gens d'armes, archers et autres combattants qui voudraient le servir dans ses *ordonnances*. Ces nouveaux élus devaient, à cet effet, se réunir autour d'Arras, munis de leurs armes et équipements. Enfin, quatre jours après, le duc annonça positivement son intention de porter son ordonnance à mille deux cent cinquante lances, *avec des gens de trait*, c'est-à-dire des combattants à pied.

Le 20 mai 1471 le duc exprima d'une manière encore plus catégorique sa

---

[1] *Documents inédits concernant l'histoire de la Belgique*, publiés par M. Gachard, t. I, pp. 216 et suivantes. — *Documents inédits aux Archives du royaume.*

Le plus ancien compte dans lequel figurent les bandes d'ordonnance est celui de Christophe Buridan, de la trésorerie de guerre, pour payements faits pendant les mois de novembre, décembre et janvier 1471 (n. s.). Papiers de l'Audience aux Archives du royaume.

volonté de lever des gens de trait pour compléter ses compagnies d'ordonnance, savoir : douze cent cinquante arbalétriers, douze cent cinquante couleuvriniers et douze cent cinquante picquenaires. Il ordonna en conséquence que les arbalétriers, les couleuvriniers et les picquenaires qui voudraient en faire partie fussent habillés et équipés selon ses instructions, avant le 15 juin; cette dernière date fut également assignée pour la réunion des troupes qui avaient été convoquées primitivement pour le 15 mai par les ordonnances des 20 et 24 avril.

Ce fut alors seulement que Charles donna les premiers règlements sur l'organisation et la discipline des compagnies d'ordonnance; ces règlements portent les dates des 29 juin et 31 juillet 1471.

La première création des compagnies d'ordonnance date donc bien évidemment de l'année 1471 et non de 1470, ainsi que le mandement du 23 octobre de cette dernière année semble permettre de le supposer; du reste, toute espèce de doute, à cet égard, doit se dissiper en présence d'une disposition du règlement du 31 juillet 1471, qui dit positivement que les hommes d'armes, archers, arbalétriers, etc., seront *reçus en solde* à partir du 2 août 1471, s'ils sont équipés conformément aux ordonnances.

Les divers documents auxquels il a été fait allusion dans l'examen qui précède font mention de mille deux cent cinquante lances, bien que le duc de Bourgogne n'ait organisé en réalité que douze compagnies de cent lances. En effet, Olivier de la Marche, qui dut être d'autant mieux renseigné qu'il commanda dès l'origine une de ces bandes, assure que la première organisation ne comprit que mille deux cents lances, chacune étant *fournie de huit combattants à cheval et à pié* [1]; on lit en outre dans les mémoires du sire Jean de Haynin qu'au siége de Neuss, en 1474, là où le duc Charles avait,

[1] « En ce temps, dit Olivier de la Marche, le duc de Bourgogne mis sus douze cents lances
» et fûmes envoyés, messire Jacques de Montmartin, le bâtard de Viesville, capitaine des archers,
» et moy, pour passer les revues des hommes d'armes et archers qui se présenteraient en
» icelles ordonnances et en trouvâmes assez et largement et de gens de bien, qui furent retenus
» et passés et me fit le duc cet honneur, qu'il me fit capitaine de la première compagnie d'icelles
» ordonnances; et pour la seurté de la ville d'Abbeville que le seigneur d'Esquerdes avait nou-
» vellement conquise, il ordonna trois cents hommes d'armes et entrèrent en cette ville, à savoir
» le bailli de St-Quentin, messire Jacques, seigneur de Harchies et moy. » (*Mémoires* d'Olivier
de la Marche, éd. Buchon, pp. 330 et 550.)

dit-il, réuni toute son ordonnance, il n'y avait que douze compagnies ou mille deux cents lances [1].

Quant aux cinquante lances supplémentaires, elles représentaient probablement les hommes d'armes destinés à commander les diverses subdivisions dans lesquelles les archers d'une même compagnie étaient partagés, comme on le verra plus loin dans le paragraphe relatif à l'organisation des compagnies d'ordonnance.

Le duc Charles ne tarda pas longtemps à augmenter le nombre de ses compagnies d'ordonnance de bandes d'étrangers auxquelles il donna la même organisation qu'à ses compagnies nationales; Olivier de la Marche nous apprend que bientôt il eut deux mille deux cents hommes d'armes, c'est-à-dire vingt-deux compagnies [2].

« Ces compagnies, dit le président Nény, furent l'école militaire de la
» noblesse; elles passèrent, fait remarquer M. de Barante, pour les mieux
» disciplinées et les plus brillantes de l'Europe. Égale à celle de France pour
» la bravoure, l'équipage et le nombre, l'ordonnance de Bourgogne passait
» même pour mieux disciplinée; on l'attribuait à ce qu'il y avait moins de
» grands seigneurs affectant l'indépendance et l'insubordination [3]. » En réalité

---

[1] *Mémoires* de Jean de Haynin, pp. 249 et suivantes.

[2] Olivier de la Marche, dans l'*État de la maison du duc Charles le Hardi*, document qui porte la date de novembre 1474, dit que le duc avait « deux mille deux cens hommes d'armes en » ses ordonnances, compté chascun homme d'armes à tels gages qu'a un coutiller armé; que » des soubs chascun homme d'armes il y a trois archers à cheval et de plus pour chascun » homme d'armes y a trois hommes de pied armés, arbalétriers, couleuvriniers et piequenaires, » ainsi font huit combattants pour une lance. » Au compte de la Marche, cela faisait dix-huit mille combattants avec les conducteurs, leurs lieutenants et les archers qui étaient en sus. Ailleurs la Marche dit que les compagnies étaient numérotées de un à vingt-deux.

D'un autre côté, le sire Jean de Haynin dit dans ses *Mémoires* que lorsque le duc de Bourgogne partit pour Cologne en 1474, il prit avec lui *toutes* ses ordonnances, c'est-à-dire douze cents lances. Il dit encore qu'au siége de Neuss *un des douze* capitaines de l'ordonnance, Bernard de Ravestein, fut tué (pp. 249 et suivantes).

Ces deux assertions si différentes, de la part de deux historiens, qui l'un et l'autre servaient dans les ordonnances, ne peuvent se concilier qu'en supposant que Olivier de la Marche a compté dans *l'ordonnance* de Bourgogne les compagnies étrangères que le duc prit à son service (celles des frères Lignana, de Troylus, de Middelton, de Galliot, de Campobasso, etc., etc.), tandis que Jean de Haynin n'a tenu compte que des compagnies formées dans les États du duc.

[3] *Histoire des ducs de Bourgogne.*

cet heureux résultat était la conséquence naturelle des sages règlements dont Charles avait su doter ses troupes et qui seront analysés dans les paragraphes suivants.

§ II. — *Organisation des bandes d'ordonnance.*

D'après l'ordonnance de Charles le Téméraire, du 31 juillet 1471, la compagnie ou bande d'ordonnance était composée de cent lances fournies [1].

La lance fournie comprenait un homme d'armes, chef de lance, trois archers à cheval et trois hommes à pied qui étaient armés, l'un d'une couleuvrine, un autre d'une arbalète et le troisième d'une pique; on les désignait en conséquence sous les noms de couleuvriniers, arbalétriers et picquenaires [2].

Une lance était donc composée de quatre combattants à cheval et de trois combattants à pied. L'homme d'armes avait en outre un coutiller et un page, mais le duc ne les payait pas, c'était à l'homme d'armes qu'il incombait de les armer et de les entretenir.

La composition de la lance subit par la suite plusieurs modifications. Suivant Olivier de la Marche, il n'y avait, à l'époque où il écrivait, que deux archers par lance et quatre hommes à pied : deux couleuvriniers et deux picquenaires. Pendant la guerre contre les Suisses il n'y avait positivement que deux archers par lance. Pendant cette guerre, les archers mêmes furent mis à pied parce qu'on trouva que la justesse du tir y gagnait et aussi parce que le trop grand nombre de chevaux à nourrir était un embarras [3].

La compagnie était divisée en dix groupes de dix lances; chaque dizaine avait pour chef un homme d'armes nommé *dizenier*, et elle se subdivisait en deux parties inégales nommées *chambres*. Le dizenier était chef de la

[1] Voir l'annexe III.

[2] Il est intéressant de comparer cette composition à celle que les compagnies d'ordonnance avaient en France. Charles VII, qui en créa quinze en 1445, donna à chacune cent hommes d'armes, chaque homme d'armes ayant trois archers, un coutiller (écuyer) et un page. Louis XI réduisit à deux les archers de chaque homme d'armes. Louis XII mit sept hommes par lance (7 juillet 1498); François Ier en mit huit (28 juin 1526). Henri II, dans une ordonnance de 1549, dit : « Chacune lance de nosdites ordonnances sera fournie de huit chevaux, d'un homme d'armes » et de deux archers suivant les anciennes ordonnances. »

[3] De Rodt. — *Dépêches des ambassadeurs milanais*, publiées par M. de Gingins la Sarra.

première chambre de sa dizaine; cette chambre se composait de six lances; les quatre autres lances de la dizaine formaient la seconde chambre dont le chef était en outre lieutenant du dizenier.

Le chef de toute la compagnie porta d'abord le titre de *conductier* ou *conducteur;* il comptait au nombre des dix hommes d'armes de la première dizaine dont il était également le chef direct ou dizenier; enfin il était de plus chef de la première chambre de sa dizaine.

Cette dernière formation fut provisoire; l'ordonnance de 1473 fixa définitivement de la manière suivante l'organisation des compagnies d'ordonnance sous Charles le Téméraire.

La composition de la lance resta la même : un homme d'armes, chef de lance, trois archers et trois hommes à pied, non compris le coutiller, le page et les volontaires qui servaient uniquement pour s'instruire au métier des armes. Ces derniers étaient parfois tellement nombreux que l'effectif d'une compagnie s'élevait jusqu'à mille deux cents et même jusqu'à mille cinq cents hommes. De là résulte une certaine confusion dans les récits des événements militaires; lorsque les chroniqueurs de cette époque parlent de deux à trois cents lances, il faut entendre trois à quatre mille combattants.

Les hommes à pied n'étaient réunis aux hommes d'armes que pour la discipline, la police et l'administration; mais en marche et dans les combats, les fantassins étaient naturellement formés en compagnies séparées et ils avaient leurs chefs particuliers, comme on le verra plus loin.

L'ordonnance de 1473 modifia le mode de fractionnement qu'avait établi celle de 1471; la compagnie dut se diviser en quatre *escadres* et chaque escadre en quatre *chambres*. Ainsi, une chambre était composée de cinq hommes d'armes ou six avec son chef; l'escadre comptait vingt-cinq hommes d'armes, y compris son commandant.

En marche les trois cents archers d'une compagnie se répartissaient également en quatre escadres de soixante-quinze hommes commandées chacune par un homme d'armes. Les hommes à pied formaient une seule compagnie sous le commandement d'un homme d'armes à cheval qui portait le titre de capitaine; cette compagnie se fractionnait en trois parties commandées par des centeniers qui étaient des hommes d'armes à cheval; enfin, chacune de ces fractions se subdivisait en trois parties sous les ordres de trois trenteniers choisis parmi les hommes d'armes de la compagnie.

Ainsi une compagnie d'hommes à pied marchait sous la conduite d'un capitaine, de trois centeniers et de neuf trenteniers, et tous ces chefs étaient des hommes d'armes.

À chaque compagnie d'ordonnance étaient attachés : un lieutenant, un chirurgien [1], un fourrier chargé du logement, deux trompettes [2] et un commissaire du trésorier des guerres pour l'administration [3].

Chaque compagnie ou bande d'ordonnance avait une enseigne particulière brodée aux armes et aux couleurs du conducteur; elle était portée devant le front de la première escadre des hommes d'armes. Chaque escadre avait une cornette de la même couleur que l'enseigne de la compagnie et marquée en or, au chiffre de l'escadre; enfin chaque chef de chambre portait sur la salade dont il était coiffé une bannerole également marquée en or au chiffre de sa subdivision.

Les archers avaient un pennon qui était porté devant la première escadre; chaque subdivision avait également un signe de ralliement.

Le capitaine des hommes à pied portait l'enseigne de sa compagnie.

Les étendards des compagnies d'ordonnance portaient tous, indépendamment de la devise du duc, l'effigie d'un saint ou d'une sainte [4].

---

[1] Olivier de la Marche, *État de la maison du duc Charles.*

[2] Ordonnances de 1471 et de 1475.

[3] Ordonnance de 1475.

[4] Le grand étendard de Bourgogne était sous l'invocation de saint Georges. Sur les étendards des compagnies d'ordonnance il y avait :

Saint	Sébastien.	Sainte	Marguerite.
—	Adrien.	Saint	Avare.
—	Christophe.	—	André.
—	Antoine.	—	Étienne.
—	Nicolas.	—	Pierre.
—	Jean.	—	Jacques.
—	Martin.	Sainte	Anne.
—	Hubert.	—	Madeleine.
Sainte	Catherine.	Saint	Jérôme.
Saint	Julien.	—	Laurent, etc., etc.

§ III. — *Constitution des cadres des bandes d'ordonnance.*

Le duc Charles le Téméraire et les souverains, ses successeurs, se sont toujours réservé le droit exclusif de nommer les chefs des bandes d'ordonnance ; on verra plus tard que les gouverneurs généraux pouvaient, dans certains cas, donner des commissions provisoires (par provision), mais jamais des patentes définitives [1].

D'après les règlements de Charles le Téméraire, le conducteur, c'est-à-dire le chef d'une bande ou compagnie d'ordonnance, n'était nommé que pour une année. Il devait être sage, prudent, instruit, habile dans les armes, et reconnu capable d'exercer les importantes fonctions du commandement ; aussi le duc ne s'en rapportait-il qu'à lui seul pour l'examen des titres et du mérite des gentilshommes qui sollicitaient l'honneur de commander une compagnie d'ordonnance [2].

Du 1er janvier de chaque année jusqu'au 6, jour des Rois, les officiers qui avaient été conducteurs l'année précédente et ceux qui désiraient obtenir cet emploi, pour la première fois, adressaient leur demande aux secrétaires du duc [3].

Le 8 janvier, le duc faisait connaître sa décision ; il maintenait dans leur commandement ceux qui avaient rempli leurs fonctions à sa satisfaction et il leur désignait le numéro de la compagnie dont il leur confiait de nouveau la conduite [4].

Quelques jours après, tous les conducteurs de l'année précédente et ceux qui étaient nouvellement nommés, se réunissaient dans une des salles du palais où le duc siégeait solennellement environné de toute sa cour. Là, le

---

[1] Dans les instructions qui furent données à l'électeur de Bavière, en 1691, pour le gouvernement des Pays-Bas, on lit que le roi d'Espagne se réserve encore la nomination des capitaines des hommes d'armes. On voit par là qu'à la fin du dix-septième siècle il n'était pas question de la suppression des bandes d'ordonnance. C'est un point important à constater.

[2] Ordonnance de 1473. — Olivier de la Marche, *État de la maison du duc Charles.*

[3] Olivier de la Marche, *État de la maison du duc Charles.*

[4] Olivier de la Marche constate que jamais le duc de Bourgogne ne se trouva dans l'obligation de retirer à ses conducteurs le commandement qu'il leur avait confié.

prince indiquait les motifs qui avaient guidé ses choix; il louait ou blâmait chacun de sa conduite passée et du mérite dont il avait fait preuve; puis il faisait donner lecture des ordonnances relatives aux gens de guerre. Il recevait ensuite le serment de ses nouveaux officiers et remettait à chacun d'eux les insignes du commandement, consistant en un bâton recouvert de velours bleu entortillé de soie blanche; il y joignait une copie de ses ordonnances; ces objets devaient être rendus au duc par les conducteurs lorsqu'ils étaient dépouillés de leur commandement.

En cas de décès d'un conducteur, le duc désignait immédiatement son successeur; cette nouvelle nomination, si elle avait lieu dans les premiers six mois de l'année, n'avait force, comme les autres, que jusqu'à la fin de la même année. Dans le cas, au contraire, où la nomination avait été faite dans les six derniers mois, elle valait encore pour toute l'année suivante.

Immédiatement après leur nomination, les conducteurs se rendaient à leurs compagnies et en constataient l'état, d'après les contrôles de l'année précédente remis au duc par les anciens conducteurs. Les contrôles, qui devaient toujours être tenus au courant et contenir les noms et prénoms de tous les hommes d'armes, archers et autres gens de guerre attachés à la compagnie, indiquaient en outre le lieu de naissance et la demeure de chacun d'eux.

J'ai dit, en parlant de la composition des compagnies d'ordonnance, que dans chacune d'elles se trouvaient quatre chefs d'escadre. Deux d'entre eux étaient choisis dans la compagnie même, un troisième était pris en dehors, au choix du conducteur, pourvu que ce fût un sujet du duc; le quatrième était désigné par le duc qui disposait de cet emploi en faveur de quelque jeune écuyer de sa maison. C'était ordinairement ce dernier que le conducteur choisissait pour lieutenant, quoiqu'il fût libre cependant de prendre indifféremment l'un ou l'autre des quatre chefs d'escadre de sa compagnie.

Toutes ces nominations, après avoir été sanctionnées par le duc, valaient jusqu'au 31 décembre de l'année; le conducteur nommé dans le courant de l'année en remplacement d'un autre ne pouvait pas modifier la constitution de la compagnie avant la fin de l'année.

Les commandants d'escadre nommaient, dans les quatre jours qui suivaient leur désignation, leurs chefs de chambre; ils devaient les prendre parmi les hommes d'armes placés sous leur commandement immédiat.

Les chefs d'escadre et de chambre devaient tenir, chacun pour sa subdivision, un contrôle semblable à celui que le conducteur tenait pour toute la compagnie [1].

Les possesseurs de fiefs ou d'arrière-fiefs qui servaient dans les compagnies d'ordonnance, soit en qualité d'officier, soit de toute autre manière, n'étaient pas dispensés du service féodal qu'ils devaient pour la tenure de leurs fiefs [2].

Dès que Charles le Téméraire eut organisé ses compagnies d'ordonnance, il reconnut la nécessité de les placer sous l'autorité d'un chef unique; une ordonnance du 15 septembre 1473 confia à Guy de Brimeu, seigneur d'Humbercourt, chevalier, conseiller, chambellan, gouverneur de Namur, etc., la charge de *lieutenant général des ordonnances*, avec mission « d'entretenir » les règlements du duc sur le fait et conduite des conductiers, dizainiers » et autres gens de guerre de son ordonnance. »

Aucun document ne nous a transmis les noms des chefs des compagnies d'ordonnance de Charles le Téméraire, mais en dépouillant les comptes de payement conservés aux archives, ainsi que les mémoires d'Olivier de la Marche, de Jean de Haynin et de quelques autres historiens, on peut former, sinon la série complète de ces officiers, du moins une liste intéressante à consulter.

Le trésorier de guerre Christophe Buridan, dans un compte qui se rapporte aux mois de novembre, de décembre et de janvier 1471, les premiers qui suivirent la création des bandes d'ordonnance, cite les huit noms suivants comme étant ceux des seigneurs qui avaient la charge de conducteur de cent lances de l'ordonnance :

Messire Olivier de la Marche.
— Jacques de Harchies.
— Jean de la Viesville.

---

[1] Voir les ordonnances de 1470 et de 1473, et Olivier de la Marche.
[2] Ordonnance du 29 juin 1471 insérée dans les *Mémoires pour servir à l'histoire de France et de Bourgogne*.

Messire Philippe Dubois.
— Jacques de Rebrenes.
— Jacques de Visque, comte de St-Martin.
— Jacques de Montmartin.
— Gilles de Harchies.

Guilbert de Ruple, également trésorier des guerres, dans son compte du 28 mars 1474 au 31 août 1472, cite les treize chefs de bandes suivants :

Messire Olivier de la Marche.
— Jacques de Harchies.
— Jean de Viesville.
— Jacques de Montmartin.
— Jacques de Wisque, comte de St-Martin.
— Philippe Dubois, seigneur de Boyeffles.
— Gilles de Harchies, seigneur de Beilegnies.
— Claude de Dampmartin, seigneur de Bellefons [1].
— Pierre de Hacquembach.
— Jacques de Rebrenes, seigneur de Monsorel.
— Bauduin de Lannoy, seigneur de Solre.
— Amé de Rabutin, seigneur d'Espery.
— Philippe de Poitiers.

Dans le second et dernier compte du même de Ruple, trésorier des guerres, compte qui embrasse une période de dix-huit mois, et finit en février 1473, on trouve cités comme conducteurs de cent lances de l'ordonnance :

Messire Bernard de Rayestein qui avait remplacé feu messire Dubois, seigneur de Boyeffles.
— Ferry de Cuisance, seigneur de Beauvoir, qui remplaça feu messire d'Espiry [2].
— Josse de Lalaing.
— Wallerand de Soissons, seigneur de Moreuil.
— Jacques de Rebrenes [3].
— Jean de Viesville [4].

[1] La bande était alors commandée par Philippe de Saint-Léger, seigneur de Mascrottes, lieutenant de Claude de Dampmartin.
[2] La bande du seigneur d'Espery avait été commandée momentanément par Philippe de Chammargis.
[3] La bande de Jacques de Rebrenes était commandée temporairement par Allart de Lornes.
[4] La bande de Viesville était commandée alors par Jean de Dampmartin.

Le compte premier de Huc de Dompierre, commençant le 1er janvier 1473 et finissant en décembre 1474, mentionne les noms de :

Louis de Soissons, qui avait succédé à Wallerand de Soissons.
Messire Regnier de Brouchuuse, qui avait succédé à Bernard de Ravestein.
   — Jacques Gaillot, commandeur de Chantraine, qui avait remplacé Bauduin de Lannoy, seigneur de Solre.
   — Jean de Midelton (commandant cent lances anglaises).

Un deuxième compte de Huc de Dompierre, allant du 1er janvier 1474 au 31 décembre 1475, mentionne les noms suivants :

Messire Jean de Longueval, seigneur de Vaulx, en place de Philippe de Poitiers, seigneur de la Frette.
Amé de Valperghe en place de Josse de Lalaing.
Messire Georges de Menthon en place de Ferry de Cuisance, seigneur de Beauvoir.
   — Philippe de Berghes en place du seigneur de Montsorel.
Philippe Loytte en place de Louis de Soissons.
Gaspard de Dortan en place de Lancelot de Berlaimont.
Don Denis de Portugal.
Messire Jean de Midelton (commandant cent lances anglaises).

Un troisième compte de Huc de Dompierre pour vingt mois, finissant au mois d'août 1477, mentionne comme conducteurs de l'ordonnance :

Messire Rollant de Hallewin.
   — Louis de Bray (conducteur d'*archers* seulement).
Le comte de Celanne.
Hardewin de Valperghe en place de Amé de Valperghe, son frère.
Jean de Montfort (c'était la bande de Campobasse).
Jean de Rubempré, seigneur de Bièvres (c'était la bande du seigneur de Chantraine).
Thanaser de Capua (c'était la bande de Jean de Longueval).
Olivier de Somme.
Alexandre de Rosano.
Guillaume de Vergy.
Jean de Dampmartin.
Antoine de Sallenone.
Louis Taillant.
Guillaume de Lignana.

Antoine de Lignana.
Angelo de Montfort.
Francisque de Rosano.
Jean d'Igny.
Hubert Lavreu, seigneur de la Ceulle [1].

A ces noms que mentionnent les comptes des trésoriers de guerre, il y a lieu d'ajouter peut-être :

Claude de Neufchâtel, seigneur du Fay [2].
Jean de Jaulcourt, seigneur de Villerval [3].
Pierre de Hennin Lietard, seigneur de Boussu [2].
Émile de Mailly [4].
Louis de Montmartin [5].
Philippe de Crevecœur, seigneur d'Esquerdes [4].
Jacques, seigneur d'Aymeries [5].
Le sire de Bournonville [2].
Le Veau de Bousanton [5].
Hugues de Chalon, sire de Château-Guyon [2].
Quentin de la Baume, seigneur de St-Sorlin [2].

§ IV. — *Du choix des hommes d'armes, archers, etc.*

D'après les ordonnances de Charles le Téméraire, lorsque des places d'hommes d'armes, d'archers, etc., devenaient vacantes, soit par congé, décès ou expulsion, le chef de la compagnie pourvoyait au remplacement en choisissant des hommes instruits dans les armes, de bonne conduite, ayant l'âge et la force physique nécessaires pour supporter les fatigues et les privations de la vie militaire [6]. Toutefois l'admission n'était définitive qu'après

---

[1] Dans le même compte figure Simon de Landas, *lieutenant du comte de Chimay*, qui semble donc avoir été conducteur d'une bande.

[2] Cité dans les *Dépêches des ambassadeurs milanais.*

[3] Cité dans les *Mémoires pour servir à l'histoire de France et de Bourgogne.*

[4] Cité dans l'ouvrage de M. de Gingins la Sarra.

[5] Cité dans les *Mémoires* d'Olivier de la Marche.

[6] Lettre du duc au grand bailli du Hainaut, du 25 octobre 1470 (Archives du royaume).

la *montre* passée par les ordres du duc [1] et après le serment prêté entre les mains des commissaires chargés de la revue [2]. Les gentilshommes du pays étaient seuls admissibles dans les compagnies d'ordonnance [3]. Les jeunes nobles ne dédaignaient pas une place d'homme d'armes et même une place d'archer.

Il était expressément défendu de recevoir dans une compagnie un homme appartenant déjà à une autre compagnie ou qui en avait été expulsé. Quand des gens de guerre se présentaient pour contracter un engagement, le conducteur devait les interroger sur leurs antécédents; tâcher de découvrir s'ils n'étaient pas dans un des cas qui rendaient leur admission illicite; dans l'affirmative, il devait les renvoyer immédiatement à leur ancienne compagnie. Du reste, un chef de compagnie ne pouvait, dans aucun cas, sans en avoir référé préalablement au duc, admettre un homme qui eût déjà servi dans les bandes d'ordonnance [4].

Les ordonnances de Charles le Téméraire ne disent pas si les enrôlements dans les ordonnances se faisaient pour un temps déterminé, mais elles attribuent au conducteur le droit de congédier définitivement les hommes de guerre de leur compagnie.

Les hommes d'armes, les archers et les piétons des compagnies d'ordonnance devaient s'habiller, s'équiper et s'armer à leurs frais. L'homme d'armes portait la cuirasse complète [5] avec tassettes [6], genouillères, hausse-col, brassards, cuissards, grèves [7] et faldes [8]; la salade à gorgerin [9] surmontée de plumets blancs et bleus; un long estoc [10] roide et léger; un couteau taillant

---

[1] Ordonnance de 1473.

[2] *Idem.*

[3] Lettre XXXIV de la correspondance de Guillaume le Taciturne.

[4] Ordonnance de 1473.

[5] C'était la principale arme défensive; elle était de fer battu, couvrait le corps depuis le cou jusqu'à la ceinture, et d'une épaule à l'autre devant et derrière.

[6] Partie inférieure de la cuirasse qui couvrait le ventre.

[7] Les cuissards et les grèves protégeaient les jambes.

[8] Lames croissantes au bas de la cuirasse depuis la ceinture jusqu'aux cuissards.

[9] Heaume sans crête ou couvert d'un simple cordon. Le gorgerin était la partie de l'armure tenant au bas du heaume pour garantir le cou, formé d'une seule pièce fixe et de plusieurs pièces mouvantes.

[10] Épée.

pendant au côté gauche de la selle, et au côté droit, une masse d'armes à une main [1].

L'homme d'armes devait avoir trois chevaux de selle, savoir : un cheval de bataille couvert d'une selle de guerre, d'un chanfrein [2] orné de plumes, et, autant que possible, de baldes [3]; et deux autres chevaux de moindre valeur pour son coutiller et son page [4].

L'archer n'avait qu'un cheval. Il portait la salade à gorgerin sans visière, une chemise de mailles ou brigandine [5] sans manches. Il avait pour armes : l'arbalète ou l'arc avec une trousse contenant trente flèches; une épée à deux mains, longue et tranchante; une dague d'un pied et demi de longueur.

Les coutillers avaient une demi-lance et étaient armés comme les archers; ils étaient vêtus de brigandines ou de corselets fendus sur le côté, de salades à gorgerin, de faldes ou braies d'archer [6], de garde-bras et de gantelets [7].

Les piétons, arbalétriers, piquiers et couleuvriniers étaient également vêtus de brigandines ou de corselets; de salades à gorgerin, de braies; outre l'arme principale qui les distinguait, pique, arbalète ou arme à feu, ils avaient une épée à deux mains semblable à celle des archers [8].

Une *monstre* ou revue, faite au nom du prince par des commissaires spéciaux, constatait si tous les hommes des compagnies d'ordonnance étaient habillés, armés et montés conformément aux prescriptions des ordonnances. La solde n'était même accordée qu'après cette vérification.

[1] Ordonnance du 51 juillet 1471.

[2] Le chanfrein défendait la tète du cheval par devant : il était en acier, en cuivre doré ou en cuir bouilli. Quelques seigneurs y mettaient un grand luxe.

[3] Lames en fer ou en cuir bouilli destinées à protéger le poitrail et les flancs du cheval.

[4] Le cheval du coutiller devait valoir au moins trente écus d'or et celui du page vingt.

[5] Corselet de petites lames, posées en recouvrement comme les écailles de poisson et réunies sur une étoffe solide ou sur du cuir au moyen de petits clous rivés.

[6] Partie éminente des armures au bas de la cuirasse pour couvrir les génitoires.

[7] Gros gants de fer dont les doigts sont mouvants et à écailles ou lames assemblées sur de la toile ou du cuir.

[8] Ordonnance de 1475.

§ V. — *De la solde des compagnies d'ordonnance.*

Les hommes d'armes, les archers, les piétons étaient à la solde du souverain; les coutillers étaient payés par les hommes d'armes; les pages n'avaient droit à aucune solde.

La solde devait être payée par anticipation, tous les trois mois en temps de paix, tous les mois en temps de guerre.

Sous Charles le Téméraire l'unité à laquelle on rapportait la solde de tous les gens de guerre était *la paye pour un mois d'un homme d'armes à trois chevaux.* Les soldes plus élevées et celles qui l'étaient moins s'exprimaient ordinairement en multiples et sous-multiples de cette paye prise pour unité; ainsi l'homme d'armes avait une paye, le chevalier banneret en avait trois, l'archer des ordonnances n'en avait que le tiers, d'autres gens de guerre n'en avaient que le quart ou le cinquième. Sur les feuilles de montre ou de revue, destinées à établir la justification des payements, on groupait les soldes de manière à les ramener toujours à la même unité.

Le mandement du 23 octobre 1470 avait fixé à quinze francs le montant de la paye mensuelle d'un homme d'armes à trois chevaux; les trois archers dépendant d'un homme d'armes avaient également une paye pour eux trois, ce qui faisait pour chacun d'eux cinq francs par mois.

L'ordonnance du 31 juillet 1471 maintint ces soldes pour l'homme d'armes et l'archer; elle accorda aux couleuvriniers et aux arbalétriers quatre francs par mois et aux piquenaires deux patards par jour, soit trois francs par mois.

En 1473, la paye de l'archer et de l'arbalétrier à cheval descendit à trois sols par jour, soit quatre francs et demi par mois, tandis que celle de l'homme d'armes fut portée de quinze à dix-huit francs, indépendamment d'une indemnité de quatre francs par mois pour un quatrième cheval destiné au transport des bagages.

C'était une règle générale que les officiers des compagnies d'ordonnance eussent une paye d'homme d'armes, indépendamment de leur *état,* c'est-à-dire indépendamment de l'indemnité affectée au grade spécial qu'ils occupaient.

D'après l'ordonnance du 31 juillet 1471, le conducteur avait, pour son état, cent francs par mois, le dizainier en avait neuf, le chef d'escadre trois.

La répartition du butin fait à la guerre était à cette époque pour les gens de guerre une source de revenu considérable et un droit reconnu; elle était réglée par l'ordonnance de 1473. Le conducteur avait droit à un vingtième du butin fait par les hommes de sa bande; le chef d'escadre avait un quarantième du butin fait par son escadre; le chef de chambre avait également un quarantième des prises faites par les hommes de sa chambre, mais pour cela il fallait qu'il eût été présent à la prise.

Charles le Téméraire n'attribua à ses bandes d'ordonnance aucun privilége en matière d'impôts, tailles ou maltôtes. On verra plus tard que ce fut Charles-Quint qui leur accorda des exemptions qui devinrent un droit auquel aucun de ses successeurs ne crut pouvoir porter atteinte.

§ VI. — De l'administration.

L'administration militaire n'avait pas à s'occuper, comme dans les armées modernes, de l'habillement, de l'armement, du logement et de la subsistance des troupes. L'homme, en s'enrôlant, qu'il fût cavalier ou fantassin, devait se présenter armé, monté et équipé conformément aux ordonnances qui déterminaient minutieusement tous les objets dont les gens de guerre devaient être pourvus.

Les logements étaient également aux frais des hommes d'armes, soit qu'ils fussent dans les garnisons, soit qu'on les eût envoyés au *mesnaige ;* dans cette dernière position ils ne faisaient plus de service; c'était de fait une espèce de non-activité, en attendant que les besoins de la guerre fissent réclamer leur mise sur pied, mais ils devaient rester munis de tout l'attirail de guerre, se tenir, en un mot, constamment prêts à reprendre le service actif [1].

---

[1] Les règlements de Charles le Téméraire ne font pas mention de la solde attribuée aux hommes d'armes et aux archers renvoyés au *mesnaige,* et je n'ai trouvé dans aucun compte qu'il leur eût jamais été rien payé de ce chef. Il est vrai que, sous le gouvernement du dernier duc de Bourgogne, ses troupes furent presque toujours en campagne.

Quant aux subsistances, l'administration devait veiller à ce que les lieux d'étape des gens de guerre fussent pourvus des vivres nécessaires. Le prix de la viande et de l'avoine était fixé par les règlements du prince ; celui du pain et de la cervoise (bière) était réglé par les gouverneurs de province et par les magistrats municipaux [1].

Le payement de la solde formait donc à peu près le seul objet dont l'administration eût à s'occuper directement ; les agents qu'elle employait à cet effet étaient les *commissaires des monstres*, le *trésorier des guerres* et *ses commis*. Lorsque les bandes d'ordonnance étaient réunies, un quartier-maître général faisait partie de l'état-major du commandant général.

Les *commissaires des monstres*, dont l'institution doit être attribuée à Charles le Téméraire, étaient des officiers ou des fonctionnaires chargés, à titre permanent ou temporaire, de se rendre auprès des troupes pour en faire le dénombrement. En temps ordinaire la *monstre* avait lieu tous les trois mois, mais pour déjouer autant que possible les fraudes qui se commettaient lorsque la revue était à époque fixe, on ordonnait des *monstres* extraordinaires [2].

En temps de paix la *monstre* se faisait dans la localité même où les gens d'armes résidaient, ou tout au moins de manière à ce que, après la revue, chacun pût retourner chez soi le même jour [3].

§ VII. — *De la justice.*

Par son ordonnance de 1473, Charles le Téméraire détermina la juridiction à laquelle devait être déférée la connaissance des délits et des crimes commis par les militaires faisant partie des compagnies d'ordonnance.

« Les conductiers, y est-il dit, quand ils seront absents et arrière de » mondit seigneur ou du capitaine, lieutenant ou autres chefs de guerre » par luy sur eux ordonné, auront aussi la prinse connaissance, punition et

---

[1] A la fin du quinzième siècle, la livre de viande de bœuf coûtait 1 1/2 gros ; un mouton coûtait 25 *sols* ; la livre de viande de porc 1 sol ; l'avoine était taxée à un demi-sol le picotin.

[2] Lettre du duc Charles en date du 19 octobre 1470 adressée au grand bailli du Hainaut (Archives du royaume).

[3] Ordonnance de 1475.

» correction sur tous les gens de guerre de leur charge, tant en cas de
» crime comme autrement; et pareillement auront lesdits chefs d'escadre
» sur ceux de leur escadre, quand par ordonnance ils seront en arrière de
» leurs conductiers, et lesdits chefs de chambre sur leur chambre, quand
» ils seront aussi, par ordonnance, absents de leur chef d'escadre, sauf que
» es bonnes villes fermées seulement, lesdits conductiers, chefs d'escadre et
» de chambre, seront tenus de livrer les criminels es prisons de mondit sei-
» gneur, pour, par ses officiers esdites villes, être fait punition et correction
» desdits criminels, eux appelés se estre y veullent, et néanmoins pourront
» aussi, les officiers de mondit seigneur, avoir la connaissance et punition,
» par provision, de tous délits et cas de crimes qui auront été et seront
» commis par lesdits gens de guerre, tant en chevauchant ou séjournant,
» comme autrement.

» Et quand lesdits conductiers seront en la compagnie de mondit seigneur
» ou du capitaine, lieutenant ou autres chefs de guerre par lui sur eux com-
» mandés, ils n'auront aucune connaissance de cas de crime, mais auront
» seulement la prinse des délinquants pour les livrer au prevot des maré-
» chaux de mondit seigneur, ou du capitaine, lieutenant ou autre chef de
» guerre sous qui ils seront, sauf que pour désobéissance, faute à la per-
» sonne dudit conductier par les gens de guerre de sa compagnie de laquelle
» escadre ou chambre que ce soit, icelluy conductier pourra prendre, punir
» et corriger ceux qui auront ainsi désobéi, sans attendre la justice du
» prince ou dudit capitaine, criminellement ou autrement, selon l'exigence
» du cas, et semblablement lesdits chefs d'escadre, en cas de crime, eux
» étant en la compagnie de leursdits chefs d'escadre, n'auront seulement
» que la prinse des délinquants pour les livrer à lesdits conductiers, excepté
» aussi que de toute désobéissance faite à leurs personnes, ils pourront faire
» pertinente punition; mais si la désobéissance n'avait pas été faite au con-
» ductier, en ce cas, n'auraient lesdits chefs d'escadre et de chambre que la
» prinse des désobéissants pour les délivrer audit conductier, lequel les
» pourra punir à son plaisir, comme dit est; et ledit conductier pourra, par
» prévention, corriger toute désobéissance faite tant à sa personne comme
» es-personnes des susdits chefs d'escadre et de chambre. »

Tome XL. 4

Ces dispositions et celle qui plaçait les bandes d'ordonnance, lorsqu'elles étaient en marche, sous la surveillance du prévôt des maréchaux qui avait mission de faire respecter les personnes et les propriétés des habitants par le châtiment exemplaire des coupables, formèrent les seules règles pour la répression des délits jusqu'à l'époque où Charles-Quint, par une décision du 12 octobre 1547, dont il sera question plus tard, posa quelques principes importants qui introduisirent enfin une forme plus régulière pour l'administration de la justice.

§ VIII. — *Ordre dans les marches et au combat.*

Dans les marches, chacun était tenu de suivre le signe de ralliement de son chef immédiat; ces signes étaient :

1° L'enseigne du conducteur;

2° Les cornettes des chefs d'escadre de la même couleur que l'enseigne du conducteur et distinguées par un C brodé d'or pour le chef de la première escadre; par deux C (CC) pour celui de la deuxième, etc.;

3° Les banderoles des chefs de chambre, aussi de la même couleur que l'enseigne et distinguées par un chiffre brodé sous le C. Ainsi, par exemple, la banderole de la première chambre était marquée $\frac{C}{1}$; la banderole de la deuxième chambre était marquée $\frac{C}{2}$...; la banderole de la quatrième escadre était marquée $\frac{CCCC}{4}$; ces banderoles étaient portées sur les salades.

Il n'existe pas d'indication précise sur l'ordre dans lequel les hommes d'armes combattaient: les archers mettaient souvent pied à terre; alors leurs chevaux s'abridaient trois à trois, c'est-à-dire qu'on en joignait trois avec leurs brides les uns aux autres. Les chevaux des archers les suivaient dans le combat lorsqu'ils se mettaient à pied.

L'office des pages des gens d'armes était de conduire les chevaux ainsi abridés. Les pages et les chevaux des archers, les archers même étaient derrière les piquiers, ou enfermés dans la bataille carrée ou ronde des piquiers.

———

CHAPITRE II.

HISTOIRE MILITAIRE DES BANDES D'ORDONNANCE DEPUIS LEUR CRÉATION PAR CHARLES LE TÉMÉRAIRE,

JUSQU'A LA MORT DE CE PRINCE

(1472-1477).

—

§ Ier. — *Guerre contre la France.*

La première campagne à laquelle les compagnies d'ordonnance prirent part fut celle de 1472. Charles le Téméraire ne pouvait plus douter de la duplicité de Louis XI, qui, après avoir sollicité un traité de paix pendant plus d'une année, venait de rompre brusquement toute négociation avec le duc de Bourgogne aussitôt qu'il avait appris que la mort venait de le délivrir d'un de ses ennemis qu'il redoutait le plus, c'est-à-dire du duc de Guyenne, son propre frère.

Cette fois, Charles le Téméraire qui, l'année précédente, avait été pris à l'improviste, se trouvait parfaitement préparé à la guerre. Il avait une armée magnifique et par le nombre et par la qualité des troupes; le duc de Calabre lui avait encore amené un bon renfort [1]. Aussi franchit-il la Somme dès les premiers jours du mois de juin, bien que les trêves n'expirassent que vers le milieu du mois [2].

A ce moment, toutes ses compagnies d'ordonnance n'étaient cependant pas réunies [3] : trois formaient la garnison d'Abbeville; c'étaient celles d'Olivier de la Marche, de Jacques de Harchies et du bailli de Saint-Quentin; elles ne rejoignirent l'armée que sous les murs de Beauvais et furent rempla-

[1] *Mémoires* du sire de Haynin, p. 197.

[2] La trêve qui avait été signée le 4 avril 1471 et avait été successivement prolongée ne devait expirer que le 15 juin 1472.

[3] Elles n'étaient pas non plus très-complètes si l'on en juge par le compte de payement du trésorier de guerre Guilbert de Ruple qui indique de la manière suivante l'effectif des compa-

cées dans leur garnison par la compagnie de Bauduin de Lannoy, seigneur de Solre-le-Château [1].

Le duc de Bourgogne mit d'abord le siége devant la ville de Nesle qui tomba facilement en son pouvoir le 11 juin 1472; il en fut de même de Roye, dont la garnison, renforcée de celle de Montdidier, se rendit au bout de trois jours [2].

L'armée continua sa marche en avant après ces premiers succès; bientôt elle se trouva devant la ville de Beauvais (27 juin) que Charles aurait voulu éviter d'attaquer pour ne point retarder son arrivée en Normandie, but de son expédition. Mais l'avant-garde que commandait Philippe de Crèvecœur, seigneur d'Esquerdes, espéra s'emparer de Beauvais par un coup de main audacieux qui échoua; le duc de Bourgogne se trouva ainsi entraîné, contrairement à ses projets, à un siége où il épuisa vainement ses troupes dans une suite d'attaques et d'assauts meurtriers. Le capitaine d'Espery, chef d'une des bandes d'ordonnance, trouva la mort dans un de ces combats. La com-

gnies pour la période du 24 mars au 31 août 1472 (Compte de la trésorerie de guerre, registre 25,542, aux Archives du royaume).

NOMS DES CONDUCTEURS.	Dizeniers.	Lieutenants ou chefs de chambre.	Hommes d'armes.	Archers à cheval.	Piquenaires.	Couleuvriniers.	Arbalétriers.	Archers à pied.
Olivier de la Marche.	9	10	79	293	98	34	10	22
Jacques de Harchies.	9	10	77	285	95	27	12	8
Jean de la Viesville	9	10	76	280	89	32	31	»
Jacques de Montmartin.	9	10	77	286	102		»	68
Jacques de Visque, comte de St-Martin	9	10	70	284	256		»	»
Philippe Dubois, seigneur de Boyeffles	9	9	76	292	92		»	»
Gilles de Harchies, seigneur de Bellignies	9	10	52	284	95	29	»	43
Claude de Dampmartin, seigneur de Bellefons.	4	7	55	70	47	60	»	»
Pierre de Hacquembacq	8	8	56	63		39	»	»
Jacques de Rebresnes, seigneur de Monsorel	9	8	52	283	127		»	53
Baudouin de Lannoy, seigneur de Solre	8	10	80	297	88		»	153
Amé de Rabutin, seigneur d'Espery	8	10	74	91	77	148	»	»
Philippe de Poitiers.	7	10	77	413	72	104		»

[1] Olivier de la Marche, pp. 530 et 531. Éd. Buchon.

[2] *Mémoires* du sire de Haynin, p. 198.

pagnie d'ordonnance de Jacques de Montmartin se fit remarquer tout particulièrement par la bravoure qu'elle montra dans plusieurs attaques; ce fut
elle qui assaillit le faubourg de l'abbaye de Saint-Quentin devant la porte
du Limaçon; ee succès fut malheureusement le seul qu'obtinrent les armes
de Bourgogne.

Après vingt-quatre jours d'efforts infructueux, Charles eut la mortification
de devoir renoncer à s'emparer d'une ville si bien défendue non-seulement
par les troupes de Louis XI, mais encore par ses habitants, et il continua sa
marche vers la Normandie (22 juillet) à la poursuite de l'armée française
qu'il désirait vivement attirer à un combat en rase campagne, espérant que
la supériorité de ses troupes rendrait la victoire facile.

La garnison de Beauvais poursuivit quelque temps les troupes du duc de
Bourgogne qui mit à son arrière-garde trois bandes d'ordonnance. Lorsqu'elles se trouvaient trop vivement pressées, deux des trois compagnies
s'arrêtaient, faisaient face à l'ennemi et le chargeaient pendant que la troisième bande se retirait.

Louis XI avait deviné le plan de son beau-cousin de Bourgogne, mais il
était trop prudent pour s'exposer aux chances d'une bataille; il se contentait
de harceler son ennemi, de le fatiguer par une suite de petites escarmouches
et de s'emparer de quelques bonnes villes, ce qui, du reste, ne lui réussit
pas toujours. C'est ainsi que ses troupes échouèrent, malgré leur supériorité
numérique, devant la ville d'Avesnes défendue seulement par une partie de
la bande d'ordonnance de Pierre de Hennin, seigneur de Boussu; elles ne
parvinrent pas davantage à conserver la ville de Gamaches qui succomba
sous les efforts des compagnies de Bauduin de Lannoy, seigneur de Solre-
le-Château et de messire Gilles de Harchies, seigneur de Bellignies [1].

Il est regrettable de devoir constater que la marche de l'armée bourguignonne fut marquée par d'affreux excès; tout le pays de Caux fut réduit en
cendres [2]. Charles, arrivé devant Rouen [3], n'y trouva pas l'armée de Bretagne

[1] *Mémoires* de Jean de Haynin. — Commines.

[2] On brûla, disent les chroniqueurs, deux mille soixante-douze villes et villages! c'est certainement de l'exagération, car tout le pays de Caux n'en renfermait pas autant.

[3] Le duc Charles resta devant Rouen depuis le 50 août jusqu'au 5 septembre.

à laquelle il avait assigné ce rendez-vous, et comme d'ailleurs ses troupes souffraient de la disette et de toutes sortes de maladies, conséquences inévitables de leurs excès, il se décida à revenir en Picardie et en Artois où le connétable de France traitait ses États aussi cruellement qu'il traitait lui-même la Normandie.

L'armée repassa la Somme à Amiens et à Picquigny; un combat assez vif y fut livré; Philippe Dubois, seigneur de Boyeffles, capitaine d'une des bandes d'ordonnance de cent lances, périt en combattant [1].

Arrivé à Péronne, le duc Charles répartit d'abord ses douze cents lances d'ordonnance sur les frontières et Olivier de la Marche nous apprend que sa compagnie fut partagée par moitié dans les deux villes de Roye et de Montdidier. Mais bientôt après, le duc rassembla de nouveau toutes ses troupes et, par représailles, dévasta les domaines du connétable. Enfin une trêve de cinq mois fut signée le 3 novembre; elle fut prolongée pendant toute l'année 1473.

Ainsi finit cette désastreuse campagne qui n'avait eu d'autre motif que la haine et l'ambition de deux souverains rivaux et qui n'eut d'autre résultat que la ruine des deux pays et la désolation des populations.

§ II. — *Guerre contre la Gueldre.*

La seconde expédition à laquelle prirent part les compagnies d'ordonnance fut celle que le duc Charles entreprit en 1473 pour entrer en possession du duché de Gueldre et du comté de Zutphen, qu'il avait acquis par le traité du 7 décembre 1472.

Après avoir rassemblé une armée qui n'était ni moins belle, ni moins nombreuse que celle qu'il avait réunie l'année précédente, le duc entra, au commencement du mois de juin, dans son duché de Gueldre.

Venloo résista cinq jours. On mit le siége devant Nimègue; il dura trois semaines. La redoutable artillerie de Charles avait déjà renversé les portes,

---

[1] *Mémoires* du sire de Haynin, p. 209.

les murailles, les tours, que les défenseurs de la place combattaient encore.
Six cents archers anglais, à la solde du duc, montèrent à l'assaut, ils périrent
presque tous. Enfin, le 19 juillet, la ville se rendit et bientôt après tout le pays
se soumit à l'autorité de son nouveau souverain, le duc de Bourgogne.

La ville de Zutphen reçut pour garnison provisoire les bandes d'ordonnance de Bauduin de Lannoy et du seigneur Le Veau de Bouzanton [1]. Peu de
temps après, le duc de Bourgogne voulut s'emparer du château de Montbel-
liard et il chargea de cette expédition, qui n'aboutit à aucun résultat, les
bandes d'hommes d'armes d'Olivier de la Marche et de Claude de Neufchâtel, seigneur de Fay [2].

La prise de possession de la Gueldre n'était que le prélude de plus vastes
entreprises que Charles méditait. Il voulait s'agrandir du côté de l'Allemagne,
de manière que le Rhin, dans tout son immense parcours, ne cessât point de
couler sous sa domination.

§ III. — Guerre contre l'évêque de Cologne.

Charles résolut d'abord d'intervenir dans les différends de l'évêché de
Cologne et de rétablir sur son siége archiépiscopal son parent [3] Robert de
Bavière, frère du palatin de Bavière. Dans ce but il alla mettre le siége
devant Neuss, vers le milieu de l'année 1474 [4].

Neuss est une petite ville située sur l'Erft, à une demi-lieue du confluent
de cette rivière et du Rhin. Elle était très-forte par sa position et par les
moyens de défense que toute l'Allemagne y avait accumulés; de son sort
dépendait d'ailleurs le salut de Cologne.

Charles, qui avait prolongé jusqu'au 1er mars 1475 les trèves précédemment conclues avec le roi de France et qui venait de contracter une alliance

[1] Olivier de la Marche, p. 570.
[2] *Idem.*
[3] Charles était petit-fils d'une princesse de Bavière.
[4] Le baron de Bussières, dans son *Histoire de la ligue formée contre Charles le Téméraire*,
fixe au mois de juillet les commencements du siége de Neuss. Selon Jean de Haynin, les premières opérations de ce siége eurent lieu dès le mois de juin.

avec l'Angleterre, se trouvait en mesure d'entreprendre la réduction de Neuss avec des forces imposantes. Depuis trois ans, son armée avait toujours été en augmentant; elle était magnifique; il l'avait renforcée de trois mille Anglais parfaitement équipés et montés et qu'une longue pratique de la guerre avait rendus d'une habileté remarquable [1]. Il avait aussi tiré de nombreux renforts de l'Italie et de la Lombardie en traitant avec les plus célèbres condottieri de l'époque. Le comte de Campobasse et Jacques Galliot lui avaient amené, du premier de ces pays, plusieurs milliers de gens d'armes; les frères de Lignana et Trolus conduisaient de nombreux corps d'infanterie milanaise, la plus renommée de l'Europe, à cette époque, et qui vendait ses services à qui la payait le mieux.

L'artillerie était également fort nombreuse; le nombre des pièces, dit le baron de Bussières, s'élevait à trois cent cinquante, parmi lesquelles il y avait cent quinze serpentines [2].

Quant à la cavalerie nationale, elle était au grand complet; non-seulement les douze bandes d'ordonnance présentaient leurs douze cents lances parfaitement fournies, mais, s'il faut en croire Olivier de la Marche, dix nouvelles bandes portaient à vingt-deux le nombre de celles dont Charles disposait alors [3].

Les forces que Charles réunit dans son camp retranché sous les murs de Neuss (août 1474 — juin 1475) ne se composaient pas uniquement des troupes qui viennent d'être indiquées, car un appel aux armes avait été fait à tous les pays de la domination du duc. Comme les années précédentes, les villes de la Flandre firent une vive opposition aux demandes de troupes; cependant elles finirent par fournir un grand nombre de piquiers, d'archers et de pionniers; mais ces renforts ne suffisaient pas au duc et il fit assembler

[1] Parmi les chefs anglais on remarquait Jean de Midelton qui commandait une bande d'ordonnance composée de lances anglaises. (Compte de H. de Dompierre.)

[2] *Histoire de la ligue formée contre Charles le Téméraire.*

[3] J'ai fait remarquer déjà que Jean de Haynin, qui n'a pas cessé un instant d'assister au siège de Neuss, ne parle que des douze bandes ordinaires du duc de Bourgogne, et que très-probablement l'accroissement dont parle Olivier de la Marche résultait de l'arrivée des hommes d'armes italiens et anglais auxquels on donna l'organisation adoptée pour la cavalerie dans l'armée de Charles de Bourgogne. (Compte de H. de Dompierre aux Archives du royaume.)

les trois états de Flandre à Gand (28 octobre 1474) pour obtenir leur consentement à une levée générale. Comme on le pense bien, cette demande fut accueillie avec peu de faveur et la résistance à ses volontés fut cause de la terrible remontrance que Charles adressa, le 12 juillet 1475, aux trois états de Flandre qu'il avait fait assembler de nouveau à Bruges [1].

Le siége de Neuss est un des épisodes les plus curieux de l'histoire des armées du duc de Bourgogne. Cette ville était défendue par Herman de Hesse, le nouvel évêque contre qui le duc s'était déclaré; Herman s'y était enfermé avec mille huit cents hommes d'armes; son frère, Henri de Hesse-Cassel, beaucoup de seigneurs et de gentilshommes des pays allemands du voisinage y étaient venus avec leurs vassaux; l'évêque de Munster, celui de Mayence avaient envoyé des secours d'hommes et d'argent. La ville de Cologne n'avait rien épargné pour aider à la défense de Neuss. Enfin toute l'Allemagne semblait mettre une ardeur extrême à sauver cette petite place.

Ce fut à la fin du mois de juin 1474 que commencèrent le blocus et le siége de Neuss. Charles espéra d'abord qu'il réussirait à enlever la ville de vive force; avant de l'avoir complétement enveloppée, il tenta l'assaut; mais cette attaque, mal combinée, échoua devant l'énergie des défenseurs et l'on reconnut alors la nécessité de bloquer la place de tous les côtés.

Bernard de Ravestein, un des douze capitaines des ordonnances, se trouvant aux avant-postes, fut atteint à la tête d'un coup d'arquebuse dont il mourut [2].

Les assiégés étaient maîtres d'une île qui protégeait l'arrivée des bateaux venant de Cologne avec des vivres. Sur la rive droite du Rhin, en face, se trouvait une armée de quinze mille hommes dont cette île pouvait également favoriser le passage. Il importait au duc d'intercepter les communications de ce côté et de s'emparer de l'île. Il fallut jeter une digue, pour y arriver, puis élever force travaux pour s'y maintenir. Cela ne suffit pas encore pour empêcher les ennemis de recevoir des secours et des vivres; le duc ordonna

---

[1] Voir cette remontrance dans la *Collection des documents inédits* publiée par M. Gachard, t. I, p. 249.

[2] Jean de Haynin, p. 250.

alors de détourner le cours de l'Erft. On comprend combien ces travaux exigèrent de temps, aussi le duc fit-il venir une partie de son gouvernement dans son camp, qui se transforma en une espèce de ville, avec des boutiques, des tavernes, des jeux, des spectacles, etc., etc.

Jean de Haynin nous a conservé une lettre écrite par le comte de Chimay [1] à Georges Chastelain, où l'on trouve un tableau fort pittoresque de l'état de l'armée bourguignonne sous les murs de Neuss : « Les œuvres que nous » menons sont plus semblables, dit-il, aux travaux qu'Annibal endura au » passage des Alpes, qu'à ceux qu'il fit à Capoue. La détonation des bom- » bardes, leur fumée en quoi nous sommes confis, ne sont pas instruments » de musique ni confitures aux fruits... Plus dru nous volent plomes d'arque- » buses et de couleuvrines que ne font flèches en bataille anglaise; pensez » si nos pavillons glacés et tranchées de neige sont des étuves d'Allemagne, » si les plumes de nos lits sont duvets de Hollande, si le pavé de nos rues » où nous sommes embourbés jusqu'aux genoux est le marché de Valen- » ciennes. Où est le diner annoncé au son de la cloche? Hélas! où sont les » dames pour nous entretenir, pour nous encourager à bien faire, nous » charger d'entreprises, devises, dentelles, etc.? Les drogueries, bague- » ries et bauqués de Bruges nous sont escarsiment partis. Nous avons un » duc volant et plus mouvant qu'une aronde; tantôt il est au quartier des » Italiens et un moment après à celui des Anglais. Il va aux Hollandais, » aux Hennuyers et Picards. Il commande à ceux des ordonnances et ordonne » aux fieffés et je vous assure qu'il ne tient pas oisifs ceux de son hôtel et » de sa garde. Il est toujours sus debout et jamais ne se repose et se trouve » en tous lieux. Un jour il perce la terre par mines et tranchées; un autre » jour il la charge de pilotis et de grues; il change le cours des eaux et a » desséché et mis à sec une rivière de plus de 800 pieds de large et d'un » cours si impétueux qu'un bateau ne l'eût pu surmonter, et plus profonde » que pique ou lance ne peut la mesurer. Il détourne la rivière et où jamais, » auparavant, ne fut l'apparence du plus petit ruisseau, elle est maintenant » si profonde et large qu'elle n'a ni rive ni gué et semble aux hommes

[1] Philippe de Croy, baron de Quiévrain, grand bailli du Hainaut et gouverneur de Hollande, fils de Jean, comte de Chimay et de Marie de Lalaing.

» avoir été navigable de tout temps. Certes, je confesse que plus vivent les
» hommes et plus ils doivent être en vénération et honneur, car la connoissance
» des choses vient par longue expérience et par avoir vu et voulu. J'ai logis
» en une abaie et au dortoir d'icelle où sont petites chambres et logis pour
» religieux d'autre profession que ceux qui ont coutume d'y converser, et
» en ce lieu je puis journellement connaître grande partie des abus de ce
» monde, car les uns par excès d'argent ne quittent pas le jeu et le brelan
» et d'autres n'ont pas de quoi diner... Les uns chantent et jouent de la flûte
» et d'autres instruments, les autres pleurent et regrettent leurs parents morts
» et leur propre infirmité. J'entends crier joieusement d'un côté, *le Roi boit*,
» et de l'autre, *Jésus!* pour consoler ceux qui sont au dernier supplice de
» la mort, etc., etc. [1].

Un autre document du temps [2] donne la description suivante du camp du
duc de Bourgogne au siége de Neuss; on y voit notamment les positions
qu'occupaient les bandes d'ordonnance :

« Premièrement commenchirons à la rivière du Ryn où il a porte tirant
» au long de la rivière en allant à Clèves et Gheldre, et devant ladicte porte
» a ung bolewere et là est logié le conte de Camp-Basse, chevalier napoli-
» tain et IIIIe lances ytaliens et leurs piétons avec ij bombardes et plusieurs
» engins de Sultte.

» Plus avant a une porte allant à Nostre Dame d'Ays et devant icelle a
» ung bolewercq et se loge Jaques Galiot napolitain et IIe lances ytaliens et
» leurs piétons, et a ung capitaine de IIe archiers d'Engleterre, et y a tren-
» quis par devant la muraille tellement pour aller de l'un à l'autre, et devant
» ladicte porte a bombarde et aultres engins, et a logis Jacques de Bau-
» perghes, escuyer piémontois avec L hommes d'armes piémontois et tout
» du Camp-Basse.

» Plus avant, continuant la closture fu logié Bernard de Ravestain condui-

---

[1] *Mémoires* de Jean de Haynin, p. 257. — Chastelain, édition publiée par M. le baron Kervyn
de Lettenhove, t. VIII, p. 266.

[2] Ce document est intitulé, *La manière du siége de la ville de Neuss, comment elle est advi-
ronnée et close par le duc de Bourgogne.* MS. 1278 de la bibliothèque impériale de Paris,
reproduit dans le t. VIII des œuvres de Chastelain, publiées par M. le baron Kervyn de Lettenhove.

» seur de cent lances et IIIe hommes de piet et ung chevalier nommé
» Broucqhuise qui avait IIe cullevriniere du pays de Gheldres.

» Plus avant a encore une porte pour aller en le duchié de Jullers à
» laquelle est logié monseigneur Bauduin de Lannoy, conduiseur de IIIe
» lances et IIe archiers et IIIe hommes de piet et tenoit icelluy logis jusques
» audict messire Bernart de Ravestain dessusdict.

» De l'autre part fut logié Lancelot de Bellemont lequel a L lances et IIe
» archiers et pour renfort le bailli du roumant pays de Brabant et un
» escuyer nommé Marvais, et avoit IIIIe hommes de piet picquars, culle-
» vriniers, arbalestriers du pays de Brabant, de Namur et Liège, et tenoit
» icellui logis jusques devant le logis de monseigneur le duc de Bourgogne.

» Là endroit a une grosse porte en manière de castiau et vers le chemin
» de Coulongne, et là furent logiés deux conducteurs chascun de C lances et
» IIIe archiers, et fut monseigneur Philippe de Portes, seigneur de la Ferté
» et monseigneur Ferry de Cusance, seigneur de Beauvoir, qui avoient leurs
» gens d'armes de Bourgogne et les archiers de Picardie et Haynau; et
» tenoient le logis jusques Lancelot de Bellemont dessusdict et jusques à une
» rivière venant du pays de Jullers qui passe devant la muraille de la ville
» de Nuys et entre en la rivière du Ryn, et là furent assises plusieurs bom-
» bardes, courtaulx et serpentaux, etc.

» Et ne parleray du logis de monseigneur de Bourgogne, mais continueray
» la closture du siège. Oultre la rivière venant de Jullers a eu manière
» d'un grand pacquis en pasture bestial : là furent logiés les C lances et
» XVIe archiers d'Engleterre et par ung trencquis se continua la closture
» jusques à ung bras, qui vient du Ryn et court devant la muraille dudict
» Neuss et rentre au Ryn par icellui bort ou est logié le conte de Camp-
» Basse et les Ytalicques.

» Et clot icellui bras une grande isle toute close du Ryn, laquelle illec fut
» close en deça par les Allemands, mais le duc de Bourgogne la gagna par
» ses gens et là furent logiés III capitaines chacun de C lances et de IIIe
» archiers. Là fut monseigneur Josse de Lalaing, souverain de Flandre, le
» second, Loys, vicomte de Soissons et le tiers monseigneur Jacques de
» Repreuves, seigneur de Montsorel et avec eulx furent mis bien V^e hommes

» de piet et furent fait logis et trencquis par en icelle isle, moult bien divi-
» sés et est partie en deux et y a une autre petite isle tirant au trencquis
» des Anglois, mais l'iaue n'est pas profonde, synon en creues des rivières.

» Et pour ce fut fait ung pont et trencquis thaudisié en icelle isle et mis
» de grosse artillerie et en la grand isle une grosse bombarde et plusieurs
» courtaulx : et incontinent le duc de Bourgogne fist faire deux pons sur
» tonneaux pour passer à carios, à cheval et à piet et traversoit ledit le bras
» du Ryn vers les pastures en l'isle, et sur le bort de costé desdites pastures
» avoit IIIe hommes de piet logiés pour garder ledit pont, et l'autre traver-
» soit le bras du Ryn depuis l'isle jusques au quartier des Lombars.

» Ainsi fut ladite ville de Neuss toute clause et fermée par eaue et par
» terre; et pour mieulx estre maistre de la rivière du Ryn qui est moult
» belle et grosse à icelluy endroit, de par la duchée de Jullers et la duchée
» de Mons, le duc de Bourgogne fist venir de ses pays de Hollandes et de
» Gheldres bien L navires, barques, barges et beurghandins et les conduisoit
» Martin Fouse, capitaine de ces navires.

» Cy avons parlé de la closture de Nuys; cy fault parler du duc de
» Bourgogne et de ceulx qui l'accompagnèrent. Devant sa porte qui tire à
» Coulongne et près comme du trait d'un archier a une grosse abbie de
» chanoines riengles de l'ordre St-Augustin et reformés, moult devotes per-
» sonnes. Là se logea le duc de Bourgogne, et fist lever sa maison de bois
» et tendre ses pavillons en un gardin; car en la guerre se loge aux champs
» et non en ville et logea sa maison entre le grand chemin et la rivière. Et
» d'autre part fut logiée sa garde, son artillerie et aultres gens d'armes qui
» tenoient si grand nombre de tentes et pavillons que c'estoit bel à veoir.

» Plus avant tirant à la closture du camp du costé de Coulongne, fut le
» marchié, et en icelluy estoient les draperies, mercheries, les ouvriers
» mécaniques, bouchers, taverniers, cabarets, ordonnés par rues et ordres
» comme si ce fust une bonne ville, a si grant larguesse de tous biens que ne
» falloit aller aultre part pour avoir choses qui fust nécessaires. Et entre
» aultres choses singulière ung seul apoticaire amena six chariots chargiés de
» vins, et avoit son apoticairie en tentes et pavillons drechiées et ataichiées
» comme si eust coté à Bruges ou à Venise et là pooit-on recouvrer toutes

» choses qui sont nécessaires à l'œuvre que apoticaire doit avoir pour faire
» médechine.

» Le prevost des marechaulx estoit logié au marchié pour tenir l'ordre et
» la police et aussi les mareschaulx de l'ost et du logis pour secourir aux
» choses necessaires.

» Et pour revenir comment estoit accompaignié le duc de Bourgogne, il
» a en sa maison coustumierement toujours apprestés L archers pour son
» corps et deux chevaliers qui les conduisent, deux cents escuyers hommes
» d'armes et leurs coustilliers, c'est assavoir L panetiers, L essanssons,
» L escuyers tranchants et L escuyers d'escucrie ; ceulx sont conduits par
» quatre chiefs d'escadre.

» Il y a XL chevaliers toujours apprestés en tel estat que chacun doit
» tenir ung homme d'armes avec lui. Aussi sont IIII^{xx} hommes d'armes qui
» sont conduis par IIII chevaliers, sans aultres chevaliers qui sont apprestés
» pour tenir selon l'anchienne coustume de la maison de Bourgogne en grant
» nombre, et aussi les XX escuyers de la chambre où il a gens de grant
» marque et tous nobles hommes.

» Item a le duc de Bourgogne VI^{xx} et X hommes d'armes et VI^{xx} et X
» archiers en sa garde toujours apprestés en tel estat que chascun homme
» d'armes a coustillier armé ; et sont conduits par ung chevalier qui est leur
» capitaine et X escuyers, chefs d'escadres, qui conduisent en quatre esca-
» dres iceulx hommes d'armes et archiers.

» Oultre et par dessus sont les pensionnaires, princes et seigneurs en grant
» nombre et dont chascun a grand nombre de gens de soy meismes.

» Le nombre des pavillons delivrés et menés aux despens du prince sont
» IX^c ou environ, sans les princes et seigneurs et aultres gens particuliers qui
» les menoient à leurs despens. Ainsi puet avoir en l'armée deux mille tentes,
» pavillons et cabannes [1]. »

Cependant toute l'Allemagne s'était émue de l'entreprise de Charles de
Bourgogne et les secours qu'elle envoyait à Neuss, à la sollicitation de l'Empereur, faisaient que le siége n'avançait guère ; déjà cinquante-six assauts

---

[1] Ce document fut rédigé le 10 décembre 1474 par un témoin oculaire.

avaient été repoussés vaillamment; quinze mille hommes avaient péri [1] et le temps s'écoulait sans amener de résultat décisif. On atteignit ainsi le mois de janvier 1475. D'après les règlements pour les bandes d'ordonnance, cette époque était celle marquée pour le renouvellement des chefs de compagnie. Le 8 janvier le duc devait faire connaître ses décisions. Bien que l'on fût en campagne, Charles ne négligea point d'observer cette disposition réglementaire. Jean de Haynin nous apprend, en effet, que « pour l'aproche-» ment de l'Empereur et des siens pour atendre la bataille, Mgr n'a point » délaissié, en ensieuvant ses ordonances, de renouveler les conducteurs, » et, ajoute-t-il, que toutes les compagnies n'aient esté sans conducteurs » l'espace de huit jours, qui m'a semblé cosse à extimer [2]. »

Sur ces entrefaites, les contingents allemands requis par l'Empereur se réunirent et présentèrent bientôt une masse de combattants telle, que le duc pût craindre de se trouver lui-même assiégé dans son camp retranché. Toutes les villes avaient d'ailleurs embrassé le parti opposé à celui auquel le duc s'était dévoué; une seule, la ville de Lintz, faisait exception; mais elle était tellement pressée par les Allemands, que l'on dut envoyer à son secours un corps de troupes, parmi lesquelles se trouvaient les bandes d'ordonnance d'Olivier de la Marche et de Philippe de Glymes, seigneur de Berghes. Mais ces secours ne purent prévenir la chute de Lintz, qui ouvrit ses portes aux soldats de l'Empereur [3].

Les difficultés que rencontrait le duc, loin d'ébranler sa résolution, ne faisaient que l'irriter et augmenter son obstination; il ne cessait de solliciter de nouveaux secours de ses sujets.

Toutes ses provinces lui avaient déjà fourni un grand nombre de piquiers, d'archers et de pionniers; néanmoins il fit assembler les États et demanda de nouvelles levées. Ces exigences furent fort mal accueillies. Le duc en conçut un vif mécontentement; il donna des ordres très-sévères pour pres-

---

[1] Kohlrausch, *Histoire d'Allemagne*.

[2] *Mémoires* du sire de Haynin, p. 258. — Il est regrettable que le sire de Haynin n'ait pas consigné dans ses mémoires les noms des conducteurs qui remplacèrent ceux qui avaient été tués pendant la dernière campagne.

[3] Olivier de la Marche, p. 554.

crire aux possesseurs de fiefs et d'arrière-fiefs d'aller rejoindre l'armée [1]; il imposa de lourdes contributions aux prélats et aux nobles qui ne l'avaient point servi ou fait servir; enfin il se montra d'une sévérité injustifiable envers ceux de ses officiers municipaux coupables seulement de n'avoir pas mis suffisamment de diligence à lui fournir des chariots, etc. Le moment arriva où les forces de l'Empereur s'élevèrent à plus de cent mille hommes et où il fallut en venir à une action décisive.

Elle eut lieu le 24 mai 1475. L'Empereur fit un mouvement pour se rapprocher de la place assiégée; il franchit un petit bois et vint établir son camp sur la rive gauche du Rhin et parallèlement à ce fleuve, sa droite vers le confluent de l'Erft et sa gauche s'étendant sur une colline.

Averti de ce mouvement, et dès que la nouvelle position de l'ennemi eut été reconnue, le duc de Bourgogne fit sortir de son camp retranché les gens de son hôtel ainsi que les bandes d'ordonnance et ne laissa devant Neuss que les forces nécessaires pour résister aux sorties de la garnison, et pour empêcher les Allemands, qui étaient en position sur la rive droite du Rhin, de tenter le ravitaillement de la ville assiégée.

Il était dix heures du matin lorsque ces premières dispositions furent prises; l'armée bourguignonne se forma alors en bataille sur deux lignes avant de franchir l'Erft, qui la séparait de l'armée impériale.

La première ligne, c'est-à-dire l'avant-garde, fut composée de tous les piquenaires des bandes d'ordonnance, des archers anglais de la compagnie de Midelton, de ceux de l'hôtel et de la garde, enfin des archers amenés par quelques seigneurs possesseurs de fiefs. Cette infanterie était formée sur deux rangs et de manière que chaque piquenaire fut encadré entre deux archers [2].

L'aile droite de cette première ligne était soutenue par les hommes d'armes des compagnies de Midelton et de Galliot, formés en un seul escadron et

---

[1] Par un mandement de la fin de juillet, le duc avait ordonné à tous ses vassaux, nobles, fiefs et arrière-fiefs du Hainaut de se rendre le 15 août au plus tard à Thuin, pour de là gagner la Lorraine sous la conduite du comte de Chimay. Les nobles se montrèrent peu empressés de satisfaire à cette réquisition; aussi le bailli fut-il obligé, le 21 août, de les menacer de la saisie de leurs terres et seigneuries. (Compte d'Ant. Rolin. — Archives de Lille.)

[2] C'est-à-dire que les piquiers étaient entremêlés quatre par quatre avec les archers anglais.

renforcés par les hommes d'armes de Campobasse qui commandait toute l'aile droite.

L'aile gauche, formée des hommes d'armes des fiefs et de ceux de la compagnie du comte de Célave, le tout en un seul escadron, avait pour réserve les hommes d'armes des compagnies lombardes des deux frères Antoine et Pierre de Lignana. Philippe de Croy, comte de Chimay, reçut le commandement de toute la première ligne.

Au centre de la seconde ligne furent placés l'escadron des gentilshommes de la chambre, les gentilshommes de la garde, sous les ordres d'Olivier de la Marche et enfin l'escadron des chambellans [1]. Sur la droite de ces derniers se trouvaient les archers ordinaires de la garde et les archers de cinq compagnies d'ordonnance, ayant à leur droite les hommes d'armes de deux de ces compagnies et pour réserve les hommes d'armes des trois autres.

L'aile gauche, formée des archers du corps réunis aux archers de deux compagnies d'ordonnance, avait pour réserve les gentilshommes des quatre états de l'hôtel du duc conduits par leurs chefs respectifs et placés sous les ordres de Guillaume de Saint-Seigne, maître d'hôtel du duc. Toute la seconde ligne devait être commandée par le sire d'Humbercourt.

Dès que les différentes lignes eurent été disposées conformément aux

---

[1] Charles le Téméraire avait organisé tout à fait militairement les officiers attachés à sa cour, et il en avait formé une garde, qui se composait, d'après Olivier de la Marche, des chambellans, des quatre états de la maison, des chevaliers, des gardes du corps, des écuyers et des archers anglais.

. L'escadron des chambellans se composait de quarante seigneurs ayant pour escorte le même nombre d'archers anglais.

Les états de la maison étaient les panetiers, les échansons, les écuyers tranchants et les écuyers d'écurie. Chaque état formait un escadron de cinquante écuyers, commandé par un chef d'escadre. L'escadre se divisait en cinq chambres de dix écuyers, dont un était chef des neuf autres. Chaque état avait de plus une escorte de cent archers anglais. Ainsi les états de la maison présentaient à eux seuls un effectif de six cents combattants.

Les chevaliers formaient deux compagnies, la première de quarante chevaliers, ayant chacun un homme d'armes à sa suite; elle se divisait en quatre chambres égales ayant chacune un chef. La seconde compagnie comptait quatre-vingt-dix chevaliers.

Les gardes du corps, au nombre de soixante-douze, étaient des archers; ils formaient aussi deux compagnies commandées par des capitaines.

Les écuyers de la garde, au nombre de cent vingt, avaient chacun un homme d'armes et un archer à cheval à sa suite. (Olivier de la Marche. — *État de la maison.*)

instructions du duc, disposition qui avait exigé beaucoup de temps, on franchit l'Erft par un gué dont le rétrécissement obligea l'armée à marcher par le flanc. La réserve de l'aile droite de la première ligne ouvrait la marche; les hommes d'armes marchaient sur une file, ayant à leur droite une seconde file formée par les coutillers et les pages; puis venaient les archers et les piquenaires et enfin la réserve de l'aile gauche.

La seconde ligne opéra son mouvement de la même manière : d'abord la réserve de l'aile droite, puis l'aile droite, les archers et enfin toute la ligne jusqu'à la gauche composée des gentilshommes des quatre états. La marche était fermée par l'escadron des gentilshommes de la garde commandé par Olivier de la Marche et qui formait, comme on l'a vu, la réserve du centre de la seconde ligne.

L'Empereur avait pensé que sa droite étant plus rapprochée de l'ennemi, l'attaque des Bourguignons se dirigerait sur ce point, et il y avait rassemblé, en conséquence, la plus grande partie de son artillerie, renforcée d'ailleurs par l'action combinée de l'artillerie postée sur l'autre rive du Rhin; mais le duc de Bourgogne, dès que sa colonne déboucha par le gué, la fit appuyer sur la droite en se rabattant sur le bois que les Allemands avaient dépassé le matin même et qui couvrait le chemin vers leur camp.

C'était là, on doit le reconnaître, une habile manœuvre qui compromettait la ligne de retraite des Impériaux.

Les troupes de Bourgogne se déployèrent ensuite et se formèrent dans le même ordre qu'elles occupaient avant de traverser la rivière.

L'artillerie, de son côté, avait franchi l'Erft sur un pont construit non loin du gué; Charles ne l'avait pas quittée, de sorte qu'en arrivant avec elle sur le champ de bataille, il trouva toutes ses troupes déjà rangées en ordre de combat; cependant il rectifia quelques positions; il fit surtout rapprocher son armée du petit bois, afin d'éviter autant que possible les feux qui partaient de la rive droite du Rhin et ceux que les Allemands avaient concentrés à la droite de leur camp. En outre, il voulait placer ses troupes de manière qu'elles ne fussent pas incommodées par le soleil et par la poussière; enfin cette disposition était celle qui se prêtait le mieux à l'attaque qu'il méditait contre la gauche des Allemands.

Avant d'engager ses lignes, le duc de Bourgogne fit avancer, à la distance de trois ou quatre traits de flèche, son artillerie soutenue par l'excellente infanterie italienne, conservée jusqu'alors en réserve; ses coups portèrent alors directement dans le camp ennemi.

Bientôt le signal de l'attaque est donné par les cris de *Vive Notre-Dame! Vive saint Georges!* les trompettes sonnent et les lignes vont s'ébranler en répétant le cri de guerre; les archers anglais, selon leur coutume, baisent la terre.

Les Allemands occupaient en force une colline que Galliot, à la tête de l'avant-garde, reçoit mission d'enlever; soutenu par la réserve de Campobasse il parvient à repousser les Allemands, dont la retraite se change bientôt en déroute à travers la plaine qui s'étend entre la colline et leur camp.

Ce premier échec fait sentir aux Allemands le nécessité de défendre cette plaine qui protége leur camp; ils font une sortie vigoureuse avec infanterie et cavalerie et chargent les hommes d'armes de Galliot, qui est forcé de se replier sur sa réserve, dont il s'était écarté un peu trop dans l'ardeur de la première charge. Campobasse s'avance alors et Galliot, ainsi soutenu, recommence la charge et rompt les rangs des ennemis qui fuient de nouveau vers leur camp, non sans éprouver de grandes pertes.

Malheureusement Galliot et Campobasse se trouvaient dépourvus d'archers, parce que le comte de Chimay avait trop étendu son mouvement à gauche, et ils ne purent, pour le moment, rien tenter de plus contre les Allemands. En attendant, Galliot, pour soustraire sa troupe aux feux de l'ennemi, la masqua dans un ravin.

L'Empereur ordonna d'exécuter une nouvelle sortie, plus nombreuse que la première en infanterie et en cavalerie et menaça l'avant-garde bourguignonne qui allait courir le plus grand danger. Le duc Charles en est averti; il ordonne aussitôt de la secourir avec les troupes de l'aile droite de la seconde ligne, qui sont des hommes d'armes de trois compagnies d'ordonnance, puis, bientôt après, il y joint un nouveau renfort composé de l'escadron des chambellans d'Olivier de la Marche, et comme il était nécessaire qu'ils eussent avec eux des archers, il envoie en avant toute l'aile droite des archers de la seconde ligne. Malheureusement les hommes d'armes, qui auraient dû les soutenir, les devancent, se joignent à la garde et aux troupes de Galliot et de Campobasse, et sans attendre l'arrivée des archers, ils chargent sur les troupes impériales conduites par le prince de Saxe, les rompent et les refoulent une troisième fois dans leur camp. Mais les archers qui étaient à pied n'avaient pas eu le temps d'arriver, de sorte que les hommes d'armes furent de nouveau forcés de se réfugier dans le ravin; bientôt tous les princes allemands marchant sous la bannière impériale font une sortie générale, attaquent l'aile droite de la première ligne et la repoussent, ainsi que sa réserve jusqu'à hauteur de la seconde ligne où ces troupes viennent se rallier sous la protection de la garde qui fait une vigoureuse résistance. Le duc, alors, à la tête d'un escadron de réserve, se dirige à droite et après qu'une heureuse diversion a permis aux troupes de rentrer en action, Charles ordonne une nouvelle charge sur l'armée des princes et, reprenant l'avantage, met l'ennemi complétement en déroute. Six à huit cents cavaliers allemands parvinrent à gagner Cologne, tandis que le reste de l'armée impériale rentra au camp dans le plus grand désordre.

L'artillerie bourguignonne continua ses feux avec tant de bonheur que tout le camp impérial fut bientôt dans une grande confusion, et deux à trois mille gens de pied, espérant traverser le Rhin, y trouvèrent la mort.

Le duc apprit alors que l'aile gauche de la première ligne, conduite par le comte de Chimay, avait facilement repoussé dans leur camp les ennemis battus aussi de ce côté, et Charles eut un instant le projet de s'avancer avec toute sa troupe pour achever la destruction des Impériaux par la prise de leur camp; déjà même il avait fait placer son artillerie de manière à protéger son dessein, mais la nuit qui survint arrêta sa marche et contraria ses projets.

La manœuvre du duc de Bourgogne consistant à s'établir perpendiculairement au flanc gauche des Allemands et à la route qui était leur seule retraite, puis à refouler l'ennemi dans le terrain rétréci que laissent entre eux le Rhin et l'Erft à leur confluent, lui fait le plus grand honneur, et si les résultats ne furent pas plus décisifs, c'est parce que le peu de mobilité qu'avaient les troupes à cette époque, prolongea le combat jusqu'à la nuit et ne permit pas à Charles de poursuivre ses succès pendant l'obscurité, sans s'exposer à un revers d'autant plus à craindre qu'une armée considérable, qui n'avait pas pris part à l'action de la journée, observait, de la rive droite du Rhin, tous les mouvements des Bourguignons et n'attendait qu'une occasion favorable pour tomber sur les troupes qui étaient restées campées sous les murs de Neuss.

Le duc avait reçu, pendant qu'il assiégeait Neuss, la déclaration de guerre des Suisses; il savait que dès la fin d'octobre 1474 trois mille hommes fournis par les cantons étaient entrés dans la Bourgogne; qu'ils avaient été suivis par d'autres contingents qui élevèrent à dix-huit mille environ le chiffre de l'effectif de cette année.

Bientôt après, le duc de Lorraine avait accédé à la ligue des Suisses [1].

Ces événements engagèrent le duc de Bourgogne à renoncer à un siége qui durait depuis onze mois; il consentit donc à entrer en négociations avec l'Empereur.

Pendant que les princes négociaient pour arriver à un arrangement, les hostilités n'étaient pas suspendues et chaque jour éclairait de nouveaux combats. Un des plus sanglants fut celui du 16 juin, provoqué par les troupes de l'Empereur qui s'étaient emparées des bateaux chargés de l'artillerie et des bagages du duc. Le duc Charles résolut de les châtier; il passa la rivière avec sa garde et les bandes d'ordonnance, et ayant acculé les agresseurs sous les remparts du camp impérial, il les massacra presque tous; ceux qui essayèrent de se sauver se noyèrent dans le Rhin [2].

Enfin une trêve de neuf mois ayant été conclue, Charles partit de Neuss le 27 juin 1475, pour aller défendre son duché de Luxembourg.

§ IV. — *Guerre contre les Suisses.*

Pendant que le duc Charles de Bourgogne s'obstinait devant Neuss, où il avait rassemblé la presque totalité de ses forces militaires, ses ennemis (et ils n'étaient que trop nombreux) s'étaient organisés, les uns pour s'affranchir du joug de son autorité despotique, les autres pour affaiblir et ruiner sa puissance. D'une part, l'odieuse conduite du sire de Hacquemback, à qui le duc

[1] De Barante, *Histoire des ducs de Bourgogne*, t. VIII, p. 212, Ed. Wauters.
[2] Lettre du duc au seigneur d'Aymeries, capitaine général du Hainaut, dans les *Mémoires de Jean de Haynin*, p. 261.

avait confié le commandement du comté de Ferrette et qui ne cessait d'infliger les plus affreux traitements, non-seulement aux habitants de ce pays, mais aussi à ceux de l'Alsace et des villes libres et même aux populations des ligues suisses, avait amoncelé toutes les haines contre la domination du duc de Bourgogne; d'autre part, l'astucieux Louis XI avait exploité avec adresse tous les sujets de mécontentement qui se produisaient contre son beau-cousin; puissamment aidé par Nicolas de Diesback, son agent à Berne, il avait attisé la haine des Suisses en attribuant à Charles des projets ambitieux et le dessein de détruire leur liberté. Ce furent ses émissaires qui excitèrent parmi les peuples confédérés, d'abord une agitation factice, puis une ardeur belliqueuse qu'il eut soin d'entretenir par la promesse de son concours éventuel pour les délivrer d'un joug détesté. Bientôt intervint un traité par lequel les Suisses s'engagèrent à mettre trente mille hommes en campagne contre le duc de Bourgogne, à condition que le roi de France payerait ces troupes.

Les Suisses avaient enfin déclaré la guerre au duc de Bourgogne dès le 25 octobre 1474, alors que ce prince se trouvait sous les murs de Neuss, et, avant que le héraut qui portait cette déclaration fût arrivé auprès de Charles, ils étaient entrés dans la Franche-Comté avec les troupes de Sigismond et avaient mis le siége devant Héricourt (8 novembre 1474). Henri de Neuchâtel, lieutenant général du duc de Bourgogne, ayant voulu délivrer la place, vit ses troupes mises en déroute, et le pays de Ferrette se trouva envahi. En même temps, les Bernois surprirent Erlach. Le but de cette levée de boucliers de la part des Suisses était de forcer la duchesse de Savoie à se prononcer contre Charles. Dès le mois d'avril 1475, les Suisses se trouvèrent ainsi maîtres de Granson et de toutes les communications entre le pays de Vaud et la Savoie.

En même temps Louis XI envahit la Picardie ainsi que la Bourgogne, et le duc de Lorraine entra dans le Luxembourg. Il n'était resté dans la Bourgogne que huit cents lances [1] qui ne purent résister à l'attaque des Français; quant au Luxembourg, il se trouvait à peu près complétement dégarni.

---

[1] *Dépêches des ambassadeurs milanais*, t. I, p. 145.

Charles fit d'abord des efforts infructueux pour réconcilier les Suisses avec la Savoie, puis il envoya en Lorraine le comte de Campobasse avec treize à quatorze mille hommes, parmi lesquels se trouvait une partie des bandes d'ordonnance [1]; enfin, ayant levé le siége de Neuss, il résolut de marcher lui-même contre ses ennemis. Il recouvra assez facilement le Luxembourg, puis se rendit en Lorraine où il rallia les lances de la Bourgogne. Toute la Lorraine, à l'exception de Nancy et d'Épinal, tomba facilement en son pouvoir. Il mit le siége devant Nancy le 24 octobre 1475 et s'en empara le 30 novembre; il resta dans cette ville jusqu'au 11 janvier 1476 pour donner quelque repos à ses troupes et réorganiser son armée.

Charles avait alors deux mille trois cents lances et dix mille archers d'ordonnance qui, réunis aux milices féodales de la Bourgogne et du pays de Savoie, portaient son armée à environ vingt-cinq mille combattants [2].

Ce fut avec ces troupes qu'il se dirigea, au mois de janvier, vers le Jura, dans l'intention de rétablir dans leurs possessions le duc de Savoie et le comte de Romont; il avait envoyé en avant plusieurs compagnies d'hommes d'armes pour occuper les passages du Jura dont les Suisses s'étaient emparés. Les chefs de ces compagnies étaient Pierre et Antoine de Lignana, les frères Angel et Jean de Campobasse qui commandaient la compagnie en l'absence du comte Cola de Campobasse, leur père. Ces compagnies se dirigèrent à marches forcées vers le Jura, pénétrèrent dans le pays de Vaud, et se réunirent, près de Genève, aux troupes de la régente de Savoie [3].

Le duc Charles, de son côté, arriva sur les frontières de la Bourgogne le 8 février; après avoir rallié son armée, il força les Suisses à évacuer Granson (21 février) et campa non loin de cette ville. Quelques jours après (le 2 mars), eut lieu la déroute de Granson, affaire à laquelle ne prirent part ni la gendarmerie ni les compagnies d'ordonnance [4].

[1] *Dépêches des ambassadeurs milanais*, t. I. p. 217.

[2] *Ibid.*, p. 261.

[3] Gingins la Sarra, *Épisodes des guerres de Bourgogne.*

[4] *Dépêches des ambassadeurs milanais*, p. 514. — Il n'y eut guère que l'escouade des chambellans de l'hôtel qui donnèrent. Voici ce que dit Molinet, p. 193 : « Le duc étant au pied de » la montagne choisit pour donner dedans l'ennemi l'escouade des chambellans de l'hôtel, les-» quels firent bon devoir de charger sur les Suisses, tellement que trois ou quatre cents des

Le duc était sorti de son camp avec l'armée pour aller occuper, à deux lieues plus loin, un monticule qui commandait un passage qu'il fallait traverser pour arriver à l'endroit où les Suisses étaient campés. Bientôt l'ennemi se montra à l'opposite du monticule sur les hauteurs qui dominent le passage en question et ouvrit le feu. Le duc fit avancer quelques escadres de gens de trait qui, en escarmouchant, attirèrent peu à peu les Suisses dans la plaine, à portée du feu de l'artillerie. Charles était ainsi parvenu à faire descendre les Suisses des hauteurs boisées où ils se tenaient et à les envelopper, lorsque quelques escadrons qui masquaient l'artillerie bourguignonne firent un mouvement de conversion pour gagner du champ. Les gens de guerre et les charrois qui se trouvaient en arrière prirent cette manœuvre pour une retraite motivée par une défaite et se mirent à fuir pêle-mêle. La vérité est qu'à l'exception de quelques valets de pied, il n'y eut guère de perte ni dans l'infanterie, ni dans la gendarmerie, ni dans les compagnies d'ordonnance, qui, comme on l'a dit déjà, ne donnèrent pas [1].

Le duc fit l'impossible pour rallier ses troupes et les ramener au combat; il n'y parvint pas, heureusement pour les Suisses qui étaient harassés et eussent été facilement défaits.

La déroute de Granson fut attribuée à deux causes : d'abord à l'imprudence et à l'obstination du duc qui, contre l'avis de tous ses officiers, s'était aventuré sans les précautions d'usage à la recherche de l'ennemi, dans un pays montueux où sa gendarmerie, la fleur de son armée, ne pouvait convenablement manœuvrer; ensuite au mécontentement des troupes, qui se plaignaient amèrement que la paye fût arriérée de plusieurs mois et qu'on les retînt sous la tente malgré l'âpreté de la saison et par les plus mauvais temps [2].

Après cette déroute dans laquelle le duc de Bourgogne avait perdu presque

---

» plus avancés furent rués jus par terre, etc.; mais faute de secours, les Bourguignons furent à
» leur tour rués jus, navrés et blessés. »

[1] La gendarmerie perdit son chef, Louis de Châlon, sire de Château-Guyon, et le capitaine Pierre de Lignana qui commandait une compagnie de cent lances lombardes. La compagnie des chambellans de l'hôtel qui fut seule engagée, perdit Jacques de Harchies, sire de Beilegnies; Jacques Rolin, sire d'Aymeries; Jean de Lalaing, seigneur de Bugnicourt; Quentin de la Baume, sire de St-Sorlin et Jean de Poitiers. (*Dépêches des ambassadeurs milanais.* — Molinet, p. 193.)

[2] *Dépêches des ambassadeurs milanais*, t. I, pp. 510, 514, 515, 564.

toute son artillerie, Charles se retira à Nozeroy d'où il donna des ordres pour le ralliement de l'armée. Les compagnies d'ordonnance furent distribuées dans les quartiers voisins; elles se mirent bientôt en marche, passèrent le Jura et se rapprochèrent de Lauzanne où elles arrivèrent le 14 mars et campèrent aux environs de cette ville, sur un plateau appelé *Plan du loup*.

Afin de tenir les communications libres, une compagnie de cent lances garnies fut établie à Romont; deux autres compagnies, des Lombards sans doute, devaient occuper Moudon, à cinq lieues de Lauzanne. Mais les habitants de cette dernière ville refusèrent de recevoir ces bandes composées de mercenaires étrangers.

Charles avait ordonné que tous les hommes d'armes et les troupes d'ordonnance des garnisons et du pays le rejoignissent sans retard. A la fin de mars, son armée, réunie au camp de Lauzanne, se composait de deux mille lances et de neuf mille hommes de pied ou piquenaires, formant ensemble vingt-cinq mille hommes et huit mille chevaux [1].

La nature montagneuse du pays où la campagne allait s'ouvrir obligea Charles à modifier l'organisation de son armée; il formula, dans l'*ordonnance militaire* du 18 mai 1476, les réformes qu'il entendait introduire et dont voici les principales :

Dans les campements en rase campagne, l'armée devait désormais être partagée en quatre divisions ou *quartiers* comprenant chacun deux subdivisions placées sous la surveillance et le commandement général d'un chef de quartier; mais pour les manœuvres de guerre et pour la marche, l'armée devait être divisée en huit corps appelés *batailles*, présentant un effectif de deux mille à deux mille cinq cents hommes tant à pied qu'à cheval. Le motif de cette modification, c'est qu'elle permettait aux corps d'armée de se mouvoir avec facilité en colonnes serrées et de se déployer rapidement pour le combat, dès qu'ils arrivaient en présence de l'ennemi.

La gendarmerie devait occuper la tête de ces colonnes, puis se placer sur les ailes, lorsque la ligne de bataille était formée.

Les sept premiers corps étaient composés de la garde noble du duc, de la

[1] De Rodt. — Gingins la Sarra, *ouvrage cité*.

gendarmerie de sa maison, des gentilshommes de la chambre, des quatre états, des compagnies d'ordonnance [1] et des bandes *capitulées* recrutées principalement en Italie.

Le huitième corps enfin comprenait la noblesse et les troupes féodales des états du duc.

Ces corps, composés de troupes à pied et de troupes à cheval, étaient commandés par des capitaines expérimentés, choisis, pour la plupart, parmi les chevaliers de la Toison d'or : le premier corps avait pour chef Guillaume de la Baume, sire d'Illens ; le deuxième, Jean de Damas, sire de Clessy ; le troisième, Fr. Troylus ; le quatrième, Antoine de Lignana ; le cinquième, Jacques Galeotto ; le sixième, Jean de S⠀ᵗ-Loup, seigneur de Rondchamp et le septième, le sire de Villeneuve [2].

Chaque division ou quartier était commandée par un lieutenant général [3]. La première division, ou avant-garde, avait pour chef Julio, duc d'Atri ; la deuxième, le prince de Tarente, don Frédéric d'Aragon ; la troisième, Jean de Luxembourg, comte de Marle ; la quatrième, Jacques de Savoie, comte de Romont.

L'ordonnance militaire du 18 mai 1476 instituait aussi un maréchal de l'ost, ou chef d'état-major général [4].

Parmi les chefs des bandes d'ordonnance on distinguait à cette époque :

Hugues de Chalon, seigneur d'Orbe, qui avait pris le nom de Château-Guyon depuis qu'il avait succédé à son frère Louis, tué à Granson.
Olivier de la Marche.
Antoine Rolin, seigneur d'Aymeries.
Georges Rolin, seigneur de Beauchamps.
Philippe de Berghes, seigneur de Grimberghe.
Le sire de Hauteville.
Le sire de Villeneuve.
Guillaume de Vergy, sire d'Autray.
Raoul de Bournonville.

---

[1] On se souvient que chacune de ces compagnies, composée de cent lances fournies, présentait un effectif de sept à huit cents hommes, dont la moitié à peu près se composait de combattants à pied.

[2] Gingins la Serra, *ouvrage cité*, p. 139.

[3] Gingins la Sarra, *ouvrage cité*, p. 140.

[4] C'était le grand bâtard, Antoine de Bourgogne, qui remplissait ces fonctions.

Le 9 mai, le duc de Bourgogne passa la revue de son armée. Voici la description du défilé qui eut lieu en cette circonstance :

« Le défilé des colonnes dura plus de quatre heures. L'armée marchait
» par compagnies de cent lances ou bataillon de 7 à 800 hommes tant à
» cheval qu'à pied; la gendarmerie, divisée en escadrons de vingt-cinq che-
» vaux, était suivie des archers montés formant huit escadrons de 25 cava-
» liers. Ceux-ci, en débouchant dans la plaine, quittèrent leurs chevaux
» pour se réunir aux gens de pied qui venaient après eux et se former en
» haie sur trois rangs derrière la gendarmerie. Ces masses, en se déployant,
» occupèrent les trois côtés d'un vaste carré; à droite du pavillon d'honneur
» où se trouvaient la régente de Savoie et les ambassadeurs, brillait la
» gendarmerie de la maison du duc, composée de la garde de son hôtel,
» des gentilshommes dits des quatre états et des quarante chambellans; à
» gauche se tenaient les compagnies d'ordonnance, et dans le fond, les bandes
» italiennes [1]. »

Le nombre total des troupes passées en revue fut évalué à vingt-huit mille hommes environ, dont onze mille fantassins, mille six cents lances ou hommes d'armes à cheval, y compris la gendarmerie de la maison du duc, et les gens de trait à cheval, à raison de deux cents archers par compagnie de cent lances [2].

Comme cette nombreuse cavalerie gênait tous les mouvements de l'armée, dans un pays entrecoupé de montagnes et de bois, et que son entretien était fort difficile à cause du manque de fourrages, le duc Charles prit une mesure fort importante : il ordonna que les archers des bandes d'ordonnance fissent la campagne à pied, et que leurs chevaux fussent vendus ou renvoyés en Bourgogne; cette mesure, qui réduisit la cavalerie à six mille chevaux, était d'ailleurs motivée par la conviction qu'avait acquise le duc, que les archers tiraient mieux et plus vite à pied qu'à cheval [3].

Le duc de Bourgogne était impatient de venger l'affront que ses armes avaient éprouvé, à la journée de Granson; le 27 mai, ses troupes du camp

---

[1] Gingins la Sarra, *ouvrage cité*.
[2] *Correspondance des ambassadeurs milanais*, t. II, p. 137.
[3] *Ibid.*, et De Rodt.

de Lauzanne se mirent en marche, disposées d'après la nouvelle ordonnance, c'est-à-dire en huit colonnes, et s'avancèrent lentement contre Fribourg et Morat. L'armée était vraiment belle et abondamment pourvue de matériel; les hommes d'armes des bandes d'ordonnance portaient sur leurs cuirasses des paletots de soie, mi-partie de bleu et de blanc, avec la croix de S{-André peinte en rouge sur le plastron.

Après avoir rallié toutes les troupes détachées et notamment trois cents lances qui tenaient garnison dans les lieux environnants, l'armée de Bourgogne arriva le 8 juin au camp de Montet; le lendemain elle mit le siége devant Morat. Après de vains efforts pour s'emparer de cette ville que les Suisses défendirent vaillamment, le duc fut attaqué ou plutôt surpris dans son camp le 22. Cette journée fut un désastre.

L'armée bourguignonne était divisée, comme on l'a vu, en plusieurs corps distincts qui se trouvaient répartis sur des points différents. Une partie des troupes était employée à bloquer la ville de Morat de trois côtés; une autre partie avait été détachée du camp pour garder les hauteurs dont l'ennemi aurait pu se rendre maître. Les troupes restées dans le camp étaient, pour la plupart, désarmées ou occupées à s'armer au moment de l'attaque des Suisses; elles coururent au combat à la suite les unes des autres. On ne pensait pas d'ailleurs que l'ennemi fût disposé à livrer bataille, parce que la gendarmerie bourguignonne, qui était à cheval et prête au combat depuis plusieurs heures, n'avait pas été attaquée.

Les Suisses se portèrent avec toutes leurs forces du côté de la place que le duc avait laissé à peu près dégarni; ils furent facilement vainqueurs des troupes qui se présentèrent successivement pour s'opposer à leur marche, mais ils auraient été battus infailliblement si la gendarmerie et l'infanterie du duc s'étaient trouvées sur le champ de bataille, dès le début de l'attaque.

Les compagnies d'ordonnance des sires de Bournonville, de Ronchamps et de Grimberghe faisaient partie de la division du grand bâtard, Antoine de Bourgogne.

Les compagnies des sires de Vergy, de Troylus et de Jacques Galeotto étaient sous les ordres de ce dernier seigneur et attachées à la division que commandait directement le duc. Dans cette division se trouvaient également toute la gendarmerie de la maison du duc, les gentilshommes, les quatre états et la garde.

Ce fut cette division qui eut à soutenir, à elle seule, l'attaque impétueuse des colonnes suisses et allemandes, c'est-à-dire le choc de plus de vingt-quatre mille combattants et mille huit cents chevaux [1].

Les archers et les arquebusiers des compagnies d'ordonnance soutinrent bravement le feu des Suisses, mais ils furent tournés par toute la cavalerie allemande. Ils essayèrent vainement d'exécuter un changement de front; ils furent culbutés. Deux valeureux capitaines tombèrent mortellement frappés : Émile de Mailly et Georges de Rosimbos.

Charles chercha vainement à dégager sa cavalerie. L'ennemi se précipita des hauteurs qui dominaient la position avec une impétuosité et une supériorité numérique tellement irrésistible « que les hommes d'armes cheurent en » desaroy, si ne demeura en son entier que les gendarmes de l'hôtel et du » capitaine Galeotti qui s'efforcèrent vainement, en chargeant l'ennemi, de » l'arrêter dans sa course victorieuse [2]. »

Quant au duc de Bourgogne, enveloppé dans cette fatale déroute, il se fit jour à travers l'avant-garde suisse avec quelques centaines de chevaux et ce n'est qu'au péril de sa vie qu'il parvint à échapper aux attaques de plus de mille cavaliers allemands qui s'étaient élancés à sa poursuite.

Dans cet immense désastre, les troupes des Pays-Bas ne démentirent point leur ancienne réputation de bravoure. Philippe de Berghes, seigneur de Grimberghe, Antoine Rolin, seigneur d'Aymeries, et Raoul de Bournonville succombèrent en défendant l'étendard ducal.

Les pertes de l'armée bourguignonne à Morat s'élevèrent à huit ou dix mille hommes. Immédiatement après le combat, le duc s'était rendu à Gex; il s'y occupa activement de réorganiser ses troupes. Il ordonna à celles de ses compagnies d'ordonnance qu'il avait laissées dans les Pays-Bas de se rendre sans retard dans la Lorraine; c'étaient huit cents lances qui n'avaient éprouvé aucune défaite; sur mille six cents lances qui se trouvaient à Morat, il s'en était sauvé mille environ; Charles en avait donc encore mille et même deux mille avec les gentilshommes de sa maison.

[1] De Rodt.
[2] Molinet.

Les archers avaient beaucoup souffert; le duc de Bourgogne en demanda à la Picardie et réclama dix mille hommes de pied aux Pays-Bas [1]. Il fit de nouvelles instructions pour l'organisation et l'emploi de ses bandes d'ordonnance; il projetait d'en mettre à pied la moitié quand il rencontrerait les Suisses; il décida que chaque lance comprendrait, outre l'homme d'armes, neuf combattants : trois archers, trois piquenaires armés de longues piques et trois fusiliers ou arbalétriers. Cela devait faire dix mille combattants à pied à opposer aux phalanges de l'infanterie suisse. Les mille lances conservées avec leurs cinq mille archers donnaient six mille combattants à cheval. Ces troupes, réunies aux autres contingents, devaient lui procurer encore une armée de trente mille hommes [2].

Le duc s'était établi au camp de la Rivière où il passa en revue les compagnies d'ordonnance le 27 juillet 1476. Il y en avait onze, mais leur effectif était réduit de moitié [3], car beaucoup d'hommes d'armes, ayant perdu leurs chevaux et leurs armes pendant la dernière campagne, étaient retournés chez eux.

Se croyant en mesure de reprendre la campagne, le duc se rendit à Toul dans les premiers jours d'octobre et commença le siége de Nancy le 22 du même mois; mais il apprit bientôt que le duc de Milan l'avait abandonné et que le duc de Lorraine, battu par les confédérés à Pont-à-Mousson, avait fait une retraite précipitée et s'était déclaré contre lui, par les conseils de Louis XI. Enfin il se vit réduit à tenter la fortune avec une armée qui ne comptait plus guère que six mille combattants auxquels vinrent se joindre quelques troupes tirées du duché de Luxembourg, ainsi que le comte de Chimay (Philippe de Croy) et le comte Englebert de Nassau avec de faibles contingents qu'ils étaient parvenus à rassembler.

Toutes ces troupes étaient dans un affreux dénûment; la saison était rigoureuse; le duc manquait d'argent et ne pouvait payer les soldes arrié-

---

[1] Par un mandement des premiers jours du mois d'août adressé au grand bailli du Hainaut, le duc déclara que, pour compléter son ordonnance, il avait besoin de six mille archers et de quatre mille piquenaires; il taxa le Hainaut à mille six cents archers. (Compte d'Antoine Rolin, grand bailli du Hainaut, du 1er octobre 1475 au 30 septembre 1476, Archives de Lille.)

[2] *Dépêches des ambassadeurs milanais*, t. II, p. 556.

[3] *Ibid.*, p. 568.

rées; le pays était ruiné et n'offrait aucune ressource; enfin les convois
étaient arrêtés et pillés par les habitants. L'armée périssait ainsi de froid,
de maladies et les mercenaires étrangers se retiraient insensiblement.

Telle était la situation du duc de Bourgogne lorsque le 5 janvier 1477 il
se vit en face de toute l'armée de Lorraine et des contingents suisses, c'est-
à-dire une masse quatre fois plus considérable que les débris qu'il commandait. L'issue de cette rencontre ne pouvait être douteuse. Les troupes de
Charles luttèrent quelque temps avec le courage que donne le désespoir;
mais elles furent dispersées, poursuivies et massacrées. Le cadavre du duc
lui-même fut retrouvé au milieu des morts.......

Parmi les chefs des bandes d'ordonnance qui périrent à la bataille de
Nancy, il faut citer Jean de Rubempré, seigneur de Bièvres, qui avait
été investi par le duc de Bourgogne du gouvernement de la Lorraine [1] et
Jacques Galliot.

---

[1] *Dépêches des ambassadeurs milanais*, t. II, p. 74.

DEUXIÈME PÉRIODE.

HISTOIRE DES BANDES D'ORDONNANCE DEPUIS LA MORT DE CHARLES LE TÉMÉRAIRE
JUSQU'A L'ORGANISATION DE CES BANDES PAR CHARLES-QUINT

(1477-1545).

CHAPITRE Ier.

HISTOIRE DE L'ORGANISATION DES BANDES D'ORDONNANCE DEPUIS LA MORT DE CHARLES LE TÉMÉRAIRE
JUSQU'A LA NOUVELLE ORGANISATION PAR CHARLES-QUINT.

---

§ Ier. — *Nouvelle création de bandes d'ordonnance.*

Les bandes d'ordonnance avaient été presque entièrement détruites pendant les guerres malheureuses que Charles le Téméraire avait entreprises à la fin de sa vie. Le président de Neny pense même que cette belle milice fut complétement licenciée pendant les troubles qui suivirent la mort du dernier duc de Bourgogne et qu'on cessa d'entretenir des troupes sous le drapeau en temps de paix [1].

Il n'existe toutefois aucun acte du souverain ou des états du pays qui ait prononcé ce licenciement dont parle le comte de Neny; on trouve même la preuve que, dès les premières années du gouvernement de Maximilien, les bandes d'ordonnance, si elles ne furent plus réunies et employées à la guerre, conservèrent une existence légale; mais elles reçurent une autre organisation.

---

[1] De Neny, *Mémoires historiques et politiques sur les Pays-Bas autrichiens*, chap. XVIII.

Elles furent presque toutes réduites à cinquante lances avec cinquante archers à cheval et cinquante archers à pied.

D'après le compte de Louis Quarré, trésorier des guerres, il existait, en 1478, c'est-à-dire pendant l'année qui suivit la mort du duc Charles, deux bandes de cent lances, commandées par

> Philippe de Bourgogne, seigneur de Beveren [1],
> Philippe de Clèves.

Quinze bandes de cinquante lances dont les chefs étaient :

> Messire de Croy, comte de Porcian.
> Daniel de Moerkerke de Merwedde.
> Jean de Luxembourg, seigneur de Sottenghien.
> Jean, seigneur de Hames.
> Jean de Gruythuse, seigneur d'Espierres.
> Jacques de Luxembourg, seigneur de Fiennes.
> Pierre, seigneur de Boussu.
> Philippe de Croy, seigneur de Chimay, vicomte de Limoges.
> Louis de Hallewin, seigneur de Peenes.
> Jean de Berghes.
> Charles de Saveuses, seigneur de Samerain-Molin [2].
> Antoine du Sye.
> Cornille de Berghes.
> Jean, seigneur de Ligne.
> Jean de Salazar [3].

Une particularité à remarquer, c'est que le titre de *conducteur* que Charles le Téméraire avait attribué aux chefs de ses bandes d'ordonnance disparut dès la mort de ce prince pour faire place à celui de *capitaine*.

---

[1] La bande de Philippe de Bourgogne était divisée en quatre bandes de vingt-cinq lances dont les chefs étaient :

> Antoine, seigneur de Gappanes.
> Jacques, seigneur de Vrolant.
> Jean de La Haye, seigneur de Saint-Michel.
> Claude Docors dit de Grosquint.

[2] Cette bande n'avait que vingt-cinq lances.

[3] Les archers de cette bande avaient pour capitaine Jean Maldonade.

Le compte de Louis Quarré qui vient d'être cité prouve que les bandes d'ordonnance ne furent pas licenciées à la mort de Charles, comme le suppose le président comte de Neny, mais il est positif qu'aucun document historique ne fait allusion, même indirectement, à l'existence des compagnies d'ordonnance depuis l'époque de la mort de Charles de Bourgogne, jusqu'aux premières années du seizième siècle. Il n'existe plus de compte de payement qui les concerne [1].

On vit figurer, à la vérité, des hommes d'armes, des *lances* dans plusieurs des combats qui remplirent cette période si agitée de notre histoire; à la bataille de Guinegate, par exemple, il y avait huit cent cinquante lances, disent les historiens du temps, mais rien ne prouve, rien n'autorise à croire que ces hommes d'armes ou ces *lances* aient formé des compagnies analogues à celles qui avaient existé sous le dernier duc de Bourgogne. Il est présumable que ces hommes d'armes étaient ceux que les vassaux, les possesseurs de fiefs fournissaient à l'armée du prince conformément aux prescriptions de la loi féodale [2].

On s'explique très-bien, du reste, que pendant la période si troublée de l'administration de Maximilien, les bandes d'ordonnance soient restées à l'écart et aient fini même par tomber à peu près complétement dans l'oubli. Les prodigalités de ce règne néfaste avaient obéré les finances; aux armées nationales, victorieuses sur tant de champs de bataille, s'étaient substitués

---

[1] Dans un compte de Louis Quarré, pour l'année 1479, on trouve seulement Jean Batard de Saint-Pol, seigneur de Hautbourdin, capitaine d'une bande de cent lances, et Éverard de la Marck, seigneur d'Arenberg, capitaine de cinquante lances, et dans un compte de Dumont, pour l'année 1481, figure Pierre de Luxembourg, comte de Saint-Pol, capitaine de cinquante lances.

[2] Les hommes d'armes de l'*ordonnance* n'étaient pas les seuls qui fussent dans les armées de l'époque. Les possesseurs de fiefs à qui les lois féodales imposaient l'obligation de fournir au prince des combattants à cheval et autres continuèrent à être obligés de présenter à l'armée la redevance à laquelle ils étaient soumis.

C'est ainsi que l'on trouve dans le même compte de Guilpert de Ruple pour l'année 1471, où figurent les dépenses occasionnées par les bandes d'ordonnance, les payements faits aux fieffés à raison des combattants par eux fournis. Le relevé de ce compte prouve qu'indépendamment des hommes d'armes et des archers des ordonnances, il y avait encore environ douze cents hommes d'armes et mille sept cents archers à cheval, sans compter les combattants à pied. (Voir l'annexe IV.)

des mercenaires étrangers dont l'avidité et l'indiscipline n'étaient pas moins
redoutables aux peuples qui les payaient qu'aux ennemis qu'ils venaient
combattre. Le prince étranger qui s'était arrogé le droit de gouverner nos
provinces n'aurait probablement pas trouvé dans des corps réguliers composés de nationaux comme l'étaient les bandes d'ordonnance, des instruments de despotisme aussi dociles que l'étaient les soldats allemands fournis
par l'empereur Frédéric. Tous ces motifs contribuèrent probablement à faire
disparaître, ou tout au moins à laisser dans l'oubli, l'ancienne cavalerie
dont l'organisation avait été une des gloires du dernier duc de Bourgogne.

Quoi qu'il en soit, ce n'est qu'à partir des premières années du seizième
siècle que l'on retrouve les traces des bandes d'ordonnance; mais ces bandes
apparaissent alors avec une nouvelle constitution fort différente de celle qui
avait été adoptée par Charles le Téméraire; il n'est donc pas douteux que
l'ancienne institution avait subi une réorganisation que probablement on doit
attribuer à Philippe le Beau, vers l'époque où, après une longue tutelle, ce
prince prit enfin le gouvernement des Pays-Bas, c'est-à-dire vers 1494.

Les plus anciens documents du seizième siècle qui fassent mention des
bandes d'ordonnance sont les comptes de 1505, rendus par Busleyden et
Jean de Berghes [1]. Ces comptes indiquent que, cette année-là, on rappela sous
les armes tous les hommes d'armes des bandes d'ordonnance; voilà la preuve
évidente, nous semble-t-il, que depuis une certaine époque, qu'il est impossible
de déterminer exactement, mais qui remonte probablement à l'émancipation
de Philippe le Beau, on avait reconstitué des compagnies d'ordonnance qui,
en 1505, furent appelées sous les armes.

Deux autres documents intéressants, de la même époque à très-peu près,
les comptes des trésoriers des guerres, Jacques de Baudrenghien et Charles
Leclercq, pour les années 1504 à 1508 [2], nous apprennent qu'il y avait
alors quatre bandes d'ordonnance; en outre, ils nous permettent de constater
la différence importante qui existait entre les anciennes compagnies insti-
tuées par Charles le Téméraire et celles qui étaient entretenues en 1506.

[1] Comptes de V. Busleyden, n° 2634. — Comptes de Jean de Berghes; n° 15205 (aux Archives
du royaume).

[2] M. Gachard, *Rapport sur les archives de Lille*, p. 363.

En effet, les nouvelles bandes d'ordonnance, celles dont il est question dans les comptes de Baudrenghien et de Charles Leclercq, se composaient uniquement de cinquante hommes d'armes et de cent archers à cheval. On avait donc complétement renoncé à la combinaison adoptée par le duc de Bourgogne qui plaçait dans chaque compagnie des combattants à pied et des combattants à cheval. Au lieu de corps mixtes que représentaient les bandes de Charles le Téméraire, on n'eut plus alors que des corps de cavalerie. Enfin le nombre des hommes d'armes et des archers fut considérablement diminué, car il descendit de cent à cinquante et chaque homme d'armes n'eut plus que deux archers au lieu de trois. En résumé, les nouvelles compagnies, non-seulement n'eurent plus de personnel à pied, mais leur personnel à cheval se trouva réduit, de six cents qu'il était précédemment, à deux cent cinquante seulement.

Il est évident que des changements aussi considérables dans la constitution des bandes d'ordonnance n'ont pu s'introduire que par une réorganisation radicale dont malheureusement on n'a retrouvé aucune trace. La conséquence de cette réforme fut que les nouvelles compagnies d'ordonnance perdirent beaucoup de l'importance qu'avaient eue les anciennes. Il est essentiel de tenir compte de cette transformation quand on compare les relations des événements militaires des deux époques, relations où le nombre des combattants se trouve habituellement exprimé en *lances :* la lance *fournie,* sous Charles le Téméraire, présentait huit combattants (cinq à cheval et trois à pied); à partir du seizième siècle, la *lance fournie* se trouva réduite exclusivement à quatre combattants à cheval.

Quant au nombre des compagnies d'ordonnance, il paraît avoir varié assez souvent jusqu'à l'époque où Charles-Quint donna à la cavalerie flamande sa constitution définitive.

D'après le compte du trésorier des guerres, Jacques de Baudrenghien, seigneur de Gavarepont, il existait, avant 1504, trois compagnies d'ordonnance qui avaient pour chefs :

> Guillaume de Croy, seigneur de Chièvres.
> Le comte Henri de Nassau.
> Guillaume de Vergy, lieutenant général du royaume.

Les deux premières compagnies étaient de cinquante hommes d'armes; la troisième, celle de Guillaume de Vergy, n'en avait que trente.

Il est probable qu'il existait alors une quatrième compagnie, celle de Jacques de Luxembourg, seigneur de Fiennes.

A la mort du comte de Nassau, sa compagnie fut partagée par moitié entre Philippe, bâtard de Bourgogne, seigneur de Blaton, et Floris ou Florent d'Egmont, seigneur d'Ysselstein et de Ste-Martinsdycke; mais Florent d'Egmont, ayant remplacé le bâtard de Bourgogne dans son gouvernement de la Gueldre et de Zutphen, reporta sa compagnie à cinquante hommes d'armes, c'est-à-dire sur le pied de l'ancienne bande du comte de Nassau.

Les quatre compagnies qui viennent d'être mentionnées furent les seules qui existèrent régulièrement dans les Pays-Bas jusqu'en 1518; cela résulte positivement des lettres patentes du 23 juillet 1517 instituant le conseil privé. Seulement, à la mort de Louis Rolin, sa compagnie fut donnée à Philippe de Clèves, seigneur de Ravenstein [1], et le comte Henri de Nassau paraît être entré en possession de la bande qu'avait eue précédemment son frère Englebert (?).

A partir de 1518 le nombre des compagnies d'ordonnance augmenta successivement [2]; en 1520, lors de l'entrée de l'empereur Charles-Quint à Aix-la-Chapelle, il était de cinq ou de six; on verra qu'il était de huit en 1522. Cependant lorsque Charles-Quint approuva le projet de traité à conclure avec le duc de Gueldre, il promit de donner à ce prince une bande d'ordonnance de cinquante hommes d'armes à prendre sur les six compagnies qu'il se proposait de créer lors de son retour aux Pays-Bas (lettre du 1er septembre 1519); mais ce projet ne semble avoir été exécuté que plus tard, car dans la lettre du 19 octobre 1520, il n'est fait mention que des quatre compagnies de la nouvelle levée [3].

[1] La bande de Philippe de Clèves est mentionnée dans le compte de Jacques Grenet du 1er juillet 1514 au dernier juillet 1517 (Archives du royaume).

[2] Dans un compte de Daniel Leclercq du 21 avril 1518 au 25 mars 1522 figurent comme capitaines de compagnie d'ordonnance :

Philibert de Chalon, prince d'Orange.
Antoine de Lalaing, comte de Hoogstraeten.

[3] Dans un compte d'Antoine Le Brun pour les années 1528, 1529 et 1550, on trouve la

Au moment où il allait quitter les Pays-Bas, Charles-Quint donna une ordonnance : « conçue pour le fait et conduite des gens d'armes dont il » entendait être servi en ses pays de par deçà durant son prochain voyage » d'Espagne, » ordonnance qui témoigne de la volonté de l'Empereur d'entretenir huit compagnies de cinquante hommes d'armes et de cent archers, dont fut nommé capitaine général le seigneur d'Ysselstein (Florent d'Egmont) qui devint comte de Buren par le décès de son père Frédéric.

L'article 1er de cette ordonnance forma de la manière suivante les cadres de ces huit compagnies :

1re. Capitaine, comte de Buren (Florent d'Egmont).
    Lieutenant, Thierry, seigneur de Batenborg.
    Capitaine des archers, Bilant.
    Porte-enseigne, Aldenboucken.

2me. Capitaine, Philippe de Clèves (seigneur de Ravenstein).
    Lieutenant, le seigneur de Vianen.
    Capitaine des archers, Gilles de Rieu.
    Porte-enseigne, le seigneur de Beroe, fils du seigneur de Moerberque [1].

3me. Capitaine, le comte de Nassau (Henri).
    Lieutenant, Lubert Turck, seigneur de Hemert.
    Capitaine des archers, Harpin.
    Porte-enseigne, le bâtard de Batenborg.

4me. Capitaine, le prince d'Orange (Philibert de Chalon).
    Lieutenant ?
    Capitaine des archers ?
    Porte-enseigne ?

5me. Capitaine, le marquis d'Arschot (Philippe de Croy).
    Lieutenant ?
    Capitaine des archers, de Noyelles.
    Porte-enseigne, Henri de Grandchamp.

6me. Capitaine, le comte de Gavre.
    Lieutenant ?
    Capitaine des archers ?
    Porte-enseigne ?

mention de Charles, duc de Gueldre, comme ayant reçu une compagnie d'ordonnance par suite du traité de Gorcum du 3 octobre 1528. Le duc de Gueldre renonça à cette compagnie en 1534.

[1] Il eut bientôt après pour successeur Pierre de Chable, seigneur de Rasincourt.

7me. Capitaines, les comtes de Hoogstraeten et de Lannoy.
    Lieutenant, le seigneur d'Oignies.
    Capitaine des archers, Philippe de Roubaix.
    Porte-enseigne, d'Estrées.

8me. Capitaine, Ferry de Croy, seigneur du Rœulx.
    Lieutenant, le seigneur de Bellain (Jacques de Sucere).
    Capitaine des archers, le seigneur Ale.
    Porte-enseigne, Gilles d'Yves.

De ces huit compagnies plusieurs existaient déjà, car elles figuraient dans le cortége de l'Empereur lors de son entrée à Aix-la-Chapelle, en 1520; les autres, celles du comte de Buren et du prince d'Orange, de même que celle que possédèrent en commun les comtes de Hoogstraeten et de Lannoy furent créées immédiatement, car on les voit figurer, dès l'année suivante, dans les armées en campagne [1], mais ces huit bandes ne furent pas toutes conservées : en 1527 une bande, probablement celle de Vianen, fut supprimée [2], ce qui en réduisit le chiffre à sept. Il est vrai qu'en 1529 ou 1530 on créa la bande qui avait été promise au duc de Gueldre; cependant, d'après la relation de l'ambassadeur vénitien Nicolas Tiepolo, il n'existait, en 1532, que six compagnies d'ordonnance dont les chefs étaient [3] :

Le comte de Buren (Maximilien d'Egmont).
Le comte de Nassau (Henri).
Le seigneur de Fiennes (Jacques de Luxembourg).
Le marquis d'Arschot (Philippe de Croy).
Le seigneur de Beaurain (Adrien de Croy, seigneur du Rœulx).
Le duc de Gueldre.

[1] Dans la correspondance de Marguerite d'Autriche se trouve une lettre du 21 février 1524 qui prouve qu'à cette date la bande du comte de Hoogstraeten existait. Celle du prince d'Orange paraît avoir existé depuis 1522. Il en est fait mention dans un compte de Daniel Leclercq du 21 avril 1518 au 25 mars 1522 (Archives du royaume).

[2] On voit par le compte de J. Micault pour l'année 1529, que le seigneur de Vianen recevait à cette époque une pension annuelle parce qu'il avait été lieutenant et capitaine de l'ancienne bande de Ravenstein. — Il en était de même de Gilles de Riez, qui avait été capitaine des archers de cette bande. Ces pensions étaient sans doute un dédommagement pour les emplois que ces officiers avaient perdus par suite de la suppression de leur bande d'ordonnance.

[3] Il est incontestable, d'après la correspondance qui eut lieu en 1534 entre l'Empereur et les chefs des bandes au sujet de la paye des hommes d'armes, que le comte de Hoogstraeten, Antoine de Lalaing, était, à cette époque, chef et capitaine d'une bande. (Papiers de l'audience aux Archives du royaume.)

On constate, en outre, par une décision de la reine Marie de Hongrie en date du 26 juin 1541, que cette princesse, qui était régente des Pays-Bas, enjoignit au trésorier des guerres de payer l'arriéré de solde dû aux six compagnies d'ordonnance de l'Empereur [1].

Voici, encore, divers changements qui s'étaient opérés successivement dans le personnel des chefs et capitaines des bandes d'ordonnance. En 1518, le seigneur de Fiennes étant mort, sa bande fut partagée par moitié entre son fils Jacques de Luxembourg qui devint comte de Gavre, et Ferry de Croy, seigneur du Rœulx [2].

En 1524, le seigneur du Rœulx, Ferry de Croy, étant mort, sa bande fut donnée à son fils Adrien de Croy [3].

En 1527, Philippe de Clèves, seigneur de Ravenstein, mourut, et sa bande fut partagée par moitié entre son lieutenant, le seigneur de Vianen, et le seigneur de Beveren.

Charles de Lannoy, vice-roi de Naples, qui avait partagé avec le comte de Hoogstraeten, le commandement d'une des bandes comprises dans l'organisation de 1522, mourut également en 1527.

En 1530, le prince d'Orange, Philibert de Chalon, fut tué en Italie et sa bande paraît avoir été supprimée [4]. Quoi qu'il en soit, si la relation de l'ambassadeur Tiepolo est exacte, en 1532, l'ancienne bande de Ravenstein, devenue Vianen, la bande du comte de Hoogstraeten et celle du prince

---

[1] Archives du royaume. Papiers d'État. Liasse aux dépêches de guerre, n° 1110.

[2] D'après le compte de Daniel Leclercq du 21 avril 1518 au 25 mars 1522, on constate l'existence, à cette époque, des bandes de Guillaume de Croy, de Philibert de Chalon, prince d'Orange et d'Antoine de Lalaing, comte de Hoogstraeten. Toutes les trois étaient de cinquante lances et de cent archers (Archives du royaume).

[3] D'après le compte du même, du 26 mars 1522 au 15 avril 1524, on constate l'existence, à cette époque, des bandes de Philippe de Croy, comte de Porcian, de François de Melun, prince d'Épinoy; d'Antoine de Verchin et d'Adolphe de Bourgogne, comte de Buren; il y avait aussi en 1524, d'après un compte de Carpentier, la bande de Philippe de Bourgogne, évêque d'Utrecht, dont le lieutenant était Adrien Van Roode (Archives du royaume).

[4] Le compte de Charles Le Brun, de trois ans, finissant au 31 décembre 1530, constate l'existence des bandes de Charles, duc de Gueldre (par suite du traité de Gorcum du 5 octobre 1528), de Renaud de Brederode, seigneur de Vianen; de Philibert de la Palu, comte de Verras; de Guillaume de Virgy, seigneur d'Aultrey et de Claude de la Baulme, seigneur de Mont-St-Sorlin.

d'Orange n'existaient plus, et cependant on verra plus loin que la bande du comte de Hoogstraeten fut donnée en 1540 à Philippe de Lalaing.

En 1534, le duc de Gueldre, ayant rompu de nouveau le traité qu'il avait conclu avec Charles-Quint, congédia la bande que l'Empereur lui avait donnée en 1530.

En 1538, le comte Henri de Nassau étant mort, sa bande fut donnée à René de Chalon, prince d'Orange.

En 1540, le comte de Hoogstraeten, Antoine de Lalaing, mourut, et sa bande passa à Philippe de Lalaing, seigneur d'Escornaix, qui devint plus tard comte de Hoogstraeten.

Il résulte de l'exposé qui précède que le nombre des bandes d'ordonnance en service ordinaire fut de quatre seulement depuis l'avénement de Philippe le Beau jusqu'en 1518; qu'à partir de cette dernière époque, il s'éleva à six et même à huit en 1522; qu'après cette date, il varia continuellement entre cinq et huit. On verra plus tard qu'à l'époque de la réorganisation par Charles-Quint, il n'était plus que de quatre. Mais les nécessités de la guerre firent créer, à différentes époques, de nouvelles compagnies qu'on nomma *bandes de crue;* il y eut alors, mais temporairement, de *vieilles* et de *nouvelles* bandes.

Ainsi, en 1542, Marie de Hongrie qui avait constaté, par les résultats de la campagne précédente, les inconvénients du service que les nobles lui avaient rendu, résolut de substituer à cette milice féodale quatre mille chevaux *mesnaigiers;* ces cavaliers furent répartis en quarante compagnies [1] de cent, cent cinquante, deux cents chevaux et placés sous les ordres des principaux seigneurs et des plus braves capitaines [2]. Ces bandes furent augmentées de cinquante chevaux par une ordonnance du 25 avril 1543; on les licencia en 1544, après la paix de Crépy.

---

[1] Archives du royaume. — *Dépêches de guerre*, p. 49.

[2] Parmi les chefs de ces bandes extraordinaires on remarque les noms suivants : Christophe, comte de Rogendorff, seigneur de Condé; le comte Lamoral d'Egmont; Philippe de Lannoy, seigneur de Molembaix; Martin de Hornes, seigneur de Gaesbeke; Louis d'Yves, seigneur de Reneseure; le comte d'Overembden; Henri de Witten, seigneur de Beersel; Claude de Bouton, seigneur de Cobaron; le seigneur de Bermeraing; René de Chalon, prince d'Orange; Jean d'Yves, seigneur de Rametz; Jean de Hamal, seigneur du Monceaux; le seigneur d'Aymeries, Georges

§ II. — *Détails sur l'organisation des bandes d'ordonnance.*

La deuxième période de l'existence des bandes d'ordonnance est en quelque sorte une époque de transition. Ce ne fut que lorsque Charles-Quint procéda à l'organisation de 1545 que des dispositions complètes déterminèrent toutes les parties de la constitution de la cavalerie des Pays-Bas. Il n'y a donc, en ce qui concerne spécialement l'organisation pendant cette deuxième période, que quelques détails à ajouter à ceux qui ont été donnés précédemment à propos des bandes de Charles le Téméraire.

On a vu déjà que, depuis leur reconstitution, les bandes d'ordonnance, dégagées désormais des hommes à pied que Charles le Téméraire leur avait adjoints, étaient devenues exclusivement des corps de cavalerie composés de cinquante hommes d'armes ayant chacun coutiller et page et d'un nombre d'archers double de celui des hommes d'armes [1]. Il arriva même qu'on dédoubla des compagnies et qu'ainsi des bandes ne comptèrent plus que vingt-cinq hommes d'armes et cinquante archers. Mais c'était une rare exception dont on ne rencontre que deux exemples : à la mort du comte de Nassau et du seigneur de Ravenstein, leurs bandes furent divisées pour quelque temps. D'un autre côté, l'effectif des bandes d'ordonnance se grossissait par l'admission de volontaires qui venaient servir sans solde pour

Rolin; Renaud de Brederode, baron de Vianen; le seigneur de Wynezelles; Henri de Montfort, seigneur d'Appenbroeck; Charles, comte de Lalaing; Philippe de Lalaing, comte de Hoogstraeten; Louis de Flandre, seigneur de Praet; Jean de Hennin, seigneur de Boussu; Jacques de Ligne, comte de Fauquenberg; Pontus de Lalaing, seigneur de Bugnicourt; le seigneur de Hèze; le seigneur de Wysme; Jean de Hallewin; Jean d'Aspremont, seigneur de Busancy; Jean de Mérode; le comte d'Épinoy; le jeune comte de Manderscheit; Richard de Mérode, seigneur de Frentz; Charles de Croy, prince de Chimay; Henri de Mérode, seigneur de Petershem; Philippe de Stavèle, seigneur de Glajon; Georges de la Roche; Bernard Veltbruggen; le comte Ernest de Mansfelt; le seigneur de Dappenbrouck; le seigneur d'Arquis; le seigneur Frédéric de Sombreffe; Jean, comte d'Oostfrise, seigneur de Durbuy; le seigneur de Beaurain; le seigneur d'Arnemuyden; le seigneur de Mastaing; le seigneur de Vaulx; Jean de Lyere; Adrien de Blois, bailli d'Avesnes; François de Grandchamps; Guillaume de Boullant, seigneur de Rolley; Jacques de Recourt, seigneur de Licques; Jean de Ligne, seigneur de Barbançon, etc., etc.

[1] Il y eut parfois dérogation à cette règle : dans quelques bandes on vit jusqu'à quatre archers par homme d'armes; dans la bande qui fut donnée au duc de Gueldre, il y en avait trois.

apprendre le métier des armes. Cette adjonction de volontaires, que l'usage avait tolérée, sera plus tard expressément autorisée par l'ordonnance de 1555 de l'empereur Charles-Quint.

Le nom de *conducteur*, que Charles le Téméraire avait attribué aux commandants de ses compagnies, parce que, dit Olivier de la Marche, le duc voulait être le seul capitaine de ses ordonnances, fut remplacé immédiatement après la mort de Charles le Téméraire par celui de *chef* et de *capitaine;* chaque capitaine avait un lieutenant qui, le plus ordinairement, était le commandant de fait de la bande, attendu que les capitaines n'étaient plus guère que les *propriétaires* de leur compagnie et remplissaient, dans l'État et dans l'armée, des emplois plus considérables.

En 1517, le comte de Nassau fut créé commandant général de la gendarmerie par les lettres patentes instituant le conseil privé; plus tard, le comte d'Ysselstein (Florent d'Egmont, devenu comte de Buren par le décès de son père Frédéric) fut nommé capitaine général des huit bandes d'ordonnance.

Les officiers des bandes étaient tenus, sous peine de destitution, d'obéir au capitaine général pour tout ce qui concernait le service. Le capitaine général avait du reste pleine autorité pour punir les hommes d'armes et les archers qui s'absentaient sans congé de leurs chefs. Il pouvait les renvoyer des ordonnances et, dans ce cas, il était expressément interdit aux capitaines des autres compagnies de reprendre ceux qui avaient été cassés.

Le capitaine général ne pouvait se mêler des affaires de justice et de finances sans en avoir reçu la mission expresse de la gouvernante et sur l'avis du conseil privé.

L'édit de 1522, *conçu pour le fait et conduite des gens d'armes dont l'Empereur entendait être servi en ses pays de par deçà durant son prochain voyage d'Espagne*, semble être le premier document officiel qui soit intervenu depuis l'époque de Charles le Téméraire pour déterminer les attributions et les obligations des personnes faisant partie des bandes d'ordonnance.

Cet édit attribua au prince la nomination des capitaines et des lieutenants des hommes d'armes, de même que celle des capitaines et porte-enseigne des archers. Il imposa aux capitaines l'obligation de résider avec leurs compagnies aux lieux assignés par le capitaine général, à moins qu'ils ne fussent chargés de services spéciaux par l'Empereur ou par la régente.

Les compagnies devaient toujours être au complet; quand elles n'étaient pas en service, elles résidaient dans leurs foyers; en cas de rappel à l'activité, les gendarmes devaient rejoindre leurs enseignes dans les quatre jours, sous peine de confiscation de leurs armes et harnais [1].

Les bandes d'ordonnance étaient placées, pour la police générale, sous la surveillance du prévôt des maréchaux [2].

La solde de l'homme d'armes était, en 1506, de seize sols par jour; elle fut portée à dix-huit sols en 1516, puis réduite à 14 sols à partir de 1517. — Celle de l'archer était de six sols. — Le capitaine avait mille livres par an; le lieutenant deux cents, indépendamment des allocations accordées à un homme d'armes dont jouissaient tous les officiers.

CHAPITRE II.

HISTOIRE MILITAIRE DES BANDES D'ORDONNANCE DEPUIS LA MORT DE CHARLES LE TÉMÉRAIRE JUSQU'A LEUR RÉORGANISATION PAR CHARLES-QUINT.

(1477-1545.)

§ Ier. — *Guerre contre le duc de Gueldre (1506-1508).*

La guerre que Philippe le Beau eut à soutenir contre Charles d'Egmont, duc de Gueldre, fut la première occasion qu'eurent les quatre bandes d'ordonnance, les seules qui existassent à cette époque, d'entrer en campagne. Au commencement de l'année 1505, tous les hommes d'armes furent en conséquence rappelés à leurs enseignes [5].

[1] Ordre de l'Empereur du 9 novembre 1521.
[2] Instructions de 1517, 1520 et 1521.
[5] Circulaire de février et de mars 1505. — Comptes de G. de Croy, f° xv. — Comptes de V. Busleyden, n° 2654, f° xi.

L'armée passa la Meuse à Grave, marcha sur Nimègue, franchit le Rhin et le Wahal, investit Arnheim, la principale forteresse de la Gueldre, et la força à capituler (6 juillet).

D'autres avantages remportés sur différents points par les troupes de l'archiduc Philippe réduisirent bientôt Charles d'Egmont à se réfugier dans les quartiers de Ruremonde et de Nimègue, puis à demander une trêve de deux ans qui fut conclue. Le gouvernement de la Gueldre fut donné à Jean de Nassau qui venait de succéder à son frère Englebert (30 mai 1504) et était chef et capitaine d'une des bandes d'ordonnance.

La trêve de deux ans était loin d'être expirée, lorsque les intrigues de la France amenèrent, en 1506, une nouvelle levée de boucliers de la part des partisans du duc de Gueldre.

Robert de la Marck, seigneur de Sedan et de Bouillon, prince fort dévoué à la France, menaça également de prendre les armes, et ce fut à grande peine que le seigneur de Chièvres parvint à obtenir de lui une promesse de neutralité.

Le seigneur de Chièvres, qui avait été investi du commandement général des troupes, se hâta de rassembler de nouveau les compagnies d'ordonnance : la sienne, qui était commandée par son lieutenant, Godefroid de Vertaing, seigneur de Beaurieu, et celles du seigneur de Fiennes, de Philippe, bâtard de Bourgogne, et du seigneur d'Ysselstein. Ces quatre bandes présentaient un effectif de deux mille chevaux, dit Charles Leclercq dans son compte [1], mais sans doute dans ces deux mille chevaux, il y avait beaucoup de volontaires qui étaient venus se joindre aux compagnies d'ordonnance et en avaient doublé l'effectif réglementaire. Elles assistèrent, sous le commandement de Philippe de Bourgogne, au siége de Wageningen jusqu'au 11 octobre 1506.

L'archiduc Philippe le Beau était mort subitement le 25 septembre 1506. Cet événement amena la levée du siége de Wageningen, mais les Pays-Bas n'en continuèrent pas moins d'être menacés par la France et par le duc de Gueldre. Les mesures de défense furent donc la première préoccupation de Marguerite d'Autriche qui venait d'être nommée régente. Cette princesse

---

[1] M. Gachard, *Rapport sur les archives de Lille.*

voulait suivre une autre politique que celle qu'avait adoptée le seigneur de Chièvres et qui avait pour base une alliance avec la France. Elle remplaça donc Guillaume de Chièvres qui avait cherché sans cesse à faire prévaloir les idées de conciliation à l'égard de cette puissance pendant les quelques mois qu'il avait exercé le pouvoir souverain en l'absence de Philippe le Beau.

Rodolphe, prince d'Anhalt, prit alors le commandement des troupes rassemblées contre le duc de Gueldre.

Les quatre bandes d'ordonnance, depuis qu'elles avaient quitté le siége de Wageningen, défendaient les frontières du Brabant, de la Gueldre, de l'Artois et du pays de Namur; la compagnie de Fiennes stationnait du côté de Saint-Omer et d'Aire en février 1507; en novembre elle était à Léau; les compagnies de Philippe de Bourgogne et du seigneur d'Ysselstein prirent part au siége d'Arnheim du 26 juin 1507 au 20 février 1508; la bande de M. de Chièvres servit à ce seigneur à organiser convenablement la défense de son gouvernement du comté de Namur contre les attaques du duc de Gueldre; il fut aidé dans cette tâche par le seigneur d'Aymeries qui ensuite partit avec sa bande pour couvrir le Brabant.

Pendant que le prince d'Anhalt dévastait la Gueldre avec sa cavalerie légère et s'avançait vers Nimègue, le roi de France (Louis XII) et son vassal dévoué, le seigneur de Sedan, réunissaient des troupes sur la frontière du Nord et se préparaient à envahir nos provinces. Au mois de septembre les Français traversèrent la Meuse à Givet; les Gueldrois, de leur côté, se jetèrent sur la Campine. Tirlemont, où les chefs mal avisés des troupes nationales avaient concentré le plus de forces possible, fut pris et mis au pillage; enfin l'impéritie des généraux laissa s'accomplir cette invasion sans parvenir à livrer un seul combat à l'ennemi [1]. Après cette triste campagne qui fit fort peu d'honneur au prince d'Anhalt, on licencia l'armée faute d'argent pour la payer (novembre 1507). Toutefois, les compagnies d'ordonnance qui n'étaient pas employées au siége d'Arnheim restèrent sur les frontières pour tâcher de les défendre.

L'année suivante les hostilités recommencèrent avec le duc de Gueldre. Le

---

[1] Henne, *Histoire du règne de Charles-Quint en Belgique*, t. I, p. 161.

prince d'Anhalt assiégea le château de Muyden. Le seigneur d'Aymeries vint l'y joindre avec sa bande d'ordonnance et rendit d'excellents services en contenant les garnisons de Venloo et de Ruremonde. Enfin la ligue de Cambrai suspendit momentanément les hostilités dans les Pays-Bas.

§ II. — *Campagne en Italie (1509)*.

On sait que le pape Jules II était parvenu à former contre la république de Venise une ligue redoutable dans laquelle étaient entrés l'empereur Maximilien, le roi de France Louis XII et le roi d'Espagne, Ferdinand le Catholique. L'empereur Maximilien, chef de cette entreprise, que l'histoire a désignée sous le nom de *ligue de Cambrai*, avait réuni sous son commandement une armée de plus de cent mille hommes formée de troupes allemandes, françaises, espagnoles et italiennes. Les Pays-Bas fournirent aussi leur contingent; il se composait de quatre cent trente-trois combattants tirés des bandes d'ordonnance. Il avait pour capitaine général Ferry de Croy, lieutenant de la bande d'ordonnance du seigneur de Chièvres et qui avait commandé cette bande pendant les campagnes de 1507 à 1509. Ce corps formait deux ou trois bandes ou compagnies dont les chefs étaient Philippe de Bellefourrière, Jean de Wassenaer et Jean de Berles, trois gentilshommes déjà renommés par leur valeur et qui figurèrent plus tard avec honneur dans les armées impériales.

Au siége de Padoue, ce corps était placé sous le commandement du cardinal de Ferrare et avait pour mission d'observer une des portes de la ville [1]. Lorsqu'il fut question de donner l'assaut définitif, les chefs et les principaux officiers du corps des Pays-Bas furent invités à assister au grand conseil de guerre présidé par l'Empereur, où l'on devait délibérer sur les mesures à prendre. Comme l'infanterie avait déjà échoué dans plusieurs assauts précédents, on proposa aux gendarmes français de se mettre à pied et de tenter eux-mêmes l'entreprise. Cette proposition fut appuyée par le seigneur d'Im-

---

[1] *Histoire du chevalier Bayard*, l. III, p. 126.

bercourt, mais elle ne fut nullement du goût des gentilshommes français.
« Que pense l'Empereur, dit à cette occasion le chevalier Bayard, de mettre
» sa noblesse en péril et hazard avec des piétons dont l'un est cordonnier,
» l'autre boulanger qui n'ont leur honneur en si grosse recommandation que
» gentilshommes? » De si bonnes raisons ne pouvaient manquer d'être
accueillies par les hommes des différents pays, qui tous, également scrupuleux sur les priviléges de la noblesse, refusèrent de déroger au droit qu'ils
avaient de ne combattre qu'à cheval; ce refus, disent les historiens, amena la
levée du siége [1]. Lors de la séparation des troupes qui composaient l'armée
impériale, séparation qui s'effectua à Vicence, le seigneur du Rœulx resta
dans cette place; plus tard il se retira avec ses hommes d'armes à Vérone
et ensuite à Saint-Boniface [2], mais il fut pris par trahison par les stradiots
vénitiens [3]. Cet événement retarda jusqu'en 1510 le retour en Belgique des
hommes d'armes qui avaient pris part à la ligue de Cambrai [4].

§ III. — *Nouvelle guerre contre la Gueldre (1510 à 1518).*

Les hostilités contre le duc de Gueldre recommencèrent en 1510 et firent
reprendre le siége de Wageningen qui avait été interrompu, quelques années
auparavant, par la mort inopinée de l'archiduc Philippe le Beau. Les bandes
d'ordonnance, sous le commandement de Floris d'Egmont, seigneur d'Ysselstein, prirent part à cette campagne. Au mois d'août 1511, Wageningen
fut emporté; les compagnies d'ordonnance assistèrent ensuite à l'investissement de Venloo, opération qui n'amena aucun résultat. Elles combattirent le

---

[1] *Histoire du chevalier Bayard.* — Daru, *Histoire de Venise.* — Mémoires de Fleuranges.

[2] *Ibid., ibid.,* t. V, p. 45.

[3] Relation de l'ambassadeur Thomas Tiepolo.

[4] D'après le compte de Ch. Leclercq, inséré par M. Gachard dans son rapport sur les archives
de Lille, on constate que les payements qui furent faits à ce corps comprennent la période entre
le 24 mai et le 24 novembre 1509; que le capitaine général avait cent cinquante florins d'or par
mois, et que chaque combattant avait par mois huit florins d'or de vingt-huit sols.

Il y avait également un corps de piétons des Pays-Bas dans l'armée de la ligue de Cambrai;
ce corps était commandé par Jacques de Récourt, seigneur de Licques, qui, plus tard, fut échanson de l'archiduc Charles.

16 août 1513 à la bataille de Guinegate et contribuèrent à la victoire que Maximilien remporta sur les Français. Après la capitulation de Thérouanne, qui eut lieu le 23 août, et la prise de Tournai, qui suivit cette capitulation à un mois de distance, elles furent réparties sur les frontières du pays, du côté de la France; mais peu de temps après, la pénurie des finances obligea le gouvernement à les faire rentrer dans leurs foyers. En 1516, les États ayant accordé les subsides nécessaires à la solde de deux cents hommes d'armes et de quatre cents archers « pour la défense du pays et la sûreté des routes » les quatre bandes furent rappelées en service actif [1] et cantonnées sur les frontières du Brabant et de la Gueldre.

L'année suivante, à l'occasion de la révolte de la Frise, les bandes d'ordonnance furent de nouveau rappelées sous leurs enseignes [2] et même on doubla le nombre des archers en le portant à huit cents. Mais ce fut là une mesure de circonstance qui ne paraît pas avoir été maintenue.

Les bandes d'ordonnance restèrent en service actif pendant toute l'année 1518. Les bandes noires licenciées par Charles d'Egmont menaçaient les Pays-Bas de dévastation et de pillage; la gendarmerie des ordonnances fut employée à couvrir le pays de Liége et le Brabant; elle eut plusieurs enga-

---

[1] Le savant historien du règne de Charles-Quint en Belgique a cru voir dans ce vote de subside pour « *mettre sus deux cents hommes d'armes et quatre cents archers* » la preuve qu'en 1516 on avait doublé le nombre des bandes d'ordonnance qui, précédemment, était de quatre. Je crois que c'est une erreur; le subside voté en 1516 n'avait d'autre but que de *mettre en service* les quatre bandes qui existaient. Si l'on avait formé quatre nouvelles bandes en 1516, les lettres patentes du 25 juillet 1517 instituant le conseil d'État auraient nécessairement fait allusion aux huit bandes qui eussent existé, tandis que ces lettres ne parlent que de quatre bandes. D'un autre côté, il est incontestable que les quatre bandes que, selon l'historien du règne de Charles V, on aurait levées en 1516 avec le subside voté par les États, eurent pour chefs le seigneur de Chièvres, le comte de Nassau, le seigneur de Ravenstein et le seigneur de Fiennes; or, c'étaient précisément les chefs des quatre anciennes bandes. On pourrait dire peut-être que ce dernier argument n'est pas décisif, attendu que plusieurs fois on leva des bandes provisoires pour les besoins de la guerre et qu'on les mit sous le commandement des chefs des anciennes bandes qui, ainsi, en avaient chacun deux, une ancienne et une nouvelle, mais il résulte positivement de tous les documents qui mentionnent les bandes d'ordonnance pendant la période de 1516 à 1522 qu'il n'exista pas huit bandes; d'où je conclus que si réellement on créa en 1516 quatre nouvelles bandes, ce fut là une création tout à fait temporaire.

[2] Dans le compte de J. Micault, n° 1884, il est question d'argent prêté par les marchands d'Anvers pour payer les « ordonnances estant en Frise. »

gements avec les bandes sorties de la Gueldre; elle les battit en plusieurs rencontres, les mit en fuite, les poursuivit et finalement les extermina.

Des troubles ayant éclaté à Bois-le-Duc pendant le mois de mars 1518, le magistrat de cette ville obtint du comte de Nassau, qui exerçait à cette époque le commandement de toute la gendarmerie, un secours de cinquante à soixante hommes d'armes qui rétablirent l'ordre.

Après la campagne de 1518, les bandes d'ordonnance furent renvoyées dans leurs foyers; toutefois, l'année suivante, sur le conseil du seigneur d'Ysselstein, Marguerite d'Autriche les rappela en service actif et les fit cantonner vers Thionville et dans d'autres places du Luxembourg [1].

La paix semblait être faite avec le duc de Gueldre, et dans l'acte de réconciliation qui intervint à cette occasion, Charles-Quint promit de donner à ce prince une bande d'ordonnance de cinquante hommes d'armes à prendre sur les compagnies qu'il se proposait de lever lors de son retour aux Pays-Bas. L'Empereur en promit également une à Robert de la Marck [2].

§ IV. — *Couronnement de Charles-Quint à Aix-la-Chapelle (1520).*

Charles-Quint fut appelé, à cette époque, à succéder à Maximilien sur le trône impérial. Les bandes d'ordonnance l'accompagnèrent lors de son entrée solennelle et de son couronnement dans la ville d'Aix-la-Chapelle les 22 et 23 octobre 1520.

D'après la relation de cette cérémonie qui nous a été conservée, on remarquait dans le cortége [3] :

La bande de monseigneur de Nassau, commandée par le bâtard d'Immerye, comptant trois cent cinquante chevaux.
La bande de monseigneur de Chièvres, comptant trois cents chevaux.

[1] Compte de Philippe d'Orley, n° 2655 (aux Archives du royaume).
[2] L'historien du règne de Charles-Quint en Belgique dit qu'en 1518 la gouvernante Marguerite donna une bande de cinquante hommes d'armes et cent archers à Philibert de Chalon, prince d'Orange. Cette bande fut comprise dans l'organisation de 1522.
[3] *Bulletin de la Commission royale d'histoire*, 2e sér., t. XI, p. 219.

La bande de monseigneur de Ravenstein, comptant trois cents chevaux.
La bande de monseigneur du Rœulx } comptant ensemble sept cents chevaux.
La bande de monseigneur de Fiennes }

On voit, par le nombre des chevaux que présentaient ces cinq bandes, que ce n'était pas seulement pour faire la guerre que des volontaires se plaçaient à la suite des compagnies d'ordonnance; à la cérémonie dont il est ici question l'effectif réglementaire des bandes s'en trouvait augmenté de plus de quatre cents cavaliers.

§ V. — Guerre contre la France (1521-1522).

En 1521 , il y eut à réprimer de nouveau les actes hostiles du seigneur de la Marck qui voulut, avec ses bandes si redoutées des populations, se rendre maître de plusieurs points du Luxembourg et notamment de la ville de Virton. A cette occasion la compagnie d'ordonnance du seigneur de Chièvres [1] fut rassemblée et envoyée à la frontière. De la Marck, ayant été repoussé dans un assaut contre Virton, le 22 mars, battit en retraite; mais il n'avait pas renoncé à la guerre et attendit une occasion plus favorable.

Pour mettre le pays à l'abri de ces attaques qui se renouvelaient sans cesse, Henri de Nassau reçut la mission de rassembler une armée de vingt-deux mille hommes sur les frontières du Hainaut et de l'Artois, ainsi que dans le Luxembourg. Les bandes d'ordonnance firent partie de cette armée. De Thionville et des localités voisines où elles furent postées, elles réussirent à contenir le seigneur de Sedan; elles firent même irruption sur ses terres où elles eurent à combattre la bande d'ordonnance que Charles-Quint avait donnée au seigneur de la Marck et qui, sous la conduite d'un des fils de ce seigneur, dévastait les Ardennes. Après cette campagne, qui fit tomber entre les mains des troupes de Henri de Nassau quatre de ses principales villes, Robert de la Marck se vit enfin réduit à solliciter une trêve.

<hr>

[1] Guillaume de Croy, seigneur de Chièvres, mourut le 18 mai 1521. Sa bande d'ordonnance, qui fut donnée, quelque temps après sa mort, à son neveu Philippe de Croy, marquis d'Arschot, se trouvait, au moment des événements qui font l'objet du récit, sous le commandement du lieutenant de la bande, Vitasse ou Eustache de Bousies, seigneur de Vertaing.

Charles-Quint invoqua la conduite constamment hostile de Robert de la Marck et du duc de Gueldre, deux princes alliés à la France, pour déclarer la guerre à François Ier. Ses généraux, le comte de Nassau [1], le comte de Gavre [2] et le marquis d'Arschot [3], se préparèrent activement à entrer en campagne : le comte de Nassau, avec onze mille piétons allemands, neuf mille piétons des Pays-Bas et quatre mille chevaux, menaçait la Champagne, tandis que le comte de Gavre et le marquis d'Arschot réunissaient les milices des comtés de Hainaut et de Flandre ; quant aux bandes d'ordonnance, elles furent renforcées par une levée de deux cents hommes d'armes et dirigées sur Mons et Valenciennes [4].

Après une série de succès qui permirent aux Impériaux de se rendre maîtres de St-Amand, de Wez et de Mortagne, la campagne se termina par la capitulation de Tournai qui fut signée le 1er décembre 1521.

La pénurie des finances fit renvoyer dans leurs foyers les hommes d'armes des bandes d'ordonnance, immédiatement après ce succès, mais ils furent bientôt rappelés en service actif : le château de Tournai ne devait se rendre qu'après quinze jours s'il n'était pas secouru par les Français. Dans le but de prévenir les tentatives de nature à retarder cette reddition, les bandes d'ordonnance furent réunies de nouveau sous leurs enseignes. Le château de Tournai fut définitivement évacué le 16 décembre et les bandes purent achever l'hiver dans leurs foyers.

L'année suivante, Marguerite d'Autriche, gouvernante des Pays-Bas, se vit de nouveau dans l'obligation de prendre des mesures de protection contre l'hostilité de la France. Elle chargea le comte de Buren de diriger les opérations militaires. On réunit mille chevaux des bandes d'ordonnance et trois mille piétons. Le comte de Buren, après avoir rejoint, entre Ardes et St-Omer, le corps anglais commandé par le comte de Surrey, fit le siége de Hesdin, mais une épizootie s'étant déclarée dans l'armée, les Anglais se rembarquèrent et le comte de Buren dut renoncer à l'espoir de réduire Hesdin.

[1] François-Henri de Nassau.
[2] Jean-Charles, comte de Frésin.
[3] Philippe de Croy, chef et capitaine d'une des bandes d'ordonnance.
[4] Compte de Jean Micault, n° 1881 (aux Archives du royaume).

Le Hainaut, plus qu'aucune autre province, avait dû se précautionner contre la France. Marguerite d'Autriche obtint des États de la province une aide de quarante mille livres pour le payement de six cents piétons et de cinq cents chevaux des compagnies d'ordonnance du marquis d'Arschot et d'Antoine de Lalaing, comte de Hoogstraeten, qui étaient spécialement chargées de la défense du comté.

La Flandre, de son côté, avait consenti à se charger de l'entretien des cinq bandes placées sur ses frontières et dans l'Artois; mais, dans les autres provinces, le gouvernement ne trouva pas la même bonne volonté. Aussi, dans le Luxembourg, la bande du prince d'Orange refusa-t-elle de marcher avant d'avoir touché les soldes arriérées qui lui étaient dues. Les hommes d'armes se trouvaient dans l'impossibilité de se remonter, malgré la mesure prise par la gouvernante de prohiber la sortie des chevaux de la Flandre et du Luxembourg [1].

Une ligue, qui semblait fort redoutable pour la France, avait été conclue entre le chef de l'Empire, Henri VIII d'Angleterre, le pape, le duc de Milan et d'autres princes italiens. Le fameux connétable de Bourbon, qui aspirait à mettre une couronne sur sa tête en livrant une partie de son pays aux convoitises de l'Angleterre, était entré dans cette coalition. Heureusement que la pénurie d'argent neutralisa en grande partie les projets hostiles qui semblaient à la veille de se réaliser; de part et d'autre, on se borna à des courses sur le territoire ennemi et à des tentatives de surprise. Le comte de Gavre (Jacques de Luxembourg, seigneur de Fiennes), un des généraux de Charles-Quint, investit Thérouanne. Il avait avec lui toutes les milices gantoises qui, se voyant menacées par le duc de Vendôme, furent saisies de panique, repassèrent la Lys en désordre et auraient été massacrées par la cavalerie française sans la valeur de Louis d'Yves, lieutenant de la bande d'ordonnance du comte de Gavre, qui, avec sa compagnie, contint l'ennemi et couvrit glorieusement la retraite [2].

Les Français, de leur côté, avaient tenté un coup de main sur Yvoy,

[1] On sait qu'en 1522 il existait huit bandes d'ordonnance, voir chapitre Ier.
Martin du Bellay. — Le Petit. VII.

mais ils se retirèrent précipitamment à l'approche du comte d'Épinoy,
accouru du Luxembourg avec une bande d'ordonnance [1] que renforcèrent
en route des détachements d'hommes d'armes commandés par le sire d'Arenberg, le comte de Rochefort et Gilles de Sapoigne.

D'après les conventions arrêtées entre les souverains coalisés, une division de troupes anglaises devait débarquer aux Pays-Bas et ensuite, avec le
concours d'un corps d'armée fourni par l'Empereur, assaillir la Picardie.

Ce corps, fourni par l'Empereur, comptait trois mille gendarmes et trois
mille piétons des Pays-Bas, indépendamment de deux cents canonniers. Il
était sous le commandement du comte de Buren (Floris d'Egmont). Les deux
contingents anglais et belge, s'étant réunis, marchèrent sur Paris en semant,
comme c'était la coutume du temps, la dévastation et la ruine sur leur passage. Après être restée quelque temps sur les bords de l'Oise, cette armée
fit tout à coup volte-face, contrairement à l'avis du comte de Buren, repassa
la Somme, et rentra dans l'Artois sans avoir rencontré l'ennemi. Après cette
singulière expédition, le duc de Suffolk se rembarqua avec ses Anglais.

Les garnisons des frontières, c'est-à-dire les bandes d'ordonnance préposées à la garde du Luxembourg et du Hainaut, avaient, non-seulement défendu le pays, mais désolé le territoire français [2]. Le porte-enseigne du
comte de Hoogstraeten [3] s'était particulièrement distingué : il avait fait une
rèze vers St-Quentin, Péronne, Ham, brûlé les châteaux de Marteuille et
de Buyencourt, ainsi que l'abbaye de Vermais; enfin il avait ramené de
cette expédition cinquante à soixante prisonniers, quatre cents à cinq cents
chevaux et un bétail considérable [4].

Vers la fin de l'année, les Français firent un coup de main sur Avesnes
(13 décembre); ils surprirent et égorgèrent les postes et livrèrent la ville
au pillage. Il n'y eut de résistance sérieuse que dans la tour St-Jean où
s'était retiré, avec quelques bourgeois, le sieur de Maigret, simple homme

---

[1] Compte de Jean Micault précité.

[2] Lettre de Marguerite d'Autriche à l'Empereur, du 6 septembre 1523.

[3] Marguerite, dans sa correspondance, appela cet officier le *petit Boubaz*. Le porte-enseigne
du comte de Hoogstraeten était à cette époque un nommé d'Estrées.

[4] Lettre de Marguerite à l'Empereur, du 6 septembre 1523.

d'armes de la compagnie d'ordonnance du marquis d'Arschot. Ce valeureux soldat repoussa tous les assauts de l'ennemi et, grâce à son énergie, parvint à conserver sa position.

§ VI. — *Guerre de Frise (1524).*

Ce fut vers la même époque qu'eut lieu la soumission de la Frise. Georges Schenck y avait été envoyé dès le mois de juin 1523; il y fut rejoint par Jean de Wassenaer qui lui amena neuf cents piétons et par le seigneur de Castre qui conduisait les gendarmes d'ordonnance. Ils mirent tout à feu et à sang et ramenèrent la fortune sous les drapeaux de Charles-Quint. La pacification de ce pays fut signée le 23 novembre 1524, mais la Gueldre n'était pas soumise. Le duc Charles d'Egmont ravageait la Hollande et il faillit de s'emparer de Bois-le-Duc. Le 2 avril, le comte de Buren, avec cent lances d'ordonnance et quelques piétons, avait arrêté ces succès et commis à son tour d'horribles représailles. Une trêve intervint à la suite de laquelle les États de Brabant réduisirent de moitié leur part dans l'aide votée. Les prélats et les nobles consentirent cependant à allouer le nécessaire pour solder jusqu'au 15 août 1524 les bandes de Nassau, de Buren, d'Arschot et de Hoogstraeten [1].

§ VII. — *Nouvelle guerre contre la France (1525).*

Charles-Quint n'avait pas cessé de s'occuper de ses préparatifs d'armement contre la France : il envoya en Lorraine divers corps de troupes et une partie de gens d'armes des bandes d'ordonnance [2], mais la pénurie des finances vint, comme de coutume, mettre obstacle à l'exécution suivie des projets de l'Empereur et l'on dut se borner à observer la frontière. Dans une lettre de la gouvernante Marguerite d'Autriche, du mois de septembre, on lit qu'il était dû, à cette époque, plusieurs mois de solde aux bandes d'ordonnance des

---

[1] Compte d'Adrien Van Heilwygen, n° 15752 (aux Archives du royaume).
[2] Instructions du 10 juillet 1524 données au seigneur de Montfort.

comtes de Nassau et de Buren placées sur la frontière du Brabant vers la
Gueldre, à celles du marquis d'Arschot et du comte de Hoogstraeten qui se
trouvaient dans le Hainaut [1], aux gens d'armes du Luxembourg, c'est-à-dire
aux bandes du prince d'Orange et du comte du Rœulx. A Gand, la collace
consentit, au mois d'octobre, à payer les bandes du seigneur de Ravenstein [2]
et du comte de Gavre, qui étaient préposées à la garde des frontières de la
Flandre et de l'Artois. On fut enfin obligé, vers la fin de l'année, de renvoyer
toutes les compagnies dans leurs foyers, mais on les rappela en service actif
dès le mois de janvier de l'année suivante. La gouvernante fit de nouvelles
instances près des États pour en obtenir de l'argent; une espèce de révolte
s'ensuivit dans presque toutes les provinces; on se plaignait vivement que
l'argent qui avait été accordé précédemment n'eût pas été employé à payer
les gens de guerre [3]. Les États de Flandre finirent cependant par consentir
à pourvoir à l'entretien des bandes des seigneurs de Ravenstein, de Gavre
et du Rœulx, sur le pied de cinquante hommes d'armes par bande.

La victoire de Pavie vint fort à propos faire diversion aux difficultés
qu'éprouvait le gouvernement des Pays-Bas. Les bandes d'ordonnance
n'avaient pas été appelées à prendre part à cette campagne, si glorieuse
pour les Belges. Charles de Lannoy, qui reçut l'épée du roi vaincu, le seigneur de Boussu, le comte d'Egmont, dont les noms figurèrent plus tard
parmi les chefs et capitaines des compagnies d'ordonnance; le seigneur de
Bellain (Jacques de Succre), qui était lieutenant de la bande du comte du
Roeulx, tous ces seigneurs et bien d'autres eurent leur part d'honneur dans
le succès de cette journée mémorable.

Cependant les hostilités ne cessaient pas sur les frontières des Pays-Bas.
Antoine de Crequy, chef d'un corps français, avait remporté d'abord quelques
succès contre les Impériaux, mais bientôt il dut battre en retraite. Assailli,
près d'Arques, par le seigneur de Licques qui était capitaine de la ville

---

[1] Le Hainaut finit par accorder, en décembre 1524, cent mille livres pour le payement de la
solde des gens de guerre chargés de la défense des frontières et du Luxembourg (comptes de
J. Micault, n° 1883, et d'A. Van Heilwygen, n° 1572).

[2] Philippe de Clèves qui avait succédé au seigneur d'Aymeries.

[3] Robert Macquereau.

d'Aire, il ne parvint qu'avec peine à s'échapper. Entre Thérouanne et Aire, son arrière-garde fut en partie détruite par trois cents chevaux des ordonnances et par douze cents piétons wallons.

Une colonne formée des garnisons de l'Artois et de la bande d'ordonnance du seigneur de Ravenstein prit d'assaut et brûla Moreuil (12 juin); enfin, sur la frontière du Luxembourg, il y eut également plusieurs combats plus ou moins sérieux. Les bandes d'ordonnance du marquis d'Arschot et du seigneur de Ravenstein accoururent du Hainaut et dispersèrent les troupes allemandes qui menaçaient le pays [1].

Après une série d'agressions mutuelles, une trêve jusqu'au 31 décembre 1525 fut conclue entre les Pays-Bas et la France. Il était temps que l'on s'entendît. L'armée, mal payée, était prête à se débander; les compagnies d'ordonnance réclamaient leur solde arriérée s'élevant à des sommes considérables; on réduisit à deux compagnies la garde des frontières du comté de Flandre; la troisième bande, qui avait concouru à ce service, celle de Ravenstein probablement, fut supprimée et le nombre des compagnies se trouva ainsi réduit à sept [2].

Pendant cette campagne les bandes d'ordonnance avaient fait une perte sensible, celle du comte du Rœulx, qui était mort le 27 juin 1524. Sa compagnie fut donnée à son fils Adrien de Croy.

§ VIII. — Continuation de la guerre contre la France,
l'Angleterre et la Gueldre (1528).

En 1528, la France et l'Angleterre déclarèrent la guerre à Charles-Quint. Dès le mois de février, les Français ravagèrent nos frontières du midi, tandis que le duc de Gueldre, toujours en révolte, menaçait celles du nord.

La régente Marguerite d'Autriche prit des mesures énergiques en présence

[1] Des troubles ayant éclaté à Bois-le-Duc, Marguerite ordonna au seigneur de Buren de prendre position à Wugt (25 juillet), avec mille à onze cents piétons et trois cents chevaux des ordonnances. La population voulut d'abord résister, mais elle finit par conclure une pacification (51 juillet).

[2] Lettre de Marguerite du 20 mai.

du danger qui menaçait les Pays-Bas. Elle sut imprimer une grande activité aux travaux de défense, mais l'argent manquait comme toujours et heureusement l'orage fut en partie détourné par la guerre qui éclata en Italie. Il fallut néanmoins envoyer des troupes dans le nord pour opérer contre le duc de Gueldre. Une partie des bandes d'ordonnance se joignit aux autres forces dirigées contre Van Rossem qui s'était rendu maître d'Utrecht pour le duc de Gueldre. Les forces réunies par la ligue de Malines et dirigées par Schenck et le comte de Buren réparèrent cet échec. Les Gueldrois étant entrés dans la mairie de Bois-le-Duc, Thierry de Batenbourg, qui était lieutenant de la compagnie d'ordonnance du comte de Buren, réunit cette bande à celle du comte de Nassau, commandée par Lubert Turch, seigneur de Hemert, également lieutenant de cette dernière bande, et assaillit l'ennemi entre Heze et Leende; il le mit en fuite, franchit la Meuse, entra avec ses deux bandes dans le quartier du Ruremonde et pilla toute la contrée. Utrecht fut repris en juillet 1528, mais le manque d'argent vint encore arrêter les succès des Impériaux.

Charles-Quint, un instant menacé par la France et l'Angleterre coalisées, était heureusement parvenu à rompre cette alliance et à conclure une trève avec les Anglais. Charles d'Egmont fut compris dans cette trève. Le traité conclu avec lui, le 3 octobre 1528, lui assura le commandement d'une compagnie d'ordonnance de cinquante hommes d'armes et de cent cinquante archers qui devait être affectée exclusivement au service des Pays-Bas.

Par ce traité, appelé traité de Gorcum, Charles d'Egmont se reconnut enfin vassal de Charles-Quint. Ainsi fut terminée une guerre qui avait duré plus de vingt ans et avait désolé la Hollande et le Brabant.

La détresse des bandes d'ordonnance après cette campagne est constatée par une lettre en date du 27 mai 1529 de Marguerite d'Autriche à l'Empereur. « Je vous aye aussi escript comme aucunes des compagnies de gens » d'armes de vos ordonnances se mictent sur le plat pays pour manger à » faulte de payement. »

La Flandre accorda cependant une aide pour être exclusivement employée à payer les garnisons ordinaires et les bandes d'ordonnance du comte de Gavre et de feu le seigneur de Ravenstein. Cette dernière bande venait de perdre son chef [1] et avait été partagée entre le seigneur de Vianen, qui en était le lieutenant, et le seigneur de Beveren [2].

Les États de Brabant accordèrent également un subside pour payer les bandes d'ordonnance des comtes de Buren et de Nassau.

§ IX. — *Couronnement de Charles-Quint à Bologne en 1530.*

Pendant les quatre années qui suivirent le traité du 3 octobre 1528, aucune guerre n'appela le concours des bandes d'ordonnance.

Les compagnies du comte du Rœulx, du marquis d'Arschot et du seigneur de Vianen se rendirent en Italie en 1529 pour assister au couronnement de Charles-Quint qui eut lieu à Bologne le 24 février 1530. L'Empereur, dit Brantôme, entra à Bologne « escorté par mille hommes d'armes des vieilles » ordonnances de Bourgogne, tous bien montés et bien armés, couverts de » leurs belles et riches casaques d'armes, la lance sur la cuisse. »

D'après la description du *Triomphe* du 24 février 1530, faite par un contemporain nommé Robert Peril [3], la bande du marquis d'Arschot portait une livrée jaune, violet et blanc; la livrée du comte du Rœulx était rouge, bleu et jaune; celle du seigneur de Vianen était jaune et blanc [4]; « les » hommes d'armes, dit un narrateur contemporain, étaient à cheval, bien » triumphament accoutrez avec leurs bardez luisans en or et argent, tous » Flamans que Bourguignons. Après eux venaient les archiers à cheval, en » leurs saions d'orfeverie bien richement accoustrés et en bel ordre..... »

Ces trois bandes d'ordonnance ne se bornèrent pas à assister aux cérémo-

---

[1] Philippe de Clèves, seigneur de Ravenstein, mourut en 1527.

[2] La Flandre mit pour condition que les payements se feraient sur l'avis du gouverneur de la Flandre et sous la surveillance des commissaires des États.

[3] Cette représentation du *Triomphe* de Bologne se compose de deux bandes superposées, gravées sur bois, imprimées sur vingt-quatre feuilles de parchemin collées ensemble. Le tout ainsi réuni forme une estampe de 4,84 mètres de longueur, sur une hauteur de 50 centimètres. Cette estampe se trouve au musée d'Anvers. (*Bulletin de l'Académie royale*, t. XXVII.)

[4] D'après la description de Robert Peril, il y avait encore deux autres bandes au *Triomphe* de Bologne; celles du baron d'Aultrey, de la maison de Vergy, et du baron de St-Sourlin. C'était probablement des nobles de Bourgogne.

nies du couronnement de Charles-Quint; elles eurent l'occasion de déployer leur valeur dans un combat contre Galeas Visconti. Il fut rendu compte de cette affaire par le lieutenant de la bande du marquis d'Arschot, le comte Félix de Werdenberg; dans le rapport qui fut adressé par cet officier à l'Empereur, on trouve cités le bailli d'Aumont et son lieutenant le seigneur de Ransonnières, le seigneur d'Aultrey et les lieutenants Adrien de Croy, les seigneurs de Varax et de Vianen.

A leur retour dans les Pays-Bas, ces bandes furent, comme les autres, renvoyées dans leurs foyers.

Charles-Quint partit de Bruxelles le 17 janvier 1532; il se fit escorter par cent cinquante hommes d'armes des ordonnances qui l'accompagnèrent jusqu'à Ratisbonne.

L'Empereur avait été retenu à Bruxelles par les difficultés qu'il avait éprouvées de solder les bandes d'ordonnance. Il leur devait des arriérés considérables et voulut transiger en les amenant à renoncer à un tiers de leurs créances. Il existe aux Archives du royaume (liasse de l'audience) une curieuse correspondance entre l'Empereur et les chefs des bandes, le comte de Buren, le marquis d'Arschot, les comtes de Gavre, du Rœulx et de Hoogstraeten, dans laquelle le souverain les engage à persuader à leurs hommes d'armes qu'ils devaient accepter cette transaction. La bande de Buren fit une longue résistance; elle ne voulait pas accompagner l'Empereur dans son prochain voyage en Allemagne et en Italie, à moins d'être payée au préalable. Les hommes d'armes consentaient cependant à une réduction de leur créance, pourvu qu'elle fût moins forte que celle que l'Empereur voulait leur imposer; ils faisaient valoir que leurs dettes ne pourraient être soldées même au moyen du complet de leurs arrérages, qu'ils avaient dû vendre et engager leurs biens particuliers afin de pouvoir vivre; qu'actuellement ils étaient dans la plus grande misère, etc., etc.

Il y eut, au mois d'août de cette année-là, quelques troubles dans Bruxelles; l'Empereur conseilla à la gouvernante d'appeler, au besoin, mais avec prudence, la compagnie d'ordonnance de feu le seigneur de Fiennes [1] et celle

---

[1] Jacques de Luxembourg, seigneur de Fiennes et comte de Gavre, mourut en 1552. Sa bande d'ordonnance fut donnée à Antoine de Lalaing, seigneur de Hoogstraeten,

du marquis d'Arschot pour les faire camper autour de la ville. La gouvernante suivit ce conseil; le marquis d'Arschot prit le commandement général. L'attitude de ces troupes ramena la tranquillité dans Bruxelles. L'Empereur fit remercier le marquis d'Arschot des bons services que lui et sa bande avaient rendus en cette circonstance.

§ X. — *Guerre contre Soliman (1532)*.

Cette même année 1532 vit la guerre de Charles-Quint contre les infidèles. L'Empereur, en attendant la réalisation de ses projets contre les luthériens d'Allemagne, avait résolu de détruire la puissance de Soliman qui déjà avait inondé la Hongrie de plus de deux cent mille soldats.

Les Pays-Bas fournirent un large contingent pour cette guerre. Les bandes d'ordonnance des comtes de Buren, de Nassau et du Rœulx firent partie de la cavalerie destinée à y prendre part; elles y combattirent vaillamment.

Les compagnies des comtes du Rœulx et de Nassau arrivèrent à Lintz au moment où apparaissait devant cette ville le Kan tartare qui venait de dévaster les rives de la Mur.

Le comte du Rœulx, qui exerçait le commandement général des troupes des Pays-Bas, s'empressa de mettre la place à l'abri d'une surprise, rassura les habitants par son attitude résolue et courut aux barbares qui n'osèrent tenir devant la gendarmerie flamande et qui se retirèrent après quelques escarmouches (8 septembre). Après le combat de Fernitz, où l'arrière-garde de l'armée ottomane fut écrasée (13 septembre), le comte du Rœulx voulait poursuivre l'ennemi, mais il eut le regret de voir ses desseins paralysés par la lenteur du palatin Frédéric, auquel il n'hésita pas à adresser les reproches les plus sévères [2]; Charles-Quint dut même intervenir pour apaiser le ressentiment de son belliqueux lieutenant, qui eut des querelles non moins

---

[1] La lettre par laquelle Charles-Quint témoigne sa satisfaction au marquis d'Arschot se trouve aux Archives du royaume; elle est datée de Bologne où l'Empereur se trouvait depuis le 15 novembre 1552.

[2] De Hammer, *Histoire de l'empire ottoman*.

vives avec le marquis dél Guasto et le commandeur Penalosa dont les troupes, qu'il voulait réprimer en sa qualité de maréchal de l'Ost, commettaient des brigandages épouvantables. L'Empereur dut intervenir de nouveau ; il écrivit sévèrement à ces deux généraux si peu soucieux de l'honneur de l'armée et de la discipline et il loua beaucoup la conduite et l'énergie du comte du Rœulx [1].

§ XI. — *Différend avec le duc de Holstein en 1533.*

L'année suivante, le gouvernement des Pays-Bas eut un différend avec Frédéric de Holstein qui, dans le but apparent d'appuyer une réclamation d'indemnité, avait envoyé un corps de trois mille Allemands camper sur la frontière de la Gueldre. Les villes de la Hollande durent se mettre en état de défense ; le comte de Buren accourut à leur aide avec trois bandes d'ordonnance, tandis que le comte de Hoogstraeten réunissait un petit corps d'armée dans le pays d'Utrecht. La cavalerie d'ordonnance s'avança jusqu'à Gorcum ; le corps de Hoogstraeten remonta le Lech et le comte de Nassau, à la tête du contingent brabançon, se porta à Bois-le-Duc.

Cette démonstration, qu'avait rendue nécessaire la connivence manifeste qui existait entre le duc de Gueldre et Philippe de Holstein, suffit pour amener le départ des troupes allemandes ; mais on put se convaincre bientôt que la conduite du duc de Gueldre en cette circonstance cachait le dessein de rompre de nouveau avec l'Empereur et de s'allier à la France. En effet, au mois d'octobre de l'année suivante, Charles d'Egmont déchira le traité de Gorcum, institua le duc de Lorraine son héritier, et congédia la bande d'ordonnance dont l'Empereur lui avait donné le commandement quelques années auparavant.

[1] Henne, *Histoire du règne de Charles-Quint en Belgique*, t. VI, p. 45.

§ XII. — *Hostilités sur les frontières de France en 1536.*

Charles-Quint prévit qu'il était à la veille d'entrer en guerre contre la France. Il voulait que, dans la lutte qui semblait devoir éclater bientôt, les Pays-Bas se bornassent à la défensive; il fit faire de grands préparatifs militaires, et dans les instructions secrètes qu'il adressa au comte de Nassau, il recommanda surtout de tenir les bandes d'ordonnance prêtes à entrer en campagne.

Les opérations ne commencèrent qu'au mois de juin 1536. Le comte de Nassau avait été nommé commandant en chef de l'armée; il avait pour lieutenant le comte du Rœulx (Adrien de Croy) qui était récemment revenu d'Espagne et qui s'était illustré, comme on l'a vu, par sa valeur, dans la guerre contre les Turcs.

Le comte de Buren resta dans les provinces du nord qui allaient devenir le théâtre d'importants événements.

Bien qu'on eût eu beaucoup de temps pour préparer les moyens de défense, la détresse extrême des finances avait été un obstacle qu'on n'était pas parvenu à lever. Les caisses étaient littéralement vides au moment où on allait devoir faire face à une confédération de Français, d'Anglais et de Gueldrois, sans compter le landgrave de Hesse et le duc de Wurtemberg qui, eux aussi, faisaient des armements menaçants. La noblesse des Pays-Bas consentit à prêter deux cent cinquante mille ducats pour payer la solde arriérée des bandes d'ordonnance; la ville d'Anvers avança cent mille florins; enfin l'Empereur envoya quatre cent mille carolus. Avec le produit de quelques aliénations de domaines, ce fut tout ce dont on put disposer pour couvrir les dépenses militaires. C'était évidemment de beaucoup insuffisant; aussi l'armée que l'on forma ne se distingua-t-elle que par son indiscipline et les désordres qu'elle commit [1]. Après un simulacre de siége devant Péronne, les troupes battirent en retraite. Les bandes d'ordonnance n'eurent aucune occasion de combattre; elles se bornèrent à défendre l'accès des frontières aux troupes françaises

[1] Henne, *Histoire du règne de Charles-Quint en Belgique*, t. VI, p. 124.

qui voulurent les franchir en poursuivant l'armée. La bande du marquis d'Arschot garda la frontière du Hainaut; celles du comte du Rœulx et du seigneur de Beveren gardaient les confins de l'Artois où elles eurent parfois des combats heureux avec les partis ennemis; c'était à peu près la seule force que Marie de Hongrie se trouvât en position d'opposer aux attaques de la France.

Cependant, en face du danger qui, chaque jour, devenait plus imminent, on fit des efforts extraordinaires pour arrêter l'envahissement des troupes françaises. Vers la fin du mois de mai 1537, on parvint à rassembler une armée dans l'Artois. De Buren en fut le chef et le comte du Rœulx accepta les fonctions de lieutenant du capitaine général. La gendarmerie marcha sous la conduite du comte de Fauquemberghe, Jacques de Ligne [1], du seigneur de Glajon, Philippe de Stavele et du vicomte de Gand, François de Melun. Après divers succès, on finit par s'emparer de Saint-Pol [2] vers le milieu du mois de juin, mais cette conquête fut souillée par des excès déplorables, tristes représailles des ravages que depuis de longues années les Français exerçaient sur nos frontières. Un jeune officier des bandes d'ordonnance, le seigneur Adrien Ier de Gomiecourt, guidon de la compagnie du comte du Rœulx, fut couvert de blessures dont il mourut.

Après quelques autres succès, la détresse des finances ayant engendré l'indiscipline des troupes, on fut contraint de licencier l'armée. Les bandes d'ordonnance rentrèrent en conséquence dans leurs foyers. On ne les rappela en service que vers la fin de l'année 1539, lorsque Charles-Quint allait rentrer en Belgique pour châtier Gand de sa longue résistance aux projets du gouvernement. Les bandes avaient éprouvé, pendant l'année précédente, des pertes considérables; deux de leurs capitaines les plus illustres, le comte Henri de Nassau et le comte de Buren, son glorieux émule, étaient morts, le premier, le 14 septembre, le second, un mois après, le 14 octobre. La bande d'ordonnance de Henri de Nassau fut donnée à René de Chalon, prince d'Orange; Maximilien d'Egmont obtint le commandement de celle du comte de Buren, son père.

---

[1] Fils d'Antoine de Ligne.

[2] Lettre du comte de Buren à Marie de Hongrie du 15 juin 1537, dans les *Bull. de la Commission roy. d'hist.*, 2ᵉ sér., t. V, p. 213. — Martin du Bellay-Sismondi, *Hist. des Français*, t. XI.

§ XIII. — *Punition des Gantois en 1540.*

Charles-Quint, délivré momentanément des soucis que lui avaient causés ses embarras avec les princes ses voisins, résolut de profiter de cette circonstance pour châtier la ville de Gand de la résistance que depuis longtemps elle opposait aux volontés du souverain. Il déploya dans cette occasion un grand appareil militaire. Une circulaire de Marie de Hongrie, du 9 janvier 1540, prescrivit le rassemblement des bandes d'ordonnance :

> Celle du duc d'Arschot à Hal.
> — du comte du Rœulx   } à Enghien.
> — du seigneur de Beveren   }
> — du comte de Hoogstraeten   } à Malines.
> — du prince d'Orange   }

Ces bandes présentaient un effectif d'environ douze cent cinquante chevaux [1]. Elles accompagnèrent Charles-Quint lors de son entrée à Gand et furent logées dans les divers quartiers de la ville; les bandes du comte du Rœulx et du prince d'Orange dans le quartier appelé la Muide; celle du duc d'Arschot dans l'Ouder-Bergen; celle du seigneur de Beveren au Cauter et dans la rue des Champs; celle du comte de Hoogstraeten dans le quartier Saint-Pierre.

Ces cinq bandes restèrent sous leurs enseignes jusqu'au 9 août; quand elles furent remerciées de leur service, l'Empereur leur fit payer un mois de solde en promettant que l'arriéré, qui était considérable, leur serait payé le plus tôt possible.

Deux chefs des bandes d'ordonnance moururent en 1540 : Antoine de Lalaing, comte de Hoogstraeten, le 2 avril, et Adolphe de Bourgogne, seigneur de Beveren, le 7 décembre. La bande du comte de Hoogstraeten fut donnée au seigneur d'Escornaix, qui était son neveu et lieutenant de sa compagnie.

---

[1] Dans la relation des troubles de Gand publiée par M. Gachard (pages 62 et 65), il est dit que les hommes d'armes des ordonnances étaient au nombre de huit cents, ce qui faisait, avec les archers, trois à quatre mille chevaux. Ce chiffre paraît être un peu exagéré.

§ XIV. — *Hostilités avec la France et la Gueldre.*

En 1542, les Pays-Bas se trouvèrent menacés de nouveau par le roi de France et par le duc Guillaume de Clèves.

D'après un plan de campagne proposé par le duc de Clèves, tandis que ce dernier attaquerait les provinces du nord et de l'est, deux armées françaises devaient se jeter sur les provinces du midi et de l'ouest [1].

En attendant le signal de la guerre, les Français commettaient des actes de brigandage sur les frontières, mais les bandes d'ordonnance du comte du Rœulx et du duc d'Arschot réprimèrent ces agressions sauvages.

Pendant ce temps, le maréchal de Gueldre Van Rossem menaçait les provinces du nord avec dix-huit à dix-neuf mille hommes et les troupes françaises se massaient sur la frontière du midi.

Les attaques de la France et de Guillaume de Clèves devaient se combiner avec une révolte des populations irritées des malheurs et des misères que faisaient peser sur elles les guerres continuelles des souverains. L'ennemi extérieur avait ainsi des intelligences dans toutes les villes des Pays-Bas.

En prévision de ces événements, Charles-Quint avait ordonné, dès l'année précédente, de lever et d'entretenir provisoirement à gages ménagiers trente-cinq à quarante compagnies de cavalerie [2].

Marie de Hongrie réunit, le 20 juin, un conseil de guerre pour discuter, sous sa présidence, les mesures à prendre afin d'assurer au pays une défense efficace. Presque tous les chefs des bandes d'ordonnance assistèrent à cette délibération où l'on décida l'emplacement à donner aux troupes.

On plaça dans le Luxembourg, sous le commandement du seigneur de Werchin, les nouvelles bandes d'ordonnance qui avaient été levées par Pierre de Werchin, le comte de Lalaing, Jean d'Yves, le seigneur de Tramerie; on y ajouta des détachements des anciennes bandes du prince d'Orange et du comte de Buren; dans le Hainaut, sous la charge du duc d'Arschot, on plaça l'ancienne bande de ce seigneur. Dans la Flandre et dans l'Artois, sous le

---

[1] Henne, *Histoire du règne de Charles-Quint en Belgique*, t. VII, p. 329.
[2] Voir page 62.

comte du Rœulx, on mit l'ancienne bande de ce seigneur; dans le Brabant, sous le comte de Boussu, on plaça soixante-quinze hommes d'armes, reste des anciennes bandes du prince d'Orange et du comte de Buren.

En Frise et dans l'Over-Yssel, sous la charge du comte de Buren, on envoya quatre cents chevaux des nouvelles bandes.

A tous ces corps de cavalerie on joignit des piétons et la noblesse du pays qui devait le service féodal. Mais toutes ces mesures étaient loin d'être exécutées lorsque tout à coup le pays se trouva envahi.

Van Rossem marcha directement sur Anvers, sans rencontrer d'obstacle sérieux; lorsqu'il fut parvenu dans la bruyère de Brasschaet, ses troupes se heurtèrent contre celles du prince d'Orange. La bande d'ordonnance de ce seigneur, commandée par son lieutenant Lubert Turck, chargea la cavalerie ennemie qui voulait lui barrer le passage et la dispersa, mais l'infanterie se laissa cerner, mettre en déroute et le prince d'Orange eut beaucoup de peine à se réfugier dans Anvers avec les débris de sa troupe.

La défaite du prince d'Orange était un fatal événement, car les autres troupes se trouvaient éparpillées et il y avait à faire face aux Français qui n'avaient attendu que l'avis de la marche de Van Rossem pour se jeter sur les Pays-Bas. On dirigea donc sur l'Artois, d'abord les vieilles bandes d'ordonnance du prince d'Orange et du comte de Buren, la nouvelle bande du comte de Boussu et toutes les autres troupes que l'on put rassembler. En même temps, le duc d'Arschot réunit à Maubeuge sa vieille bande d'ordonnance à celles nouvellement levées par les seigneurs de Ligne, de Weirdezelle, de Roggendorff et de Glajon, ainsi que quelques enseignes d'infanterie, et on remplaça, à Namur, les corps qu'on en avait retirés, par les nouvelles bandes de Pierre de Werchin et du seigneur de Heze et treize enseignes de piétons [1]. Le comte de Buren fut désigné pour prendre le commandement général de ces troupes.

Van Rossem, après sa victoire sur les troupes du prince d'Orange, avait dirigé sa marche sur Lierre et Malines. Vainement les gendarmes de la nouvelle bande du seigneur d'Aymeries détruisirent le pont de Duffel; le général

---

[1] Henne, *Histoire du règne de Charles-Quint en Belgique*, t. VIII, p. 7.

gueldrois n'en traversa pas moins les Nèthes, et marcha sur Louvain où ne se trouvaient que peu de défenseurs, et, entre autres, quelques gendarmes du seigneur d'Aymeries. Louvain demanda à capituler, toutefois Van Rossem n'osa pas entrer dans la ville; il continua son expédition vers la Sambre, harcelé par les archers de Louis d'Yves; à Yvoy il rejoignit le duc d'Orléans, mais il avait perdu en route un quart de sa troupe [1].

Les Français voulurent, comme on en était convenu, combiner leur marche sur la Flandre avec celle de Van Rossem dans le Luxembourg, mais le duc de Vendôme, qui les commandait sur la frontière de Flandre, ne réussit pas dans son entreprise et fut non-seulement maintenu en respect par le comte du Rœulx, mais contraint à se retirer précipitamment.

Ce succès, que l'on devait en grande partie aux bonnes dispositions prises par le comte du Rœulx, permit de disposer du corps du comte de Buren pour protéger le comté de Namur fort menacé par le duc d'Orléans et par Van Rossem, qui, ainsi qu'on l'a dit, avaient réuni leurs forces entre Dun-le-Château et Verdun. Marie de Hongrie convoqua en outre toutes les milices féodales et communales du duché de Luxembourg. Mais cet appel ne produisit qu'un corps de cinq cents chevaux qui fut destiné à protéger le Luxembourg avec le concours des bandes nouvelles de Pierre de Werchin, du comte de Lalaing, de Jean d'Yves, du seigneur de Trameries et de la vieille bande d'ordonnance du duc d'Arschot.

L'armée française en face de laquelle on allait se trouver ne comptait guère moins de trente mille combattants; elle fut même bientôt renforcée de douze à quatorze mille lansquenets; enfin Van Rossem vint y joindre ses douze mille hommes. On s'attendait nécessairement à devoir soutenir de rudes coups. Il n'en fut rien. Après avoir pris quelques bicoques comme Damvillers, Yvoy et Arlon; après avoir surtout pillé et brûlé une quantité de villages, de hameaux et de châteaux, le chef de cette belle armée se retira en désordre et licencia ses troupes!

Les ravages commis par l'ennemi dans toute la partie du pays où il avait pénétré ne pouvaient manquer d'amener de cruelles représailles : le comte

---

[1] Martin Du Bellay.

de Boussu, après avoir rallié la plupart des bandes d'ordonnance, se mit à la poursuite de Van Rossem. Les troupes de l'Empereur reprirent à peu près toutes les positions que les Français et les Gueldrois avaient conquises, et la Gueldre fut traitée avec aussi peu de pitié qu'en avaient montré Van Rossem et les chefs de l'armée française.

Quant à Guillaume de Clèves, un des principaux instigateurs de la levée de boucliers qui venait d'avoir lieu contre les Pays-Bas, il vit ses États envahis. Le prince d'Orange reçut l'ordre d'entrer dans la Gueldre par le Brabant, tandis que Boussu et le comte de Buren gagneraient Aix-la-Chapelle.

§ XV. — *Guerre de Juliers en 1542-1543.*

Au mois d'octobre le comte de Boussu envahit le pays de Juliers; en même temps le prince d'Orange s'empara de Sittard. Ces deux généraux se rendirent maîtres d'une foule de petites places, établirent des garnisons dans celles que l'on voulut conserver et démantelèrent les autres. L'hiver obligea à suspendre les opérations et la plus grande partie de l'armée fut envoyée en congé. Mais Guillaume de Clèves se remit en campagne au mois de novembre et l'on dut rassembler de nouveau les troupes pour l'empêcher de reprendre Duren. Le duc d'Arschot accourut avec quelques bandes d'ordonnance, mais en définitive on n'obtint aucun résultat sérieux.

Du côté de la France, on était également toujours menacé par les garnisons des places-frontières. Le comte du Rœulx, qui commandait dans ces parages, réunit à la hâte cinq mille piétons aux bandes d'ordonnance qui stationnaient dans la Flandre et dans l'Artois et chercha à s'emparer de St-Quentin; mais il n'y réussit pas et son expédition se borna à livrer à l'ennemi quelques combats où les gendarmes se signalèrent par leur brillante valeur.

A la fin du mois d'octobre, le duc de Guise, à la tête d'une nombreuse gendarmerie, entra dans le Luxembourg et surprit Montmédy, mais l'arrivée de la bande d'ordonnance du duc d'Arschot arrêta le cours de ses succès.

Cependant Marie de Hongrie n'avait pas renoncé à châtier Guillaume de Clèves et elle prit des mesures énergiques pour que la campagne de 1543 fût plus avantageuse que ne l'avait été celle de 1542. Comme elle avait constaté le peu d'utilité du service de la noblesse, elle substitua à ces milices féodales un corps de quatre mille chevaux ménagiers répartis en quarante compagnies d'hommes d'armes, de chevau-légers et d'arquebusiers à cheval.

Contrairement à ce qui se faisait d'habitude, on n'avait pas renvoyé les bandes d'ordonnance dans leurs foyers. Les généraux, le comte du Rœulx surtout, avaient insisté sur les dangereuses conséquences qu'aurait ce renvoi; ils firent valoir qu'on avait eu beaucoup de peine à réunir ces compagnies et que la plupart s'étaient trouvées en mauvais état par le dénûment où on les avait laissées.

Au commencement de l'année 1543, Martin Van Rossem menaça de nouveau le Brabant. Marie de Hongrie dirigea en toute hâte vers Bois-le-Duc les bandes d'ordonnance (nouvelles) de Lalaing et d'Yves. Le duc de Clèves prit aussi les armes. C'était à Maestricht que devait se réunir l'armée destinée à agir contre lui. Le duc d'Arschot avait été chargé du commandement en chef. Il livra à l'ennemi la bataille de Sittard. La cavalerie des ordonnances y fit merveille, grâce à la nouvelle tactique qu'elle avait adoptée et elle eût décidé du gain de la bataille sans la lâcheté de l'infanterie allemande et de l'infanterie hollandaise. Les gendarmes se retirèrent en bon ordre, désespérés de se voir enlever la victoire «par la faute de méchants piétons [1]. » Le duc d'Arschot, en rendant compte à Marie de Hongrie de sa défaite, disait : « L'Empereur a une gendarmerie aussy vaillante, seigneurs et hommes, » que j'en ay jamais veu ni ouy parler. » La reine, à son tour, écrivit à Charles-Quint : « Notre nacion et gendarmerie, laquelle a esté décimée par » les Allemands, a gagné très-grosse réputation; à la vérité, ils le méri- » tent, car oncques gens de bien n'en sçavaient avoir fait meilleur deb- » voir [2]. » La gendarmerie eut vingt-sept hommes tués, quatre-vingts prisonniers et perdit soixante et dix chevaux.

Après la triste expérience que l'on venait d'acquérir de la valeur de l'infanterie allemande, on en licencia une bonne partie; le duc d'Arschot se

<hr>

[1] Rapport du seigneur de Praet.
[2] Voir cette lettre dans Henne, *Histoire du règne de Charles-Quint*.

croyait d'ailleurs assez fort avec sa gendarmerie pour déjouer toute entreprise de l'ennemi sur le Brabant. « Si mes piétons, disait-il dans une lettre » du 27 mars 1543 adressée à Marie de Hongrie, étaient aussi bons que » mes gendarmes, je serais prêt à recommencer la bataille [1]. »

On continua les préparatifs contre Guillaume de Clèves; le maréchal de Gueldre, Van Rossem, menaçait la Hollande, le Limbourg, et la principauté de Liége où il eût été accueilli avec empressement par les populations complétement désaffectionnées au gouvernement de Charles-Quint [2]. Toutefois Marie de Hongrie, qui commençait à manquer de confiance dans l'habileté de ses généraux, résolut de rester sur la défensive en attendant l'arrivée de Charles-Quint. L'armée de Juliers fut donc disloquée et toutes les troupes furent réparties en cinq commandements.

Le comte de Hoogstraeten occupa Maestricht avec sa bande d'ordonnance et une autre compagnie de cent cinquante chevaux ; il établit à Fauquemont celle de deux cents chevaux du comte d'Over-Embden ; à Maeseyck, une autre bande de cent cinquante chevaux et huit enseignes d'infanterie couvrirent les frontières du pays d'outre-Meuse. — Le prince d'Orange se tint à Bois-le-Duc avec sa vieille bande d'ordonnance et d'autres compagnies; quelques enseignes d'infanterie aux confins du pays d'Utrecht et de la Hollande. — Le duc d'Arschot fut renvoyé dans le Hainaut avec sa vieille bande et celles du comte de Lalaing, des seigneurs de Ligne, de Rogendorff, d'Aymeries, du bailli d'Avesnes, de Jean d'Yves, des seigneurs de Chimay, de Bermerain, de Glajon et de Wyngene. Le comte du Rœulx fut chargé de la défense de la Flandre et de l'Artois; il eut avec lui sa vieille bande d'ordonnance et les bandes nouvelles d'Egmont, d'Épinoy, de Bugnicourt, de Wesmaert, de Deynse, de Daix, de Marle, en tout quinze cents chevaux et deux enseignes d'infanterie. Une réserve, formée des bandes de de Praet, de Molembaix, de Beersel, de Hallewyn, fut placée à Diest et à Tirlemont. En même temps, les compagnies de chevaux ménagiers furent augmentées de cinquante chevaux [3] et l'on en forma de nouvelles (7 et 17 mai).

---

[1] Voir cette lettre dans Henne, *Histoire du règne de Charles-Quint.*

[2] Marie de Hongrie ayant ordonné d'envoyer une bande d'ordonnance à Maeseyck, les bourgeois refusèrent de la recevoir sans le consentement des états.

[3] Voir page 62.

Les bandes du comte de Buren et du prince d'Orange étaient restées sur les frontières de la Gueldre; la seconde eut plusieurs engagements heureux avec les troupes de Guillaume de Clèves (mai 1543).

La bande du comte de Hoogstraeten eut également des engagements avec les soldats de Van Rossem qui voulaient incendier Heinsberg et qui envahirent le Limbourg. Le prince d'Orange courut au secours de cette province, attira à lui les bandes d'ordonnance qui avaient été placées en réserve à Diest et à Tirlemont, et, par une victoire remportée sur les troupes qui assiégeaient Heinsberg, il délivra cette ville.

Du côté de la France, on continua également une guerre de chicane; François Ier avait rassemblé sur nos frontières des troupes nombreuses qui ravitaillèrent Thérouanne, investirent Liliers qui dut capituler (mai 1543) et menacèrent Hesdin. La bande de Louis d'Yves les harcela, leur enleva des prisonniers et les fit rentrer dans leurs garnisons. Ces insultes continuelles appelaient des représailles : les troupes du comte du Rœulx désolèrent le Boulonnais, tandis que les bandes d'ordonnance du bailli d'Avesnes, d'Adrien de Blois et de Jean d'Yves ravageaient toute la contrée jusqu'à l'Oise.

Vers le milieu du mois de juin, François Ier, ayant enfin achevé ses préparatifs, envahit le Hainaut, dont la défense avait été affaiblie par l'envoi des troupes à l'armée de Juliers et dans l'Artois. Cette armée sema la dévastation et l'incendie, s'empara de quelques places, puis se retira vers la fin du mois de juillet.

Pendant que se livraient tous ces petits combats, Charles-Quint s'avançait avec une armée de vingt-six à vingt-sept mille hommes; il venait châtier Guillaume de Clèves et le punir de toutes ses trahisons. Dès son entrée dans le pays de Juliers, l'Empereur fut rejoint par le prince d'Orange qui lui amena, entre autres troupes, deux mille chevaux des ordonnances.

Duren était la plus importante forteresse de Guillaume de Clèves; elle fut investie le 23 août, prise d'assaut le lendemain et pillée. Le 27, Charles-Quint s'avança vers Juliers qui lui ouvrit ses portes; il en fut de même de Ruremonde (1er septembre), puis de Venloo. Guillaume de Clèves dut se reconnaître vaincu; il sollicita et obtint son pardon en renonçant définitivement au duché de Gueldre et au comté de Zutphen; quant à Martin van Rossem, il passa au service de l'Empereur. Le gouvernement des deux provinces conquises fut réuni à ceux de Hollande, de Zélande et d'Utrecht et donné à René de Chalon, prince d'Orange, qui se trouvait en Gueldre avec six cents chevaux des ordonnances.

La soumission de Guillaume de Clèves permit à Charles-Quint de s'occuper exclusivement des préparatifs de la guerre qu'il allait avoir avec la France.

§ XVI. — *Campagnes de 1543 et 1544 contre la France.*

La campagne de Charles-Quint contre François Ier fut, comme d'habitude, précédée d'une guerre de chicanes où les deux partis obtinrent alternativement quelques avantages.

Le comte du Rœulx, à la tête des bandes d'ordonnance de la Flandre et de l'Artois et d'un corps d'infanterie, fit sa jonction avec le duc d'Arschot qui amenait les troupes du Hainaut, et alla investir Landrecy dont Charles-Quint voulait faire la base de ses opérations en France. Pour s'opposer à toute diversion, le comte de Buren, établi à Valenciennes, réunit les troupes cantonnées dans le Brabant et quelques corps espagnols. Fernand de Gonzague ayant conduit son corps d'armée également sous les murs de Landrecy, cette place se trouva cernée par plus de cinquante mille hommes parmi lesquels on remarquait les ordonnances anciennes et nouvelles des Pays-Bas. Landrecy allait succomber lorsque l'approche de François Ier avec toute son armée fit ajourner l'assaut (octobre 1543). Charles-Quint se rendit au camp de Landrecy le 1er novembre. La veille, la bande d'ordonnance du prince de Chimay avait vaillamment combattu contre un détachement ennemi en reconnaissance. Le voisinage de l'armée française engagea Charles-Quint à lever momentanément le siége de Landrecy et à chercher à livrer une bataille, mais il ne parvint pas à attirer les Français hors de leurs positions. Il fit reconnaître le pays vers Crèvecœur par une partie de la vieille bande d'ordonnance du duc d'Arschot et apprit, avec surprise, que le roi François Ier venait de rentrer précipitamment dans son royaume! Il lança ses gendarmes

à la poursuite de l'armée française ; cette cavalerie d'élite fit de nombreux prisonniers, atteignit l'arrière-garde au delà du bois de Bouchain et lui causa des
pertes considérables [1]. Quant à François Ier, il s'était déjà jeté derrière l'Oise.

Charles-Quint licencia une partie de son armée en attendant la campagne
prochaine et revint à Bruxelles préparer ses armements.

Au printemps de 1544, l'Empereur fit procéder à des levées considérables
de gens de guerre. Non-seulement on rappela sous les enseignes les bandes
d'ordonnance de *crue* qui avaient été organisées l'année précédente, mais on
en forma encore de nouvelles. Le prince d'Orange, entre autres, leva une
bande de cent cinquante chevaux ; de Buren également une de cent cinquante
et le comte du Rœulx une de cent (ordre du 16 avril). Peu de temps après,
on augmenta encore l'effectif des bandes (9 juin).

Charles-Quint, qui « avait jugé utile de commettre bons personnages à la
» conduite des bandes d'ordonnance, tant vieilles que nouvelles, qu'il avait
» fait lever et tenir prêtes en ses pays de par-deçà, » forma de ces compagnies des espèces de régiments commandés par des chefs distincts. Il forma
deux corps d'armée ; dans le premier, dont il donna le commandement au
comte de Buren, se trouvaient treize bandes anciennes et nouvelles donnant
deux mille cent chevaux.

Ces treize bandes étaient les suivantes :

Vieille bande de Buren	250 chevaux.
Nouvelle bande de Buren	150 —
Bande d'Épinoy	200 —
— de Praet	150 —
— de Hoogstraeten	150 —
— d'Aymeries	150 —
— Mastaing	150 —
— Wysmes	150 —
— Dappenbrouck	150 —
— Wymezelles	150 —
— Beaurain	150 —
— J. d'Yves	150 —
— Frédéric de Sombreffe	150 —
	2100 chevaux.

[1] Martin du Bellay. — Brantôme. — Vandenesse.

Dans le second corps il y avait cinq bandes d'ordonnance présentant mille chevaux, savoir :

<pre>
Vieille bande d'Orange . . . . . .   250 chevaux.
Nouvelle bande d'Orange   150   —
Vieille bande d'Arschot   250   —
Bande de Lieques   150   —
    — d'Yves   200   —
                                     ————————
                                     1000 chevaux.
</pre>

En outre, le seigneur de Boussu était chef et général de cinq bandes d'ordonnance d'un effectif de neuf cent quatre-vingt-quatre chevaux, savoir :

<pre>
Vieille bande du Rœulx . . . .   250 chevaux.
Nouvelle bande de Bugnicourt   200   —
    —   —   d'Egmont   150   —
    —   —   de Fauquemberghe . . 200   —
    —   —   de Frentz 184   —
                                      ————————
                                       984 chevaux.
</pre>

Cela faisait en tout vingt-trois bandes vieilles et nouvelles, présentant un effectif de quatre mille quatre-vingt-quatre chevaux.

Dans les derniers jours du mois d'avril, on reprit le siége de Luxembourg. Fernand de Gonzague amena les gendarmes des ordonnances pour renforcer le corps du comte de Furstenberg qui était chargé de cette opération. Malheureusement la disette se fit bientôt sentir; elle produisit l'indiscipline des troupes, même chez les bandes d'ordonnance, mais comme les assiégés éprouvaient les mêmes misères, ils capitulèrent le jour de l'Ascension. Ce fut le premier succès de la campagne. Sur les autres frontières il y eut quelques faits d'armes : dans les premiers jours de juin la bande d'ordonnance du seigneur de Bermeraing, cousin du duc d'Arschot, en garnison au Quesnoy, prit d'assaut le fort de Monbrehaint, et le bailli d'Avesnes, avec sa bande et quelques autres troupes, se jeta sur un autre point de la Picardie et en rapporta un riche butin.

Charles-Quint commença la campagne vers le milieu du mois de juin;

d'après le plan concerté avec son allié, le roi d'Angleterre, il devait envahir la Champagne, tandis que le monarque anglais entrerait en Picardie; les deux armées réunies devaient ensuite marcher sur Paris.

Charles-Quint arriva à Metz le 16 juin; il avait environ trente mille hommes et une artillerie considérable. Afin de se ménager un passage sur la Meuse, on débuta par le siége de Commercy qui se rendit après quatre jours seulement de résistance.

On prit ensuite Ligny (2 juillet) et quelques autres places, puis on alla cerner St-Dizier. Ce fut pendant les opérations du siége de cette ville que mourut le prince d'Orange. Une couleuvrine lui fracassa l'épaule et enleva ainsi aux bandes d'ordonnance un de ses chefs les plus brillants [1]. Vitry tomba également aux mains des Impériaux qui, poursuivant leurs succès, s'emparèrent d'Aï, d'Épernay, de Château-Thierry et de Soissons. Mais là se borna cette campagne pour laquelle on avait fait, de part et d'autre, de si grands préparatifs; les armées ne se rencontrèrent jamais et les deux monarques signèrent la paix de Crépy le 18 septembre 1544. L'armée rentra dans les Pays-Bas par la Lorraine et le Luxembourg, puis on la licencia, ainsi que toutes les bandes d'ordonnance qui avaient été levées en 1543 et en 1544. A en juger par les récompenses que l'Empereur accorda après la campagne, il semble que ce fût la bande d'ordonnance du comte de Lalaing qui s'était le plus distinguée pendant la dernière guerre, car le seigneur de Jamars (Jacques de Lieven) fut chargé de distribuer des gratifications à la plupart des hommes d'armes de cette bande.

---

[1] Il n'avait que trente-deux ans et mourut le 21 juillet 1544.

TROISIÈME PÉRIODE.

HISTOIRE DES BANDES D'ORDONNANCE DEPUIS LEUR ORGANISATION PAR CHARLES-QUINT

JUSQU'A LA DISPARITION DE CETTE MILICE

(1545-1700).

CHAPITRE Ier.

HISTOIRE DE L'ORGANISATION DES BANDES D'ORDONNANCE DEPUIS LA RÉORGANISATION DE CETTE MILICE
PAR CHARLES-QUINT JUSQU'A LA FIN DU DIX-SEPTIÈME SIÈCLE.

§ 1er. — *Création de nouvelles bandes d'ordonnance.*

L'empereur Charles-Quint, pendant ses longues guerres avec la France,
l'Italie et l'Allemagne, avait eu souvent l'occasion d'apprécier le prix de la
cavalerie flamande. Déjà en 1522, il avait doublé le nombre des compagnies
d'ordonnance, mais les dernières campagnes lui prouvèrent que ce corps
n'avait pas reçu un développement suffisant. Il le renforça, à la vérité, par
de nouvelles compagnies, par des *bandes de crue*, comme on disait alors,
dont il obtint d'excellents services; toutefois ces compagnies levées précipitamment, au moment de la guerre, et qui savaient qu'à la paix on les licen-
cierait, ne pouvaient avoir la consistance et la valeur des vieilles bandes
entretenues d'une manière permanente. Pour remédier efficacement à cet
inconvénient, Charles-Quint résolut, en 1545, de donner à sa cavalerie
d'ordonnance un développement mieux en rapport avec la mission qu'il lui
destinait.

Déjà à cette époque la Belgique devait toujours se tenir en garde contre les convoitises de la France; aussi depuis plusieurs années l'Empereur s'occupait-il très-activement des mesures propres à mettre ses pays de par deçà à l'abri des entreprises sans cesse renaissantes des Français : en 1542, il avait fait construire la forteresse de Marienbourg pour défendre le passage d'Entre-Sambre-et-Meuse; en 1543, François Ier s'étant emparé de Landrecy, en passant par Cambrai, Charles-Quint s'empressa d'élever un obstacle au renouvellement d'entreprises de cette espèce et fit bâtir la citadelle de Cambrai. Après le traité de Crépy, deux nouvelles forteresses, Philippeville et Charlemont, s'élevèrent sur les frontières du pays. Il restait à s'occuper de la gendarmerie destinée, elle aussi, à protéger les frontières. Ce fut l'objet de l'édit du 26 novembre 1545.

« Comme en besognant sur le fait de la gendarmerie de noz pays de par » deçà, dit l'Empereur dans le préambule des commissions que reçurent les » capitaines des compagnies nouvellement créées, nous ayons, à grande et » meure délibération du conseil, conclud et ordonné de mettre sus et retenir » nouvelles bendes aux gaiges, traittements et souldées des vieilles bendes » de noz ordonnances. »

L'édit du 26 novembre 1545 est donc bien réellement l'acte par lequel Charles-Quint décréta la réorganisation de sa cavalerie d'ordonnance.

Cet édit, qui fut plus tard complété par celui du 12 octobre 1547, créa onze nouvelles compagnies dont les chefs et capitaines furent :

> Le comte de Mansfelt (Pierre-Ernest).
> Le seigneur de Pract (Louis de Flandre) [1].
> Le comte Charles de Lalaing.
> Le seigneur Philippe de Brederode [2].
> ———　　de Boussu (Jean de Hennin Liétard).
> ———　　de Hoogstraeten (Philippe de Lalaing).
> Le prince d'Épinoy (Hugues de Melun) [3].

---

[1] Le seigneur de Pract renonça à cette bande en faveur de Maximilien de Bourgogne, seigneur de Beveren et marquis de la Vère. Par patente du 21 mai 1548; il obtint la bande que laissa vacante la mort de Louis d'Yves, seigneur de Reverschure (Archives de l'audience).

[2] Cette bande fut donnée en 1570 à Maximilien de Melun, vicomte de Gand.

[3] Cette bande fut donnée en 1554 à Guillaume de Nassau qui la porta à l'effectif de cinquante hommes d'armes.

Martin van Rossem, seigneur de Ponderoy.
Le seigneur de Beverschure (Louis d'Yves) [1].
—   de Bugnicourt (Ponce de Lalaing).
—   de Berchem (Jean van Liere).

De ces onze bandes, celle de Mansfelt était de cinquante hommes d'armes et de cent archers; les cinq suivantes étaient de quarante hommes d'armes et de quatre-vingts archers; les cinq dernières n'avaient que trente hommes d'armes et soixante archers [2].

Ces onze bandes, réunies aux vieilles bandes qui existaient déjà précédemment, c'est-à-dire celles de Philippe de Croy, duc d'Arschot, de Maximilien d'Egmont, comte de Buren, d'Adrien de Croy, comte du Rœulx, d'Adolphe de Bourgogne, seigneur de Beveren [3], lesquelles étaient de cinquante hommes d'armes et de cent archers, formèrent les quinze bandes qui entrèrent dans la nouvelle organisation de la cavalerie d'ordonnance, organisation qui fut définitivement sanctionnée par l'édit de Charles-Quint daté du 12 octobre 1547 et fixa à trois mille chevaux « les bandes et ordonnances de gens de » cheval instituez à se tenir tout pretz sur la frontière pour la défense du » pays quand besoing sera [4]. »

L'ordonnance de 1547, confirmée par celle du 21 février 1552, ne détermine pas le nombre des bandes dans lesquelles seront répartis ces trois mille

[1] Il faut lire probablement le seigneur de *Runeschure*, c'est-à-dire Louis d'Yves, fils cadet d'un autre Louis d'Yves, qui depuis longtemps servait dans la cavalerie des Pays-Bas, avait commandé une *bande de crue* et mourut au moment où il allait recevoir une des nouvelles bandes créées par Charles-Quint, bande qui fut donnée à son fils.

[2] Comme les avantages attachés à la position de chef et capitaine de bande étaient, sous certains rapports, proportionnels à l'effectif des compagnies, la combinaison adoptée par Charles-Quint établit en réalité une certaine hiérarchie entre les trois catégories de bandes. Aussi vit-on souvent les chefs des bandes de trente hommes d'armes solliciter le commandement d'une bande de quarante ou de cinquante hommes. Toutefois cela ne constitua pas une supériorité de rang pour les officiers : le lieutenant d'une bande de trente lances, lorsqu'il était plus ancien que le lieutenant d'une bande de cinquante lances, conservait son droit au commandement et son titre à l'avancement.

[3] Le seigneur de Hoogstraeten (Philippe de Lalaing), qui avait également une des vieilles bandes de cinquante hommes d'armes, en eut une de quarante hommes d'armes dans la nouvelle organisation.

[4] Voir aux annexes n° VIII.

chevaux, mais celle du 26 novembre 1545 avait déjà décrété qu'il y aurait trois classes de compagnies : des compagnies de cinquante, de quarante et de trente hommes d'armes; de nombreux documents postérieurs prouvent, du reste, que ces trois mille chevaux formèrent quinze bandes, savoir :

Cinq bandes de 50 hommes d'armes et de 100 archers.
—   de 40   —   et de 80   —
—   de 50   —   et de 60   —

Comme l'homme d'armes était à trois chevaux, c'est-à-dire qu'il avait un coutillier et un page, on voit que

Cinq compagnies de 50 hommes d'armes et de 100 archers donnent 1,250 chevaux.
—   de 40   —   et de 80   —   1,000   —
—   de 50   —   et de 60   —   750   —

TOTAL. .   .   .   . 5,000 chevaux [1].

On remarquera que ces trois mille chevaux correspondaient en définitive à six cents hommes d'armes seulement [2].

Il n'existe aucune disposition des successeurs de Charles-Quint qui ait jamais modifié ces bases de l'organisation des bandes d'ordonnance. Il arriva

[1] Strada, Van Meteren et d'autres historiens qui sont venus après eux et sans doute les ont copiés, disent que du temps de Charles-Quint il n'y eut que quatorze bandes. Strada donne même les noms des quatorze chefs de ces compagnies; il y a, du reste, une ordonnance de Philippe II du mois d'avril 1561 (MSS n° 12895 de la Bibliothèque royale) qui porte textuellement que les trois mille chevaux des ordonnances étaient, à cette époque, ordonnés et rangés en quatorze cornettes. C'est là une contradiction qu'il est difficile d'expliquer. Quoi qu'il en soit, bien qu'à diverses époques, ainsi que le prouvent les documents conservés dans les archives, il n'ait existé que quatorze bandes, il est incontestable que, en principe, la cavalerie d'ordonnance devait comprendre quinze compagnies.

[2] Cette observation est essentielle pour prévenir toute erreur, car une relation officielle que M. Gachard dit avoir lue à la Bibliothèque nationale de Madrid (MS. marqué *H*. 86) porte que, à l'arrivée de don Juan d'Autriche à Bruxelles, en 1656, et dans un grand conseil de guerre où l'on prit connaissance de l'état des forces militaires du pays, on évalua à six cents le nombre des *hommes d'armes*. Or, comme ce chiffre représente précisément l'effectif complet des hommes d'armes des quinze bandes d'ordonnance, on doit admettre qu'en 1656 il n'y avait pas encore décadence dans l'institution et qu'elle s'était, au contraire, maintenue jusqu'alors sur les mêmes bases que du temps de l'empereur Charles-Quint.

sans doute parfois que des bandes restèrent sans chef plus ou moins longtemps ; que quelques-unes cessèrent même d'exister accidentellement, mais
les dispositions organiques des ordonnances du 26 novembre 1545 et du
12 octobre 1547, renouvelées par Charles-Quint en 1552 et par Philippe II,
son fils, en 1561, ne reçurent, à aucune époque, un changement quelconque ;
elles furent, au contraire, constamment rappelées pendant plus d'un siècle
dans les actes des souverains relatifs à cette milice.

L'extension qu'il avait donnée à sa cavalerie d'ordonnance n'empêcha pas
Charles-Quint de recourir encore, au moment de la guerre, à la création
de *bandes de crue* qui vinrent renforcer les vieilles bandes en s'amalgamant
avec elles. On eut encore recours à ces créations temporaires en 1552 et en
1553. Il en sera parlé plus en détail en rendant compte des campagnes
auxquelles ces bandes furent appelées à prendre part.

Lorsque Charles-Quint eut abdiqué la souveraine puissance, son fils
Philippe II se garda bien de négliger la cavalerie d'élite que son illustre
père avait créée [1]. Strada et, d'après Strada, le président comte de Neny
nous disent « qu'il éprouva qu'il n'avait point de forces ni meilleures ni plus
» présentes que ces troupes et qu'il avait en elles une véritable légion de
» Mars contre les armes des Français [2]. »

Tous les souverains de la descendance de Charles-Quint, Philippe III,
Philippe IV et Charles II, qui régnèrent successivement après Philippe II,
apprécièrent de la même manière l'institution des bandes d'ordonnance et
s'attachèrent à les maintenir dans les meilleures conditions possibles, eu
égard aux ressources de leur gouvernement.

Avant de partir pour l'Espagne, en 1559, Philippe II fit une nouvelle
répartition des bandes d'ordonnance. Trois d'entre elles étaient devenues
vacantes, l'une par le départ du duc Emmanuel-Philibert de Savoie qui
avait cessé d'être gouverneur général des Pays-Bas et était retourné dans
ses États patrimoniaux, les deux autres par la mort récente du marquis de
la Vère et du comte Charles de Lalaing.

---

[1] Il confirma les ordonnances de Charles-Quint par celle du 24 avril 1561. MS. n° 12825
de la Bibliothèque de Bourgogne.

[2] *Mémoires historiques et politiques sur les Pays-Bas autrichiens*, chap. XXVIII.

Ces trois bandes furent données à Jean de Glymes, marquis de Berghes [1],
à Antoine de Lalaing, comte de Hoogstraeten et au baron de Montigny.

Ainsi, à la date de 1559, les chefs des quinze bandes d'ordonnance
étaient : .

> Le duc d'Arschot (Philippe de Croy).
> Le prince d'Orange (Guillaume de Nassau).
> Le comte Lamoral d'Egmont.
> Le marquis de Berghes (Jean de Glymes).
> Le comte de Hornes (Philippe de Montmorency).
>   —   de Boussu (Jean de Hennin) [2].
> Le baron Charles de Berlaimont.
> Le comte de Hoogstraeten (Antoine de Lalaing).
>   —   du Rœulx (Jean de Croy).
>   —   d'Arenberg (Jean de Ligne).
>   —   Pierre-Ernest de Mansfelt.
>   —   de Meghen (Charles de Brimeu).
> Le baron de Montigny (Florent de Montmorency).
> Le comte Henri de Brederode.
> Le seigneur de Bugnicourt (Ponce de Lalaing) [3].

Les événements qui préludèrent à la longue guerre des Flandres amenèrent plusieurs changements dans le personnel des chefs des bandes d'ordonnance : le prince d'Orange, le comte de Hoogstraeten, le comte de
Brederode, en se séparant du gouvernement de Philippe II, renoncèrent à
leurs bandes [4]; les comtes d'Egmont et de Hornes, le seigneur de Montigny

---

[1] La bande qui fut donnée au marquis de Berghes avait d'abord appartenu à son oncle Jean
de Lannoy, baron de Molembaix.

D'après Strada, qui, du reste, n'a donné les noms des chefs de l'ordonnance que pour quatorze
bandes, l'une d'elles était commandée par Claude de Vergy, baron de Champlite.

[2] Le comte de Boussu mourut le 12 février 1562 et fut remplacé à la tête de sa bande par son
fils Maximilien, seigneur de Brevy.

[3] Ponce de Lalaing mourut en 1560 et fut remplacé par Lancelot de Berlaimont.

[4] La bande de cinquante hommes d'armes du prince d'Orange fut divisée et celle du comte
d'Egmont réduite à trente hommes. Trente hommes d'armes de la bande du prince d'Orange
formèrent une bande nouvelle qui fut donnée au seigneur d'Evre, Pierre de Bailleul; dix
hommes d'armes de la bande d'Orange réunis à vingt hommes d'armes de la bande d'Egmont
formèrent une bande pour Jacques de la Cressonnières; enfin dix hommes d'armes du prince
d'Orange augmentèrent la bande du comte de Meghen.

avaient péri sur l'échafaud et dans les cachots; enfin le marquis de Berghes,
le comte de Boussu et le comte d'Arenberg étaient morts.

Plusieurs bandes restèrent alors sans capitaines pendant quelque temps;
enfin Philippe II y pourvut par sa lettre au duc d'Albe en date du 4 juillet 1570 [1].

D'après la décision que prit alors le roi, lé duc d'Arschot, le comte de
Mansfelt et le comte du Rœulx conservèrent leurs bandes de cinquante
hommes d'armes et de cent archers; au comte d'Arenberg [2], qui était mort si
héroïquement à Heyligerlée, succéda son fils Charles de Ligne; la cinquième
bande de cinquante lances fut donnée, par promotion, à Charles de Brimeu,
comte de Meghen, qui commandait une bande de quarante hommes d'armes.

La bande de quarante hommes d'armes et de quatre-vingts archers devenue
vacante par la promotion du comte de Meghen fut donnée à Jean de St-Omer,
seigneur de Moorbeke; celle du marquis de Berghes (Jean de Glymes),
qui était vacante depuis longtemps, fut donnée à M. de Noircarmes; celle
du comte de Hornes, au comte Philippe de Lalaing, baron d'Escornaix.

Les comtes de Berlaimont et de Boussu conservèrent leurs compagnies de
quarante lances.

Quant aux bandes de trente hommes d'armes et de soixante archers, celle
de Brederode fut donnée au vicomte de Gand (Maximilien de Melun); celle
de Montigny au comte de la Roche et les trois autres à MM. d'Ongnies,
de Bailleul (seigneur d'Evre) et de Beauvoir (Philippe de Lannoy).

On trouvera dans la deuxième partie de ce chapitre les changements successifs qui s'opérèrent dans le personnel des bandes, et dans un chapitre supplémentaire les noms de tous les officiers qui ont figuré dans cette milice
célèbre. Il serait intéressant de faire l'histoire de chaque bande en particulier, ou du moins d'indiquer pour chacune d'elles la succession des capitaines
qui les ont commandées; mais c'est un travail qu'il est impossible de faire au
moins pour toutes les bandes, et dès lors force nous a été d'y renoncer [3].

---

[1] Gachard, *Correspondance de Philippe II*, t. II.

[2] Jean dé Ligne.

[3] Ce qui est impossible pour toutes les bandes peut se faire pour quelques-unes. Ainsi la
bande d'Arschot a eu pour premier capitaine Guillaume de Croy, seigneur de Chièvres; à la

§ II. — *Organisation des nouvelles bandes d'ordonnance.*

Il ne parait pas que Charles-Quint ni ses successeurs aient modifié sensiblement l'organisation intérieure des bandes d'ordonnance. Ces compagnies restèrent, à très-peu près, constituées comme elles l'étaient depuis le commencement du seizième siècle : chacune d'elles continua de renfermer un corps de grosse cavalerie, les hommes d'armes, et un corps de cavalerie légère, les archers. Comme précédemment aussi chacune de ces fractions de la bande d'ordonnance eut son capitaine, son enseigne et son guidon. Les hommes d'armes avaient en outre un lieutenant qui remplaçait le *chef et capitaine* de la compagnie en cas d'absence de celui-ci; les archers avaient un enseigne ou guidon pour seconder leur capitaine. On ne trouve aucun exemple d'un capitaine des archers d'une compagnie exerçant le commandement de la bande en l'absence du *chef et capitaine;* il y a beaucoup d'exemples, au contraire, de lieutenants exerçant de fait et d'une manière permanente le commandement des compagnies. Ce fut même l'état normal, car les capitaines en titre des bandes étaient presque tous des officiers généraux investis de commandements supérieurs à celui d'une simple compagnie.

mort de ce seigneur arrivée en 1521, sa bande avait été donnée à son neveu Philippe de Croy, qui fut le premier duc d'Arschot. Celui-ci, décédé en 1549, eut pour successeur son fils Charles, deuxième duc d'Arschot, qui mourut en 1551 et fut remplacé par son frère Philippe, troisième duc d'Arschot. Après la mort de Philippe de Croy arrivée en 1595, la bande fut donnée à son fils Charles, quatrième duc d'Arschot, qui avait exercé précédemment le commandement de la bande du marquis de Roubaix, commandement qu'il délaissa lorsqu'il put avoir la bande de son père. Charles de Croy étant mort en 1612, sans laisser de postérité, sa bande d'ordonnance fut donnée à Charles de Ligne, puis, en 1616, à son fils Philippe-Charles, mort en 1640. Albert de Ligne succéda à son père et conserva la bande jusqu'en 1674; elle passa alors au frère de ce dernier, Charles-Eugène, qui en fut le dernier chef.

La bande des comtes du Rœulx fut créée en 1518 par la division par moitié qui se fit, à cette époque, de la bande de Jacques de Luxembourg, seigneur de Fiennes. Ferry de Croy, seigneur du Rœulx, fut son premier chef. Il mourut en 1524 et alors sa bande fut donnée à son frère Adrien de Croy. A la mort de ce dernier, arrivée en 1553, le commandement de la bande fut donné à son fils Jean de Croy qui le conserva jusqu'à sa mort arrivée en 1581. Il passa ensuite à son frère Eustache de Croy, comte du Rœulx, qui mourut en 1609. Après lui, la bande fut donnée à Florent de Berlaimont, puis à Eustache de Croy, seigneur de Crecque et comte de Meghen et du Rœulx. Ce personnage, étant mort en 1655, fut remplacé par son fils Ferdinand Lamoral qui mourut en 1700 et fut probablement le dernier chef de la bande.

Mais si aucun changement ne fut introduit dans l'organisation intérieure de la bande d'ordonnance, il n'en fut pas de même de la constitution de la *lance :* le coutillier fut armé de toutes pièces comme le chef de lance et devint en réalité un homme d'armes, bien qu'on le désignât encore pendant longtemps par son ancienne appellation [1].

Tous les officiers d'une bande d'ordonnance, chef et capitaine, capitaine des archers, lieutenants, enseignes et guidon, avaient une garde personnelle composée d'archers.

Il y avait en outre dans chaque compagnie un fourrier, deux trompettes [2], un chapelain [3] et un chirurgien.

§ III. — *Des hommes d'armes.*

Pour être admissible dans les bandes d'ordonnance, il fallait être de bonne conduite, instruit au métier de la guerre, avoir l'âge et la force nécessaires pour supporter les fatigues du service militaire. Les ordonnances et règlements recommandaient expressément aux capitaines d'être observateurs sévères de ces conditions essentielles. L'admission des hommes d'armes recrutés par les capitaines n'était définitive que lorsque les commissaires des *monstres* ou revues avaient légalement constaté que l'on ne s'était pas écarté des conditions réglementaires. Ces commissaires, agents spéciaux du prince, faisaient même subir aux hommes nouvellement admis dans les compagnies d'ordonnance une espèce d'examen pratique; leurs instructions leur enjoi-

---

[1] Lorsque les états généraux de 1600 délibérèrent sur la constitution de l'état militaire, les états de Brabant demandèrent que désormais une compagnie de cinquante hommes d'armes eût cent lances combattantes, cent cuirassiers et cinquante arquebusiers à cheval; une compagnie de quarante hommes d'armes, soixante lances, soixante cuirassiers et soixante arquebusiers; enfin une compagnie de trente hommes, quarante lances, quarante cuirassiers et quarante arquebusiers. Cette proposition ne semble pas avoir été appuyée par les états généraux; le *tanteo* qui fut adopté n'est du reste pas d'accord avec cette combinaison qui n'exigeait que deux mille sept cent cinquante chevaux, tandis que le *tanteo* en accorda trois mille (*Actes des états généraux, de 1600,* pp. 500 et 553, publiées par M. Gachard).

[2] Il n'y en eut qu'un jusqu'en 1544.

[3] Ordonnance de 1552.

gnaient de « faire courir lances et demi-lances [1] » et de s'enquérir si l'on n'avait pas admis « des gens mal conditionnés, notés ou suspects d'hérésie, » mutinerie ou autres délits. » Les étrangers étaient absolument exclus des bandes d'ordonnance, le gouvernement, disent les règlements « voulant entretenir et nourrir en icelles les gentilshommes et autres gens de service de la subjection de Sa Majesté et natifs des Pays-Bas. »

L'homme d'armes, au moment où il était admis dans l'*ordonnance*, prêtait serment entre les mains du commissaire du prince; il jurait de servir fidèlement et loyalement envers et contre tous; d'obéir au commandement de son capitaine; de suivre son enseigne et de ne jamais quitter sa bande ou le lieu de sa garnison, sans l'autorisation et le passe-port de son capitaine, de son lieutenant ou de celui qui, en leur absence, avait le commandement de la compagnie, sous peine, en cas d'infraction, d'être puni comme coupable de parjure et de désobéissance. Il faisait serment, en outre, que ses chevaux et ses harnais étaient à lui; qu'il ne les avait empruntés ni directement ni indirectement.

Bien qu'il ne fût pas indispensable d'être gentilhomme pour entrer dans l'ordonnance, en général les hommes d'armes appartenaient à la noblesse; beaucoup d'archers même étaient nobles. Aussi voit-on souvent de simples hommes d'armes appelés à des charges importantes.

Les hommes d'armes pouvaient fournir eux-mêmes leurs archers : ainsi les gentilshommes qui avaient quatre, cinq ou six chevaux pouvaient passer pour hommes d'armes à trois chevaux et faire admettre pour archers le surplus de leurs suivants, pourvu, bien entendu, que leurs cavaliers fussent montés et armés conformément aux règlements. Mais dès ce moment l'homme d'armes ne pouvait plus disposer, que pour le service du prince, de ces archers *subjets* et, lorsqu'il allait en congé temporaire, il ne pouvait les emmener [2].

Quelques historiens ont pensé, à tort selon moi, que cette qualification d'*archers sujets* s'appliquait à des archers employés au service personnel

---

[1] C'étaient les archers que l'on désignait ainsi.

[2] Ordonnance de Charles-Quint du 12 octobre 1547. — Ordonnance de Philippe II du 28 février 1561.

des hommes d'armes ou des officiers des bandes. Ils ont perdu de vue que dans aucun cas les officiers et les hommes d'armes des ordonnances ne pouvaient admettre dans l'effectif de leur compagnie, des serviteurs, secrétaires, clercs, cuisiniers, valets de chambre, etc. Les règlements le défendaient de la manière la plus absolue et l'on comprend, d'ailleurs, que l'introduction de valets dans une compagnie dont presque tous les membres appartenaient à la noblesse eût été impossible. Il me paraît que la qualification de *sujet* doit être interprétée dans le sens féodal : les archers, dans ce cas, étaient sujets de l'homme d'armes, absolument comme les possesseurs des fiefs étaient sujets de leur seigneur, comme les seigneurs eux-mêmes étaient sujets du souverain.

A partir de la réorganisation de la cavalerie flamande par l'empereur Charles-Quint, l'admission dans les bandes d'ordonnance ne fut plus un enrôlement ordinaire. Dès qu'il avait prêté le serment entre les mains du commissaire du prince, l'homme d'armes ne pouvait plus être privé de sa position, de son *état*, que pour des fautes graves et déterminées par les ordonnances. Quand il désirait quitter sa bande, il offrait sa démission et devait attendre qu'elle fût acceptée; mais ni l'âge, ni les infirmités ne pouvaient être les motifs de son renvoi.

On conçoit que ce système présentait des inconvénients graves pour le service; aussi les successeurs de Charles-Quint durent-ils prendre des mesures pour corriger ce que cette disposition présentait de fâcheux au point de vue de la bonne composition de corps militaires qui devaient toujours être en mesure de faire la guerre.

Un décret de don Juan d'Autriche du 27 mai 1656 [1] décida que l'homme d'armes, dès qu'il aurait atteint l'âge de 60 ans, ou bien lorsque des infirmités ne lui permettraient plus de servir en personne, serait admis, sur l'autorisation du général, chef des bandes d'ordonnance, à se faire substituer [2], tout en conservant, à titre de récompense pour ses anciens services, la jouissance de tous les priviléges et de toutes les exemptions de charges publiques accordés aux hommes d'armes [3].

[1] *Placards de Flandre*, t. III, f° 1099.
[2] Décret du roi du 8 août 1645. (*Placards de Flandre*, t. III, f° 1094.)
[3] Décret du 27 mai 1656. (*Placards de Flandre*, t. III, f° 1099.)

Les hommes d'armes formaient une milice *permanente ;* toutefois il ne faut pas donner à cette permanence le caractère qu'elle a revêtu dans les armées modernes. Les bandes d'ordonnance étaient à la disposition du prince d'une manière permanente, mais lorsque les besoins de la défense ne l'exigeaient pas, elles n'étaient point rassemblées, on les *licenciait*, c'est-à-dire, on les renvoyait temporairement dans leurs foyers, dans leurs *mesnages*, pour être rappelées sous leurs enseignes, soit en entier, soit partiellement à tour de rôle.

L'équipement et l'armement des hommes d'armes et des archers des ordonnances étaient à leur charge; dans les marches chacun devait être armé de toute pièce, excepté la coiffure. Pour porter cette coiffure et les bagages, il était accordé des chevaux de corvée, un par homme d'armes et un pour trois archers.

L'équipement et l'armement dans l'ordonnance de Charles-Quint était à peu de chose près semblables à ce qu'avait prescrit Charles le Téméraire. Le seul changement un peu important qui eût été introduit, c'était de couvrir les chevaux d'une armure défensive nommée *bardes* qui garantissait les flancs, la croupe et le poitrail de l'animal. C'était pour l'homme d'armes une grande dépense et pour le cheval un poids énorme à porter; aussi l'en débarrassait-on dans les marches loin de l'ennemi. Ce fut l'adoption de cette armure qui fit allouer à chaque compagnie d'ordonnance un certain nombre de chariots pour transporter, en temps ordinaire, ces engins incommodes.

§ IV. — *Des priviléges accordés aux bandes d'ordonnance.*

Les règlements de Charles le Téméraire n'avaient accordé aucun privilége particulier aux hommes d'armes de l'ordonnance; les possesseurs de fiefs ou d'arrière-fiefs qui servaient dans ces compagnies, soit en qualité d'officiers, soit de toute autre manière, n'étaient même pas dispensés du service qu'ils devaient au souverain pour la tenure de leurs fiefs [1].

---

[1] Ordonnance du 29 juin 1471. (*Mémoires pour servir à l'histoire de France et de Bourgogne,* p. 285.)

L'empereur Charles-Quint, au contraire, attribua aux officiers et aux hommes d'armes des bandes de l'ordonnance de nombreux et importants priviléges, qui furent confirmés par tous les souverains qui lui succédèrent [1].

Les gens d'armes n'étaient soumis qu'aux charges extraordinaires, impôts, subsides, ou aides, auxquels devaient contribuer les ecclésiastiques, les nobles et les autres privilégiés du temps; ils étaient exempts de toutes les tailles, gabelles, maltôtes, contributions et autres impositions, y compris les logements militaires, pour tous les biens qu'ils possédaient en propre. Pour les biens tenus à ferme, à moins que ce ne fût leur logement ordinaire, ils devaient les aides et contributions ordinaires et extraordinaires; toutefois une certaine portion de terrain (trois bonniers) restait franche de toute imposition comme servant à la nourriture de leurs chevaux.

Il arriva parfois que la jouissance des franchises et des exemptions mentionnées plus haut fut suspendue provisoirement, lorsque la situation des finances du prince l'exigeait impérieusement [2].

L'exemption de contributions et de tailles n'était pas le seul privilége dont jouissaient les bandes d'ordonnance.

Pendant tout le temps qu'ils étaient au service actif, à l'armée, les hommes d'armes ne pouvaient être poursuivis pour dettes, quand bien même ces dettes avaient été contractées antérieurement à l'entrée au service. Enfin, dans les garnisons, on ne pouvait les appréhender au corps ni même saisir leurs armes et leurs chevaux, à moins que les dettes n'eussent pour origine l'achat de ces objets mêmes.

On conçoit que les priviléges attachés à la qualité d'hommes d'armes des bandes d'ordonnance firent rechercher avec empressement l'admission dans

[1] Voir lettres patentes de Philippe II, du 5 décembre 1587.
Ordonnance du 21 avril 1591. (*Placards de Flandre*, t. II, f° 674.)
Acte d'Albert et d'Isabelle du 1er avril 1610. (*Ibid.*, t. II, f° 708.)
Placard du 5 mars 1642. (*Ibid.*, t. III, f° 1090.)
Ordonnance du 5 juin 1642. (*Ibid.*, t. III, f° 1092.)
Placards du 8 avril et du 19 mai 1656. (*Ibid.*, t. III, f°ˢ 1095 et 1097.)
Placard du 23 mai 1667.
Lettres du marquis de Castel Rodrigo du 5 août 1667. (*Ibid.*, t. III, f° 1094.)
[2] Lettre du 17 octobre 1650. (*Placards de Flandre*, t. III, f° 1094.)

ces compagnies et ouvrirent la porte à beaucoup de fraudes. On s'enrôlait souvent dans les ordonnances uniquement pour être exempté de logements militaires et de tailles. Les magistrats des villes firent en plusieurs circonstances des remontrances à ce sujet [1]. L'interprétation des cas particuliers qui se présentaient dans la pratique était la source de conflits perpétuels entre les magistrats et les militaires. Dans la Flandre surtout les priviléges des hommes d'armes n'étaient pas respectés; aussi cette province en fournissait-elle très-peu [2].

Afin de prévenir, autant que possible, les abus et les conflits, il fut décidé que pour jouir des priviléges et des franchises accordées aux hommes d'armes par les édits et les règlements, il fallait qu'ils eussent servi activement à l'armée, ou tout au moins qu'ils eussent assisté à une montre ou revue. Le comte d'Assumar, gouverneur général des Pays-Bas, décida même, en 1642, qu'à l'avenir, pour être reconnu en position de jouir des avantages attachés à la qualité d'hommes d'armes, il fallait qu'à la fin de la campagne l'homme d'armes se munît d'un certificat des officiers de la bande constatant qu'il avait effectivement pris part à la campagne. Les hommes d'armes, de leur côté, se plaignaient très-vivement qu'on les privât souvent du bénéfice des ordonnances relatives aux exemptions d'impôts. En 1667, le gouverneur général des Pays-Bas ayant ordonné une nouvelle publication de ces ordonnances et notamment de celle de 1610, les chefs et officiers des bandes d'ordonnance firent observer que cette nouvelle publication « n'était nulle-
» ment capable de les assurer, puisque la première publication n'avait pas été
» suffisante pour les mettre à couvert contre mille et mille molestations et
» contraventions auxdits placcards, qui sont arrivées du passé et qui leur
» donnent une juste défiance pour l'avenir et une arrière-pensée de servir
» maintenant à leurs frais, ne soit qu'il y soit pourvu et précautionné une
» fois pour toutes, en retranchant, par la racine, les causes des désordres

---

[1] Remontrance des magistrats d'Ypres du 5 avril 1607. (*Placards de Flandre*, t. II, f° 701.) Le 25 novembre 1645, les magistrats d'autres localités présentèrent une remontrance dans le même sens. Ils se plaignaient qu'un homme de soixante et un ans eût été admis dans la bande d'ordonnance du prince de Barbançon.

[2] *Bulletin de l'Académie royale*, t. XVIII.

» passés, qui sont provenus de ce que les personnes et les biens des remon-
» trants se trouvaient compris dans les dénombrements et transports de leur
» districts et que le conseil des finances n'en alloue pas la déduction dans la
» recette des tailles, impôts et subsides et autres charges tant personnelles
» que réelles ordinaires et extraordinaires du pays. Ils ont été molestés et
» exécutés pour le payement de leurs quotes parts malgré lesdits placcards,
» priviléges et exemptions. Or comme les remontrants sont très-assurés que
» l'intention de Sa Majesté et de Votre Excellence ne peut être que, pro-
» diguant à leurs frais leurs vies et leurs biens pour leur service, ils soient
» plus longtemps frustrés des assurances de leurs priviléges et exemptions
» qui leur servent de prix, ils prennent nouveau recours à Votre Excel-
» lence, etc. [1]. »

On a vu déjà précédemment que lorsque l'âge et les infirmités mettaient un
homme d'armes hors d'état de servir en personne ; lorsqu'il était d'ailleurs autorisé par le général des bandes à se faire substituer, il pouvait néanmoins obtenir, à titre de récompense pour ses anciens services, la continuation du bénéfice des priviléges et exemptions dont il avait joui en qualité d'homme d'armes.

§ V. — *Du chef et général des bandes d'ordonnance.*

Sous l'empereur Charles-Quint la cavalerie de l'ordonnance ne semble pas
avoir eu de général en titre et permanent. Des commissions temporaires confé-
raient le commandement supérieur de cette milice à des officiers généraux,
au moment d'entrer en campagne. C'est ainsi que Maximilien d'Egmont,
comte de Buren, fut placé à la tête des bandes d'ordonnance qui prirent part
à la guerre d'Allemagne en 1546 et rendirent un service signalé à l'Empereur assez compromis après la glorieuse journée de Mulhberg. C'est ainsi
encore que Jean de Hennin, comte de Boussu, grand et premier écuyer de
l'Empereur, reçut, le 13 avril 1553, la commission de chef de cinq bandes
destinées à couvrir l'Artois et que l'année suivante Charles-Quint, générali-
sant cette mesure, répartit toutes les bandes vieilles et nouvelles en six divi-

---

[1] *Placards de Flandre*, t. III, f° 1092. (Papiers de l'audience aux Archives du royaume.)

sions ou régiments dont il donna le commandement à ses généraux les plus distingués, c'est-à-dire au prince d'Orange, aux comtes de Hoogstraeten, de Boussu, de Lannoy, de Lalaing et de Bugnicourt [1].

Ce fut Philippe II qui, en 1558, institua en faveur du prince d'Orange la charge de chef et général des *vieilles bandes d'ordonnance*. La patente qui lui fut délivrée à cette occasion détermine, en ces termes, les attributions de cet emploi : « Plain povoir, auctorité et mandement spécial pour d'ores » en avant avoir la charge principale desdites bendes, les tenir et faire tenir » en bon ordre et justice, avoir et prendre soigneulx regard sur leur con- » duicte, deffendre et interdire aux capitaines et leurs lieutenants de non » donner congié à aucuns sans son sceu, aussi de non licencier aucuns pri- » sonniers sans son congié, et au surplus avoir commandement sur eux et » leurs gens et les mener, conduire et employer en nostredict service, selon » et en suyvant la charge qu'en aura de par nous. »

Le traitement spécial affecté à cet emploi important s'élevait, indépendamment de la solde de capitaine d'une compagnie et de celle d'homme d'armes dont jouissait tout officier des bandes d'ordonnance à six cents, à huit cents et même à mille livres par an.

Le chef et général des vieilles bandes d'ordonnance avait une garde personnelle composée de quinze hallebardiers, de quinze gentilshommes et de quatre trompettes.

En outre il avait un état-major dans lequel se trouvaient : un lieutenant, qui avait également une garde personnelle de quatre hallebardiers, un prévôt et ses quatre aides (*stocknecht*), un clerc, un gardien des prisonniers, un quar-

---

[1] Le traitement de ces chefs de corps était de trois cents philippus de vingt-cinq patars, par mois. Les six régiments étaient composés, savoir :

1er. Des compagnies d'Orange, de Brederode, de Schwartzembourg, de Rosenberge et de Jean de Buren.
2me. Des compagnies de Hoogstraeten, d'Egmont, d'Arenberg et d'une autre compagnie de Schwartzenbourg.
3me. Des compagnies de Boussu, de Beveren, de Prael, de Jean de Weertzeleben et de Jean Berni.
4me. Des compagnies de Berlaimont, de Carloo, de Caroudelet, d'Aix, de Thomas Stucke Locquer et des arquebusiers de Mansfelt et de Berlaimont.
5me. Des compagnies de Lalaing, d'Arschot, de Renty, de Beveren et de Famars.
6me. Des bandes de Bugnicourt, de Rœulx, de Berghes, de Noyelles, de Melun et de Moorbeke.

Il y avait donc alors trente bandes d'ordonnance, tant vieilles que nouvelles, et deux compagnies d'arquebusiers à cheval.

tier-maître ou maréchal des logis, un *waecktmaester* ou chef du guét; un *pro-vantmaester* ou pourvoyeur de vivres et un *waegemaester* ou chef des équipages.

L'emploi de chef et général des bandes continua de subsister, au moins comme fonction temporaire; c'est d'ailleurs ce qui semble résulter de plusieurs documents authentiques parmi lesquels on remarque le décret de don Juan d'Autriche du 27 mai 1656.

Voici, aussi complète que possible, la liste des successeurs du prince d'Orange dans cette charge :

En 1567 le comte d'Arenberg (Jean de Ligne) commanda les mille à douze cents hommes d'armes qui furent envoyés en France au secours de la Ligue.

L'année suivante, le même seigneur commanda les quinze cents hommes d'armes qui allèrent, de nouveau, en France secourir les catholiques.

En 1576 le marquis d'Havré fut chef et capitaine général des hommes d'armes.

En 1587 le duc d'Arschot (Charles de Croy) avait les bandes d'ordonnance sous ses ordres au siège de l'Écluse; la même année, le marquis d'Havré, Charles Philippe de Croy, fut commandant général des bandes d'ordonnance qui furent réunies lorsque le duc de Parme alla porter secours au duc de Lorraine; cinq cents lanciers, aux ordres de Montigny, assistèrent à la bataille de Coutras, le 20 octobre de la même année.

A la bataille d'Arquis, livrée le 21 septembre 1589, douze cents lances se firent remarquer par leur brillante valeur; elles étaient commandées par le comte Philippe d'Egmont, qui, plus heureux que son illustre père, trouva une mort glorieuse sur le champ de bataille.

En 1590, Charles de Croy fut, de nouveau, chef et général des bandes d'ordonnance, dans l'armée du duc de Parme [1]; il se fit remarquer aux combats de Lagny et de Corbeil.

---

[1] La patente qui fut donnée au prince de Chimay, en cette circonstance, mentionne qu'il était attaché au chef et général des bandes d'ordonnance :

Un prévot, au traitement mensuel de cinquante livres de quarante gros, plus soixante livres pour six chevaux, savoir :

Deux pour le chariot destiné aux malades et les autres pour les prisonniers et les fers;

Quatre hallebardiers pour le prévôt, à raison de sept florins et demi chacun par mois;

Quatre stockenknechts, également à raison de sept florius et demi chacun;

Un clerc à raison de dix livres;

Un homme pour garder les prisonniers à raison de dix livres.

En 1591, le même seigneur reçut de nouveau la patente de chef et général des hommes d'armes.

En 1596, cette charge fut confiée au comte de Boussu.

En 1600, les bandes furent commandées par Philippe de Croy, comte de Solre.

En 1602, le comte de Fontenay fut choisi par l'archiduc Albert pour l'emploi de chef et général des bandes; il exerça ces fonctions sans indemnité; il les remplit de nouveau en 1606.

Le prince de Barbançon fut également chef et général des bandes en 1628 et assista avec elles au siége de Bréda; le comte de Frezin le fut en 1635, le comte de Buquoy en 1640 et en 1642, et le prince de Ligne en 1643, en 1644 et en 1648. A la bataille de Lens, livrée dans le courant de cette dernière année, on sait que le prince de Ligne, à la tête de la cavalerie flamande, faillit arracher au prince de Condé une de ses plus éclatantes victoires.

Le marquis de Treslon en 1655 et le comte d'Egmont en 1667 et en 1668 furent également revêtus du titre de chef et général des bandes d'ordonnance.

Le chef et général des bandes avait sous lui un lieutenant général; le seigneur de Boileux, de la maison de Beaufort, fut lieutenant général du comte de Solre en 1600; Jean de Havreck, seigneur de Preslée, fut lieutenant général du prince de Chimay en 1590 et en 1591 et du prince de Barbançon en 1624; le seigneur de Blyer fut en 1602 le lieutenant général d'Alexandre de Croy, comte de Fontenay.

§ VI. — *Des soldes.*

Au commencement du seizième siècle, l'homme d'armes avait, pour sa solde journalière, de quatorze à seize sols et l'archer six sols (de deux gros,

---

[1] Le document d'où sont tirés ces renseignements (Papiers de l'audience aux Archives du royaume) mentionne que, depuis 1606 jusqu'à 1625 et depuis 1625 jusqu'à 1655, il n'y eut point de chef général des bandes d'ordonnance parce que toutes les compagnies ne furent pas mises sur pied. Il en est de même pour les années 1656, 1657, 1658, 1659 et 1641.

pièce), ce qui faisait, par mois de vingt-huit jours (c'est ainsi que l'on comptait à cette époque), dix-neuf livres douze sols à vingt-deux livres huit sols pour l'homme d'armes et huit livres huit sols pour l'archer [1].

Cinquante ans plus tard, la solde n'avait guère varié, ce que l'on constate par la patente de capitaine d'une compagnie d'ordonnance, que reçut, en 1553, le prince d'Orange [2], et par une décision de la régente en date de février 1553 [3].

Tous les officiers, chef et capitaine, capitaine des archers, lieutenant, enseigne et guidon avaient une paye d'homme d'armes; de plus, chacun d'eux jouissait d'un traitement pour son *état* ou grade personnel. Au commencement du seizième seicle, le capitaine, chef de bande, avait, pour son *état* [4], mille livres par an et le lieutenant deux cents. Mais vers le milieu du siècle, l'*état* du capitaine fut porté à douze cents livres ou carolus et celui du lieutenant à deux cent cinquante livres; on ne trouve nulle part d'indication relativement à l'*état* du capitaine des archers; l'enseigne et le guidon avaient pour leur *état* chacun cent vingt-cinq livres [5]. Le fourrier avait cent quatre-vingts livres parce qu'il ne jouissait pas, comme les officiers, d'une paye d'homme d'armes; le chapelain recevait, comme le trompette, une paye et demie d'archer [6].

---

[1] Compte de Charles Leclercq, dans le *Rapport* de M. Gachard *sur les archives de Lille.*

[2] Registre aux patentes de guerre de 1551 à 1558 (aux Archives du royaume).

[3] La régente fixa la paye à dix livres de quarante gros par cheval et par mois de trente jours (Papiers de l'audience aux Archives du royaume). Ce taux ne paraît pas avoir varié jusqu'à la fin du dix-septième siècle.

[4] Compte de Charles Leclercq, dans le *Rapport sur les archives de Lille.*

[5] Registre aux patentes de guerre de 1551 à 1558 (aux Archives du royaume).

[6] En 1570 les officiers d'une bande de cinquante hommes d'armes avaient :

> Le capitaine, mille deux cents florins carolus.
> Le lieutenant, deux cent cinquante florins.
> L'enseigne et le guidon, cent cinquante florins.

Ceux d'une bande de quarante hommes :	Ceux d'une bande de trente hommes :
Le capitaine, neuf cent soixante florins.	Le capitaine, sept cent vingt florins.
Le lieutenant, deux cents florins.	Le lieutenant, cent cinquante florins.
L'enseigne et le guidon, cent florins.	L'enseigne et le guidon, quatre-vingts florins.

Le montant de ces allocations ne varia pas jusqu'à la fin du dix-septième siècle.

D'après le *tanteo*, espèce de budget de la guerre, qui fut arrêté au commencement du dix-septième siècle [1], les capitaines et les lieutenants avaient chacun cent livres par mois, l'enseigne en recevait soixante et le guidon quarante, indépendamment de leur paye d'homme d'armes.

Dans les *Mémoires guerriers* qu'il a publiés, Charles-Alexandre de Croy fait connaître que l'indemnité pour *état* dont jouissaient les capitaines était proportionnelle au nombre d'hommes d'armes dont la compagnie se composait et se calculait à raison de deux florins par homme d'armes et par mois : ainsi le capitaine d'une compagnie de cinquante hommes d'armes avait cent florins, celui d'une compagnie de quarante hommes d'armes en avait quatre-vingts; enfin celui d'une compagnie de trente hommes n'en avait que soixante.

Toutes les soldes mentionnées ci-dessus s'appliquaient à l'état d'activité des bandes d'ordonnance; lorsque ces compagnies n'étaient pas réunies sous leurs enseignes pour un service de guerre, elles vivaient dans leurs foyers, mais ne jouissaient plus que d'une partie de leur paye [2].

On ne trouve cependant, pour l'époque antérieure au dix-septième siècle, aucune ordonnance relative aux bandes d'ordonnance qui ait alloué une fraction de la paye pour le temps passé en non-activité. On ne voit pas non plus la mention de payements de cette espèce, dans les comptes des trésoriers des guerres. Mais une lettre du conseil d'État, en date du 2 juillet 1602, adressée à l'archiduc Albert, prouve qu'on fut obligé, sur les représentations des hommes d'armes qui venaient d'être rappelés sous leurs enseignes, de décider que, lors de leur retour dans leurs foyers, ils jouiraient *comme autrefois* de la moitié de leur solde [3].

D'après le *tanteo* qui fut établi au commencement du dix-septième siècle, de commun accord entre les archiducs et les états généraux, pour l'entretien

---

[1] Gachard, *Actes des états généraux de 1600.*

[2] *Bulletins de l'Académie royale*, t. XVIII, p. 72.

[3] *Ibid.* L'importance de ces documents nous a engagé à les reproduire aux annexes.

Malgré la promesse qui en avait été faite, cette demi-solde ne fut pas payée, lorsque, en 1604, on renvoya les bandes dans leurs foyers. Lettre du conseil d'État du 29 septembre 1620 (Archives du royaume).

de l'armée, les bandes d'ordonnance sont comptées sur le pied de trois mille chevaux à raison de vingt-cinq florins par cheval pendant six mois de l'année et de douze florins et demi pour les autres six mois, pendant lesquels les compagnies ne sont pas réunies.

Ce *tanteo*, comme on le voit, accordait la même solde pour tous les chevaux et n'établissait pas de différence entre les hommes d'armes, les archers, les pages, etc. En réalité, l'homme d'armes qui devait être propriétaire de trois chevaux, un pour lui-même, un autre pour son archer armé de toutes pièces comme le chef de lance et qui avait remplacé l'ancien coutillier, le dernier conduit par le page et servant à porter l'attirail de guerre de l'homme d'armes, recevait, à cette époque, trois payes, ce qui constituait une augmentation considérable des anciennes allocations.

La pénurie des finances fit prendre la résolution de ne plus donner aux hommes d'armes, lorsqu'ils étaient dans leurs foyers, que le quart de la paye ordinaire; mais lors de la réunion des bandes en 1602, on fut obligé, avons-nous vu, de revenir sur cette décision.

Il est à observer que l'entretien des hommes d'armes de l'ordonnance était infiniment moins coûteux que l'entretien de toute autre cavalerie [1]. L'empereur Charles-Quint avait déjà reconnu que cette gendarmerie *valait mieux* et coûtait moins que la cavalerie allemande [2].

§ VII. — *De la justice.*

Le décret du 12 octobre 1547 investit les capitaines des compagnies d'ordonnance d'une espèce de magistrature à l'égard de leurs subordonnés : à

----

[1] *Bulletins de l'Académie royale*, t. XVIII, p. 72.

[2] Lettre du comte du Rœulx à Marie de Hongrie du 14 septembre 1552.

La solde n'était malheureusement pas payée avec beaucoup de régularité et lorsque les arriérés étaient un peu considérables, on cherchait à obtenir des hommes d'armes qu'ils consentissent à renoncer à une partie de ce qui leur était dû. On trouve, aux Archives du royaume, une curieuse correspondance à ce sujet entre l'empereur Charles-Quint et les capitaines de ses bandes. C'était en 1551; Charles-Quint était à la veille de partir pour l'Allemagne où l'appelaient les intérêts les plus graves; mais ne pouvant payer ses compagnies d'ordonnance, il voulait diminuer leurs créances d'un tiers. Les hommes d'armes n'y voulurent point consentir et menacèrent de ne pas accompagner l'Empereur en Allemagne, s'ils n'étaient payés.

eux seuls échut le droit de juger des actions personnelles dirigées contre les hommes d'armes dans les lieux mêmes de leur garnison, ainsi que des accusations qui n'entraînaient par la peine capitale. Ils basaient leurs jugements, non sur des lois existantes, mais uniquement sur leur conviction et leur raison éclairée, au besoin, de l'avis des personnes dont ils réclamaient l'assistance ou du conseil provincial du pays où ils séjournaient.

Les juges civils ordinaires eurent le droit de connaître de tous les crimes et délits non réservés spécialement aux capitaines; ils eurent, en outre, le droit de faire appréhender les gens de guerre dans les cas de flagrant délit et d'excès graves contre les habitants; ils devaient ensuite livrer les délinquants aux capitaines, pour que justice fût faite.

Quant aux crimes et délits antérieurs à l'enrôlement, les juges civils avaient seuls le droit d'en connaître; toutefois, l'homme d'armes dans sa garnison ou en service était toujours à l'abri des poursuites civiles pour simple délit.

En ce qui concerne les hypothèques, les actions réelles ou de succession, quelle que fût d'ailleurs l'époque de leur création, la loi commune liait les gens de guerre comme les autres habitants, à moins que le prince n'eût accordé des lettres de surséance.

Les délits purement militaires, c'est-à-dire ceux qui blessaient les règles du service ou de la discipline, furent réservés exclusivement à l'action des chefs militaires ou du prévôt des maréchaux. Les délits communs capitaux, c'est-à-dire ceux qui n'étaient pas caractérisés par la qualité de soldat chez le coupable, furent déférés à l'appréciation des tribunaux ordinaires.

Plus tard, en 1587, le prince de Parme, en proclamant l'auditeur général premier officier de justice avec juridiction sur toute l'armée et en augmentant l'influence des auditeurs particuliers, annula en quelque sorte le caractère de juge que l'ordonnance de Charles-Quint avait donné aux chefs des bandes de l'ordonnance.

Les peines disciplinaires applicables aux hommes d'armes consistaient en amendes et en retenues de solde : l'homme d'armes qui, en route, n'avait pas toutes les pièces de son équipement, était puni d'une retenue de quinze jours de paye; s'il chargeait son cheval de hardes ou de bagages, il encourait huit jours de retenue de solde.

Un mandement du 14 mars 1552 commina, outre l'amende, la fustigation contre les gens de guerre des ordonnances qui vendaient leurs chevaux à des étrangers; en cas de récidive, les délinquants encouraient la confiscation et la peine de mort [1].

§ VIII. — *Formation des troupes pour le combat.*

Charles le Téméraire avait introduit une espèce de révolution dans la formation tactique de la gendarmerie; il composait ses escadrons exclusivement d'hommes d'armes. Cette formation s'appelait, dans le langage du temps, *l'ordonnance de bataille en ost.* Les archers furent alors employés séparément et formèrent des corps de cavalerie légère. Après la mort de Charles le Téméraire, pendant les luttes que Maximilien soutint contre les communes flamandes et contre ses voisins, on ne vit plus guère sur les champs de bataille de cavalerie organisée et exercée aux formations d'ensemble. Les hommes d'armes fournis par les possesseurs de fiefs ramenèrent naturellement les pratiques de guerre, la manière de combattre, qui étaient en honneur avant les réformes introduites par le dernier duc de Bourgogne.

Mais l'empereur Charles-Quint ressuscita la tactique de son illustre aïeul, tactique qui ne s'introduisit que plus tard dans les autres armées.

Une autre innovation importante appartient entièrement à l'initiative des généraux de Charles-Quint : ils modifièrent la forme des escadrons, les portèrent à dix-sept chevaux de front et à quatre de profondeur. Par là, ils rendirent le choc de la cavalerie plus rapide et plus énergique. C'est à cette innovation, que ni les Allemands ni les Français n'avaient songé à imiter [2], que Loys d'Avila, dans ses curieux mémoires sur les campagnes de Charles-Quint en Allemagne, attribue la victoire que les gendarmes flamands remportèrent en 1543 près de Sittard [3].

---

[1] De Robaulx de Soumoy, *Notice sur les tribunaux militaires*, passim.

[2] Les Allemands suivaient l'ordre profond, c'est-à-dire qu'ils ne présentaient qu'un front très-étroit et multipliaient les rangs; chez les Français, au contraire, les hommes d'armes se plaçaient tous sur un même rang et n'avaient pour second rang que les écuyers.

[3] *Commentaires* de Loys d'Avila, liv. II, p. 118.

CHAPITRE II.

HISTOIRE MILITAIRE DES BANDES D'ORDONNANCE DEPUIS LEUR RÉORGANISATION PAR CHARLES-QUINT JUSQU'A LA FIN DU DIX-SEPTIÈME SIÈCLE.

—

§ Ier. — *Guerre d'Allemagne* (1546-1547).

On a vu, dans le chapitre précédent, que par un décret du 26 novembre 1545, Charles-Quint créa onze nouvelles bandes d'ordonnance « aux gages, traitements et souldées des *vieilles* bandes, » et qu'ainsi il porta à trois mille chevaux la cavalerie régulière destinée à défendre les frontières du pays. On verra bientôt que ce rôle, purement défensif, ne fut pas le seul qu'eût à remplir la cavalerie des ordonnances.

Pendant la même année 1545, l'Empereur avait préparé la campagne qu'il avait résolu de faire contre les princes protestants d'Allemagne. Rassuré du côté de la France et de la Turquie, il pouvait désormais disposer de toutes ses ressources pour atteindre le but que, depuis longtemps, il avait en vue.

Cette guerre imposa de lourds sacrifices aux Pays-Bas ; on amena, non sans peine, les provinces à voter des subsides considérables en leur promettant que l'on ne réclamerait plus de nouvelles aides pendant trois années. Après avoir tout réglé pour la grande entreprise qu'il méditait, Charles-Quint partit de Maestricht pour Ratisbonne emmenant avec lui les bandes d'ordonnance des comtes de Buren et d'Egmont qui présentaient chacune un effectif de deux cent cinquante chevaux. Il avait prescrit au comte de Buren de venir le rejoindre avec dix mille fantassins et trois mille chevaux [1].

Dès qu'il eut rallié les contingents fournis par l'Espagne, par l'Italie et par quelques princes allemands, l'Empereur se rendit à Ingolstadt. L'armée arriva

[1] Quelques auteurs disent que l'armée du comte de Buren ne comptait pas moins de douze mille fantassins et cinq mille chevaux. Ces chiffres paraissent exagérés.

devant cette ville le 25 août 1546 et fut établie dans un camp où elle put attendre sans danger le moment d'engager sérieusement la lutte.

L'armée des princes protestants qu'allait combattre Charles-Quint présentait une masse de quarante mille à cinquante mille hommes d'infanterie, de huit mille chevaux et de cent pièces de canon. Elle s'avança, le 31 du mois d'août, pour reconnaître la position de l'Empereur dont les forces étaient de beaucoup inférieures, mais parfaitement retranchées. Cette reconnaissance donna lieu à un combat insignifiant, mais où un archer de la bande d'ordonnance du comte d'Egmont fut tué et deux autres furent blessés. Un nouveau combat fut livré le lendemain sans plus de résultat. La journée du 3 septembre se passa en escarmouches entre les postes avancés, de même que celle du 4. Charles-Quint ne voulait pas s'engager dans une action générale sans le concours du comte de Buren dont l'arrivée prochaine était signalée et qui, comme on l'a vu, amenait des Pays-Bas, entre autres troupes, plus de trois mille gendarmes et chevau-légers; on remarquait notamment parmi la gendarmerie les bandes d'ordonnance de Philippe de Brederode [1], de Jean de Lyere, seigneur de Berchem [2], et de Martin Van Rossem, et cinq cents chevau-légers commandés par Philippe de Montmorency, comte de Hornes.

Le comte de Buren et son lieutenant, Jean de Ligne, comte d'Arenberg, étaient partis du Luxembourg dans les premiers jours du mois d'août; ils avaient traversé le Rhin près de Neubourg, entre Brisach et Bâle; le 15 septembre, ils arrivèrent à Ingolstadt par Nuremberg et Ratisbonne, après avoir eu à surmonter bien des obstacles et à triompher de grands périls [3].

Aidé de ce puissant secours, environné de ses Flamands en qui il mettait la plus grande confiance [4], Charles-Quint, qui s'était trouvé un instant fort compromis au milieu des armées ennemies, prit à son tour l'offensive et, dès

[1] La bande de Brederode était de deux cents chevaux; les deux autres de cent cinquante chevaux seulement.

[2] Jean de Lyere avait eu une des *bandes de crue* levées en 1543, mais cette bande avait été licenciée après la paix de Crépy. La bande qu'il commanda en Allemagne était celle qui lui avait été donnée en 1545.

[3] M. Gachard, *Biographie nationale*, au nom de Jean de Ligne (Arenberg).

[4] Robertson, *Histoire de Charles-Quint.*

le 17, sortit de son camp. Il évita toutefois, avec le plus grand soin, de s'exposer aux chances des batailles et se borna à manœuvrer et à harceler l'ennemi, ce qui donna lieu à quelques combats de cavalerie où les hommes d'armes des Pays-Bas déployèrent leur valeur accoutumée. Les confédérés protestants, après une série d'échecs, se retirèrent à Nordlingen et laissèrent les Impériaux maîtres de tout le cours du Danube.

Cette première campagne terminée heureusement, l'Empereur eut bientôt la satisfaction de voir s'accomplir la division entre les confédérés, résultat qu'il n'avait pas cessé de prévoir et d'espérer. Dès que la confédération eut séparé ses forces, elle n'était plus guère à redouter; aussi Charles-Quint renvoya-t-il le comte de Buren aux Pays-Bas avec son armée, ne gardant près de sa personne que les bandes d'ordonnance de Buren, d'Egmont, de Brederode, de Jean de Lyere et de Martin Van Rossem.

Le 15 avril 1547, Charles-Quint opéra sa jonction avec son frère Ferdinand et Maurice de Saxe; le 22, il campa sur l'Elbe aux environs de Meissen. Après un brillant combat de cavalerie où se distinguèrent les bandes d'ordonnance, Charles-Quint s'avança sur la rive gauche de l'Elbe et arriva près de la petite ville de Muhlberg dont sa victoire allait immortaliser le nom. Le 24, son armée traversa le fleuve chaque cavalier portant un fantassin en croupe; la cavalerie légère marchait en tête; elle était suivie par les gendarmes que l'Empereur conduisait en personne. Dès qu'on eut atteint la rive opposée, on marcha droit aux Saxons. La cavalerie légère de Charles-Quint fut d'abord repoussée, mais les gens d'armes, qui étaient « la fleur de l'armée impériale, » dit Roberston [1], s'étant avancés, l'ennemi fut obligé de plier et bientôt sa retraite se changea en déroute. L'électeur de Saxe fut pris et douze cents Saxons perdirent la vie.

Les princes protestants étaient désormais vaincus. Charles-Quint se rendit alors à Augsbourg avec ses valeureuses bandes d'ordonnance; il y fut rejoint par le comte de Buren conduisant un corps de mille chevaux des Pays-Bas et il obtint sans difficulté de la diète la sanction de tous ses projets.

[1] *Histoire de Charles-Quint.*

§ II. — *Guerre contre la France et contre le Nord.*

Le temps de repos qui suivit les victoires remportées en Allemagne par Charles-Quint fut employé à l'établissement de mesures destinées à fortifier la constitution militaire des Pays-Bas. La reine de Hongrie renouvela l'édit de 1542 qui avait créé un corps de quatre mille *chevaux ménagers* et stipula que leurs officiers prêteraient serment à l'Empereur. Charles-Quint, de son côté, mit la dernière main à l'organisation des bandes d'ordonnance et les constitua définitivement en un corps de trois mille chevaux [1].

Quelque temps après, en 1549, le prince Philippe, qui devait être plus tard le roi Philippe II, vint aux Pays-Bas. Le duc d'Arschot (Philippe de Croy) se rendit à sa rencontre jusqu'à Bruchsal, à quatre lieues au delà de Spire, avec une escorte d'hommes d'armes des ordonnances [2]. Parmi les bandes qui eurent à remplir ce service d'honneur auprès de l'héritier de la couronne, se trouvait la bande de Ponce de Lalaing, seigneur de Bugnicourt [3].

Cette même année, Charles-Quint quitta les Pays-Bas pour se rendre de nouveau en Allemagne. Il fut escorté par les bandes d'ordonnance du comte d'Egmont et du comte d'Arenberg (Jean de Ligne) qui l'accompagnèrent jusqu'à Augsbourg, en passant par Louvain, Tirlemont, St-Trond, Maestricht, Aix-la-Chapelle, Juliers, Berg, Cologne et Mayence.

Le traité de Crépy avait été impuissant à maintenir la paix entre le roi de France et l'Empereur; il fut rompu vers la fin de l'année 1551.

Marie de Hongrie, qui depuis assez longtemps déjà avait prévu le renouvellement des hostilités, avait pris des précautions infinies pour que les Pays-Bas, comme cela était déjà arrivé trop souvent, ne se trouvassent pas sans moyens de défense suffisants contre les agressions du puissant voisin qui dévastait périodiquement ses frontières. Elle avait renforcé les garnisons des places-frontières, créé de nouvelles bandes de cavalerie et, par une circulaire du 27 janvier 1552, rappelé tous les hommes d'armes

[1] Voir page 103.
[2] Gollut.
[3] *Mémoires* de Ferry de Guyon. Parmi les réjouissances qui eurent lieu à l'occasion du voyage du prince Philippe, se trouve une fête militaire donnée au château de Marimont dans laquelle figurait un escadron des bandes d'ordonnance.

sous leurs enseignes. La reine espérait avoir, avant la fin du mois de février, sept mille cavaliers armés et équipés, tous sujets des Pays-Bas.

Presque toute cette cavalerie fut distribuée sur les frontières méridionales du pays et du Luxembourg, après avoir été organisée par corps ou régiments de cinq ou six bandes chacun, conformément au tableau suivant :

Pour couvrir la Flandre et l'Artois.

Sous le commandement général du comte du Rœulx :

Sa vieille bande de.	200 lances	} 400 lances.
Sa nouvelle bande de	200 —	

Sous le seigneur de Bugnicourt :

Sa bande de.	100 lances	
La bande de Wysme de . . .	200 —	
— de Renty de. . . .	200 —	} 900 lances.
— de Moerbeke de . .	200 —	
— du vicomte de Gand de	200 —	

Sous le seigneur d'Épinoy :

Sa vieille bande de.	150 lances	
Sa nouvelle bande de	200 —	
La bande de Bailleul de . . .	150 —	
— de Praet de. . . .	150 —	} 800 lances.
— de N. de.	100 —	
— de Flameng de. . .	50 —	

Sous le comte de Hoogstraeten :

Sa vieille bande de.	200 lances	
Sa nouvelle bande de	150 —	
La bande d'Arschot de . . .	250 —	
— de Lalaing de . . .	200 —	} 1250 lances.
— de Béveren de . . .	150 —	
— de Mastaing de. . .	150 —	
— de Famars de . . .	150 —	

Sous le comte d'Egmont :

Sa vieille bande de.	250 lances	
La bande de Brederode de . .	200 —	
— d'Orange de. . . .	200 —	} 1050 lances.
— de Noyelles de . . .	200 —	
— d'Over-Embden de. .	200 —	

Sous le comte de Boussu :

Sa vieille bande de. . . . . 200 lances
La bande d'Arenberg de . . . 250 —
— de Beveren de . . . 200 — } 1000 lances.
— de Berghes de . . . 200 —
— de Molembaix de . . 150 —

Sous le seigneur de Rye :

Sa vieille bande de. . . . . 200 lances
La bande de Corbaron de . . 200 —
— de Longastré de . . 150 — } 900 lances.
— d'Aix de . . . . . 150 —
— de Gaesbeek de . . 200 —

Pour la garde des frontières du Hainaut.

La bande de Blois de . . . . 150 lances
— de Helfaut de . . . 150 —
— de Noyelles (petit) de. 100 — } 550 lances.
— d'Yves de . . . . 100 —
— d'Audregnies de . . 50 —

Pour la garde du Luxembourg.

La bande de Van Rossem de 150 lances
— de Mansfelt de. . 200 —
— de Berlaymont de. 150 — (900 lances
— de Bletange de . 200 — (et arquebusiers.
Arquebusiers de Mansfelt de . 100 —
— de Berlaymont de. 100 —

Les Pays-Bas se trouvèrent de nouveau tout particulièrement menacés par la coalition des ennemis de Charles-Quint : la France se préparait à attaquer les provinces du sud; le nord avait à redouter les villes maritimes de l'Allemagne; l'Angleterre, alliée à la France, se disposait à jeter sur les côtes de Flandre un corps nombreux de troupes; enfin nos malheureuses provinces .étaient isolées contre tant d'ennemis.

L'hiver de 1551 à 1552 n'interrompit pas les actes réciproques d'hostilité sur les frontières. Les Français prirent dans le Luxembourg les châteaux d'Aspremont et de Gorze que ne parvint pas à protéger le comte de

Mansfelt qui, à ce moment, n'avait guère à sa disposition que sa bande d'ordonnance. Ils pénétrèrent dans la Lorraine, et après s'être emparés de Metz, de Toul, de Verdun, ils envahirent l'Alsace (3 mai).

Le comte du Rœulx, de son côté, fit des courses dans le Boulonais et dans la Picardie. Sur la frontière du Hainaut, il y eut des engagements assez vifs.

La reine de Hongrie forma plusieurs camps : un premier entre Florennes et Châtelet, un deuxième près de Marche; un troisième entre le Rhin, la Meuse et la Moselle, au village de Lowerschen; un quatrième en Frise; un cinquième sur les frontières de la Gueldre. Ces deux derniers étaient commandés par le comte d'Arenberg. Philippe de Lalaing, comte de Hoogstraeten, eut sous ses ordres le camp de Lowerschen.

La plupart des bandes d'ordonnance se trouvaient sur les frontières méridionales (les bandes d'Egmont et d'Arenberg étaient restées avec l'Empereur pour sa garde). En avril, les bandes de Lalaing, de Trelon et de Noyelles furent dirigées sur Namur. Dans le camp situé auprès de Marche, on envoya le régiment wallon d'Egmont et les bandes d'ordonnance de Beveren, du vicomte de Gand, de Trazegnies, d'Aix et de Bailleul sous d'Épinoy, et les bandes de Hoogstraeten commandées par son lieutenant Philippe de Hamal, seigneur de Monceaux.

Le comte de Mansfelt fit occuper Stenay dans les premiers jours du mois de mai, puis il passa la Meuse, et, divisant son corps d'armée en trois parties, il ravagea tout le pays. Enfin Bugnicourt, avec sa bande d'ordonnance, occupa Pont-à-Mousson et s'empara des magasins que l'ennemi y avait établis.

Tout le printemps et une partie de l'été se passèrent ainsi en escarmouches et en prises de villes et de villages. Mais si l'on considère les résultats généraux obtenus par les généraux de Charles-Quint, au moment où ce souverain arriva dans les Pays-Bas, on doit constater que Mansfelt avait empêché la jonction de Henri II avec les protestants d'Allemagne; que les comtes du Rœulx et de Lalaing avaient préservé de l'invasion le Brabant, le Hainaut et le pays de Liége; on doit reconnaître aussi la bravoure que les bandes d'ordonnance avaient déployée dans une multitude de combats partiels.

À cette guerre d'escarmouches succéda, dans le courant du mois d'août, une expédition plus sérieuse.

Albert de Brandebourg, l'allié de Henri II, parut sur le Rhin. Le comte de Boussu fut chargé d'observer ses mouvements. Il prit position à Cornely-Munster avec une armée dans laquelle figuraient ses bandes d'ordonnance (vieilles et nouvelles), celles de Beveren, de Brederode, de Gaesbeke, de Berghes, d'Over-Embden ; mais ces bandes, qui auraient dû présenter un effectif de douze cents chevaux au moins, avaient subi de grandes pertes et se trouvaient réduites à moins d'un millier de chevaux. Boussu resta dans cette position jusqu'à l'arrivée de l'Empereur qui, vers la fin du mois de septembre, vint camper près de Landau avec l'armée impériale. Les bandes d'ordonnance d'Arenberg et d'Egmont n'avaient pas quitté Charles-Quint depuis son départ pour l'Allemagne ; elles l'accompagnaient encore. L'Empereur ordonna au duc d'Albe d'aller immédiatement mettre le siége devant Metz, dès qu'il aurait rallié le corps de Boussu. Ce dernier avait quitté Cornely-Munster le 16 septembre, avait longé la Meuse et s'était emparé de Trèves où furent mises en garnison les bandes d'ordonnance de Brederode et d'Over-Embden. Le comte de Boussu assista donc au siége de Metz avec le régiment d'Arenberg, sa bande d'ordonnance, les bandes de Beveren, de Gaesbeke et de Berghes et plus de trois mille chevaux du Holstein.

L'armée impériale arriva sous les murs de Metz au milieu du mois d'octobre. De toutes les bandes d'ordonnance, tant vieilles que nouvelles, qui existaient à cette époque dans les Pays-Bas, il n'y eut donc que les quatre compagnies du corps de Boussu et les deux compagnies formant la garde particulière de l'Empereur qui assistèrent à ce siége célèbre où s'éclipsa en partie la gloire militaire de Charles-Quint [1].

L'investissement de la place commença le 18 octobre (1552). Les troupes impériales de toutes nations présentaient un effectif de cinquante à soixante mille combattants, « c'étaient, » disait le comte de Boussu dans sa correspondance avec Marie de Hongrie, « de bonnes gens bien délibérées et la » plus brave gendarmerie que l'on ait jamais vue. »

Le mauvais temps naturel à la saison avancée où l'on se trouvait ; la disette, conséquence des dévastations que les troupes des deux partis avaient

---

[1] Cependant, vers la fin du siége, le comte d'Egmont amena du Luxembourg deux autres bandes d'ordonnance.

commises dans les campagnes depuis le commencement de l'année ; les maladies, toutes ces misères de la guerre démoralisèrent l'armée impériale ; l'indiscipline, augmentée par l'impossibilité où se trouvait le trésor de l'État de solder les troupes, se manifesta par la désertion et par des excès de tout genre ; la marche des travaux se ralentit et, pour ne pas voir son armée complétement anéantie, Charles-Quint se décida à lever le siége, ce qui eut lieu le 2 janvier 1553, au milieu du désordre et des excès.

Dès qu'elle fut rentrée dans les Pays-Bas, l'armée fut licenciée. Les bandes d'ordonnance, fatiguées d'un service extraordinaire qui ne leur était pas payé, réclamèrent avec instance des congés. Pour vivre, elles devaient piller [1].

Pendant que le gros de l'armée était occupé au siége de Metz, de petits corps sortis des Pays-Bas avaient fait des excursions sur le territoire français. Le comte du Rœulx, avec son infatigable activité, avait rassemblé les régiments d'infanterie de Brederode et du duc d'Arschot, quelques détachements tirés de l'armée de la Meuse, les bandes d'ordonnance d'Arschot, de Mastaing, de Beveren, de Cruningen ; enfin deux mille cinq cents chevaux du pays de Clèves. Ces troupes furent réunies à une autre colonne composée du régiment d'infanterie du prince d'Orange, des bandes vieilles et nouvelles du comte de Hoogstraeten et de sept cents cavaliers frisons commandés par d'Arenberg. Cette armée était une des plus belles que l'on eût vues depuis longtemps ; elle comptait environ trois mille fantassins, six mille chevaux et quarante pièces d'artillerie. Le comte du Rœulx projetait de passer la Somme et de ravager toute la Picardie. Il se mit en mouvement le 10 octobre, pénétra dans l'île de France et s'avança jusqu'à seize lieues de Paris en semant sur son passage, comme c'était la coutume à cette époque, le ravage et l'incendie. Il revint ensuite pour assiéger Hesdin après avoir fait reconnaître cette place par les bandes d'ordonnance de Trazegnies et de Trelon. Ces deux compagnies, qui, du reste, étaient de nouvelle formation, se conduisirent mal : les capitaines se laissèrent surprendre et perdirent leurs enseignes ; les archers prirent honteusement la fuite.

----

[1] Lettres de Vranckx à de Praet du 10 janvier 1553, et du comte du Rœulx du 11. Les bandes de Beveren, de Trelon (Bauduin de Blois), de Famars, se livrèrent à de graves désordres, et le comte du Rœulx fut obligé de faire pendre plusieurs hommes (*Lettre du comte du Rœulx* du 16 janvier).

Le duc d'Arschot, chargé par le comte du Rœulx d'investir Hesdin, partit dans la nuit du 29 au 30 octobre avec son régiment d'infanterie et les bandes d'ordonnance de la reine, du duc d'Arschot, du comte de Renty et du vicomte de Gand qui présentaient un effectif de huit cents à neuf cents chevaux. Il fut rejoint, le lendemain, par le comte du Rœulx. Le 6 novembre, les troupes impériales entrèrent dans la place par capitulation. On y mit pour garnison, entre autres troupes, la nouvelle bande d'ordonnance du comte du Rœulx qui était commandée par le seigneur de Halloy.

Dès que le comte du Rœulx fut rentré dans les Pays-Bas, les Français firent tous leurs efforts pour reprendre Hesdin. Ce fut l'occasion de nombreux combats dans lesquels se distinguèrent les bandes d'ordonnance d'Aix, de Wysmes, de Famars, etc.

Après la levée du siége de Metz, il fallut prendre des mesures pour la garde et la défense des frontières du midi. Dès le 28 février 1553, vingt et une bandes de gendarmerie présentant un effectif de trois mille quatre cent cinquante chevaux s'y trouvèrent réunies, savoir :

La bande d'Arschot de	250 chevaux.
— du Rœulx (vieille) de	200 —
— du Rœulx (nouvelle) de	200 —
— de Lalaing de	200 —
— d'Épinoy (vieille) de	150 —
— d'Épinoy (nouvelle) de	200 —
— de Bugnicourt de	150 —
— de Pract de	150 —
— du vicomte de Gand de	200 —
— de Moerbeke de	200 —
— de Bailleul de	150 —
— de Wysmes de	200 —
— d'Aix de	150 —
— de Longastré de	150 —
— de Mastaing de	150 —
— de Famars de	150 —
— de Beveren (vieille) de	200 —
— de Renty de	200 —
— d'Adrien de Blois [1] de	100 —

[1] Adrien de Blois était désigné sous le titre de bailli d'Avesnes.

La bande de Jean d'Yves de . . . . . 50 chevaux.
—   du petit Flameng de . . . 50   —

Dans le courant du mois de mars, ces bandes furent rejointes successivement par dix-sept autres bandes et par deux compagnies d'arquebusiers à cheval, savoir :

La bande de Hoogstraeten de.   . . . . 200 chevaux.
—   de Van Rossem de 200   —
—   de Noyelles de 200   —
—   de Mansfelt de 200   —
—   de Berlaymont de 150   —
—   de Bletanges de. . . . . 150 chevaux [1].
—   d'Over-Embden de. . . . 200   —
—   de Molembaix de . . . . 180 arquebusiers à cheval.
—   de Helfaut de 180   —
—   d'Arenberg de . . . . . 200 chevaux.
—   d'Egmont de. 250   —
—   de Beveren (nouvelle) de . . 200   —
—   de Brederode de 200   —
—   de Boussu de 200   —
—   du prince d'Orange de. . . 200   —
—   de Berghes de 200   —
—   de Gaesbeek de. 200   —

La contrée voisine des frontières des Pays-Bas et de la France fut le théâtre d'une foule de petits combats qui n'eurent d'autre résultat que de ruiner le pays. L'opération la plus importante que résolurent d'entreprendre les généraux de Charles-Quint fut la prise de Thérouanne.

Le 13 avril, le seigneur de Bugnicourt, à la tête de quatre bandes d'ordonnance, du régiment d'infanterie wallone de Trélon et de quelques autres troupes, coupa les communications de Thérouanne. Il fut bientôt rejoint par un régiment de bas Allemands et par les bandes d'ordonnance de Lalaing, de Beveren, de Famars et de Mastaing. Trop faible encore pour attaquer Thérouanne, il envoya Trélon avec huit bandes d'ordonnance, douze enseignes d'infanterie et quelques centaines d'Anglais ravager le Boulonais. Bientôt

[1] Cette bande fut portée à deux cents chevaux, peu de temps après.

arrivèrent des renforts : le comte de Boussu amena sa bande, ainsi que celles de Beveren, de Molembaix, de Berghes et d'Arenberg dont le commandement supérieur venait de lui être donné; on reçut aussi de l'infanterie, entre autres, sept enseignes wallones du régiment d'Arschot. Lorsqu'il se vit à la tête de trente mille hommes, le seigneur de Bugnicourt investit Thérouanne qui se rendit le 20 juin et fut naturellement pillée, brûlée et rasée. Après ce succès, l'armée de Bugnicourt entreprit le siége de Hesdin qui subit le même sort que Thérouanne.

Les bandes d'ordonnance avaient fait, sous les murs de Thérouanne, une perte sensible : le vaillant comte du Rœulx (Adrien de Croy) qui s'était fait transporter sous les remparts de la place, malgré la maladie mortelle dont il était atteint, rendit le dernier soupir au moment où ses troupes allaient monter à l'assaut [1].

La destruction de Thérouanne et de Hesdin vengea cruellement l'échec que les armes de Charles-Quint avaient subi devant Metz. Mais, au lieu

---

[1] Voici, d'après un acte de la régente, quels étaient, à cette époque, en 1555, les chefs des vieilles bandes d'ordonnance :

Le duc d'Arschot (Philippe de Croy)	50	lances.
Le comte du Rœulx (Adrien de Croy)	50	lances [*].
— d'Egmont (Lamoral)	50	—
— de Lalaing (Charles)	40	—
— de Hoogstraeten (Philippe de Lalaing)	40	lances [**].
— d'Arenberg (Jean de Ligne)	50	lances [***].
— de Mansfelt (Pierre-Ernest)	50	—
Le seigneur de Brederode (Philippe)	40	lances [iv].
Le prince d'Épinoy	40	lances [v].
Le seigneur de Praet (Louis de Flandre) [vi]	30	—
— de Beveren	40	—
— de Boussu (Jean de Hennin)	40	—
— de Bugnicourt	30	—
— de Berlaymont	50	—
Martin Van Rossem	30	lances [vii].

[*] Son fils Jean lui succéda.
[**] Il succéda à Maximilien de Bourgogne.
[***] Il succéda en 1553 au comte de Buren.
[iv] Henri, son fils, lui succéda en 1554.
[v] Guillaume de Nassau lui succéda en 1554 et porta la bande à l'effectif de cinquante hommes d'armes.
[vi] Louis de Flandre succéda en 1548 au seigneur d'Yves.
[vii] Charles de Brimeu lui succéda en 1555.

d'amener la paix, elle ne rendait que plus vif, chez nos voisins du midi, le désir de commencer une nouvelle lutte. Ils avaient rassemblé depuis peu une puissante armée dans laquelle figuraient des Anglais, des Écossais, des Suisses, en aussi grand nombre au moins que les Français, et semblaient enfin disposés à livrer une bataille sérieuse.

Emmanuel Philibert de Savoie que Charles-Quint avait investi du commandement en chef de ses troupes, résolut d'accepter le combat. Il envoya au préalable, pour reconnaître la position du camp ennemi, un corps nombreux de cavalerie composé des bandes d'ordonnance de Bugnicourt, de Boussu, d'Arenberg, d'Arschot, d'Épinoy, d'Egmont, de Meghen, de Renty (Philippe de Croy), de Hoogstraeten et de Philippe de Ligne [1]. Ce corps, dont l'effectif dépassait trois mille chevaux, se mit en marche le 18 août. Les troupes du roi de France avaient déjà franchi la Somme. La cavalerie des Pays-Bas rencontra une division de trois à quatre mille chevaux près de Talmas; c'était l'avant-garde de l'armée française. Le seigneur de Bugnicourt, à la tête de trois cents hommes d'armes des ordonnances, fondit avec impétuosité sur les gendarmes du duc de Nemours, les culbuta et les mit en fuite. Bientôt après, toute la cavalerie nationale imita Bugnicourt, chargea avec violence le centre ennemi que commandaient le prince de Condé et M. de Canaples et le mit en déroute.

Sur ces entrefaites, un renfort considérable fut amené aux Français. Malheureusement une fausse manœuvre exécutée par un escadron d'hommes d'armes mit un certain désordre parmi la cavalerie flamande. Les archers prirent même la fuite sans qu'on parvînt à les rallier. Vainement les hommes d'armes conduits par les comtes Lamoral d'Egmont et de Meghen, le duc d'Arschot, les deux frères Trazegnies, firent des prodiges de valeur. Ils ne réussirent pas à ramener la victoire sous leurs enseignes et durent finalement battre en retraite [2].

Les comtes de Boussu et d'Arenberg s'étaient particulièrement distingués dans cette journée; le duc d'Arschot, abattu par son cheval qui avait été tué

---

[1] C'était le fils de Jacques de Ligne.
[2] *Mémoires* de Ferry de Guyon et de Rabutin. — Le Petit.

sous lui, était tombé aux mains des Français. Ajoutons, pour compléter l'énumération des pertes principales que les bandes d'ordonnance subirent au combat
de Talmas, que Hugue de Melun, prince d'Épinoy, était tombé mort de fatigue
pendant la marche rapide que la cavalerie avait faite pour atteindre l'ennemi.

Après l'affaire de Talmas, les Français, au lieu de profiter des avantages
que leur donnait leur supériorité numérique, pour décider l'issue de la campagne en leur faveur, se bornèrent à faire quelques vaines démonstrations
contre les villes de Bapaume et de Cambrai. Le roi Henri II ne jugea pas à
propos de se mesurer avec Charles-Quint qui s'était mis à la tête de son
armée; il battit prudemment en retraite et licencia une partie de ses troupes.
La campagne était terminée et, vers la fin du mois de septembre, les hommes
d'armes des bandes d'ordonnance purent rentrer dans leurs foyers pour y
passer l'hiver.

Au printemps de l'année suivante (1554), les bandes furent rappelées en service et envoyées sur les frontières que menaçaient toujours les partis français.

Un mandement du 19 mars porta à cinquante hommes d'armes toutes les
compagnies qui n'en avaient que quarante ou trente, et comme cette mesure
ne paraissait pas suffisante en présence des forces que Henri II rassemblait
de son côté, Charles-Quint, par un édit du 8 juin, créa de nouvelles bandes
d'ordonnance et répartit toute sa cavalerie en six régiments, comme on l'a
vu précédemment.

C'était le Cambrésis qui se trouvait le plus directement menacé. Toutes
les forces disponibles furent envoyées dans cette province. Les bandes d'ordonnance devaient également s'y rendre, mais la rareté des fourrages dans ces
campagnes dévastées retarda leur réunion, et cet ajournement entrava les
premières opérations de l'armée impériale.

Trois armées françaises envahirent les Pays-Bas : la première dévasta
l'Artois, la deuxième investit Marienbourg, la troisième attaqua le château
d'Orchimont dans le Luxembourg. L'ennemi était déjà maître de Marienbourg,
de Bouvignes et de Dinant lorsque Charles-Quint se rendit à Namur et fit
concentrer ses troupes vers Gembloux. Cette mesure n'empêcha pas les
Français d'envahir le Hainaut, de s'emparer de Binche, d'incendier Maubeuge
et Bavay, après quoi ils se retirèrent. Trois mille chevaux, où figuraient plu-

sieurs bandes d'ordonnance, leur donnèrent la chasse. Les deux armées se suivirent pendant quelque temps; près de Renty, elles furent sur le point de livrer une bataille générale; mais, pour des causes qu'il est difficile de démêler, tout se borna à quelques combats partiels dans lesquels la cavalerie des ordonnances donna de nouvelles preuves de son intrépidité. Charles-Quint prit néanmoins possession de Renty et ce fut là le dernier acte de sa vie militaire; désormais on ne le vit plus à la tête de ses troupes.

La cavalerie impériale poursuivit l'armée française dans sa retraite, fit essuyer de fortes pertes à son arrière-garde [1] et commit de cruelles représailles dans les provinces ennemies qu'elle traversa : toute la contrée autour de Montreuil, disent les historiens, fut « bruslée et gastée. »

Vers le milieu du mois de novembre, la campagne fut considérée comme terminée et les troupes furent licenciées. Les bandes d'ordonnance qui avaient été placées sur les autres frontières du pays eurent également plusieurs occasions de se mesurer avec l'ennemi, notamment les compagnies de Van Rossem, de Mansfelt et de Hoogstraeten, dans le Luxembourg.

Pendant les négociations pour la paix, qui s'ouvrirent vers la fin de l'année 1554 et se prolongèrent jusqu'au printemps de l'année suivante, les troupes qui occupaient les garnisons frontières continuèrent d'escarmoucher avec les partis français qui chaque jour parcouraient les campagnes et les dévastaient impitoyablement. Charles-Quint crut même utile de faire quelques préparatifs pour reprendre la campagne : Philippe de Hamal, seigneur de Monceaux, reçut, le 10 mai, une commission l'investissant du commandement des bandes d'ordonnance de Hoogstraeten, de Praet, de Boussu et de Carondelet; des troupes furent rassemblées à Gaver et parmi elles quatre bandes d'ordonnance qui, sous la conduite du prince d'Orange, Guillaume de Nassau, remportèrent à Gimnée une belle victoire sur un corps français commandé par le maréchal de St-André.

Un des chefs les plus braves des bandes d'ordonnance, Martin Van Rossem, l'ancien maréchal de Gueldre, mourut à cette époque (6 juin); il fut remplacé par Charles de Brimeu, comte de Meghen.

---

[1] Rabutin.

La trêve de Vaucelle, signée le 5 février 1556 pour cinq ans, fit cesser pour quelque temps un état de guerre qui, d'ancienne date, avait été pour ainsi dire permanent. Les bandes de cavalerie levées extraordinairement pour cette guerre avaient été licenciées. Les vieilles bandes d'ordonnance restèrent encore provisoirement en service actif; elles avaient passé l'hiver de 1555 à 1556 dans les positions suivantes [1] :

> Bande du prince d'Orange, à Arras.
> — du comte d'Egmont, à St-Omer.
> — — de Hornes, à Tournai.
> — du seigneur de Montigny, à Bapaume.
> — du comte du Rœulx, à Aire.
> — du duc d'Arschot, à Avesnes.
> — du marquis de Berghes, à Maubeuge.
> — du comte de Hoogstraeten, à Landrecy.
> — — de Boussu, à Quesnoy.
> — — de Mansfelt, à Luxembourg.
> — — de Meghen, à Ivoy.

[1] Papiers de l'audience, liasse nº 1112, aux Archives du royaume.

Voici les noms des capitaines des bandes d'ordonnance qui furent passées en revue près de Condé, le 22 avril 1555 :

Bandes de cinquante lances. .
- Egmont (Lamoral).
- Arenberg (Jean de Ligne).
- Rœulx (Jean de Croy).
- Arschot (Philippe de Croy), troisième duc d'Arschot.
- Orange (Guillaume de Nassau).
- Mansfelt (Pierre-Ernest).

Bandes de quarante lances . .
- Brederode (Henri).
- Hoogstraeten (Philippe de Lalaing).
- Beveren (Maximilien de Bourgogne).
- Boussu (Jean de Hennin).
- Lalaing (Charles), baron de Montigny [*].

Bandes de trente lances. . . .
- Van Rossem fut remplacé par le comte de Meghen, Charles de Brimen, qui augmenta cette bande de dix hommes, tirés de la bande du prince d'Orange.
- Berlaymont (Charles).
- Praet (Louis de Flandre) avait remplacé le seigneur d'Yves.
- Bugnicourt (Ponce de Lalaing) [**].

[*] Le baron de Montigny (Charles de Lalaing) mourut le 5 février 1556, et sa bande fut donnée à son neveu, Antoine de Lalaing, comte de Hoogstraeten.

[**] La bande de Bugnicourt fut donnée, en 1561, à Florent de Montmorency, seigneur de Montigny.

Bande du comte de Berlaymont, à Namur.
— du baron H. de Brederode, à Thionville.
— du comte d'Arenberg, à Maestricht.

Vers la fin du mois de novembre la pénurie des finances obligea de les renvoyer *au mesnaige*, c'est-à-dire dans leurs foyers [1].

§ III. — *Nouvelle guerre avec la France en 1557.*

Bien que la trêve de Vaucelle eût été signée pour cinq ans, le 5 février 1556, une année à peine s'était écoulée que les Pays-Bas se trouvèrent de nouveau menacés par la France.

Philippe II, qui récemment avait succédé à son père, Charles-Quint, réunit des troupes sans perdre de temps; les préparatifs qu'il fit le mirent en état non-seulement de défendre l'entrée du pays, mais aussi de porter la guerre sur le territoire ennemi [2].

Les bandes d'ordonnance furent rappelées sous leurs enseignes [3]. Elles avaient eu à peine le temps de réparer leurs pertes des campagnes précédentes et de se remonter [4]. Elles formèrent néanmoins la partie la plus forte de la cavalerie [5].

[1] Pendant la trêve de 1556, l'entretien des bandes d'ordonnance avait coûté trois cent trente mille florins (Th. Juste, *Les Pays-Bas sous Philippe II*, t. 1er, p. 39).

[2] Prescott, *Histoire du règne de Philippe II*.

[3] Neuf bandes seulement furent rappelées pour le 20 octobre 1557; c'étaient celles :

Du duc de Savoie.	Du comte de Mansfelt.
— duc d'Arschot.	— — de Meghen.
— comte de Lalaing.	— — de Boussu.
— — du Rœulx.	— baron de Berlaymont.
— seigneur de Bugnicourt.	(Papiers de l'audience, aux Archives du royaume.)

[4] C'est à cet état d'épuisement où les avaient réduits les fatigues et les misères des campagnes précédentes que le duc de Savoie faisait allusion lorsqu'il écrivait à Philippe II en juillet 1556 : « Ne fault faire son compte des 111m chevaulx qui s'entretiennent par déchà, car, oultre le mau- » vais payement, ilz sont esté tant traveillez par les camps passés, que la plupart est demouré ; et » cuvres que l'on leur baillase quelque payement, si ne sera ce que pour se remectre en ordre » et non pour en tenir garnison et par ainsi, au lieu de faire le service qu'ils doibvent ils s'esga- » reront incontinent sur le plat pays et feront mil desordres. » (*Monuments de la diplomatie vénitienne*, pp. 512-513.)

[5] Prescott.

L'effectif général de l'armée, non compris un contingent anglais qui arriva trop tard, s'élevait à trente-cinq mille fantassins et douze mille chevaux. Le commandement de cette armée fut donné à Emmanuel Philibert, prince de Piémont, ou duc de Savoie; la cavalerie reçut pour chef le comte Lamoral d'Egmont qui avait pour lieutenants, dans le commandement des bandes d'ordonnance, le comte de Hornes et le comte d'Arenberg.

Le duc de Savoie, se conformant au plan général qui avait été adopté pour la campagne, investit St-Quentin avec toutes ses troupes, dans les premiers jours du mois d'août 1557. Le 10, l'armée de France et celle de Philippe II se trouvèrent en face l'une de l'autre sur les deux rives de la Somme. Le combat qui s'engagea fut d'abord défavorable aux troupes du duc de Savoie qui, du reste, s'étaient laissé surprendre. Mais heureusement l'intervention énergique du comte d'Egmont fit bientôt changer la tournure des affaires. D'Egmont, avait réparti toute sa cavalerie en plusieurs divisions. Le comte de Hornes et le comte d'Arenberg commandaient chacun mille hommes d'armes ; d'Egmont qui s'était réservé le commandement direct de toute la cavalerie légère, chargea les Français avec un élan irrésistible et les ayant mis en déroute, il les poursuivit dans leur retraite désordonnée et en fit un grand carnage [1]. Les bandes d'ordonnance qui assistèrent à cette glorieuse journée étaient celles du prince d'Orange, du duc d'Arschot, des comtes d'Egmont, d'Arenberg, du Rœulx et de Mansfelt, de cinquante hommes d'armes; les bandes de quarante hommes d'armes des comtes de Boussu, de Hoogstraeten, de Meghen, de Hornes et du baron de Berlaymont; enfin les bandes de trente hommes d'armes des seigneurs de Montigny et de Brederode [2].

Les Français, humiliés de cet échec, firent de grands préparatifs pour la campagne de 1558. Ils se jetèrent sur le Luxembourg où ils eurent quelques succès et où ils commirent d'irréparables dévastations. Les comtes de Mansfelt et de Hornes qui, avec leurs bandes d'ordonnance, défendaient les

---

[1] Van Meteren-Prescott.

[2] *Documents historiques*, t. IX, aux Archives du royaume. Il est à remarquer que l'on s'était écarté de la règle qui fixait à cinq le nombre des bandes de cinquante hommes d'armes. Il y en avait six à la bataille de St-Quentin sans compter la bande du duc de Savoie qui était également de cinquante hommes d'armes.

frontières de cette province, n'étaient pas en mesure d'arrêter la marche d'ennemis aussi nombreux. Ceux-ci prirent Thionville et Arlon (juillet). En même temps, un autre corps d'armée français sorti de Calais avait envahi la Flandre et y commettait les mêmes dégâts. Mais dans cette province commandait le comte d'Egmont qui résolut de chasser ces bandes dévastatrices. Il rassembla toutes les troupes des garnisons, une partie des bandes d'ordonnance et se trouva en face des Français vers le milieu du mois de juillet, dans les environs de la petite ville de Gravelines. Le 13 juillet, le chef des troupes françaises, le maréchal de Thermes, rangea ses forces en bataille dans une plaine étroite, ce qui forçait les Belges à attaquer de front et leur enlevait les avantages de leur supériorité numérique.

Le comte d'Egmont partagea sa cavalerie en plusieurs divisions, comme il l'avait fait si heureusement à la bataille de Saint-Quentin ; trois de ces divisions composées de cavalerie légère devaient faire la première attaque. Les bandes d'ordonnance et la cavalerie allemande formaient deux divisions de réserve. Le comte d'Egmont, dit Van Meteren « ne se montra pas seule-» ment sage et prudent, mais aussi hardi et vaillant comme firent pareille-» ment tous les autres chefs, comme le seigneur de Bugnicourt, le marquis » de Renty et le comte du Rœulx [1]. » De part et d'autre on combattit avec ardeur, avec furie, disent les historiens : « homme contre homme, cheval » contre cheval. » La cavalerie des Pays-Bas finit enfin par rompre les rangs des Français qui, dans leur retraite, eurent à subir des pertes considérables.

Ce fut sous l'impression produite par ces deux victoires que l'ambassadeur vénitien Suriano, qui avait vu les bandes d'ordonnance à l'œuvre dans les campagnes de 1557 et de 1558, écrivait à son gouvernement :

« Quant à la cavalerie, les gens d'armes de Flandres sont les meilleurs » qui soient au monde. Non-seulement ils ont pu résister à la cavalerie fran-» çaise qui a une si grande réputation, mais encore ils l'ont dissipée et » rompue deux fois en peu de temps. L'ordre dans lequel ils combattent, la » manière dont ils sont armés et la force de leurs chevaux leur ont valu ces

---

[1] Van Meteren, f° 19 verso.

» victoires. Les Français étendent leur front et affaiblissent leurs ailes parce
» que chacun veut occuper le premier rang; les Flamands, multipliant leurs
» files et grossissant leurs corps, assurent par là la force de celui-ci. Dans
» leur armement est cette différence que les Flamands sont armés de pied
» en cap et que les Français, par bravoure, ne s'arment ni les jambes, ni les
» bras, dans lesquels consiste la force nécessaire pour donner et soutenir le
» choc. Quant aux chevaux, les Flamands ont un grand avantage parce que,
» en possédant la race chez eux, ils peuvent les choisir à leur gré, tandis
» que les Français qui n'en ont pas se servent de ceux qu'ils trouvent [1]. »

Le traité de Câteau-Cambrésis, qui fut signé le 3 avril 1559, mit fin à la
guerre entre la France et l'Espagne; l'armée fut licenciée et les bandes d'ordonnance rentrèrent dans leurs foyers.

Jusqu'à l'époque des guerres de religion, les bandes d'ordonnance ne furent
plus guère réunies que pour les revues destinées à constater l'état dans lequel
elles se trouvaient. Voici, d'après les *montres* de 1561 et de 1565, quels
étaient, à ces deux époques, les noms des capitaines et les provinces où stationnaient les différentes compagnies :

1562. — D'après un compte nº 25544 des Archives du royaume.

Duc de Savoie	50 lances [2].
Seigneur de Brederode.	50 lances [3].
Prince d'Orange	50 lances [4].
Comte d'Arenberg (Jean de Ligne). . .	50 lances [5].
— de Mansfelt	50 —
— du Rœulx.	50 lances [6].
— de Meghen	40 —
Baron de Berlaymont	40 lances [7].

[1] Gachard, *Monuments de la diplomatie vénitienne*, p. 115, dans les MÉMOIRES DE L'ACADÉMIE
ROYALE, t. XXVII, in-4º.

[2] Le seigneur de Warfuzée était son porte-enseigne.

[3] Charles de Wittentrorst, seigneur de Seyem, était son lieutenant.

[4] Le seigneur de Grenenbruk et de Waetendonc était son lieutenant.

[5] Zegher de Groosbeck était son lieutenant.

[6] Gilles du Bois était son lieutenant.

[7] D'Allamont était son lieutenant.

Baron de Berlaymont . . . .   50 lances [1].
   —   de Montigny . . . .   50 lances [2].
Marquis de Berghes . . . .   40 —
Comte de Hoogstraeten (Antoine de Lalaing)   40 —
Duc d'Arschot . . . .   50 lances [5].
Comte de Boussu . . . .   40 —
   — d'Egmont . . . .   40 —
   — de Hornes . . . .   40 —

1565. — *Monstre du 24 juillet 1565.*

—

Artois et Flandre.

La bande du prince d'Orange (Guillaume de Nassau).
   —   du comte d'Egmont.
   —   — de Hornes.
   —   de Montigny.
   —   du comte du Rœulx.

Hainaut.

La bande du duc d'Arschot.
   —   de Berghes.
   —   du comte de Hoogstraeten (Antoine de Lalaing).
   —   — de Boussu.

Luxembourg.

La bande du comte de Mansfelt.
   —   — de Meghen.
   —   — de Berlaymont.
   —   de Brederode.

Maestricht.

La bande d'Arenberg (Jean de Ligne).

[1] D'Allamont était son lieutenant.
[2] Adrien de Bailleul était son lieutenant.
[5] Oudard de Ponty était son lieutenant.

§ IV. — *Guerres de religion en 1568.*

Les bandes d'ordonnance s'étaient couvertes de gloire aux batailles de Saint-Quentin et de Gravelines ; leur valeur, qui avait grandement contribué à décider la victoire dans ces deux journées mémorables, avait fondé l'illustration de leur chef le comte d'Egmont qui était loin de prévoir alors, au milieu de l'enivrement des succès qu'il venait de remporter, la triste destinée qui, dix ans plus tard, devait le conduire à l'échafaud.

Les troubles religieux qui commencèrent à éclater dans les Pays-Bas, immédiatement après le départ de Philippe II pour l'Espagne, forment une période importante de l'histoire des bandes d'ordonnance.

Cette cavalerie d'élite se trouvait, à la fin de la guerre avec la France, un peu réduite. Philippe II l'avait réorganisée sans toutefois y introduire de changements. Comme son père Chàrles-Quint, il la divisa en quinze (d'autres disent quatorze) bandes qui eurent pour chefs et capitaines les gouverneurs des provinces et quelques-uns des principaux seigneurs du pays [1].

Les quinze bandes d'ordonnance, deux régiments espagnols commandés par Julian Romero et Jean de Mendoça présentant un effectif de quatre mille hommes qui étaient cantonnés sur la frontière méridionale, enfin quelques enseignes de mercenaires allemands composaient, à l'époque où commencèrent les troubles, toute la force militaire aux Pays-Bas.

Ce fut en 1560 et en 1564 que commencèrent les premières résistances contre l'établissement des nouveaux évêchés et contre les ordonnances qui punissaient l'hérésie.

Les bandes d'ordonnance furent employées à Valenciennes et à Tournai pour réprimer les manifestations des religionnaires ; le baron de Montigny,

---

[1] Répartition des bandes faite par Philippe II avant son départ des Pays-Bas :

Duc d'Arschot (Philippe de Croy).	Comte de Hoogstraeten (Antoine de Lalaing).
Prince d'Orange (Guillaume de Nassau).	— du Rœulx (Jean de Croy).
Comte d'Egmont (Lamoral).	— d'Arenberg (Jean de Ligne).
Marquis de Berghes).	— de Mansfelt (Pierre-Ernest).
Comte de Hornes (Philippe de Montmorency.	— de Meghen.
— de Boussu (Jean de Hennin-Liétard).	Baron de Montigny (Florent de Montmorency).
Baron de Berlaymont (Charles).	Seigneur de Brederode (Henri).

gouverneur de Tournai, et le marquis de Berghes, gouverneur de la Flandre wallone, durent prendre des mesures énergiques; leurs bandes d'ordonnance, réunies à celles du comte de Boussu et du duc d'Arschot, rétablirent l'ordre à Valenciennes.

A Tournai, en 1563, la garnison étant insuffisante pour contenir la multitude, le baron de Montigny demanda des renforts à la gouvernante. Le marquis de Berghes se rendit alors à Tournai avec deux cents hommes qui furent suivis des bandes d'ordonnance de Montigny et du comte de Hornes. Quatre bandes restèrent cantonnées dans le Hainaut pendant toute la période de 1563 à 1566: c'était la compagnie du duc d'Arschot, cantonnée à Avesnes; celle du marquis de Berghes [1] établie à Maubeuge; celle du comte de Hoogstraeten établie à Landrecy; celle du comte de Boussu au Quesnoy. En 1566, la bande du duc d'Arschot fut envoyée à Maestricht pour mettre cette ville à l'abri d'un coup de main [2]. La bande de Montigny tint garnison à Bapaume pendant l'hiver de 1565 à 1566 [3].

A la même époque, le roi de France recourut à la force pour combattre les huguenots et demanda le secours de Philippe II pour écraser ses adversaires. La gouvernante des Pays-Bas, d'après les ordres du roi son frère, voulut envoyer les bandes d'ordonnance au roi de France, mais elle rencontra dans le conseil d'État et dans les assemblées des états des provinces une résistance invincible à ses projets. Le prince d'Orange et le comte d'Egmont objectèrent que les bandes d'ordonnance ne pouvaient sortir du pays sans le consentement formel des états; ceux-ci firent valoir à leur tour que cette cavalerie était entretenue par les provinces dans l'intérêt du pays, partant qu'il fallait attendre le consentement des provinces pour la faire sortir des Pays-Bas. Granvelle rendit compte à Philippe II de cet obstacle à ses desseins et déclara formellement que les états ne payeraient pas un maravédis aux bandes d'ordonnance si on les envoyait en France [4].

Il ne paraît pas que l'on ait cru pouvoir se passer de ce consentement que

[1] Maximilien de Hennin qui venait de remplacer son père.
[2] Lettre de la duchesse de Parme du 7 juillet.
[3] Archives de l'audience, n° 1112, aux Archives du royaume.
[4] Lettre du 6 juillet 1562 dans la correspondance de Philippe II, publiée par M. Ga-

l'on craignait de ne pas obtenir; aussi Philippe II dut-il se résigner à renoncer, pour cette fois, à son projet en ce qui concerne les bandes d'ordonnance : il envoya de la cavalerie espagnole au secours de la Ligue.

Pendant les années qui suivirent, l'opposition au gouvernement de Philippe II ne cessa de grandir; en 1567, des troubles sérieux ayant éclaté à Valenciennes, le siége de cette ville fut le premier acte de cette guerre longue et cruelle qui couvrit la Belgique de ruines.

Les événements des dernières années avaient nécessairement porté atteinte à la force militaire des bandes d'ordonnance. Le prince d'Orange et Henri de Brederode se démirent de leur commandement; le marquis de Berghes et le baron de Montigny moururent et leurs compagnies restèrent plusieurs années sans chefs. D'un autre côté, la pénurie des finances ne permettait plus guère de réunir les bandes que partiellement [1]. En 1566, la gouvernante ayant voulu en rassembler quelques-unes ne put y parvenir faute d'argent pour les payer [2]. Au mois d'août de la même année, Maximilien de Rasseghien,

chard. — Voici les noms des capitaines des bandes et les provinces qu'elles occupaient, d'après un ordre pour la montre du 15 mars 1561 :

Prince d'Orange.	Artois et Flandre.
Comte de Hornes	
— du Rœulx	
Comte d'Arschot	Hainaut.
— de Boussu	
Mansfelt	Luxembourg.
Brederode.	
Comte d'Egmont	Artois et Flandre.
Montigny (Florent de Montmorency)	
Berghes	Hainaut.
Hoogstraeten (Antoine de Lalaing)	
Meghen	Luxembourg.
Berlaymont	
Arenberg (Jean de Ligne)	

[1] D'après les comptes du trésorier des guerres, on constate que pendant les années 1562 à 1566, il n'y avait que dix ou douze bandes qui touchassent leur paye.

[2] On lit dans une lettre de la gouvernante à Philippe II, du 5 avril 1566.... « l'on a mandé » aux bandes d'ordonnance pour, *à l'accoustumé*, se trouver aux lieux de leur *monstre* pour le » 25 que l'on leur fera payement de six mois. »

gouverneur de la Flandre wallone reçut l'ordre de se rendre à Lille avec la bande de Montigny pour agir contre la populace et les iconoclastes; il ne parvint qu'à grand'peine à rassembler une fraction de cette compagnie. Au mois de décembre, le baron de Noircarmes, averti qu'un grand nombre de confédérés s'étaient réunis à Tournai et à Lille, près de la petite ville de Lannoy, sous la conduite de Jean Sorriau, partit nuitamment de Condé avec huit compagnies de Wallons, deux cents arquebusiers à cheval et trois cents hommes d'armes des ordonnances. Le seigneur de Rasseghien, gouverneur de Lille, se joignit à lui et ils mirent les insurgés en déroute.

La gouvernante chercha cependant, en 1567, à s'assurer le concours de la cavalerie des ordonnances; elle demanda à leurs chefs un serment solennel d'obéir désormais aux ordres du roi envers et contre tous; la plupart firent ce serment que beaucoup oublièrent peu de temps après [1].

Cependant comme il devenait urgent de prendre des mesures militaires contre les armements que faisaient de leur côté les adversaires du gouvernement, Marguerite ordonna des levées de troupes. Deux régiments de hauts Allemands sous les colonels Otto, comte d'Oberstein, et Bernard de Schauwenburg, deux régiments de bas Allemands sous Jean de Ligne, comte d'Arenberg, et Charles de Brimeu comte de Meghen [2], furent bientôt sous les armes ; en outre trois régiments wallons s'organisèrent. Ces derniers régiments, composés chacun de six compagnies de deux cents hommes, eurent pour colonels Gilles de Berlaymont, baron de Hierges, Jean de Croy, comte du Rœulx et Charles, comte de Mansfelt.

Valenciennes avait été déclarée ville rebelle au roi. En attendant qu'on eût réuni des forces suffisantes pour réduire cette place importante, le seigneur de Noircarmes, après la victoire qu'il avait remportée près de Lannoy

---

[1] Il résulte des *Notules* du conseil d'État que le 31 janvier 1567, le duc d'Arschot, le comte de Mansfelt et le seigneur de Berlaymont comme capitaine d'hommes d'armes firent, entre les mains de la gouvernante, le nouveau serment. Le même serment fut fait par le seigneur d'Evre comme lieutenant de la bande de Montigny. Les autres chefs de bandes, de Hornes, Hoogstraeten et Brederode ne consentirent pas à le prêter, non plus que le commandant intérimaire de la bande du prince d'Orange.

[2] Jean de Ligne ne leva que cinq compagnies; Charles de Brimeu en leva dix.

sur les confédérés, s'était introduit dans Tournai (le 2 janvier 1567) qui n'avait pu opposer de résistance.

Maximilien de Rasseghien, gouverneur de Lille, avait, à la même époque, surpris à Waterloo un corps de cinq à six mille rebelles et les avait taillés en pièces.

D'un autre côté, Jean de Marnix, seigneur de Ste-Aldegonde, ayant formé le projet de s'emparer d'Anvers à l'aide de nombreuses bandes de sectaires qu'il avait rassemblées, la gouvernante, sur le conseil du comte d'Egmont, ordonna à Philippe de Lannoy, seigneur de Beauvoir, d'aller disperser ce rassemblement. Philippe de Lannoy, prenant avec lui les bandes d'ordonnance du comte d'Arenberg et du baron de Berlaymont, quatre cents arquebusiers de la garde de la gouvernante et cinq cents chevau-légers, fut renforcé en route de quelques troupes tirées de Lierre et du Sas de Gand, puis de la bande du comte de Hoogstraeten [1]. Il rencontra Jean de Marnix le 13 mars, à Austruweel, l'attaqua et dispersa ses troupes.

Après ce succès, la gouvernante résolut enfin d'agir énergiquement contre Valenciennes. Ce fut encore le seigneur de Noircarmes qui fut chargé de cette expédition. Il avait vingt-huit enseignes d'infanterie wallone (huit de son régiment recrutées dans le Hainaut et dix de chacun des régiments de Hierges et de Charles de Mansfelt)'; quinze cents chevaux des bandes d'ordonnance et vingt et une pièces d'artillerie sous Jacques de la Cressonnières. Le 22 mars, toute cette artillerie bombarda Valenciennes qui se rendit après trente-six heures de résistance.

Maestricht, Bois-le-Duc et Anvers furent réduites à l'obéissance dans le courant du mois d'avril; il en fut de même de Harderwyck, d'Utrecht, de Vianen, de Arnemuiden et de Groningue.

A la suite de ces succès remportés par les troupes de la gouvernante, le prince d'Orange, le seigneur de Brederode et une foule de gentilshommes qui avaient embrassé la réforme, émigrèrent.

L'ordre se trouvait rétabli presque partout dans les Pays-Bas; Philippe II crut néanmoins devoir y envoyer un chef militaire et il choisit le duc d'Albe

[1] La bande d'ordonnance du comte de Hoogstraeten s'était portée de Turnhout à Santhoven et rejoignit de Lannoy à Merxem.

qui arriva dans le pays au mois d'août 1567 avec une armée espagnole dont le chiffre est évalué à onze ou douze mille hommes [1].

Les forces du duc d'Albe s'accrurent bientôt des régiments hauts et bas Allemands qui étaient aux Pays-Bas ; quant aux trois régiments wallons qui avaient été créés par la gouvernante, ils furent licenciés, car ils n'inspiraient aucune confiance à l'envoyé de Philippe II.

Dès que le duc d'Albe se trouva gouverneur général des Pays-Bas, il mit à exécution le projet que son souverain nourrissait depuis quelque temps d'envoyer en France, au secours de la ligue catholique, une partie de la cavalerie nationale.

Il chargea en conséquence, au mois d'octobre, le comte d'Arenberg de se rendre en France avec quatorze cents chevaux dont mille étaient tirés des bandes d'ordonnance et représentés par les bandes du duc d'Arschot, du comte du Rœulx, du comte de Boussu et du baron de Montigny [2]. Cette cavalerie partit de Cambrai le 11 novembre ; passa à Péronne, à Bray, à Montreuil, à Villeneuve, à Pontoise, à Poissy, à Châteaufort, à Lonjumeau, à la Ferté. Le 3 décembre, elle arriva à la Chapelle-la-Reyne près de Nemours [3].

Mais dans l'intervalle les huguenots ayant été battus près de St-Denis,

---

[1] Cette armée se composait de quarante-neuf compagnies espagnoles et de dix-sept cents chevaux de Naples. C'étaient, pour l'infanterie :

Le tercio de Naples, d'Alonzo de Uloa, composé de . . .	19 enseignes	ou de	3,230 hommes.
— de Lombardie, de S. Londono, composé de . .	10 —	—	2,200 —
— de Sicile, de Julian Romero, composé de . . .	10 —	—	1,620 —
— de Sardaigne, de G. Bracamonte, composé de. .	10 —	—	1,728 —

La cavalerie était composée des corps suivants :

Trois compagnies de chevau-légers italiens d'environ .	100 chevaux, ensemble	300 chevaux.
Cinq — — espagnols d'environ .	100 —	— 500 —
Deux — — albanais d'environ .	100 —	— 200 —
Deux — d'arquebusiers à cheval de 100 chevaux.	100 —	— 200 —

D'après B. de Mendoça, l'armée du duc d'Albe se composait :

De quarante-neuf compagnies d'infanterie, soit.	8,780	9,515	
De quinze mousquetaires par compagnie, soit	735		10,715.
Cavalerie.	1,200		

[2] B. de Mendoça.

[3] *Mémoires* de Ferry de Guyon.

la cour de France n'avait plus besoin des auxiliaires venus des Pays-Bas. Charles IX remercia donc le comte d'Arenberg et sa troupe qui rentrèrent dans les Pays-Bas.

En 1568, le prince d'Orange résolut de faire une tentative armée pour délivrer, disait-il, les Pays-Bas de la tyrannie qui pesait sur eux. Il leva des troupes à l'étranger et forma le plan de pénétrer dans le pays avec trois corps d'armée.

Le premier de ces corps, d'un effectif de deux mille cinq cents hommes, sous le comte de Hoogstraeten qui avait abandonné le service du roi, ou plutôt sous Jean de Montigny, seigneur de Villers, qui le remplaça, partait du pays de Juliers et devait opérer entre le Rhin et la Meuse.

Le deuxième corps, composé de six mille fantassins et de quelques cavaliers, était commandé par le comte Louis de Nassau et avait pour mission de pénétrer dans la Frise.

Enfin le troisième corps, composé de Français et de Belges réfugiés en Angleterre, en tout deux mille cinq cents hommes, était commandé par le sieur de Cocqueville. Il devait entrer par l'Artois et soulever la Flandre.

Ces projets furent déjoués par le comte du Rœulx et n'aboutirent qu'à une défaite que subirent les rebelles à Saint-Valery le 18 juillet.

Le prince d'Orange, qui s'était réservé de diriger de loin ses lieutenants, ne quitta pas le pays de Clèves.

Au premier corps, le duc d'Albe opposa don Sanche de Londono avec cinq compagnies d'infanterie espagnole, la compagnie de lances de Sancho d'Avila, celle de chevau-légers de Nicolas Basta et deux enseignes de piétons allemands du régiment d'Eberstein.

Le corps de Montigny franchit la frontière des Pays-Bas du côté de Maestricht, le 20 avril, tenta inutilement de s'emparer de Ruremonde et chercha à pénétrer dans le pays de Juliers. Londono l'atteignit le 25 avril entre Erkelens et Dahlen et le défit complétement.

Le corps de Louis de Nassau pénétra dans la Frise le 24 avril et s'empara du château de Wedde. Le comte d'Arenberg, qui était gouverneur de cette province, n'avait à sa disposition que cinq enseignes de son régiment et six pièces de canon, mais il devait être renforcé de dix enseignes du tercio de

Sardaigne de Bracamonte et, d'après les ordres du duc d'Albe, il devait encore recevoir le secours de quatre enseignes du régiment du comte de Meghen et de trois compagnies de chevau-légers qui occupaient Bois-le-Duc.

Les deux petites armées se rencontrèrent le 23 mai à Heyligerlée. Bien qu'il n'eût pas encore été rejoint par les renforts que devait lui amener le comte de Meghen, d'Arenberg attaqua l'ennemi, mais il fut vaincu et tué[1].

A la nouvelle de ce désastre, le duc d'Albe prit immédiatement des mesures pour en arrêter les conséquences.

Le comte de Meghen s'était retiré avec les quatre enseignes de son régiment à Groningue que menaçaient les vainqueurs de Heyligerlée; ordre fut donné de l'y renforcer des six autres compagnies du même corps, de quatre enseignes d'Allemands du régiment de Schauwenburg, de mille cinq cents chevaux du duc Éric de Brunswick; de plus, on fit marcher les régiments d'infanterie wallone de Hierges et de Robles, soit encore quinze enseignes. Ciappin Vitelli devait commander ces troupes sous l'autorité du comte de Meghen. Il arriva à Groningue le 19 juin.

Le duc d'Albe ne se contenta pas de ces mesures; il comprit que le moment était venu de frapper un coup décisif; il résolut donc d'aller en personne rejoindre l'armée et d'y conduire un corps considérable. Il rassembla dans ce but, à Bois-le-Duc, dix-sept enseignes du tercio de Naples, dix enseignes du tercio de Lombardie, dix du tercio de Sicile, seize pièces d'artillerie, huit de siége et huit de campagne; en outre, il ordonna à Noircarmes de lever immédiatement mille chevau-légers et au comte du Rœulx ainsi qu'au seigneur de Beauregard de lever chacun un régiment de dix enseignes d'infanterie wallone.

Le duc, parti de Bruxelles le 25 juin, arriva à Groningue le 15 juillet. Presque toutes les troupes qu'il avait ordonné de réunir s'y trouvaient rassemblées. Il marcha immédiatement à l'ennemi, le mit en déroute, le poursuivit et l'ayant atteint de nouveau, le 22 juillet, à Gemmingen, il le tailla en pièces.

L'insuccès de cette première campagne des réformés ne découragea pas le

[1] *Commentaires* de B. de Mendoça. — Strada. — Van Meteren. — Bor.

prince d'Orange. Comptant sur le concours des huguenots de France, sur la connivence de la reine d'Angleterre Élisabeth et sur les promesses de quelques princes allemands, il résolut de former une nouvelle armée dont le point de rassemblement serait dans le pays de Trèves, près de l'abbaye de Romersdorff. Il rassembla en effet vingt mille piétons, neuf mille chevaux et vingt-six pièces d'artillerie et occupa le camp de Saint-With.

Le duc d'Albe, de son côté, se mit en mesure de faire face à son ennemi et de rendre sa nouvelle tentative aussi vaine que la précédente : il rassembla dans les environs de Maestricht toute son infanterie allemande, espagnole et wallone, sa cavalerie légère et les bandes d'ordonnance. Il prescrivit à Mondragon de lever un nouveau régiment wallon de six enseignes et reçut d'Espagne un corps de deux mille hommes qu'il y avait fait lever par ses officiers et qui prit le nom de tercio de Flandre. En outre il mit des garnisons respectables à Ruremonde, à Limbourg et à Anvers [1].

L'armée quitta Maestricht le 12 septembre; elle se composait de vingt-deux compagnies de cavalerie légère espagnole, italienne et haute bourguignonne, ce qui faisait deux mille chevaux ou mille six cents combattants; de dix compagnies du seigneur de Noircarmes et de la cavalerie des états représentée par huit cents chevaux; de six cornettes de reîtres ou deux mille chevaux; des bandes d'ordonnance qui étaient fort affaiblies et présentaient à peine deux mille combattants [2].

---

[1] La garnison de Ruremonde était composée du régiment de Robles; celle de Limbourg d'Espagnols, et celle d'Anvers du régiment du comte du Rœulx et des deux mille hommes venus récemment d'Espagne.

[2] Voici les bandes qui furent convoquées et réunies à Maestricht le 28 août 1568 :

Celle du duc d'Arschot.
— du comte de Boussu.
— du marquis de Berghes, dont la bande était sous le seigneur d'Oignies.
— du comte du Rœulx.
— du seigneur de Brederode.
— de Montigny, dont la bande était sous le seigneur d'Evre.
— du comte d'Arenberg, récemment mort.
— — de Meghen, dont la bande était sous le lieutenant seigneur Josse Pyeck.
— — de Berlaymont.
— — d'Egmont, dont la bande était sous le seigneur de Freutz.
— du seigneur de Moerbeke, Jean de St-Omer.

Toute cette cavalerie donnait un total de cinq mille cinq cents chevaux.

L'infanterie, dont une grande partie gardait les forteresses, présentait encore :

Quarante enseignes d'Espagnols.

Seize compagnies de Wallons (vieux) tirées des garnisons et réparties en trois régiments dont les chefs étaient Philippe de Lannoy, seigneur de Beauvoir, Charles de Lorgilla et Jacques de Bryas.

Dix enseignes du régiment de Hierges.

Six   —   —   de Montdragon.

Cinq   —   —   de Robles.

Vingt   —   d'Allemands, sous les comtes Albéric de Lodron et d'Eberstein.

Le tout formait quinze à seize mille combattants [1].

Dès qu'il fut averti des mouvements de l'ennemi, le duc d'Albe se mit en marche (29 septembre) dans l'ordre suivant :

La cavalerie légère à l'avant-garde; les reîtres; les bandes d'ordonnance partagées en trois escadrons sous le commandement des comtes de Berlaymont et de Meghen et du duc lui-même qui, plus tard, se fit remplacer par le comte Philippe de Lalaing :

Les Espagnols; les Wallons; les Allemands et l'artillerie.

Toute cette colonne remonta la Meuse jusqu'à Lichtenberch, à une demi-lieue en amont de Maestricht.

Le prince d'Orange leva son camp de Saint-With le 5 octobre; traversa la Meuse au gué de Stockeim dans la nuit du 5 au 6, et se dirigea vers Tongres en appuyant un peu à l'ouest. Le 9, il campa à Vryheeren, entre Heeren, Elderen et Heeren-Saint-Hubert. Prévenu à Tongres par l'avant-garde de l'armée espagnole, il se rejeta dans la direction de Saint-Trond.

Le duc d'Albe manœuvra de manière à se jeter sur les derrières de l'ennemi pour lui intercepter la voie de l'Allemagne et pour menacer ses communications avec Liége. Il avait encore en vue d'empêcher le passage des secours que les huguenots de France envoyaient au prince d'Orange et qui déjà avaient traversé la Meuse, sous Charlemont.

[1] *Commentaires* de B. de Mendoça.

Le prince d'Orange continua sa marche pénible à travers le pays dont aucune ville ne se déclara pour lui ; harcelé, affamé par son adversaire qui évita avec soin une action générale, il réussit à atteindre la frontière française où il se réfugia après avoir perdu tout son matériel et le quart de ses soldats [1].

Telle fut l'issue de la campagne de 1568.

Pendant les premières années qui suivirent, les bandes d'ordonnance ne furent plus réunies. Un grand nombre de compagnies avaient perdu leurs anciens chefs. Il fut pourvu à ces remplacements [2], mais l'effectif en chevaux ne put être complété, et lorsque le duc d'Albe, en 1572, rassembla une armée pour réprimer la révolte qu'avait provoquée l'établissement de nouveaux impôts connus sous les noms de dixième et vingtième deniers, la cavalerie flamande, naguère encore si brillante, ne présenta plus que mille cinq cents chevaux [3].

Au printemps de l'année 1572, le comte Louis de Nassau s'empara de Mons par surprise. Le duc d'Albe résolut de reprendre cette forteresse à tout prix. Il chargea de cette opération son fils Frédéric de Tolède, qui arriva sous les murs de Mons dans les premiers jours du mois de juin avec une armée de vingt-cinq à vingt-huit mille hommes.

Les bandes d'ordonnance du duc d'Arschot, du comte de Mansfelt, du

---

[1] *Commentaires* de B. de Mendoça.

Dans un des combats de cette expédition, le comte de Hoogstraeten, un des anciens capitaines des bandes d'ordonnance et qui avait quitté le service du roi d'Espagne pour suivre le parti du prince d'Orange, fut tué.

[2] Voir page 105.

[3] *Commentaires* de B. de Mendoça.

Voici les noms des capitaines, d'après un ordre du mois de juin 1572, qui enjoignait aux chefs des bandes de se tenir prêts :

Le duc d'Arschot.	Le comte de la Roche.
Le comte de Mansfelt.	Le vicomte de Gand.
— du Rœulx (Jean de Croy).	Le seigneur de Moerbeke (Jean de St-Omer).
— d'Arenberg (Charles de Ligne).	— de Bailleul
Le baron de Berlaymont.	— d'Oignies.
Le seigneur de Noircarmes.	— de la Cressonnières.
Le comte de Boussu.	Le seigneur de Ruysbroeck, en place de feu le comte
— de Lalaing (Philippe, baron d'Escornaux).	de Meghen.

comte de Boussu, du comte de Berlaymont et du seigneur de Noircarmes en faisaient partie. Les dix autres bandes allèrent également rejoindre l'armée de siége lorsque le duc d'Albe s'y rendit lui-même au mois d'août [1].

Elles furent placées dans le village de Hyon et essuyèrent des pertes considérables par le feu de l'artillerie, lors de l'arrivée du prince d'Orange avec une armée de secours (le 8 septembre). La bande du comte du Rœulx se distingua particulièrement. Elle perdit néanmoins son étendard, l'alfier à qui il était confié ayant été renversé par trois coups de feu. L'historien Mendoça, qui assista au siége de Mons, dit que cet événement doit être attribué « à ce que les hommes d'armes n'avaient pas été assez prestes à la volte que les chevaux légers exécutèrent. » Quant aux autres bandes, il paraît qu'on les avait placées maladroitement dans un fort, ce qui les empêcha d'agir [2].

La forteresse de Mons fut néanmoins obligée de se rendre. Après la capitulation qui fut signée le 19 septembre 1572, les huguenots furent conduits hors des Pays-Bas; quatre bandes d'ordonnance commandées par Jean de Saint-Omer, seigneur de Moerbeke, leur servirent d'escorte jusqu'à Rupelmonde.

Après la chute de Mons, les troupes royales reprirent successivement Audenarde, Termonde, Tirlemont, Louvain, Malines, Arschot et Diest qu'évacuèrent les garnisons que le prince d'Orange y avait mises. Celui-ci se jeta sur la rive droite du Rhin et licencia ses troupes qu'il était hors d'état de payer.

Quant au duc d'Albe, il se dirigea avec son armée vers Maestricht et soumit assez facilement les différentes villes de la Hollande. Il ne paraît pas que les bandes d'ordonnance aient pris part à cette expédition; on ne les trouve mentionnées ni dans le dénombrement de l'armée de Frédéric de Tolède qui fit le célèbre siége de Harlem [3], ni parmi les troupes des autres chefs de l'armée espagnole, sauf la compagnie du vicomte de Gand (Maximi-

---

[1] *Commentaires* de B. de Mendoça.

[2] *Ibid.*

[3] Jacques de la Cressonnières, qui était tout à la fois chef et capitaine d'une bande d'ordonnance et grand maître de l'artillerie, fut tué au siége de Harlem. Sa bande fut donnée à Georges de Lalaing, baron de Ville.

lien de Melun) dont une fraction, placée sous le commandement de Jean-Baptiste de Taxis, prit part à l'attaque du village de Breukels, à deux lieues d'Utrecht [1].

Après la campagne de 1573, les bandes d'ordonnance avaient été renvoyées dans leurs foyers. Dès son arrivée aux Pays-Bas, le grand commandeur de Castille, qui avait succédé au duc d'Albe, résolut de les appeler sous les armes et de leur payer six mois de solde sur ce qui leur était dû [2], afin de leur procurer les moyens de s'équiper et de se remonter. Une circulaire du 30 décembre 1573 adressée aux capitaines des quinze compagnies leur prescrivit donc de mettre leurs bandes en ordre [3] mais la pénurie des finances empêcha probablement la réalisation de ce projet, car on ne vit figurer cette milice dans aucune des actions de guerre qui eurent lieu pendant toute la durée du gouvernement de Requesens. Elle ne fut même plus tenue au complet puisque dans une note que l'on trouve dans la correspondance de Philippe II, il est constaté qu'en 1575 il n'y avait plus que treize compagnies [4].

[1] *Commentaires* de B. de Mendoça.

[2] Lettre de Philippe II, écrite d'Anvers le 30 septembre 1573. Par une autre lettre du 12 mai 1574, Philippe II pourvut à trois places vacantes : la bande de Noircarmes fut donnée au marquis d'Havré; celle du vicomte de Gand à M. de Richebourg; celle de la Cressonnières à M. de Ville, frère du comte de Hoogstraeten.

[3] D'après cette circulaire, les chefs des bandes étaient à cette époque :

 Le duc d'Arschot.
 Le comte de Mansfelt.
   — du Rœulx (Jean de Croy).
   — de Boussu.
   — de la Roche (Fernand de Lannoy).
   — de Lalaing (Philippe, baron d'Escornaux).
 Le seigneur de Berlaymont.
   — de Noircarmes.
   — de Bailleul.
   — de Moerbeke (Jean de St-Omer).
   — d'Oignies.
   — de Richebourg, lieutenant de la bande du vicomte de Gand.
   — de Ruysbrouck, lieutenant de la bande du comte de Meghen.
   — de la Cressonnières.
 Le prince d'Arenberg (Charles de Ligne).

[4] *Correspondance de Philippe II*, t. III, p. 245.

Après la mort inopinée du commandeur Requesens (5 mars 1575), le conseil d'État prit en main le pouvoir, mais le pays se trouvait dans la situation la plus déplorable. Comme on n'avait pu payer les troupes qui avaient fait les dernières campagnes, elles se croyaient autorisées à commettre les excès les plus graves; toutes les parties du pays étaient désolées par les pillages et par les meurtres que commettaient des bandes de soldats qui n'obéissaient plus à aucun chef [1]. Les bandes d'ordonnance seules auraient pu, peut-être, mettre un terme à ces désordres, mais elles avaient été négligées depuis longtemps, se trouvaient complétement désorganisées et n'auraient pu être réunies. Le conseil d'État, en implorant le secours du roi pour tâcher de ramener la paix et la sécurité dans le pays, indiqua le rappel des bandes d'ordonnance comme le moyen le plus efficace pour arriver à ce résultat si désiré [2]. On trouve dans la requête qu'il adressa à Philippe II, sous la date du 31 mars 1576, la preuve de l'oubli dans lequel on avait laissé tomber la milice qui depuis plus d'un siècle faisait la gloire du pays et en même temps un témoignage spontané de la grande estime que ses anciens services lui avaient conciliée.

Voici le passage de cette requête relatif aux bandes d'ordonnance; il est trop flatteur et trop honorable pour ne pas être conservé dans les archives de la vieille cavalerie flamande :

« En oultre, sire, lesdicts estatz de Brabant nous ont présenté aultre
» requeste, remonstrans par icelle les foulles et travaulx que font tous les
» chevaulx-légiers répartiz par le pays, tant pour la licence dont ilz usent,
» la souldée trop grande qu'ilz ont, que pour les advantaiges de services qu'ilz
» prègnent à la charge de Vostre Majesté et du poeuple, chose impossible plus
» longuement povoir soustenir; au contraire, que les bandes d'ordonnance
» de par deçà (dont Vostre Majesté a accoustumé estre si bien servie) sont
» négligées et deleissées derrière, combien que le service qu'ilz faisoient
» estoit de toute autre affection et vouloir, avec moindre interest et despense

---

[1] Il y avait plus de soixante mille soldats débandés (*Correspondance de Philippe II*, t. IV, p. 79).

[2] Des circulaires du 19 juillet et du 50 août 1575 prescrivirent aux quinze capitaines de mettre leurs bandes en ordre.

» d'icelle et de ses subjetz, et, pour diverses aultres raisons contenues en
» leurdicte requeste, supplians portant que lesdicts chevaulx-légiers fussent
» cassés ou renvoyez et que les hommes d'armes fussent mis sus pour la
» continuelle et ordinaire deffense du païs. Et comme entendons aussy telle
» estre la petition et vouloir de tous les aultres estatz (à quoy pareillement
» entendons s'inclinoit du tout sur la fin ledict grand commandeur) de
» remettre en ordre lesdictes bandes d'ordonnance et s'en servir, comme il
» nous avait proposé..... suppliant Vostre Majesté très-humblement là-dessus
» nous faire entendre au plus tost son bon vouloir, comme aussy à la vérité
» tenons estre grandement son service et la seureté du pays que lesdictes
» ordonnances soient restablies, montées et mises en ordre inconte-
» nent [1]..... »

Il ne parait pas que le roi ait donné suite à cette demande, car le 25 septembre les états généraux, qui, à leur tour, s'étaient emparés de l'autorité,
demandèrent de nouveau que les bandes d'ordonnance fussent mises sus [2] et
ils consentirent à payer trois mois de leurs gages, par forme d'avance, aux
cinq bandes des comtes de la Roche [3], d'Arenberg, de Mansfelt, de Berlaymont et de Hierges [4].

Il est donc positif que quelques bandes au moins furent mises sur pied [5]
au commencement de l'année 1577 ; plus tard cette mesure se généralisa, car
les chefs de l'armée des états campée à Gembloux demandèrent, le 30 décembre, l'envoi au camp des bandes d'ordonnance [6], et il résulte d'une cir-

---

[1] *Correspondance de Philippe II*, t. IV, p. 11.

[2] Gachard, *Actes des états généraux*, t. I, pp. 5 et 12.

[3] Fernande de Lannoy, gouverneur de l'Artois.

[4] *Ibid.*, p. 55.

Il résulte du reste de l'instruction générale donnée par le roi à don Juan d'Autriche et qui
porte la date du 30 octobre 1576 que les bandes d'ordonnance n'avaient pas été rétablies, mais
que le roi prévoyait leur rétablissement. (*Correspondance de Philippe II*, t. IV, p. 455.)

[5] Il y a une résolution des états généraux du 1er avril 1577 de licencier les bandes d'ordonnance. — Gachard, *Actes des états généraux*, t. I, p. 160.

Il ne parait pas qu'on ait donné suite à cette résolution, car le 28 octobre suivant, le marquis
d'Havré adressa aux états généraux la prière de faire payer à sa compagnie d'ordonnance les
six mois de solde qui ont été payées aux autres compagnies. (*Ibid.*, p. 277.)

[6] *Ibid.*, p. 508.

culaire des états adressée aux gouverneurs des provinces, que l'ordre avait été donné de faire monter et marcher toutes les compagnies [1].

Aucune des relations de la bataille de Gembloux, qui fut livrée le 31 janvier 1578, ne mentionne la présence des bandes d'ordonnance à ce combat si funeste à l'armée des états. Il est probable qu'il y en avait des deux côtés, car si parmi les chefs de cette milice plusieurs avaient embrassé la cause de don Juan, par exemple Mansfelt, et les Berlaymont, le plus grand nombre était resté attaché au parti des états.

La cavalerie des ordonnances n'avait du reste plus à cette époque la valeur qu'elle avait eu précédemment : on conçoit qu'elle ne pouvait avoir ni l'habitude de manœuvrer, ni celle de marcher en campagne [2], car, sauf quelques bandes, cette milice n'avait plus été réunie depuis un assez grand nombre d'années.

La victoire de Gembloux fut le signal de la guerre civile. Les Pays-Bas entiers se trouvèrent livrés à la discorde et ce fut au milieu du trouble général que don Juan d'Autriche mourut le 1er octobre 1578 et que le gouvernement et le commandement de l'armée royale échut à Alexandre Farnèze, duc de Parme. Les provinces des Pays-Bas furent alors le théâtre des luttes d'une foule de partis différents : le roi d'Espagne, le prince d'Orange, les États, le duc d'Alençon, l'archiduc Mathias, le palatin Jean Casimir représentaient autant d'ambitions rivales. Sous prétexte d'indépendance religieuse, s'agitaient des convoitises personnelles qui entretenaient dans le pays un état permanent d'agitation, de guerre et de misère.

Cette situation misérable se prolongea jusqu'à ce qu'enfin le duc de Parme fût parvenu à amener une réconciliation entre les provinces wallones et le roi et à détruire à Anvers le dernier foyer de résistance, c'est-à-dire jusqu'au milieu de l'année 1585. Alors l'autorité de Philippe II se trouva rétablie et peu à peu une armée nationale et régulière se reconstitua.

Les bandes d'ordonnance, dont il serait difficile de retracer toutes les actions de guerre pendant les dix années qui venaient de s'écouler, furent

---

[1] *Actes des états généraux*, t. I, p. 325.
[2] Bentivoglio, t. II.

réorganisées vers cette époque : une circulaire du 18 avril 1587 prescrivit aux capitaines des quinze bandes de les mettre en ordre [1]; il est présumable que les lettres patentes données par Philippe II le 3 décembre 1587 se rapportent à cette réorganisation. Ces lettres confirmaient et ratifiaient tous les anciens droits, priviléges, exemptions et franchises dont les bandes d'ordonnance avaient joui *ci-devant*.

La même année, on voit les bandes d'ordonnance assister au siége de l'Escluse sous le commandement du prince de Chimay, Charles de Croy [2]. L'année suivante, sept compagnies, dont les chefs étaient :

> Le duc d'Arschot (Philippe de Croy).
> Le marquis d'Havré.
> Le comte du Rœulx.
>   — de Boussu.
>   — de Hennin.
> Le marquis de Renty (Emmanuel de Lalaing).
> Le comte d'Arenberg (Charles de Ligne).

se rendirent en Allemagne au secours du prince Ernest de Bavière, électeur et archevêque de Cologne, et prirent part à une suite d'opérations qui amenèrent la prise de la ville de Bonn sur le Rhin [3].

[1] Voici les noms des capitaines à qui fut adressé cette circulaire :

Le comte de Mansfelt . . . . 50 hommes.
Le duc d'Arschot . . . . 50 —
Le comte du Rœulx (Eustache de Croy, comte de Meghen, qui succéda à Jean de Croy, son père, comte du Rœulx) . . . . 50 —
Le comte d'Arenberg (Charles de Ligne) . . . . 50 —
   — de Meghen.
Le marquis de Renty (Philippe de Croy). La bande passa à son fils Jean, comte de Solre.
Le prince de Chimay (Charles de Croy, fils du duc, qui avait remplacé le marquis de Roubaix en 1585. 50 —
Le comte de Berlaymont (Florent) . . . . 40 —
   — de Boussu (Pierre de Hennin. 40 —
Le marquis d'Havré . . . . 40 —
Le seigneur de Bailleul . . . . 50 —
Le comte d'Egmont. (En 1594 cette bande fut donnée au prince d'Orange, Ph.-Guillaume de Nassau.) 50 —
   — de Hennin.
   — de Rennebourg . . . . 50 —
Le seigneur de la Cressonnières.

[2] *Mémoires* du duc Charles de Croy, publiés par M. le baron de Reiffenberg, p. 59.
[3] *Mémoires* du duc Charles de Croy, p. 60.

§ V. — *Expéditions en France 1590-1592.*

En 1590, Philippe II voulut que le prince de Parme envoyât des troupes au secours de la ligue catholique dont l'armée luttait avec celle du Béarnais. Le comte Philippe d'Egmont conduisit à Mayenne douze cents lances [1] des Pays-Bas qui combattirent vaillamment à la bataille d'Ivry (le 14 mars). Cette cavalerie soutint presque seule le choc de l'armée de Henri IV. Les bandes flamandes enfoncèrent la cavalerie des comtes d'Auvergne et de Givry, mais abandonnées par la fuite honteuse des reitres allemands, trahies par les Suisses qui refusèrent de les secourir et passèrent dans le camp ennemi, elles durent plier et une partie ne parvint à s'échapper qu'en se frayant un passage à travers la cavalerie ennemie. Une mêlée terrible s'ensuivit : le comte d'Egmont, après avoir montré la plus brillante valeur, fut tué d'un coup de pistolet [2]. La Providence abandonna ce fils de l'illustre victime de Philippe II qui s'était mis au service du bourreau de son père.

Après la défaite d'Ivry, Alexandre Farnèze promit à Mayenne de marcher lui-même au secours de Paris menacé par le Béarnais. Il vint en effet rejoindre le chef de l'armée de la Ligue à Vervins avec quinze cents piétons et quatre mille chevaux. Le duc Charles de Croy, alors prince de Chimay, fut chargé du commandement général des bandes d'ordonnance qui assistèrent à cette expédition [3]. Ce fut la sage stratégie d'Alexandre Farnèze qui

---

[1] Van Meteren dit quinze cents lances, f° 527.

Voici les noms des capitaines des bandes d'ordonnance qui se trouvaient dans cette armée :

Le comte d'Arenberg (Charles de Ligne).	Le prince de Chimay (Charles de Croy).
Le marquis de Renty (Philippe de Croy).	Le comte de Berlaymont.
Le duc de Barbançon.	— de Boussu.

[2] Lettre d'Alexandre Farnèze du 24 mars 1590.

[3] *Mémoires* du prince Charles de Croy, p. 64.

On ne trouve pas dans les relations de ces événements les noms des bandes qui accompagnèrent le duc de Parme en 1590, mais sur une ancienne gravure représentant l'armée de la Ligue sous les murs de Paris, on lit : Bande du comte d'Arenberg, — du marquis de Renty, — du prince de Chimay, — du comte de Berlaymont, — du comte de Boussu, — du duc de Barbançon.

Van Meteren dit qu'une partie seulement des bandes d'ordonnance fit cette campagne et que le reste demeura aux Pays-Bas, f° 528.

amena la levée du siége de Paris par Henri IV. Sauf la prise de Lagny et de Corbeil et une échauffourée près de Guise, la cavalerie flamande n'eut guère l'occasion de combattre pendant cette campagne et rentra aux Pays-Bas.

Un placard du 21 avril 1591, publié peu de temps après leur retour dans leurs foyers et qui a pour objet le renouvellement et la reconnaissance de leurs priviléges, constate d'une manière authentique la satisfaction que le gouvernement avait éprouvée des deux expéditions récemment faites en France par les bandes d'ordonnance [1].

En 1592, ce fut la ville de Rouen qu'Alexandre Farnèze voulut secourir. Il y envoya encore une partie des bandes d'ordonnance sous le commandement de Charles de Croy, prince de Chimay [2]. Mais cette campagne se borna à la prise de quelques bicoques; les armées évitèrent d'en venir aux mains et la cavalerie eut peu ou point d'occasions de se signaler.

Bien que quelques bandes d'ordonnance eussent pris une part honorable à la campagne de 1587 sur le Rhin et aux expéditions de 1590 et 1592 en France, il est positif que la décadence, qui déjà a été constatée précédemment, avait continué d'atteindre l'institution. Ce qui prouve que vers l'époque où nous sommes arrivé dans notre récit la cavalerie flamande était fort négligée, c'est une lettre écrite le 25 mars 1593 par Philippe II, pour demander au comte de Mansfelt, qui était alors gouverneur par intérim des Pays-Bas, quel était le nombre de ces compagnies, leur effectif, qui en étaient les chefs !

Le comte de Mansfelt répondit qu'il y avait alors sept compagnies vacantes !

On s'explique difficilement comment le gouvernement de Philippe II se trouvait dans une telle ignorance de la situation d'un corps de troupes dont les officiers ne pouvaient être nommés que par le souverain. Quoi qu'il en soit, le roi, dès qu'il eut reçu les informations qu'il avait demandées, déclara dans une lettre adressée à l'archiduc Ernest « qu'il a pris sa resolution en» droict l'entretennement de toutes lesdites quinze bendes, pour en estre » usé comme du passé [3]. »

[1] *Placards de Flandre.*
[2] *Mémoires du prince Charles de Croy.*
[3] Bien que les lettres de Philippe II dont il est ici question aient été publiées par M. Gachard

Du reste, dans l'avis donné à l'archiduc Ernest les 18 et 19 du mois de janvier 1595 par les archevêques, évêques, chevaliers de l'ordre, gouverneurs des provinces et par le conseil d'État, sur les mesures à prendre pour le rétablissement des affaires du pays, on lit cette déclaration dont l'exactitude ne saurait être suspectée et qui indique tout à la fois la situation des compagnies d'ordonnance et les vices de l'administration de l'époque.

« Les quinze bandes d'ordonnance de pardeça qui vont de cinquante,
» quarante et trente hommes d'armes devraient porter à trois mille che-
» vaux où toutefois elles ne sauraient atteindre à la moitié pour en tirer
» service. Néanmoins lesdites compagnies de chevaux pour la plupart pren-
» nent rations et service comme si elles fussent pleines et paye Sa Majesté
» les capitaines et officiers de leur traitement entier et beaucoup plus grand
» nombre de testes qu'ils ne sont effectivement : qui monte à somme d'ar-
» gent indiscible, bastans pour épuiser tous les trésors d'une grande
» monarchie [1]. »

dans les *Bulletins de l'Académie royale*, elles intéressent trop l'histoire des bandes d'ordonnance pour ne pas trouver place ici.

Voici les lettres du Roi :

« Mon cousin, j'ay entendu ce que m'avez représenté par une lettre vostre du 27e de janvier touchant les
» quinze compaignies d'hommes d'armes de mes ordonnances, avecque la declaration que m'avez envoyé de
» l'estat auquel elles se treuvent presentement. La presente sera pour vous dire que j'auray pour agréable que
» m'en envoyez information plus ample et particulière, spécifiant non-seulement le nombre desdites compaignies
» d'hommes d'armes, mais aussi de combien de lances est chascune et qui sont ceulx qui en sont pourveuz, et
» si feu mon nepveu le ducq de Parme, en avoit retenu aulcunes à soy, et combien en y a presentement
» vacantes et par mort de qui, me faisant aussi entendre à qui je pourroy pourveoir chascune desdites vacantes
» pour, sur ce, entendu vostre advis, avecq les circoustances que trouverez considérables, y estre par moy
» ordonné, selon que trouveray plus convenable pour mondit service. » A tant, etc. Del Pardo le 25e de
mars 1595.

« Mon bon frère, nepveu et cousin, comme mon cousin le comte de Mansfelt m'ait, durant sa régence,
» représenté, par lettre du 27e de janvier de l'an passé, combien il convient à mon service et au bien et soulage-
» ment de mes pays de par deçà, que les quinze compaignies d'hommes d'armes de mes bendes d'ordonnance
» y soient entretenues à l'accoustumée, et que, suyvant ce, il m'ait depuis envoyé, par aultre lettre du 17e de
» may audit an, la liste des sept compaignies à présent vacantes, avecq recommandation d'aulcuns seigneurs
» pour icelles, j'ay prins ma résolution endroict l'entretènement de toutes lesdites quinze bendes, pour en estre
» usé comme du passé; et, pour les sept vacantes, dont l'une est de cinquante, aultre de quarante et chacune
» des aultres cinq de trente hommes d'armes, je vous envoye les patentes; mais les noms sont en blancq,
» pour estre rempliz comme, par aultre lettre mienne, vous sera ordonné, et me donnez après advertence de
» ce qu'en aurez faict. A tant, etc. » St-Laurent le xje de juillet 1594.

[1] Gachard, *Actes des états généraux de 1600*, pièce cxli, p. 415.

Malgré cette situation déplorable où se trouvaient alors les bandes d'ordonnance, elles prirent part à plusieurs des opérations militaires qu'entreprit le comte de Fuentes qui succéda à l'archiduc Ernest vers la fin du mois de février 1595.

Le nouveau gouverneur général pénétra en Picardie et assiégea Dourlens et Cambrai. Pendant que son armée menaçait Dourlens, un secours considérable, sorti d'Amiens, vint pour délivrer les assiégés et livra bataille à l'armée de Fuentes (34 juillet 1595). Quelques bandes d'ordonnance, présentant un effectif de six cents chevaux [1], formaient la droite de la ligne de bataille de Fuentes. Ces bandes étaient probablement celles du comte de Boussu, du prince de Chimay et du marquis de Varanbon; Boussu les commandait. Dès le début de l'action la cavalerie espagnole fut battue et repoussée : « ce fut » alors, dit Bentevoglio, que Fuentes fit avancer les gendarmes qui heur-» tèrent si fortement les ennemis, qu'ils les repoussèrent; » on remporta enfin une victoire complète, grâce à la valeur de la gendarmerie flamande; quelques jours après ce combat, Fuentes se rendit maître de Dourlens après un des assauts les plus sanglants dont on ait gardé le souvenir.

Ce succès prépara la chute de Cambrai; l'armée de Fuentes avait reçu des renforts et, entre autres, les bandes d'ordonnance de Charles d'Egmont, du prince d'Arenberg et du prince de Ligne; elles étaient venues rejoindre les compagnies qui s'étaient couvertes de gloire au combat de Dourlens. Tout se réduisit, du reste, devant Cambrai à des travaux de siége et, sauf quelques petits combats amenés par les sorties des assiégés, la cavalerie n'eut guère l'occasion d'agir.

On conçoit que le roi de France fût impatient de venger ses armes de l'affront qu'elles venaient de subir à Dourlens et à Cambrai. Et en effet il résolut de s'emparer de la Fère qui, dans le temps, avait été livrée par la Ligue au prince de Parme comme place de sûreté.

L'archiduc Albert (le cardinal infant), qui venait de prendre le gouvernement général des Pays-Bas que le comte de Fuentes n'avait occupés qu'à titre provisoire, ne crut pas pouvoir s'opposer directement à cette entreprise

---

[1] Bentivoglio, t. III.

contre la Fère, mais il se décida à faire une diversion en attaquant Calais. Il avait une assez belle armée. Les bandes d'ordonnance, quoique bien réduites, en faisaient partie [1] ; elles n'eurent guère à combattre, car la place assiégée fit peu de résistance et tomba au pouvoir des Espagnols, qui ensuite prirent Ardres ; mais ces conquêtes, contrairement à l'espoir de l'archiduc Albert, n'empêchèrent pas la prise de la Fère par le roi de France qui, satisfait de cette compensation aux pertes qu'il avait éprouvées, licencia ses troupes.

L'archiduc Albert, au contraire, voulut profiter de l'heureuse chance qu'il avait de posséder une belle armée, et n'ayant plus rien à faire en France, il dirigea ses forces au Nord et mit le siége devant la petite forteresse de Hulst. La cavalerie ne pouvait rendre aucun service dans ce genre de guerre ; aussi ne l'employa-t-on pas [2], et les bandes d'ordonnance furent renvoyées les unes dans leurs foyers, les autres sur les frontières de France.

Quelques-unes assistèrent cependant, en janvier 1597, à l'affaire de Turnhout, où Maurice de Nassau battit les Espagnols qui se trouvaient d'ailleurs en nombre trop inférieur pour lutter avec avantage [3].

Peu de temps après ces événements, le 5 avril 1597, Philippe II confirma de nouveau les anciens priviléges des bandes d'ordonnance [4]. C'est ce que le gouvernement espagnol ne négligeait jamais de faire lorsqu'il projetait de demander à cette milice de nouveaux services qui, pour elle, étaient devenus de lourds sacrifices.

Par un heureux coup de main le commandant de la place de Dourlens s'était emparé d'Amiens, la principale ville de la Picardie. Aussitôt Henri II réunit une armée pour reprendre cette ville, et l'archiduc Albert, de son côté, rassembla toutes ses troupes disponibles pour aller secourir Amiens. Les bandes d'ordonnance qui, d'après l'évaluation de Bentivoglio, présentaient un effectif de quinze cents chevaux, furent appelées à prendre part à cette opération. On leur donna pour chef le comte de Solre (Charles de Croy,

---

[1] Bentivoglio, t. IV, p. 15.

[2] *Ibid.*, p. 45.

[3] La présence de bandes d'ordonnance au combat de Turnhout n'est pas mentionnée par les historiens, mais si l'on consulte les gravures du temps, on verra qu'elles assistèrent à cette affaire.

[4] *Placards de Flandre*, 5ᵉ vol., fol. 698.

quatrième duc d'Arschot). Mais l'archiduc avait eu la malencontreuse idée de charger des fonctions de mestre de camp général le comte de Mansfelt, respectable vieillard de quatre-vingts ans, qui ne voulut jamais consentir à ce qu'on attaquât l'armée française, bien que l'on eût été informé par le comte de Solre, qui formait l'avant-garde avec les bandes d'ordonnance, que l'ennemi était loin d'être dans de bonnes conditions pour accepter la bataille. Par déférence pour le vieux guerrier, l'archiduc resta immobile en face de l'armée française, donna à la garnison qui défendait Amiens l'ordre de capituler, puis il fit une superbe retraite qui, dit-on, le couvrit de gloire. Le fait est qu'il fit là une expédition qui eût dû le couvrir de ridicule. La paix fut signée à Vervins quelques mois après.

Le 20 août 1599, le comte de Mansfelt se rendit à Thionville avec sa bande d'ordonnance et celle du comte de Berlaymont pour recevoir les archiducs Albert et Isabelle, nouvellement unis et pour les escorter lors de leur entrée dans le pays.

§ VI. — *Expédition contre les confédérés en 1602.*

Le traité de Vervins, conclu le 2 mai 1598, avait mis fin à la longue guerre entre l'Espagne et la France, mais les Provinces-Unies, quoiqu'elles se vissent privées de l'appui de la France, et à la veille d'être abandonnées par l'Angleterre, ne perdaient pas courage et persistaient à refuser toute espèce d'accommodement avec les Pays-Bas, aussi longtemps que l'Espagne conserverait quelque influence dans ces provinces. Elles étaient toujours disposées à recommencer les hostilités. Maurice de Nassau avait même profité du moment où les archiducs Albert et Isabelle étaient occupés aux cérémonies de leur mariage pour surprendre la ville de Wachtendonck en Gueldre (23 janvier 1600) et pour s'emparer, quelque temps après, des forts de Crèvecœur (24 mars) et de St-André (8 mai).

Mais c'était au cœur même de la Flandre que les états de Hollande voulait porter un grand coup. Ils ordonnèrent donc à Maurice de Nassau d'envahir immédiatement cette province. Ce prince, parti de la Haye le 17 juin, marcha sur Bruges et Nieuport, et le 2 juillet, il défit l'armée espagnole près du village de Westende.

Aucune relation de ce combat, qui prit le nom de bataille de Nieuport, ne mentionne la participation des bandes d'ordonnance à cette affaire. L'irruption de Maurice de Nassau avait été si soudaine et si peu prévue que, sans doute, on n'avait pas eu le temps de les mettre sur un pied convenable pour les faire entrer en campagne. Ce fut seulement après l'échec que l'armée espagnole y avait subi que l'archiduc Albert crut prudent d'appeler cette cavalerie sous ses enseignes. Il invita donc les quinze capitaines [1] « à s'efforcer de mettre » leurs compagnies en pied, au plustot qu'il leur serait possible, » et il chargea Philippe de Croy, comte de Solre, de les commander [2]; mais rien n'indique que les bandes aient été en effet rassemblées. Maurice de Nassau, après la victoire de Nieuport, s'était jeté dans la place d'Ostende et les états de Flandre avaient demandé avec instance qu'on fit le siége de cette ville dont la garnison était pour le pays une cause permanente d'inquiétude. L'archiduc Albert se rendit à ce désir et dès lors le concours des bandes d'ordonnance n'offrait plus aucune utilité. Mais au printemps de 1602, on fut informé que le prince Maurice de Nassau avait rassemblé à Nimègue une armée de plus de trente mille hommes et qu'il avait le dessein d'envahir le Brabant et de faire lever le siége d'Ostende.

L'archiduc Albert jugea utile alors de réunir les bandes d'ordonnance. A cet effet, il adressa à tous les capitaines, sous la date du 16 mai 1602, des lettres les chargeant « de tenir leurs compagnies aperçues et en ordre » pour, au premier mandement que leur sera envoyé, marcher. »

[1] Voici, d'après les *Mémoires guerriers* de Charles-Alexandre de Croy, et d'après les papiers de l'audience (Archives du royaume), les noms des chefs des bandes en 1602 :

Le duc d'Arschot (Charles de Croy).	Le comte Florent de Berlaymont.
Le comte de Mansfelt.	— Jacques-Philippe d'Isenghien, baron de Rósseghem.
Le prince d'Orange (Philippe-Guillaume de Nassau).	
Le comte d'Arenberg (Charles de Ligne).	Frédéric de Berg.
— du Rœulx (Eustache de Croy).	Le baron de Barbançon (Robert de Ligne).
Le marquis d'Havré (Philippe-Charles de Croy).	Le comte Charles de Bucquoy.
Le comte de Ligne.	— de Beaurieu, Adrien de Gavre de Liedekerke.
— de Solre (Philippe de Croy).	Charles-Alexandre de Croy.

[2] Charles-Alexandre de Croy, *Mémoires guerriers*, p. 16.

Pour faciliter cette mesure, il fut avancé, en attendant la montre, mille philippus aux compagnies de cinquante hommes d'armes ; huit cents aux compagnies de quarante hommes d'armes et six cents aux compagnies de trente hommes [1].

On a vu dans le chapitre 1er par qui les bandes d'ordonnance étaient commandées à cette époque. En vue de la campagne qui allait s'ouvrir, elles furent placées sous le commandement général de Charles-Alexandre de Croy, comte de Fontenoy, qui reçut en conséquence une commission temporaire de commandant général des bandes ; on lui donna pour lieutenant général Jean de Havrech, seigneur de Presles [2].

C'était la première fois, dit ce seigneur dans les mémoires qu'il nous a laissés, c'était la première fois, depuis le gouvernement du duc d'Albe, que les quinze compagnies se trouvaient toutes réunies ; dans plusieurs circonstances, un certain nombre de compagnies avaient été rassemblées, mais toutes ne l'avaient pas été en même temps.

La montre eut lieu à Gembloux et à Namur, les 1er et 2 juillet, en présence de commissaires royaux. On constata un effectif de deux mille cinq cents chevaux de combat, sans compter les pages des hommes d'armes ; la bande d'Orange avait plus que son effectif organique ne l'exigeait. C'était une grande amélioration de la situation qui existait peu d'années auparavent, alors que toutes les bandes réunies ne possédaient pas quinze cents chevaux [3].

On a vu que ce rassemblement des bandes d'ordonnance était motivé par la crainte que l'on avait de voir arriver Maurice de Nassau avec une armée pour faire lever le siége d'Ostende. Sans abandonner ce siége, l'archiduc Albert réunit donc un corps de quinze mille hommes d'infanterie et de quatre mille chevaux parmi lesquels dix bandes d'ordonnance représentaient un effectif de dix-huit cent quarante-sept chevaux [4] ; l'amiral d'Aragon, François

---

[1] Lettre du conseil d'État aux capitaines des bandes d'ordonnance du 24 mai 1602. (*Bulletin de l'Académie royale*, t. XVIII.)

[2] La commission est du 10 juin 1602. Le seigneur de Presles avait déjà rempli les mêmes fonctions près des bandes envoyées en France quelques années auparavant.

[3] Lettre du conseil d'État du 2 juillet 1602. (Archives de l'audience.)

[4] Le prince de Croy n'eut réellement que dix bandes sous son commandement ; les autres ne

de Mendoça, fut chargé du commandement de cette armée. Il alla s'établir dans une plaine à une demi-lieue de Tirlemont, sur la route de S¹-Trond et y forma un camp retranché.

Maurice de Nassau vint reconnaître la position de l'amiral, le 8 juillet; il y eut une escarmouche, puis, le 11, Maurice de Nassau reprit la route de Hasselt. L'armée de Mendoça se mit à sa poursuite en suivant la rive gauche de la grande Ghète et s'arrêta à Diest jusqu'au 20. Pendant ce temps le prince de Nassau investissait la ville de Grave. L'armée espagnole s'avança encore jusqu'à Ruremonde et y resta jusqu'à la fin du mois. Elle longea ensuite la rive gauche de la Meuse et se présenta enfin devant la ligne de Maurice de Nassau. Après quelques démonstrations insignifiantes et de petits combats sans portée, le corps espagnol battit en retraite (23 août). Les soldats, mal ou pas payés, commencèrent à se plaindre, à se débander; la cavalerie légère, composée en grande partie d'étrangers, se jeta sur le pays, puis s'empara de Hoogstraete. Entretemps, la ville de Grave avait capitulé.

L'archiduc Albert, mécontent, à juste titre, du général espagnol qu'il avait chargé du commandement des troupes pendant cette triste expédition, le destitua et le renvoya en Espagne. Quant aux bandes d'ordonnance, elles furent remerciées et renvoyées dans leurs foyers (11 octobre).

L'année suivante, on rassembla encore neuf compagnies [1], mais on ne nomma pas de commandant général; ce fut le seigneur de Noyelles qui en eut la charge. La campagne ne fut pas plus avantageuse que celle de l'année précédente; elle se borna à empêcher les confédérés de s'emparer de Bois-le-Duc.

Les bandes d'ordonnance ne furent plus réunies jusqu'à l'expiration de la

prirent point part à l'expédition contre Maurice de Nassau. Elles restèrent pour protéger les frontières des Pays-Bas. Ce sont probablement quatre de ces bandes dont il est question dans un compte du trésorier des guerres Van der Goes; on voit dans ce compte qu'il fut fait des payements, pour services rendus en 1602 et 1604, aux bandes du comte de Ligne, du comte de Bucquoy, du prince de Barbançon et du comte d'Isenghien. (*Bulletin de l'Académie royale,* t. XVII.)

[1] Un ordre du 4 janvier 1605 prescrit de payer un mois de paye à ces neuf compagnies et un mois de petits gages aux cinq compagnies restantes. Il n'y avait donc alors que quatorze compagnies.

trêve de douze ans qui avait été conclue en 1609 [1]. Elles ne prirent aucune part aux opérations militaires de Spinola dans le pays de Juliers et de Clèves, en 1613 et 1614. On lit en effet dans une réponse des archiducs, datée du 3 avril 1607, à une remontrance des bailli, échevins, etc., d'Ypres : « Et comme *passées quelques années* lesdites Altesses ne se sont servies desdites compagnies d'ordonnance » [2], on peut inférer de là que depuis la réunion de 1602, il n'y en avait plus eu jusqu'en 1607.

Dans une autre remontrance du 23 novembre 1615, de la commune de Steene Voorde, il est dit également.... « quoique Vosdites Altesses *depuis* » *quelques années* ne s'en sont servies. [5] »

La pénurie des finances ne permettait plus alors d'entretenir un état militaire ; aussi vit-on un grand nombre des anciens officiers et soldats des vieilles bandes partir pour le Piémont d'abord, et ensuite pour l'Allemagne où ils prirent une part glorieuse à la guerre de Trente Ans sous les ordres du comte de Bucquoy.

§ VII. — *Reprise des hostilités avec les Provinces-Unies en 1625.*

A l'expiration de la trêve de douze ans, la guerre entre les Bataves et les Espagnols recommença avec une nouvelle fureur. On procéda alors à une réorganisation des bandes d'ordonnance [4]. Un placard du 10 décembre 1624 renouvela leurs anciens priviléges [5]. Dix des bandes d'ordonnance prirent part, en 1625, au siége de Bréda par l'armée de Spinola. Ces bandes furent mises sur pied au mois de janvier de cette année ; elles se réunirent à Namur,

---

[1] Cela résulte d'une lettre du conseil d'État en date du 29 septembre 1620. Il y est dit que sauf un avis donné en 1605 de se tenir prêtes à marcher, avis qui ne fut pas suivi d'exécution, les bandes n'avaient plus été réunies depuis 1602. Cependant, dans un compte du trésorier des guerres Van der Goes du 15 juillet 1614 au 31 décembre 1617, il est question de quatre compagnies commandées par le comte de Ligne, le comte de Bucquoy, le prince de Barbançon et le comte d'Isenghien.

[2] *Placards de Flandre,* t. III, p. 701.

[5] *Placards de Flandre,* t. III, f° 705.

[4] *Chronicon Bruxellensis ab anno 1356 ad annum 1615,* f° 92 (par le père de Wal), MS. de la bibliothèque de Bourgogne, n° 15846.

[5] *Placards de Flandre,* t. III, p. 721.j

avec les nouvelles levées qu'on avait faites depuis qu'on prévoyait la reprise des hostilités. L'infante passa en revue, au commencement de février, près de Bruxelles, huit de ces bandes dont chacune comptait cent vingt hommes.

Les dix bandes qui furent destinées à assister au siége de Bréda avaient pour chefs et capitaines :

> Albert de Ligne, prince de Barbançon.
> Le duc d'Arschot.
> Charles-Emmanuel de Gorrevod, marquis de Marnay.
> Louis, comte d'Egmont.
> Jean de Croy, comte de Solre.
> Le comte Wratislas de Furstenberg.
>   —   Florent de Berlaymont.
>   —   d'Isenghien.
> Le baron de Noircarmes.
> Le comte Maximilien de Boussu.

Ces bandes étaient en réalité commandées par leurs lieutenants, qui étaient :

> Guillaume de Lannoy, seigneur de Wasmes.
> François de Custine, seigneur d'Aufflance.
> Le seigneur d'Oisy.
> François de Hennin, seigneur de Wamberchies.
> Nicolas de Blyer, seigneur de Wallay.
> Guillaume Scheiffaert de Mérode, seigneur de Clermont.
> Louis d'Alamont.
> Jean-Philippe de Waha, seigneur de Grandchamps.
> Le seigneur de Rouveroy.
>   —   de Terbœuf.

Le prince de Barbançon était chef et général de ces dix bandes. Nicolas de Blyer était lieutenant général; Alphonse de Lannoy, dit Marc, capitaine d'infanterie wallone, remplit la charge de quartier-maître général; enfin, l'office d'auditeur fut confié à Jean Van Hauwaert [1].

---

[1] *Mémoires* du seigneur du Cornet, publiés par M. de Robaulx de Soumoy.

Les autres bandes restèrent dans la Flandre pour en protéger les frontières; elles avaient pour capitaines :

> Le prince Lamoral de Ligne.
> Le marquis de Warenbon (Christophe de Ryc la Palu).
> Le comte Charles-Albert de Bucquoy.
> — Charles de Hoogstracten.
> Le prince de Robecque (Jean de Montmorency, comte d'Estaires).

Ces cinq bandes étaient, comme les dix autres, commandées par leurs
lieutenants, savoir :

> Monseigneur de Bettencourt.
> — de Sericourt.
> — de Bainguem.
> — de Steebreugen.
> — Philippe Des Pretz, seigneur de Ciply.

On sait que la garnison de Bréda, après un siége de dix mois, capitula
le 5 juin 1625, faute de vivres. Pendant ce siége, la cavalerie eut naturellement peu d'occasions d'agir; aussi un seul officier des bandes fut blessé et
fait prisonnier : Nicolas de Blyer, qui remplissait l'emploi de lieutenant
général des compagnies d'ordonnance pour M. de Barbançon.

Après cette expédition, les bandes d'ordonnance restèrent de nouveau dans
l'oubli. Ce qui le constate, c'est la réclamation des députés de Valenciennes aux
états généraux de 1632; ils demandaient, dans cette requête, qu'on examinât
s'il ne conviendrait pas de remettre et de rétablir les bandes d'ordonnance [1].

Les états généraux, dans l'avis qu'ils donnèrent le 23 août 1633, à l'infante Isabelle, insistaient également pour qu'on fît « monter et joindre
» incontinent tous les hommes d'armes qui pourroit être prêts et ne sont en
» actuel service de Sa Majesté en autres troupes, et de défendre bien expres-
» sément à tous hommes d'armes et archers qui y sont, sur grandes peines,
» de les quitter et aux officiers de les recevoir [2]. »

[1] *Procès-verbaux des états généraux* de 1632, t. II, p. 15.
[2] *Ibid.*, p. 702.

Il ne paraît pas que ces demandes aient été prises en considération, car on ne voit pas figurer les bandes d'ordonnance dans la guerre que la France, unie à la Hollande, porta dans nos provinces, en haine de la maison d'Autriche. L'archiduc Ferdinand, en venant prendre le gouvernement général des Pays-Bas, était accompagné de vingt mille Espagnols. Ce fut avec ces troupes principalement que pendant six ans il soutint, souvent avec succès, une lutte dont les chances furent très-variables, car un moment vint où l'Espagnol fut maître de presque tout le nord de la France et menaça même Paris [1].

Quant à nos provinces, elles furent plus ou moins bien défendues par l'armement général de la noblesse et de tous les citoyens, auquel on eut recours dans les circonstances les plus critiques, notamment en 1635 et en 1639. Mais aucun indice ne permet de supposer que l'on ait eu recours aux bandes d'ordonnance; le gouvernement n'aurait d'ailleurs pas su les entretenir.

Il fut cependant très-sérieusement question de les réunir en 1635. Le conseil d'État, consulté à ce sujet, émit un avis qu'il est intéressant de consigner ici, parce qu'il indique de nouveau la décadence qui avait déjà atteint l'institution des bandes d'ordonnance :

« Ayant ouï, dit le conseil d'État, la proposition qui nous a été faite de
» la part de V. A. S. touchant la levée des hommes d'armes, nous avons,
» l'affaire délibérée, trouvé que l'on la devrait excuser autant que humai-
» nement faire se pourra, parce que, outre qu'elle sera tardive et d'un mois
» de temps pour le moins, de grands frais et surcharges au pays, l'on n'en
» doit, à notre avis, attendre des effets considérables, à cause que la plu-
» part desdits hommes d'armes et les mieux équipés et aguerris, servent
» présentement dans la cavalerie légère, qui en viendra à pâtir une notable
» diminution et que ce qui en restera ne sera composé que de paysans et
» gens de peu de valeur et expérience, ou incommodés d'âge ou pauvreté
» qui ne se pourront monter ni armer sans une bonne somme d'argent qu'en
» la présente courtesse des finances, l'on aura peine à trouver.

---

[1] Il est à remarquer toutefois que le comte de Mérode d'Ongnies dit dans ses mémoires (p. 40) qu'au siége d'Arras en 1640, le cardinal infant lui donna une compagnie de quarante hommes d'armes, avec laquelle il se trouva au combat de Bapaume où les Espagnols furent battus et où Boussu, leur lieutenant général, fut tué.

» Nous ayant pourtant semblé que V. A. S. pourra être conseillée de se
» servir des deux meilleures compagnies de dix qui servent d'ordinaire en
» campagne et sont celles du duc d'Arschot et du comte du Rœulx, et la
» nécessité requérant de trois ou quatre autres que par information on trou-
» vera les mieux fournies et complètes comme l'on dit, entre autres, celle
» du comte de Boussu. Remettant au jugement de V. A. S. si, pour faire
» bruit de cette levée, il ne sera pas à propos d'en faire publier quelque
» placcard ou déclaration de les tenir aperçus [1]. »

Ainsi donc, à cette époque, il n'y avait plus guère que dix compagnies, et
encore étaient-elles dans un tel état que, sauf deux, il paraissait impossible
de les utiliser!

En 1640, la situation sembla exiger que l'on assemblât les bandes; un
ordre du 28 janvier, adressé à tous les capitaines, prescrivit une revue générale pour le mois d'avril; elles firent partie de l'armée avec laquelle le cardinal infant chercha vainement à empêcher les Français de prendre la ville
d'Arras. Elles furent remerciées par un ordre du 24 octobre et rentrèrent
dans leurs foyers.

§ VIII. — *Campagnes de 1642 et 1644 contre la France.*

Le comte d'Assumar (François de Mello) qui succéda en 1644 à l'archiduc
Ferdinand dans le gouvernement général des Pays-Bas, crut devoir utiliser
contre l'ennemi une milice qui jadis avait rendu de si glorieux services. Il
proposa donc à Philippe IV de renouveler les anciens placards relatifs aux
priviléges des bandes d'ordonnance. Ensuite de cette proposition, le placard
du 3 mars 1642 fut publié. Son préambule porte : « Nous avons trouvé
» convenir au bien et plus grande assurance de l'état de nos pays de par
» deçà de faire *renouveler et remettre en service actuel* nos bandes et com-
» pagnies d'ordonnance et de faire garder le pied ci-devant établi et même
» les anciens droits et priviléges [2]. »

---

[1] Papiers de l'audience. Archives du royaume.

[2] *Placards de Flandre*, t. III, f° 1090. — Voici les noms des chefs des bandes en 1642,

Il paraît que l'effectif des bandes était alors fort peu élevé, car on lit dans l'ordonnance du 3 juin 1643 que les officiers des bandes ont assuré que si l'on observait les priviléges, le nombre des hommes d'armes augmenterait jusqu'à deux mille [1].

Malgré la faiblesse de leur effectif, quelques bandes furent réunies [2]; elles firent avec honneur la campagne de 1642 et concoururent à la victoire que François de Mello remporta sur les Français à Honnecourt. L'année suivante, elles assistèrent à la bataille de Rocroy, où le prince de Condé porta un si terrible coup à la puissance militaire de l'Espagne, et s'il est vrai, comme on l'en a accusée, que la cavalerie, dans cette bataille, refusa de venir au secours de l'infanterie, parce qu'on lui avait donné pour chef un général étranger, le duc d'Albuquerque, les bandes d'ordonnance auraient à se reprocher d'avoir contribué à l'anéantissement de la vieille infanterie wallonne qui périt glorieusement à la bataille de Rocroy.

Après la désastreuse campagne de 1643, Philippe IV avait cherché à négocier la paix avec le prince d'Orange. Mais le cardinal Mazarin qui, à cette époque, était tout-puissant à la cour de France, avait, au contraire, conclu une nouvelle alliance avec les Provinces-Unies pour attaquer l'Espagne.

Le comte d'Assumar, tombé en disgrâce après la fatale journée de Rocroy, devait être remplacé par le marquis de Castel Rodrigo et par Piccolomini

d'après l'ordre de convocation du 6 mars 1642 (Archives de l'audience aux Archives du royaume) :

Le duc d'Arschot (Philippe-François-Albert d'Arenberg).	Le comte Albert de Bergh.
Le comte du Rœulx.	— de Frezin.
Le comte de Bucquoy.	— de Boussu.
Le comte de Solre.	Le prince de Robecque.
— de la Motterie.	Le comte de Hoogstraeten.
Le prince de Ligne,	— de Grimberghe.
Le baron de Frentz.	Marquis de Varaubon.
	Le prince Barbançon.

[1] *Placards de Flandre*, t. III, f° 1092.

[2] Dans un compte d'Ambroise Van Oncle se rapportant à cette époque, il est question de rations pour les compagnies d'hommes d'armes du duc d'Arschot (Philippe-François-Albert d'Arenberg et du comte de Rœulx, n° 15912, aux Archives du royaume).

dans le commandement de l'armée. En attendant ses successeurs, il fit de louables efforts pour que l'armée fût prête à faire avec honneur la campagne de 1644.

Douze bandes d'ordonnance dont le prince Claude Lamoral de Ligne fut nommé général, prirent part à cette campagne; elles passèrent la *montre* le 20 mai, entre Mons et Ath.

Ces bandes avaient pour chefs :

> Le comte Albert de Bucquoy.
> Le baron de Frentz (Balthasar Vilain de Gand).
> Le comte de Hoogstraeten (Albert-François de Lalaing).
> Le marquis Henri de Berghes.
> Le comte de Mérode d'Ongnies.
>   — de Pair.
>   — de Boussu (Eugène de Hennin) [1].
>   — d'Isenghien.
> Le marquis de Varanbon.
> Le prince de Robecque (Jean de Montmorency, marquis de Moerbeke).
>   — Claude Lamoral de Ligne.
> Le duc d'Arschot (Philippe-François d'Arenberg).

Une armée de vingt mille hommes devait être rassemblée le 19 mai entre Abbeville et Amiens, et menacer la Flandre qui, pour se protéger, leva quatorze compagnies de milice. D'un autre côté, le prince d'Orange, établi près de Grave, devait envahir les Pays-Bas par le nord.

Piccolomini, investi du commandement en chef des armées espagnoles, rassembla ses troupes aux environs de Condé, la cavalerie à Quiévrain. Le comte d'Isembourg commandait le corps destiné à agir contre l'armée des Provinces-Unies. Les bandes d'ordonnance, formant la réserve, se rassemblèrent à Chièvres.

Les Français débutèrent par le siége de Gravelines. Une de leurs colonnes essaya vainement d'entrer dans le Luxembourg; le baron de Beck sut contenir l'ennemi de toutes parts.

---

[1] Le 15 décembre 1657, Philippe-Louis, comte de Boussu, reçut la patente de capitaine d'une compagnie de quarante hommes d'armes, en remplacement de son père Eugène.

Le prince de Ligne, avec les bandes d'ordonnance, soutenu par deux régiments allemands et un régiment de Croates, s'avança vers l'Artois et s'établit à Saint-Preil en face de la cavalerie du duc d'Elbœuf qui ne bougea pas (30 avril). Il reçut l'ordre alors de seconder les efforts du comte d'Isembourg, pour contenir les Hollandais. Il passa la Lys à Menin et se dirigea vers Bruges pour empêcher l'ennemi de débarquer à Blankenberghe.

Après un siége de deux mois, Gravelines se rendit. Sa garnison s'était conduite valeureusement (20 juillet).

Le prince d'Orange, arrêté dans l'exécution de ses projets par la présence des bandes d'ordonnance, changea de plan et résolut d'assiéger le Sas. Le prince de Ligne et la cavalerie flamande reçurent l'ordre de se rendre à Gand et d'y rejoindre les troupes qui devaient s'opposer au projet des Hollandais. Parmi ces troupes se trouvait le petit corps d'armée du duc de Lorraine dont les Espagnols avaient sollicité le secours.

De Gand, on se mit en marche à la recherche de l'ennemi. Le baron de Licques, qui était lieutenant général du prince de Ligne, se mit à l'avant-garde avec ses hommes d'armes; il avait sollicité cet honneur.

Toute la cavalerie s'arrêta dans une vaste bruyère située à une portée de canon du Sas de Gand. Il y eut quelques escarmouches entre les coureurs. Le baron Coucelles, lieutenant de la compagnie d'hommes d'armes du prince de Ligne, attaqua un escadron de cuirassiers hollandais et le repoussa jusque derrière ses lignes. Mais on crut devoir renoncer au projet que l'on avait eu d'abord d'attaquer sérieusement le prince d'Orange dans ses positions, et l'on se borna à enlever plusieurs forts, Sandfort, Saint-Ange, Royenhuysen, qui empêchaient le ravitaillement de l'armée. Le prince de Ligne, avec trois compagnies d'ordonnance, contribua beaucoup à la prise de Royenhuysen. Toutefois, malgré les manœuvres des Espagnols, le Sas se rendit à l'ennemi le 27 août, et peu de temps après, la cavalerie rentra dans ses garnisons.

Les bandes d'ordonnance ne paraissent pas avoir été réunies pour les campagnes de 1645 et de 1646, sauf peut-être quelques compagnies [1].

---

[1] Ce qui fait présumer que quelques compagnies furent réunies à cette époque, c'est qu'un décret du roi, du 8 août 1645, porte que les hommes d'armes doivent servir en personne à moins d'en être empêchés par des infirmités (*Placards de Flandre*, 5ᵉ vol., f° 1094).

§ IX. — *Campagne de 1648 contre la France.*

Une partie des bandes d'ordonnance fut réunie pour la campagne de 1648 contre la France.

A la bataille de Lens, ces bandes étaient commandées par le prince Claude Lamoral de Ligne; elles se distinguèrent encore par leur valeur, mais cette cavalerie, déjà affaiblie par la défaite de Rocroy, ne put lutter avec succès contre la cavalerie française et elle dut battre en retraite, après avoir vu ses rangs rompus par le choc irrésistible des masses qui lui étaient opposées. Son digne chef, le prince de Ligne, après avoir fait de vains efforts pour rallier ses escadrons, vint combattre à pied dans les rangs de l'infanterie, parmi les restes des vieilles bandes wallones.

Après la bataille de Lens, les bandes d'ordonnance ne furent plus réunies pendant quelque temps, car on lit dans une lettre du roi en date du 17 octobre 1650, que les magistrats de certaines localités se plaignirent de ce que les hommes d'armes fussent dispensés de payer les contributions, « bien qu'ils n'eussent été employés, depuis plusieurs années, à aucun ser- » vice actif [1]. »

La guerre qui continua avec la France après le traité de Munster qui avait éloigné la Hollande de la lutte fut faite exclusivement avec des soldats étrangers; outre une armée levée en Allemagne, l'archiduc Léopold avait d'ailleurs à sa disposition un corps nombreux de Croates; d'un autre côté, le duc de Lorraine, dépouillé de ses États par la France, avait conduit dans les Pays-Bas et vendu au roi d'Espagne de vieilles troupes jadis à son service. Enfin le Brandebourg avait fourni des cavaliers et beaucoup de combattants espagnols venaient d'arriver par mer.

C'était donc une guerre qui se faisait sur notre territoire, mais à laquelle les troupes nationales ne prirent aucune part.

---

[1] *Placards de Flandre*, t. III, f° 1094.

§ X. — *Dernières années de l'existence des bandes d'ordonnance.*

Toutefois lorsque don Juan d'Autriche vint aux Pays-Bas, en 1656, en qualité de gouverneur général, il semble avoir voulu remettre sur pied les bandes d'ordonnance; mais dans un conseil de guerre où l'on prit connaissance de l'état des forces militaires du pays, on constata que l'ancienne gendarmerie flamande n'avait plus qu'un effectif extrêmement réduit [1]. On résolut de remédier à cette fâcheuse situation; un placard du 8 avril [2] parle en effet de « rétablir et remettre en service actuel les bandes d'ordon-
» nance; y faire observer le pied ci-devant établi et même leurs droits,
» priviléges et franchises. » Ce placard rappelle que les capitaines, les lieutenants, les guidons, les enseignes, les hommes d'armes et les archers jouissent des priviléges précédemment accordés lorsqu'ils tiennent dans leurs ménages les chevaux et les armes nécessaires en cas de guerre; qu'en vertu de ces priviléges ils sont exempts des tailles, maltôtes et charges levées dans les villes et dans les villages où ils résident, mais non des impôts, subsides, aides et autres charges ordinaires et extraordinaires.

C'était là une altération des priviléges qui avaient été accordés par les ordonnances du 1er avril 1640 et confirmés par des dispositions ultérieures, du moins on le crut, et la conséquence en fut que le recrutement des bandes d'ordonnance s'en trouva très-compromis.

Pour remédier aux inconvénients qui naissaient de cette interprétation, le gouvernement se hâta de publier, en date du 19 mai [3], un nouveau placard qui assura aux bandes d'ordonnance la jouissance de tous les priviléges précédemment accordés. Ce nouveau placard fut bientôt suivi d'un troisième portant la date du 27 mai, qui permit aux hommes d'armes et aux archers, âgés de 60 ans ou infirmes, de se faire remplacer [4].

Soit que ces tentatives de don Juan d'Autriche n'aient pas eu de succès

[1] *Bulletins de l'Académie royale*, t. XVII.
[2] *Placards de Flandre*, t. III, f° 1095.
[3] *Ibid.*, f° 1097.
[4] *Ibid.*, f° 1099.

pour remettre les bandes d'ordonnance dans des conditions qui permissent de les utiliser à la guerre, soit pour toute autre cause, toujours est-il que l'on ne vit plus les ordonnances prendre part à la guerre que vint terminer la paix des Pyrénées (7 novembre 1658).

On sait qu'après la mort de Philippe IV arrivée en 1666, Louis XIV, au mépris de tout droit et de toute justice, réclama, au nom de la reine sa femme, une partie de la succession d'Espagne et envahit inopinément le Hainaut et la Flandre au mois de mai 1667.

Les Pays-Bas étaient à peu près sans défense; aussi l'armée française qui était commandée par Turenne s'empara-t-elle facilement d'un grand nombre de places [1].

Le marquis de Castel Rodrigo, gouverneur général des Pays-Bas depuis 1664, avait, dès le 23 mai, fait publier un placard qui confirmait de nouveau les priviléges des bandes d'ordonnance. C'était, ainsi qu'on a dû le remarquer précédemment, le préliminaire ordinaire de l'appel des bandes sous leurs enseignes; sans doute, cet avertissement n'eut pas grand effet, car un nouveau placard du 3 août de la même année annonça la continuation en faveur des hommes d'armes des préviléges accoutumés. Un certain nombre de bandes furent alors rassemblées; on en vit figurer deux sous le marquis de Richebourg, parmi les défenseurs de la ville de Lille. Les autres prirent part au seul combat de la campagne : un combat de cavalerie qui eut lieu, le 31 août, dans les environs de Bruges [2].

La participation des bandes d'ordonnance à la campagne de 1667 est constatée, du reste, par le placard du 4 avril 1671 [3] qui statue que les

[1] Armentières tomba au pouvoir des Français le 28 mai; Bergues, le 6 juin, Furnes, le 12, Ath, le 16, Tournai, le 26, enfin Lille, le 27 août.

[2] Rousset, *Histoire de Louvois.*

[3] *Placards de Flandre,* t. III.

Noms des chefs des compagnies d'ordonnance d'après l'assemblée de 1667 :

Le duc d'Arschot.

Le prince de Barbançon (la bande était commandée alors par le capitaine-lieutenant Philippe de Manony).

Le comte de Bruay (l'ancienne bande du marquis de Berghes?). Le lieutenant du marquis de Berghes était François d'Assegnies, seigneur de Hagidorne.

Le comte de Grimberghe ;

hommes d'armes et les archers qui ont fait un service permanent pendant cette campagne et ont assisté à la montre seront maintenus dans la jouissance de tous leurs priviléges.

La campagne de 1667 paraît être le dernier acte de l'histoire militaire de la cavalerie des Pays-Bas. Après cette date, les bandes d'ordonnance continuèrent néanmoins de subsister légalement. Plusieurs documents le constatent d'une manière incontestable : d'abord un décret du comte de Monterey, en date du 4 avril 1674 [1], régla de nouveau leurs priviléges; il y est même question de les rétablir dans leur lustre, autant que les circonstances le permettent.

D'autres documents très-importants prouvent que vingt ans plus tard, c'est-à-dire en 1694, les bandes d'ordonnance faisaient encore partie des institutions militaires des Pays-Bas. Ce sont les instructions qui furent données par le roi d'Espagne à l'électeur de Bavière nommé au gouvernement général de nos provinces. Le souverain s'y réserve encore expressément la nomination des capitaines d'hommes d'armes [2].

Enfin, dans les comptes de payements, ces témoins irrécusables des faits accomplis, on trouve encore des indications qui viennent confirmer l'opinion que les bandes d'ordonnance n'ont définitivement disparu que lors de l'avénement du duc d'Anjou au trône d'Espagne.

Un compte du 15 octobre 1690 au 31 décembre 1703, concernant les officiers de justice du comté de Flandre, fait mention du marquis François

> Le prince de Bournonville.
> Le comte de Mérode.
> Le baron de Silly (la bande était commandée alors par le capitaine-lieutenant).
> Le comte d'Isenghien.
> Le marquis de Trelon (décédé récemment; son lieutenant, Charles-Philippe de Cottereau, seigneur de Glabeek, le remplaçait).
> Le prince de Ligne (la bande était commandée alors par le capitaine-lieutenant).
> Le marquis de Wesyny (la bande était commandée par le capitaine-lieutenant).
> Le comte de Bucquoy.
>   —   de Boussu.
>   —   de Solre.
> Le marquis de Conflans.
> Le prince de Robecque (la bande était commandée par Maximilien d'Embize, seigneur de Jaure).

[1] *Placards de Flandre*, t. III.

[2] Gachard, *Notice sur les Archives de Munich* dans les BULLETINS DE L'ACADÉMIE ROYALE.

de Bournonville en le qualifiant de *chef et capitaine d'une compagnie d'ordonnance*[1]. Dans un autre compte comprenant la période de temps entre le
31 mars 1698 et le 20 octobre 1709, on voit figurer Ferdinand-Gaston
Lamoral de Croy, comte du Rœulx, prince du saint-empire, avec la qualification de *chef et capitaine d'une compagnie d'hommes d'armes*[2].

Sans doute ces qualifications ont pu être conservées comme titres honori-
fiques par les personnages qui, autrefois, avaient exercé un commandement
dans les bandes d'ordonnance; la mention de ces titres dans les comptes peut
donc ne pas être une preuve décisive, mais on ne saurait faire la même
objection à l'égard des instructions que Charles II donna en 1694 au nouveau gouverneur général des Pays-Bas. Il résulte incontestablement de ce
document qu'à l'époque où l'électeur de Bavière vint occuper le poste de
gouverneur général, non-seulement les bandes d'ordonnance existaient encore,
mais qu'il n'était nullement question d'abolir l'institution.

[1] Voir le n° 15640 des Inventaires des Archives du royaume.
[2] Voir les n°ˢ 14680 et 14690 des Inventaires des Archives du royaume.

CONCLUSION.

Comme conclusion, on peut dire que la fin de l'existence réelle des bandes d'ordonnance coïncide avec la paix des Pyrénées, sans qu'aucun acte de l'autorité souveraine ait prononcé leur licenciement définitif, et qu'elles continuèrent de subsister légalement jusqu'à l'avénement du duc d'Anjou au trône d'Espagne, époque où les anciennes institutions nationales furent remplacées par des institutions plus ou moins calquées sur les institutions françaises.

J'ai parcouru toutes les phases de l'existence des bandes d'ordonnance dont la brillante renommée a traversé plusieurs siècles; je suis enfin arrivé au moment où ce corps célèbre s'éteignit obscurément.

La décadence et la fin de cette milice doivent-elles être attribuées uniquement à la négligence, à la faiblesse, aux vices du gouvernement espagnol et à des causes spéciales se rattachant à la situation faite aux Pays-Bas par les événements politiques, ou bien, existe-t-il des motifs impérieux dérivant de la marche de la civilisation qui amenèrent fatalement l'anéantissement d'une institution surannée? Telle est la question qui se présente tout naturellement à l'esprit avant de fermer le livre des annales de l'ancienne cavalerie flamande.

Il est certain que les vices de l'administration espagnole, l'état quasi permanent de détresse des finances gouvernementales dans nos provinces, ont dû exercer une fâcheuse influence sur la constitution des bandes d'ordonnance et ont mis obstacle, dans plus d'une circonstance, à ce que ce corps rendit tous les services qu'il aurait pu rendre. Mais on doit reconnaître que la cavalerie des ordonnances était, avant tout, l'illustre héréditaire de la chevalerie du moyen âge et que les principes sur lesquels était fondée sa constitution en faisaient une institution essentiellement féodale. Elle avait naturellement pris naissance au moment où le pouvoir souverain, voulant ressaisir la direction et la disposition exclusive de la force publique abandonnée pendant la féodalité aux grands vassaux, imagina de soumettre à des règles uniformes, à une espèce de discipline, l'exercice des devoirs que les possesseurs de fiefs avaient contractés envers le prince. En enrôlant sous des enseignes et surtout en assurant une paye régulière à la petite noblesse qui s'était ruinée dans les guerres particulières du moyen âge et se trouvait dans l'impossibilité de fournir désormais un service forcé, le souverain changea bien un peu le caractère du service militaire féodal qui ne comportait guère de rémunération, puisque c'était une redevance imposée aux vassaux comme compensation des avantages qu'ils retiraient de la possession de leurs fiefs [1], mais en retour il s'assura le concours dévoué d'une classe importante de la société et il habitua insensiblement tous les vassaux, jusqu'aux seigneurs les plus puissants, à considérer le prince comme l'unique dispensateur de la fortune et des honneurs.

La milice des ordonnances est donc le chaînon qui rattache l'ancienne chevalerie aux troupes permanentes des temps modernes; elle a contribué puissamment à affermir le pouvoir monarchique.

Mais un corps qui ne vivait que de priviléges aristocratiques [2], qui, par la

---

[1] Il s'est fait, il y a peu d'années en Belgique, sans qu'on s'en soit beaucoup préoccupé, une transformation dans le caractère du *service militaire obligatoire*, qui rappelle à beaucoup d'égards la transformation que l'établissement des bandes d'ordonnance avait apportée au caractère du service féodal. Une loi, encore récente, a consacré le principe de la rémunération, par le trésor public, du service militaire obligatoire, c'est-à-dire du service dans la milice qui est, par excellence, le service obligatoire. Or, à ne considérer que les principes, on doit reconnaître que le service militaire obligatoire étant un devoir, une charge imposée à tous les membres de la société, se trouve dénué de tout droit à une rémunération publique. Quoi qu'il en soit, une pensée politique dont on ne peut méconnaître la haute portée a présidé à cette transformation, de même qu'une pensée politique avait, au quinzième siècle, changé le caractère du service militaire féodal.

[2] Il s'était introduit dans la cavalerie d'ordonnance des abus semblables à ceux que l'on remarquait dans l'armée française sous l'ancienne monarchie : les commandements des bandes étaient devenus une dignité héréditaire dans les familles ; des enfants de moins de sept ans succédaient à leur père et étaient les chefs nominaux des compagnies. On peut voir aux Archives du royaume, dans les Papiers de l'audience, de curieuses révélations à ce sujet concernant le prince d'Isenghien.

nature même de sa constitution, conservait une certaine indépendance peu compatible avec une discipline hiérarchique; qui prisait la prouesse des tournois bien plus que les exercices de la guerre; qui aurait cru déroger s'il avait combattu à pied et qui, en définitive, ne recevait plus que par rare exception la paye pour laquelle il avait aliéné sa liberté et sans laquelle il ne pouvait plus vivre honorablement, un corps, placé dans de pareilles conditions, devait arriver d'autant plus sûrement à la décadence et à l'oubli que le but politique qu'avait eu en vue le souverain en asservissant la noblesse se trouvant désormais atteint, l'institution n'avait plus de raison d'être et devait faire place au système des armées modernes qui, recrutées dans la masse de la population, représentent la force publique plus légitimement que ne le faisaient les armées du moyen âge.

La cavalerie des ordonnances, dont l'institution avait eu pour conséquence presque immédiate d'annihiler le service féodal de la noblesse, devait donc fatalement disparaître à son tour le jour où les armées permanentes nationales, composées principalement d'infanterie, devinrent une nécessité imposée et par les progrès de l'art de la guerre et par les besoins nouveaux des États modernes.

NOTICES BIOGRAPHIQUES

SUR

LES OFFICIERS DES BANDES D'ORDONNANCE.

———

A.

Aigremont (le comte d'). *Voir* **Barbançon**.

Aldegonde (les seigneurs de Sainte-). *Voir* **Noircarmes**.

Aldenbouchez était, en 1522, porte-enseigne de la bande d'ordonnance du comte de Buren. (Cité dans l'édit de Charles-Quint de 1522.)

Ale était, en 1522, capitaine des archers de la bande d'ordonnance du seigneur du Rœulx. (Cité dans l'édit de Charles-Quint de 1522.)

Allamont (Louis d'), fils de Jean d'Allamont, seigneur de Malandry, gouverneur de Montmédy, était lieutenant de la bande d'ordonnance de Florent de Berlaymont en 1624, et il la conduisit au siége de Bréda. — Deux autres officiers du même nom étaient, en 1565, lieutenants dans les bandes des seigneurs de Berlaymont. (Compte de Gérard de Gramaye, trésorier des guerres. Archives du royaume.)

Amcy (le seigneur d'), gentilhomme du pays de Cambrai. Au commencement du dix-septième siècle il était enseigne dans la bande d'ordonnance d'Adrien de Gavre de Liedekerke, comte de Beaurieu.

Arenberg (Éverard de la Marck), chevalier, gouverneur du Luxembourg, était, en 1479, capitaine d'une bande d'ordonnance de cinquante lances. (Deuxième compte de Louis Quarré.)

Arenberg (le comte d'), Jean de Ligne, baron de Barbançon, pair du Hainaut, gouverneur général des provinces de Frise, de Groningue, de Drenthe, d'Over-Yssel, en remplacement de Maximillien d'Egmont (1548); chevalier de la Toison d'or (1546), chef et capitaine de la bande d'ordonnance de cinquante hommes d'armes et de cent archers qu'avait commandée le comte de Buren. — Né en 1525, il était fils de Louis de Ligne, baron de Barbançon, et prit le nom d'Arenberg en épousant Marguerite de la Marck d'Arenberg, qui, après la mort de son mari, obtint de l'empereur Maximilien l'érection du comté d'Arenberg en principauté.

Jean de Ligne débuta dans la carrière des armes en 1545, par le commandement d'une compagnie de cavalerie. Lorsque Maximilien d'Egmont, comte de Buren, conduisit un corps d'armée en Allemagne, pour aider Charles-Quint dans sa guerre contre les princes protestants, Jean de Ligne fut l'un des lieutenants du comte de Buren et contribua aux succès de l'armée impériale. A l'époque où les Pays-Bas furent assaillis par Henri II, la reine de Hongrie envoya le comte d'Arenberg dans le Luxembourg, pour en défendre le quartier allemand ; peu après il fut nommé maréchal de l'ost, du corps d'armée destiné à renforcer l'Empereur (1552). Il prit part au siége de Metz et fit les campagnes de 1553, 1554 et 1555, 1557 et 1558. Il assista à la bataille de St-Quentin, où il se fit remarquer autant par ses talents militaires que par sa bravoure. En 1559, il reçut la charge de maréchal de l'ost, devenue vacante par la mort d'Adrien de Croy. Jean de Ligne ne voulut pas entrer dans la ligue contre le cardinal Granvelle, que formèrent Guillaume d'Orange, les comtes d'Egmont et de Hornes; il se brouilla par conséquent avec ces seigneurs. Il se prononça néanmoins pour l'abolition de l'inquisition et pour la modération des Placards. Jean de Ligne blâmait la faiblesse de l'administration et conseillait des levées de troupes. Marguerite l'autorisa, en 1566, à lever cinq enseignes ou mille cinq cents hommes de troupes à pied. Il parvint, par sa modération et sa justice, à rétablir et à maintenir l'ordre dans les provinces de son gouvernement. Lorsque le duc d'Albe vint aux Pays-Bas, le comte d'Arenberg fut chargé des fonctions de maréchal de l'ost, dans l'armée du nouveau gouverneur général. Peu de temps après, il fut envoyé en France avec mille cinq cents chevaux au secours de Charles IX que Condé avait failli de surprendre à Meaux. Il arriva à Paris vers la fin de novembre, mais le succès remporté à St-Denis sur les huguenots avait rendu inutile le concours du corps de d'Arenberg qui rentra aux Pays-Bas. Louis de Nassau venait d'envahir le pays de Groningue avec des forces considérables. D'Arenberg marcha à sa rencontre, et les troupes se trouvèrent en présence à Heyligerlée, le 25 mai 1567. Le comte de Meghen devait seconder les efforts du comte d'Arenberg, mais par des motifs qui ne sont pas bien connus, celui-ci n'attendit pas l'arrivée de son collègue, attaqua Louis de Nassau, fit des prodiges de valeur et trouva là une mort glorieuse. La bande d'ordonnance du comte d'Arenberg fut donnée, après sa mort, à son fils Charles.

Arenberg (Charles, comte et prince d'), fils aîné de Jean de Ligne, qui précède, né le 22 février 1550, amiral et lieutenant général de la mer, chef des finances, conseiller d'État, maréchal héréditaire de Hollande, chevalier de la Toison d'or (1584). Il reçut, le 4 juillet 1570, la bande d'ordonnance de cinquante hommes d'armes et de cent archers que son père avait commandée. Après avoir rempli deux ambassades de cour auprès de Charles IX, et accompli d'autres missions près de l'Empereur et près d'autres princes souverains, il revint aux Pays-Bas et tâcha d'abord de se tenir à l'écart, mais il ne put refuser à don Juan d'Autriche de se charger d'une mission près de l'Empereur et des princes de l'Empire. Il accompagnait don Juan, lorsque ce prince se retira dans le château de Namur, ce qui le rendit suspect aux états généraux. Alexandre Farnèse lui confia un commandement de mille reîtres avec lesquels il assista au siége d'Audenarde; après la réduction de cette place, il fut envoyé à la diète d'Augsbourg pour y représenter le cercle de Bourgogne. Il fut aussi chargé de se rendre à Cologne pour offrir au magistrat le concours du roi d'Espagne contre l'archevêque Gebhard Truchses; un corps de troupes vint l'y rejoindre; il en prit le commandement et força l'archevêque à se réfugier en Hollande. Le prince d'Arenberg se porta ensuite au secours de Zutphen et délivra cette place des attaques du comte de Hohenlohe. Il assista avec le prince de Parme au siége d'Anvers; il y commandait un régiment allemand qu'il avait récemment levé. Il prit part également au siége de l'Écluse et fut investi du commandement de cette place lorsqu'elle eut capitulé. En 1588, Farnèse le nomma un des commissaires pour traiter de la paix avec l'Angleterre. Deux ans plus tard, il accompagna Farnèse, lorsqu'il se rendit en France pour délivrer Paris qu'assiégeait Henri IV. En 1598, il alla à Paris avec le duc d'Arschot pour recevoir le serment que devait prêter le roi de France d'exécuter le traité de Vervins. Charles d'Arenberg prit part aux opérations du siége d'Ostende, puis fut envoyé à Londres pour y négocier la paix; il réussit à la faire signer en 1604. Après avoir rempli encore plusieurs ambassades, il mourut le 18 janvier 1616. Après sa mort, sa bande d'ordonnance fut donnée à son fils aîné Philippe-Charles.

Arenberg (Philippe-Charles, comte et prince d'), fils aîné de Charles d'Arenberg; duc d'Arschot, du chef de sa mère; né le 18 octobre 1587; gouverneur et capitaine général du pays et comté de Namur, conseiller d'État, grand veneur, etc., etc., chevalier de la Toison d'or (1618), chef et capitaine de la bande d'ordonnance de cinquante hommes d'armes et de cent archers que son père avait commandée. Philippe d'Arenberg alla servir dans les troupes que les archiducs envoyèrent au duc de Neubourg pour la succession de Clèves et de Juliers. En 1616, il fut nommé mestre de camp d'un régiment d'infanterie wallone, et, en 1620, chef d'un régiment d'infanterie haute allemande. Après la désastreuse campagne de 1620, due à l'impéritie des généraux espagnols, une partie de la noblesse s'unit pour obtenir que désormais les Belges pussent se défendre et s'administrer eux-mêmes; ils voulurent directement traiter de la paix avec les Provinces-Unies; le duc d'Arschot fut l'âme et l'agent le plus actif de cette conspiration contre l'autorité du souverain. Ayant été envoyé en Espagne par la régente pour obtenir du roi son assentiment aux négociations entamées avec la Hollande, il fut d'abord entouré d'égards, mais après quelques jours, le roi le fit arrêter. Il chercha à se disculper d'être intervenu dans les menées de quelques membres de la noblesse; il montra peu de caractère et finit par compromettre tous ses amis par sa légèreté; on lui fit son procès en règle. Cependant on ne parvint pas à recueillir des preuves suffisantes pour le condamner; on adoucit un peu sa captivité, mais il ne lui fut pas permis de retourner aux Pays-Bas, et après cinq ans et demi de séjour en Espagne, il mourut le 24 septembre 1640. Sa bande d'ordonnance fut donnée à son fils Philippe-François.

Arenberg (Philippe-François, comte et duc d'), duc d'Arschot et de Croy, fils de Philippe-Charles, né le 30 juillet 1625, grand bailli et capitaine général du Hainaut, capitaine des archers de la garde, grand d'Espagne, chevalier de la Toison d'or (1646) et chef et capitaine de la bande d'ordonnance de cinquante hommes d'armes et de cent archers que son père avait commandée. Ce fut en sa faveur que la principauté d'Arenberg fut érigée en duché en 1644. Il accompagna Philippe IV dans la campagne de Catalogne de 1642; vint aux Pays-Bas quelques années après et reçut de l'archiduc Léopold le commandement d'un régiment de cuirassiers allemands (1651). En 1656, il fut nommé chef et général de toutes les bandes d'ordonnance; fit avec distinction les campagnes de 1651 à 1658; ses services furent récompensés par le grade de capitaine général de l'armée navale de Flandre. Le duc d'Arenberg mourut le 17 septembre 1674 sans laisser de postérité. Ses titres ainsi que sa bande d'ordonnance passèrent à son frère Charles-Eugène.

Arenberg (Charles-Eugène, duc d'), duc d'Arschot et de Croy par la mort de son frère Philippe-François, né le 8 mai 1655. Grand bailli et capitaine général du Hainaut, chevalier de la Toison d'or (1678), chef et capitaine de la bande d'ordonnance de cinquante hommes d'armes et de cent archers qu'avait commandée son frère. Il se destinait d'abord à l'état ecclésiastique; son frère lui céda le régiment de cuirassiers hauts allemands qu'il commandait. Il se distingua au siége d'Arras et mourut le 25 juin 1681.

Arschot (les ducs d'). *Voir* **Arenberg** et **Croy**.

Arville (Philippe de Maillen, seigneur d'), était, en 1502, guidon de la bande d'ordonnance du comte de Mansfelt. (Charles-Alexandre de Croy, *Mémoires guerriers*.)

Arville (le seigneur d'), gentilhomme namurois, était, en 1602, guidon de la bande d'ordonnance de Charles-Alexandre de Croy, comte de Fontenay. (Charles-Alexandre de Croy, *Mémoires guerriers*.)

Assignies (François d'), seigneur de Hagedorne, était, en 1667, capitaine-lieutenant de la bande d'ordonnance du marquis de Berghes.

Audregnies (le seigneur d'), Charles de Revel, était, en 1566, lieutenant de la bande d'ordonnance du comte d'Egmont.

Aufflance (le seigneur d'). *Voir* **Custine**.

Aymeries (le seigneur d'). *Voir* **Rollin**.

Ayseau (le marquis d'), Rasse de Gavre, dit de Liedekerke, comte de Beaurieu, membre du conseil de guerre, chambellan, chef du conseil des finances, gouverneur de Binche et de Charlemont, fils d'Adrien, comte de Beaurieu, était lieutenant de la bande d'ordonnance du comte de Beaurieu, son père, en 1602. (Charles-Alexandre de Croy, *Mémoires guerriers*.)

Ayseau (le seigneur d'), Adrien de Gavre de Liedekerke, comte de Beaurieu, gouverneur de la ville d'Ath, fils de Charles, premier comte de Beaurieu. Il était capitaine d'une bande de trente hommes d'armes et de soixante archers des ordonnances. Il mourut le 27 juin 1614. (Charles-Alexandre de Croy, *Mémoires guerriers*.)

B.

Bacquehem (Olivier de), seigneur d'Étrival, fut nommé guidon de la bande d'ordonnance du comte du Rœulx par commission du 6 mai 1587.

Bailleul (Pierre de), seigneur d'Evre et de St-Martin, chevalier. Il fut lieutenant de la bande du seigneur de Montigny et reçut, en 1570, le commandement d'une bande d'ordonnance de trente hommes d'armes et de soixante archers. (Cette bande avait été formée d'hommes d'armes tirés de la bande du prince d'Orange.)

Bailleul (Adrien de), seigneur d'Evre. En 1562, il était lieutenant de la bande d'ordonnance de Montigny, et vers 1577, il commandait une bande de trente hommes d'armes et de soixante archers.

Barbançon (baron de). *Voir* **Arenberg**.

Barbançon (Bauduin de) était, en 1545, capitaine de cent chevaux à gages *mesnagiers*.

Barbançon (baron et prince de), Robert de Ligne, comte d'Aigremont, pair du comté de Hainaut, seigneur de la Bussières et de Merbes, né en 1564; second fils de Jean de Ligne, comte d'Arenberg, capitaine des archers de la garde des archiducs Albert et Isabelle, chef et capitaine d'une bande d'ordonnance de trente hommes et de soixante archers. L'archiduc

Albert le créa prince de Barbançon par diplôme du 8 février 1614. Il ne jouit que peu de jours de cette faveur, car il mourut le 2 mars suivant. Robert de Ligne quitta sa bande de trente hommes d'armes pour prendre celle du duc d'Arschot. Son ancienne bande d'ordonnance fut donnée à son fils Albert.

Barbançon (le prince de), Albert de Ligne, fils de Robert, qui précède, né en 1600; chevalier de la Toison d'or (1627), fut nommé, le 10 mars 1614, chef et capitaine de la bande de trente hommes d'armes et de soixante archers des ordonnances que son père avait commandée. Il alla, dès l'âge de dix-huit ans, servir en Bohème sous Bucquoy et se montra plein de bravoure dans plusieurs combats. Il fut nommé chef d'une compagnie de deux cents cuirassiers pour la guerre du Palatinat; plus tard Spinola lui fit donner cinq cents chevaux à la tête desquels il prit part à la conquête de Juliers. En 1622, l'infante lui donna un régiment de quinze compagnies liégeoises et l'année suivante il reçut le commandement d'un corps d'armée en Westphalie; il assista au siége de Bréda et pendant la campagne de 1625 il eut le commandement général des bandes d'ordonnance. Le prince de Barbançon consentit à lever à ses frais, en Allemagne, un régiment d'infanterie destiné à secourir le duc de Savoie dont les états étaient menacés par Louis XIV. Cette querelle s'étant apaisée, le régiment du prince de Barbançon fut dirigé sur Bois-le-Duc dont les Hollandais projetaient de se rendre maîtres. Albert de Ligne reçut à cette occasion le commandement d'un corps d'observation qui fut placé à Genappe. Mais il se trouva compromis dans la conspiration que la noblesse des Pays-Bas ourdit dans le dessein d'affranchir le pays de la domination de l'Espagne, il tomba en disgrâce et l'ordre de l'arrêter fut donné par Philippe IV (18 mars 1634). Le prince de Barbançon fut enfermé dans la citadelle d'Anvers et son procès commença. Après huit années de captivité, il recouvra quelque liberté; il reçut la ville de Namur pour prison, mais peu à peu on se relâcha dans la surveillance à laquelle on l'avait soumis, et il put aller librement dans tout le pays. On n'avait pas trouvé de griefs suffisants pour le condamner; toutefois on ne voulut pas l'acquitter; le gouvernement lui confia même plusieurs missions, mais on ne le rétablit pas dans ses charges militaires. Il fit en volontaire la campagne de 1646 et rien ne put vaincre la résistance qu'il rencontra et chez le roi et chez les gouverneurs généraux pour être réintégré dans son ancienne position. Ce ne fut qu'en 1658 que don Juan d'Autriche consentit à lui donner le commandement de la garnison d'Ypres et le titre de capitaine général de l'artillerie. Quelques années après, il fut nommé conseiller au conseil suprême de guerre. Il mourut au mois d'avril 1674.

Barbançon (le prince Octave-Ignace de), fils du prince Albert, qui précède, né en 1640; gouverneur et souverain bailli de Namur, mestre de camp général des armées, chevalier de la Toison d'or (1682), chef et capitaine d'une bande d'ordonnance de trente hommes d'armes et de soixante archers. Le prince de Barbançon défendit vaillamment Namur contre Louis XIV en 1692. Lorsque toute résistance fut devenue impossible, il sortit de la place par la brèche, à la tête de sa faible garnison qui défila, tambour battant et mèche allumée, devant le prince de Condé. Il déploya une grande valeur, le 29 juillet 1695, à la bataille de Neerwinden, où il trouva la mort.

Bassecourt (le seigneur de), d'une famille originaire de la Picardie, était, en 1602, enseigne dans la bande d'ordonnance du duc d'Arschot.

Batenbourg (Thiery, seigneur de), seigneur de Batenbourg et d'Anholt, était vers 1522 lieutenant de la bande d'ordonnance de Floris d'Egmont, comte de Buren. Deux autres officiers du même nom étaient, l'un, lieutenant de la bande d'ordonnance du comte de Mansfelt, en 1565; l'autre, lieutenant de la bande de Lamoral, prince de Ligne, en 1624.

Baume (Quentin et Claude de la). *Voir* **Saint-Sorlin**.

Beaufort (le chevalier Louis de), seigneur de Boisleux, Warlincourt et de Mercatel, gouverneur de la ville du Quesnoy, fils d'Hector de Beaufort, seigneur de Warlincourt. Il avait servi comme volontaire dans les compagnies de Roubaix et d'Havré, et avait fait la campagne de France dans l'armée envoyée par l'Espagne au secours de la Ligue. En 1602, il était lieutenant de la bande d'ordonnance du comte de Solre. Il mourut en 1608.

Beaufort (René de Chalon, seigneur de), fils de Palamède de Chalon. Il était lieutenant de la bande d'ordonnance de son grand-père maternel, le comte de Mansfelt.

Beaurain (les seigneurs de). *Voir* **Croy**.

Beaurieu (les comtes de). *Voir* **Ayseau**.

Beauvoir (le seigneur de). *Voir* **Lannoy**.

Bellain (le seigneur de), Jacques de Sucrre, était, en 1525, lieutenant de la bande d'ordonnance du comte du Rœulx.

Bellefontaine. Claude de Bellefontaine, écuyer, était lieutenant de la bande d'ordonnance du comte de Mansfelt, en 1559.

Bellemont (Lancelot de) était officier dans une des bandes d'ordonnance de Charles le Téméraire.

Bellin (le seigneur de), gentilhomme du Hainaut, était en 1602, enseigne de la bande d'ordonnance du marquis d'Havré.

Berchem (Jean Van Lyere, seigneur de). Il fut nommé capitaine d'une des bandes d'ordonnance de trente hommes d'armes et de soixante archers créées par Charles-Quint en 1543.

Berg (Frédéric, comte et prince de), baron de Boxmeer et de Bylant, lieutenant gouverneur et capitaine général de l'Artois, puis du duché de Gueldre, chevalier de la Toison d'or, fils puîné de Guillaume comte de Berg, qui se rendit célèbre dans les guerres des Pays-Bas; il était, en 1602, capitaine d'une bande d'ordonnance de trente hommes d'armes et de soixante archers. Il prit une part active au siége d'Ostende et aux campagnes des premières années du dix-septième siècle. Il mourut en 1618.

Berghes (Corneille de), chevalier, fils naturel d'Antoine de Glymes, marquis de Berghes, était, en 1478, capitaine d'une bande de cinquante hommes d'armes des ordonnances de Maximilien.

Berghes (Philippe de), Philippe de Glymes, baron de Grimberghe, fils de Jean de Glymes, seigneur de Berg-op-Zoom; fut conducteur d'une bande de cent lances et de trois cents archers des ordonnances du duc Charles le Téméraire, en remplacement de Jacques de Rebrennes, seigneur de Montsorel. Il fut tué à la bataille de Morat en 1476.

Berghes (Philippe de), Philippe de Glymes, seigneur de Rode, neveu du précédent, commandait une compagnie de cent lances et de trois cents archers des ordonnances du duc Charles le Téméraire. Il fut tué à la bataille de Nancy en 1477.

Berghes (le marquis de), Jean de Glymes, comte de Walhain, fils d'Antoine de Glymes, seigneur de Berg-op-Zoom, créé marquis par Charles-Quint en 1533. Gouverneur et grand bailli du Hainaut, gouverneur de Valenciennes et de Cambrai, chambellan, chevalier de la Toison d'or (1555), reçut le commandement de la bande d'ordonnance que son beau-père, Jean de Lannoy, baron de Molembaix avait eue. Jean de Glymes jouit d'une grande faveur auprès de l'empereur Charles-Quint; il combattit vaillamment à la bataille de St-Quentin et accompagna Philippe II en Angleterre, lors du mariage de ce prince avec la reine Marie; à son retour, il reçut la charge de grand veneur. Dès l'origine des troubles, le marquis de Berghes manifesta hautement sa désapprobation des mesures prises par le gouvernement contre l'hérésie, et il s'associa au prince d'Orange et au comte d'Egmont dans leur opposition à l'administration de Granvelle. Il fut envoyé en Espagne avec Florent de Montmorency, baron de Montigny, pour exposer à Philippe II les doléances de la noblesse belge, mais il échoua dans sa mission et mourut à Madrid, le 21 mai 1567. Il n'est pas prouvé que Philippe II, qui fit étrangler dans sa prison le baron de Montigny, collègue d'ambassade du marquis de Berghes, ait été étranger à la mort de ce dernier. La bande d'ordonnance du marquis de Berghes fut donnée, après sa mort, à Philippe de Noircarmes, seigneur de Ste-Aldegonde (1570).

Berghes (le comte Albert de), de la famille de Glymes, commandait, en 1652, la bande d'ordonnance, qui, précédemment, avait été celle du marquis de Marnay, Charles-Emmanuel de Gorrevod.

Berghes (Philippe-François, prince de), Philippe-François de Glymes, créé prince par Charles II; fils d'Eugène comte de Grimberghe; conseiller de guerre, chevalier de la Toison d'or (1694); gouverneur et capitaine général du Hainaut; gouverneur de Bruxelles en 1695, était capitaine d'une bande d'ordonnance en 1676. Il s'illustra par la défense héroïque de Mons assiégée, en 1691, par Louis XIV. Le prince de Berghes mourut en 1704.

Berlaymont (Lancelot de) fut conducteur d'une bande de cent lances de l'ordonnance de Charles le Téméraire. Après lui, sa bande fut donnée à Gaspar Dorlan.

Berlaymont (Charles, comte de), baron de Hierges, de Perwez, etc.; né en 1510, fils de Michel, seigneur de Floyon. Il fut gouverneur et souverain bailli du comté de Namur, chef des finances, chevalier de la Toison d'or (1556), chef et capitaine d'une bande d'ordonnance de quarante hommes d'armes et de quatre-vingts archers, par patente du 29 avril 1561. Il servit avec distinction dans les armées de l'empereur Charles-Quint. Après le départ de la reine Marie de Hongrie, le comte de Berlaymont fut désigné conjointement avec le comte du Rœulx, pour exercer provisoirement le gouvernement des Pays-Bas. Dans le conseil d'État où il siégeait, il ne voulut prendre parti ni pour ni contre le cardinal Granvelle, et refusa d'entrer dans la confédération des nobles. On attribue généralement à une saillie du comte de Berlaymont l'origine du nom de *Gueux*, devenu fameux dans les dissensions politiques de cette époque. Mais il y a beaucoup de motifs de croire que ce fut là un mot inventé après coup. Lors de l'institution du conseil des troubles, Charles de Berlaymont fut désigné comme suppléant du duc d'Albe pour la présidence du tribunal; mais il ne siégea que le jour de l'installation et ne voulut pas prendre part au jugement prononcé contre les comtes d'Egmont et de Hornes. Lorsque, après la mort du gouverneur général Requesens, le conseil d'État s'attribua le gouvernement du pays, le comte de Berlaymont exerça une grande autorité. Arrêté par les patriotes, il resta plusieurs mois en prison; rendu à la liberté, grâce à l'intervention du baron de Hierges, son fils, qui avait fait valoir ses services personnels pour obtenir l'élargissement de son père, le comte de Berlaymont entra dans les conseils de don Juan d'Autriche, et facilita sa retraite dans le château de Namur, dont il était gouverneur. Peu de temps après, il mourut (4 juin 1578).

Berlaymont (Gilles de), baron de Hierges, fils aîné de Charles qui précède; gouverneur ou stadhouder de la Hollande, de la Zélande, d'Utrecht, de la Frise et de la Gueldre. Chevalier de la Toison d'or en 1572. Il reçut, en 1574, la bande d'ordonnance qui avait été commandée par Charles de Brimeu, comte de Meghen. Il exerça une grande influence sur les événements militaires de l'époque des troubles. La gouvernante des Pays-Bas le chargea, en 1566, de lever un régiment d'infanterie wallone de six compagnies. Après avoir assisté au siége de Valenciennes, il se couvrit de gloire à la bataille de Gemingen (Jemmingen), au siége de Harlem et à la bataille de Mook. Investi des fonctions de mestre de camp de l'armée espagnole, il commanda une armée qui s'empara des points principaux de la Hollande. En voyant les ravages que la conduite des Espagnols occasionnait au pays, il se rallia au parti des états généraux qui, à l'arrivée de don Juan, le nommèrent commandant de la garde personnelle de ce prince. Lorsque plus tard les intrigues du prince d'Orange réussirent à rendre le nouveau gouverneur général suspect aux patriotes, l'esprit de parti fit un grief au baron de Hierges de s'être mis à la disposition de don Juan, qui le nomma maître général de l'artillerie, mestre de camp des troupes wallones et gouverneur de Namur et de l'Artois. Le baron de Hierges conserva tous ses emplois sous le prince de Parme qui succéda à don Juan. En 1579, il dirigeait l'artillerie au siége de Maestricht lorsqu'il fut frappé mortellement d'un coup d'arquebuse.

Berlaymont (Florent, comte de), seigneur de Floyon, fils de Charles de Berlaymont, créé comte en 1574, gouverneur des provinces de Namur et d'Artois, puis de celle du Luxembourg; chevalier de l'ordre de la Toison d'or, chef et capitaine de la bande d'ordonnance qu'avait commandée son frère Lancelot, par patente du 20 juin 1579. En 1600, il quitta cette bande pour prendre celle du comte de Boussu. Florent de Berlaymont fut d'abord chanoine trésorier de la cathédrale de Liége, puis embrassa la carrière des armes où il n'obtint guère de succès. Rallié d'abord au parti des états, il suivit, comme ses frères, la fortune de don Juan. Après avoir servi en qualité de lieutenant-colonel dans le régiment de son frère Gilles, il lui succéda dans ses emplois et titres et finit par réunir tous les honneurs dont ses frères avaient été comblés et qui tous moururent sans postérité. Ce fut lui qui, avec sa femme, fonda à Bruxelles une congrégation de chanoinesses ayant pour but l'éducation des jeunes filles, qui s'est perpétuée jusqu'à ce jour. Le comte Florent de Berlaymont mourut à Namur le 8 avril 1626.

Berlaymont (Lancelot de), comte de Meghen du chef de son mariage avec Marie de Brimeu; fils puîné de Charles et frère de Gilles et de Florent. Il fut commandant d'un régiment allemand à la tête duquel il se distingua au siége de Sichem, et capitaine d'une bande d'ordonnance qui, après sa mort arrivée en 1579, fut donnée à son frère Florent.

Berllères (le seigneur de), Antoine de St-Genois, gentilhomme du Hainaut, était enseigne dans la bande d'ordonnance du comte de Solre, en 1602.

Beroe (le seigneur de), fils du seigneur de Moerbeke, était, en 1522, porte-enseigne de la bande d'ordonnance de Philippe de Clèves, seigneur de Ravenstein.

Bertheau (Antoine de), seigneur de Perroy, était, au commencement du dix-septième siècle, guidon de la bande d'ordonnance du comte de Bucquoy.

Bethune (le chevalier de), Jean de Plancques dit Bethune, chevalier, seigneur d'Hesdigneul, né en 1602, était guidon de la bande d'ordonnance du comte de Hoogstraeten.

Bettembourg (Wolff de), était, en 1555, guidon de la bande d'ordonnance du comte de Mansfelt.

Beveren (le seigneur de). *Voir* Adolphe de **Bourgogne**.

Bevry (le seigneur de). *Voir* Maximilien de **Hennin Lietard**.

Billant était, en 1522, capitaine des archers de la bande d'ordonnance du comte de Buren.

Billart (le seigneur de), gentilhomme limbourgeois, était, en 1602, guidon de la bande d'ordonnance du comte prince d'Arenberg.

Billain (le seigneur de) était lieutenant de la bande d'ordonnance de Ferry de Croy, comte du Rœulx.

Billy (le seigneur de). *Voir* **Nobles**.

Blaton (le seigneur de). *Voir* **Philippe**, bâtard de Bourgogne.

Biller (Nicolas de), seigneur de Wallay, capitaine du château de Durbuy, était, en 1624, lieutenant de la bande d'ordonnance du comte de Solre; il alla au siége de Bréda en qualité de lieutenant général des bandes d'ordonnance sous le prince de Barbançon.

Blondel (Jean), seigneur de Beauregard, était guidon d'une bande d'ordonnance.

Bolleux (le seigneur de). *Voir* **Beaufort**.

Bouhaix (Philippe de), bailli de Lessines, était, en 1522, capitaine des archers de la bande d'ordonnance du comte de Hoogstraeten.

Bouchault (Oudard van) était, en 1552, lieutenant de la bande d'ordonnance du prince d'Orange.

Bourgogne (Philippe, bâtard de), seigneur de Blaton, gouverneur et lieutenant général du duché de Gueldre et du comté de Zutphen, conseiller et chambellan du roi et de l'archiduc, amiral de la mer, chevalier de la Toison d'or; fils d'Antoine, bâtard de Bourgogne, était capitaine d'une bande de cinquante lances d'ordonnance de Maximilien. Plus tard il en eut une autre de vingt-cinq hommes d'armes et de cinquante archers (au commencement du seizième siècle). C'était la moitié de la bande qu'avait eue le comte de Nassau. L'autre moitié avait été donnée à Floris ou Florent d'Egmont, seigneur d'Ysselstein, qui, ayant succédé au seigneur de Blaton en 1507, reporta la bande à cinquante lances en réunissant les deux fractions de l'ancienne bande d'ordonnance du comte de Nassau.

Bourgogne (Philippe de), évêque d'Utrecht, était, en 1524, capitaine d'une bande de cinquante hommes d'armes des ordonnances de l'empereur Charles-Quint.

Bourgogne (Adolphe de), seigneur de Beveren, de la Vère, chevalier de la Toison d'or, fils de Philippe de Bourgogne, était capitaine d'une des bandes d'ordonnance qui accompagnaient Charles-Quint à son entrée à Gand en 1540. Il mourut le 7 décembre 1540.

Bourgogne (Maximilien de), fils du précédent, premier marquis de la Vère, remplaça le seigneur de Praet dans le commandement d'une bande d'ordonnance qui, après lui, passa à Antoine de Lalaing, comte de Hoogstraeten. (3ᵉ Compte de Carpentier, p. 1545.)

Bournonville (Raoul de) fut conducteur d'une des compagnies d'ordonnance de cent lances et de trois cents archers du duc Charles le Téméraire. Il périt à Morat en 1476. (Cité par les ambassadeurs milanais.)

Bournonville (Alexandre, duc de), comte de Hennin-Lietard, vicomte de Barlin, seigneur de Capres, né le 4 novembre 1585; duc et pair de France, gouverneur de la Flandre wallone, chevalier de la Toison d'or (1622); fit les premières campagnes de la guerre de Trente Ans et assista à la prise de Piska où il eut un œil crevé en montant à l'assaut; il fut nommé capitaine d'une bande d'ordonnance dont il se démit en 1654, lorsqu'il se réfugia en France après avoir été compromis dans la conspiration des nobles. Il était fils de Oudard de Bournonville, baron de Capres, comte de Hennin-Lietard, et il mourut en 1656.

Bournonville (Alexandre-Hippolyte-Balthasar de), comte de Hennin-Lietard, né le 5 janvier

1616, fils du précédent, gouverneur de Valenciennes, capitaine d'une bande d'ordonnance; mort en 1690, étant vice-roi de la Catalogne.

Bousanton (Leveau de) commandait une des compagnies d'ordonnance de cent lances et de trois cents archers du duc Charles le Téméraire.

Bousies (Claude de), seigneur d'Odierbois, chevalier, était lieutenant de la bande d'ordonnance du comte de Boussu.

Bousies (Witasse de), Eustache de Bousies, seigneur de Vertaing, lieutenant de la bande d'ordonnance de Guillaume de Croy, seigneur de Chièvres. En 1507 il eut la conduite de cette compagnie au siége de Wageningen et devint général d'armée sous Charles-Quint. Il mourut en 1548.

Bousies (Jean de), seigneur de Rouveroy, fils d'Isambert de Bousies, seigneur d'Escarmaing, était lieutenant de la bande d'ordonnance du comte de Berlaymont. Il eut plus tard le commandement d'une compagnie d'ordonnance et mourut en 1631.

Boussu (les comtes de). *Voir* **Hennin-Lietard.**

Boyelles (le seigneur de). *Voir* **Du Bois,** Philippe.

Bray (Louis de), chevalier, était capitaine de cent archers de l'ordonnance de Charles le Téméraire.

Brederode (Renaud de), seigneur et comte de Brederode et de Vianen, était, en 1530, chef et capitaine d'une bande de cinquante lances des ordonnances de l'empereur Charles-Quint.

Brederode, (Philippe, comte de), fils de Renaud de Brederode qui précède, reçut une compagnie d'ordonnance de quarante hommes d'armes et de quatre-vingts archers, en 1545, lors de la réorganisation des bandes d'ordonnance. Il suivit l'Empereur dans ses guerres et mourut à Milan en 1554. Sa bande fut donnée, en 1559, à son frère Henri.

Brederode (Henri, comte de), comte de Vianen, vicomte d'Utrecht, né en 1531, fils de Renaud II, seigneur de Brederode, frère de Philippe qui précède. Philippe II lui donna, en 1559, la bande d'ordonnance que son frère Philippe avait commandée, mais il ne lui accorda point, comme à tous les autres chefs des bandes, le collier de la Toison d'or, et cette exception, en humiliant profondément Henri de Brederode dont la famille s'enorgueillissait de descendre des comtes de Hollande, fit naître, paraît-il, dans le cœur du jeune capitaine une haine violente contre son souverain et un désir de vengeance qui resta comprimé pendant quelques années, pour éclater dès que se manifestèrent les premiers symptômes de la lutte que la noblesse des Pays-Bas engagea contre le gouvernement de Philippe II.—Aussitôt que le compromis eut été rendu public, Brederode fut un des premiers à s'associer aux principes qui y étaient proclamés. La noblesse de sa race, la fougue de son âge, la popularité de son nom qui, depuis plus d'un siècle, était synonyme de révolte, le désignaient tout naturellement pour devenir un des chefs les plus ardents des confédérés. Ce fut Brederode qui, le 5 avril 1566, remit à la gouvernante des Pays-Bas la requête des nobles conjurés. Ce fut lui aussi qui, dans un banquet où il avait réuni plus de trois cents gentilshommes, proposa aux confédérés d'adopter le nom de *Gueux*, épithète qui, d'après quelques historiens, leur avait été donnée injurieusement par le comte de Berlaymont à l'audience de la gouvernante. Deux jours après (8 avril), Brederode quitta Bruxelles et se rendit à Anvers où il provoqua des démonstrations analogues à celles qui avaient eu lieu dans la capitale. L'année suivante la gouvernante ayant exigé le serment de fidélité des chefs des bandes d'ordonnance, Brederode se démit de son commandement et, conjointement avec le comte de Nassau, il avoua hautement la résolution de prendre les armes. — Son château de Vianen devient alors une officine de pamphlets incendiaires qui appellent les peuples à la révolte; bientôt il tente de s'emparer d'Utrecht; il échoue dans son entreprise et livre la Gueldre aux brutalités des soldats qui n'y laissent que des ruines. — Brederode, enivré un instant par la popularité que lui avait value son opposition aux volontés du souverain, dut bientôt reconnaître ce qu'il y a d'éphémère dans la faveur de la multitude. Abandonné de tous, il s'embarqua sur un vaisseau qui le conduisit avec sa famille à Embden, chez le comte de Schauenbourg, son beau-père. Là, miné par le chagrin et, paraît-il, par les excès, il mourut le 15 février 1558, à l'âge de 35 ans, ne laissant qu'un fils naturel qui fut tué au siége de Harlem en 1572. La compagnie d'hommes d'armes de Brederode resta sans capitaine jusqu'en 1570 ; elle fut donnée, à cette époque, à Maximilien de Melun, vicomte de Gand.

Brimeu (Guy de), seigneur d'Umbercourt, chevalier, conseiller, chambellan du duc de Bourgogne, gouverneur de Namur, etc., etc., reçut de Charles le Téméraire, la charge de lieutenant général des ordonnances (1473).

Brimeu (Charles de), comte de Meghen, seigneur d'Umbercourt, gouverneur et capitaine général de la Gueldre, du comté de Zutphen et de la Frise, après avoir été lieutenant gouverneur et capitaine général du Hainaut, chevalier de la Toison d'or, fut nommé, vers 1555, capitaine de la bande d'ordonnance de trente hommes d'armes et de soixante archers qu'avait commandée Martin Van Rossem. Cette bande, qui avait d'abord été portée à quarante hommes d'armes, fut augmentée, en 1570, de dix hommes d'armes tirés de la compagnie du prince d'Orange. La bande de trente lances qu'il quitta en 1570 fut donnée à Jean de S*-Omer, seigneur de Moerbeke. Charles de Brimeu servit dans les armées de Charles-Quint et figurait, en 1555, parmi ses meilleurs généraux. Il rendit de grands services pendant la campagne de 1554, puis joua un rôle important dans les premiers événements de l'époque des troubles. Il s'était d'abord prononcé pour les réformes demandées par le prince d'Orange, les comtes d'Egmont et de Hornes, mais bientôt il comprit que ces seigneurs avaient d'autres visées, et que, sous prétexte de liberté de conscience, c'était en réalité le renversement du trône de Philippe II qu'ils poursuivaient. Il se sépara d'eux et fut alors en butte à toutes les calomnies que l'esprit de parti peut inventer; aussi, ayant été chargé par la gouvernante d'aller à Anvers pour y arrêter le développement de la réforme, il fut très-mal accueilli et dut fuir pour échapper au mauvais parti qui le menaçait. Il leva un régiment d'infanterie de bas Allemands, se mit à la poursuite de Brederode et le contraignit à abandonner Vianen; par ses soins, Groningue et toutes les villes de la Hollande et de la Zélande rentrèrent sous l'autorité de la gouvernante; il soumit également la Gueldre. Philippe II, pour le récompenser de ses services, le nomma maître et capitaine général de l'artillerie (1566). Le duc d'Albe lui donna un commandement important dans son armée pour la campagne de 1568. Il ne put arriver assez à temps pour empêcher la défaite de son collègue d'Arenberg à Heyligerlée, mais il assista à la défaite de Louis de Nassau à Jemmingen. Le comte de Meghen mourut à Zwolle, le 8 janvier 1572. Sa bande d'ordonnance fut donnée, en 1574, à Gilles de Berlaymont, baron de Hierges, et seigneur de Ruysbroeck.

Brochuse (Regnier de), chevalier, conseiller et chambellan du duc de Bourgogne Charles; commandant de la Gueldre pour ce prince, reçut le commandement de la bande de cent lances de l'ordonnance délaissée par Bernard de Ravenstein. Regnier de Brochuse rendit de grands services à la bataille qui fut livrée sous les remparts de Neuss. (*Mémoires pour servir à l'histoire de France et de Bourgogne.*)

Bucquoy (les comtes de). *Voir* **Longueval**.
Bagnicourt (le seigneur de). *Voir* Ponce de **Lalaing**.
Buren (le comte de). *Voir* Maximilien d'**Egmont**.

C.

Campobasse (le comte Cola de) commandait une des bandes d'ordonnance de Charles le Téméraire. Il fut chef des troupes de Bourgogne, qui firent la conquête de la Lorraine en 1475; l'année suivante, il fut chef de l'armée en Suisse. Il trahit et abandonna le duc de Bourgogne, la veille de la bataille de Nancy. Il fut remplacé dans le commandement de sa bande d'ordonnance par Jean de Montfort.

Carnin (Claude de), seigneur de Villers, Gommecourt, etc., etc.; auteur de la branche des marquis de Nedonchel; fils de Robert, seigneur de la Motte, était guidon d'une bande d'ordonnance. Il mourut le 5 octobre 1600.

Carnin (Jean de), fils de Claude qui précède, était enseigne dans la bande d'ordonnance du comte Charles de Bucquoy. Il mourut le 24 février 1621.

Carnin (Adrien de), seigneur de Gommecourt, fils de Claude, qui précède, était lieutenant de la bande d'ordonnance du prince de Ligne. Il mourut en 1640.

Celane ou **Celave** (le comte de) était, en 1476, conducteur d'une des bandes de cent lances de l'ordonnance de Charles le Téméraire.

Chable (Pierre de), seigneur de Rasincourt, était enseigne de la bande d'ordonnance du seigneur de Ravenstein.

Chalon (Hugues de), sir de Château-Guyon, commandait les bandes d'ordonnance à la bataille de Granson, où il fut tué (1476).

Chalon (Henri de). *Voir* **Beaufort**.

Chalon (René de). Id. **Chalon** (Philibert). *Voir* **Orange**.

Champlitte (le baron de). *Voir* **Vergy**.

Chièvres (le seigneur de). *Voir* Guillaume de **Croy**.

Chimay (le prince de). *Voir* Charles de **Croy**.

Clèremont (le seigneur de). *Voir* **Mérode**.

Clèves (Philippe de), Philippe de Clèves et de Lamarck, seigneur de Wynendale et d'Enghien, duc de Coïmbre, et, après son père, seigneur de Ravenstein; fils d'Adolphe de Ravenstein et neveu du duc de Bourgogne Philippe le Bon; était en 1478 capitaine d'une bande de cent lances de l'ordonnance de Maximilien. Plus tard, au commencement du seizième siècle, il eut la bande d'ordonnance de cinquante hommes et de cent archers qu'avait commandée le seigneur d'Aymeries. Il servit d'abord dans l'armée de l'archiduc Maximilien qui avait épousé Marie de Bourgogne; la perfidie de ce prince l'amena à embrasser la cause du peuple et à diriger les efforts que firent les Flamands pour se soustraire au joug de l'étranger. Après avoir héroïquement lutté dans ce but pendant plusieurs années, Philippe de Clèves fut contraint à renoncer à l'espoir de rendre à ses compatriotes l'indépendance et la liberté et réduit à reconnaître l'autorité du roi des Romains. Il s'éloigna alors des Pays-Bas et alla se mettre à la disposition de son parent, le roi de France, Louis XII, qui préparait une croisade contre les mahométans. Philippe de Clèves fut investi de la vice-royauté de Gênes, puis élevé à la dignité d'amiral; il s'empara de Naples et commanda une expédition contre Bajazet. Ce fut à son retour aux Pays-Bas que la régente lui donna une bande d'ordonnance; Charles-Quint, lors de son émancipation, l'appela dans son conseil. Toutefois, le seigneur de Ravenstein s'abstint d'intervenir dans les affaires du temps et consacra ses dernières années à rédiger des commentaires militaires qui offrent un haut intérêt. Après sa mort, arrivée en 1527, sa bande d'ordonnance fut partagée par moitié entre son ancien lieutenant, le seigneur de Vianden, et le seigneur de Beveren.

Cohan (le seigneur de), gentilhomme de l'Artois, était, en 1602, enseigne de la bande d'ordonnance du comte de Bucquoy.

Conflans (le marquis de) était chef d'une compagnie d'ordonnance; il succéda, vers 1667, au marquis François de Rye de Varambon.

Cordes (le seigneur des). *Voir* **Crèvecœur**.

Cottereau (Charles-Philippe de), seigneur de Glabbeck, était, en 1667, capitaine-lieutenant de la bande d'ordonnance du marquis de Trelon.

Coucelles (le baron de) était, en 1644, lieutenant de la bande d'ordonnance du prince de Ligne.

Crecque (le seigneur de). *Voir* Eustache de **Croy**.

Crequy (Louis de). *Voir* **Erin**.

Cressonnières (Jacques de la), gouverneur de Gravelines, maître de l'artillerie aux Pays-Bas, fut nommé, en 1570, capitaine d'une bande d'ordonnance de trente hommes d'armes et de soixante archers tirés de la bande du prince d'Orange. Après sa mort, arrivée en 1575, au siége de Harlem, sa bande fut donnée à Georges de Lalaing, marquis de Ville, ou peut-être à son fils, car un de la Cressonnières commandait une bande d'ordonnance en 1587.

Crèvecœur (Philippe de), seigneur des Cordes ou des Querdes, ou d'Esquerdes et de Lannoy, fils de Jacques, seigneur de Crèvecœur, conseiller et chambellan du duc de Bourgogne et de Marguerite de la Trémouille, dame des Cordes; né à l'Arbresle, petite ville près de Lyon. Il fit ses premières armes sous le comte d'Étampes, qui lui conféra la chevalerie la veille de la prise d'Audenarde, en 1452; il accompagna le comte de Charolais lors de son premier voyage à Paris et à Tours, en 1461. Philippe de Crèvecœur occupait déjà un rang élevé dans l'armée de Bourgogne lors de la guerre dite du Bien public, en 1465, et il se distingua au combat de Monthélery. Ses services pendant la campagne contre les Liégeois lui valurent le collier de la Toison d'or (1468). Le duc Charles lui confia le commandement de l'Artois qu'il défendit avec succès contre les entreprises des Français, et le nomma conducteur d'une de ses compagnies de cent lances d'ordonnance. (Ol. de la Marche.) — Philippe de Crèvecœur accompagna Charles le Téméraire dans toutes les guerres que ce prince entreprit pendant les dernières années de son règne; mais cédant aux conseils de Commines, il se rendit coupable d'ingratitude et de félonie envers son souverain : en 1477, pendant qu'il était gouverneur de l'Artois, il abandonna Marie de Bourgogne et passa au service de Louis XI. Il commandait la cavalerie française à la bataille de Guinegate et fut vaincu par l'infanterie flamande. Louis IX le chargea alors d'organiser une infanterie permanente et de prendre pour modèle l'infanterie suisse. Philippe de Crèvecœur procéda à cette organisation au camp de l'Arche et dota la France des célèbres bandes de Picardie qui devinrent la souche de l'infanterie française.

Élevé à la dignité de maréchal de France, il devait commander l'armée destinée à la conquête de Naples, lorsqu'il mourut inopinément au pied des Alpes en 1494.

Croy (Henri de), comte de Porcien, sire de Renty, fils de Philippe, était, en 1478, capitaine d'une compagnie de cinquante lances de l'ordonnance de Maximilien.

Croy (Philippe de), comte de Chimay, vicomte de Limoges, fils de Jean, comte et prince de Chimay, était, en 1478, capitaine d'une bande de cinquante lances des ordonnances de Maximilien.

Croy (Guillaume de), seigneur de Chièvres, duc de Soria, comte de Beaumont et marquis d'Arschot; gouverneur du comté de Namur, grand bailli du Hainaut, conseiller chambellan, chevalier de la Toison d'or, né en 1458; il était le troisième fils de Philippe de Croy, comte de Porcien, seigneur de Croy, etc., etc. Guillaume de Croy reçut de Philippe le Beau, vers la fin du quinzième siècle, le commandement d'une des quatre bandes d'ordonnance de cinquante hommes d'armes et de cent archers qui existaient à cette époque. Le seigneur de Chièvres se distingua de bonne heure dans les armées de Maximilien; il accompagna Charles VIII à la conquête de Naples et Louis XII dans sa guerre du Milanais; il fut revêtu du gouvernement général des Pays-Bas pendant l'absence de Philippe le Beau et eut l'honneur d'être choisi pour gouverneur du futur empereur Charles-Quint. Son influence dans les affaires du pays était considérable; elle grandit encore lors de l'avénement au trône de son royal élève. Guillaume de Croy se berça toujours du vain espoir d'éteindre les rivalités des maisons de France et d'Autriche; il travailla sans cesse et presque toujours avec succès à augmenter la puissance de son maître sans négliger la fortune de sa propre maison. Après sa mort, arrivée à Worms en 1521, sa bande d'ordonnance fut donnée à son neveu, Philippe de Croy, duc d'Arschot.

Croy (Philippe de), premier duc d'Arschot, marquis de Renty, prince de Chimay, comte de Beaumont, désigné d'abord sous le titre de comte de Porcien, capitaine général et grand bailli du Hainaut, chambellan, premier chef des finances, chevalier de la Toison d'or; né en 1496, fils aîné de Henri de Croy, sire de Renty, mentionné plus haut. Philippe de Croy hérita des titres et d'une partie des biens de son oncle Guillaume de Croy, seigneur de Chièvres. Charles-Quint, en 1533, érigea en sa faveur le marquisat d'Arschot en duché. Il fut capitaine de la bande d'ordonnance de cinquante hommes d'armes et de cent archers que le seigneur de Chièvres avait eue. Le duc d'Arschot fut un des généraux les plus distingués de Charles-Quint; il contribua puissamment à la conquête du Tournaisis, fit, avec distinction, la campagne de 1525 dans les Pays-Bas et il aida de tout son pouvoir à apaiser les troubles qu'avait fait éclater à Bruxelles, en 1532, l'établissement d'un impôt illégal. Lorsque François Ier, en 1557, envahit les Pays-Bas, le duc d'Arschot reçut le commandement général des troupes wallones. En 1543, il fut capitaine général de l'armée et ce fut grâce à ses soins que Heinsberg fut ravitaillée. En 1548, l'Empereur l'envoya avec les bandes d'ordonnance au devant de l'infant qui devint Philippe II. Ce seigneur se distingua en toute circonstance non-seulement par sa vaillance et ses talents militaires, mais aussi par l'élévation de ses sentiments et la dignité de son caractère. Après sa mort, arrivée en 1549, sa bande d'ordonnance fut donnée à son fils Charles.

Croy (Charles de), deuxième duc d'Arschot, fils de Philippe qui précède. Il eut un instant le commandement de la bande d'ordonnance de son père; après sa mort, arrivée en 1551, cette bande fut donnée à son frère Philippe.

Croy (Philippe de), troisième duc d'Arschot, né le 10 juillet 1526, frère de Charles qui précède, était désigné, du vivant de son père, sous le titre de prince de Chimay. Il fut gouverneur et capitaine général de la Flandre, lieutenant-gouverneur et grand bailli du Hainaut et de Valenciennes, conseiller d'État (1565), chevalier de la Toison d'or (1556). Par patente du 15 novembre 1551, il fut nommé chef et capitaine de la bande d'ordonnance de cinquante hommes d'armes que son père et son frère avaient eue. Le duc d'Arschot fut chargé de plusieurs missions diplomatiques et joua un rôle important dans les événements de l'époque des troubles. Il ne voulut point s'associer aux projets du prince d'Orange et des comtes d'Egmont et de Hornes. Il embrassa avec ardeur le parti des états en 1576 et reçut d'eux le gouvernement d'Anvers et la dignité de capitaine général de leur armée. N'ayant pas voulu rester attaché à don Juan d'Autriche lorsque ce prince se sépara des états, il fut nommé gouverneur et capitaine général de la Flandre en remplacement du comte du Rœulx. Mais il fut mal accueilli à Gand et mis en arrestation. Rendu à la liberté, il se démit de ses fonctions de gouverneur de la Flandre, se retira à Cologne et fit sa soumission au roi. Il amena la réconciliation du quartier de Bruges avec Philippe II et mourut à Venise le 11 décembre 1595. Après sa mort, sa bande d'ordonnance fut donnée à son fils Charles.

Croy (Charles de), quatrième duc d'Arschot, fils de Philippe qui précède, né le 1er juillet 1560; créé duc de Croy par Henri IV, grand bailli du Hainaut, chevalier de la Toison d'or, grand d'Espagne, membre du conseil privé, etc. A l'âge de dix-sept ans il fut nommé par don Juan lieutenant de la bande d'ordonnance de son père; en 1585, il reçut le commandement de la bande qui avait appartenu au marquis de Roubaix, commandement dont il se démit pour prendre, en 1596, celui de la bande de son père. Il avait été nommé lieutenant de son père au commandement de la ville d'Anvers, et lorsque les Espagnols sortirent du château de cette ville, le 20 mars 1577, ce fut lui qui y entra à la tête de dix enseignes d'infanterie wallone. Suivant la même ligne de conduite que son père, il quitta le parti de don Juan le jour où ce prince s'empara du château de Namur. Il s'était retiré à Cologne, puis à Aix-la-Chapelle. L'influence qu'exerça sur son esprit sa femme, qui était calviniste (Marie de Brimeu, veuve de Lancelot de Berlaymont), le porta à renoncer à la foi catholique et à abandonner la cause du roi d'Espagne (1582). Il avait pris le titre de prince de Chimay. Il se rendit à Anvers où il fut très-chaudement accueilli par les états généraux, par le prince d'Orange et par le duc d'Anjou qui aspirait à la souveraineté des Pays-Bas. Mais bientôt Charles de Croy reconnut que les projets des hommes qui dirigeaient le mouvement contre le roi d'Espagne avaient pour mobile des ambitions personnelles bien plutôt que le bien du pays et de la religion; il se sépara alors des réformés et se retira dans son château de Beveren où bientôt il devint le centre de la résistance que les Flamands voulurent opposer au joug étranger dont ils se voyaient menacés. Nommé gouverneur absolu et capitaine général du quartier de Bruges, son pouvoir ne tarda pas à être reconnu par les deux autres membres de la Flandre. Tous les efforts du prince de Chimay tendirent alors à amener la réconciliation des Flamands avec le roi d'Espagne. Il y réussit après avoir surmonté de grands obstacles; son énergie ne se démentit pas un instant. Arrivé au but de ses efforts, il se démit de tous les honneurs que les Flamands lui avaient accordés et rentra dans le giron de l'Église catholique. Plus tard, il accompagna le prince de Parme dans toutes ses expéditions et assista au siége de l'Écluse en qualité de commandant général des bandes d'ordonnance (1587). L'année suivante, il fut envoyé au secours de l'électeur de Cologne et s'empara de Bonn. En 1590 et en 1591, il exerça

de nouveau le commandement général des bandes d'ordonnance qui accompagnèrent le prince
de Parme en France. En 1595, il assista au combat de Dourlens, à la prise de Cambrai et
aux autres campagnes qui précédèrent la paix de Vervins dont il fut un des négociateurs. Le
prince de Chimay prit aussi une part considérable aux travaux des états généraux réunis
en 1600 et aida de ses conseils et de son épée l'archiduc Albert pendant les campagnes de
1602 et de 1605. Il se retira alors des affaires publiques et mourut en 1612. Il a laissé des
mémoires pleins d'intérêt.

Croy (Ferry de), comte du Rœulx, gouverneur de l'Artois, maréchal de l'ost, chevalier de la
Toison d'or, fils de Jean de Croy, seigneur du Rœulx. Il fut d'abord lieutenant de la bande
d'ordonnance du seigneur de Chièvres et commanda cette bande de 1507 à 1509 sur les
frontières du Brabant; il fut ensuite nommé capitaine d'une nouvelle bande formée de la
moitié de la bande qui avait été celle de Jacques de Luxembourg, seigneur de Fiennes. Le
fils du seigneur de Fiennes eut l'autre moitié. Ferry de Croy reporta sa bande à cinquante
hommes d'armes; il commanda le corps de cavalerie des Pays-Bas qui prit part à la ligue de
Cambrai. Après sa mort, arrivée en 1524, sa bande d'ordonnance fut donnée à son fils Adrien.

Croy (Adrien de), comte du Rœulx, seigneur de Beaurain, fils de Ferry qui précède, gouverneur général de l'Artois, maréchal de l'ost, chevalier de la Toison d'or, chambellan de l'empereur Charles-Quint. Il succéda à son père dans le commandement d'une bande d'ordonnance de cinquante hommes d'armes et de cinq cents archers. Adrien de Croy fit brillamment
ses premières armes en 1521 pendant la campagne contre la France. Il fut chargé de plusieurs
missions diplomatiques et prépara le traité de Madrid si déloyalement violé plus tard par
François Ier. Il accompagna Charles-Quint dans toutes ses expéditions. Dans la campagne
contre Soliman, en 1532, il se couvrit de gloire. En 1536, il était lieutenant de Henri de
Nassau, et rendit des services signalés sur les frontières de France. Après la répression
sévère que Charles-Quint exerça contre les Gantois, en 1540, le comte du Rœulx fut investi
du commandement de la Flandre; ce fut lui qui fit élever la citadelle de Gand. La campagne
de 1542 contre la France lui fournit de nouvelles occasions de déployer ses talents militaires
et sa vaillance personnelle. Il défendit l'Artois avec énergie, infligea à l'ennemi plusieurs
défaites et s'empara des meilleures positions. La guerre de 1552 contre la France fut la dernière à laquelle il put prendre part; il allait terminer brillamment cette campagne par la
prise de Hesdin lorsqu'il succomba aux blessures et aux maladies qu'il devait à plus de trente
années de guerres presque continuelles. Le comte du Rœulx mourut en 1553. Sa bande d'ordonnance fut donnée à son fils Jean.

Croy (Jean de), seigneur de Beaurain, puis comte du Rœulx, fils du précédent, gouverneur et
capitaine général de la Flandre, chevalier de la Toison d'or; il fut capitaine de la bande d'ordonnance que son père avait commandée. Après sa mort, arrivée en 1581, cette bande fut
donnée à son frère Eustache de Croy, comte de Meghen, qui était lieutenant de la bande et
portait alors le nom de seigneur de Crecque.

Croy (Eustache de), seigneur de Crecque, puis comte du Rœulx en 1581 après la mort de
son frère Jean de Croy qui précède, et comte de Meghen, etc., pair et panetier héréditaire
du comté de Hainaut, gouverneur de St-Omer. Il était lieutenant de la bande d'ordonnance de son frère et en devint ensuite le capitaine. Il mourut en 1609, sans laisser de postérité.

Croy (Eustache de), comte du Rœulx, gouverneur de Lille, fils de Claude de Croy, seigneur de

Crecque, commandait une bande d'ordonnance. A sa mort, arrivée en 1655, sa bande passa au comte de Mérode d'Ongnies, ou plutôt à son fils Ferdinand Lamoral, comte du Rœulx, qui mourut en 1700.

Croy (Charles-Philippe de), premier marquis d'Havré, comte de Fontenay, né le 1er septembre 1549, fils posthume de Philippe, premier duc d'Arschot, dont l'article précède. Il était châtelain héréditaire de Mons, conseiller d'État et chevalier de la Toison d'or. Il reçut, en 1574, de Philippe II, le commandement de la bande d'ordonnance de quarante hommes d'armes et de quatre-vingts archers qui avait été celle du seigneur de Noircarmes; il fut commandant général des bandes d'ordonnance réunies en 1587, lorsque le duc de Parme alla porter secours au duc de Lorraine. Charles-Philippe de Croy reçut de Louis Requesens, gouverneur général des Pays-Bas, la patente de chef de vingt enseignes wallones et de cent chevau-légers. Il embrassa plus tard le parti des états qui le nommèrent chef des finances et le chargèrent d'une mission auprès de la reine d'Angleterre. Sa conduite politique ne fut pas celle d'un homme scrupuleux; sans cesse flottant entre les partis, il s'attachait de préférence à celui qui semblait devoir le mieux servir ses intérêts; en 1579, il rentra dans le parti du roi par une trahison envers les états; mais le roi qui avait apprécié la légèreté de son caractère, tout en lui accordant son pardon, évita de l'employer pendant fort longtemps. Enfin, en 1587, le duc de Parme lui confia le commandement de neuf bandes d'ordonnance qui firent partie du corps envoyé au secours du duc de Lorraine. Il se conduisit fort bien et Philippe II consentit à lui rendre sa rentrée au conseil d'État. Sous les archiducs il devint un des chefs des finances et même premier chef, poste qu'il occupa jusqu'à sa mort arrivée le 25 novembre 1613.

Croy (Charles-Alexandre de), marquis d'Havré, fils de Charles-Philippe qui précède, né en 1574. Il est désigné, du vivant de son père, sous le titre de comte de Fontenay. Il était chevalier de la Toison d'or. En 1599, il reçut le commandement de l'ancienne bande d'ordonnance de Florent de Montmorency, baron de Montigny. Il était encore fort jeune lorsqu'il accompagna, en 1597, l'archiduc Albert qui marchait au secours de la ville d'Amiens. Il obtint un brevet de capitaine de cavalerie en 1599 et le 6 juillet 1601, l'archiduchesse lui remit la patente de chef et capitaine d'une bande d'ordonnance de trente hommes d'armes et de soixante archers. Il se rendit au siége d'Ostende; il y donna sans doute des preuves de valeur et de capacité puisque, le 29 mai 1602, l'archiduc Albert lui confia le commandement général des bandes d'ordonnance pendant la courte réunion qu'on en fit cette année. Le marquis d'Havré, par dévouement pour son souverain, consentit à aller se mettre, comme otage, entre les mains des soldats mutinés qui s'étaient emparés de Termonde. En récompense de ce service, les archiducs le nommèrent conseiller de guerre (27 mai 1605). Lorsque les premiers événements de la guerre de Trente Ans éclatèrent, le marquis d'Havré sollicita un commandement dans les troupes que Bucquoy conduisit au secours de l'Empereur Ferdinand. Il se signala à la bataille de Prague. Revenu dans les Pays-Bas, il fut élevé au poste de premier chef des finances (février 1624); mais, quelques mois après, il fut assassiné dans son hôtel. Le duc d'Havré a laissé des *Mémoires guerriers* qui renferment quelques renseignements intéressants sur les usages militaires de l'époque.

Croy (Philippe de), comte de Solre, marquis de Renty et de Molembaix, gouverneur et grand bailli de Tournai et du Tournaisis, chevalier de la Toison d'or, fils de Jacques de Croy, seigneur de Sempy. Il était capitaine d'une bande d'ordonnance qui, en 1588, fut envoyée avec d'autres, sous Charles de Croy, au secours du prince Ernest de Bavière. En 1590, il alla, avec le prince de Parme, aider les catholiques contre Henri IV. Après la mort du marquis de Renty, arrivée en 1612, sa bande passa à son fils Jean, comte de Solre.

Croy (Jean de), comte de Solre, baron de Molembaix, fils du précédent, chevalier de la Toison d'or, eut le commandement de la bande d'ordonnance de son père. Il mourut en 1640.

Croy (Ferdinand-Gaston-Lamoral de), comte du Rœulx, fils d'Eustache de Croy, mentionné plus haut, gouverneur de Lille, de Mons et du Hainaut, chevalier de la Toison d'or, figure dans un compte de payement du 31 mars 1698 au 28 octobre 1709 (nos 14680 à 14690 aux Archives du royaume) comme chef et capitaine d'une bande d'hommes d'armes des ordonnances.

Cueille (le seigneur de la). *Voir* **Lureuil**.

Cusance (Ferry de), seigneur de Beauvoir, chevalier, conseiller et chambellan du duc de Bourgogne, fut conducteur d'une des bandes d'ordonnance de Charles le Téméraire; il avait remplacé Aimé de Rabutin, seigneur d'Espéry, et eut pour successeur Georges de Menthon.

Custine (François de), seigneur d'Aufflance, était, en 1624, lieutenant de la bande d'ordonnance du duc d'Arschot, qu'il conduisit au siége de Bréda.

D.

Dampmartin (Claude de), seigneur de Bellefons, commandait une des douze premières bandes d'ordonnance de cent lances et de trois cents archers de Charles le Téméraire.

Dampmartin (Jean de) était, en 1476, conducteur d'une bande de cent lances et de trois cents archers des ordonnances de Charles le Téméraire.

Desperit (le sire d'), Aimé Rabutin, conseiller chambellan du duc de Bourgogne, était conducteur d'une des douze bandes d'ordonnance de cent lances et de trois cents archers de Charles le Téméraire. Il fut tué, en 1472, au siége de Beauvais, et sa bande fut donnée à Ferry de Cuisance.

Dortan (Gaspard de), écuyer d'écurie du duc de Bourgogne; il remplaça Lancelot de Berlaymont, dans le commandement d'une bande de cent lances de l'ordonnance du duc Charles le Téméraire.

Dubois (Philippe), seigneur de Renauville et de Boyeffles, chevalier, conseiller, chambellan, fils de Mathieu du Bois-de-Frennes, fut un des douze premiers conducteurs de cent lances de Charles le Téméraire. Après sa mort, en 1472, cette bande fut donnée à Philippe de Ravenstein.

Dubois (Gilles), petit-fils de Philippe du Bois, seigneur de Boyeffles, qui précède, était, en 1562, lieutenant de la bande d'ordonnance du comte du Rœulx.

Ducors (Claude), dit Grosquin, écuyer, était, en 1478, chef de vingt-cinq lances de la bande du seigneur de Beveren (Luxembourg).

Dumonceau (Gilles). *Voir* de **Hamal**.

Dusye (Antoine), premier écuyer tranchant de l'archiduc Maximilien, était, en 1478, capitaine d'une bande de cinquante hommes d'armes d'ordonnance.

E.

Egmont (Floris ou Florent d'), seigneur d'Isselstein et de Ste-Martinsdycke, comte de Buren, fils de Frédéric d'Egmont, chef de la branche des comtes de Buren, conseiller et chambellan du roi et de l'archiduc, gouverneur et capitaine général du duché de Gueldre et du comté de Zutphen, chevalier de la Toison d'or. A la mort du comte de Nassau, sa bande d'ordonnance de cinquante hommes d'armes et de cent archers ayant été divisée par moitié, Florent d'Egmont en eut une, et Philippe de Bourgogne, seigneur de Blaton, eut l'autre. Peu de temps après, le seigneur de Blaton mourut, et alors Florent d'Egmont réunit sous son commandement les deux fractions de l'ancienne bande du comte de Nassau (1507). Florent d'Egmont fut un des généraux les plus distingués de son temps. Il avait accompagné Philippe le Beau en Espagne. A son retour, il fut opposé au duc de Gueldre, et investi bientôt du commandement de toute l'armée. Il emporta Wageningen, assiégea Venloo, repoussa les bandes saxonnes de la Hollande, et défendit Leeuwarden. Il fut nommé capitaine général des bandes d'ordonnance et amiral, fit les siéges de Dourlens et de Hesdin, et menaça même Paris. Après avoir battu de nouveau les Gueldrois, il négocia la trêve de Heusden, puis le traité de Gorcum, qui mit fin à la longue guerre avec le duc de Gueldre. François Ier ayant envahi l'Artois, le comte de Buren marcha contre lui, s'empara de St-Pol, de Montreuil et fit le siége de Thérouanne. Ce fut sa dernière campagne. Il mourut le 14 octobre 1539. Après sa mort, sa bande d'ordonnance fut donnée à son fils Maximilien.

Egmont (Maximilien d'), comte de Buren, fils du précédent, gouverneur de la Frise. Maximilien d'Egmont fit la campagne de 1557 sous les ordres de son père; il commandait alors sept enseignes de bas Allemands. Sa prudence et son énergie firent échouer toutes les tentatives des Français contre la ville d'Arras. Il se distingua ensuite au siége de St-Pol. Appelé au gouvernement de la Frise, il sut mettre promptement toutes les villes de cette province en état de défense contre les troupes coalisées de Guillaume de Clèves et du roi de Danemark. Il commanda l'armée pendant la campagne de 1543 contre la France et assiégea Montreuil. En 1546, le comte de Buren conduisit un contingent de troupes des Pays-Bas au secours de Charles-Quint engagé dans sa lutte avec les princes protestants; il s'empara de nombreuses villes et, entre autres, de Francfort. Sa mort, arrivée en 1548, fut digne de sa vie glorieuse. Vésale lui ayant annoncé sa fin prochaine, il se fit couvrir de ses armes, porter dans la grande salle de son hôtel en présence de tous ses gentilhommes et mourut debout l'épée à la main. Sa bande d'ordonnance fut donnée à Jean de Ligne, comte d'Arenberg.

Egmont (Lamoral, comte d'), prince de Gavre, né en 1522, fils de Jean IV, de l'illustre maison d'Egmont qui avait donné plusieurs stadhouders à la Hollande, gouverneur des comtés de Flandre et d'Artois, général de la cavalerie aux Pays-Bas, chevalier de la Toison d'or, reçut de Philippe II le commandement d'une bande d'ordonnance de quarante hommes d'armes et de quatre-vingts archers. En 1570 cette bande fut divisée : trente hommes d'armes formèrent une bande donnée à M. d'Ongnies; vingt formèrent, avec dix hommes tirés de la bande du prince d'Orange, une compagnie qui fut donnée à la Cressonnières. Le comte d'Egmont n'avait encore que vingt-deux ans lorsqu'il accompagna Charles-Quint dans son expédition d'Afrique; il se fit remarquer dès cette époque par sa brillante valeur, et en peu de temps il

arriva aux premières charges militaires et remplaça le comte de Nassau dans le commandement général des lances. En 1546, conjointement avec son cousin le comte Maximilien
d'Egmont, comte de Buren, il conduisit les bandes d'ordonnance des Pays-Bas en Allemagne
pour secourir Charles-Quint contre les princes protestants. Philippe II, dès son avénement
au trône, lui confia le commandement de toute la cavalerie légère, et c'est à la tête de cette
arme que le comte d'Egmont se couvrit de gloire au combat de St-Quentin en 1557 et mit les
Français en complète déroute avant même que le duc de Savoie, généralissime des troupes
espagnoles, fût arrivé avec le gros de l'armée. L'année suivante, d'Egmont se plaça au rang
des grands capitaines de l'époque en livrant la bataille de Gravelines et en remportant sur le
duc de Termes une victoire qui fit un instant trembler la France. En 1563, le comte d'Egmont
s'associa au prince d'Orange et au comte de Hornes pour présenter à Philippe II des observations sur le mauvais effet que produisait l'intervention du cardinal Granvelle dans les
affaires des Pays-Bas; on sait que ces trois seigneurs s'abstinrent dès lors de paraître au
conseil d'État et n'y rentrèrent qu'après le rappel de Granvelle (22 janvier 1564). La conduite
du comte d'Egmont pendant le commencement de la révolution du seizième siècle fut toujours
irrésolue et équivoque; d'une part, il laissa compromettre son nom par les confédérés et
parut souvent adopter leur cause; d'autre part, il ne sut jamais résister ouvertement à
l'autorité despotique de la cour d'Espagne et consentit même à s'associer aux répressions
sanglantes qu'elle ordonnait contre les réformés. Ses hésitations le compromirent et le décon-
sidérèrent dans les deux partis. Le duc d'Albe fit rendre contre lui une sentence de mort qui
fut exécutée le 5 juin 1568 sur la grand'place de Bruxelles. Le comte d'Egmont réunissait les
qualités qui charment le peuple : illustre par sa naissance et par ses alliances non moins que
par les services qu'il avait rendus pendant une carrière malheureusement trop courte; brave
et intelligent capitaine, ami généreux et dévoué, il s'était acquis une grande popularité que
vint encore augmenter, aux yeux de la multitude, l'opposition qu'il fit à l'administration exclusive et arbitraire de Philippe II; mais, quoiqu'il fût altier et présomptueux, il n'avait pas la
fermeté de caractère nécessaire pour résister aux entraînements d'une vanité qu'excitaient
sans cesse ceux qui cherchaient à l'associer à leurs entreprises. On doit reconnaître qu'il se
compromit dans des démarches qu'un souverain, eût-il même été moins absolu que Philippe II,
ne pouvait approuver de la part d'un homme qui occupait dans l'État une haute position. La
critique moderne s'est attaquée à la tradition populaire qui, depuis trois siècles, représente
le comte d'Egmont comme un martyr de la liberté de conscience. Bien que l'on doive peut-
être attribuer en grande partie à l'émouvante catastrophe qui termina sa vie les sympathies
qui s'attachèrent au sort de ce guerrier, il est néanmoins incontestable que sa mort fut une
odieuse vengeance de l'opposition qu'il manifesta souvent dans les conseils aux mesures
tyranniques et cruelles de Philippe II. Il serait injuste, par conséquent, de dépouiller sa mémoire de l'auréole que ses contemporains, et après eux plus de six générations successives,
ont attachée à son front glorieux. D'ailleurs, n'est-ce pas le cas de dire avec Pasquier : « C'est
» une de ces belles choses, lesquelles, bien qu'elles ne soient aydées d'auteurs anciens, si est
» ce qu'il est bien séant à tout bon citoyen de les croire pour la majesté de l'Empire. »

Egmont (Philippe, comte d'), prince de Gavre, né en 1558, fils aîné du précédent, chevalier de
la Toison d'or, capitaine d'une bande d'ordonnance (celle laissée vacante par la mort de sire
de Hierges). Il suivit d'abord le parti des états généraux en qualité de colonel d'un régiment
wallon. Fait prisonnier à Anvers en 1575 par les troupes espagnoles, il passa au service du

roi d'Espagne qui lui donna le gouvernement de l'Artois. En 1580, La Noue le fit prisonnier à Ninove. Il ne recouvra sa liberté qu'en 1585. Le prince de Parme l'envoya en France au secours de la ligue en 1590 à la tête d'un corps de douze cents hommes des ordonnances. Il fut tué le 14 mars de la même année à la bataille d'Ivry. L'héroïsme de sa mort peut à peine faire oublier la honte dont il se couvrit en acceptant les faveurs des bourreaux de son illustre père.

Egmont (Charles, comte d'), prince de Gavre, troisième fils de Lamoral, gouverneur de Namur, chevalier de la Toison d'or, fut capitaine d'une bande d'ordonnance de quarante hommes d'armes et de quatre-vingts archers; il mourut en 1620. Sa bande fut donnée à son fils Louis.

Egmont (Louis, comte d'), prince de Gavre, chevalier de la Toison d'or, grand d'Espagne, eut le commandement de la bande d'ordonnance de son père. Il mourut en 1654.

Eich (le seigneur d'), gentilhomme de l'Artois, était, en 1602, guidon de la bande d'ordonnance du comte de Barbançon.

Emblize (Maximilien d'), seigneur de Jaure, était, en 1667, capitaine-lieutenant de la bande du prince de Robecque.

Épinoy (François de Melun, comte d'), était, en 1522, capitaine d'une bande de vingt-cinq lances des ordonnances de Charles-Quint.

Épinoy (Hugues de Melun, prince d'), fils de François qui précède. Il reçut, en 1545, une des bandes d'ordonnance de trente hommes d'armes et de soixante archers nouvellement créées par Charles-Quint. Après la mort du prince d'Épinoy, arrivée en 1555, sa bande fut donnée à Guillaume de Nassau, prince d'Orange, qui la porta à cinquante hommes d'armes et à cent archers.

Épinoy (Pierre de Melun, prince d'), fils du précédent, sénéchal du Hainaut, capitaine général et grand bailli du Tournaisis, fut capitaine d'une bande d'ordonnance vers 1577.

Erin (le seigneur d'), Louis de Crequy, comte de Vroylant, fils aîné de Louis de Crequy, était lieutenant de la bande d'ordonnance du comte du Rœulx en 1602.

Escarmaing (le seigneur d'). *Voir* Jean de **Bousies**.

Esclaibes (Robert d'), fils d'Adrien, seigneur de Clairmont, de Perwez, etc. Il servit d'abord sous Montluc de Balagny qui gouvernait le Cambrésis sous la protection de la France, passa au service de l'Espagne, prit une part active comme volontaire au siége de Cambrai en 1595, et fut nommé enseigne dans la bande d'ordonnance du seigneur de Beaurain (1601). Il devint, en 1614, lieutenant de la bande du comte de Furstemberg. Il s'était distingué au siége de l'Écluse en 1608 et mourut en 1664. On a de lui des *mémoriaux* intéressants sur quelques-uns des événements de son temps.

Escornaix (les seigneurs d'). *Voir* Philippe et Charles de **Lalaing**.

Espery (le seigneur d'). *Voir* **Despiry**.

Esquerdes (le seigneur d'). *Voir* **Crèvecœur**.

Estaires. *Voir* Jean de **Montmorency**.

Estranchamps (François d') était lieutenant de la bande du comte de Mansfelt; il eut en 1545 le commandement d'une compagnie de cinquante hommes à gages *mesnagiers*.

Estrées (d') était, en 1522, enseigne de la bande d'ordonnance du seigneur de Hoogstraeten. Il appartenait probablement à la famille de Lalaing.

Etrival (le seigneur d'). *Voir* **Bacquehem**.

Evre (les seigneurs d'). *Voir* **Bailleul**.

F.

Fay (le seigneur de). *Voir* **Neufchâtel.**

Fiennes (le seigneur de), Jacques de Luxembourg, comte de Gavre, conseiller et chambellan, lieutenant-gouverneur et capitaine général du comté de Flandre et d'Artois, chevalier de la Toison d'or, était, en 1478, capitaine d'une bande d'ordonnance de cinquante hommes d'armes et de cent archers de Marie de Bourgogne. Après sa mort, arrivée en 1548, sa bande fut partagée par moitié entre son fils Jacques, comte de Gavre, et Ferry de Croy, seigneur du Rœulx.

Fiennes (Jacques de), fils du précédent, comte de Gavre; il partagea la bande de son père avec Ferry de Croy, comte du Rœulx.

Flandre (Louis de). *Voir* seigneur de **Praet.**

Fontenay (les comtes de). *Voir* Charles-Philippe et Charles-Alexandre de **Croy.**

Formanoir (Simon de), seigneur de la Cazerie, était guidon de la bande d'ordonnance du comte de Solre, en 1602.

Fosseux (le baron de), Louis de Hennin-Liétard d'Alsace, gouverneur d'Enghien, fils de Jean de Hennin-Liétard; il fut d'abord lieutenant de la bande d'ordonnance du duc d'Arschot, puis de celle de Charles Alexandre de Croy.

Frentz (le seigneur de) était, en 1568, lieutenant de la bande du comte d'Egmont.

Frentz (le baron de). *Voir* Balthazar de **Gand.**

Fresne (le seigneur du), frère bâtard de Pierre de Melun, prince d'Épinoy; lieutenant du baillage de Tournai; il était lieutenant de la bande d'ordonnance de son frère le prince d'Épinoy.

Fresnoy (le seigneur de), gentilhomme lillois, était, en 1602, guidon de la bande d'ordonnance du comte de Beaurieu (Ayseau).

Frette (le seigneur de la). *Voir* Philippe de **Poitiers.**

Frezin (le baron de), de Ste-Aldegonde, commandait une bande d'ordonnance. Il mourut en 1640.

Furstemberg (Wratislaw, comte de), landgrave de Bar, seigneur de Hansen, président du conseil d'État impérial, chevalier de la Toison d'or, était, au commencement du seizième siècle, capitaine d'une bande d'ordonnance. Le comte de Furstemberg se distingua surtout dans la carrière diplomatique sous les règnes des empereurs Rodolphe, Mathias et Ferdinand II.

G.

Galliot (Jacques), commandeur de Chantraine, chevalier. Il avait commandé l'armée du duc de Calabre qui entra dans la Lorraine en 1465, puis était passé au service du duc de Bourgogne en 1474. Charles le Téméraire lui donna la bande de Bauduin de Lannoy, seigneur de Solre-le-Château. Il fut à son tour remplacé par Jean de Rubempré.

Gand (le vicomte de), Maximilien de Melun, gouverneur d'Arras. Il reçut en 1570 la bande d'ordonnance de Henri de Brederode qui s'était démis de son emploi. A sa mort, sa bande fut donnée à M. de Richebourg, son neveu et son héritier.

Gand (Jacques-Philippe de) dit Vilain, comte d'Isenghien, baron de Rassenghien, fils de Maximilien de Gand; il fut nommé, le 4 janvier 1600, capitaine d'une bande d'ordonnance de quarante hommes d'armes et de quatre-vingts archers en remplacement du comte de Berlaymont. Il mourut le 5 janvier 1628, et fut remplacé par le comte de la Motterie; en 1662, cette bande fut donnée au fils du comte d'Isenghien.

Gand (Balthazar-Philippe de), comte d'Isenghien, baron de Rassenghien et de Frentz, petit-fils du précédent; il commandait une bande d'ordonnance en 1644.

Gappanes (Antoine, seigneur de), chevalier, commandait, en 1478, vingt-cinq lances de la bande du seigneur de Beveren.

Gavre (Jean-Charles de), comte de Fresin, baron d'Inchy, etc., gouverneur du Quesnoy, fut capitaine d'une bande d'ordonnance; il mourut en 1564.

Gavre (Bauduin de), baron d'Inchy, gouverneur et capitaine de la citadelle de Cambrai, fut en 1579 lieutenant d'une bande d'ordonnance.

Gavre (Pierre-Ernest de), comte de Fresin, etc., fils du précédent; gouverneur du Quesnoy, capitaine d'une bande d'ordonnance (celle de son père probablement). Il fut général des hommes d'armes et chef de l'armée en Artois; il mourut en 1656.

Gavre (le prince de). *Voir* Lamoral d'**Egmont**.

Glymes (les comtes de). *Voir* **Berghes**.

Gomlecourt (de) était, en 1540, guidon de la bande d'ordonnance du comte du Rœulx.

Grainchamps (les seigneurs de). *Voir* **Waha**.

Grembherghe (le comte de). *Voir* **Glymes** et **Berghes**.

Groesbeke (le seigneur de), Zegher, seigneur de Groesbeke, était, en 1571, lieutenant de la bande d'ordonnance du comte d'Arenberg.

Gruuthuse (Jean de la), seigneur d'Espierres, chevalier, conseiller et chambellan de Maximilien qui lui donna une bande d'ordonnance de cinquante lances.

Grysperre (Guillaume de) était lieutenant de la bande du seigneur de Pract en 1555.

Gueldre (le duc de) et de Juliers, Charles d'Egmont, comte de Zutphen, reçut, en 1550, le commandement d'une des six bandes d'ordonnance des Pays-Bas, par suite de la convention faite à Gorcum, le 5 octobre 1528, avec l'empereur Charles-Quint pour la succession de ses États. Le duc de Gueldre congédia cette bande en 1534. Elle fut donnée au marquis de la Vère ou au comte de Hoogstraeten.

Gulpen (Flambert de), seigneur de Wodimont, fils de Guillaume de Gulpen, gouverneur du duché de Limbourg. Il était, en 1602, lieutenant de la bande d'ordonnance du comte d'Arenberg.

H.

Hacquembach (Pierre de), chevalier conseiller, maître d'hôtel du duc de Bourgogne. Il était conducteur d'une des douze premières bandes d'ordonnance de Charles le Téméraire.

Hadlerbols (le seigneur de), Philippe de Hove, fils de Philippe; prévôt de Valenciennes. Il était, en 1602, enseigne de la bande d'ordonnance du comte de Berlaymont.

Hallewin (Louis de), seigneur de Peeres, était, en 1478, capitaine d'une bande de cinquante lances de l'ordonnance de Maximilien.

Hallewin (Roland de), chevalier, conseiller et chambellan du duc de Bourgogne; il était, en 1476, conducteur d'une compagnie de cent lances des ordonnances de Charles le Téméraire.

Halloy (le seigneur d') était, en 1555, lieutenant de la bande d'ordonnance du comte du Rœulx.

Hamal (Philippe de), baron de Monceaux, fils de Jean baron de Hamal; il était, en 1555, lieutenant de la bande d'ordonnance du comte de Hoogstraeten. En 1542, il avait commandé une des bandes de *crue* levées extraordinairement pour la campagne.

Hames (Jean, seigneur de), chevalier, conseiller, chambellan de Maximilien qui lui donna une bande de cinquante lances de son ordonnance.

Harchies (Gilles de), seigneur de Belligny, chevalier, conseiller, chambellan du duc de Bourgogne. Il figure parmi les premiers conducteurs des bandes d'ordonnance de Charles le Téméraire.

Harchies (Jacques de), seigneur de Belligny, chevalier, conseiller et chambellan, fut conducteur d'une des douze compagnies d'ordonnance de cent lances et de trois cents archers du duc Charles le Téméraire.

Harchies (Charles de) était, en 1577, lieutenant de la bande d'ordonnance du comte de Mérode d'Oignies.

Harpin était capitaine des archers de la bande d'ordonnance du comte de Nassau.

Haubourdin (comte de St-Pol) était, en 1479, capitaine d'une bande de cent lances d'ordonnance.

Haubourdin (Jean Bâtard de St-Pol, seigneur de), était, en 1479, lieutenant de la bande de cent lances des ordonnances commandée par son père le comte de St-Pol.

Havré (le marquis d'). *Voir* Charles-Philippe de **Croy**.

Havrech (Jean, seigneur de Presles), était, en 1575, lieutenant de la bande du comte de Boussu. En 1602, il fut lieutenant général des bandes réunies sous Maximilien-Alexandre de Croy.

Haynin (François de), seigneur de Wamberchies, était, en 1624, lieutenant de la bande d'ordonnance du comte d'Egmont, qu'il conduisit au siége de Bréda.

Hennin-Lietard (seigneur de Boussu), Pierre de Hennin-Lietard, fils de Jean, chevalier de la Toison d'or, était conducteur d'une des douze compagnies d'ordonnance de cent lances et de trois cents archers du duc Charles le Téméraire. En 1478, il était chevalier, conseiller et chambellan de Maximilien, et commandait une compagnie de cinquante lances. Il mourut en 1490.

Hennin-Lietard (Jean de), seigneur de Blaugies, créé comte de Boussu en 1555, chambellan et grand écuyer de Charles-Quint; capitaine général des armées, chevalier de la Toison d'or, fils de Philippe, seigneur de Boussu, petit-fils de Pierre qui précède. En 1545, il fut nommé capitaine d'une bande d'ordonnance de quarante hommes d'armes et de quatre-vingts archers, et, par commission du 15 avril 1555, il devint chef des cinq bandes d'ordonnance chargées de couvrir l'Artois. Jean de Hennin fut un des plus braves guerriers des armées de Charles-Quint. Il accompagna l'Empereur au siége de Tunis. Plus tard, il se distingua aux batailles de St-Quentin et de Gravelines. Il mourut en 1562; sa bande fut donnée à son fils Maximilien, seigneur de Bevry [1].

Hennin-Lietard (Maximilien de), seigneur de Bevry, fils puîné du précédent, comte de Boussu

---

[1] Jean de Hennin, ayant eu l'honneur de recevoir Charles-Quint dans son château de Boussu, déploya en cette circonstance une magnificence vraiment royale et termina la réception par une flatterie peu commune dans les annales de la cour : il mit le feu à son château afin qu'il ne logeât plus personne après Charles-Quint.

après son frère Charles, gouverneur provisoire de la Hollande et de la Zélande. Il fut nommé chef et capitaine de la bande d'ordonnance délaissée par son père en 1562. En 1567, il assista au siége de Valenciennes et contribua plus que personne à la réduction de cette place. Maximilien de Hennin commandait la flotte qui secourut Harlem en 1572; l'année suivante, il fut moins heureux dans le Zuyderzée; néanmoins il s'y couvrit de gloire par son héroïque défense contre les *gueux de mer*. Son vaisseau combattit seul pendant vingt-huit heures contre vingt-cinq navires hollandais, et des trois cents hommes de son équipage, deux cent vingt furent mis hors de combat. Quant à lui, il fut fait prisonnier, puis échangé avec Philippe de Marnix de Ste-Aldegonde en 1578, après la pacification de Gand. Le comte de Boussu renonça alors à défendre plus longtemps la cause du roi d'Espagne; il se rallia au parti des états qui le nommèrent gouverneur de la Gueldre. Il assista à la bataille de Gembloux; quelques mois plus tard, il battit les Espagnols à Rymenente. Ce valeureux homme de guerre mourut à Anvers le 21 décembre 1578; Stada insinue qu'il fut empoisonné par ordre du prince d'Orange, mais rien n'autorise à croire à ce crime. Après la mort du comte de Boussu, sa bande d'ordonnance fut donnée à son fils Pierre.

Hennin-Lietard (Pierre de), comte de Boussu, fils du précédent, fut chef et capitaine de la bande d'ordonnance que son père avait commandée. En 1587, il assista au siége de l'Écluse; l'année suivante, sa bande fit partie de celles qui se rendirent en Allemagne au secours du prince Ernest de Bavière et s'emparèrent de la ville de Bonn. En 1590, cette bande faisait partie des troupes que le duc de Parme conduisit en France au secours de la Ligue. Pierre de Hennin mourut en 1598, sans laisser de postérité; sa bande fut donnée, en 1600, à Florent de Berlaymont.

Hennin-Lietard (Albert-Maximilien), marquis de la Vère, comte de Boussu après son cousin Pierre de Hennin, fils de Jacques, marquis de la Vère, était gouverneur de Bethune, chevalier de la Toison d'or, capitaine d'une bande d'ordonnance de quarante hommes d'armes et de quatre-vingts archers. Il mourut en 1625.

Hennin-Lietard (Albert-Maximilien), fils aîné du précédent, capitaine d'une bande d'ordonnance, fut tué en 1640, dans une rencontre près d'Arras.

Hennin-Lietard (Charles de), seigneur de Ghessegny, frère du précédent, était guidon de la bande d'ordonnance du comte de Berlaymont.

Hennin-Lietard (Eugène de), comte de Boussu, baron de Liedekerke, haut et souverain bailli du comté d'Alost, chevalier de la Toison d'or, frère et héritier d'Albert-Maximilien, capitaine d'une bande d'ordonnance de quarante hommes d'armes et de quatre-vingts archers. Il mourut en 1656, et sa bande fut donnée à son fils Philippe-Louis, prince de Chimay.

Hennin-Lietard d'Alsace (Philippe-Louis), prince de Chimay, comte de Boussu, fils du précédent; le premier qui prit le nom d'Alsace, chevalier de la Toison d'or; par commission du 15 décembre 1657, capitaine de la bande d'ordonnance de quarante hommes et de quatre-vingts archers que son père avait eue. Il mourut en 1668.

Hennin-Lietard (Louis de). *Voir* baron de **Fosseux**.

Hennin-Lietard (Alexandre de Bournonville). *Voir* **Bournonville**.

Herville (le seigneur d'), gentilhomme namurois, était, en 1602, guidon dans la bande d'ordonnance du comte d'Isenghien.

Heule (le baron de), Antoine de Gavre de Liedekerke, fils de Philippe de Liedekerke, seigneur d'Heesteert. Il était, en 1602, lieutenant de la bande d'ordonnance du marquis d'Havré; il avait été bourgmestre du Franc de Bruges en 1576 et gouverneur d'Anvers. Il mourut en 1614.

Blerges (les barons de). *Voir* **Berlaymont**.

Hoogstraeten (les comtes de) *Voir* **Lalaing**.

Hornes (le comte de), Philippe de Montmorency, fils de Joseph, seigneur de Nevele, né en 1525. Il était amiral de la mer, conseiller d'État, gouverneur et capitaine général du duché de Gueldre et du comté de Zutphen; capitaine des archers de la garde de Philippe II, chevalier de la Toison d'or. Il fut nommé par Philippe II chef et capitaine d'une bande d'ordonnance de quarante hommes d'armes et de quatre-vingts archers. Anne d'Egmont, sa mère, s'étant remariée avec Jean comte de Hornes, seigneur de Weerdt, ce seigneur adopta le fils aîné de Joseph de Montmorency et lui légua tous ses biens et ses titres. Philippe de Montmorency fut d'abord gentilhomme de la bouche à la cour de Charles-Quint; il prit part à la guerre d'Allemagne de 1546 et de 1547. Dans les campagnes de 1557 et de 1558 contre les Français, il commandait un corps de cavalerie et il se signala à la bataille de S'-Quentin. Lorsque Philippe II retourna en Espagne (1559), le comte de Hornes fut investi de la qualité de surintendant des affaires des Pays-Bas et remplacé par le comte de Meghen dans le gouvernement du duché de Gueldre. En 1563, il s'associa au prince d'Orange et au comte d'Egmont, pour présenter à Philippe II des observations sur le mauvais effet que produisait l'intervention du cardinal Granvelle dans les affaires des Pays-Bas. Comme ses deux collègues, il s'abstint de paraître au conseil d'État jusqu'après le rappel de Granvelle (22 janvier 1564). Le comte de Hornes se prononça avec énergie contre les ordres du roi, pour l'application des placards contre l'hérésie; il entra secrètement dans le *compromis* des nobles, assista aux assemblées de Bréda et de Hoogstraeten, tout en affectant du dévouement à Philippe II. Il refusa du reste de prendre les armes contre les séditieux qui dévastaient les églises et les monastères. Envoyé à Tournai par la gouvernante pour y rétablir l'ordre et la tranquillité, le comte de Hornes y adopta des mesures de conciliation et y montra une tolérance que le gouvernement n'approuva pas, qu'il considéra même comme un appui prêté à la révolte. Averti du mécontentement du roi et des mesures qu'il se proposait de prendre contre tous ceux qui s'étaient associés plus ou moins directement aux actes de révolte contre les Placards, le comte de Hornes se retira dans ses propriétés, mais il continua d'entretenir des relations avec les confédérés. Le duc d'Albe l'attira à Bruxelles et le fit arrêter. Le conseil des troubles rendit contre lui une sentence de mort, qui fut exécutée le 5 juin 1568. Le comte de Hornes et son glorieux compagnon d'infortune, le comte d'Egmont, sont considérés dans notre siècle de tolérance religieuse comme les martyrs des libertés civiles et religieuses. Tout en déplorant la rigueur de l'arrêt qui fit tomber ces deux nobles têtes, on ne peut méconnaître cependant que Philippe II ne punit pas seulement des hommes qui avaient pactisé ouvertement avec les hérétiques (crime irrémissible d'après les idées du temps), mais qu'il frappa surtout dans les comtes d'Egmont et de Hornes deux hauts fonctionnaires qui usèrent de l'autorité que leur donnait leur position élevée dans l'État pour favoriser la révolte en refusant de la réprimer.

— La bande d'ordonnance du comte de Hornes fut donnée, en 1570, au comte Philippe de Lalaing, baron d'Escornaix.

Hornes (Jean, comte de), baron de Boxtel, seigneur de Beaucignies, fils de Philippe, chambellan de Charles-Quint, était, en 1566, lieutenant de la bande d'ordonnance de René de Chalon, prince d'Orange. Jean de Hornes embrassa le parti du prince d'Orange, devint gouverneur et capitaine général de Dordrecht, et mourut le 11 novembre 1606.

Hove (Philippe de). *Voir* **Nadierbois**.

Hoven (le seigneur de), gentilhomme limbourgeois, était enseigne dans la bande d'ordonnance du comte prince d'Arenberg.

Humbercourt (le seigneur d'). *Voir* Charles de **Brimeu**.

I.

Igny (Jean, seigneur d'), chevalier, conseiller et chambellan du duc de Bourgogne, était, en 1476, conducteur d'une des compagnies d'ordonnance de cent lances et de trois cents archers du duc Charles le Téméraire.

Inchy (le baron d'). *Voir* Bauduin de **Gavre**.

Isenghien (comtes d'). *Voir* **Gand**.

Isselstein (le seigneur d'). *Voir* Florent d'**Egmont**.

Ivions (le seigneur d'), gentilhomme de l'Artois, était lieutenant de la bande d'ordonnance du comte de Bucquoy.

J.

Jaulcourt (Jean de), seigneur de Villeval, conseiller et chambellan du duc de Bourgogne, était conducteur d'une des douze bandes d'ordonnance de cent lances et de trois cents archers du duc Charles le Téméraire (*Mémoires pour servir à l'histoire de France et de Bourgogne*).

L.

Labaume. *Voir* **St-Sorlin**.

La Haye (Jean de), chevalier, seigneur de St-Michel, était, en 1478, capitaine de vingt lances de la bande du seigneur de Beveren.

Lattres (Nicolas de), seigneur d'Escouviez, etc., capitaine et prévôt de Virton, était lieutenant de la bande d'ordonnance du comte de Mansfelt. Il mourut en 1599.

Lalaing (Jean de), seigneur de Bugnicourt après son frère, le célèbre Jacques de Lalaing, le chevalier sans peur et sans reproche; il était fils de Guillaume, seigneur de Lalaing et de Bugnicourt; il devint conseiller, chambellan et conducteur d'une des compagnies d'ordonnance de cent lances et de trois cents archers du duc Charles le Téméraire. Il fut tué à Granson. Sa bande fut donnée à Aimé de Valperghe.

Lalaing (Ponce ou Pontus de), seigneur de Bugnicourt, gouverneur de l'Artois, capitaine général de l'armée de Charles-Quint, chevalier de la Toison d'or, petit-fils de Jean de Lalaing qui précède. Il reçut, en 1545, une des nouvelles bandes de trente hommes d'armes et de soixante archers créées par Charles-Quint. Le seigneur de Bugnicourt fut un des généraux distingués des armées de Charles-Quint. Il prit Thérouanne d'assaut en 1553; il commandait en second l'armée hispano-belge à la bataille de St-Quentin. En 1561, sa bande fut donnée à Florent de Montmorency, seigneur de Montigny.

Lalaing (Josse, seigneur de), fils de Simon, seigneur de Hantes, gouverneur de Hollande, de Zélande et de Frise, chevalier de la Toison d'or, était conducteur d'une des douze compagnies d'ordonnance de cent lances et de trois cents archers du duc Charles le Téméraire. Il fut tué devant Utrecht, le 5 août 1483.

Lalaing (Charles de), deuxième comte de Lalaing, baron d'Escornaix et de Montigny, capitaine et grand bailli du Hainaut, chevalier de la Toison d'or; fils aîné de Charles, premier comte de Lalaing, il reçut en 1543 une des bandes d'ordonnance de quarante hommes d'armes et de quatre-vingts archers créées par Charles-Quint. Après sa mort, arrivée à Bruxelles le 5 février 1556, la bande fut donnée à Antoine de Lalaing, comte de Hoogstraeten, son neveu.

Lalaing (Philippe de), baron d'Escornaix, capitaine général et grand bailli du Hainaut, fils de Charles qui précède, reçut en 1570 le commandement de la bande d'ordonnance qui avait appartenu au comte de Hornes.

Lalaing (Antoine de), premier comte de Hoogstraeten, seigneur de Montigny et d'Estrées, conseiller et chambellan de Charles-Quint, gouverneur de Hollande et de Zélande, chef des finances, chevalier de la Toison d'or; fils puîné de Josse de Lalaing. Il fut capitaine de la bande d'ordonnance qui avait appartenu au comte de Fiennes. Après la mort du comte de Hoogstraeten, arrivée en 1540, cette bande fut donnée à Philippe de Lalaing, seigneur d'Escornaix, son neveu, qui était lieutenant de la compagnie.

Lalaing (Philippe de), seigneur d'Escornaix, puis comte de Hoogstraeten, baron de Ville, fils de Charles baron d'Escornaix et de Montigny, premier comte de Lalaing; gouverneur et capitaine général de la Gueldre et du comté de Zutphen; chevalier de la Toison d'or. Il fut d'abord lieutenant de la bande de son oncle, Antoine de Lalaing qui précède, et devint ensuite capitaine de la même bande. Il mourut en 1555.

Lalaing (Antoine de), comte de Hoogstraeten et de Rennebourg, baron de Borzèle, de Sombreffe, etc., fils de Philippe qui précède; gouverneur de Malines et d'Anvers, chevalier de la Toison d'or. Il reçut plus tard, après le marquis de la Vère (Maximilien de Bourgogne) qui en fut d'abord investi, le commandement de la bande d'ordonnance de son oncle, Charles de Lalaing. Il quitta cette compagnie pour suivre le prince d'Orange et fut tué, en 1568, dans un combat livré dans le Brabant.

Lalaing (Georges de), comte de Rennebourg, baron et marquis de Ville, fils de Philippe, comte de Hoogstraeten; gouverneur de la Frise et de l'Over-Yssel, chevalier de la Toison d'or. Il reçut le commandement de la bande d'ordonnance devenu vacant par la mort de Jacques de la Cressonnières. Georges de Lalaing se distingua dans les guerres des Pays-Bas. Il embrassa d'abord le parti des confédérés, mais, séduit par Philippe II, il abandonna les rangs où il avait servi avec distinction et devint même l'un des ennemis les plus acharnés des confédérés, sur lesquels il remporta quelques avantages. Il mourut en 1581.

Lalaing (Charles de), comte de Hoogstraeten après son neveu, baron de Hachicourt et de Montigny, grand bailli et capitaine général du Tournaisis et de l'Artois, chevalier de l'ordre de la Toison d'or, fils puîné d'Antoine qui précède. Il commandait une bande d'ordonnance en 1624. Il mourut en 1626.

Lalaing (Albert-François), comte de Hoogstraeten, fils de Charles qui précède; gouverneur et capitaine général de l'Artois, colonel d'un régiment d'infanterie de hauts Allemands, il commandait une bande d'ordonnance en 1644.

Lalaing (François-Paul?), comte de Hoogstraeten, commandait une bande d'ordonnance qui passa en 1664 au baron de Silly (c'était peut-être le fils du précédent).

La Marck (Éverard de). *Voir* **Arenberg**.

Laucet (le seigneur de), gentilhomme luxembourgeois, enseigne de la bande d'ordonnance du comte de Mansfelt.

Lannoy (Charles, comte de), prince de Sulmone, vice-roi de Naples, chevalier de la Toison d'or; il eut, en partage avec le comte de Hoogstraeten, une des huit bandes d'ordonnance qui existaient en 1522. Charles de Lannoy mourut en 1527.

Lannoy (Bauduin de), seigneur de Molembaix et de Solre-le-Château, fils de Gilbert de Lannoy, seigneur de Saintes et Beaumont, gouverneur de Lille, chevalier de la Toison d'or. Il fut chevalier, conseiller, chambellan et conducteur d'une des douze bandes d'ordonnance de cent lances et de trois cents archers du duc Charles le Téméraire; le seigneur de Molembaix s'empara de la ville de Gamaches en Picardie et fut tué en 1474. Sa bande passa sous le commandement de Jacques Galliot.

Lannoy (Jean de), seigneur de Molembaix, de Solre, etc., fils de Philippe et arrière-petit-fils de Bauduin qui précède; grand bailli et capitaine général du comté du Hainaut, chevalier de la Toison d'or, chef et capitaine d'une bande d'ordonnance qui, après sa mort, arrivée en 1560, fut donnée à son gendre, Jean de Glymes, marquis de Berghes.

Lannoy (Fernand de), seigneur de la Roche, était en 1572, capitaine d'une bande d'ordonnance.

Lannoy (Philippe de), seigneur de Beauvoir, frère puîné du précédent, fut capitaine d'une bande d'ordonnance de trente hommes d'armes et de soixante archers. Il mourut en 1580.

Lannoy (Guillaume de), seigneur de Wasmes, fils de Jacques de Lannoy de la Motterie, était, en 1624, lieutenant de la bande d'ordonnance du comte de Barbançon et il la conduisit au siége de Bréda.

Lannoy (Adrien de), seigneur de Wasmes après son frère qui précède. Était, en 1602, lieutenant de la bande d'ordonnance du comte de Barbançon.

Lavren (Hubert), seigneur de la Ceulle, était, en 1476, conducteur d'une bande de cent lances de l'ordonnance de Charles le Téméraire.

Leveau (de Bousanton). *Voir* **Bousanton**.

Lieques était en 1557 lieutenant de la bande d'ordonnance du duc d'Arschot.

Liedekerke (Antoine de Gavre de). *Voir* de **Meule**.

Liedekerke (Adrien de). *Voir* **Beaurieu**.

Liedekerke (Rasse de Gavre de). *Voir* **Ayssean**.

Lierres. *Voir* **Ostrel**.

Lignane (Guillaume de), d'une famille de gentilshommes milanais, était, en 1476, conducteur d'une bande de cent lances lombardes que Charles le Téméraire avait admises dans ses troupes d'ordonnance. Il fut tué à la bataille de Morat en 1476.

Lignane (Antoine), frère du précédent, commandait également une bande de cent lances lombardes de l'ordonnance de Charles le Téméraire.

Lignane (Pierre de): c'est encore un frère des précédents, ou peut-être le même qu'Antoine. Il est cité comme un des conducteurs de bande d'ordonnance de Charles le Téméraire et fut tué à l'assaut du château de Vaumarcus en 1476.

Ligne (Jean de), chevalier, conseiller et chambellan de Maximilien. Il était, en 1478, capitaine d'une bande de cinquante lances d'ordonnance.

Ligne (Georges de), comte de Fauquemberghe, seigneur d'Estembruges, fils de Jacques, comte de Ligne, prince de Mortagne, capitaine des gardes de don Juan d'Autriche, colonel de dragons, était lieutenant de la bande d'ordonnance du comte du Rœulx et mourut en 1579.

Ligne (Lamoral, prince de), prince d'Épinoy, marquis de Roubaix, etc., membre du conseil d'État des archiducs Albert et Isabelle, maréchal héréditaire du Hainaut, lieutenant gouverneur et capitaine général de l'Artois, chevalier de la Toison d'or, fils de Philippe, comte de Fauquemberghe. Il fut nommé, en 1596, capitaine d'une bande d'ordonnance et mourut en 1624. Il eut la bande du prince de Chimay devenu duc d'Arschot.

Ligne (Florent, prince de), marquis de Roubaix, comte de Fauquemberghe, fils de Lamoral qui précède, commandait une bande d'ordonnance de trente hommes d'armes et de soixante archers; il mourut en 1622.

Ligne (Claude Lamoral, prince de), marquis de Roubaix, etc., né en 1618, fils de Florent qui précède, membre du conseil d'État, vice-roi et capitaine général de la Sicile et gouverneur du duché de Milan en 1664. Après la défaite de ses escadrons, on le vit combattre à pied dans les rangs de l'infanterie, derniers restes des vieilles bandes espagnoles et wallones. Il mourut le 21 décembre 1679.

Ligne (Robert et Albert de). *Voir les* **Barbançon**.

Ligne (Charles, prince de). *Voir* **Arenberg**

Ligne (Charles-Philippe, prince de). *Voir* **Arenberg**.

Ligne (Philippe-François-Albert, prince de). *Voir* **Arenberg**.

Longueval (Maximilien de), seigneur, puis comte de Bucquoy, baron de Vaulx, grand louvetier de l'Artois, chef des finances aux Pays-Bas, conseiller au conseil de guerre de S. M., chef et capitaine d'une bande d'ordonnance. Il appartenait à une famille originaire de l'Artois dont une branche restée en France portait le nom de Manicamp. Il fut tué au siége de Tournai en 1581. Voici en quels termes Alexandre de Parme rendit compte de sa mort dans une lettre qu'il adressa au roi d'Espagne le 17 décembre : « Au nombre des plus braves et des plus » utiles sujets de V. M. qui ont perdu la vie lors du siége de cette ville, je dois mettre le » conseiller de guerre de Vaulx, comte de Bucquoy et j'ai cru ne pouvoir mieux honorer sa » mémoire qu'en accordant au seul fils qu'il laisse orphelin et en bas âge, la compagnie » de cavalerie qu'il commandait, aussi bien que sa charge de grand louvetier d'Artois. » — Ce fils fut le célèbre Charles de Bucquoy.

Longueval (Charles-Bonaventure de), comte de Bucquoy, de Gratzen, baron de Vaulx et de Rosemberg, fils du précédent, gouverneur et grand bailli de la province et comté du Hainaut, conseiller intime, chambellan du conseil d'État de S. M. Catholique aux Pays-Bas et du conseil de guerre, général de l'artillerie, chevalier de la Toison d'or, commandeur de la Cambra de l'ordre de Calatrava, par patente du 4 janvier 1600, chef et capitaine de la bande d'ordonnance de trente hommes d'armes que le comte de Varanbon avait commandée. Il était né en 1571 et fut tué près de Neuhausel en Hongrie le 12 juillet 1621, dans un combat où il reçut seize blessures. Le comte de Bucquoy fut un des généraux les plus distingués de son temps.

Longueval (Charles-Emmanuel, prince de), comte de Bucquoy, etc., petit-fils du précédent, général et colonel d'un régiment d'infanterie, obtint le commandement de la bande d'ordonnance que la mort de son père laissa vacant.

Longueval (Charles-Albert de), comte de Bucquoy, baron de Vaulx, etc., fils de Charles qui précède, conseiller, chambellan de l'Empereur et de l'archiduc, gouverneur et grand bailli du Hainaut, général de la cavalerie aux Pays-Bas, chevalier de la Toison d'or. Il était, en 1624, capitaine d'une bande d'ordonnance, probablement celle qu'avait eue son père. Lorsqu'il mourut en 1663, sa bande fut donnée à son petit-fils.

Longueval (Jean de), seigneur de Vaulx, chevalier, conseiller et chambellan du duc de Bourgogne, commandant de Bapaume; il fut nommé conducteur de la compagnie d'ordonnance de cent lances de Philippe de Poitiers, seigneur de la Frette. Il eut pour successeur Thanazar de Capoue.

Loyette (Philippe), écuyer et échanson du duc de Bourgogne. Il eut le commandement de la bande de cent lances d'ordonnance de Charles le Téméraire qu'avait possédée précédemment Louis de Soissons.

Loyfer (le seigneur de), gentilhomme flamand, enseigne dans la bande d'ordonnance du prince d'Orange.

Luxembourg (Jacques de). *Voir* **Fiennes**.

Luxembourg (Jean de), seigneur de Sotteghem, était, en 1478, capitaine d'une compagnie de cinquante lances de l'ordonnance de Maximilien.

Luxembourg (Pierre de), comte de St-Pol, était, en 1484, capitaine d'une bande de cinquante hommes d'armes de l'ordonnance de Maximilien.

Lyere (Jean van), seigneur de Berghem, d'abord lieutenant de la bande du comte de Mansfelt; il eut, en 1545, le commandement d'une bande de cent hommes d'armes à gages menasgiers.

M.

Mathieu (Philippe de). *Voir* **Arville**.

Mailly (Émile de) était conducteur d'une des bandes d'ordonnance de cent lances de Charles le Téméraire. Il fut tué à Morat en 1476.

Maldonade (Jean), écuyer tranchant du duc Maximilien. Il fut conducteur des archers de la bande d'ordonnance de Jean de Salezart.

Mallngreau (Charles de) était officier dans une bande d'ordonnance et fut tué à la bataille d'Ivry en 1590, en même temps que le comte d'Egmont.

Mallouy (Philippe de) était, en 1667, lieutenant de la bande du prince de Barbançon.

Mansfelt (Pierre-Ernest, comte et prince de), fils du comte Ernest de Mansfelt-Heldrungen, né le 15 juillet 1517; général des armées du roi d'Espagne aux Pays-Bas, lieutenant-gouverneur et capitaine général de la ville et province de Luxembourg, chevalier de la Toison d'or en 1545. Il reçut, la même année, le commandement d'une bande d'ordonnance de cinquante hommes d'armes et de cent archers. D'abord page de Ferdinand d'Autriche, roi de Hongrie, il passa en la même qualité à la cour de l'empereur Charles-Quint et fit avec ce souverain la campagne de Tunis. Il fut nommé capitaine de cavalerie en 1543 et assista, la même année, au siége de Landrecy. L'année suivante il obtint le grade de lieutenant-colonel dans le régiment du comte de Brederode. En 1552, il soutint dans Yvoi un siége mémorable contre l'armée française; fait prisonnier avec sa garnison, il fut transporté en France et y resta détenu pendant cinq ans. Il prit part à la bataille de Saint-Quentin avec son régiment d'infanterie wallone. En 1558, il soutint dans Luxembourg un siége contre les Français.

Plus tard le duc d'Albe l'envoya, avec un corps de trois mille hommes, au secours du roi de France contre les huguenots. Il assista à la bataille de Moncontour et contribua beaucoup au succès de la journée. En 1572, appelé à Bruxelles, il fut nommé conseiller d'État et général de bataille chargé du commandement général des troupes pendant le gouvernement de don Louis de Quñigo de Requesens. En 1574, il leva à ses frais un corps de deux mille hommes de cavalerie avec lequel il combattit contre le prince Louis de Nassau, en Gueldre, dans l'armée de Sanchez d'Avila. En 1576, il fut fait prisonnier à Bruxelles avec les autres membres du conseil d'État. Après la paix conclue avec don Juan d'Autriche, Mansfelt fut chargé de conduire hors des Pays-Bas les soldats espagnols, italiens et bourguignons dont le nombre s'élevait à trente mille. En 1579, il prit Maestricht, le Quesnoy, Commines et quelques autres places fortes. Les années suivantes il s'empara encore de Bouchain, Nivelles, Audenarde, Tournai, etc., etc. En 1588, il fut chargé du gouvernement général des Pays-Bas pendant l'absence du duc de Parme et prit la ville de Wachtendonck. L'insubordination de ses troupes révoltées parce qu'elles ne recevaient pas leur solde, lui fit éprouver plusieurs échecs. A la mort du duc de Parme, le comte de Mansfelt fut chargé une seconde fois du gouvernement général qu'il conserva jusqu'à l'arrivée de l'archiduc Ernest en 1594. Il se retira alors dans son gouvernement du Luxembourg où il mourut en 1604.

Mansfelt (Charles, comte de), fils du précédent. Il servit comme lieutenant de la bande d'ordonnance de son père; découragé de voir sa patrie sous le joug de l'Espagne, il quitta les Pays-Bas et alla servir en Hongrie où il trouva la mort en 1595.

Marche (Olivier de la), fils de Philippe. Il était chevalier, conseiller et maître d'hôtel du duc de Bourgogne. Il fut conducteur de la première des douze compagnies de cent lances et de trois cents archers créées par Charles le Téméraire. Olivier de la Marche, qui a écrit des mémoires intéressants sur les événements de son temps et, entre autres, des détails précieux sur la cour et la maison militaire du dernier duc de Bourgogne, fut d'abord page de Philippe le Bon et obtint successivement des charges importantes dans la maison du prince et dans celle de son fils Charles le Téméraire qu'il accompagna dans presque toutes ses expéditions : d'abord dans les guerres contre les Gantois, puis à la bataille de Montlhéry, au siége de Neuss et enfin à la désastreuse journée de Nancy. Il mourut en 1502.

Marnay (marquis de), Charles-Emmanuel de Gorrevod, gouverneur du Limbourg et de Namur, du conseil de guerre, chevalier de la Toison d'or, créé duc de Pontdevaux et du St-Empire en 1623. Il était, en 1624, capitaine d'une des dix bandes d'ordonnance qui prirent part au siége de Bréda. Il mourut en 1625.

Marolle (Jean de) était, en 1565, lieutenant de la bande d'ordonnance du comte de Boussu.

Martigny (Frédéric de) était, en 1555, lieutenant de la bande du comte de Mansfelt.

Mascrottes (le seigneur de). *Voir* St-Léger.

Meghen (comte de). *Voir* Brimeu et Berlaymont.

Melun (Maximilien de). *Voir* Gand.

Melun (Robert de), baron de Rosny, marquis de Roubaix, conseiller et chambellan, gouverneur d'Arras, était lieutenant de la bande d'ordonnance du seigneur de Fiennes et en eut la conduite de 1505 à 1507.

Melun (Pierre de). *Voir* Épinoy.

Melun (François). *Idem.*

Melun (Robert de). *Voir* Roubaix.

Menthon (Georges de), seigneur de Dingié, remplaça Ferry de Cusance, seigneur de Beauvoir, dans le commandement d'une bande de cent lances de l'ordonnance de Charles le Téméraire.

Mérode (Bernard de), seigneur de Rummen et de Waroux, était, en 1565, lieutenant de la bande d'ordonnance du comte de Hornes qu'il quitta en 1566 pour se réfugier en France. Il embrassa la cause du prince d'Orange et devint lieutenant-gouverneur de la Frise. Il mourut en 1589.

Mérode (le comte), le comte Anne-François de Mérode d'Ongnies, fils de Richard, seigneur de Trente, était, en 1640, capitaine d'une bande d'ordonnance de quarante hommes d'armes et de quatre-vingts archers (celle du comte du Rœulx). Il mourut en 1672.

Mérode (Guillaume-Scheiffaert de), seigneur de Clermont, était, en 1624, lieutenant de la bande d'ordonnance du comte de Furstemberg qu'il conduisit au siége de Bréda.

Midelton (Jean de), chevalier, conseiller et chambellan du duc de Bourgogne, commandait une bande de lances anglaises de l'ordonnance de Charles le Téméraire.

Moerbeke (Jean de St-Omer, seigneur de), Jean de Montmorency, seigneur de Moerbeke, fils de Louis, seigneur de Beuvry, hérita des titres et seigneuries de son oncle de St-Omer, seigneur de Moerbeke. Il était gouverneur et capitaine d'Aire. Après avoir été lieutenant d'une bande, il reçut le commandement de la bande d'ordonnance qu'avait eu précédemment le comte de Hoogstraeten. Il mourut en 1580.

Moerkerke (Daniel de), seigneur de Merwedde, chevalier, était, en 1478, capitaine d'une bande de cinquante lances de l'ordonnance de Maximilien.

Molembaix (le baron de). *Voir* Jean de **Lannoy**.

Monfort (Angelo de) était, en 1476, conducteur d'une bande de cent lances des ordonnances de Charles le Téméraire.

Montfort (Jean de), écuyer, eut le commandement de la bande de cent lances qui avait été celle du comte de Campo-Basso.

Montforret (le seigneur de), gentilhomme de l'Artois, guidon de la bande d'ordonnance du prince de Ligne.

Montigny (le seigneur de). *Voir* Florent de **Montmorency**.

Montmartin (Jacques de), chevalier, conseiller, chambellan, grand veneur et conducteur d'une des douze compagnies d'ordonnance du duc Charles le Téméraire. Il assista au siége de Bauvais en 1472.

Montmartin (Louis de), chevalier, conseiller, chambellan, conducteur d'une des douze compagnies de cent lances du duc Charles le Téméraire. (Ol. de la Marche).

Montmorency (Floris ou Florent), baron de Montigny et de Leuze, seigneur d'Hubermont, né en 1527, fils de Joseph de Montmorency, seigneur de Nevèle, etc., gouverneur et grand bailli de Tournai et du Tournaisis, chevalier de la Toison d'or. Philippe II lui donna une bande d'ordonnance devenue vacante par la mort de Ponce de Lalaing, seigneur de Bugnicourt. Après avoir passé une partie de sa jeunesse chez le connétable Anne de Montmorency, son cousin, Floris fut nommé, en 1548, gentilhomme de la maison de l'empereur Charles-Quint; en 1552 il reçut une mission toute confidentielle pour l'Espagne. En 1562, le baron de Montigny fut chargé par la gouvernante des Pays-Bas, d'aller exposer au roi la situation du pays par rapport aux événements qui se passaient en France. Il s'associa à l'opposition dirigée par une partie de la noblesse des Pays-Bas contre l'administration du cardinal de

Granvelle. Il fut ambassadeur et commissaire du roi aux conférences de Bruges pour discuter avec les envoyés de la reine d'Angleterre différentes questions qui intéressaient le commerce des deux pays. Ayant été chargé par la gouvernante de se rendre en Espagne pour appuyer auprès de Philippe II la requête des confédérés qui réclamaient des réformes, le baron de Montigny partit le 29 mai 1567. Il fit, avec le marquis de Berghes qui lui était adjoint, d'inutiles efforts pour obtenir du roi un adoucissement à la rigueur des Placards, et bientôt ces deux seigneurs se virent enveloppés dans la proscription qui allait atteindre les comtes d'Egmont, de Hornes et beaucoup d'autres. Il fut arrêté inopinément et renfermé pendant plusieurs mois dans le château de Ségovie d'où il tenta vainement de s'échapper. Le duc d'Albe fit instruire son procès aux Pays-Bas et rendit une sentence de mort le 4 mars 1570. Montigny fut exécuté secrètement dans le château de Simancas le 16 octobre suivant.

Montmorency (Philippe de). *Voir* comte de **Hornes**.

Montmorency (Jean de), prince de Robecque, marquis de Moerbeke, comte d'Estaires, était capitaine d'une bande d'ordonnance en 1624 et en 1644. C'était la bande que le marquis d'Havré avait commandée précédemment.

Morant (François), anobli par les archiducs Albert et Isabelle, fut guidon de la compagnie d'ordonnance du prince de Berghes.

Motte (le seigneur de la), Simon Quarré, d'une famille originaire de la Bourgogne, fut conducteur d'une des douze compagnies de cent lances des ordonnances du duc Charles le Téméraire.

Motterie (le comte de la), de la famille de Lannoy, eut le commandement de la bande du comte d'Isenghien et fut remplacé, en 1662, par le fils du même comte.

Mouchy (le seigneur de), gentilhomme de l'Artois, enseigne de la bande d'ordonnance du comte de Bergh.

N.

Namur (Jean de) était, en 1565, lieutenant de la bande d'ordonnance du baron de Berlaymont.

Nassau (comte de), Englebert comte de Nassau et de Vianden, seigneur de Bréda, sénéchal de Brabant, châtelain, drossart et lieutenant des fiefs du duché de Limbourg, chevalier de la Toison d'or, était, au commencement du seizième siècle, capitaine d'une bande d'ordonnance de cinquante hommes d'armes et de cent archers. Le comte de Nassau fut un des plus vaillants capitaines de son temps. Il rendit d'importants services au duc Charles le Téméraire, principalement dans la guerre contre les Gantois. Il fut fait prisonnier à la bataille de Nancy, se signala à celle de Guinegatte et eut même la plus grande part au succès de cette journée par l'habileté avec laquelle il exécuta plusieurs charges de cavalerie, qui empêchèrent les Français de se rallier. A sa mort, arrivée en 1505, sa compagnie d'ordonnance fut partagée par moitié entre Philippe, bâtard de Bourgogne, seigneur de Blaton, et Florent d'Egmont, seigneur d'Isselstein.

Nassau (le comte Henri de), fils de Jean et neveu d'Englebert qui précède, grand chambellan de l'Empereur; lieutenant-capitaine général du Brabant et du pays d'outre-Meuse, gouverneur de Hollande, de Zélande et de Frise, chevalier de la Toison d'or (1505). En 1517, Charles-

Quint lui donna la commission de chef et capitaine général des gens de guerre aux Pays-Bas. Il s'employa avec autant de zèle que de succès à l'élection de Charles à l'Empire. Il prit Thérouanne en 1521 et remplit un grand nombre de missions importantes. Charles-Quint lui donna une bande d'ordonnance qui, à sa mort, arrivée en 1558, fut donnée à René de Chalon, prince d'Orange.

Nassau (Guillaume de), prince d'Orange, dit Guillaume le Taciturne, fils de Guillaume le Vieux et neveu de Henri de Nassau qui précède. Il fut l'âme de la conspiration d'une partie de la noblesse des Pays-Bas contre le gouvernement de Philippe II. Par sa persistance et son habileté politique, il parvint à fonder l'indépendance des provinces du Nord. Il avait reçu, à la mort du prince d'Épinoy, le commandement de la bande d'ordonnance de quarante lances et de quatre-vingts archers de ce prince et l'avait portée à cinquante lances. En 1567, il se démit de ce commandement. Sa bande fut partagée : trente hommes d'armes formèrent une compagnie qui fut donnée à Pierre de Bailleul, seigneur d'Evre; dix hommes d'armes furent réunis à vingt hommes de la bande d'Egmont pour former une compagnie à Jacques de la Cressonnières; enfin dix hommes renforcèrent la bande de Charles de Brimeu, comte de Meghen.

Nassau (Philippe-Guillaume de), prince d'Orange, comte de Buren, de Vianden, seigneur d'Isselstein, etc., né en 1554, fils aîné de Guillaume de Nassau qui précède, chevalier de la Toison d'or; il reçut sous les archiducs le commandement d'une bande d'ordonnance de cinquante lances. Il mourut en 1618.

Neufchâtel (Claude de), seigneur de Fay, gouverneur du Luxembourg, était conducteur d'une des douze compagnies de cent lances de l'ordonnance du duc Charles le Téméraire et chef des autres ordonnances de sa province. En 1477, il fut envoyé à Cologne par Marie de Bourgogne pour recevoir l'Empereur et son fils Maximilien, futur époux de cette princesse. Le seigneur de Fay fit avec succès la guerre en Artois contre les troupes de Louis XI.

Nobra (Henri de) était, en 1555, guidon de la bande du seigneur de Pract.

Noircarmes (le seigneur de), Philippe de Ste-Aldegonde, lieutenant capitaine général et grand bailli du Hainaut, gouverneur de Valenciennes et de Tournai, fut nommé, en 1570, capitaine d'une bande d'ordonnance de quarante hommes d'armes et de quatre-vingts archers qui avait appartenu précédemment à Jean, marquis de Berghes. Après sa mort, arrivée en 1573 au siège de Harlem, sa bande fut donnée à Charles-Philippe de Croy, marquis d'Havré.

Noircarmes (Maximilien, baron de), comte de Ste-Aldegonde, commandait, en 1604, une bande d'ordonnance de quarante hommes d'armes et de quatre-vingts archers qu'il résigna en faveur de son fils le 1er janvier 1625.

Noircarmes (François-Laurent, baron de), fils du précédent, eut le commandement de la bande d'ordonnance de quarante hommes d'armes et de quatre-vingts archers de son père à partir du 1er janvier 1625.

Noyelles (le seigneur de) fut d'abord capitaine des archers de la garde des archiducs, puis lieutenant de la bande d'ordonnance du duc d'Arschot.

Noyelles (le seigneur de) enseigne dans la bande du comte de Solre; il fut chargé des fonctions de quartier-maître général des bandes d'ordonnance réunies en 1602 sous le commandement de Charles-Alexandre de Croy, comte de Fontenay.

Noyelles (Pontus de), seigneur de Bours, était, en 1577, lieutenant de la bande d'ordonnance de Georges de Lalaing, baron de Ville. Il fut tué au siège de Tournai en 1581.

O.

Oignies (le seigneur d') fut lieutenant de la bande d'ordonnance d'Antoine de Lalaing, comte de Hoogstraeten.

Oignies (le seigneur d') était, en 1568, lieutenant de la bande du marquis de Berghes.

Oisy (de). Un seigneur d'Oisy était, en 1624, lieutenant de la bande d'ordonnance du marquis de Marnay, qu'il conduisit au siége de Bréda.

Omer (Jean de Saint). *Voir* **Moerbeke**.

Ongnies (Philippe d'), seigneur de Parenchies, grand bailli des bois du comté de Hainaut, fils d'Adrien d'Ongnies, seigneur de Villerval, était, en 1602, lieutenant de la bande d'ordonnance du prince d'Orange.

Ongnies (le comte d'). *Voir* **Mérode**.

Orange (Philibert de Chalon, prince d'), était, en 1520, capitaine d'une bande de cinquante hommes d'armes des ordonnances de Charles-Quint.

Orange (le prince d'), René de Chalon, comte de Nassau, seigneur de Bréda (prince d'Orange par héritage de son oncle, Jean de Chalon), gouverneur de la Franche-Comté, fut nommé capitaine de la bande d'ordonnance de cinquante lances qu'avait commandée Henri de Nassau. A sa mort, arrivée au siége de St-Dizier en 1544, tous ses biens passèrent à son cousin Guillaume le Taciturne.

Orange (Guillaume d'), le Taciturne. *Voir* Guillaume de **Nassau**.

Ostrel (Jacques d'), sire de Lierres, baron du Val, gouverneur de Lilliers et de St-Vinant, fils de Jean, était lieutenant de la bande d'ordonnance du comte de Bergh et mourut en 1615.

P.

Paer (le comte de) commandait une bande d'ordonnance qui fit la campagne de 1644.

Palu (Philibert de la), comte de Virras, était, en 1550, chef et capitaine de cinquante lances que Charles-Quint lui fit lever et mener en Italie.

Parenchies (le seigneur de). *Voir* **Ongnies**.

Peenhove (Guillanme, seigneur de), était lieutenant de la bande d'ordonnance du comte de Lalaing.

Perroy (le seigneur de). *Voir* **Berthean**.

Piánques (Jean de). *Voir* **Bethune**.

Poitiers (le sire Jean ou Philippe de), seigneur de la Frette, chevalier, conseiller et chambellan du duc de Bourgogne, était conducteur d'une des douze compagnies de cent lances du duc Charles le Téméraire; il fut tué à Granson et sa bande passa à Jean de Longueval.

Polinchove (Francois de), seigneur de Wistouldre, était lieutenant de la bande d'ordonnance du prince de Ligne en 1602.

Ponty (Oudart de) était, en 1562, lieutenant de la bande d'ordonnance du duc d'Arschot.

Porcian (les comtes de). *Voir* **Croy**.

Portes (Philippe de), seigneur de la Ferté, était conducteur d'une des douze bandes de cent lances de Charles le Téméraire.

Portugal (Denis de) fut conducteur d'une bande de cent lances des ordonnances de Charles le Téméraire.

Porvy (Michel de), seigneur de Crupelly, était, en 1577, enseigne de la bande d'ordonnance du comte de Lalaing.

Poyvre (Jacques de), Jacques de Poyvre ou de Poyure, prévôt de Valenciennes, était, en 1602, guidon de la bande d'ordonnance du comte de Berlaymont.

Praet (le seigneur de), Louis de Flandre, seigneur de la Woestine, chambellan, chef des finances, bailli du franc de Bruges, haut bailli de Gand, chevalier de la Toison d'or en 1551; né en 1488, fils de Jean de Flandre, écuyer, seigneur de Honnelede et de Beveren. Il reçut, en 1543, une des bandes d'ordonnance de quarante hommes d'armes et de quatre-vingts archers que créa Charles-Quint, mais il y renonça en faveur de Maximilien de Bourgogne, seigneur de Beveren. En 1548, la régente lui donna la bande du seigneur d'Yves. Le seigneur de Praet mourut en 1556.

Praet était, en 1555, lieutenant d'une bande d'ordonnance.

Presles (le seigneur de). *Voir* **Havrech**.

Pretz (Philippe de), seigneur de Ciply et de Beaumont, était, en 1624, lieutenant de la bande d'ordonnance de Jean de Montmorency.

Pycck (Josse) était, en 1568, lieutenant de la bande du comte de Meghen.

Q.

Quirn (le seigneur de) était, en 1557, lieutenant de la bande du comte de Meghen.

Quarré (Simon). *Voir* de la **Motte**.

R.

Rabulla (Aimé de). *Voir* **Desperit**.

Rassenghien (le baron de), Maximilien Vilain, sire de Rassenghien et comte d'Isenghien, chevalier, conseiller d'État, chef des finances, souverain bailli d'Alost, gouverneur de l'Artois, etc., chevalier de la Toison d'or. Il fut capitaine d'une bande d'ordonnance de trente lances et mourut en 1583. — Le baron de Rassenghien défit les confédérés dans plusieurs combats. En 1576, il fut député par les états auprès de Philippe II pour lui exposer la triste situation du pays et fut chargé successivement de plusieurs négociations.

Rassenghien (le baron de). *Voir* Jacques-Philippe de **Gand**.

Ravenstein (Bernard de), chevalier, conseiller et chambellan du duc de Bourgogne, fut un des conducteurs des compagnies d'ordonnance de cent lances du duc Charles le Téméraire. Il avait succédé à Philippe Dubois, seigneur de Boyeffles. Il fut tué au siége de Neuss en 1474; sa bande passa alors à Regnier de Brochuse.

Ravenstein (le seigneur de). *Voir* **Clèves**.

Rebrennes. *Voir* **Repreuves**.

TOME XL.   29

Rennebourg (le comte de). *Voir* Philippe de **Lalning**.

Renty (le marquis de). *Voir* Philippe de **Croy**.

Repreuves ou **Rehrennes** (Jacques de), seigneur de Montsorel, chevalier, conseiller et chambellan, était conducteur d'une des douze bandes d'ordonnance de Charles le Téméraire; après lui, sa bande fut donnée à Philippe de Berghes.

Rever (Charles de). *Voir* **Audrignies**.

Reverschure (le seigneur). *Voir* **Runeschuere**.

Richebourg était, en 1575, lieutenant de la bande du vicomte de Gand (décédé).

Riez (Gilles de) était, en 1529, capitaine des archers de l'ancienne bande d'ordonnance du seigneur de Ravenstein.

Rinsart (le seigneur de), gentilhomme du Cambrésis, était enseigne de la bande d'ordonnance de Charles-Alexandre de Croy.

Rittraedt (Jean de) était, en 1557, enseigne de la bande du comte de Meghen.

Robecque (le). *Voir* Jean de **Montmorency**.

Robles (Gaspard de), baron de Billy, était capitaine d'une bande d'ordonnance. En 1546, il était page de Charles-Quint et portait l'étendard impérial à la bataille de Muhlberg. On dit qu'en cette circonstance il sauva la vie à l'Empereur. Il fut tué devant Anvers le 4 avril 1585 et sa bande fut donnée à un de ses fils.

Roche (le seigneur de la). *Voir* Fernande de **Lannoy**.

Rode (le seigneur de). *Voir* **Berghes**.

Rœulx (les comtes du). *Voir* **Croy**.

Rolin (Georges), seigneur de Beauchamps, était conducteur d'une des douze compagnies d'ordonnance de cent lances de Charles le Téméraire.

Rolin (Antoine), seigneur d'Aymeries, capitaine général et grand bailli du Hainaut, était conducteur d'une des douze compagnies d'ordonnance de cent lances du duc Charles le Téméraire; il périt à Morat en 1476.

Rolin (Louis), seigneur d'Aymeries, fils d'Antoine qui précède, maréchal et veneur héréditaire du Hainaut, capitaine d'une bande d'ordonnance de cinquante hommes d'armes et de cent archers de Philippe le Beau. A sa mort, sa bande fut donnée à Philippe de Clèves.

Roode (Adrien van) était, en 1524, lieutenant de la bande de Philippe de Bourgogne, évêque d'Utrecht.

Rosny (le baron de). *Voir* Robert de **Melun**.

Rosano (Alexandre de) était conducteur d'une bande de cent lances des ordonnances de Charles le Téméraire, en 1476.

Rosano (Francisque de) était conducteur d'une bande de cent lances des ordonnances. de Charles le Téméraire en 1476.

Rosimbos (Georges de) était officier dans les bandes d'ordonnance de Charles le Téméraire; il fut tué à Morat.

Rotselaer (baron de), prince de Chimay, était lieutenant de la bande d'ordonnance du duc d'Arschot (Philippe de Croy), en 1577.

Roubaix (le marquis de), Robert de Melun, vicomte de Gand, conseiller d'État, chef général de la cavalerie, gouverneur de l'Artois, chevalier de la Toison d'or, chef et capitaine d'une bande d'ordonnance de quarante hommes d'armes et quatre-vingts archers, fut un des généraux les plus célèbres qui prirent part aux guerres des Pays-Bas au seizième siècle. Il

suivit d'abord le parti des états et commanda la cavalerie de leur armée; la réputation militaire qu'il s'était acquise, même chez ses adversaires, était telle, qu'on prétend que don Juan d'Autriche attaqua l'armée des états à Gembloux dès qu'il eut été informé que le marquis de Roubaix en était momentanément absent. — Le marquis de Roubaix abandonna, vers cette époque, la cause du prince d'Orange; il fut accueilli avec empressement par Alexandre Farnèse. Il se vit bientôt comblé d'honneurs et de dignités et il justifia continuellement ces faveurs par ses talents et sa brillante valeur. Il battit, en 1580, les troupes de La Noue, près d'Ingelmunster, fit ce chef prisonnier de guerre et obtint, pour cette action, les félicitations particulières de son souverain. Peu de temps après, il assista à la prise de Bouchain (1581), fut chargé du commandement de l'expédition contre Cambrai, et contribua puissamment, avec la cavalerie, à la victoire que Farnèze remporta à Steenbergen, sur le maréchal de Biron (17 juin 1583). Enfin, après avoir assisté à un grand nombre de combats il termina glorieusement sa carrière sous les murs d'Anvers, le 4 avril 1585. — La mort du marquis de Roubaix, dit un des historiens des guerres des Flandres, mit le comble au deuil de cette fatale journée. Il fut tué dans l'exercice de ses fonctions lorsqu'il se portait partout où le besoin semblait l'appeler. Les services que le marquis de Roubaix avait rendus furent récompensés par une pension annuelle de deux mille livres que Philippe II accorda à sa veuve, Anne d'Aymeries, en considération, disent les lettres du roi, « des grands, remar-
» quables et agréables services que feu son mari, messire Robert de Melun, marquis de
» Roubaix, avait fait à S. M. en plusieurs charges et estats, comme de gouverneur du pays
» et comté d'Artois, de conseiller du conseil d'État et chief général de la cavalerie légère du
» camp et armée de S. M., esquelles charges il avait continué de très-grand zèle et valeu-
» reusement perdu la vie pour le service d'icelle en l'estacade d'Anvers. » Le marquis de Roubaix fut le premier général de la cavalerie devant lequel les troupes baissèrent leurs lances pour le saluer, honneur qui jusque-là n'était rendu qu'au commandant en chef de l'armée. — La compagnie d'ordonnance du marquis de Roubaix fut donnée à Charles de Croy, duc d'Arschot.

Rouveroy (le seigneur de). *Voir* Jean de **Mousies**.

Rubempré (Jean de), seigneur de Bièvre, grand bailli du Hainaut, gouverneur de la Lorraine, chevalier de la Toison d'or; fils d'Antoine de Rubempré, fut conducteur de la bande d'ordonnance de cent lances de Charles le Téméraire, qu'avait commandée Jacques Galliot. Il fut tué à la bataille de Nancy, en 1477.

Ruminghien était, en 1582, capitaine d'une bande d'ordonnance.

Runeschure (le seigneur de), Louis d'Yves, seigneur de Serry, fils de Louis, gouverneur d'Aire, reçut en 1545 une bande d'ordonnance de trente hommes d'armes et de soixante archers. Il mourut le 24 mars 1568.

S.

Saint-Genois (Antoine de). *Voir* **Berlières**.

Saint-Legier (Philippe de), seigneur de Mascrottes, était lieutenant de la bande de Claude de Dammartin en 1472.

Saint-Martin (le seigneur de), gentilhomme de Hainaut, était guidon de la bande d'ordonnance du duc d'Arschot.

Saint-Omer. *Voir* **Moerbeke.**

Saint-Pol. *Voir* **Haubourdin** et **Luxembourg.**

Saint-Quentin (le bailli de) était conducteur d'une des douze compagnies d'ordonnance de cent lances du duc Charles le Téméraire.

Saint-Sorlin (Quentin de La Baume, seigneur du mont de), était conducteur d'une compagnie de cent lances de Charles le Téméraire et fut tué à Granson en 1476.

Saint-Sorlin (Claude de la Baulme, seigneur du mont), bailli d'Aumont, était, en 1550, capitaine de cinquante lances de l'ordonnance de Charles-Quint.

Solazar (Jean de), seigneur de Sⁱ-Martin, chevalier, conseiller d'État, chambellan, était capitaine d'une des douze compagnies de cent lances des ordonnances des archiducs d'Autriche en 1485. (*Voir* n° 9116 des inventaires des Archives du royaume.)

Sallenone (Antoine de) était en 1476, conducteur d'une des bandes de cent lances d'ordonnance de Charles le Téméraire.

Saveuses (Charles de), seigneur de Samerain Molin, chevalier, était, en 1478, capitaine de vingt-cinq lances de l'ordonnance de Maximilien.

Savoie (Emmanuel Philibert, duc de), fils de Charles III, duc de Savoie, chevalier de la Toison d'or, succéda à la reine de Hongrie dans le gouvernement général des Pays-Bas; il figure comme capitaine d'une bande d'ordonnance de cinquante lances. Pour recouvrer ses états envahis et occupés par les Français, il s'était mis au service de l'Empereur, son oncle, et avait, avec une bravoure éclatante, fait les campagnes d'Allemagne et de Flandre. Il était général des troupes impériales au siége de Metz. Philippe II le désigna, en 1555, pour succéder à la reine Marie de Hongrie dans le gouvernement général des Pays-Bas. Il commandait l'armée hispano-belge à la bataille de Sⁱ-Quentin. Étant rentré en possession de ses États patrimoniaux par le traité de Câteau-Cambrésis, il quitta les Pays-Bas en 1559.

Sericourt était lieutenant de la bande d'ordonnance du marquis de Varenbon en 1624.

Sevenberghen (le baron de), *voir* Charles de **Ligne-Arenberg**, était, en 1612, capitaine d'une bande d'ordonnance des archiducs Albert et Isabelle.

Silly (le baron de) reçut, en 1664, la bande délaissée par le comte de Hoogstraeten.

Soissons (Louis, vicomte de), était conducteur d'une des douze bandes d'ordonnance de Charles le Téméraire.

Soissons (Wallerand de), seigneur de Moreul, chevalier, conseiller, chambellan du duc de Bourgogne. Il fut conducteur d'une compagnie de cent lances et de trois cents archers de Charles le Téméraire (c'est peut-être le même que Louis qui précède).

Soissons (Louis de) reçut le commandement de la bande de cent lances que son frère Wallerand avait commandée précédemment. Il eut pour successeur Philippe de Loyette.

Soire (le comte de). *Voir* Philippe de **Croy.**

Somme (Olivier de) était conducteur de cent lances des ordonnances de Charles le Téméraire en 1476.

Stael (Henri de) Holstein était, en 1557, guidon de la bande du comte de Meghen.

Stienbreugue était lieutenant de la bande d'ordonnance du comte de Hoogstraeten en 1624.

T.

Taillant (Louis) était, en 1476, conducteur d'une bande de cent lances des ordonnances de Charles le Téméraire.

Terbeuf (de) était lieutenant de la bande d'ordonnance du comte de Boussu et la conduisit, en 1624, au siége de Bréda.

Teurlay (le seigneur de), gentilhomme brabançon, guidon de la bande d'ordonnance du prince d'Orange.

Thunnzar de Capoue commanda la bande de cent lances des ordonnances qu'avait commandée Jean de Longueval.

Tramecourt (Antoine, seigneur de), était, en 1602, guidon de la bande d'ordonnance du comte de Solre.

Trazegnies (Gillon Othon, marquis de), seigneur de Selly, etc., gouverneur général de l'Artois et du Tournaisis, fils de Charles, premier marquis de Trazegnies, sénéchal héréditaire de Liége. Il fut capitaine d'une bande d'hommes d'armes.

Trazegnies (Eugène-François-Charles), fils aîné du précédent, seigneur de Selly, etc., pair de Hainaut, sénéchal héréditaire de Liége, fut capitaine d'une bande des ordonnances et mourut en 1688.

Trelon. *Voir* Bauduin de **Blois**.

T'Serratz (le seigneur de), gentilhomme namurois, guidon de la bande d'ordonnance du marquis d'Havré.

Turch (Hubert) était lieutenant de la bande d'ordonnance du comte Henri de Nassau.

U.

Uille (le seigneur d'), gentilhomme d'Artois, enseigne dans la bande d'ordonnance du comte du Rœulx.

V.

Val (le baron du). *Voir* Jacques d'**Ostrel**.

Valperghe (Aimé de), écuyer, reçut le commandement de la bande de cent lances des ordonnances de Charles le Téméraire, qu'avait eu précédemment Jean de Lalaing. Il fut remplacé plus tard par son frère Hardevin qui suit.

Valperghe (Hardevin de) remplaça son frère Aimé dans le commandement d'une bande de cent lances des ordonnances de Charles le Téméraire.

Van Lyere (Jean). *Voir* **Lyere**.

Van Rossem (Martin), seigneur de Pondroy, bâtard de la maison de Clèves, fut d'abord maréchal du duché de Gueldre, et se distingua tellement par sa valeur dans plusieurs rencontres avec les troupes impériales que, après la réduction de la Gueldre, Charles-Quint lui donna, en 1545, une bande d'ordonnance de trente hommes d'armes. En 1531, il fut chargé par le gouvernement des Pays-Bas de commander un corps de troupes destiné à couvrir les frontières du Luxembourg contre les entreprises des Français. Il mourut de la peste à Anvers en 1555. Après sa mort, sa bande fut donnée à Charles de Brimeu, comte de Meghen, qui la quitta en 1568; elle passa alors à Jean de St-Omer.

Varaubon (le marquis de), Christophe de Rye la Palu était, en 1624, capitaine d'une bande d'ordonnance.

Vère (le seigneur de la). *Voir* Adolphe de **Bourgogne**.

Vère (le marquis de la). *Voir* Maximilien de **Bourgogne**.

Vergy (Claude de), baron de Champlite, gouverneur de la Bourgogne, chevalier de la Toison d'or, fut, d'après Strada, capitaine d'une des bandes d'ordonnance à l'époque de l'abdication de Charles-Quint. Il mourut en 1560.

Vergy (Guillaume de) était conducteur d'une bande de cent lances des ordonnances de Charles le Téméraire en 1476.

Vergy (Guillaume de) était, en 1505, capitaine d'une bande de trente lances et de soixante archers des ordonnances de Charles-Quint.

Vertaing (les seigneurs de). *Voir* **Bousies**.

Viaene (le seigneur de). *Voir* **Brederode**.

Vianen (le seigneur de) était lieutenant de la bande d'ordonnance de Philippe de Clèves. A la mort de ce dernier, le seigneur de Vianen eut le commandement de la moitié de la bande.

Viesville (Jean de la), chevalier, conseiller, chambellan du duc de Bourgogne. Il fut un des premiers conducteurs des bandes d'ordonnance de Charles le Téméraire. — C'est lui qui est désigné dans les mémoires d'Olivier de la Marche par le titre de bailli de St-Quentin.

Vilain (Maximilien). *Voir* de **Gand**.

Villarnoul. *Voir* **Jaulcourt**.

Ville (le baron de) était, en 1575, capitaine d'une bande d'ordonnance.

Villiers (le seigneur de). *Voir* Jean de **Carnin**.

Visque (Jacques de), comte de St-Martin, chevalier, conseiller et chambellan, était conducteur d'une des douze compagnies de cent lances de Charles le Téméraire et fut tué à Granson.

Vrelant (Jacques, seigneur de), chevalier. Il était, en 1478, capitaine de vingt-cinq lances de la bande du seigneur de Beveren (Luxembourg).

Vroylant (le comte de). *Voir* le seigneur d'**Erin**.

W.

Waha (Henri de), seigneur de Grainchamp, fils de Claude, seigneur de Baillonville, porte-enseigne de la bande d'ordonnance du duc d'Arschot en 1522.

Waha (Jean-Philippe) était lieutenant de la bande d'ordonnance du comte d'Isenghien, en 1624, et la conduisit au siége de Bréda.

Walhain (le comte de). *Voir* Jean de **Berghes**.

Wamberchies (le seigneur de). *Voir* **Hennin**.

Warluzel (Adrien, seigneur de), chevalier, était enseigne de la bande d'ordonnance du prince de Ligne et de celle du duc de Savoie en 1562.

Waroux (le seigneur de). *Voir* **Mérode**.

Wasmes (le seigneur de). *Voir* Adrien de **Lannoy**.

Weemon (le seigneur de), gentilhomme namurois, était enseigne de la bande d'ordonnance du comte d'Isenghien.

Werchin (Pierre de) était capitaine de deux bandes de cent cinquante hommes d'armes mesnagers, levés en 1545.

Werchin (Antoine de) était, en 1522, capitaine d'une bande de cinquante lances de l'ordonnance de Charles-Quint.

Werdenberg (comte Félix de) était lieutenant de la bande d'ordonnance du marquis d'Arschot en 1530.

Wistouldre (le seigneur de). *Voir* **Pollinchove**.

Wittenhors (Jean van) était, en 1565, lieutenant de la bande d'ordonnance de Brederode et, en 1577, lieutenant de la bande du baron de Hierges (ce sont peut-être deux frères).

Wodimont (le seigneur de). *Voir* Frambert de **Gulpen**.

Y.

Yves (Louis d') était, en 1522, lieutenant de la bande d'ordonnance du seigneur de Beveren.

Yves (Gilles d') était, en 1522, guidon de la bande d'ordonnance du seigneur du Rœulx.

Yves (Thierry d') était enseigne de la bande du seigneur de Praet en 1555.

Z.

Zegher. *Voir* **Groesbeke**.

ANNEXES.

ORDONNANCES, ÉDITS ET PLACARDS

RELATIFS AUX BANDES D'ORDONNANCE.

I.

Mandement du duc Charles de Bourgogne au capitaine général et grand bailli du Hainaut.

(23 octobre 1470.)

Comme, pour le bien, scurté et deffense de nos pays, seignouries et subjez, et pour prestement pourveoir et résister allencontre de ceulx qui les vouldroient invahir, fouler et adommagier, se le cas advenoit, que Dieu ne voeille, nous ayons délibéré et conclud de mettre sus le nombre de mille hommes d'armes et les archiers telz que par nous seront choisis et esleuz en nosdits pays et seignouries, tant de Bourgogne que de pardécha, etc.

(Le duc ordonna à son grand bailli, dans la suite de ce mandement, de faire publier que tous ceux qui voudront le servir, soit en qualité d'hommes d'armes, soit comme archers, aient à se présenter devant lui, bailli, avant le 1er décembre : il assure à chaque homme d'armes à trois chevaux, quinze francs par mois, et à trois archiers à cheval, aussi quinze francs.)

(Aux Archives du royaume.)

II.

(24 avril 1471.)

(Dans un mandement adressé, comme le précédent, au grand bailli de Hainaut, le duc Charles annonce qu'il a résolu d'augmenter le nombre des lances jusqu'à douze cent cinquante « furnies de gens de trait ».)

TOME XL.

III.

(20 mai 1471.)

(Par un autre mandement il prescrivit la levée de douze cent cinquante arbalétriers, douze cent cinquante couleuvriniers et douze cent cinquante piquenaires, « pour estre, dit-il, avec les xiie hommes d'armes et les archers de nostre ordonnance, que voulons entretenir tousjours prêts pour la seurté et diffense de nos pays et seignouries. »

(Archives du royaume.)

IV.

Tableau des combattants fournis par les possesseurs de fiefs pour la guerre de l'année 1471.

(D'après le compte du trésorier des guerres Guelpart de Ruple.)

NOMS DES FIEFFÉS.	Hommes d'armes.	Archers à cheval.	Archers à pied.	Piquenaires.	Crenequiniers.	Demi-lances à cheval.	Observations.
Josse Morbeque	3	8	22	6	»	»	(*) Chaque seigneur renseigné dans la première colonne était lui-même homme d'armes; quand il n'y a pas de chiffre dans les colonnes, c'est que le seigneur n'avoit pas de suite sous ses ordres.
Josse de Baillœil, seigneur de Douzlieu.	(*)	»	»	»	»	»	
Jean, seigneur d'Issenghien	3	8	5	2	»	»	
Gaultier de Hallewin, seigneur de Borre.	2	4	11	»	»	»	
Josse de Ghistelle	1	2	4	3	1	»	
Adrien de Beurhout	2	7	»	»	»	»	
Adrien de Revescot.	1	2	4	3	»	»	
Anoul de Gavre, seigneur d'Escornay	5	5	20	»	»	»	
Jean de Lichterveld, seigneur de Stades.	3	7	13	3	»	»	
Louis Discournay, haut bailli de Gand.	5	12	13	9	»	»	
Montmorency, seigneur de Nevele.	2	10	13	4	»	»	
Jean de Hallewin	40	28	50	7	»	»	
Josse Blondel, seigneur de Pamele	4	11	21	5	»	»	
Jean de Elverdinghes	4	9	20	»	»	»	
Jean de Commines.	7	8	19	»	»	»	
Charles de Flandre.	1	4	5	2	»	»	
Charles de Hallewin, seigneur d'Uutkerke	2	4	4	6	»	»	
Vranke, seigneur de Moerkerke	2	1	4	1	»	»	
Guy de Ghistelles, seigneur d'Axelles	2	3	»	1	»	»	
Louis de Flandres, seigneur de Praet	2	4	11	»	»	»	
Guillaume, seigneur de Heule.	1	4	7	2	»	»	
Thiry de Hallewin.	»	»	»	»	»	»	
A REPORTER.	92	141	246	54	1	»	

NOMS DES FIEFFÉS.	Hommes d'armes.	Archers à cheval.	Archers à pied.	Piequenaires.	Crenequiniers.	Demi-lances à cheval.	Observations.
Report	02	141	246	54	1	»	
Philippe, seigneur de Maldeghem. . .	4	2	1	31	»	»	
Jacques de Ghistelles, seig. de Dudzelles	1	16	45	»	»	»	
Simon de Rochefay, bailli de Berghes-St.-W.	9	39	37	»	»	»	
Josse de Lalaing.	12	21	37	20	»	8	
Jean, seigneur de Hammes	8	30	58	»	»	»	
Jean, seigneur du Bois	1	11	10	»	»	»	
Marc de Montmorency, seigneur de Mo-lemont	7	82	23	»	»	»	
Philippe de Lannoy, seigneur de Fantes.	6	19	35	1	6	»	
Pierre, seigneur de Roubaix	12	26	39	5	3	»	
Antoine, seigneur de Rosembois . . .	3	20	9	»	»	»	
Comte de Marle	56	239	247	37	»	»	
Jean, seigneur de Licques	9	33	32	4	»	»	Deux coutilliers à cheval.
Jennet de Saveuses, seigneur de Sanye.	9	42	45	10	»	»	Un trompette, un couleuvrinier.
Jean de Neufville, seigneur de Beulers .	24	111	120	45	»	»	Un trompette, un poursuivant.
Philippe, seigneur de Humieroz . . .	2	22	17	»	»	»	
Allard, seigneur de Rabodenghes. . .	11	38	31	27	»	»	Un trompette, neuf coutill. à cheval.
Nicolas de Ste-Aldegonde.	11	35	37	»	»	»	Un trompette, deux coutill. à cheval.
Jean de Longueval, seigneur de Vaulx .	16	114	38	3	»	»	Quatre coutilliers à cheval.
Gavain de Bailloul	10	47	45	9	»	»	Un trompette.
Louis, seigneur de Contay.	51	187	203	13	»	»	Trois coutilliers.
Philippe de Bourbon, seig. de Duisans.	14	48	55	7	»	»	
Antoine Doingnies, seigneur de Bruay .	1	5	9	»	»	»	
Lyonnel Doingnies, bailli de Hesdin . .	8	9	15	4	»	»	Un coutillier.
N. de Chastillon, seig. de Dompierre. .	2	14	»	»	»	»	
Jean de Croy, seigneur de Roulx . . .	17	108	42	»	»	»	
Antoine de Cappannes.	10	42	71	8	»	»	
Jean, seigneur de Beauvoir	23	98	208	»	»	»	
Ph. de Noyelles, châtelain de Longhe .	10	34	72	4	»	»	
Jean de Bournonville, seig. de Hourice .	13	53	53	»	»	»	
Martin, dit le Bon, de Rely	3	46	»	»	»	»	
Jean de Failly	3	20	48	»	»	»	
Percheval, seigneur de Bellefourière. .	3	19	34	»	»	»	
Pierre de Money, seigneur de Montcaurd.	10	48	54	»	»	»	
Antoine, seigneur d'Aveluyo.	4	37	29	»	»	»	
Pierre de Reisse, seig. de le Hargine .	4	24	33	»	»	»	
Charles de Saveuses	11	89	13	»	»	»	
Baudrain Desne.	4	20	20	5	»	»	
Guy de Brimeu, seig. de Humbercourt .	85	95 53	127	11	»	»	Il y avait des crenequiniers et des demi-lances.
Jean, seigneur de Verchin	20		87	29	»	»	
Jean, seigneur de Ligne	22	77	132	14	»	»	
A reporter.	556	2214	2396	311	10	8	

NOMS DES FIEFFÉS.	Hommes d'armes.	Archers à cheval.	Archers à pied.	Piquenaires.	Crenequiniers.	Demi-lances à cheval.	Observations.
Report	556	2214	2396	311	10	8	
Jacques, seigneur de le Hamoide	7	28	28	»	»	»	
Jean de Trazegnies	6	45	20	2	»	»	
Jean de Lannoy, seigneur de Maingo	5	6	22	1	»	»	
Guillaume de Failly, seig. de Bruissart	1	2	»	2	»	»	Deux coutilliers.
Antoine de Croy, seigneur de Sempy	22	44	88	11	»	»	
Comte de Roussy	21	189	»	»	»	»	
Comte de Veande	52	19/4	»	31	»	»	
Philippe Bâtard de Brabant, seigneur de Crubecque	5	9	»	8	»	»	
Philippe de Berghes	16	13/21	12	21	»	»	
Comte de Saulme	32	43/39	40	»	»	»	
Simon de Roichefay	9	24	40	»	»	»	
Jean de Rabodenghes, seig. de Boucourt	1	4	8	»	»	»	
Philippe de Wavrin, seig. de St-Vinant	18	39	67	13	»	»	
Jean Colpin	2	20	9	2	»	»	
Guillaume de la Marche	11	8/7	21	»	»	»	
Marquis de Rothelin	55	44	192	38	»	»	
Richard de Mérodo, seig. de Houfalise	1	9	»	»	»	»	
Louis-Éverard de la Marche	20	74	»	13	»	»	
Philippe de Croy, seigneur de Quiévrain	29	98	116	»	»	»	
Louis Pinnoc	3	17	»	12	»	»	
Adrien de Mailly, seigneur de Conty	28	63	59	»	»	»	Un trompette.
De Castbecque	16/41	50/95	22	47	»	»	
De Ravestain	16/44	305/14	192	20	»	»	
Jean de Wisse de Grevillez	40	24	»	»	»	»	
Didier de Heyst, m¹ de Gueldre	14	»	»	4	»	»	
Total	4081	3746	3302	526	40	8	
Seigneurs	88	»	»	»	»	»	
Total général	4169	3746	3302	526	40	8	

V.

(Cette ordonnance confirme celle de Charles-Quint du 21 février 1552, déjà publiée le 12 octobre 1547.)

(21 avril 1561 (21 février 1552, n. s.), MS. de la Bibliothèque de Bourgogne, n° 12893.)

Philippe, par la grâce de Dieu, etc.

Comme feu de très-haute mémoire l'Empereur Charles-Quint, monseigneur et père (que Dieu absolve), désirant mettre ordre à la bonne style, conduite et discipline militaire de ses bandes d'ordonnance s'élevant au nombre de trois mille chevaux.

Ci-devant au mois de février 1500 cinquante un fait dépêcher et publier certaine ordonnance selon lesquelles les gens d'armes d'icelles bandes se devront dès lors en avant styler et conduire durant leur service et retenue comme appert par les patentes sur ce dépêchées dont la teneur s'ensuit de mot à autre, Charles, etc.

Comme pour pourvoir à la seurté et défense de nos pays et frontières de par deçà nous avons ordonné et décrété lever et mettre sus et entretenir certaines bandes et ordonnances de gens de guerre à cheval s'élevant au nombre de trois mille chevaux avec chefs et capitaines ayant charge de les mener, conduire et toujours tenir prêts bien montés, armés et en point pour en cas de besoin le requerra, et désirant que durant leur service et retenue ils puissent vivre et être traités gracieusement sans composition ou exaction, aussi que de leur côté ils se gardent de fouller, manger et travailler nos sujets de ville et plat pays, avons par bons et mûrs avis et délibération de notre très-chère et très-aimée sœur la reine douairière de Hongrie de pour nous régente et gouvernante en nos pays de pardeça et des états des trois ordres et d'autres bons personnages eux connaissant au fait de guerre, ordonne et statue, ordonnons et statuons les points et articles qui s'ensuivent : premier que lesdits chefs et capitaines de nosdites ordonnances seront tenus servir, montés et armés comme il appartient continuellement là et aussi que par nous ou notre dite sœur la reine leur sera ordonné et à cet effet auront à assembler leurs bandes en dedans les tems convenables selon que leur sera ordonné et toujours les avoir et tenir prêts pour les faire tirer celle part que leur sera commandé, et de ce feront se bon devoir que nosdits pays par leur faute et négligence ne tombent en inconvénient que lesdits gens de guerre en passant monstre seront tenus de jurer ce que s'ensuit : Vous jurerez Dieu notre Créateur et sur la damnation de votre âme que premièrement fidellement et loyalement........ envers et contre tous et obeyirez au commandement de vos capitaines et suiverez l'enseigne et que ne partirez de vos bandes ou de votre garnison sans le sçu, gré et passeport de vos capitaines ou de son lieutenant ou de celui qui en son absence aura la charge de la bande à peine que si étiez partis sans avoir eu votre passeport, seriez punis comme parjures et desobéissants. Et si jurez aussi que chevaux et harnais sont à vous et que n'avez rien d'emprunté par voie directe ni indirecte suivant lequel serment voulons et ordonnons que lesdits gens de guerre seront tenus d'obéir à leurs chefs et capitaines et, en leur absence, à leur lieutenant porteur d'enseigne et guidon, tant pour tenir guet et gardes qu'autrement en tout ce que leur commanderons et qui touche leur charge. Que quand on fera marcher lesdits gens de guerre assemblés d'un pays en l'autre pour notre service, ils seront tous tenus aller ensemble sous leurs enseignes et par le grand et commun chemin sans eux écarter, mais loger selon que leur sera ordonné sur peine de la vie. Aussi seront tenus de eux loger es lieux et places selon leurs gîtes se donneront, ayant regard au chemin que raisonnablement se devront faire, selon la saison de l'année, sans faire petites ou grandes journées pour supporter l'un lieu plus que l'autre du logement desdits gens de guerre, et sans en ce avoir respect à personne qui soit à peine que si en ce faute soit trouvée se prendra aux capitaines, et ceux qui conduiront lesdits gens de guerre. Défendons aussi à tous fourriers et autres sur la peine de la hart de point prendre argent ni autres bienfaits pour supporter un lieu, maison ou personnage et faire loger les gens de guerre des autres lieux : Que lesdits gens de guerre allant par les champs ou étant....

(*Le reste comme l'ordonnance du 12 octobre 1547.*)

... Et ce soit que naguères les états généraux de nos pays de par deçà aient accordé de fournir au payement et traitement ordinaire de semblables trois mille chevaux ordonnés et rangés en quatorze bandes pour être employés à la garde, préservation et défense d'iceux pays pour le tems et terme de huit ans, lesquels doivent prochainement passer à monstres, savoir faisons que ce considérant et voulant aussi de notre part donner tout bon ordre que durant le service et retenue desdits gens de cheval, iceux puissent vivre et être traités gracieusement sans de leur côté fouller, manger et travailler nos bons et loyaux sujets tant es villes que au plat pays, avons par la délibération de notre très-chère et très-aimée sœur la duchesse de Parme et Plaisance, pour nous, régente et gouvernante de nos pays de par deçà, ordonné et statué, ordonnons et statuons par ces présentes que l'ordonnance de feu monsg. et père ci-dessus insérée sera entretenue, observée et ensuivie en tous et quelconques de points et articles selon la forme et teneur, et ce par manière de provision et jusqu'à ce que ayant avec meilleure opportunité fait .... icelle de par nous autrement en sera ordonné, ordonnant et commandant par ces présentes bien expressément aux capitaines, hommes d'armes et archers desdites bandes et tous autres que pourra toucher de se régler et conduire selon et ensuivant le coutume de l'ordonnance susdite sans aucune faute, contredit ou difficulté, ce donnons en mandement à nos amis et féaux les chefs présidents et gens de nos privé et grand consaulx, etc., etc.

Donné à Bruxelles, le 21 avril 1561.

VI.

Commission de chef et capitaine d'une compagnie de cinquante hommes d'armes et de cent archers à cheval, donnée au prince d'Orange par l'Empereur.

(12 avril 1554.)

CHARLES, etc., etc.

A tous ceux qui ces présentes verront, salut. Comme tôt après le trépas de feu notre cousin le prince d'Espinoy, nous avons accordé la bande d'ordonnance de trente hommes d'armes et soixante archers qu'il voulait avoir sous sa charge et conduite à notre très-cher et féal cousin, conseiller et chambellan, messire Guillaume de Nassau, prince d'Orange, etc., à charge d'accroître ladite bende de vingt hommes d'armes pour icelle bende augmenter jusques au nombre de cinquante hommes d'armes et cent archers; et il soit que depuis nostre dit cousin le prince d'Orange ait accepté ladite bende et icelle accrue et augmenté desdits vingt hommes d'armes, par quoi soit besoin lui en faire dépêcher lettres, patentes de retenue en tel cas pertinentes; savoir faisons que ce considéré et pour la bonne connaissance qu'avons des vertus, prudence, dextérité, vaillance et expérience en fait de guerre de notredit cousin le prince d'Orange, nous, icellui, confiant à plein de ses loyauté et bonne diligence, avons retenu, commis, ordonné et établi, retenons, commettons, ordonnons et établissons par ces présentes, chef et capitaine de cinquante hommes d'armes et cent archers à cheval de nos ordonnances, avec deux trompettes et un messager au lieu de l'une d'icelles assavoir : lesdits trente hommes d'armes et soixante archers de la charge dudit feu prince d'Espinoy, et lesdits vingt hommes et cinquante archers que par notre dite ordonnance il y a ajouté de crue, en donnant audit prince d'Orange plein pouvoir, autorité et commandement spécial de continuer en notre service, sous sa charge et conduite de trente hommes d'armes et soixante archers de la charge dudit feu prince d'Espinoy, ensemble lesdits vingt hommes et quarante archers de crue, montant audit nombre de cinquante hommes d'armes et cent archers ou retenir autres étant sujets et résidans en nos pays de par deçà; prenant les plus gens de bien, aguerris et qualifiés qu'il pourra recouvrer et continuant ou choisissant un lieutenant, un porteur d'enseigne et un porteur de guidon, lequel son lieutenant aura passés quatre archers sujets; et auxdits porteurs d'enseigne et guidon à chacun d'eux seront aussi passés deux archers sujets; si avant toutefois que lesdits lieutenants porteurs d'enseigne et guidon et chacun d'eux outre les trois chevaux que comme homme d'armes ils sont tenus d'avoir, ayent lesdits archers sujets montés, armés et duement en point. En outre donnons pouvoir à notredit cousin le prince d'Orange et à sondit lieutenant en son absence de, avis lesdits hommes d'armes et archers, nous servir et entendre à la conservation de notre hauteur et autres nos droits et à la défense de nosdits pays et sujets de par deçà et au reboutement de nos ennemis, et de pour ce mener et conduire nosdits gens de guerre et aussi les tenir en garnison et autres lieux que par nous et de notre part, lui sera ordonné, de avoir commandement sur lesdits gens de guerre de sa charge; punir ceux d'entre eux qui lui seront désobéissants et défaillants, ou faisant aucunes foulles, excès ou mangeries, selon l'exigence de leurs mésus, et s'ils le méritent les casser et rayer de nosdites ordonnances et en leurs lieux pourvoir et commettre d'autres, toutes et quantes fois que besoin sera et le cas le requerra si avant toutefois que ce soit gens doctes et expérimentées au fait de la guerre et sans qu'il pourra mettre aucuns de ses gens et serviteurs, s'ils ne se trouvent actuellement avec la compagnie es lieux de leur garnison et service; et faire au surplus tous ce entièrement que bon et léal chef et capitaine susdit peut et doit faire et que audit état compète et appartient, et ce aux gages et pension de douze cents florins Carolus par an, outre et pardessus tous autres traitements et bienfaits qu'il peut avoir de nous; sondit lieutenant à la pension de deux cent cinquante carolus par an et lesdits porteurs d'enseigne et de guidon à la pension de cent vingt-cinq carolus à chacun d'eux, aussi par an outre et par dessus leurs lances d'hommes d'armes de nosdites ordonnances duement montés et armés de trois bons chevaux, leurs archers sujets et autres au nombre que dit est; lesquels hommes d'armes auront chacun quatorze patars de gages par jour et les archers montés chacun d'un bon cheval et duement armés et les trompettes auront de gages chacun six patars par jour, bien entendu que lesdites trompettes et chacun d'eux auront paye et demi d'archer : à commencer lesdits traitements, gages et pension avoir cours, assavoir : pour ledit chef et capitaine, dès le jour qu'il aura accepté ladite charge et les traitements, pension et gages desdits lieutenants, porteurs d'enseigne et de guidon, dès que ledit prince d'Orange les aura retenus sous sa charge. Et quant auxdits trente hommes d'armes, soixante archers et trompettes, ayant regard que la bende dudit feu prince d'Espinoy n'a été cassée, seront continués et payés de trois mois en trois mois, comme autres gens d'armes de nos ordonnances. Et les gages et traitements desdits vingt hommes d'armes et quarante archers de crue, commenceront avoir cours dès le jour de leur première monstre et dès là en avant tant et si longuement qu'il nous plaira; desquels gages, traitements et pension ils seront payés et contentés par les mains de l'un de nos trésoriers des guerres qu'il appartiendra et des deniers que pour ce lui seront ordonnés en déduisant sont droit du centième et au surplus aux honneurs, droits, libertés, franchises, profits et émoluments accoutumés et y appartenant : sur quoi il sera tenu faire le serment pertinent es mains de notre très-chère et très-aimée sœur la reine de Hongrie, pour nous régente, etc., etc., que commettons à ce. Si donnons en mandement auxdits porteurs d'enseigne et guidon, hommes d'armes et archers que icellui prince d'Orange, en son absence sondit lieutenant ils connaissent dorénavant pour leur capitaine et à lui et à ses commandements, es choses concernant et dépendant dudit état obéissent comme à nous. Mandons en outre à notre lieutenant ou capitaine général et à tous autres capitaines et gens de guerre de cheval et de pied et à tous autres nos justiciers et sujets cui ce regardera et à chacun d'eux endroit soi et si comme à lui appartiendra, que dudit état de capitaine et des honneurs, libertés, franchises, profits et émoluments susdits ils fassent, souffrent et laissent notredit cousin le prince d'Orange et en son absence, sondit lieutenant plainement et paisiblement juoir et user et à nos amés et feaulx les chefs, et commis de nos domaines et finances que par l'un de nosdits trésoriers des guerre qu'il appartiendra, ils fassent payer, bailler et délivrer à notredit cousin le prince d'Orange, sondit lieutenant, porteurs d'enseigne et de guidon, aux hommes d'armes, archers et trompettes et à chacun d'eux leurs gages et pensions dessus déclarées à commencer avoir cours et tant qu'il nous plaira comme dit est : auquel notre trésorier des guerres qu'il appartiendra, mandons, par cesdites présentes, ainsi le faire et par rapportant cesdites présentes, vidimus ou copies autentiques d'icelles pour une et la première fois et pour tant de fois que mestier sera, quittance suffisante des payements desdits gages, pensions et traitements, selon et en la manière dite, ensemble les roles des monstres, et revues desdits gens de guerre vérifiées et signées comme il appartiendra, nous voulons tout ce que payé aura été à ladite cause être passé et alloué es comptes et rabattu de la recette de celui de nos trésoriers des guerres qu'il appartiendra et payé l'aura, par nos amés et feaux les présidens et gens de nos comptes à Lille, auxquels mandons semblablement aussi le faire sans difficulté, car ainsi nous plaît-il.

Donné à Bruxelles, le 12 avril 1554.

(Minute aux Archives du royaume. — Lettres de et à Guillaume de Nassau, t. III. — Registre aux patentes de guerre de 1551 à 1558, f° 342 v°.)

VII.

Commission de chef de cinq compagnies de gens de cheval donnée par l'Empereur au prince d'Orange.

(22 juin 1554.)

De par l'Empereur,

A nostre très-cher et féal cousin, conseiller et chambellan, messire Guillaume de Nassouw, prince d'Orange, conte de Nassouw, de Bueren, etc. salut. Savoir vous faisons, que, pour la meilleure conduicte et ordre d'aucunes bandes de gens de cheval que faisons presentement marcher vers nostre armée, pour les employer où il conviendra pour nostre service, vous avons retenu et commis, retenons et commectons par ces presentes, pour avoir icelle conduicte et charge, comme chief des bendes qui s'ensuyvent assavoir : de celle de nostre cousin le seigneur de Brederode, la vostre, de celle du baron de Zwartsemburg, Rosemberghen et de Hans Van Bueren, en vous donnant plain povoir et mandement espécial d'avoir soigneulx regard sur la conduicte d'icelles bendes, deffendre et interdire aux capitaines et leurs lieutenans de ne donner congié à aucuns sans vostre sceu et au surplus de mener et employer en vostre service soubz l'ordonnance et superintendance du chief et capitaine géneral de nostredicte armée au traittement de vostre personne, de la somme de trois cens philippus de vingt-cinq pattars pièce par chascun mois, à commencer avoir cours aujourd'huy, date de ceste, et durant tant et jusques à ce que de par nous autrement en soit ordonné; et à ceste fin, avons mandé aux chiefs desdictes bendes de vous obeyr et recognoistre leur chief, sur peine que ceulx qui feront le contraire seront par vous chastiez exemplairement : car ainsi nous plaist-il.

Donné à Bruxelles le 22 juin 1554.

(Minute aux Archives du royaume. — Lettres de et à
Guillaume de Nassau, t. III. — Registre aux patentes
de 1551 à 1558, f° 355 v°.)

VIII.

Commission de chef et général des vieilles bandes d'ordonnance et des six cent cinquante chevaux du comte du Rœulx donnée au prince d'Orange.

(16 juin 1558.)

Par le Roy,

A nostre très-cher et féal cousin, chevalier de nostre ordre, conseiller et chambellan messire Guillaume de Nassau, prince d'Orange, etc., salut.

Comme pour tenir d'ores en avant en meilleur ordre, règle, gouvernement et discipline militaire noz gens de guerre, tant de cheval que de piet, nous ayons advisé et conclud de la faire ranger en divers regimens, et en donner la charge à aucuns personnaiges principaulx de par deçà, pour les mener, conduire et employer en nostre service, là et ainsi que, de nostre part, leur seroit ordonné, scavoir vous faisons que ce considéré et nous confians entièrement et à plain de voz prudence, leaulté, dextérité, vaillance, experience et bonne diligence, nous avons retenu, ordonné et commis, retenons, ordonnons et commettons par ces presentes chiefs et general de nos vieilles bendes d'ordonnance de par deçà, ensemble de six cents cinquante chevaux estans soubz la charge de nostre cousin le comte du Rœulx en vous donnant plain povoir, auctorité et mandement spécial pour d'ores en avant avoir la charge principale desdictes bendes, les tenir et faire tenir en bon ordre et justice, avoir et prendre soigneulx regard sur leur conduicte; deffendre et interdire aux capitaines et leurs lieutenans de non donner congié à aucuns sans vostre sceu, aussi de non licencier aucuns prisonniers, sans vostre congié et au surplus avoir commandement sur eulx et leurs gens, et les mener, conduire et employer en nostredit service, selon et ensuyvant la charge qu'en aurez de par nous, comme dict est, au traictement, pour vostre personne de la somme de six cens livres, du pris de quarante groz de notre monnoye de Flandre, la livre; à quinze hallebardiers pour la garde de vostredicte personne, chascun paye et demye; à quinze gentilzhommes, quinze livres, dudict pris chacun; à quatre trompettes, aussi quinze livres chascun; à votre lieutenant cent semblables livres; au prevost, dix payes pour six chevaulx, assavoir : deux pour le chariot à mener malades et les autres quatre, les prisonniers et les fers, chascun cheval, à dix semblables livres : font soixante livres; à quatre sa hallebardière paye et demye chascun; à quatre ses stocknechts à chascun paye et demye; au clercq deux payes; à ung homme pour garder lesdicts prisonniers deux payes; au quartier maître ou marischal des logis dix payes; au chef du guet ou wachtmaistre; dix payes; au pourvoyeur des vivres ou provantmaiestre, dix payes, et au wagemaiestre aussi dix payes, le tout par mois, le mois compté à trente jours; à commencer tous les gaiges, traitemens et souldes susdictes avoir cours danz le xxj^{me} jour de ce present mois de juing, et dès là en avant, tant que serez en campaigne avec lesdictes bendes, gentilzhommes, haulx officiers et autres ou jusques à ce que de par nous autrement en soit ordonné; a en estre payé par les mains de celuy des tresoriers cui ce regardera et des deniers que pour ce luy seront ordonnez, auquel mandons par cesdites presentes ainsi le faire. Et en rapportant avec cestes, vidimus ou copie autentique d'icelles, votre quittance sur ce servant, ensemble le rolle des monstres signé et vériffié par nostre commissaire et de l'adjoin et des états generaux de noz pays de par deçà qu'il appartiendra, tout ce que par ledict tresorier aura esté payé à la cause dicte, sera passé et alloué en la despance de ses comptes et rabattu des deniers de sa recepte là et ainsi qu'il appartiendra sans aucune difficulté, mandons en oultre aux capitaines, lieutenants porteurs d'enseignes et aultres officiers des bandes susdictes qu'ils ayent à vous recognoistre pour leur chief et general et vous obeyssent en tout ce que leur commanderez pour nostre service, à paine que ceulx qui feront le contraire seront par vous chatiez exemplairement. Car ainsi nous plaist-il.

Donné à Bruxelles le 16 juin 1558.

Par le Roij :

D'Overloepe.

(Minutes et copies du temps aux Archives du royaume. — Lettres de et à Guillaume de Nassau, t. III.)

IX.

Ordonnance touchant la règle, ordre et conduite des bandes et ordonnances.
(28 février 1561.)

Philippe, par la grâce de Dieu, Roi de Castille, etc., etc.

Comme feu de très-haute mémoire l'empereur Charles-Quint, monseigneur et père (que Dieu absolve), désirant mettre ordre à la bonne style, conduite et discipline militaire de ses bandes d'ordonnance s'élevant au nombre de trois mille chevaux......... ci-devant au mois de février 1551 fait dépêcher et publier certaines ordonnances selon lesquelles les gens d'armes d'icelles bandes se devront dès lors ici avant styler et conduire durant leur service et retenue comme appert par les......... patentes sur ce dépêchées dont la teneur s'en suit de mot à autres, Charles, etc. (suit l'ordonnance du 12 octobre 1547).

Et ce soit que naguères les états généraux de nos pays de par deçà aient accordé de fournir au payement et traitement ordinaire de semblables trois mille chevaux ordonnés et rangés en quatorze bandes pour être employés à la garde, préservation et défense d'iceux pays pour le tems et terme de huit ans, lesquels doivent prochainement passer à monstres, savoir faisons que ce considérant et voulant aussi de notre part donner tout bon ordre que durant le service et retenue desdits gens de cheval iceux puissent vivre et être traités gracieusement sans de leur côté, fouller, manger et travailler nos bons et loyaux sujets tant es villes que au plat pays, avons par la délibération de notre très-chère et très-aimée sœur la duchesse de Parme et Plaisance, pour nous, régente et gouvernante de nos pays de par deçà, ordonné et statué, ordonnons et statuons par ces présentes que l'ordonnance de feu monseigneur et père ci-dessus insérée sera entretenue, observée et ensuivie es tous et quelconques ses points et articles selon la forme et teneur et ce par manière de provision et jusque à ce que ayant avec meilleure opportunité fait......... icelle de par nous autrement en sera ordonné, ordonnant et commandant par ces présentes bien expressément aux capitaines, hommes d'armes et archers desdites bandes et tous autres que pourra toucher de se régler et conduire selon et en suivant le contenu de l'ordonnance susdite sans aucune faute, contredit sa difficulté, ce donnons en mandement à nos amés et féaux les chefs, présidents et gens de nos privé et grand consaulx, etc., etc.

Donné à Bruxelles, le 21 avril 1561.

(MS. de la Bibliothèque de Bourgogne, n° 12895.)

X.

Instruction et mémoire pour tous les commissaires ordonnés à la prochaine monstre des compagnies, tant d'hommes d'armes que chevaux legers étant au service du Roi, Monseigneur, auquel effet prendrez du contador Pedro de Coloma les roles et listes de la dernière monstre des susdites compagnies.
(Pour l'an 1581.)

Premièrement (¹) que procéder à ladite monstre, choisirez place de monstre la plus commode et sûre que pourrez aviser, prenant regard que le lieu soit enclos et serré tellement que les gens qui devront passer ne puissent entrer pour passer deux fois.

¹ Avant.

Ce qu'étant fait, ferez faire un cri et publication que s'il y a aucuns d'entre eux qui ne soient soldats sous la compagnie ou compagnies que devront donner monstre, qu'ils aient à se déclarer et sortir promptement dudit lieu sans passer monstre à peine de la hart. En après, regardez bien et diligemment si lesdites gens de cheval sont bien montés, armés et équipés, comme à l'état de la guerre appartient et selon leurs lettres de retenue.

Et conséquemment prendrez leur serment que les chevaux et armes sont à eux et non empruntés directement ou indirectement.

Vous ne passerez en nulle bande plus grand nombre de soldats que ne contient ladite retenue.

Et ne passerez aussi nuls absents, soient hommes d'armes ou chevaux légers, encores que le capitaine ou officiers allégassent qu'ils fussent absents avec leur congé, vu que l'intention de Sa Majesté est de payer seulement les soldats qui seront actuellement et nuls autres.

Comme aussi ne ferez bons nuls malades qui seront arrière de leur compagnies, soit aux villes ou ailleurs. Trop bien si par après nous appare de leur dite maladie et qu'ils aient servi après cette dite monstre, nous donnerons ordre que leurs payes leur soient faites bonnes comme de raison.

Et pour autant que, nonobstant toutes les diligences jusques oires faites, nous entendons que ce sont commises et commettent plusieurs fraudes, signamment entre les naturels du pays, chose bien facile à faire vu le grand nombre d'iceux qui sont à la guerre, entre lesquels plusieurs du même pays se fourrent plus que jamais, au préjudice et desservice de Sa Majesté, faisant mettre sur les roles personnes qui ne servent, par où est plus requis que jamais d'y pourvoir. A cette cause nous ordonnons bien expressément que vous mettez et couchez au rôle, non-seulement les noms, surnoms, lieu de naissance ou demeure des soldats, mais aussi toutes les notes et marques des personnes pour par après les reconnaître à l'œil, afin que personne ne puisse passer pour un autre, y ajoutant aussi les marques et poils de chevaux.

L'homme d'armes en ces ordonnances ne pourra avoir passé que trois chevaux, assavoir l'un pour lui, le second pour son page et l'autre troisième pour l'archer sujet.

Le coustillier de l'homme d'armes à trois chevaux devra avoir une lance et être armé comme les archers de bande. Bien entendu toutefois que ne se passeront ou seront faits bons nuls chevaux sinon ceux qui seront présents à la dite monstre et qui sont de service, encores que les hommes d'armes voulussent alléguer les avoir au logis ou que autrement ils fussent malades. Et en cette conformité si aucuns des susdits trois chevaux manquassent au dit homme d'armes, vous ne le repasserez.

Et pour éviter les fraudes qui se font souvent au paiement, même à bailler les deniers à plus haut prix aux soldats que ne se baillent par Sa Majesté. Le vouloir et intention d'icelle est que le paiement se fasse manuellement par les trésoriers à chacun soldat sur table, tête à tête, leur déclarant à quel prix l'or et argent leur est baillé.

Vous vous informerez bien diligemment si entre lesdites gens d'armes n'y a nuls mal conditionnés, homicides, banqueroutes ou autres étant en chasse de justice ou aucuns notés ou suspectés de hérésie, mutinerie, ou d'autres délits dont avertirez le capitaine pour y pourvoir selon qu'il trouvera convenir vous défendant de passer semblables personnes à monstre.

Vous prendrez soigneux regard de voir l'adresse des hommes d'armes, archers, varlets et coustilliers et à cette fin leur ferez courre leurs lances.

Et si trouvez qu'il y eût aucuns qui ne fussent tant adroits aux armes, ni si bien adressés comme il convient, vous leur direz qu'ils regardent d'apprendre pour à la première monstre ensuivante faire meilleur devoir, à peine, s'il y eût faute, d'être rayés ou cassés selon qu'il appartiendra.

Le même ferez des chevaux légers retranchant partout les bagages superflus et les mettant en discipline militaire la meilleure qui sera possible.

Laquelle monstre étant ainsi par vous prise, et avant que vous bouger de la table, vous prendrez par compte le nombre de soldats qu'aurez passés, et en donnerez déclaration au dit contador Coloma, afin que si par après l'on doive faire bons aucuns qui n'auraient passé soit pour avoir été absents ou malades, l'on y puisse avoir le regard qui sera trouvé juste et raisonnable. Et pour cette cause vous défendons de après la dite monstre prise ne faire bonne aucune place sans nôtre exprès commandement et congé.

Finalement en ce que dit est et en dépend ferez tous les meilleurs devoirs et offices que faire pourrez, pour conserver le droit et faire le profit de Sa Majesté selon la confidence (confiance) que icelle et nous en avons en vous.

Et au regard des gens de pied, on procèdera à l'égard d'iceux par marque et enseigne en la forme et manière qui est dit ci-dessus. Vous regarderez que chacune enseigne soit fournie de son entier nombre, conforme à la retenue, et si ledit nombre ne fût complet, vous rabattrez le paiement à l'avenant, passant au capitaine, porteur d'enseigne et autres officiers de chacune enseigne les payes à eux ordonnées selon le pied et liste sur ce dressée, dont vous sera baillé un double. Et s'il n'y a clerc de bande passé en ladite liste, vous en choisirez un entre ceux de ladite enseigne le plus qualifié que y trouverez faisant le semblable si vous y trouvez faute, d'aucuns autres officiers comme fourrier de bande ou autre ou en laisserez convenir aux capitaines.

Tenant la main que les gouverneurs et capitaines des villes et forts ayant traitement ne prennent aucunes payes sous les enseignes et piétons tenant garnison esdits lieux, sauf les payes à eux ordonnées selon ladite liste et lesquelles payes se déduiront sur le traitement ordinaire à eux ordonné.

Prenant bien étroitement regard que les gentilshommes et autres soldats auxquels on aura accordé certaines surpayes jouissent d'icelles selon ledit pied, sans que les capitaines les puissent aucunement distraire de l'un et donner à l'autre, et si besoin est, les prendrez à serment pour savoir s'ils jouissent des dites surpayes ou non. Et le même ferez aux hommes d'armes et chevaux legers.

Aussi ordonnerez de par Sa Majesté auxdits capitaines de ne enrôler aucuns soldats entre deux monstres sans le sû du gouverneur de la province ou du commissaire et les rayerez à la monstrer, sinon pour l'avenir.

Plus le gouverneur de la place où se tiendra garnison pourra demander pour lui et le margraviat du lieu, copie du role de la monstre, afin que selon ce accommoder les logis, services, et que ne s'en demande pas davantage qu'il y a de personnes.

Et au regard des morts, iceux seront payés jusques au jour de leur décès, en rapportant due certification des curé et autres officiers où ils seront décédés.

Et en passant les dites monstres vous vous aiderez des roles des dernières monstres, sans prendre nouveaux rôles que par les capitaines vous pourraient être exhibés. Et en faisant icelles monstres admonesterez tant les capitaines, lieutenants et porteurs d'enseigne que les soldats sur le serment qu'ils ont fait à Sa Majesté de vous déclarer par ledit serment s'ils et chacun d'eux ont continuellement servi, si le nombre d'iceux a toujours été plein et quand aucuns sont morts ou cassés, combien de temps est depuis encouru avant que leurs places soient été remplies pour selon ce les faire payer et y garder le droit de Sa Majesté. Et qu'avant toute œuvre les hôtes ou hôtesses qui les auront accreu et fourni vivres soient des premiers deniers payés et contentés à l'avenant du payement et temps qu'ils recevront.

Vous prendrez aussi le serment desdits piétons d'être bons et leaulx à Sadite Majesté, d'obéir à leur capitaine, qu'ils n'abandonneront leur enseigne ou le lieu de leur garnison sans congé et passeport de leur capitaine ou celui qui en aura la charge sur peine de la vie, conformément au serment qui vous sera délivré.

Vous déclarerez aux piétons ayant double paye, en présence de leur capitaine, le traitement qu'ils ont et si ferez entendre aux simples payes, aussi présent leur capitaine, leur traitement et saurez d'eux s'ils le reçoivent, afin que l'on entende s'ils servent pour moins. Et lequel traitement noterez sur votre rôle.

Si ne passerez nuls qu'ils ne soient gens de défense embastonnés comme appartient, et dispos à servir sans passer aucuns inutiles et n'étant de service. Et du tout ferez dresser les rôles contenant au premier feuillet les noms et surnoms des capitaines, porteurs d'enseigne et autres officiers. En après les noms des gentilshommes et des doubles payes et armés, puis les noms des harquebousiers et conséquemment les noms et surnoms de tous avec toutes les circonstances susdites, notant en marge, sur chacun d'eux ce dont ils s'aideront, soit de piques, hallebardes, mousquets, arquebuses et autrement, avec lesdits traitements, lesquels rôles signerez à l'acquit du trésorier des guerres, pour selon ce faire le payement comme dit est.

Vous enquerrez semblablement bien et diligemment si entre lesdits piétons, n'y a nuls mal conditionnés ou autres étant enchassés de justice, ou aucuns notés ou suspectés d'hérésies, mutineries ou d'autres délits extraordinaires comme dit est ci-dessus, au chapitre de la cavalerie, dont avertirez les capitaines pour y pourvoir ainsi qu'il appartiendra.

Parcillement défendrez auxdites gens de guerre, tant de cheval que de pied, bien expressément et acertes de la part de Sa Majesté de faire aucunes foules, dommages ou mangeries aux sujets, ains que chacun ait à payer son hôte et hôtesse conformément à l'ordonnance sur ce faite, vivant et se conduisant de sorte que plainte raisonnable ne s'en fasse, et enchargerez les capitaines d'y tenir bon soin et regard, à peine de s'en prendre à eux.

Et si l'on vous fît apparoir que aucuns eussent fait quelque foule, mangerie ou dommage à quelques sujets de Sa Majesté, nous voulons que la perte, dommage ou intérêt commis par iceux soit payé et réparé, et ladite perte et dommage défalqué sur le payement qui leur sera fait.

Et comme les états ayent requis à Sadite Majesté de se servir des sujets d'icelle, lesquels ils consent entretenir au lieu des étrangers, vous aurez le regard et soin requis à ce qu'il soit à ce satisfait.

Et pour ce que nous avons avisé et conclu de continuer et retenir es garnisons de par deçà quelques gentilshommes d'artillerie chacun à trois payes ayant enchargé à iceux de se transporter et prendre résidence es villes frontières, vous regarderez de les faire recevoir es places à eux désignées, les faisant traiter et entretenir sous les enseignes et coucher au rôle au traitement desdites trois payes à chacun d'eux. Et ce dois [1] le jour contenu en l'ordonnance qu'ils en apporteront de nous.

[1] Dès.

Et advenant que vous trouvissiez les places toutes fermées, vous casserez les plus inhabiles à pouvoir faire service pour faire avoir place auxdits gentilshommes d'artillerie, à commencer du jour de la monstre, lesquels gentilshommes seront exempts de faire guet et jouiront des libertés, exemptions, franchises comme autres gens de guerre, à charge toutefois de tenir résidence ordinaire es dites villes, et prendre regard sur les artilleries et munitions y étant, afin que le tout soit toujours en bon ordre et équipage pour s'en pouvoir servir au besoin; mais devront obéir aux gouverneurs et capitaines pendant qu'ils y seront. Et néanmoins quand de notre part leur sera mandé ou enchargé aucune chose pour le fait de la dite artillerie, lesdits gouverneurs et capitaines ne leur pourront empêcher en obéir.

Et davantage comme l'on ait trouvé convenable et bien nécessaire de entretenir en chacune desdites villes et places frontières un armoyeur et aussi une garde de munitions, vous regarderez de à ce commettre tels que trouverez à ce les plus expérimentés et suffisants pour y rendre le devoir requis, lesquels auront chacun place de soldat avec une demi-surpaye et seront aussi affranchis de faire guet. A charge toutefois qu'ils seront tenus d'entretenir et garder respectivement les corselets, instruments de pionniers et toutes autres munitions de guerre en bon ordre et équipage pour s'en servir au besoin. Déclarant auxdits gardes des munitions qu'ils se devront dorénavant contenter de paye et demie et eux déporter de tout traitement qu'ils en ont eu auparavant et si avant que n'y trouvissiez aucuns idoines [1] pour avoir la dite charge, vous tiendrez les places ouvertes, pour, de la part de Sa Majesté, y être pourvu tels que l'on trouvera convenir.

Au surplus vous ferez en ce que dit est et que en dépend tout bon droit et diligence, selon que Sa dite Majesté se confie en vous et que verrez convenir pour son royal service, sans excéder votre charge.

XI.

Lettres de lieutenant général des bandes d'hommes d'armes pour le capitaine Nicolas de Blyer, du 28 janvier 1625.

Isabelle Clara Eugenia, par la grâce de Dieu infante d'Espagne,

Comme pour la défense des pays de par deçà en cas d'invasion d'ennemis, nous avons, au nom du Roy monseigneur et neveu, trouvé convenir de faire entre autres gens de guerre monter les bandes d'ordonnance d'hommes d'armes sous le commandement de notre cousin le prince de Barbançon et conséquemment trouvé convenir d'ordonner et commettre quelques personnages, idoine est qualifié pour sous ledit prince de Barbançon, notre lieutenant général desdites compagnies d'hommes durant la présente occasion et expédition de guerre pour cette cause nous confiant des sens, valeurs, expériences de Nicolas de Blyer, capitaine des chevaux cuirassiers entretenus en cette armée de S. M. aussi capitaine prevot, gruyer et receveur du château, terre et seigneurie de Durbuy, même en considération des bons services et preuves

---

[1] Capables.

de sa personne qui l'a ci-devant rendue en diverses occasions et exploits de guerre tant en qualité de capitaine d'arquebusiers à cheval que de chevaux cuirassiers, l'avons pour cette fois choisi et dénommé lieutenant général desdits hommes d'armes pour, en la dite qualité, faire sous ledit prince de Barbançon tout ce qu'un bon et léal lieutenant général peut et doit faire et que ladite charge compète et appartient aux gages de cinq cens livres du prix de 40 gros, monnaie de Flandre la livre par mois dont il sera payé et contenté par les mains des trésoriers à qui il appartiendra et des deniers qui pour ce lieu seront ordonnés à commencer aujourd'hui date de cestes et pour le temps que la présente occasion durera seulement, ordonnoit et commandait auxdites bandes et compagnies d'hommes d'armes de le tenir et reconnaître pour lieutenant général de lui obéir en tout ce qu'en la dite qualité et sous ledit prince de Barbançon, il leur commandera pour le service de Sa Majesté.

Fait à Bruxelles le 28ᵐᵉ jour de janvier 1625.

Signé : Iᵗᵉ. ISABELLE.

Par ordonnance de Son Altesse : Verreyken.

Les chefs, trésoriers général et commis des domaines et finances du Roi consentent et accordent autant qu'en eux le contenu...... accompli tout ainsi en la même forme et manière que Sa Majesté le veut.......

Fait à Bruxelles au bureau des Finances, le dernier février 1625.

Signé : Comte de R. Warfusée.

TABLE DES MATIÈRES.

DEUXIÈME PÉRIODE.

HISTOIRE DES BANDES D'ORDONNANCE DEPUIS LA MORT DE CHARLES LE TÉMÉRAIRE JUSQU'A L'ORGANISATION
DE CES BANDES PAR CHARLES-QUINT.

(1477 - 1545.)

CHAPITRE Iᵉʳ.

Histoire de l'organisation des bandes d'ordonnance depuis la mort de Charles le Téméraire
jusqu'à la nouvelle organisation par Charles-Quint.

CHAPITRE II.

Histoire militaire des bandes d'ordonnance depuis la mort de Charles le Téméraire
jusqu'à la réorganisation par Charles-Quint.

(1477-1545.)

TROISIÈME PÉRIODE.

HISTOIRE DES BANDES D'ORDONNANCE DEPUIS LEUR ORGANISATION PAR CHARLES-QUINT
JUSQU'A LA DISPARITION DE CETTE MILICE.

(1545-1700.)

CHAPITRE Ier.

Histoire de l'organisation des bandes d'ordonnance depuis la réorganisation de cette milice par Charles-Quint
jusqu'à la fin du dix-septième siècle.

CHAPITRE II.

Histoire militaire des bandes d'ordonnance depuis leur réorganisation par Charles-Quint
jusqu'à la fin du dix-septième siècle.

NOTICES BIOGRAPHIQUES SUR LES OFFICIERS DES BANDES D'ORDONNANCE, p. 185.

———

ANNEXES.

ORDONNANCES, ÉDITS ET PLACARDS RELATIFS AUX BANDES D'ORDONNANCE.

LA LÉGENDE DE SÉMIRAMIS.

PREMIER MÉMOIRE

DE

MYTHOLOGIE COMPARATIVE;

PAR

FRANÇOIS LENORMANT,

ASSOCIÉ DE L'ACADÉMIE ROYALE DE BELGIQUE.

(Mémoire présenté à la classe des lettres de l'Académie le 8 janvier 1872.)

LA LÉGENDE DE SÉMIRAMIS.

PREMIER MÉMOIRE

MYTHOLOGIE COMPARATIVE.

Parmi les légendes relatives à l'ancienne histoire de l'Asie, il n'en est pas qui ait eu une fortune plus brillante que celle de Ninus et de Sémiramis. Elle fut popularisée par Ctésias chez les Grecs, dont le goût pour le mer- + veilleux s'en empara avidement, la trouvant bien plus agréable que les récits *vrais* d'Hérodote. Toute l'antiquité classique y ajouta foi, et depuis la renaissance des lettres les érudits, acceptant implicitement l'idée que cette légende reposait sur un fondement historique véritable, n'ont point songé à en révoquer en doute les faits essentiels, jusqu'au jour où le déchiffrement des textes cunéiformes a révélé d'une manière positive et inattendue que l'histoire de Ninus et de Sémiramis, leurs exploits, leurs immenses con- quêtes, n'étaient qu'un tissu de fables puériles, démenti sur tous les points par les faits réels des origines de la monarchie assyrienne.

C'est là un des résultats les plus considérables et les plus positifs qui soient ressortis pour la science historique de l'admirable découverte due au génie pénétrant de Hincks, de sir Henry Rawlinson et de M. J. Oppert, un des faits les mieux établis par les travaux de ces trois fondateurs des études assyriologiques et de ceux qui ont essayé depuis de marcher sur leurs traces. Nous pouvons suivre maintenant la royauté assyrienne dans ses modestes débuts et dans son développement progressif, déterminer l'époque de ses premières conquêtes et celle où elle atteignit l'apogée de sa puissance, et nous n'y voyons rien qui ressemble, même de loin, à cet empire immense, étendu sur toute l'Asie antérieure par le premier de ses rois et se conservant intact pendant une longue suite de siècles, tel qu'il se présentait dans les récits de Ctésias. Mais en même temps l'étude des documents originaux de l'Assyrie, qui n'ont commencé à sortir de terre que dans le dernier demi-siècle et dont on n'est parvenu que depuis bien peu d'années à pénétrer le sens, en nous fournissant des renseignements certains sur la religion commune aux Assyriens et aux Babyloniens, permet de discerner clairement un mythe religieux sous cette légende longtemps considérée comme historique.

Dégager ce mythe des additions et des ornements dont il a été revêtu en pénétrant dans l'histoire, essayer de l'expliquer à la fois par les renseignements que l'on peut dès à présent tirer des textes cunéiformes et par la comparaison des autres religions antiques, tel est l'objet que nous nous sommes proposé dans le présent mémoire. Il sera le premier d'une série de dissertations de mythologie comparative dans lesquelles nous étudierons successivement tous les récits assyriens de Ctésias, c'est-à-dire le mythe de Sardanapale et celui de Nannarus et de Parsondas après le mythe de Ninus et de Sémiramis. Nous croyons qu'il nous sera possible de montrer dans ces récits une légende épique d'une nature tout à fait analogue à ce qu'est pour la Perse la légende épique mise en vers et acceptée comme de l'histoire par le poëte Firdoûsi. C'est un enchaînement de récits, à l'origine distincts et purement mythologiques, qui, sous cette forme première, avaient dû prendre naissance en Assyrie même, que la tradition orale du peuple, après la destruction de la monarchie assyrienne et l'oubli des monuments écrits destinés à perpétuer le souvenir de ses annales, avait rassemblés en un seul récit en les transformant en souvenirs nationaux, qu'on regardait comme historiques à la cour de Perse, et cela d'autant plus volontiers que la politique des Achéménides y puisait des arguments en faveur de ses prétentions et de son système. Aussi cette légende épique était-elle devenue pour la chancellerie de Suse l'histoire officielle de la première époque du grand empire asiatique. C'est là que le médecin d'Artaxerxe Mnémon l'avait entendu raconter, et quand même il eût été parfaitement de bonne foi, ce dont il est permis de douter un peu, il était tout naturel qu'il rapportât ces récits à ses compatriotes en croyant leur révéler la vérité sur cette puissante monarchie assyrienne dont le renom était si grand dans tout l'Orient, mais dont les Grecs n'avaient jamais entendu parler que d'une manière très-vague.

I.

Nous devons avant tout exposer la légende de Ninus et de Sémiramis afin d'en remettre tous les détails et toutes les circonstances sous les yeux du lecteur. Le récit du mythe, tel qu'il est parvenu jusqu'à nous, doit nécessairement précéder toute tentative d'interprétation. Nous prendrons ici pour guide principal la narration que Diodore de Sicile a extraite de Ctésias, car c'est la plus complète, et d'ailleurs le livre du médecin d'Artaxerxe a été le point de départ de tous les récits analogues qui ont circulé chez les Grecs. Mais nous y ajouterons les circonstances nouvelles qu'y joignent d'autres écrivains, en ayant soin d'en indiquer les sources.

Ninus, fils de Bélus, est donné par la légende comme le premier roi des Assyriens. Amoureux de la guerre et désireux d'acquérir la gloire de fondateur d'un immense empire, il organise une armée composée de jeunes gens d'élite et les prépare par des exercices multipliés à toutes les fatigues et à tous les dangers des combats. Il s'assure l'alliance du roi des Arabes, Ariæus, et renforçant ses troupes par les recrues qu'il tire d'Arabie, il commence ses guerres en assaillant les Babyloniens.

« Leur pays, dit Diodore [1], avait beaucoup de villes bien peuplées ; mais

[1] II, 1.

les habitants, inexpérimentés dans l'art de la guerre, furent bientôt vaincus et soumis au tribut. Ninus emmena prisonniers le roi et ses enfants, et les mit à mort. De là il marcha, suivi d'une multitude de soldats, sur l'Arménie, et épouvanta les habitants par le sac de quelques villes. Barzanès, le roi de cette contrée, se voyant hors d'état de résister, alla au-devant de l'ennemi avec des présents, et lui offrit sa soumission. Ninus le traita généreusement, lui laissa son royaume et n'exigea de lui qu'un contingent de troupes auxiliaires. Le roi de Médie, Pharnus, attaqué ensuite, voulut résister; mais, abandonné des siens, il fut fait prisonnier avec ses sept fils et sa femme, et mis en croix. »

Poursuivant de la même manière le cours de ses succès et n'éprouvant jamais aucun échec, Ninus, en dix-sept ans, subjugua toute l'Asie, à l'exception de la Bactriane et de l'Inde, et joignit aussi à ses États les provinces arrosées par le Nil. Diodore[1] énumère ainsi d'après Ctésias les pays et les peuples qui lui obéissaient : l'Égypte, la Phénicie, la Syrie, la Cilicie, la Pamphylie, la Lycie, la Carie, la Phrygie, la Mysie, la Lydie, la Troade, les bords de l'Hellespont, la Propontide, la Bithynie, la Cappadoce, les nations barbares des rivages du Pont-Euxin jusqu'au Tanaïs, les Cadusiens, les Tapyres, l'Hyrcanie, la Drangiane, les Derbices, la Carmanie, les Choromnéens, les Borcaniens, la Parthyène, la Perse, la Susiane et le pays des Caspiens, outre la Babylonie, l'Arménie et la Médie.

Au retour de ces expéditions, et pour donner à ses États une capitale digne de lui, qui surpassât toutes les villes existantes et que la postérité ne pût pas égaler, il construisit sur les bords de l'Euphrate (!!) Ninive, qu'il appela de son nom. « Cette ville eut la forme d'un quadrilatère oblong. Ses côtés les plus longs avaient 150 stades et les plus courts 90; de telle sorte que la totalité de l'enceinte était de 480 stades[2]. Les murs avaient 100 pieds de haut et étaient assez larges pour donner passage à trois chars de front. Les tours, au nombre de 1,500, s'élevaient à 200 pieds. Outre les Assyriens,

---

[1] II, 2.

[2] C'est le chiffre qu'Hérodote (I, 178) assigne à la grande enceinte extérieure de Babylone, et qui, pour cette dernière ville, est exact. Voy. Oppert, *Expédition en Mésopotamie*, t. I, pp. 220-234.

qui formaient la partie la plus nombreuse et la plus puissante de la population, Ninus admit dans sa capitale beaucoup d'étrangers, » et bientôt
Ninive devint la plus grande et la plus florissante cité du monde [1].

Ces travaux ne firent pas perdre à Ninus ses goûts guerriers; sa nouvelle
ville achevée, il entreprit la conquête de la Bactriane, qu'il avait déjà vainement tentée. C'est dans le cours de cette guerre que se montra pour la première fois Sémiramis, qui allait bientôt attacher à son nom une si grande
célébrité. « Il y a en Syrie, dit Diodore, empruntant les propres paroles de
Ctésias, une ville nommée Ascalon, près de laquelle est un étang grand et
profond, rempli de poissons. A côté de cet étang s'élève le temple d'une
déesse fameuse, que les Syriens appellent Dercéto et représentent avec un
buste de femme sur un corps de poisson. Les plus instruits des indigènes
racontent qu'Aphrodite, irritée contre cette déesse, lui inspira un violent
amour pour un beau et jeune ministre de son temple. Dans les embrassements
de ce jeune Syrien, Dercéto devint mère d'une fille, mais bientôt, rougissant
de sa faute, elle fit périr son amant et exposa sa fille dans un lieu désert au
milieu de rochers. Elle-même, poussée par la honte et par la douleur, se jeta
dans l'étang, où elle se transforma en poisson; aussi, depuis lors, les Syriens
s'abstiennent-ils de manger du poisson et rendent-ils à ces animaux des honneurs divins. Cependant de nombreuses colombes nichaient autour du lieu
où l'enfant avait été exposé; elles le nourrirent et lui sauvèrent la vie d'une
manière miraculeuse et divine, les unes le réchauffant en l'enveloppant de
leurs ailes, les autres apportant dans leur bec et faisant dégoutter sur ses
lèvres du lait enlevé aux bergeries voisines. Puis, quand l'enfant eut atteint
l'âge d'un an et commença à avoir besoin d'une nourriture plus solide, ce
furent des fromages que les colombes dérobèrent pour les lui apporter. Les
bergers finirent par s'en apercevoir, et ayant fait le guet, suivirent les
colombes jusqu'au lieu où ils trouvèrent la petite fille, admirable de beauté.
L'ayant apportée dans leurs cabanes, ils la présentèrent à l'intendant des
propriétés royales, nommé Simmas. Celui-ci, n'ayant pas d'enfants, l'éleva
comme sa fille et la nomma Sémiramis, du mot qui, dans la langue syrienne,

---

[1] Diod. Sic., II, 3.

signifie colombe; et depuis ce temps, les Syriens honorèrent les colombes comme des divinités [1]. »

Après avoir grandi dans la maison de Simmas, Sémiramis fut épousée pour sa beauté par le gouverneur de Syrie, nommé Ménonès. — Les autres auteurs qui ont également emprunté leurs données à Ctésias, écrivent Onnès ou Oannès, et cette leçon paraît plus exacte [2]. — Elle ne tarda pas à prendre un empire absolu sur l'esprit de son mari, et elle le suivit à l'armée royale dans la guerre de Bactriane. Ninus avait emmené dans cette expédition 1,700,000 fantassins, 210,000 cavaliers et 10,600 chars armés de faux [3].

Un acte de bravoure, exceptionnel pour son sexe, valut à Sémiramis d'être distinguée par Ninus et de devenir reine. Vaincu d'abord par les Bactriens dans une bataille où ils perdirent 100,000 hommes, les Assyriens avaient repris l'avantage; devenus maîtres des principales villes du pays, ils assiégeaient la capitale, où s'était retiré le roi Oxyartès. — D'autres auteurs font de Zoroastre le roi enfermé dans Bactres [4]. — Mais le siége traînait en longueur, lorsque Sémiramis, travestie en guerrier, trouva moyen d'escalader la forteresse, et, par un signal élevé sur le mur, avertit de son succès les troupes de Ninus, qui emportèrent la place. Ninus, émerveillé de tant de bravoure et de la beauté de Sémiramis, l'enleva à Ménonès et en fit son épouse. Ménonès se pendit de désespoir [5].

Peu de temps après, Ninus, ayant eu de Sémiramis un fils nommé Ninyas, mourut, et la laissa souveraine de l'empire [6]. Suivant d'autres écrivains, il se retira en Crète, lui laissant le champ libre en Assyrie [7]. Une troisième version de la légende raconte encore différemment l'élévation de Sémiramis. Elle en fait une courtisane introduite à cause de sa rare beauté comme con-

---

[1] Diod. Sic., II, 4; cf. Lucian., *De dea Syr.*, 14; Eratosthen., *Catasterism.*, 58; Athenagor., *Legat. pro Christian.*, 26; Anonym., *De mulier.*, dans Heeren, *Bibliothek der alt. Liter. u. Kunst.*, part. VI, p. 9.

[2] Nicol. Damasc., *ap.* C. Müller, *Fragment. historic. græc.*, t. III, p. 556; et l'Anonyme auteur du traité *De mulieribus.*

[3] Diod. Sic., II, 5.

[4] Cephalion, *ap.* Euseb., *Arm. Chron.*, p. 41, ed. Mai, *et ap.* Mos. Choren., I, 17; Just., I, 1.

[5] Diod. Sic., II, 6.

[6] *Ibid.*, 7.

[7] Mos. Choren., I, 16.

cubine dans le harem de Ninus. Lors de la célébration des Sacées [1], Sémiramis obtient de s'asseoir sur le trône comme reine de la fête; alors elle donne l'ordre de jeter le monarque en prison et de le mettre à mort; et c'est ainsi qu'elle s'empare du pouvoir [2].

Ninus fut enterré sous une pyramide haute de 9 stades et large de 10 à la base, dans le palais de Ninive. Quant à Sémiramis, une fois en possession de la puissance suprême, elle donna l'essor à son génie naturellement entreprenant. Jalouse de surpasser la gloire de son époux, elle conçut le dessein de bâtir sur le bas Euphrate une ville immense; ce fut Babylone, qui n'existait pas jusqu'alors [3].

Ctésias rapportait à Sémiramis, conformément à la légende, toutes les grandes constructions de Babylone, les murs, auxquels il donnait la hauteur fabuleuse de 50 orgyies et une largeur suffisante pour faire passer six chars de front [4], les quais et le pont de l'Euphrate, les deux palais, dont il donnait une description très-exacte [5], le grand lac artificiel situé en amont de la ville et dans lequel on avait détourné l'Euphrate pendant la construction du tunnel qui reliait les deux palais par-dessous le fleuve, enfin la pyramide regardée comme le tombeau de Bélus [6]. Cependant il reconnaissait que les fameux jardins suspendus « n'étaient pas l'œuvre de Sémiramis, mais d'un roi syrien postérieur, qui les avait élevés pour une de ses femmes [7]. » Mais il racontait que Sémiramis avait encore construit de nombreuses villes destinées à servir de marchés le long de l'Euphrate et du Tigre, et qu'elle avait fait apporter par eau, des montagnes de l'Arménie, un obélisque prodigieux, haut de 130 pieds et large de 25, qu'elle avait dressé à la porte de Babylone [8]. Justin parle aussi de la construction de Babylone par cette reine fameuse [9].

---

[1] Sur cette fête célèbre, voy. notre *Essai de commentaire des fragments cosmogoniques de Bérose*, pp. 167-174.
[2] Diod. Sic., II, 20; Ælian., *Var. hist.*, VII, 1.
[3] Diod. Sic., II, 7.
[4] *Ibid.*
[5] *Ibid.*, 8.
[6] *Ibid.*, 9.
[7] *Ibid.*, 10.
[8] *Ibid.*, 11.
[9] Justin., I, 2.

Sémiramis, après avoir achevé ces ouvrages dans la Babylonie, entreprit une expédition contre les Mèdes, qui s'étaient révoltés. Elle soumit de nouveau leur pays et y laissa des monuments immortels de son passage. Arrivée au pied du mont Bagistan, elle y créa un *paradis* merveilleux, et sur une des parois de la montagne, formée de rochers taillés à pic d'une hauteur effrayante, elle fit sculpter son image entourée de celle de cent de ses gardes, avec une inscription racontant ses exploits. Auprès de Chavon, elle fit établir un autre *paradis* entourant un rocher de dimensions extraordinaires, et elle s'y arrêta longtemps, se livrant à tous les plaisirs, tandis que son armée campait aux environs. Elle ouvrit une route taillée dans le roc au travers du mont Zarcœus. Diodore lui attribue aussi la fondation d'Ecbatane et de son palais. Comme la ville manquait d'eau et qu'il n'y avait aucune source dans le voisinage, elle amena à grands frais et à l'aide de travaux prodigieux une eau pure et abondante dans tous les quartiers. Pour cela elle perça le mont Oronte et y creusa un tunnel de 15 pieds de largeur sur 40 de hauteur, qui communiquait avec un lac situé de l'autre côté de la montagne [1].

De la Médie, Sémiramis se dirigea vers la Perse et parcourut toutes les autres contrées qu'elle possédait dans l'Asie. En Arménie elle éleva, près du lac de Van, une ville qui fut appelée Sémiramocerte, avec un palais immense [2]. Partout où elle allait, elle perçait les montagnes, brisait les rochers, pratiquait de grandes et belles routes. Dans les plaines, elle érigeait des tertres qui servaient de tombeaux à ses généraux morts pendant l'expédition [3]. D'autres disaient qu'elle les avait élevés en prévision d'un déluge futur [4]. Mais une version beaucoup plus répandue en faisait les tombeaux de ses amants mis à mort [5]. La légende, dans toutes ses formes, était en effet unanime pour attribuer à Sémiramis de nombreuses débauches. Ayant toujours refusé, disait-on, de contracter un nouveau mariage légitime, elle prenait pour ses amants les plus beaux hommes de son armée, et quand son caprice

[1] Diod. Sic., II, 15.
[2] Mos. Choren., I, 16.
[3] Diod. Sic., II, 14.
[4] Syncell., p. 64, C.
[5] Ctes. *ap.* Johan. Antioch., Cramer, *Anecd. Paris*, t. II, p. 586; Syncell., p. 64, C.

était une fois satisfait, elle les faisait tuer [1]. On allait plus loin, et on lui attribuait d'étranges amours avec un cheval, pour lequel elle s'était enflammée
d'une passion violente [2].

L'Asie parcourue, Sémiramis se rendit en Egypte, car ce pays faisait
aussi partie de son empire. De là elle alla visiter l'oracle d'Ammon, qui lui
prédit qu'elle disparaîtrait miraculeusement du milieu des hommes et serait
honorée comme une divinité, après que son fils Ninyas aurait conspiré contre
sa vie. Elle fit ensuite la conquête de l'Éthiopie, dont elle admira les fabuleu-
ses merveilles [3].

Mais la soumission de l'Éthiopie n'avait pas demandé de combats, et
Sémiramis brûlait de l'ambition d'ajouter la gloire militaire à toute sa renommée. Elle résolut donc d'entreprendre la conquête de l'Inde, dont les immenses
richesses excitaient d'ailleurs sa convoitise. Stabrobatis, roi des Indiens,
averti des préparatifs inouïs de la reine d'Assyrie, mit sur pied des forces
considérables, puis défia Sémiramis elle-même, dans une lettre où il lui
reprochait ses débauches, et la menaçait de la mettre en croix s'il était
vainqueur. Sémiramis n'en attaqua pas moins le monarque indien, et parvint d'abord à forcer le passage de l'Indus. Mais dans la grande bataille
qui s'ensuivit, les éléphants de Stabrobatis lui assurèrent la victoire. La
reine elle-même fut blessée, son armée mise en fuite et détruite aux deux
tiers; mais les Indiens, par l'ordre des dieux, ne la poursuivirent pas au
delà du fleuve [4]. Quand Mégasthène, ambassadeur de Séleucus à la cour de
Pâtalipoutra (la Palibothra des Grecs), consulta les chroniques et les traditions nationales des Indiens, il n'y trouva aucune trace de l'expédition de
Sémiramis. Mais n'osant pas révoquer en doute l'existence de cette reine, à
laquelle tous les Grecs croyaient fermement de son temps, il supposa qu'elle
avait dû mourir avant de pouvoir réaliser son projet d'attaque contre cette
partie lointaine de l'Asie [5].

[1] Diod. Sic., II, 13.
[2] Jub. *ap.* Plin., *Hist. nat.,* VIII, 42, 64.
[3] Diod. Sic., II, 14.
[4] *Ibid.,* 16-20.
[5] Strab., XV, p. 687; Arrian., *Indic.,* 5, 4.

C'est au retour de la campagne si tristement terminée dans l'Inde, qu'on racontait que Sémiramis avait été en butte à une conspiration des deux fils issus de son mariage avec Oannès, lesquels sont nommés Hyapatès et Hydaspès [1]. Révoltés des désordres de leur mère et excités par l'eunuque Satibaras, les deux jeunes gens avaient résolu de l'assassiner; prévenue, Sémiramis les fit mettre à mort [2].

Au reste, à la suite de cet échec, elle rentra dans ses États, d'où elle ne sortit plus. Elle poursuivit l'exécution de ses vastes travaux; et telles furent l'activité et la renommée de cette reine qu'après elle, suivant Strabon, tout grand ouvrage en Asie lui fut attribué par la voix populaire [3]. Alexandre trouva, raconte-t-on, son nom inscrit sur les frontières de la Scythie, alors considérée comme la borne du monde habité. C'est cette inscription dont le texte prétendu nous a été conservé par Polyen [4] et dans laquelle Sémiramis, parlant d'elle-même, se serait exprimée ainsi : « La nature m'a donné le corps d'une femme, mais mes actions m'ont égalée au plus vaillant des hommes. J'ai régi l'empire de Ninus qui vers l'Orient touche au fleuve Hinamanès (évidemment celui que la plupart des géographes anciens nomment Etymander), vers le sud au pays de l'encens et de la myrrhe, vers le nord aux Saces et aux Sogdiens. Avant moi, aucun Assyrien n'avait vu de mers; j'en ai vu quatre, que personne n'abordait, tant elles étaient éloignées. J'ai contraint les fleuves de couler où je voulais, et je ne l'ai voulu qu'aux lieux où ils étaient utiles : j'ai rendu féconde la terre stérile en l'arrosant de mes fleuves. J'ai élevé des forteresses inexpugnables, j'ai percé avec le fer des routes à travers les rochers impraticables. J'ai frayé à mes chariots des chemins que les bêtes féroces elles-mêmes n'avaient pas parcourus. Et au milieu de ces occupations, j'ai trouvé du temps pour mes plaisirs et pour mes amours. »

Cependant, ayant appris que son fils Ninyas lui tendait des embûches, Sémiramis se souvint des prédictions de l'oracle d'Ammon et prit le parti

---

[1] Diod. Sic., II, 5.

[2] Nicol. Damasc. *ap.* C. Müller, *Fragm. historic. græc.*, t. III, p. 356; Cephalion *ap.* Euseb., *Armen. chron.*, p. 41, ed. Mai, *et ap.* Mos. Choren., I, 17.

[3] Strab., XVI, p. 737.

[4] *Stratagem.*, VIII, 26.

d'abdiquer. Loin de punir le conspirateur, elle lui remit l'empire, ordonna à tous les gouverneurs d'obéir au nouveau souverain, puis elle disparut, changée en colombe, au milieu d'un vol de ces oiseaux. Les Assyriens en firent une déesse et rendirent, à cause d'elle, des honneurs divins à la colombe [1]. D'autres récits la font tuer par son fils Ninyas [2]. On disait même que celui-ci l'avait frappée dans son horreur pour la passion incestueuse dont elle le poursuivait [3]. Quant à la tradition arménienne, elle avait pris un caractère tout local. Elle prétendait que Sémiramis résidait à Sémiramocerte, sur le lac de Van, quand Zoroastre, qu'elle avait institué satrape d'Assyrie, se révolta et marcha contre elle. Elle s'enfuit alors presque seule dans les montagnes de l'Arménie, où elle fut tuée par son fils Ninyas [4].

La chronologie rattachée à ces récits n'est pas moins fabuleuse que la légende elle-même. Elle place Ninus et Sémiramis, avec leurs immenses conquêtes et leur empire qui embrasse toute l'Asie, dans un temps où il n'était pas encore même question d'une monarchie assyrienne [5]. Ctésias comptait

[1] Diod. Sic., II, 20.

[2] Cephalion *ap.* Euseb., *Armen. chron.*, p. 44, ed. Mai, *et ap.* Mos. Choren., 1, 17.

[3] Justin., I, 2.

[4] Mos. Choren., I, 16.

[5] Nous ne pouvons pas ici donner incidemment un récit des premiers temps de la royauté assyrienne, tels que les documents indigènes nous mettent à même de les reconstituer aujourd'hui, en nous faisant connaître les traits principaux de cette antique histoire. Nous nous bornerons donc à renvoyer le lecteur aux deux résumés les plus récents qui aient été donnés de l'état actuel de la science sur ce point : celui de M. Smith dans les derniers numéros de l'année 1868 de la *Zeitschrift für Ægyptische Sprache und Alterthumskunde* de M. Lepsius ; et celui de notre *Recueil de l'histoire ancienne de l'Orient*, 5ᵉ édition (1869), t. II, pp. 55 et suiv.

Rappelons seulement qu'un peu avant l'année 1800 av. J.-C. — 701 ans avant *Tuklati-pal-as'ur* Iᵉʳ, d'après le témoignage formel du prisme de ce dernier prince (col. 7, l. 60-75 : *Cuneiform inscriptions of Western Asia*, t. I, pl. 15) — il n'y avait pas encore de rois d'Assyrie, mais des pontifes (*patesi*) du dieu *As's'ur* régnant sur la ville d'*Al-As's'ur*, la אלסר de la Bible, aujourd'hui Kalah-Scherghât.

Le plus ancien roi d'Assyrie proprement dit, *s'ar As's'ur*, que nous connaissions vivait environ 1400 ans avant l'ère chrétienne. Babylone fut soumise à la suzeraineté ninivite, tout en gardant ses rois propres, par *Tuklati-Samdan* Iᵉʳ, vers 1270 seulement. Et ceci coïncide fort exactement avec ce que dit Hérodote (I, 95.) que la puissance des Assyriens en Asie commença 520 ans avant l'époque où les Mèdes se rendirent indépendants. Nous nous sommes, en effet, efforcé de prouver ailleurs (dans la première de nos *Lettres assyriologiques*) que ce dernier événement devait être placé entre 750 et 745 av. J.-C.

Adar-pal-as'ar, dont il est dit (*Cuneif. inscr. of West. As.*, t. I, pl. 15, col. 7, l. 56-59) que

33 règnes et 1306 ans de durée entre Ninus et Sardanapale [1], et plaçait le détrônement de ce dernier roi par Arbace en 876 avant notre ère [2]; cela reporte Ninus en 2182 et concorde exactement avec l'autre affirmation du même écrivain qu'il était de mille ans antérieur à la prise de Troie [3]. Velleius Paterculus [4] et Justin [5] donnent le même calcul emprunté à la même source. Pour Castor de Rhodes, la chute de Ninive est de 843 avant notre ère et l'avénement de Ninus se place 1280 ans plus tôt [6], c'est-à-dire en 2123. Quant à Céphalion, Sardanapale est, dans son système, inscrit en 1150 et la durée de l'empire depuis Ninus de 1013 ans [7], ce qui reporte le fondateur en 2163. On voit que tous ces calculs reviennent, à bien peu de chose près, à la même date, qui était évidemment donnée par la légende et qui en avait le caractère fantastique.

II.

Il est facile de discerner deux éléments, l'un épique et l'autre religieux, dans la formation de cette célèbre légende, qui, nous l'avons déjà dit tout à l'heure, avait surtout pris un grand développement sous les Perses et que leur politique exploitait à leur profit, mais qui avait également cours chez les peuples sémitiques, et dont le fond premier, nous l'avons dit aussi et nous allons essayer de le démontrer dans un instant, devait ne pas être

« il organisa le pays d'Assyrie..... et institua le premier les armées d'Assyrie, » est voisin de 1240, et les grandes conquêtes débutent seulement au douzième siècle, encore avec un développement bien loin d'approcher de celui qu'elles reçurent de la fin du dixième siècle au commencement du septième.

[1] Diod. Sic., II, 21 et 28; Syncell., p. 359, C; Agathias, II, 25; Augustin, *De civit. Dei*, XVIII, 21.

[2] Diod. Sic., II, 52-54; Agathias, II, 25.

[3] Diod. Sic., II, 28.

[4] I, 6, 6.

[5] I, 5.

[6] *Ap.* Euseb., *Armen. chron.*, p. 56, ed. Mai.

[7] Euseb., *Armén. chron.*, p. 44-44, ed. Mai; Syncell., pp. 167 et 168.

étranger aux Assyriens eux-mêmes, car il se rattachait à des mythes de leur religion.

Au point de vue des souvenirs historiques confondus et groupés dans un seul ensemble par l'imagination populaire, et transformés en épopée, Ninus, son nom même l'indique suffisamment, est le héros éponyme de la ville de Ninive, la personnification de cette ville et de sa puissance ; sous son nom les récits de la tradition orale ont groupé tous les exploits, toutes les conquêtes des rois des différentes dynasties assyriennes, et même, car ces récits amplifient toujours, des conquêtes que n'a jamais faites aucun monarque de Ninive, comme celle de la Bactriane, et dans une autre direction celle des provinces occidentales de l'Asie Mineure. De même que les expéditions militaires ont été réunies autour du nom de Ninus, bien qu'on en ait aussi attribué à Sémiramis, la légende a surtout gratifié cette reine fabuleuse de la gloire de tous les travaux utiles ou gigantesques exécutés aux époques les plus diverses par des souverains asiatiques, quelle qu'en fût l'origine [1]. Elle lui a attribué toutes les constructions de Babylone [2], depuis celle de la pyramide de Bel, que les Babyloniens eux-mêmes rapportaient « au plus ancien roi, » jusqu'à celles du temps de *Nabu-kudurri-uṣur* et de ses successeurs ; elle a placé de même sous son nom les travaux du roi Déjocès à Ecbatane [3],

---

[1] Voy. notre *Manuel d'histoire ancienne de l'Orient*, 3e édit., t. II, p. 50 et suiv.

[2] Ce qui put y contribuer pour une certaine part, c'est que des travaux considérables et d'une grande utilité avaient été réellement exécutés à Babylone, vers la fin du neuvième siècle avant notre ère, par une reine qu'Hérodote (I, 184) appelle Sémiramis et qu'il place fort exactement un siècle et demi avant Nitocris, la femme de son Labynète Ier, c'est-à-dire de *Nabu-bal-uṣur* (Nabopolassar), roi de Babylone. « Sémiramis, dit le père de l'histoire, fit faire ces digues magnifiques qui retiennent l'Euphrate dans son lit et l'empêchent d'inonder la campagne autour de Babylone. » C'est la seule Sémiramis historique, et on l'a reconnue avec certitude dans la reine *Sammu-ramat*, femme du roi d'Assyrie *Bin-nirari* III, que mentionne l'inscription de la statue du dieu *Nabu* découverte par M. Loftus à Nimroud et actuellement conservée au Musée Britannique (*Cuneif. inscr. of West. As.*, t. I, pl. 55, n° 2 ; voy. la représentation de la statue elle-même dans George Rawlinson, *The five great monarchies of the ancient eastern world*, 1re édit., t. I, p. 179). Cette reine paraît avoir été une princesse babylonienne de naissance, épousée par le monarque assyrien, qui aura régné de nom à Babylone en même temps que son mari à Ninive, et que les Babyloniens auront plus tard enregistrée seule dans leurs annales nationales. Voy. notre *Manuel d'histoire ancienne de l'Orient*, 3e édit., t. II, p. 76.

[3] Hérodote, I, 98.

et l'exécution des grandioses sculptures du mont Bagistan dans la Médie (aujourd'hui Behistoun), qui datent du règne de Darius fils d'Hystaspe[1].

C'est là le côté non assyrien de la légende sous la forme où Ctésias l'a recueillie. Ce sont les broderies poétiques que l'imagination des peuples voisins a superposées au vieux mythe religieux venu de l'Assyrie, en y greffant les souvenirs gigantesques, mais confus et sans chronologie, que leur avait laissés la puissance du grand empire qui les avait si longtemps tenus sous le joug. En effet, si les Assyriens avaient des héros éponymes à l'origine de leurs cités et des légendes épiques sur les premiers temps de leur nation [2], ils

[1] Il faut cependant remarquer que Ker-Porter (*Travels*, t. II, p. 151 et suiv.) signale sur le rocher de Behistoun, et dans une position plus basse, un second bas-relief, dont il trouvait le style analogue à celui du grand bas-relief de Darius, mais presque effacé et difficile à distinguer. On serait tenté de croire que c'est à cette sculpture que faisait allusion la légende recueillie par Ctésias, car on a quelque peine à admettre que l'origine d'un monument de Darius fils d'Hystaspe fût déjà complétement oubliée du temps d'Artaxerxe Mnémon. Mais aucun autre voyageur ne parle de ce second bas-relief et l'on n'en voit pas de trace dans la grande vue du rocher de Behistoun que MM. Coste et Flandin ont donnée dans leur ouvrage sur la *Perse ancienne*.

[2] Nous trouvons un précieux débris de ces légendes assyriennes de héros éponymes dans un passage d'Abydène qui nous a été conservé par Eusèbe (*Armen. chron.*, p. 56, ed. Mai) : *Fuit Ninus Arbeli, Chaali, Arbeli, Anebi, Babii, Beli regis Assyriorum*. Le même passage est reproduit par Moïse de Khorène (1, 4) : *Ninus ortus Arbelo, Chaealus Arbelo; is Anebi, is Babio, is Belo*.

Quelques remarques sur l'origine première de ces données sont ici nécessaires. Abydène paraît avoir suivi dans son livre la marche suivante. Après avoir exposé l'histoire de la Babylonie en résumant Bérose jusqu'au règne d'Alexandre le Grand, il racontait l'histoire des Assyriens conformément au système de Ctésias, sur lequel les Grecs n'élevaient aucun doute, en la commençant à Ninus et en la finissant à Sardanapale. C'est ce qui ressort du témoignage formel d'Eusèbe (*Armen. chron.*, p. 56, éd. Mai) : *Abydeni de regno Assyriorum. Chaldaei regionis suae reges ab Aloro usque ad Alexandrum hoc pacto enumerant. Nini quidem et Samiramidis nullam rationem habent. His autem dictis ita suam historiam exorditur*. Suit la phrase que nous venons de citer sur la généalogie de Ninus, puis le texte reprend. *Deinde accurate reges enumerat a Nino et a Samiramide ad Sardanapallum, qui omnium extremus fuit : a quo ad primam Olympiadem sexaginta et septem anni putantur. De Assyriorum regno huc diligentia scripsit Abydenus. Nihilominus et Castor primo libro summarii chronicorum eadem plane ad literam narrat de regno Assyriorum*. Il semblerait, du reste, d'après la phrase (*Chaldaei*) *Nini et Samiramidis nullam rationem habent*, qu'Abydène faisait ressortir la contradiction des deux récits de Bérose et de Ctésias, trop frappante pour ne pas être remarquée de quiconque essayait de les mettre en parallèle. Pour la date de Sardanapale il suivait le même système que Castor de Rhodes, soit qu'il la lui eût empruntée, soit que Castor l'ait, au contraire,

connaissaient parfaitement leur histoire à partir du moment où elle prenait un caractère positif, tous les textes en font foi, et ils possédaient une chronologie parfaitement régulière. Ce ne sont donc pas eux qui ont fait les

copiée dans Abydène. Mais il s'en écartait considérablement pour le reste de l'histoire, ainsi qu'on peut s'en convaincre en étudiant l'extrait de Castor donné par Eusèbe (*Armen. chron.*, p. 56, ed. Mai) immédiatement après celui d'Abydène et la liste des rois d'Assyrie dans les *Excerpta barbara* publiés par Scaliger (*De emend. tempor.*, p. 74), liste qui procède certainement de Castor par l'intermédiaire de Jules l'Africain. Castor faisait suivre immédiatement Bélus par Ninus, tandis qu'Abydène plaçait, comme on vient de le voir, plusieurs noms dans l'intervalle. Castor ne finissait pas la liste royale avec Sardanapale, mais lui donnait un successeur, Ninus II ; Abydène, conformément à Ctésias, présentait Sardanapale comme le dernier de tous, *omnium extremus*, et faisait coïncider la destruction de l'empire avec sa mort.

Mais d'où pouvait provenir la série de rois qui nous a conduit à nous occuper ici du livre d'Abydène et que cet auteur insérait entre Bélus et Ninus? Ce n'est certainement pas de Ctésias, puisque aucun autre des auteurs qui ont parlé de l'histoire d'Assyrie d'après le médecin d'Artaxerxe ne connaît ces rois. D'ailleurs cette courte liste offre un tout autre caractère que la longue liste de Ctésias, au commencement de laquelle Abydène l'avait artificiellement greffée.

Le canon des rois assyriens de Ctésias, que nous ne connaissons, du reste, qu'un peu altéré, puisque les deux versions d'Eusèbe et du Syncelle ne s'accordent pas de tous points et contiennent trois princes de plus que le nombre indiqué par Diodore, le canon de Ctésias se compose de noms purement de fantaisie. Les uns sont iraniens et ont certainement été copiés par Ctésias dans les chroniques perses qu'il consultait, comme *Arius* (4e), *Aralius* (5e), *Xerxes* (6e), *Armamithres* (7), *Mithræus* (25e); d'autres, en bien petit nombre, qui ont dû être empruntés aux mêmes chroniques, ont une certaine physionomie assyrienne et proviennent probablement de traditions populaires, comme *Sardanapallus* (36e), qui rappelle *As's'ur-bani-pal.* Nous avons été longtemps porté à rattacher à cette catégorie *Belochus* (18e), à qui nous trouvions beaucoup d'analogie avec un nom que nous lisions alors *Bin-liχχus'*; mais le rapprochement n'est plus possible aujourd'hui que des exemples positifs établissent pour ce nom royal la lecture *Bin-nirari.* Il est à remarquer que les rares noms auxquels nous venons de faire allusion ont précisément une analogie frappante avec ceux de conquérants assyriens qui eurent affaire aux peuples aryens et durent par conséquent laisser chez eux un souvenir; seulement ils sont mis tout à fait en dehors de leur vraie place historique. Mais à côté nous voyons des noms purement grecs qu'il est bien difficile de ne pas croire inventés par Ctésias lui-même pour remplir les lacunes des chroniques perses; tels sont ceux d'*Amyntas* (17e), *Lamprides* (20e), *Panyas* (25e), *Laosthenes* (31e), *Peritiades* (32e). Une dernière catégorie, surtout dans la dernière partie de la liste, est formée de noms géographiques, tous empruntés à des fleuves ou à des canaux de la Babylonie, *Dercylus* (29e), *Ophratæus* (33e), *Ophratanes* (34e), *Acraganès* (35e), sans compter les noms pris à l'histoire d'Égypte, on ne sait pourquoi, comme *Sethos* (10e suivant le Syncelle) et *Lampares* (22e). Ce que cette liste offre de plus frappant, c'est qu'elle ne renferme pas un seul élément historique réel, confirmé par les monuments.

Dans le fragment que nous avons cité, au contraire, nous trouvons une série d'éponymes de cités véritablement assyriennes, caractère que ne présente aucun des noms de Ctésias; ces

incroyables confusions d'époques dont est formé le tissu de cette narration,
ou du moins cette partie épique de la légende n'aurait pu naître chez eux et
s'ajouter au fond mythologique que très-tard, après la chute de leur nation

noms sont rangés dans un ordre géographique régulier, et par leur ordre même ils expriment
un fait historique véritable, qu'atteste en termes formels le chapitre X de la Genèse, d'accord
avec tous les monuments, la marche de la civilisation remontant le cours du Tigre depuis Babylone jusqu'à Ninive. Une donnée historique aussi exacte et aussi précise, et qui contraste si
nettement avec les fables perses recueillies par Ctésias, ne peut manquer d'avoir eu une source
réellement assyrienne; elle a été puisée dans les documents indigènes, et en dehors de Bérose,
aucun écrivain de la littérature grecque n'a été aussi bien informé. Or, Abydène travaillait
d'après deux auteurs, Bérose et Ctésias. Quand nous rencontrons chez lui un renseignement
sur les origines de l'Assyrie qui n'appartient certainement pas à Ctésias et qui se distingue de
ses fables par un caractère de tradition réellement indigène, nous sommes en droit d'en attribuer l'origine à Bérose, d'autant plus que l'historien de la Chaldée semble avoir mentionné à
son point de vue Ninus et Sémiramis (Euseb. *Armen chron.*, p. 18, ed. Mai) et par conséquent
avoir fait, au moment où les Assyriens apparaissaient dans les annales de Babylone, un retour
en arrière sur leurs traditions légendaires et les débuts de leurs annales.

C'est à M. Oppert qu'appartient le mérite d'avoir reconnu, dès le *Rapport au ministre de
l'instruction publique* où il a exposé (en 1856) les premiers résultats de ses travaux, le véritable caractère de la petite liste que nous avons sous les yeux et d'y avoir montré d'une manière
certaine des noms de villes disposés dans un ordre géographique régulier correspondant à une
réalité historique. Mais avant lui, Ottfried Müller l'avait déjà soupçonné, dans sa dissertation
intitulée : *Sandon und Sardanapal*, qui a paru au tome III de la première série du *Rheinisches
Museum für Philologie*. Au reste, il suffit de jeter les yeux sur cette liste, avec les connaissances que nous commençons à avoir sur la géographie antique de la Babylonie et de l'Assyrie,
pour y reconnaître des noms de villes à peine altérés par leur hellénisation et par les copies
successives; quant à la régularité de l'ordonnance géographique remontant du sud au nord,
elle est aussi saisissante dès que l'on corrige l'erreur manifeste de la répétition du nom d'*Ar-
belus* dans Eusèbe et dans Moïse de Khorène, d'après le Syncelle (pp. 151, 154 et 155) qui a
inséré de la façon la plus bizarre cette liste de rois, très-exactement reproduite, mais retournée
dans l'ordre inverse, entre le vingt-septième et le vingt-huitième nom du canon de Ctésias.

Voici en effet de quelle façon le document que nous considérons comme emprunté à Bérose
par Abydène marque, au moyen des éponymes des principales villes, les étapes de la civilisation
remontant, avec la domination du peuple des Nemrodites ou Kouschites (voy. notre *Essai de
commentaire des fragments cosmogoniques de Bérose*, p. 43), de la Babylonie dans l'Assyrie.

NOMS DES ROIS ÉPONYMES :	NOMS ASSYRIENS DES VILLES :
Babius.	*Babilu.*
Anebus.	*Nipur.*
Chaalus ou Chalaüs.	*Kalaχ.*
Arbelus.	*Arbail.*
Ninus.	*Ninua.*

Le parallélisme des deux ordres de noms est assez frappant pour n'avoir pas besoin d'autre

et la ruine des grands colléges sacerdotaux où se conservaient les annales historiques.

Remarquons de plus que si l'étendue des conquêtes attribuées à Ninus et

commentaire. Quant à Bélus, c'est le dieu *Bel*, qui figure à bon droit en tête, avant le héros éponyme de Babylone, car la tradition nationale, attestée par les monuments et enregistrée par Bérose (Euseb., *Armen. chron.*, p. 27, ed. Mai; *Praepar. Evan.*, IX, 41) lui attribuait la fondation de cette ville.

Que les Assyriens, dont l'histoire positive commençait fort tard en comparaison de celle des Babyloniens, aient eu sur les premiers temps de leur existence nationale et sur leurs origines des traditions épiques, des légendes héroïques où les mythes religieux se mêlaient à des souvenirs assez fidèlement conservés, c'est ce dont il n'est pas possible de douter, et la tradition de Ninus et de Sémiramis, que nous étudions dans ce mémoire, suffirait à le prouver. Mais un passage extrêmement curieux qui se répète dans plusieurs inscriptions de *S'ar-yukin* montre de plus que, à l'époque culminante de leur puissance, l'orgueil des Assyriens était parti de ces traditions légendaires pour se targuer d'une antiquité rivale de celle de Babylone, et pour placer en tête de l'histoire d'Assyrie, avant les princes d'un caractère véritablement authentique comme les pontifes-souverains (*patesi*) de la ville d'*Al-As's'ur* et les rois leurs successeurs, d'interminables dynasties mythiques. Le vainqueur de Samarie, dit en effet, dans l'inscription des Taureaux de Khorsabad (Oppert, *Inscriptions de Dour-Sarkayan*, p. 6 : l. 57-59) et dans celle des Barils (*Cuneiform inscriptions of Western Asia*, t. I, pl. 56, l. 55; Oppert, *Inscriptions de Dour-Sarkayan*, p. 16) : *CCCL tan malki labiruti s'a ellamua belut As's'ur obus'u vu illanapparu ba'lat Bel*, « il y a eu en tout 550 rois antérieurs, qui ont exercé la domination » sur l'Assyrie avant moi et ont illustré l'empire de Bel. » D'après ce qui résulte des fragments de Bérose et du témoignage des monuments indigènes (voy. le canon royal que nous en avons extrait dans la troisième de nos *Lettres assyriologiques*), il y avait eu seulement avant *S'ar-yukin* quarante-sept rois historiques en huit siècles; l'époque des pontifes d'*Al-As's'ur* avait duré environ six à sept siècles, et par suite on ne peut pas l'évaluer à plus de trente-cinq à quarante règnes. Restent au moins deux cent soixante rois mythiques sur les trois cents cinquante dont parle le fondateur de Khorsabad. En supposant que l'on ait attribué une durée humaine à tous les règnes et qu'il n'y en ait pas eu qui aient correspondu à d'énormes périodes, comme les premiers rois chaldéens, c'est toujours environ sept mille ans d'antiquité que *S'ar-yukin* prétendait revendiquer pour sa couronne. On notera que le monarque assyrien fait aussi partir du dieu *Bel* la naissance de l'empire. C'est une preuve de plus de l'origine réellement assyrienne de la donnée qu'Abydène nous a conservée, et par suite de l'emprunt que cet auteur a dû en faire à Bérose.

Mais si le témoignage des inscriptions de Khorsabad contribue ainsi à démontrer la haute valeur du fragment de liste qui vient de nous occuper dans cette note, en tant que provenant bien d'une source assyrienne, le fragment conservé par Eusèbe et par Moïse de Khorène d'après Abydène éclaircit d'une manière fort précieuse le dire des inscriptions de Khorsabad. Il nous renseigne en effet sur le caractère des légendes nationales de l'Assyrie et sur la nature de ses rois mythiques, en montrant que les fables y étaient essentiellement épiques et que les rois comptés dans les âges antéhistoriques, au lieu d'être, comme à Babylone, des personnifications

à Sémiramis excède celle de l'empire assyrien à toutes les époques, la liste
des provinces soumises à Ninus, telle que la donnait Ctésias est précisément
celle des provinces composant l'empire des Achéménides à partir de Darius,
fils d'Hystaspe, telle que nous la lisons dans Hérodote [1] et dans l'inscription
du tombeau de Darius à Nakch-i-Roustam [2], ainsi qu'au début du fameux
texte de Behistoun (cette dernière liste est un peu moins étendue que celle
de Nakch-i-Roustam, car elle ne comprend pas les provinces ajoutées à l'empire par Darius lui-même). Nous sommes avertis par là que ce côté de la
légende a dû être systématiquement amplifié par la politique des Perses afin
d'arriver à une aussi exacte coïncidence. En effet, il est facile de discerner à
quel point de vue et dans quelle intention les monarques Achéménides avaient
donné un caractère officiel au travestissement de l'histoire assyrienne dont
Ctésias s'est fait le complaisant écho. La politique de ces rois avait un intérêt
capital à faire ainsi remonter jusqu'à la plus haute antiquité l'exemple d'un
empire maintenu sur les nations de l'Asie par l'obéissance qu'inspirait le
nom du souverain, fût-il enseveli dans ses plaisirs et invisible au fond de
son palais; maintenu aussi par une politique ombrageuse qui ne permettait
pas à ses sujets de contrées diverses d'acquérir une expérience complète du
métier des armes et de se connaître dans les camps, mais envoyait dans
chaque province les agents de son pouvoir absolu. Comme ils se prétendaient
substitués aux droits de l'empire assyrien, en prêtant à cet empire un semblable caractère et en le représentant comme ayant eu dès l'origine l'étendue
de celui à la tête duquel ils étaient placés, ils donnaient à leur propre domination, fondée sur la force des armes, l'autorité d'une tradition bien des
fois séculaire et un caractère de véritable légitimité.

De là ce que le même système d'histoire légendaire ajoutait pour conti-

---

astronomiques et zodiacales, étaient les héros éponymes des cités assyriennes, identifiés sans
doute comme Ninus avec le grand dieu de chaque culte local. Et nous voyons en même temps
que la part considérable que les mythes religieux devaient tenir dans la légende héroïque assyrienne n'empêchait pas cette légende de contenir des souvenirs historiques très-réels, confirmés
par d'autres sources.

[1] III, 90-97.

[2] Oppert, *Les inscriptions des Achéménides*, pp. 248 et suiv.; *Expédition en Mésopotamie*,
t. II, pp. 167 et 174-176.

nuer les annales de l'empire assyrien. Ninyas, disait-on [1], avait succédé à sa mère Sémiramis. Ce prince n'avait pas eu les mœurs guerrières de ses prédécesseurs; uniquement occupé de ses plaisirs, il avait mené au fond de son harem une vie pacifique et obscure; il s'était borné à assurer la sécurité de son empire et à maintenir ses sujets dans l'obéissance, en tenant sur pied une armée nombreuse, levée annuellement dans toutes les provinces. Il rassemblait ses troupes près de Ninive, donnait à chaque nation un gouverneur très-dévoué à sa personne, puis, à la fin de l'année, il congédiait ses soldats, que d'autres, en nombre égal, venaient remplacer. Ce renouvellement incessant de l'armée empêchait qu'il ne se formât des relations trop intimes entre les chefs et les soldats, et prévenait tout complot contre le souverain. D'un autre côté, en se rendant invisible, il voilait à tous les regards sa vie voluptueuse; et, comme s'il eût été un dieu, personne n'osait en mal parler. Ses successeurs, continuait le récit admis à la cour de Perse, ses successeurs, jusqu'à Sardanapale, l'avaient imité; aussi ces rois étaient-ils restés ensevelis dans la plus complète obscurité. Mais pendant près de treize cents ans ils s'étaient succédé tranquillement, sans que leur pouvoir fût jamais contesté ni que l'étendue de leurs domaines reçût aucune atteinte.

Nous avons déjà remarqué tout à l'heure que cette durée de treize cents ans est entièrement fabuleuse et nous fait remonter à plusieurs siècles avant qu'il fût question des rois d'Assyrie. Mais autant qu'on peut, dans l'état actuel de la science, discerner les faits principaux au milieu du crépuscule historique qui enveloppe encore les premiers temps des annales de l'Assyrie, ce chiffre de treize siècles coïncide approximativement avec le résultat total de l'addition que l'on ferait en ajoutant à la durée des rois assyriens proprement dits l'étendue probable de la période antérieure, où les pontifes de la ville d'*Al-As's'ur* constituaient le seul lien national entre les cités assyriennes, régies par des chefs différents. Ainsi toute l'histoire de l'Assyrie semble avoir été présentée par les rois de Perse pour l'instruction de leurs sujets, comme celle d'un seul et même empire, gouverné pendant treize cents ans par une même dynastie, empire dont l'unité et l'autorité n'auraient jamais été con-

[1] Diod. Sic., II, 21.

testées, et dont ils auraient eux-mêmes été les héritiers et les successeurs. C'est de cette manière que chez tous les peuples, et particulièrement chez ceux qui ont le malheur d'être courbés sous le joug du pouvoir absolu, l'intérêt politique a bien souvent fait écrire l'histoire officielle.

III.

L'étude du côté religieux de cette tradition poétique, mieux conservée dans la figure de Sémiramis que dans celle de Ninus, offre plus d'intérêt, car c'est la part la plus antique et la plus incontestablement assyrienne du récit.

Sémiramis n'est pas un personnage humain, c'est une divinité que la légende transporte, comme il arrive si souvent en pareil cas, dans le domaine des événements humains. Diodore dit formellement qu'elle était adorée comme déesse; Athénagore [1] et Lucien [2] l'attestent également. Diodore ajoute que son culte avait deux siéges principaux, l'Assyrie et la ville d'Ascalon chez les Philistins. Aussi Eckhel [3] a-t-il reconnu son image avec certitude sur les monnaies frappées dans cette dernière ville du temps des empereurs romains, monnaies où l'on voit une déesse debout sur la proue d'un navire, la tête couronnée de tours, tenant une lance, et ayant à côté d'elle une colombe et un autel. Une autre monnaie du même temps et de la même cité la représente armée de la lance et tenant la colombe sur sa main, debout sur sa mère Dercéto, figurée moitié femme et moitié poisson conformément à la description de Diodore [4].

Sémiramis est en effet encore bien nettement caractérisée comme déesse par sa qualité de fille de Dercéto, ainsi que par les traditions sur sa naissance

[1] *Leg. pro christian.*, 26.
[2] *De dea Syr.*, 14 et 35.
[3] *Doctr. num. vet.*, t. III, p. 445.
[4] Vaillant, *Numism. græc. imper. rom.*, pl. XIV, n° 9.

et sa métamorphose finale, qui ont gardé toute leur couleur mythologique. Tel que nous l'avons lu, rapporté par Diodore d'après Ctésias, le récit de l'origine et de la première éducation de Sémiramis, nourrie et couvée par les colombes, n'est que la version poétique d'un vieux mythe des religions de l'Asie, que d'autres écrivains nous ont conservé sous sa forme la plus simple. Un œuf, disait-on, tomba jadis du ciel dans le fleuve de l'Euphrate; des poissons l'apportèrent sur la rive, des colombes le couvèrent, et de sa coquille sortit Aphrodite [1]. Il faut rapprocher de ce mythe la tradition, fort peu orthodoxe au point de vue de la rigueur des principes mosaïques, mais admise pourtant par un grand nombre de rabbins, d'après laquelle la Sagesse créatrice (הכבמה) planait sous la forme d'une colombe au-dessus des eaux qui portaient la terre, au moment de sa création [2]. Là encore, la colombe présente le caractère de la force créatrice qui couve l'œuf du monde, à la façon d'un oiseau; c'est « l'esprit amoureux de ses propres principes, » ἠράσθη τὸ πνεῦμα τῶν ἰδίων ἀρχῶν, de la cosmogonie de Sanchoniathon [3]. Et en vertu de ce mythe, emprunté aux religions voisines, les Samaritains, sur le mont Garizim, adoraient Jéhovah sous la forme d'une colombe, en tant qu'étant la sagesse qui a créé le monde [4].

Le poisson et la colombe, que nous trouvons ensemble dans le récit de la naissance de Sémiramis et dans le mythe rapporté par Hygin, sont deux symboles qui jouent le plus grand rôle dans les religions de l'Asie et s'y présentent en rapport avec les formes infiniment variées de la divinité féminine.

La déesse Syro-Philistine עתרת, que les Grecs ont appelée tantôt Dercéto et tantôt Atergatis, mais en appliquant plus spécialement le premier nom au culte d'Ascalon et le second au culte de l'Assyrie, ce qui semble révéler une différence dans les prononciations locales, cette déesse que la légende donnait pour la mère de Sémiramis, était adorée à Ascalon comme

[1] Hygin., *Fab.*, 197.
[2] F. Nork, *Biblische Mythologie*, t. II, p. 297; Renan, *Mém. de l'Acad. des Inscr.*, nouv. sér., t. XXIII, 2ᵉ part., p. 251.
[3] P. 8, ed. Orelli.
[4] P. Beer, *Geschichte, Lehren und Meinungen aller Sekten der Juden*, t. I, p. 35.

un être ichthyomorphe [1]. Et Diodore ajoute qu'on nourrissait dans l'étang de son temple des poissons sacrés. Tout un cycle de légendes se rattachait à cette forme donnée à la déesse. On a vu plus haut celle qui, dans Diodore, la montre se jetant dans le lac après avoir tué son amant. Les Lydiens racontaient qu'un de leurs compatriotes, Mopsus, précipita un jour la cruelle reine Atergatis, avec Ichthys (le poisson), son fils, dans ce même étang voisin d'Ascalon, où ils devinrent la proie des poissons [2]. A Bambyce, suivant une autre forme de la tradition, un grand poisson sauva un jour Dercéto, tombée dans le lac auprès du temple. De ce poisson naquirent deux autres poissons, comme lui révérés, et placés entre les astres, où le grand boit l'eau qui s'épanche de l'urne du Verseau [3]. La grande déesse d'Hiérapolis ou Bambyce était en effet עתרעת; son nom est ainsi écrit en caractères araméens sur la monnaie d'un dynaste de cette ville, contemporain des Achéménides [4], justifiant le rapport de Strabon [5], qui dit qu'on l'appelait Atargatis ou Athara. Elle était adorée dans cette ville fameuse par son caractère de sainteté, sous une forme entièrement humaine [6]. Mais dans l'étang qui avoisinait son sanctuaire, comme la plupart de ceux de la Syrie et de la Phénicie [7], on élevait en son honneur des poissons sacrés [8]. Aussi était-il interdit à ses prêtres de manger du poisson, et cette abstinence était commune à tous les sacerdoces de la Syrie [9]. Une telle prescription est à comparer à celle qui interdisait le même aliment aux prêtres égyptiens [10], à certains prêtres de Posidon en

---

[1] Diod. Sic., II, 4; Lucian., *De dea Syr.*, 14.

[2] Mnascas *et* Xanth. *ap.* Athen., VIII, p. 346.

[3] Eratosthen., *Catasterism.*, 38; Hygin., *Poet. astron.*, II, 41.

[4] Waddington, *Mélanges de numismatique*, t. I, p. 90; pl. VII, n° 1.

[5] XVI, pp. 748 et 785; cf. Xanth. *ap.* Hesych., v° Ἀπαργάϑη.

[6] Lucian., *De dea Syr.*, 14 et 52.

[7] Voy. Movers, *Die Phœnizier*, t. I, pp. 594 et suiv.; pp. 666 et suiv.

[8] Lucian., *De dea Syr.*, 45; Ælian., *Hist. anim.*, XII, 2; Cornut., *De nat. deor.*, 6, p. 18, ed. Osann.

[9] Artemidor., *Oneirocrit.*, I, 8; Xenoph. *Anabas.*, I, 4, 9; Cic., *De nat. deor.*, III, 15; Hygin., *Poet. astron*, II, 30 et 41; Hygin., *Fab.*, 197; Ovid., *Fast.*, II, v. 474, Porphyr., *De abstin. carn.*, II, 61, et IV, 15; Diod. Sic., II, 4; Plutarch., *De superstit.*, t. VI, p. 656, ed. Reiske; Schol. *ad* Germanic., *Arati phœnomen.*, v. 240; Clem. Alex., *Protrept.*, p. 34, ed. Potter; cf. Selden, *De diis Syris*, Syntagm., II, 2; Creuzer, *Symbolik*, 5e édit., t. II, pp. 395 et 397; Movers, *Die Phœnizier*, t. I, p. 594.

[10] Herodot., II, 37; Plutarch., *De Is. et Osir.*, t. VII, p. 393, éd. Reiske. — Le témoignage de ces auteurs est confirmé par de nombreux passages des textes hiéroglyphiques.

Grèce [1], aux initiés d'Eleusis, du moins à l'époque de la célébration des mystères [2]; d'après un passage de Julien [3], on serait porté à croire qu'il en était de même pour les Galles de la mère des dieux. L'interdiction de manger du poisson avait été adoptée par les Pythagoriciens [4].

Mais à Ascalon les habitudes étaient toutes différentes. D'après le témoignage de Mnaséas, cité par Athénée [5], les dévots offraient dans le temple de cette ville à la déesse Atergatis des poissons d'or et d'argent; puis le même auteur ajoute : « Les prêtres chaque jour présentent à la déesse sur la table sacrée de vrais poissons tout préparés, cuits et grillés, qu'ils mangent eux-mêmes. » Cette offrande du poisson sacrifié à une déesse ichthyomorphe n'a rien qui doive nous surprendre; dans l'esprit de toutes les religions antiques la victime est identifiée à la divinité à laquelle on l'immole [6]. L'animal choisi pour le sacrifice est l'animal sacré qui symbolise la divinité et lui sert d'attribut.

Les rites du culte d'Atergatis ou Dercéto à Ascalon sont le commentaire naturel des représentations de quelques cylindres babyloniens où l'on voit un poisson servi sur la table d'offrandes entre un dieu et une déesse coiffés de la tiare royale et assis sur des trônes [7]; ailleurs le poisson est servi devant un dieu coiffé de la tiare et assis, derrière lequel *Is'tar* armée se tient debout [8]. M. de Longpérier a publié [9] un très-curieux cylindre sur lequel est figuré un prêtre faisant l'offrande d'un poisson à une divinité représentée sous la forme d'une hache. La notion à laquelle se rapporte cette scène avait passé dans les religions de l'Asie Mineure, si fortement marquées de l'empreinte assyro-chaldéenne. Élien [10], en parlant du dieu adoré à Mylasa en Carie, dit qu'il existait dans l'enceinte sacrée de Labranda un bassin dans lequel

---

[1] Plutarch., *Sympos.*, VIII, 8; *De solert. anim.*, t. X, p. 92, ed. Reiske.
[2] Porphyr., *De abstin. carn.*, IV, 16; Plutarch., *De solert. anim.*, t. X, p. 92, ed. Reiske; Ælian., *Hist. anim.*, IX, 51; voy. Sainte-Croix, *Mystères du paganisme*, 2ᵉ édit., t. I, p. 280.
[3] *Orat.*, V, p. 176.
[4] Plutarch., *Sympos.*, VIII, 8; Eustath. *ad* Homer., *Odyss.*, M, p. 1720; cf. Lobeck, *Aglaopham.*, p. 249; Creuzer, *Symbolik*, 3ᵉ édit., t. II, p. 598.
[5] VIII, p. 346.
[6] Voy. Ch. Lenormant, *Nouv. ann. de l'Inst. arch.*, t. I, p. 260.
[7] Lajard, *Culte de Mithra*, pl. XVII, n° 4.
[8] *Ibid.*, n° 10.
[9] *Bulletin archéologique de l'Athénæum français*, 1855, p. 101.
[10] *Hist. anim.*, XII, 30; cf. Plin., *Hist. nat.*, XXXII, 2, 7.

vivaient des poissons apprivoisés qui portaient aux ouïes des pendants d'oreille. On connait la forme du *Zeus Labrandeus* par les médailles frappées à Mylasa : c'est une divinité barbue, terminée en gaîne et armée d'une bipenne et d'une lance [1]. Plutarque [2] nous apprend que le mot λάβρος signifiait, dans la langue des Cariens, une hache (πέλεκυς). Chez les Lydiens, cette arme était l'emblème du pouvoir suprême; c'est encore Plutarque qui indique cette particularité, quand il raconte l'origine du dieu de Labranda [3].

Au reste, sur l'ensemble des rites du même genre et des idées auxquelles ils se rapportent, il faut consulter le remarquable mémoire consacré par M. le baron de Witte au *Sacrifice du poisson* [4].

On élevait encore des poissons sacrés en l'honneur de la Vénus phénicienne de Paphos [5]. Les médailles de Cypre à l'époque romaine montrent ces poissons dans un bassin circulaire en avant du temple de la déesse [6]. On en signale dans l'enceinte du temple de l'Astarté du Liban à Aphaca [7], et à Sardes en Lydie [8]. M. Emmanuel Rey a publié un cylindre recueilli par lui sur l'emplacement de l'antique Sidon et sur lequel est figurée une série de poissons [9].

Ce symbolisme, et les idées sur lesquelles il se fondait, avait passé dans la religion des Grecs. M. le baron de Witte l'y a étudié spécialement dans sa dissertation sur *Aphrodite Colias* [10]. Au moment des Gigantomachies, quand les dieux prennent la fuite, Vénus se sauve sous la forme d'un poisson [11]. Plusieurs mythographes racontent que Vénus se trouvant avec son fils sur

[1] Ch. Lenormant, *Nouvelle galerie mythologique*, p. 54.
[2] *Quæst. græc.*, t. VII, p. 205, ed. Reiske.
[3] Nous comptons étudier plus tard, dans un mémoire spécial, cette notion du dieu-hache et les mythes qui s'y rattachent chez les peuples nombreux où elle s'était propagée.
[4] *Bullet. archéol. de l'Athén. franç.*, 1856, pp. 56 et suiv.
[5] Plutarch., *De superstit.*, t. VI, p. 674, ed. Reiske.
[6] Mionnet, *Description de médailles antiques*, Supplément, t. VII, p. 505, n° 1; p. 506, n° 5; *Monuments inédits publiés par la section française de l'Institut archéologique*, pl. IV, n°s 10, 11 et 12; voy. Lajard, *Nouv. ann. de l'Inst. arch.*, t. I, p. 207.
[7] Zosim., *Hist. eccles.*, 1, 58.
[8] Lucian., *De dea Syr.*, 45; Ælian., *Hist. anim.*, XII, 2.
[9] *Étude géographique sur la tribu de Juda*, p. 114.
[10] *Nouv. ann. de l'Inst. arch.*, t. I, pp. 75-101.
[11] Ovid., *Metam.*, V, v. 551; Mythogr. Vatic., I, 86.

les bords de l'Euphrate, l'approche de Typhon effraya ces deux divinités qui se jetèrent dans le fleuve et prirent la forme de deux poissons [1]. Dans certains mythes, au lieu de cette métamorphose, Vénus et l'Amour sont sauvés par deux poissons [2]. L'anchois (ἀφύη), que les anciens considéraient comme formé de l'écume (ἀφρὸς) de la mer, était consacré à Aphrodite [3]. Les Grecs appelaient aussi ce poisson βαιὼν, nom qui rappelle l'Aphrodite Βαιῶτις, adorée à Syracuse [4]. Ailleurs on signale comme consacrés à la même déesse le poisson φίλαρις [5] et le poisson κολίας [6], qu'Aphrodite tient à la main quand elle est représentée sous la forme de Colias [7]. Au lieu de naître de l'écume de la mer fécondée par les parties génitales d'Uranus ou de Cronos, comme dans les récits les plus connus, Aphrodite, d'après quelques autres mythographes, sort de l'œuf d'un poisson [8], ce qui nous ramène au mythe asiatique de l'œuf tombé dans l'Euphrate et sorti de l'eau par des poissons. Dans d'autres récits, le poisson nommé πομπίλος, et considéré par les anciens comme aphrodisiaque, naît en même temps qu'Aphrodite [9]. Aphros et Eurynome sont encore nommés comme parents d'Aphrodite [10]. Eurynome était une Océanide, et à Phigalie on voyait un xoanon qui la représentait moitié femme et moitié poisson, de la même manière que la Dercéto d'Ascalon ; des chaînes d'or la liaient, et il n'était permis qu'une fois l'an d'entrer dans son temple [11].

Le mulet, τρίγλη, était consacré à Artémis ou à Hécate [12]. On regardait comme un sacrilége de pêcher les poissons qui se trouvaient dans les bassins de la source d'Aréthuse, en Sicile [13].

Quant à la colombe, elle est bien connue comme l'animal sacré de l'As-

---

[1] Hygin., *Poet. astron.*, II, 30 ; Manil., *Astron.*, II, v. 578 et 579.
[2] Ovid., *Fast.*, II, v. 461-474.
[3] Athen., VII, p. 326.
[4] Hesych., vº Βαιῶτις.
[5] Athen., VII, p. 325 ; Eustath. *ad* Homer.. *Iliad.*, A, p. 87.
[6] Athen., III, p. 120.
[7] *Nouv. ann. de l'Inst. arch.*, t. I, pl. A, nº 2.
[8] Ampel., *Lib. memor.*, 2.
[9] Epimenid., *ap.* Athen., VII, p. 282.
[10] Johan. Lyd., *De mens.*, p. 89.
[11] Pausan., VIII, 41, 4.
[12] Athen., VII, p. 325 ; Eustath. *ad* Homer., *Iliad.*, A, p. 87.
[13] Cic., *In Verr.*, IV, 53 ; Diod. Sic., V, 3 ; Schol. *ad* Pindar., *Nem.* I, v. 1 ; Plutarch., *De solert. anim.*, t. X, p. 63, ed. Reiske ; Ælian., *Hist. anim.*, VIII, 4.

tarté de Paphos [1]. Les médailles de l'île de Cypre frappées sous les empereurs romains, en représentant le temple de la déesse, y montrent les colombes errant dans les cours et se posant sur le toit [2]. D'autres monnaies de la même île, de date plus ancienne, car elles ont été frappées sous les Achéménides, font voir au droit le buste d'Aphrodite, le front ceint d'un diadème, le cou orné d'un collier et les oreilles de pendeloques, et au revers la colombe [3]. D'autres encore, dont quelques-unes portent le nom de Paphos écrit en caractères cypriens [4] et quelques-unes le nom de Salamis [5], présentent à la fois comme types la colombe et la vache ou le taureau, emblème également important et bien connu de la déesse. On trouve fréquemment en Chypre des statuettes en terre cuite, partie de l'époque phénicienne, partie de l'époque grecque, où l'Astarté ou Aphrodite de Paphos est figurée tenant à la main la colombe [6]. La plupart des antiquaires français rattachent à la même origine que ces terres cuites et considèrent comme une œuvre cypriote [7], d'après une opinion due au regrettable duc de Luynes, qui se proposait de la développer dans une étude particulière, une statue fragmentée de marbre, fort inexactement publiée par Montfaucon [8] et par Grosson [9], laquelle fait aujourd'hui partie du musée de Lyon. Mais nous ne saurions nous ranger à cette opinion. Après un examen très-attentif, et répété à plusieurs reprises, la statue du musée de Lyon, qui représente Vénus coiffée du *polos* et tenant sur sa main la colombe, statue qui ne provient ni de Chypre ni de l'Asie, mais a été découverte à Marseille, est à nos yeux une œuvre grecque de l'époque archaïque, empreinte de tous les caractères du style des écoles ioniennes. Avec plus de perfection dans le travail et dans l'exécution, cette figure se rapproche beau-

---

[1] Athen., XIV, p. 655; cf. Münter, *D. Tempel d. Himml. Gœttin zu Paphos*, p. 26; Engel, *Kypros*, t. II, pp. 180 et suiv.

[2] Münter, *D. Tempel d. Himml. Gœttin zu Paphos*, pl. IV.

[3] Duc de Luynes, *Numismatique et inscriptions cypriotes*, pl. V, n° 5.

[4] Ibid., pl. III, n° 1-6. — Ces deux lectures sont aujourd'hui très-douteuses et devront sans doute être modifiées.

[5] Ibid., pl. III, n° 7-12.

[6] Voy. de Witte, *Élite des monuments céramographiques*, t. IV, p. 236, note 1.

[7] De Witte, au même endroit.

[8] *Antiquité expliquée*, t. II, 2° part., pl. CXXXIX, n° 2.

[9] *Antiquités de Marseille*, pl. XXV, n° 2.

coup, comme style et comme école d'art, des ex-voto archaïques trouvés à Marseille il y a quelques années et datant des débuts mêmes de cette colonie grecque [1]. C'est un morceau de la même famille que les statues qui bordaient l'avenue du temple d'Apollon Branchidien près de Milet [2] et que les plus anciens fragments de sculptures athéniennes parvenus jusqu'à nous [3], fragments dont les caractères d'art ont été analysés d'une manière particulièrement remarquable par M. Beulé [4]. En tant que spécimen des écoles ioniennes, cette figure est même assez frappante pour que nous ayons quelque peine à croire qu'elle ait été sculptée à Marseille; nous serions plutôt tenté d'y voir un simulacre apporté d'Ionie même par les compagnons d'Euxène et de Protis, comme la statue d'Artémis Éphésienne qui devint le palladium de la nouvelle cité [5]. C'est aussi d'Ionie que doivent venir les monnaies d'argent appartenant à la même école d'art, avec un carré creux au revers, dont on a trouvé quelques-unes à Saint-Remy (*Glanum*) et à Marseille même (au port de la Joliette)[6], et dont un dépôt si important, qui n'a encore fait l'objet d'aucun travail approfondi [7], a été exhumé il y a quelques années à Auriol (Bouches-du-Rhône).

Le type de l'Astarté phénicienne tenant la colombe, admis, comme nous venons de le voir dans cet exemple, par les Grecs de l'Asie Mineure, a aussi été fréquemment reproduit par les Étrusques, dans des figures de bronze d'apparence tout asiatique [8]. Et il faut noter ici, avec M. de Longpérier [9], le rapport que présente le nom donné par les Étrusques à Vénus, *Turan*, avec un des mots qui dans les langues sémitiques désignent la colombe, תור.

L'attribution de la colombe à la déesse de la nature génératrice avait en

[1] Conze, *Archæologische Zeitung, Archæologischer Anzeiger*, 1866, p. 505-506; pl. B.

[2] Newton, *Discoveries at Halicarnassus, Cnidus and Branchidæ*, pl. LXXIV et LXXV.

[3] Le Bas, *Voyage archéologique en Grèce et en Asie Mineure*, monuments figurés, pl. 2, 3, 4 et 5.

[4] *Gazette des Beaux-Arts*, t. XV, p. 489-513.

[5] Justin., XLIII, 3 et 4; Strab. IV, p. 179.

[6] La Saussaye, *Numismatique de la Gaule Narbonnaise*, pl. I, nᵒˢ 1-5.

[7] Il n'a encore été parlé de la trouvaille d'Auriol et des pièces qui la composaient que dans un court article, publié par M. Chabouillet dans la *Revue des sociétés savantes* en 1869, 4ᵉ série, t. X, p. 117-127.

[8] Gerhard, *Ueber Venusidole*, pl. I, nᵒˢ 1 et 2.

[9] *Bulletin archéologique de l'Athénæum français*, 1855, p. 24.

effet passé de l'Asie dans les religions occidentales. Chacun sait que cet oiseau est l'emblème le plus constant d'Aphrodite. Des terres cuites grecques d'ancien style représentent la déesse tenant la colombe [1], d'une manière exactement conforme au type que nous avons vu en Cypre et à celui de la statue du musée de Lyon. On élevait des colombes sacrées dans l'enceinte du temple de Vénus sur le mont Eryx en Sicile [2], dont le culte offrait tant d'analogie avec celui des sanctuaires de l'Astarté phénicienne [3].

Les Syriens, à cause du caractère sacré de cet oiseau, ne l'offraient jamais comme victime [4]. Mais dans l'île de Cypre, au contraire, on plaçait des colombes vivantes sur le bûcher où était brûlée l'image d'Adonis, dans la fête de deuil qui avait lieu tous les ans [5]. De même, chez les Grecs et chez les Romains, la colombe était considérée comme la victime la plus agréable à Vénus [6]. Une figurine de bronze de la galerie de Florence représente une jeune fille tenant d'une main une patère et de l'autre une colombe, évidemment pour la sacrifier à Vénus [7]. Un fragment de bas-relief grec votif, que j'ai découvert à Eleusis, offre aussi l'image du sacrifice de la colombe [8]. Un lécythus athénien, à figures peintes de diverses couleurs sur un fond blanc, montre un éphèbe debout auprès d'un tombeau et apportant, comme offrande funèbre, deux colombes [9]. C'est le sacrifice à la Vénus infernale, à l'Aphrodite Perséphoné, à laquelle la colombe était aussi bien consacrée qu'à la Vénus, céleste [10], et qu'on nommait Φερρεφᾰττα ou Φερσεφάσσα, « celle qui porte la colombe. » De là vient que dans les tombeaux grecs on trouve souvent des vases en forme de colombe ou de simples colombes en terre cuite [11].

---

[1] Gerhard, *Ueber Venusidole*, pl. III, n° 4.

[2] Athen., IX, p. 594; Ælian., *Hist. var.*, I, 15.

[3] Voy. Maury, *Histoire des religions de la Grèce antique*, t. III, p. 226.

[4] Hygin., *Fab.*, 197; Euseb., *Præpar. Evangel.*, I, 6; Sext. Empiric., *Hypoth.*, III, 24; Lucian., *Jupit. tragœd.*, 42; voy. Chwolsohn, *Die Ssabier und der Ssabismus*, t. II, pp. 8, 10 et 107.

[5] Diogenian., *Proverb.*, præfat., p. v, ed. Gaisford; Creuzer, *Symbolik*, 5e édit., t. II, p. 479; Guigniaut, *Religions de l'antiquité*, t. II, p. 956.

[6] Propert., IV, 5, v. 65 et suiv.; Ovid., *Fast.*, I, v. 452.

[7] Gori, *Mur. etrusc.*, pl. XCIII.

[8] Voy. de Witte, *Élite des monum. céramograph.*, t. IV, p. 256; et mon *Catal. Raifé*, n° 605.

[9] Stackelberg, *Græber der Hellenen*, pl. XLVI, n° 2.

[10] Porphyr., *De abstin. carn.*, IV, 16.

[11] De Witte, *Catalogue Durand*, n°⁰ˢ 1522-1525 et n° 1719.

IV.

Dans la revue rapide que nous venons de faire à travers la symbolique des religions anciennes, nous avons constaté le rôle considérable que jouent les deux emblèmes du poisson et de la colombe; mais presque toujours nous les avons trouvés séparés. Leur réunion et le concours de ces deux animaux symboliques dans une production commune est ce qui caractérise l'histoire de la naissance de Sémiramis et le mythe de l'œuf tombé dans l'Euphrate, auquel se rattache certainement la représentation d'un cylindre babylonien où l'on voit, au milieu d'autres symboles religieux, des colombes voltigeant au-dessus de flots [1]. Le poisson (*nunuv*) et l'oiseau (*issurru*) étaient également réunis parmi les figûres (*pasilli*) mystérieuses que l'inscription du Baril de Phillips désigne comme conservées à l'étage supérieur de la cité royale de Babylone [2] et de la fameuse Tour de Borsippa [3]. Il n'y a point à se méprendre sur le sens de ces mythes, surtout avec le commentaire qu'en donne la tradition rabbinique relevée plus haut. Ils sont l'expression symbolique de l'idée de la génération universelle par le concours et la réaction réciproque des deux éléments humide et igné, qui tient une si grande place dans la philosophie religieuse de tous les peuples antiques, et particulièrement dans celle de l'Asie [4]. Aussi retrouvons-nous les deux mêmes symboles réunis encore dans un des plus antiques simulacres de la partie de la Grèce où la religion avait le mieux gardé sa physionomie primitive et l'empreinte de son origine orientale, dans la Déméter Melæna de Phigalie en Arcadie, qui était représentée avec une tête de cheval, portant un dauphin sur une main et une colombe sur l'autre [5].

[1] Lajard, *Culte de Mithra,* pl. LXII, n° 5.
[2] Col. 1, l. 18-22 : *Cuneif. inscr. of West. As.,* t. I, pl. 65.
[3] Col. 2, l. 26-55 : Ibid.
[4] Voy. notre *Monographie de la Voie Sacrée Éleusinienne,* t. I, pp. 264 et suiv.; Vogüé, *Mélanges d'archéologie orientale,* pp. 57 et suiv.
[5] Pausan., VIII, 42, 3.

Le poisson est un des symboles les plus clairs et les mieux appropriés du principe humide. La colombe, au contraire, appartient à l'élément igné. C'est à cause de son tempérament amoureux et brûlant, nous dit-on, qu'elle fut de toute antiquité consacrée à Aphrodite [1]. Elle représente donc la génération par la chaleur animale et l'élément du feu [2]. Et c'est bien le rôle qu'elle remplit quand elle couve l'œuf que les poissons ont sorti des eaux.

Mais dans ce concours de deux principes opposés, symbolisés par ces deux animaux, à l'œuvre de la génération universelle, il en est nécessairement un qui est actif et l'autre passif, un qui tient le rôle de mâle et l'autre le rôle de femelle. Ici nous devons remarquer que la colombe est toujours exclusivement en rapport avec des divinités féminines, tandis que le symbole du poisson et la figure ichthyomorphe appartiennent beaucoup plus souvent à des dieux mâles.

Rappelons, dans la religion chaldéo-assyrienne, les deux personnages d'*Anu* et de *Bel-Dagan*, dont nous avons eu déjà l'occasion de traiter ailleurs [3]. *Anu*, l'un des plus grands dieux du panthéon des bords de l'Euphrate et du Tigre, est l'Ὠάννης des fragments de Bérose [4], l'*Euahanes* d'Hygin [5] et l'Ὠής d'Helladius [6]. Bérose décrit très-exactement le type de ses représentations : « Ce monstre avait tout le corps d'un poisson, mais au- » dessous de sa tête de poisson une seconde tête, qui était celle d'un homme, » des pieds d'homme sortant de sa queue et une parole humaine; son image » se conserve jusqu'à ce jour. » Nous la voyons en effet parfaitement conforme aux dires de l'historien de la Chaldée, dans les sculptures des palais assyriens [7], sur les cylindres babyloniens [8] et dans certaines figurines de terre cuite qui proviennent de la même contrée [9]. Quant à *Bel-Dagan*, dont le

---

[1] Apollodor., *ap*. Schol. *ad* Apollon. Rhod., *Argonaut.*, III, v. 595.

[2] Voy. Creuzer, t. II, p. 57 de la traduction Guigniaut.

[3] *Essai de commentaire de fragments cosmogoniques de Bérose*, pp. 59 et 66-68.

[4] Fragm. 1 des éditions de Richter, de C. Müller et de la nôtre.

[5] *Fab.*, 264.

[6] *Ap.* Phot., *Biblioth.*, 279, p. 1595.

[7] Layard, *Monuments of Nineveh*, new ser., pl. 6.

[8] Lajard, *Culte de Mithra*, pl. XVI, n° 7; pl. XVII, n° 1, 3, 5 et 8.

[9] G. Rawlinson, *The five great monarchies of ancient eastern world*, 1ʳᵉ édit., t. I, p. 426.

nom est si caractéristique de sa qualité de dieu-poisson, nous l'avons reconnu dans un personnage ichthyomorphe d'un aspect tout différent d'*Anu*, avec un corps de poisson que surmonte un buste humain coiffé de la tiare, personnage figuré quelquefois dans les bas-reliefs [1] et aussi sur les cylindres.

La même religion nous présente encore un troisième dieu auquel l'attribut symbolique du poisson appartient très-fréquemment. C'est *Nisruk* [2], « le » maître des eaux, le seigneur des rivières, le souverain de la mer, le roi, » le chef, le seigneur, le gouverneur de l'abîme. » Nous le reconnaissons sous une forme purement humaine dans le dieu que plusieurs cylindres nous montrent, avec l'attitude agenouillée, ἐν γόνασι qui a été transmise de l'Asie au langage symbolique de l'art grec comme s'appliquant toujours aux divinités de la génération [3], entouré des flots des eaux primordiales [4]. Il rappelle alors d'une manière frappante « l'esprit de Dieu porté à la surface des eaux » de la Genèse [5] et « le souffle de vent ténébreux, πνοὴ ἀέρος ζοφώδους, que la cosmogonie de Sanchoniathon [6] développe dans le chaos, à l'origine des choses; et c'est bien là en effet le rôle de ce dieu dans la plus haute triade de la Chaldée et de l'Assyrie. Dans les monuments de l'art, *Nisruk*, porté sur les eaux primordiales, est quelquefois ichthyomorphe, comme *Dagan* [7]. Et en effet, dans le long catalogue de ses titres que fournit une des tablettes mythologiques du Musée Britannique [8], nous lisons ceux de *nun apsu* (l. 26), « le poisson de l'abîme, » *nun tab* (l. 42), « le bon poisson; » dans le même document (l. 53) la déesse *Davkina*, sa compagne, est appelée *as's'at rabit nunna*, « la grande épouse du poisson. » Aussi dans les tablettes astrologiques publiées par sir Henry Rawlinson et M. Smith au tome III des *Cuneiform inscriptions of Western Asia*, est-il fait à plusieurs reprises mention d'un catastérisme appelé « le poisson de *Nisruk*. » Il n'y a pas à douter

[1] Botta, *Monument de Ninive*, t. I, pl. 52 et 54.
[2] Voy. notre *Essai de commentaire des fragments cosmogoniques de Bérose*, pp. 68 et suiv.
[3] Ch. Lenormant, *Ann. de l'Inst. arch.*, t. IV, pp. 64 et suiv.
[4] Lajard, *Culte de Mithra*, pl. XXXI, nᵒˢ 4 et 7.
[5] I, 2.
[6] P. 8, ed. Orelli.
[7] Lajard, *Culte de Mithra*, pl. XXXI, nᵒ 5.
[8] *Cuneif. inscr. of West. As.*, t. II, pl. 55, col. 2.

que ce ne soit le signe entier des poissons ou du moins celui des deux poissons qui est situé le plus au sud, le plus exactement dans la bande zodiacale; car dans la curieuse tablette [1] qui enregistre les douze noms divers donnés à la planète Mercure pendant chacun des mois de l'année [2], nous voyons cet astre prendre celui de « poisson de *Nisruk* » au mois de *addaru*, le dernier de l'année, c'est-à-dire précisément à l'époque où Mercure, accompagnant toujours de très-près le Soleil, se trouve avec lui dans le signe des poissons, autrement dit, pour les astronomes babyloniens, dans le catastérisme du « poisson de *Nisruk*. » C'est pour cela que lorsque certains cylindres réunissent côté à côte deux dieux-poissons, exactement semblables [3], nous y reconnaissons *Bel-Dagan* et *Nisruk*. Quelquefois la représentation de la première triade divine est complétée par la figure d'*Anu*, dans ce cas complétement homme, entre les deux personnages ichthyomorphes [4].

Si nous nous transportons maintenant dans d'autres contrées de l'Asie, où la religion était de la même famille que celle des bords de l'Euphrate et du Tigre, nous rencontrons chez les Philistins *Dagon*, le dieu ichthyomorphe par excellence [5], identique au *Bel-Dagan* chaldéo-assyrien, dont le nom, דגון, dérive de דג, « poisson, » et qui, sur certaines médailles du temps des Achéménides, est représenté avec une queue de poisson [6]. La même figure est donnée au *Bel-Itan* phénicien, adoré comme un dieu-poisson à Itanus de Crète et dont l'image sert de type aux monnaies de cette ville [7].

La notion des dieux-poissons passa d'Asie en Grèce et constitue un des côtés de la religion hellénique où l'on peut le moins contester l'influence orientale [8]. Les vases peints grecs d'ancienne date, dits de *style asiatique*,

---

[1] *Cuneif. inscr. of West. As.*, t. III, pl. 55, n° 2, recto.

[2] Voy. notre *Essai de commentaire des fragments cosmogoniques de Bérose*, p. 372.

[3] Lajard, *Culte de Mithra*, pl. LXII, n° 1 et 2.

[4] Lajard, *Culte de Mithra*, pl. LI, n° 4.

[5] Voy. Selden, *De diis Syris*, Syntagm., II, p. 188.

[6] Mionnet, *Description de médailles antiques, Supplément*, t. VIII, p. 428, n° 40.

[7] Steph. Byz., v° Ἰτανός; Eckhel, *Doctr. num. vet.*, t. I, p. 514; Mionnet, *Supplément*, t. IV, p. 524, n° 188; Ch. Lenormant, *Nouvelle galerie mythologique*, pl. XVII, 15, et pp. 63 et 100; Movers, *Die Phœnizier*, t. I, pp. 278 et 523.

[8] Lenormant et de Witte, *Élite des monuments céramographiques*, t. III, p. 77.

nous offrent souvent la représentation de personnages divins ichthyomorphes, auxquels il est assez difficile de donner des noms précis [1]. Ces figures sont certainement imitées de monuments des arts de l'Asie, et l'on en remarque même une qui reproduit trait pour trait le Dagon des médailles frappées sous les Achéménides que nous citions tout à l'heure [2]. On ne peut douter que, par un des côtés les plus importants de sa conception première, Posidon ne fût originairement un dieu-poisson. Mais à la belle époque, chez les Grecs, la pureté du goût a porté les artistes à déguiser ce caractère monstrueux, pour ne pas nuire à la majesté dans la représentation de Neptune. Les divinités d'un ordre inférieur sont les seules dont le corps, sur les monuments purement helléniques, se termine en queue de poisson. Quant au roi des mers, les artistes ont imaginé un certain nombre de procédés pour exprimer sa nature ichthyomorphe, sans y ajouter l'appendice caractéristique qui répugnait au sentiment du beau. C'est ainsi qu'ils le font monter sur un hippocampe ou sur quelque autre monstre marin, ou qu'ils lui mettent à la main un poisson dont il serre fortement la queue [3]. Mais, en revanche, Nérée, qui n'est qu'une forme inférieure de Posidon [4], est figuré sur plusieurs vases peints avec la queue de poisson [5]. Et il n'est pas sans intérêt d'observer en passant que Pindare [6] le montre donnant aux hommes des enseignements de morale, d'une manière qui rappelle tout à fait l'*Anu* législateur des mythes de Babylone.

Le thon et le poisson pompile étaient spécialement consacrés à Posidon, et les pêcheurs offraient à ce dieu le premier thon qu'ils prenaient dans leurs filets [7]. Dans la ville d'Ægiæ, en Laconie, se trouvait un étang nommé l'étang de Posidon, avec des poissons sacrés, et personne ne se serait avisé de

---

[1] Ch. Lenormant et de Witte, *Élite des monuments céramographiques*, t. III, pl. XXXI, XXXII et XXXII A.

[2] *El. des mon. céramogr.*, t. III, pl. XXXV.

[3] Voy. Ch. Lenormant et de Witte, *El. des mon. céramogr.*, t. III, p. 76.

[4] Voy. Panofka, *Musée Blacas*, pp. 60 et suiv.

[5] Panofka, *Musée Blacas*, pl. XX; Ch. Lenormant et de Witte, *El. des mon. céramogr.*, t. III, pl. XXXIII et XXXIV.

[6] *Pyth.*, IX, v. 169 et suiv.

[7] Athen., VII, p. 297.

prendre ces poissons : le coupable aurait à l'instant ressenti les effets de la colère du dieu [1]. Le poisson βάκχος était consacré à Dionysus [2]. Le poisson κίϑος appartenait au même dieu [3]. A Pharæ, en Achaïe, il y avait une fontaine qui avait nom Hama et dont les poissons étaient dédiés à Hermès [4]. On signale, du reste, une espèce de poisson nommé βόαξ comme appartenant à ce dieu [5]. Quant au poisson κίϑαρος, il était consacré à Apollon [6]. Dans la Lycie, il y avait des poissons sacrés que l'on consultait pour connaître l'avenir et que l'on faisait venir à la surface de l'eau au son de la flûte [7]. Varron raconte une anecdote à peu près semblable au sujet de certains poissons de la Lydie qui étaient sensibles aux accords de la musique; il ajoute que les Lydiens offraient des poissons en sacrifice aux dieux [8]. Les Béotiens des bords du lac Copaïs faisaient de même avec leurs anguilles [9].

Ces rapprochements, que nous n'avons pu faire que très-sommairement, car il eût été bon d'y joindre les mythes des dieux *péchés* et des dieux *pêcheurs* [10], suffisent pour montrer que l'attribut du poisson et le caractère ichthyomorphe appartiennent plus souvent à des divinités masculines que féminines, et pour achever de prouver que dans le couple du poisson et de la colombe, concourant à la génération de l'univers, le rôle de mâle appartient au poisson et celui de femelle à la colombe. Ainsi dans le groupe de mythes auquel se rattache celui de la naissance de Sémiramis, le principe humide est le principe mâle et le principe igné le principe femelle. Cependant c'est l'inverse qui se présente habituellement dans les conceptions religieuses de l'antique Asie [11], et nous-mêmes, nous avons eu l'occasion de faire voir ailleurs [12] que dans la cosmogonie babylonienne, telle qu'elle était expo-

---

[1] Pausan., III, 21, 5.
[2] Hesych., v° βάκχος.
[3] Athen., VII, p. 325.
[4] Pausan., VII, 22, 2.
[5] Athen., VII, p. 325; Eustath. *ad* Homer., *Iliad.*, A, p. 87.
[6] *Ibid.*
[7] Plin., *Hist. nat.*, XXXII, 2, 8; Polycharm. *ap.* Athen., VIII, p. 335.
[8] Varr., *De re mistic.*, III, 17, 4.
[9] Athen., VII, p. 297.
[10] Voy. Ch. Lenormant et de Witte, *El. des mon. céramogr.*, t. III, pp. 44 et suiv.
[11] Voy. De Vogüé, *Mélanges d'archéologie asiatique*, pp. 57 et suiv.
[12] *Essai de commentaire des fragments cosmogoniques de Bérose*, pp. 69 et suiv., 87 et suiv.

sée par Bérose, c'était l'élément humide qui tenait la place du principe femelle ou de génération passive.

Mais, ainsi que nous l'avons fait remarquer il y a un certain temps déjà [1], « partout où l'on voit surgir un système religieux en apparence exclusif, qui attribue le caractère mâle au feu ou à l'eau, il n'est pas difficile de reconnaître la trace évidente du système opposé. » En effet, dans ces applications religieuses des idées de la physique primitive, la constitution de chaque contrée a dû déterminer la préférence pour faire attribuer le rôle actif ou passif, mâle ou femelle, à l'un ou à l'autre élément. En Chaldée comme en Égypte, où le rôle du feu intérieur est nul, l'expression naturelle du travail du principe actif sur la nature passive était le soleil dardant ses rayons sur le limon qu'abandonne le fleuve en se retirant après l'inondation; en Attique, où la terre aride et brûlée ne retrouve un peu de force végétative qu'à l'époque des grandes pluies, c'était le mythe de Gæa implorant la rosée de Zeus Ombrios [2]. Mais changez la saison de l'année babylonienne, faites qu'au lieu du moment où l'inondation finit, l'observation se rapporte au mois où elle commence, et alors l'eau mâle qui abreuve la terre desséchée ne différera pas du Zeus Ombrios des Athéniens. C'est pour cela que si la divinité féminine, dans les religions de l'Asie, et avant tout d'une nature humide et lunaire, nous la voyons par contre y revêtir quelquefois un caractère igné. Elle est alors appelé שחם ou שחמא, « la noire, la brûlante [3]. » Un tel nom rappelle aussitôt à l'esprit l'Aphrodite Melænis de Corinthe, qui paraît être d'origine orientale, comme presque toutes les divinités de cette ville [4]. Mais où la divinité féminine se montre principalement comme ignée, c'est quand elle préside à l'une des plus brillantes planètes, à la planète Vénus, objet de l'adoration de presque toutes les populations sémitiques [5]. Chez les

---

[1] *Monographie de la Voie Sacrée Éleusinienne*, t. 1, p. 265.

[2] Pausan., I, 24, 5; cf. Ch. Lenormant, *Ann. de l'Inst. arch.*, t. IV, pp. 65 et suiv.

[3] Chwolsohn, *Die Ssabier und der Ssabismus*, t. II, pp. 55, 557 et 558.

[4] Pausan., II, 2, 4; cf. Maury, *Histoire des religions de la Grèce*, t. III, p. 209.

[5] Evagr., *Hist. eccles.*, VI, 22; Cedren., *Hist. comp.*, t. I, p. 744, ed. Bekker, *Origen. Adv. Cels.*, V, 54; Procop., *De bell. pers.*, II, 28; Johan. Damascen., *De haeres.*, 101; Coteler, *Eccles. graec. monum.*, t. I, p. 526; Assemani, *Dissert. de Syris Nestorianis*, dans sa *Biblioth. orient.*, t. III, 2e part.

Babyloniens et les Assyriens, c'était *Is'tar* qui était la déesse de la planète Vénus [1]. Chez les Phéniciens, c'était Astarté [2]. Aussi cette planète s'est-elle appelée jusque très-tard גד-עשתרת [3]. Les Syriens la nommaient בעלתי [4].

Il faut aussi se souvenir ici des ingénieuses remarques de M. le comte de Vogüé [5] sur l'échange de symboles entre les deux personnages du couple divin, qui est caractéristique des religions de l'Asie, « échange de symboles, dit-il, qui indique leur association mystique et le lien qui les unit. » Les attributs, les animaux sacrés, l'être réel ou fantastique qui sert de monture, sont souvent ceux qui appartiennent au principe opposé à celui que personnifie la divinité. Ainsi le dieu igné et solaire sera placé sur le taureau du principe humide et lunaire, tandis que la déesse de l'élément humide et de la lune se tient debout sur le lion, emblème du feu et du soleil. C'est une manière de rétablir l'unité panthéistique fondamentale, décomposée dans la dualité d'un dieu mâle et d'une déesse féminine.

Le couple divin du poisson mâle et de la colombe ne se présente pas seulement à nous dans le récit de la naissance de Sémiramis; c'est la donnée fondamentale de toute son histoire mythologique. La colombe est l'attribut essentiel de Sémiramis, elle est elle-même la déesse qui se manifeste sous la figure d'une colombe. Diodore le dit formellement, et sa métamorphose finale le prouve d'une façon assez claire. Lucien nous apprend d'ailleurs que la colombe placée sur la tête de la statue mystérieuse du temple de Bambyce suffisait beaucoup pour le faire nommer Sémiramis [6]. Aussi, quand nous

---

[1] Voy. notre *Essai de commentaire des fragments cosmogoniques de Bérose*, pp. 104 et 116-121.

Une curieuse tablette astrologique du Musée Britannique (*Cuneiform inscriptions of Western Asia*, t. III, pl. 55, n° 2, verso) dit que « la planète Vénus est à son lever la Dame d'*Aganē* » (*Anunit*); à son coucher la Dame d'*Uruk* (*Belit Um-Uruk*, l'Omoroca de Bérose); à son lever » *Is'tar* des étoiles ; à son coucher *Belit*, dame des dieux. »

[2] Plin., *Hist. nat.*, II, 6, 8; voy. Movers, *Die Phœnizier*, t. I, p. 656.

[3] Chwolsohn, *Die Ssabier und der Ssabismus*, t. II, pp. 50 et 226; cf. Reinaud, *Description des monuments arabes du cabinet Blacas*, t. II, p. 571.

[4] Chwolsohn, *Die Ssabier und der Ssabismus*, t. II, p. 25.

[5] *Mélanges d'archéologie orientale*, pp. 64-68.

[6] Lucian., *De dea Syr.*, 55.

voyons sur un cylindre provenant de l'Assyrie [1] une déesse nue, debout, représentée comme l'est ordinairement *Zir-banit* ou *Zarpanit* [2], mais avec un voile étendu derrière elle à la façon de celui de l'Astarté tauropole des médailles grecques de la Phénicie, et environné de colombes, nous n'hésitons pas à la qualifier d'*Is'tar*-Sémiramis, association de noms qui sera justifiée tout à l'heure.

Quant au symbole du poisson, il n'appartient à Sémiramis dans aucune des circonstances du mythe, mais il est facile de le retrouver dans la conception du dieu son époux, dont les différents aspects ont été décomposés par la légende en plusieurs personnages successifs.

On ne peut manquer, en effet, d'être tout d'abord frappé du nom donné par le récit légendaire au premier époux de Sémiramis, Onnès ou Oannès, car c'est précisément — nous l'avons vu il n'y a que peu d'instants — la forme que les Grecs ont donnée au nom du dieu-poisson par excellence dans la religion babylonienne au nom d'*Anu*.

Nous trouvons un second indice du caractère de personnification du principe humide, et par suite d'être ichthyomorphe, appartenant au dieu mâle associé à Sémiramis dans l'étrange histoire qui lui donne un cheval pour amant. En effet le cheval, dans la symbolique des anciens, est un attribut qui appartient essentiellement aux divinités de l'élément humide [3]. Posidon était appelé Ἵππιος à Colone [4], à Némée [5], à Mantinée [6], et à Tilphusa en Arcadie [7], et ce nom se rattachait à plusieurs récits mythologiques. Dans son sommeil, le dieu féconde un rocher duquel naît le cheval Scyphius [8]. Selon d'autres récits, ce cheval est produit par Neptune quand Minerve fait naître l'olivier [9]. C'est en se mélant aux cavales oncéennes que Posidon rend

---

[1] Lajard, *Culte de Mithra*, pl. XXXII, n° 9.

[2] Voy. notre *Essai de commentaire des fragments cosmogoniques de Bérose*, p. 119.

[3] Voy. sur ce sujet Ch. Lenormant et de Witte, *Élite des monuments céramographiques*, t. I, p. 11, et t. III, p. 5; et notre *Monogr. de la Voie Sacrée Éleusinienne*, t. I, pp. 295 et suiv.

[4] Pausan., I, 50, 4.

[5] *Ibid.*, VI, 20, 8.

[6] *Ibid.*, VIII, 10, 5.

[7] *Ibid.*, 25, 7.

[8] Schol. *ad* Pindar., *Pyth.*, IV, v. 246.

[9] Serv. *ad* Virgil., *Georg.*, I, v. 12.

Déméter mère du cheval Arion [1]. Le même dieu produit en Thessalie, d'après un autre mythe, deux chevaux, Arion et Scyphius [2], qui rappellent les deux chevaux dont est accompagnée la figure du Zeus-Posidon de Gabala [3].

Nous sommes autorisé à faire ces rapprochements, car des textes et des monuments positifs prouvent que la donnée génératrice des mythes que nous venons de citer, l'attribution du cheval au principe humide, ténébreux et infernal, appartenait à la religion chaldéo-assyrienne. C'est ainsi que le fragment 1 de Bérose, en décrivant les êtres monstrueux nés dans le chaos de la matière humide, d'après les peintures du temple de *Bel* à Babylone, a rangé dans ce nombre les hippocentaures [4]. Le cheval est l'animal que combat le dieu lumineux et céleste sur deux monuments publiés par R. Rochette, un sceau babylonien [5] et une monnaie d'argent des rois Achéménides [6]. Sur la broderie du vêtement porté par un dieu dans un bas-relief assyrien [7], nous voyons un personnage divin muni de quatre ailes qui combat deux chevaux ailés, pareils au Pégase des Grecs, lequel appartient aussi dans son origine au principe humide, puisque son nom rappelle celui de la source, πηγή, et que d'un coup de pied il fait jaillir la fontaine Hippocrène [8]. Les deux chevaux ailés rappellent d'ailleurs que sur le coffre de Cypsélus, où tous les types étaient encore marqués d'une si forte empreinte asiatique, on voyait les deux chevaux nés de Posidon, Arion et Scyphius, munis d'ailes [9]. Et nous les trouvons encore ainsi sur un vase peint de style ancien [10].

Faut-il aussi ne pas tenir compte de la ressemblance si frappante, signalée pour la première fois par Dupuis [11], mais admise depuis par Creuzer [12] et par

---

[1] Pausan., VIII, 25, 5.
[2] Schol. *ad* Stat., *Thebaid.*, IV, 2, v. 43.
[3] Voy. Ch. Lenormant, *Nouvelle galerie mythologique*, p. 56, note 9, et p. 90.
[4] Voy. notre *Essai de commentaire des fragments cosmogoniques de Bérose*, pp. 78 et suiv.
[5] *Mém. de l'Acad. des Inscr.*, nouv. sér., t. XVII, 2ᵉ part., pl. VI, n° 15.
[6] Ibid., pl. II, n° 15.
[7] Layard, *Monuments of Nineveh*, pl. XLIV, n° 1.
[8] Voy. Vœlcker, *Mythologie des Japet. Geschlecht.*, p. 152.
[9] Pausan., VI, 17, 4.
[10] Ch. Lenormant et de Witte, *El. des mon. céramogr.*, t. III, pl. XVI.
[11] *Origine des cultes*, t. II, p. 210.
[12] *Symbolik*, l. iv, ch. iii, § 4 ; t. II, p. 55, de la traduction Guigniaut.

MM. Ch. Lenormant et de Witte [1], que présente le nom de l'époux royal de Sémiramis, *Ninus*, reproduit dans son fils *Ninyas*, avec le mot qui, dans les langues sémitiques, désigne le poisson, ןוּנ, assyrien *nunu*? Nous nous arrêtons avec d'autant plus de confiance à ce rapprochement qu'il est aujourd'hui certain que le dieu-poisson jouait un rôle important dans le culte spécial de Ninive, et que si le nom de cette ville, *Ninua*, paraît venir de la racine הוָֹנ par une de ces formations au moyen d'un נ préfixe si multipliées dans la langue assyrienne [2], s'il signifiait donc simplement «demeure», l'allitération entre *Ninua* et *nunu* avait été faite de très-bonne heure par les Assyriens eux-mêmes. Nous en avons la preuve par le nom idéographique de cette ville dans les textes cunéiformes, type archaïque 𒀀, type moderne 𒀀, qui dérive de l'image d'*un poisson enfermé dans l'enceinte du bassin sacré*, ainsi qu'on le reconnaît encore parfaitement dans le tracé du caractère archaïque.

V.

Nous sommes ainsi ramenés au culte particulier de la cité de Ninive, dont Ninus était le héros éponyme, et dont il était aussi le grand dieu, puisque la pyramide sacrée ou *ziggurrat* attenant au palais royal était regardée comme son tombeau, de même que la pyramide de la cité royale de Babylone était le tombeau de *Bel-Marduk* [3]. Il est question de cette pyramide dans l'inscription du cylindre de Bellino [4], et nous y apprenons que le temple d'*Is'tar* était situé tout à côté. Le couple divin se trouve ainsi réuni; Sémiramis est adorée à côté de son époux Ninus.

Il nous semble en effet impossible de méconnaître dans la Sémiramis légen-

[1] *Él. des mon. céramogr.*, t. III, p. 77.

[2] Voy. Oppert, *Expédition en Mésopotamie*, t. II, p. 153; *Éléments de la grammaire assyrienne*, 2ᵉ édit., pp. 100 et suiv.

[3] Voy. notre *Essai de commentaire des fragments cosmogoniques de Bérose*, pp. 564 et suiv.

[4] L. 43 : Layard, *Inscriptions in the cuneiform character*, pl. 64.

daire une forme héroïque de l'*Is'tar* de Nivive, déesse que nous avons étudiée dans un autre travail [1]. *Is'tar*, que Pausanias [2] indique avec tant d'exactitude comme le prototype et l'origine de l'Astarté (עשתרת) phénicienne, passée ensuite en Grèce comme Aphrodite Uranie, était — nous l'avons dit alors — une déesse à la fois guerrière et voluptueuse, qui présidait aux batailles et aux plaisirs des sens. Cette double physionomie, ce contraste d'attributions, nous le retrouvons également dans le personnage de Sémiramis, le reine conquérante et dissolue, qui partage sa vie entre les combats et l'amour. Chez les Philistins, où l'on place la naissance de Sémiramis et où Diodore atteste qu'elle était adorée, Astarté avait le même caractère. C'est dans le temple de cette déesse que les Philistins vainqueurs dédient les armes de Saül [3]. Chez les Phéniciens eux-mêmes, bien que le côté voluptueux prédominât dans son culte, le caractère guerrier lui appartenait aussi, et se manifestait quelquefois [4]. A Cypre on la surnommait ἔγχειος [5]. Sur les monnaies de Sidon [6], d'Anthédon [7] et de Bosra [8], Astarté figure tenant la lance dans sa main droite. En Grèce, partout où le culte d'Aphrodite a été directement apporté par les Phéniciens, à Cythère [9], à Sparte [10], à Corinthe [11], nous trouvons une Vénus armée [12].

Au reste, une telle réunion de deux rôles en apparence contraires, un tel

[1] *Essai de commentaire des fragments cosmogoniques de Bérose*, pp. 116-121.

[2] I, 14, 6.

[3] 1 Sam., XXXI, 10.

[4] Voy. Movers, *Die Phœnizier*, t. I, pp. 655 et suiv.

[5] Hesych., *s. v.*

[6] Eckhel, *Doctr. num. vet.*, t. III, p. 574.

[7] Eckhel, *Doctr. num. vet.*, t. III, p. 443.

[8] *Ibid.*, p. 501.

[9] Pausan., III, 23, 1.

[10] Pausan., III, 15, 8; Plutarch., *De fort. Roman.*, t. VII, p. 260, ed. Reiske.

[11] Pausan., II, 4, 7.

[12] C'est comme déesse guerrière qu'Astarté est figurée dans les bas-reliefs ptolémaïques du temple d'Edfou, parmi les auxiliaires divins d'Horus : Naville, *Textes relatifs au mythe d'Horus, recueillis dans le temple d'Edfou*, pl. XIII. Elle a une tête de lionne, surmontée du disque solaire, tient à la main un fouet et est debout sur un char que traînent quatre chevaux, foulant aux pieds un ennemi vaincu. Ses titres, inscrits à côté de sa figure, sont: « *Astert*, rectrice des » chevaux et du char, résidant dans *Utes-Hor*. »

« contraste de pureté et d'impureté, d'énergie belliqueuse et de volupté sans
« frein, » pour nous servir des expressions de M. Guigniaut, se reproduit, mais
d'une manière plus ou moins accentuée, dans toutes les innombrables formes
de la divinité féminine des religions de l'Asie. Nous l'avons signalé dans le
personnage d'Anaïtis, lorsque nous en avons fait l'objet de nos recherches [1].
La Tanith de Carthage, appelée des Romains *Dea Coelestis*, apparaît sur une
monnaie de Septime Sévère assise sur un lion et tenant la lance [2], et ce type
se montre aussi sur quelques pierres gravées [3]. Par une analogie remarquable avec Sémiramis et Astarté, sur une des plus anciennes monnaies de la
colonie romaine de Carthage on voit le temple de cette déesse, dont le fron-
ton est occupé par une colombe volante [4]. Il faut aussi se rappeler la riche
série des mythes des Amazones [5], que l'illustre Gerhard a si savamment
rattachée aux conceptions des religions de la race syro-phénicienne ou sémi-
tique, en établissant qu'elle en tirait son origine [6]. Or, une des versions de
la légende de Sémiramis vient y mêler les Amazones. Suivant cette version,
l'amant de Dercéto, le père de la future reine d'Assyrie, est Caystros, fils de
la reine des Amazones Penthésilée, et Sémiramis appartient ainsi à leur race [7].

Le caractère viril et guerrier attribué à la déesse féminine est une variété
d'androgynisme; tous les mythologues sont d'accord sur ce point. C'est une
manière de rappeler dans la personnification séparée du principe féminin
l'unité panthéistique d'où elle sort, le caractère compréhensif de l'être divin
primordial, qui réunit les deux puissances active et passive, les propriétés des
deux sexes, et qui se décompose ensuite dans la dualité du dieu mâle et
du dieu femelle. Comme l'a très-bien dit M. de Vogüé [8], « l'indécision est

[1] *Essai de commentaire des fragments cosmogoniques de Bérose*, pp. 148-165.

[2] Gesenius, *Monumenta phœnicia*, pl. XVI, *a*.

[3] Gesenius, *Mon. phœn.*, pl. XVI, *b* et *d*.

[4] Gesenius, *Mon. phœn.*, pl. XVI, *c*.

[5] Voy. Guigniaut, *Religions de l'antiquité*, t. II, pp. 979-990; Maury, *Histoire des religions
de la Grèce*, t. III, pp. 177 et suiv.

[6] *Bemerkungen zur vergleichende Mythologie*, dans les *Monatsberichten* de l'Académie de
Berlin, juin 1855, pp. 569 et suiv.

[7] Étymol. Gudian., v° Καύστρις; cf. Sueton., *Jul. Cœs.*, 22.

[8] *Mélanges d'archéologie orientale*, p. 74.

le souvenir de l'unité; chaque personnification ne saurait se débarrasser complétement des caractères généraux du type original. »

Nous ne pouvons ici, sans nous étendre outre mesure, montrer toute l'étendue de la conception de l'androgyne divin dans les diverses religions de l'antiquité, l'importance de son rôle et les nombreuses applications qu'en offre la mythologie: il suffira de renvoyer le lecteur aux travaux où ce sujet a été le plus spécialement étudié [1]. Mais il faut du moins signaler les principaux exemples de l'attribution du caractère d'androgynisme aux divinités féminines, surtout dans les religions asiatiques, sous les deux formes où ce caractère peut se marquer et que mon père a appelées l'hermaphrodite *complet* et l'hermaphodrite *passif*.

On signale à Cypre, au milieu des personnifications d'origine phénicienne qui constituaient les objets du culte de cette île, une *Venus barbata*, aux vêtements et au corps de femme, à la barbe et à la *nature* masculine, *signum barbatum, corpore et veste muliebri, cum sceptro et natura virili* [2]. Le culte en avait passé dans la Pamphylie [3] et à Rome [4]. Nous croyons reconnaître cette *Venus barbata* dans une belle figurine de terre cuite du Musée de Berlin [5], qui représente un personnage barbu avec les habits, la coiffure et les bijoux d'une femme. Ce n'est pas un homme déguisé, car cette figure a les seins gonflés et les formes arrondies qui appartiennent en propre au sexe féminin. Aristophane parlait d'un dieu Ἀφροδῖτος [6]. Münter [7], Heinrich [8], Lajard [9] et Movers [10] ont disserté sur cette Vénus mâle ou androgyne. Le

---

[1] Ch. Lenormant, *Ann. de l'Inst. arch.*, t. VI, pp. 252-264; et notre *Monographie de la Voie Sacrée Éleusinienne*, t. I, p. 558-572.

[2] Serv. *ad* Virgil., *Æneid.*, II, v. 652; Macrob., *Saturn.*, III, 8.

[3] Lyd., *De mens.*, pp. 24 et 29.

[4] Suid., vᵒ Ἀφροδίτη; Codin., *De orig. Constantinop.*, p. 14, ed. de Paris; Schol. Venet. B Villois. *ad* Homer., *Iliad.*, B, v. 820; Schol. Lips. *ad* Homer., *ap.* Heyne, t. IV, p. 695 de son édition; cf. Lyd., *De mens.*, pp. 24 et 29.

[5] Panofka, *Terracotten des Kœnigl. Museums zu Berlin*, pl. XXXVI.

[6] *Ap.* Macrob., *Saturn.*, III, 8; cf. Serv. *ad* Virgil., *Æneid.*, II, v. 652; Hesych.. vᵘ Ἀφροδῖτος.

[7] *Religion der Karthager*, pp. 62 et suiv.

[8] *De hermaphroditis.*

[9] *Nouv. ann. de l'Inst. arch.*, t. I, p. 161-211.

[10] *Die Phœnizier*, t. I, pp. 641 et suiv.

R. P. Bourquenoud [1] en a reconnu la mention dans la seconde des inscriptions rapportées d'Oum-el-Awamid par M. Renan [2], où Astarté est appelée,
au masculin, « roi » et « dieu solaire, » למלך עשתרת אל חמן. La
Vénus mâle est également signalée dans le culte du Yémen par Schahrcstâny [3], et les inscriptions himyaritiques la mentionnent fréquemment sous
le nom de עתתר [4], bien voisin de celui de l'*Is'tar* chaldéo-assyrienne [5].

La célèbre Astarté de Paphos, nous le savons par les témoignages de
Tacite [6], de Philostrate [7], de Maxime de Tyr [8] et de Servius [9], ainsi que par
les types des médailles frappées à Cypre sous la domination romaine [10], était
adorée sous la forme d'une pierre conique [11]. Le même cône se voit placé
entre deux cyprès, sous le portique du temple d'Astarté, au revers d'une
curieuse monnaie d'Ælia Capitolina [12]. D'autres monuments monétaires de
l'Asie occidentale, et notamment une médaille coloniale d'Héliopolis, frappée
en l'honneur de Philippe père [13], nous offrent l'image d'Astarté debout entre
deux personnages supportés chacun par un cône, ou par un cippe de forme
conique. Les ex-voto du temple de Tanith ou de la *Dea coelestis* à Carthage

---

[1] *Études religieuses, historiques et littéraires par des Pères de la Compagnie de Jésus,*
1864, pp. 1072 et suiv.

[2] *Journal asiatique,* 5ᵉ série, t. XX, pl. II.

[3] Ap. Pocock., *Spec. hist. Arab.,* p. 120, ed. De White.

[4] *Journal asiatique,* 4ᵉ série, t. VI, pp. 172 et suiv., nᵒˢ 9, 55 et 56; *Inscriptions in the
himyaritic character now in the British Museum,* nᵒˢ 6, 29, 32 et 54.

[5] Voy. ce que nous avons dit de ce personnage dans les *Comptes rendus de l'Académie des
inscriptions et belles-lettres,* 1867, pp. 125 et suiv.

[6] *Histor.,* II, 5.

[7] *Vit. Apollon. Tyan.,* III, 58.

[8] *Dissert.,* VIII, 8.

[9] *Ad Virgil. Æneid.,* I, v. 720.

[10] Mionnet, *Descr. de méd. ant.,* t. III, pp. 670 et suiv., nᵒˢ 1-5, 9-12, 16, 17, 25, 26, 50,
52-56, 59-41; *Suppl.,* t. VII, pp. 505 et suiv., nᵒˢ 1-5, 8-16; Millin, *Galerie mythologique,*
pl. XLIII, nᵒˢ 171-175; *Mon. inéd. de la sect. franç. de l'Inst. arch.,* pl. IV, nᵒˢ 10-12; Lajard,
Recherches sur le culte de Vénus, pl. I, nᵒˢ 10-12; Gerhard, *Ueber die Kunst der Phœnicier,*
pl. III, nᵒ 17.

[11] Voy. Münter, *Der Tempel der Himmlischen Gœttin zu Paphos,* Copenhague, 1824, in-4ᵒ;
Guigniaut, *La Vénus de Paphos et son temple,* à la fin du t. IV de la traduction de Tacite par
Burnouf.

[12] Lajard, *Culte de Vénus,* pl. XV, nᵒ 9.

[13] *Ibid.,* nᵒ 2.

présentent une figure semblable, munie d'une tête et de bras [1]. On a même découvert dans les ruines de cette dernière ville un cône de dimensions considérables, qui avait évidemment servi d'idole [2], et un autre dans la Giganteja du Gozzo [3]. Enfin diverses parties de la Grèce ont fourni des cônes de terre cuite, dont quelques-uns avec l'inscription ΑΦΡΟΔΕΙΤΗ [4].

Tout montre ainsi que le cône, une des trois formes divines par excellence (les deux autres sont la sphère et le cylindre), suivant une célèbre inscription découverte à Pergame [5], où le culte de la Vénus de Paphos était florissant, fut, sinon exclusivement, au moins principalement consacré à cette grande déesse. Mais le cône, comme le Lingam indien, n'est qu'une figure déguisée et épurée du phallus; les académiciens d'Herculanum l'ont entrevu les premiers [6]; après eux Creuzer [7] et M. Guigniaut [8] en ont complété la démonstration de la manière la plus positive. Clément d'Alexandrie [9] et Arnobe [10] racontent que l'on distribuait des phallus aux initiés du temple de Paphos; mais Münter a fort bien établi que ce devaient être seulement de petits cônes analogues à ceux, si multipliés dans les collections d'antiquités, qui portent gravé sous le plat un sujet de travail asiatique [11]. C'est ainsi qu'au commencement du seizième siècle avant notre ère, nous voyons un marchand grec de Naucratis, nommé Hérostrate, rapporter de Paphos dans sa patrie une petite image de la déesse, d'un palme de longueur, qui y devint l'objet d'un culte

[1] Gesenius, *Monumenta phœnicia*, pl. XXIII et XXIV.

[2] Hamaker, *Diatribe philologico-critico monumentorum aliquot punicorum nuper in Africa repertorum interpretationem exhibens*, pl. I, nᵒˢ 1-4; Münter, *D. Temp. d. Himml. Gœtt.*, p. 11.

[3] La Marmora, *Nouv. ann. de l'Inst. arch.*, t. I, pp. 10 et suiv.; *Mon. inéd. de la soc. franç., de l'Inst. arch.*, pl. II, o, o′ et o″.

[4] Dodwell, *Tour in Greece*, t. I, p. 54.

[5] Choiseul-Gouffier, *Voyage pittoresque de la Grèce*, t. II, p. 171; *Corp. inscr. græc.*, nᵒ 5546.

[6] *Pitture d'Ercolano*, t. III, p. 275.

[7] *Symbolik*, l. iv, ch. vi, § 2; t. II, pp. 221 et suiv. de la traduction Guigniaut.

[8] *La Vénus de Paphos et son temple*, p. 429.

[9] *Protrept.*, II, p. 13, ed. Potter.

[10] *Adv. gent.*, V, 19.

[11] Sur l'usage de porter ces cônes au col comme des amulettes et les monuments asiatiques qui l'établissent, voy. De Longpérier, *Notice des antiquités assyriennes du Musée du Louvre*, 3ᵉ édit., pp. 73 et 103.

important [1]. Tout ceci nous donne le droit de supposer que les deux grands phallus que Lucien [2] dit avoir vus en avant du temple d'Hiérapolis de Syrie ou Bambyce, devaient être des cônes analogues à celui de l'Astarté Paphienne, et sans doute reproduire le même type que les *moughazil* qui se dressent encore aujourd'hui au milieu des ruines de l'antique Marathus [3].

Voici donc l'organe de la virilité employé comme le symbole et la figure d'une divinité féminine, telle qu'Astarté ou Vénus. La même idée est impliquée par le nom de *Ken* donné sur les stèles égyptiennes de la dix-huitième et de la dix-neuvième dynastie à la déesse asiatique représentée nue sur un lion, en pendant avec la déesse guerrière *Anata* [4]; en effet, si nous consultons le lexique copte, nous y voyons que le mot ΚΟΥΝ signifie *pudendum virile* [5]. Chez les Grecs nous avons l'Aphrodite Colias, dont le nom n'est pas moins significatif : κωλῆ τὸ αἰδοῖον. C'est caractériser suffisamment la déesse comme androgyne dans son essence. L'expression plus formelle encore de cette idée va nous être fournie par les nombreuses images d'Astarté en pierre calcaire, de style asiatique, que les dernières explorations ont fait rapporter de l'île de Chypre. Plusieurs de ces statuettes représentent la déesse coiffée d'un bonnet de forme conique, reproduisant le galbe de la pierre adorée à

[1] Athen., XV, p. 676.
Voy. sur les figurines primitives de Vénus en terre cuite, en forme de cône muni de bras et fréquemment d'une tête humaine, figurines encore tout à fait conformes au type phénicien, qui se rencontrent dans plusieurs parties de la Grèce, principalement à Mégare et à Thèbes, ce que nous avons dit dans notre dissertation sur *La légende de Cadmus et les établissements phéniciens en Grèce*, pp. 48-52.

[2] *De dea Syr.*, 16.

[3] Gerhard, *Ueber die Kunst der Phœnicier*, pl. 1, n°s 7-9; Renan, *Mission de Phénicie*, pl. XI-XIII.

[4] Prisse, *Choix de monuments égyptiens*, pl. XXXVII; voy. De Vogüé, *Mélanges d'archéologie orientale*, pp. 45 et suiv.; et notre *Essai de commentaire des fragments cosmogoniques de Bérose*, p. 151.

[5] Nous devons cependant reconnaître que cette lecture *Ken* est douteuse. Au lieu de ⟨hiéroglyphes⟩, *Ken*, il faut peut-être lire ⟨hiéroglyphes⟩, « la Kouschite, l'Éthiopienne. » La forme donnée au second caractère prête en effet au doute. Sur le même monument nous la voyons donnée au *s'* dans le nom du dieu *Res'pu* (voy. De Vogüé, *Mélanges d'archéologie orientale*, p. 78) et au *n* dans le mot *sen-t*, « sœur. »

Paphos; en même temps sur le devant du cône est figurée l'image obscène que les Indiens de Bénarès tracent sur leurs fronts en l'honneur de la déesse Bhavâni [1]. Nous avons ici l'analogue exacte du Yoni-Lingam de l'Inde, la réunion des organes des deux sexes, exprimant la nature et la puissance complète de l'être divin du panthéisme payen, le grand Tout, qui se féconde lui-même et produit dans son propre sein la génération universelle. Le κτεὶς est également figuré de la manière la plus précise à la base de la pierre conique du dieu Elagabale sur un célèbre *aureus* de l'empereur Uranius Antoninus [2], et ceci nous explique ce qu'a voulu dire Hérodien [3] lorsqu'il parle de certaines *saillies* ou *empreintes* qui existaient à la surface de la pierre adorée à Émèse, ἐξοχάς τέ τινας βραχείας καὶ τύπους δεικνύουσιν [4]. Ainsi se justifie l'opinion émise au siècle dernier par Falconnet [5] sur la signification du passage où Plutarque [6] parle de la pierre sacrée trouvée dans le fleuve Sagaris, pierre sur laquelle on voyait l'*empreinte de la Mère des dieux*, εὑρίσκεται γὰρ τετυπωμένην ἔχων τὴν Μητέρα τῶν Θεῶν.

Souvenons-nous maintenant que, chez les Indiens, la figure du Lingam, même tracée seule, suppose toujours celle du Yoni et l'union des deux sexes. N'en est-il pas de même dans le culte de l'Astarté Paphienne? Et n'est-ce pas cette raison qui, au lieu du phallus pur et simple, y a fait adopter le symbole du cône, rappelant à la fois par sa projection la puissance mâle et par la section de sa base l'organe de la génération féminine? Comme nous, M. Guigniaut [7] et M. Lajard [8] ne sont pas éloignés de le croire.

Tous ces faits appartiennent à la donnée de l'hermaphrodite *complet*. La donnée de l'hermaphrodite *passif* en est l'équivalent euphémique et adouci dans la forme extérieure, car elle déguise le personnage androgyne sous les traits d'une jeune femme guerrière et virile ou d'un jeune homme effé-

---

[1] Voy. un bel exemple de ces figurines dans Lajard, *Culte de Vénus*, pl. XX, n° 1.
[2] *Revue numismatique*, 1845, pl. XI, n° 1.
[3] V, 5.
[4] Voy. Ch. Lenormant, *Rev. numism.*, 1845, pp. 275 et suiv.
[5] *Mém. de l'Acad. des inscr.*, t. XXIII, pp. 215 et suiv.
[6] *De flumin.*, p. 756, ed. Reiske.
[7] *La Vénus de Paphos et son temple*, pp. 429 et suiv.
[8] *Recherches sur le culte de Vénus*, pp. 68 et suiv.

miné. Nous l'avons suivie tout à l'heure dans les religions de l'Asie, en y
montrant le côté belliqueux et presque masculin qui, chez toutes les déesses
féminines, s'y joint au côté voluptueux et lascif. Il nous serait facile de continuer l'histoire de la propagation de cette donnée après son passage dans la
Grèce, où le même caractère fondamental d'androgynisme appartient à toutes
les déesses viriles et farouches, armées et guerrières, comme Athéné, que
les hymnes orphiques qualifient positivement d'androgyne [1], ou chasseresses,
comme Artémis, adorée dans le Pont sous le nom de Πριαπίνη [2] et représentée
à ce titre sur un tétradrachme d'argent de Démétrius II, roi de Syrie, barbue
et environnée de phallus [3]. Les Lacédémoniens adoraient Artémis *Orthia* [4],
et ce nom implique l'emploi du même symbole [5]. Enfin en Lydie on rencontre Artémis Κολοίνη [6] et en Attique Artémis Κολαινίς [7], dont l'appellation doit
se rattacher à la même origine et avoir la même signification que celle de
l'Aphrodite Colias. Si des mythes purement divins nous descendions au cycle
des légendes héroïques, nous y reconnaîtrions bien vite la même idée dans
les histoires de jeunes filles qui prennent des vêtements d'éphèbes, Leucippé [8],
Procris la chasseresse, épouse de Céphale [9], la sœur de Narcisse, qui, suivant une tradition béotienne, s'habillait comme son frère et l'accompagnait
à la chasse [10]. Ce sont autant de traditions grecques, et par suite gracieuses
et poétiques, de la divinité féminine des religions de l'Asie occidentale, avec
son double aspect, qui décèle une confusion des deux sexes.

Le caractère ambigu de cette divinité et ses deux faces contrastantes sont
indubitablement en rapport avec sa nature lunaire, car la lune était considérée

[1] Orph., *Hymn.*, XXXII, v.10; cf. Ch. Lenormant et de Witte, *Él. des mon. céramogr.*, t. I, p. 180.
[2] Plutarch., *Lucull.*, 13; cf. de Witte, *Rev. numism.*, nouv. sér., 1864, p. 50.
[3] Frœlich, *Ann. reg. Syr.*, pl. X, n° 23; Duane, *Coins of the Seleucidæ*, pl. XIV, n° 1; Mionnet,
Descr. de méd. ant., t. V, p. 58, n° 500; *Suppl.*, t. VIII, p. 44, n° 252; Richter, *Ueber die
Attrib. des Venus*, p. 15; *Nouv. ann. de l'Inst. arch.*, t. I, pl. D.
[4] Pausan., III, 16, 5 et 6; Clem. Alex., *Protrept.*, III, p. 35, ed. Potter.
[5] Il faut consulter sur le sens du mot ὀρθὸς ce qu'a dit Bœckh, *Expl. ad Pindar.*, p. 535.
[6] Strab., XIII, p. 626.
[7] Pausan., I, 51, 5.
[8] Hygin., *Fab.*, 190.
[9] Hygin., *Fab.*, 189.
[10] Pausan., IX, 31, 5.

par les anciens comme essentiellement douée des attributs des deux sexes [1]. Dans la religion chaldéo-assyrienne cet astre, suivant le point de vue auquel on le considère, est en même temps un dieu mâle, *S'in* [2], et une déesse féminine triforme, *Gula* [3]. Et *S'in*, adoré encore par les habitants de l'Assyrie pendant toute la période romaine [4], était aux yeux des païens de Harrân, où son culte se maintint postérieurement à la naissance de l'islamisme, tenu pour un être hermaphrodite [5]. Dans le troisième mémoire de la série de recherches de mythologie comparative que nous inaugurons aujourd'hui, nous étudierons un curieux récit, provenant de Ctésias [6], mais que Nicolas de Damas nous a seul conservé dans son intégrité [7]; on y voit dépeindre comme tout à fait hermaphrodite un personnage héroïque qui fait sa résidence à Babylone et est appelé Νάνναρος. Or, comme nous avons eu déjà l'occasion de le dire ailleurs [8], il n'y a pas moyen d'y méconnaître le dieu *S'in*, sous le nom de *Nannaru*, « le lumineux » (de la racine נהר), qui lui est donné par plusieurs monuments d'origine babylonienne [9]. Dans les religions indigènes de l'Asie Mineure, le dieu-lune était un personnage masculin, mais d'un aspect efféminé et presque androgyne, Mên [10]. En Grèce, au contraire, le même astre était personnifié dans une divinité féminine, Séléné; seulement les œuvres de l'art donnaient pour monture à cette déesse le mulet [11], animal essentiellement priapique [12], qui la caractérise comme une véritable Artémis *Orthia* [13].

[1] Plat., *Conviv.*, p. 190; Orph., *Hymn.*, IX, v. 4; cf. Macrob., *Saturn.*, III, 8.

[2] Voy. notre *Essai de commentaire des fragments cosmogoniques de Bérose*, pp. 95 et suiv.

[3] Même ouvrage, p. 105.

[4] Herodian., IV, 15; Spartian., *Caracall.*, 6; Ammian. Marcell., XXIII, 5, 1.

[5] Chwolsohn, *Die Ssabier und der Ssabismus*, t. II, p. 183; Maury, *Histoire des religions de la Grèce*, t. III, p. 127.

[6] Athen., XII, p. 550, B.

[7] Nicol. Damasc., fragm. 10, ed. C. Müller, *Frag. historic. graec.*, t. III, pp. 559-563.

[8] *Essai de commentaire des fragments cosmogoniques de Bérose*, pp. 96 et suiv.

[9] *Cuneiform inscr. of West. As.*, t. I, pl. 70, col. 5, l. 18; t. III, pl. 41, col. 2, l. 16.

[10] Guigniaut, *Religions de l'antiquité*, t. II, pp. 962-978; Maury, *Histoire des religions de la Grèce*, t. III, pp. 123-130.

[11] Pausan., V, 11, 3; cf. Gerhard, *Griech. Mythologie*, § 340, 2; Panofka, *Musée Blacas*, p. 51.

[12] Creuzer, *Symbolik*, l. viii, ch. ii, § 6, t. III, p. 152 de la traduction Guigniaut.

[13] Voy. de Witte, *Rev. numism.*, nouv. sér., 1864, p. 31.

VI.

Les considérations qui précèdent feraient peut-être attendre dans l'époux de Sémiramis, la déesse virile et guerrière, un personnage ambigu dans l'autre sens, un dieu complétement androgyne, comme l'Agdestis de Phrygie [1], ou bien un dieu mâle dont l'hermaphroditisme fondamental se révélerait par ses allures efféminées, comme chez les Grecs Dionysus à l'aspect indécis, que M. Guigniaut [2] a si bien défini « la personnification mâle du principe féminin, » comme en Asie Mineure Atys l'émasculé [3], appelé ἡμίθηλυς par Anacréon [4], et Midas, dans la légende conservée par Athénée [5], où il a le costume et les occupations d'une femme, comme en Phénicie Adonis, que Ptolémée Héphestion [6] dit positivement hermaphrodite [7] et que les Orphiques appellent κούρη καὶ κόρος [8]. Pourtant il en est autrement dans la légende ; le principal époux qu'elle donne à Sémiramis, Ninus, n'a rien d'efféminé ; il offre à nos regards l'énergie guerrière et la puissance virile dans toute sa force.

Le couple de Ninus et de Sémiramis, tel que le peint la légende, est dans le cycle des personnifications héroïques la reproduction exacte du couple d'*Adar-Samdan* et *Is'tar*, tel que nous l'offrent de nombreux cylindres, où le dieu mâle et la divinité féminine sont également guerriers, armés de la même manière, vêtus également l'un et l'autre de la robe royale et coiffés de la tiare [9]. Et ce rapprochement ne nous paraît pas fortuit ; de même que

---

[1] Pausan., VII, 17, 5 ; Arnob., *Adv. gent.*, V, 5.

[2] *Religions de l'antiquité*, t. III, p. 955.

[3] Ovid., *Metam.*, X, v. 104 et suiv. ; *Fast.*, IV, v. 223 et suiv. ; Serv. *ad* Virgil., *Æneid.*, IX, v. 116 ; Arnob., *Adv. gent.*, V, 4.

[4] *Od.*, XIII, v. 2.

[5] XII, p. 516.

[6] P. 55, ed. Roulez.

[7] Voy. de Witte, *Nouv. ann. de l'Inst. arch.*, t. I, p. 528.

[8] Orph., *Hymn.*, LVI, v. 4.

[9] Cullimore, *Oriental cylinders*, n° 28 ; Lajard, *Culte de Mithra*, pl. XXIX, n° 6 ; XXX, n° 7 ; XXXV, n° 9.

Sémiramis est une forme d'*Is'tar*, Ninus, à nos yeux, n'est autre qu'une forme d'*Adar-Samdan*. C'est ce qu'avant nous a déjà reconnu sir Henry Rawlinson [1], avec qui nous sommes heureux de nous trouver d'accord, bien que tous ses arguments ne nous semblent pas acceptables. Ce dieu *Adar-Samdan* est en effet l'Hercule assyrien, et un héros guerrier et conquérant de ce pays doit nécessairement se confondre avec lui [2]. D'ailleurs Tacite [3] nous le montre comme le dieu spécial du canton de Ninive, et, par conséquent, c'est lui qui doit avoir fourni dans le cycle des légendes les traits du héros éponyme de cette ville. Rappelons-nous d'ailleurs que la pyramide sacrée du palais de Ninive était désignée par la voix populaire comme le tombeau de Ninus, et que c'est au même endroit qu'une autre légende, qui sera étudiée dans le second de ces mémoires, plaçait le tombeau de Sardanapale, lequel, comme nous le montrerons et comme Ottfried Müller l'a établi le premier [4], était une forme héroïque de Samdan. Le mythe du dieu brûlé sur un bûcher, et dont on conserve le tombeau, s'applique à tous les personnages solaires des religions de l'Asie, puisque en Phénicie c'était Adonis qui était ce dieu et qu'à Babylone le tombeau caché dans la pyramide était celui de *Bel-Marduk* [5], mais nous ferons voir, en nous appuyant sur des preuves positives, qu'en Assyrie cette conception s'attachait tout spécialement à *Adar-Samdan*. Le nom idéographique d'*Adar* s'écrit, après le déterminatif aphone de l'idée de « dieu, » soit par un seul signe qui a, pris phonétiquement, la valeur *nin*, 𒀭𒉌, soit par ce signe, suivi de celui qui représente la syllabe *dar* (et aussi *ip*, car il est polyphone), jouant ici le rôle de complément phonétique, 𒀭𒉌𒁯 [6]. Or, nous avons constaté ailleurs [7]

---

[1] Dans une dissertation jointe au tome Ier de l'Hérodote anglais de son frère, M. George Rawlinson, p. 622.

[2] Voy. sur le caractère de ce dieu notre *Essai de commentaire des fragments cosmogoniques de Bérose*, pp. 109-112.

[3] *Annal.*, XII, 15.

[4] *Sandon und Sardanapal*, dans le *Rheinisches Museum für Philologie*, 1re sér., t. III.

[5] Voy. notre *Essai de commentaire des fragments cosmogoniques de Bérose*, p. 364.

[6] Même ouvrage, p. 107.

[7] Même ouvrage, p. 65.

que Damascius [1] appelait Ἴλλανος le dieu *Bel*, d'après la valeur phonétique

ilu-en des signes composant son nom idéographique, ▸━┤ ▸╨ , soit par suite d'une erreur de lecture, soit que quelquefois on prononçât pour leur valeur phonétique ces combinaisons d'idéogrammes. Il est donc possible et même probable que les interprètes qui se mirent à une certaine époque au service des Perses, puis des Grecs, et peut-être les Assyriens eux-mêmes, lisaient quelquefois *nin* ou *nin-ip* le nom du dieu *Adar*, comme le font encore actuellement la plupart des assyriologues (à tort suivant nous). On peut même avec quelque vraisemblance conjecturer que *Nin-ip*, ou plutôt *Nin-dar*, était la lecture accadienne correspondant au nom assyrien *Adar*, comme *Nin-s'illu* était celle qui correspondait à *Nisruk* et *En-kit*, celle qui répondait à *Bel-Dagan* [2]. Cette lecture fournissait une allitération toute naturelle avec le nom de la ville de Ninive, et ne doit pas avoir été étrangère à la formation du personnage héroïque de Ninus.

L'identité fondamentale du héros Ninus et du dieu *Adar-Samdan*, est encore confirmée par la version postérieure de la légende qui appelle Θούρρας le héros national, conquérant et guerrier, de l'Assyrie [3]. Il est impossible, en effet, de méconnaître dans ce nom le mot שׁוֹר, qui désigne le taureau dans l'idiome araméen, lequel, un peu avant l'ère chrétienne, supplanta l'assyrien sur toute l'étendue de son ancien domaine. Or, des textes positifs prouvent que pour les Assyriens *Adar-Samdan* était le dieu-taureau par excellence, qu'il présidait au signe zodiacal du taureau et à la constellation de ce nom [4]. Le taureau, dans la symbolique de l'Asie et en général de toute l'antiquité, est essentiellement l'animal du principe humide [5]. Il est en rapport étroit avec les divinités ichthyomorphes [6]. Aussi les deux formes du taureau et du poisson

---

[1] *De princip.*, 125.

[2] Voy. notre *Essai de commentaire des fragments cosmogoniques de Bérose*, p. 98.

[3] *Chronic. pasch.*, t. I, p. 68, ed. Dindorf.

[4] H. Rawlinson, dissertation insérée à la suite du tome Ier de l'Hérodote anglais, p. 621; et notre *Essai de commentaire des fragments cosmogoniques de Bérose*, p. 252.

[5] Voy. le mémoire de Lajard sur le taureau et le lion, inséré dans ses *Recherches sur le culte de Vénus*; De Vogüé, *Mélanges d'archéologie orientale*, pp. 65 et suiv.

[6] Voy. Ch. Lenormant, *Nouvelle galerie mythologique*, p. 65.

se confondent-elles, sur quelques monuments représentant le mythe originairement phénicien de l'enlèvement d'Europe, dans la figure d'un taureau à queue de poisson [1]. L'attribution du taureau au dieu *Adar-Samdan* prouve donc que, par suite de cette association des contraires dont nous rencontrons à chaque pas les exemples sous des formes indéfiniment variées, si ce dieu est essentiellement un de ceux du principe solaire et igné, il tient aussi par certains côtés au principe contraire, à l'élément humide.

Il est bon de se souvenir ici de ce que nous avons fait déjà remarquer ailleurs [2] comme un des côtés les plus importants de la conception du personnage divin qui nous occupe en ce moment. En général, dans la religion chaldéo-assyrienne, les dieux des planètes — à la classe desquels appartient *Adar* comme présidant à la planète Saturne — ne sont que des formes, des manifestations secondes des dieux de l'ordre supérieur. Tel est le rapport entre *Adar-Samdan* et *Anu*, dont sir Henry Rawlinson a fait remarquer la parenté [3], qui reçoivent beaucoup des mêmes titres et à qui est commune l'appellation accadienne de *Uras'*, dont le sens paraît avoir été « le générateur [4]. » Une tablette [5] enregistre même *Adar* parmi les noms d'*Anu*. Dans la belle invocation à ce dieu qui ouvre l'inscription de *S'ams'i-Bin III*, il reçoit les qualifications de « premier-né du dieu des *Anunnaki*, » — ce dieu est *Anu* [6] — « l'ancien (*allalu*) des dieux, absorpteur (*s'upi*) invariable, indi» cateur du soleil boréal, maître suprême qui chevauche sur l'éclair (*ababi*)[7]. » De telles épithètes montrent dans tout son jour le lien étroit qui rattache le dieu *Adar-Samdan* au grand dieu *Anu*, ou, pour parler le langage de la légende héroïque, le second époux de Sémiramis, Ninus, à son premier époux, Onnès ou Oannes. C'est envisagé sous ce point de vue qu'*Adar-*

---

[1] Ch. Lenormant, *Nouvelle galerie mythologique*, pl. LI, n° 3; cf. le texte, p. 64.

[2] *Essai de commentaire des fragments cosmogoniques de Bérose*, p. 112.

[3] *Journal of the Royal Asiatic Society*, new ser., t. I, pp. 202 et 250.

[4] Voy. H. Rawlinson, même mémoire, p. 230; et notre *Essai de commentaire des fragments cosmogoniques de Bérose*, p. 109.

[5] *Cuneif. inscr. of West. As.*, t. III, pl. 69, n° 1, l. 5.

[6] Sur les *Anunnaki*, voy. notre *Essai de commentaire des fragments cosmogoniques de Bérose*, pp. 151 et suiv.

[7] Col. 1, l. 7-10 : *Cuneif. inscr. of West. As.*, t. I, pl. 29.

Samdan reçoit quelquefois dans les inscriptions cunéiformes des titres qui semblent en contradiction avec ceux qui lui appartiennent plus habituellement, qu'il est appelé « celui qui ouvre les canaux, » le dieu de la mer et des fleuves, » « celui qui habite dans les profondeurs de l'abîme [1]. » L'emblème du poisson ne lui est donc pas absolument étranger, et l'allitération de *nunu* avec *Ninua* (et peut-être avec *Ninip*), dont nous avons vu tout à l'heure l'importance dans la légende de Sémiramis, a pu lui être appliquée. Aussi, dans la si curieuse série de titres et d'épithètes que lui donne l'invocation placée en tête du grand monolithe d'*As's'ur-nasir-pal* à Nimroud voyons-nous ce même dieu appelé « fils aîné du poisson et de la femelle qui » s'élève dans le ciel (*pal ris'tan nuni au naqbit qumate*), premier-né du » dieu sans fin (*nu kimmut*), protecteur des cinq et des deux dieux sidé- » raux [2]. »

Mais de même qu'en étant par essence un dieu igné et solaire, il participe pourtant, dans une certaine mesure, du principe humide; par une conséquence nécessaire de cette conception, *Adar* a beau se montrer ordinairement sous l'aspect de *Samdan*, « le puissant, » il a beau, dans la plupart de ses titres et de ses représentations figurées, offrir le caractère de la personnification de la force et de l'énergie virile à sa suprême puissance, c'est en même temps, de tous les dieux mâles du panthéon chaldéo-assyrien, celui dans lequel on retrouve le plus facilement des traits caractéristiques de l'androgynisme fondamental. Toute une nombreuse classe de mythes, que nous étudierons en continuant cette série de mémoires, celui de Sardanapale et celui de Parsondas, entre autres, représentent ce dieu terrible tombant dans un état d'effémination étrange, prenant les vêtements et les habitudes d'une femme, et devenant véritablement hermaphrodite. Il y semble atteint de cette θήλεια νοῦσος qu'Hérodote [3] montre frappant comme châtiment ceux des Scythes qui avaient pillé le temple d'Ascalon, consacré à Sémiramis et à sa mère Dercéto. Dans la légende, le personnage de Ninus n'a rien de ce côté de la physionomie du dieu avec lequel il se confond; il en représente exclusivement la

---

[1] Voy. H. Rawlinson, dissertation jointe au tome Ier de l'Hérodote anglais, p. 619.
[2] *Cuneif. inscr. of West. As.*, t. 1, pl. 17, l. 2.
[3] I, 105.

face virile et guerrière. Mais les deux aspects opposés du dieu assyrien se sont dédoublés dans la légende héroïque en deux personnifications différentes, car, à côté du terrible Ninus, nous y trouvons son fils, l'efféminé Ninyas, dont le nom ne diffère pas essentiellement du sien, et qui, vivant au milieu des femmes de son harem, portant leur costume et partageant leurs occupations, ne diffère en rien des autres héros qui représentent le côté androgyne d'*Adar-Samdan*, comme Sardanapale ou Parsondas [1]. Ninyas est une répétition du personnage de Ninus, envisagé sous une autre face; dans toutes les religions antiques le dieu père et le dieu fils, comme la déesse mère et la déesse fille, s'identifient l'un à l'autre et ne sont qu'un même être divin dédoublé [2]. Cette unité divisée dans une dualité, cette dualité qui se ramène si clairement à l'unité, est une manière d'exprimer mythiquement la notion que l'Égypte formulait dans toute sa netteté, sans voile d'aucune fable, « le dieu qui s'engendre lui-même [3]. » Et pour nous restreindre à ce qui touche spécialement à la légende de Sémiramis, l'identité du père et du fils, de Ninus et de Ninyas, ressort bien clairement de la version suivie par Justin [4], où une passion violente pousse Sémiramis à faire de Ninyas son époux. Nous nous trouvons ainsi en présence du personnage efféminé que nous cherchions tout à l'heure comme devant faire le pendant naturel, et pour ainsi dire obligé, de la virile Sémiramis.

Pour acquérir la conviction que nous ne nous trompons pas en envisageant ainsi le personnage de Ninus, il suffit de se reporter à la forme du même mythe que nous offre, sous d'autres noms, la religion de la Lydie, dans laquelle nous avons dû nous-même [5] reconnaître une si profonde et si manifeste empreinte assyrienne et dans laquelle l'Hercule apporté des bords

---

[1] Sur Ninyas, voy. Diod. Sic., II, 21 ; Athen., XII, p. 528; Justin., I, 2; Cephalion *ap.* Syncell., p. 167.

[2] Voy. Gerhard, *Antike Bildwerke,* p. 56, notes 95 et 96; et notre *Monographie de la Voie Sacrée Éleusinienne,* t. I, p. 318.

[3] Voy. De Rougé, *Mémoire sur la statuette naophore du Vatican,* dans la *Revue archéologique,* t. VIII, pp. 57-60; Mariette, *Mémoire sur la mère d'Apis,* Paris, 1856, in-4°; Maury, *Histoire des religions de la Grèce,* t. III, pp. 197 et 290.

[4] I, 2.

[5] *Essai de commentaire des fragments cosmogoniques de Bérose,* p. 146-148.

du Tigre conservait son nom de *Samdan* sous la forme non altérée Σάνδων [1]. Elle est d'autant plus curieuse que la Lydie n'avait pas des rapports moins étroits avec Ascalon qu'avec l'Assyrie, avec l'un qu'avec l'autre siége du culte de la déesse Sémiramis. On donnait en effet pour héros éponyme et pour fondateur à Ascalon le lydien Ascalos [2], et nous avons vu tout à l'heure qu'une tradition faisait aussi intervenir le lydien Mopsus dans la métamorphose d'Atergatis en poisson à Ascalon [3]. Le mythe dont nous voulons parler est celui d'Omphale, popularisé de très-bonne heure chez les Grecs, mais dont l'origine assyrienne et la parenté intime avec la légende de Sémiramis a été déjà reconnue par Ottfried Müller [4], Movers [5], R. Rochette [6] et M. Maury [7]. Hercule, dans ce mythe, est vendu comme esclave à Omphale, reine de Lydie, fille d'Iardanus, et la sert pendant plusieurs années, étant son amant en même temps que son esclave [8]. Dans cet esclavage, le dieu dompteur de monstres s'avilit jusqu'à filer au milieu des femmes de la reine [9] et à revêtir la robe transparente des courtisanes lydiennes, qui reçoit à cause de lui le nom de σάνδυξ [10]. Cet échange des attributs entre Hercule, vêtu d'habits féminins et tenant le fuseau, et Omphale, qui lui a pris la peau de lion et la massue, est devenu pour les artistes grecs un sujet favori, à cause des contrastes piquants auxquels il prêtait [11]. Mais il n'était que la reproduction embellie des anciens simulacres religieux des Lydiens ; car, à côté de l'Hercule *Samdan* androgyne, Omphale était une déesse à la fois guerrière et voluptueuse, comme Sémiramis, à laquelle la massue et la peau de lion

[1] J. Lyd., *De magistrat.*, III, 64.
[2] Steph. Byz., v° Ἀσκαλών.
[3] Mnaseas et Xanth., *ap.* Athen., VIII, p. 346.
[4] *Rheinisches Museum*, 1ʳᵉ série, t. III, p. 29.
[5] *Die Phœnizier*, t. I, pp. 469-477.
[6] *Mém. de l'Acad. des Inscr.*, nouv. sér., t. XVII, 2ᵉ part., pp. 252 et suiv.
[7] *Histoire des religions de la Grèce*, t. III, pp. 152 et suiv.
[8] Apollodor., I, 9, 19 ; II, 6, 5 ; Sophocl., *Trachin.*, v. 255 ; Plutarch., *Thes.*, 6 ; Palæphat., *De incred.*, 5 ; Terent., *Eunuch.*, act. V, sc. viii, v. 5 ; Eustath. *ad* Homer., *Odyss.*, Φ, p. 1900 ; Ephor. *ap.* Schol. *ad* Apollon. Rhod., *Argonaut.*, I, v. 1929 ; Diod. Sic., IV, 51 ; Tzetz., *Chiliad.*, II, v. 36.
[9] Donat. *in* Terent., *Eunuch.*, loc. laud.
[10] Lyd., *De magistrat.*, III, 64 ; cf. Plutarch., *An sen. sit. ger. resp.*, t. IX, p. 140, ed. Reiske.
[11] Voy. Ottfr. Müller, *Handbuch der Archæologie*, § 410, 7.

appartenaient en tant qu'attributs propres. C'est de cette manière, munie des
mêmes armes qu'Hercule, armes qui appartiennent également à l'*Is'tar*
chaldéo-assyrienne sous sa forme guerrière, c'est ainsi que nous la voyons
représentée sur les monnaies impériales de Sardes [1] et sur celles de Méonie
et de Tmolus de Lydie [2]. Une pièce d'Euménia de Phrygie la montre même,
tenant d'une main la peau de lion d'Hercule et portant sur l'autre une
colombe, comme Sémiramis [3]. On célébrait dans la Lydie, en l'honneur
d'Omphale et d'Hercule, des fêtes où les sexes échangeaient leurs vêtements [4],
fêtes qui avaient leurs analogues en Grèce [5].

De cette union de l'Hercule Sandon efféminé et de la guerrière Omphale
prétendait descendre la dynastie, très-historiquement d'origine assyrienne [6],
des rois de Lydie qui se qualifiaient d'Héraclides [7], comme les rois de la première dynastie ninivite, avec lesquels-ils étaient probablement apparentés,
se disaient issus du couple de Ninus et de Sémiramis, c'est-à-dire d'*Adar-
Samdan* et d'*Is'tar*. L'insigne royal des Héraclides de Lydie était un bau-
drier, originairement celui de la reine des Amazones, qu'Hercule lui avait
enlevé pour Omphale et qui était devenu celui de la reine lydienne, présentée
ainsi elle-même comme une Amazone [8]. Ce nouvel attribut d'Omphale nous
suggère pour son nom une étymologie tirée de la langue assyrienne, qui
aurait trait à son caractère guerrier et nous paraît préférable à celles qu'ont
proposées Movers (אם־חוה־פל, *ancilla eximia*) et M. Maury אם־פעור,
mater voluptatis); c'est *um-pali*, la mère du glaive » (le mot assyrien *palu*,

« glaive, » est l'arabe فلوع). Le nom de son époux Σάνδων étant purement

---

[1] Eckhel, *Doctr. num. vet.*, t. III, p. 115.

[2] Eckhel, *Doctr. num. vet.*, t. III, p. 105.

[3] Sestini, *Descriptio nummorum veterum*, p. 464, n° 5; Mionnet, *Descr. de méd. ant.*, t. IV,
p. 294, n° 568.

[4] Lyd., *De mens.*, p. 220.

[5] Polyœn., *Stratagem.*, VIII, 53; Plutarch., *De virtut. mulier.*, p. 243; Macrob., *Saturn.*, III, 8.

[6] Voy. Movers, *Die Phœnizier*, t. 1, pp. 73 et suiv.; Oppert, *Annales de philosophie chrétienne*, février 1856; notre *Manuel d'histoire ancienne de l'Orient*, 5ᵉ édit., t. II, pp. 384 et
suiv.; et notre *Essai de commentaire des fragments cosmogoniques de Bérose*, pp. 146-148.

[7] Herodot., I, 7.

[8] Plutarch., *Quaest. Græc.*, 45.

assyrien, il est conforme à toutes les vraisemblances de supposer que celui d'Ομφάλη doit avoir la même origine.

Cléarque [1] donnait une tout autre version du mythe d'Omphale; mais où se reproduisent toujours les deux données fondamentales de la personnification féminine à la fois voluptueuse et guerrière et du personnage mâle tellement efféminé qu'il en est réellement hermaprodite. Dans ce récit Omphale est une esclave du roi Midas, soumise d'abord, comme toutes les femmes des Lydiens, à la prostitution sacrée, puis détrônant Midas, prince dégradé jusqu'à « vivre au milieu des femmes de son palais, assis sur la pourpre et » la quenouille à la main. » Devenue reine, elle oblige les Lydiens, réduits à la condition de femmes, à reconnaître la domination de leurs esclaves, et livre à ceux-ci les filles de leurs maîtres. Quant à elle, elle s'adonne à tous les excès de la débauche, et fait périr ses amants, comme Sémiramis. Hérodote paraît avoir connu cette version de la légende, puisque, en parlant de l'origine de la dynastie des Héraclides [2], il fait d'Omphale l'esclave et non plus la fille du roi de Lydie Iardanus. Le lecteur ne peut manquer d'être frappé de l'identité de ce récit avec celui où Sémiramis est donnée comme une esclave du harem de Ninus, qui détrône le roi en profitant de la fête des Sacées où les esclaves commandaient [3]. Nous avons traité ailleurs [4] de cette fête des Sacées, et nous avons établi qu'elle était consacrée à l'*Is'tar-Zirbanit*, ou *Zarpanit*, la forme spécialement génératrice et lascive de la déesse.

[1] *Ap.* Athen., XII, p. 515; cf. Eustath. *ad* Homer., *Iliad.*, II, p. 1082.
[2] Herodot., II, 7.
[3] Diod. Sic., II, 20; Ælian., *Var. hist.*, VII, 1; cf. Plin., *Hist. nat.*, XXXV, 36, 9.
[4] *Essai de commentaire des fragments cosmogoniques de Bérose*, pp. 167-174.

V.

Revenons maintenant à la donnée du récit de Justin sur la passion incestueuse qui saisit Sémiramis pour son fils Ninyas. Ce récit introduit dans la
légende de Sémiramis un dernier élément, qui joue un rôle capital dans les
conceptions essentielles de toutes les religions antiques et peut être considéré
comme un de leurs dogmes fondamentaux, la notion de l'inceste divin [1]. Il
nous faudrait de trop longs développements pour suivre cette idée, sous les
formes infiniment variées qu'elle revêt, à travers tous les systèmes religieux
du paganisme. Bornons-nous à rappeler que nous l'avons constatée [2] dans
un des couples les plus élevés du panthéon babylonien, dans celui dont l'union
produit l'univers visible, puisque *Bel-Dagan*, le démiurge ichthyomorphe,
né de *Belit-Tihavti* et d'*Apsu* [3], l'eau primordiale et l'abîme, devient à son
tour l'époux de *Belit-Tihavti*. De même, dans le culte local de la ville de
Nipur dont le sanctuaire était un des plus antiques de la Babylonie, *Belit* est
à la fois mère et épouse du dieu *Adar-Samdan* [4]. Et sir Henry Rawlinson
n'a pas manqué de faire ressortir la relation entre cette donnée fournie par
les textes cunéiformes eux-mêmes et les rapports incestueux que l'on prête à
Sémiramis avec son fils Ninyas.

La conception de l'inceste divin est une monstrueuse aberration de l'esprit
de symbolisme, enfantée par l'identification du dieu père et du dieu fils ou
de la déesse mère et de la déesse fille, et résultant d'une tentative d'exprimer,
sous une forme sensible, la notion du *dieu qui s'engendre lui-même*. La
monade divine fondamentale, telle que la concevait le panthéisme des religions antiques, né dans les sanctuaires savants de l'Asie, était à la fois active
et passive, et réunissait dans son hermaphroditisme fécond tous les attributs

---

[1] Voy. Ch. Lenormant, *Nouvelle galerie mythologique*, p. 56; et notre *Monographie de la
Voie Sacrée Éleusinienne*, t. I, pp. 490 et suiv.

[2] *Essai de commentaire des fragments cosmogoniques de Bérose*, pp. 87 et suiv.

[3] Damasc., *De princip.*, p. 125.

[4] Voy. H. Rawlinson, dissertation jointe au tome Ier de l'Hérodote anglais de son frère,
p. 625.

et toutes les forces de la nature. Par sa propre puissance, *s'engendrant elle-même*, elle produisait sa première manifestation, son logos [1], identique à elle-même, et se divisait ainsi dans la dyade, que les Pythagoriciens, dans leurs spéculations empruntées à des doctrines plus anciennes [2], appelaient en même temps l'*union* et la *diversité*, l'*harmonie* et la *discorde* [3], la *mort* et la *naissance*, la *mère*, la *nourrice*, le *mouvement* [4], le passage de l'*unité immobile et stérile* au *nombre actif et fécond* [5]. Ainsi se formait la dualité fondamentale du système de théologie naturaliste attribué par toute l'antiquité aux Chaldéens, dualité composée du *père* qui est *lumière* et de la *mère* qui est *ténèbres*, et entre laquelle se partagent toutes les choses de l'univers, les éléments, les astres, le zodiaque, le monde supérieur et le monde inférieur [6]. A peine séparés, les deux éléments de cette dualité réagissaient l'un sur l'autre dans une lutte à la fois amoureuse et hostile, représentée, soit par l'entreprise du père sur sa fille, comme en Grèce celle du Zeus mystique sur Coré, soit par celle du fils sur sa mère, comme en Égypte celle d'*Amon* sur *Maut* dans la religion de Thèbes, suivant qu'on attribuait le rôle actif et le rôle passif, dans cette seconde réaction de l'être divin sur lui-même, à la monade fondamentale ou à son premier produit. En effet, l'échange des rôles que nous avons constaté plus haut entre le principe igné et le principe humide se reproduit sous tous les aspects divers que prend la dualité issue de l'unité et jusque sous la forme abstraite des spéculations arithmétiques. D'après l'auteur des *Philosophumena* et d'après l'anonyme cité par Meursius, la dyade aurait

---

[1] Voy. notre *Monographie de la Voie Sacrée Éleusinienne*, t. I, p. 586.

[2] Voy. Guigniaut, *Religions de l'antiquité*, t. III, pp. 1243 et suiv. On est en droit de faire remonter aux Chaldéens toutes ces spéculations sur la philosophie et la théologie des nombres, quand on voit, par une tablette cunéiforme du Musée Britannique, que chaque dieu était symbolisé par un nombre mystique : Hincks, *Transactions of the Royal Irish Academy*, t. XXIII, pp. 405 et suiv. Les nombres inscrits sur cette tablette s'expliquent par le système de numération sexagésimale propre à la Chaldée et se rapportent aux rangs de la hiérarchie divine : voy. notre *Essai de commentaire des fragments cosmogoniques de Bérose*, pp. 62, 65, 74 et 104.

[3] Nicomach., *Theologumen. arithmetic.*, pp. 8 et suiv.

[4] Anonym. *ap.* Meurs., *Denar. Pythagor.*, dans le *Thesaurus antiquitatum græcarum* de Gronovius, t. IX, p. 1342.

[5] Lyd., *De mens.*, p. 108.

[6] Hippolyt., *Philosophumen.*, 1, 2 ; IV, 45 et 51.

été regardée comme la *mère* des nombres et la monade comme leur *père*; mais en même temps Nicomaque [1] attribue au nombre deux la virilité ἀνδρεία, et dans la vieille nomenclature conservée par Boëce [2] la dyade s'appelle *le mâle* [3]. Et cette dernière nomenclature est d'autant plus intéressante pour nous que la tradition doit en remonter par une chaîne non interrompue à une origine babylonienne, puisque cinq des noms de nombre, sur neuf, y sont manifestement sémitiques et même assyriens :

	ASSYRIEN :	HÉBREU :
1. *Igin* ou *isin.*	*is'tin.*	אחד.
4. *Arbas*	*arba'.*	ארבע.
5. *Quimas*	*xams'a*	חמשה.
7. *Zekis*	*s'ibit.*	שבעה.
8. *Temenias*	*s'umunu.*	שמנה.

La donnée de l'inceste divin peut donc se présenter sous deux formes dans les mythes en action. Or, la légende de Sémiramis nous en offre précisément les deux formes dans ses différentes versions. Si certains récits montrent la reine légendaire éprise de son fils Ninyas, d'autres, non moins populaires dans l'antiquité, prétendent qu'elle était la fille de Ninus et que, après avoir épousé son propre père, elle autorisa ces sortes de mariages incestueux, demeurés en usage chez les Perses [4]. C'est ainsi que dans la religion de la Phénicie Adonis naît du commerce de Cinyras avec sa fille Myrrha [5]. Au reste, cette dernière version est la plus conforme à l'enchaînement général de la légende complète, telle que la rapportait Ctésias. Fille d'un être ichthyomorphe, Dercéto, la déesse colombe, Sémiramis, épouse un dieu-poisson, Ninus = *nunu;* sortie du principe humide, de l'abîme primordial, la déesse ignée est fécondée par l'action de ce principe.

[1] *Theologumen. arithmetic.,* p. 7.
[2] *Geom.,* 1.
[3] Cf. Vincent, *Revue archéologique,* t. II, p. 602.
[4] Conon. *ap.* Phot., *Biblioth.,* p. 132; Macrob., *In somn. Scip.,* II, 10.
[5] Apollodor., III, 14, 3; Hygin., *Fab.,* 58, 164, 251 et 271; Lact. Placid., *Fab.,* X, 9, 10.

VIII.

Ainsi, de rapprochements en rapprochements, nous sommes parvenu à nous rendre compte de l'origine de la légende de Sémiramis et de la conception de ce personnage divin introduit dans l'histoire, mais dont le véritable caractère avait été déjà fort bien reconnu par Creuzer [1] et par Movers [2]. Il ne nous reste plus, pour compléter cette étude, qu'à examiner le nom même de Sémiramis, à rechercher quelle pourrait en être la forme réelle et l'origine ; car ce nom n'est pas une invention des Grecs ; on nous affirme qu'il était employé par des populations indigènes en Assyrie et à Ascalon.

Diodore [3] dit : ὄνομα Σεμίραμιν, ὅπέρ ἐσΊι καΊὰ Ίην Ίῶν Σύρων διάλεκΊον παρωνομασμένον ἀπὸ Ίῶν περισΊερῶν. Et dans Hésychius nous lisons : Σεμίραμις, περισΊερὰ ὄρειος ἑλληνισΊί. Ces deux passages ont fort embarrassé les interprètes. Bochart [4] a torturé le nom de Sémiramis pour y trouver le sens indiqué par Hésychius ; il suppose que Σεμίραμις est pour Σαρίραμις, qu'il tire des deux mots arabes ﺟﺒﻞ, « montagne, » et ﺣﻤﺎﻣﺔ, « colombe ; » mais cette étymologie forcée, comme ne le sont que trop souvent celles du même savant, a été depuis longtemps abandonnée, et avec juste raison. Dalberg [5] s'est tenu dans des données beaucoup plus vraisemblables quand il a proposé de reconnaître comme élément essentiel du nom le mot syriaque ܣܢܘܢܝܬܐ, « colombe. » Et il n'est guère douteux que ce ne soit à la ressemblance de ce mot avec le nom de Sémiramis que font allusion les explications de Diodore et d'Hésychius. Mais est-ce bien la véritable étymologie, et n'est-ce pas plutôt une allitération postérieure, par laquelle on aura cherché à trouver une parenté entre le nom de la déesse et le mot par lequel on désignait l'oiseau qui était son symbole ? Deux choses me

---

ܣܢܘܢܝܬܐ
ܐܡܝܢ

[1] *Symbolik*, l. ɪv, ch. ɪɪɪ, § 1 ; t. II, pp. 53 et suiv. de la traduction Guigniaut.

[2] *Die Phœnizier*, t. I, pp. 631 et suiv.

[3] II, 4.

[4] *Canaan.*, l. ɪɪ, c. 12.

[5] *Fundgruben des Orients*, t. I, p. 205.

paraissent militer principalement en faveur de la dernière façon de voir :
c'est d'abord que *somira,* « colombe, » n'expliquerait l'origine que d'une
partie du nom de Sémiramis, et semble bien réellement, au point de vue de
la philologie, être avec ce nom dans un rapport d'allitération plutôt que
d'étymologie; puis que le mot duquel il s'agirait de faire dériver Σεμίραμις, n'a
laissé aucune trace de son existence en hébreu, en phénicien ou en assyrien,
et n'apparaît que dans un idiome de date comparativement très-récente.

Il faut donc chercher une autre étymologie et une autre explication pour
le nom de Sémiramis. Et pour notre part, nous croyons qu'il n'y a rien de
mieux à faire que d'en revenir à celle que dès le seizième siècle avait proposé
Jacques Capelle. Mais il est nécessaire, avant d'aller plus loin, de citer les
remarques si judicieuses de M. le comte de Vogüé [1] sur les principales formules qui expriment le rapport du dieu femelle avec le dieu mâle dans la
religion des Phéniciens et la manière dont le second élément de la dualité
sort de l'unité primitive.

« La première formule que nous rencontrons est celle qui est répétée si
souvent dans les inscriptions carthaginoises, dans lesquelles Tanit est nommée
פן-בעל. Cette expression signifie proprement *facies, persona Baalis,* et
M. de Saulcy [2] l'a très-heureusement traduite, le premier, manifestation de
Baal. M. Zotenberg a démontré qu'elle renfermait en outre une idée d'association conjugale. Tanit ne diffère donc pas essentiellement de Baal; c'est pour
ainsi dire une forme subjective de la divinité primitive; une deuxième personne divine, assez distincte de la première pour pouvoir lui être associée
conjugalement, mais pourtant n'étant autre que la divinité elle-même dans
sa manifestation extérieure.

» La seconde formule est plus explicite encore : Astarté, la déesse de Sidon,
associée dans l'inscription d'Eschmunazar au Baal de Sidon, est qualifiée de
שם-בעל, *nomen Baalis.* L'abstraction est plus forte que dans l'exemple
précédent : à Carthage, la déesse était une personne divine, ici elle n'est pour
ainsi dire plus qu'une locution théologique; c'est Baal, moins sous un autre

---

[1] *Mélanges d'archéologie orientale,* pp. 55 et suiv.
[2] *Revue archéologique,* t. III, p. 635.

aspect que sous un autre nom, et pourtant la personnalité est devenue assez distincte pour qu'en désignant l'ensemble des deux divinités mâle et femelle, l'auteur de l'inscription ait employé le pluriel : il les appelle אלנ(י)־צרנם, « les dieux des Sidoniens. »

» Astarté est la personnification du nom divin, de ce nom auquel toutes les religions de l'antiquité ont attribué une puissance mystérieuse; c'est comme un שם־יהוה ayant pris corps. Déjà dans la Bible cette expression se trouve employée dans une acception active qui la rapproche plus de *numen* que de *nomen* : elle s'applique aux manifestations extérieures de la puissance suprême; c'est par la vertu du שם divin qu'agit l'ange chargé de communiquer avec les hommes; c'est le שם qui réside dans le temple de Jérusalem; mais tandis que les Juifs conservent à cette expression sa valeur abstraite, les Phéniciens lui donnent une existence distincte : ils en font une divinité spéciale par une opération semblable à celle qui leur a fait diviniser la *face* de leur dieu. On ne saurait nier, d'ailleurs, l'analogie qui existe entre ces deux termes שם־בעל et פן־בעל. Déjà Gesenius [1] avait rapproché l'une de l'autre les deux expressions שם־יהוה et פני־יהוה, à une époque où les inscriptions phéniciennes étaient ou inconnues, ou mal expliquées, et ne pouvaient avoir aucune influence sur son esprit : les textes épigraphiques donnent une grande valeur à ce rapprochement, qui à son tour jette une vive lumière sur l'origine des mythes phéniciens et la manière dont ils se sont développés. On saisit pour ainsi dire sur le fait la transformation d'idées qui a créé le panthéon : on voit comment les abstractions primitives ont donné naissance au polythéisme. Chez les Hébreux, les notions de *nomen Domini, numen Domini, facies Domini,* ne détruisaient pas plus l'unité divine que les expressions encore plus figurées de *vox Domini, manus Domini :* chez les Phéniciens, il en était de même au début, mais les notions primitives se sont altérées tout en conservant les formules qui les exprimaient autrefois; l'idée de la déesse femelle a surgi, idée qui dédoublait pour ainsi dire la puissance créatrice sans détruire son unité essentielle, mais qui ouvrait la porte à toutes les erreurs et à tous les abus du polythéisme pratique. »

[1] *Lexic. hebraic.,* v° שם.

Ces remarques sont excellentes et révèlent le plus juste sentiment de l'esprit religieux de l'antiquité. Mais il ne faut pas les borner aux Phéniciens; elles doivent être étendues à tout l'ensemble commun des religions de la Syrie et du bassin de l'Euphrate et du Tigre. Nous avons nous-même indiqué ailleurs [1] que dans la religion de Babylone et de l'Assyrie les divinités féminines étaient formées de la même manière et étaient également le פני ou le שם du dieu mâle correspondant.

Dès lors comment ne pas comparer le nom de Sémiramis à celui de שם-בעל et ne pas y voir une expression de même nature, שם-רם, *nomen excelsum*, en assyrien *s'umu-rim* ou *sammu-rim?* Nous n'y sommes pas seulement autorisés, mais conduits forcément, quand nous trouvons dans la Bible [2] le nom propre d'homme, évidemment emprunté à une divinité comme tant d'autres chez les Sémites, שמירמות, *nomen altitudinum*, c'est-à-dire *nomen altissimum*, dont Gesenius [3] et Movers [4] ont déjà établi l'identité avec celui de la déesse Sémiramis. Et ce nom propre se retrouve identiquement dans celui de la reine *Sammu-ramat* [5], épouse de *Bin-nirari* III, la Sémiramis d'Hérodote et la seule historique; car, de même qu'au שם hébraïque correspond l'arabe شم, de même l'assyrien avait, pour exprimer l'idée de « nom, » les deux formes parallèles *s'umu* et *sammu*, שם et שם. A côté des noms contenant une prière à tel ou tel dieu ou une indication d'appartenance et de subordination à la divinité, il y avait chez les Chaldéo-Assyriens une classe nombreuse de noms propres se composant d'un nom divin suivi d'une épithète, comme *Samdan-malik*, « *Samdan* roi, » *As's'ur-edil-ilani*, « *As's'ur* arbitre des dieux, » *Nabu-na'id*, « *Nabu* majestueux. » C'est donc purement et simplement le nom de la déesse *Sammu-ramat* ou Sémiramis qu'a pris la reine *Sammu-ramat*, laquelle vivait dans les dernières années du neuvième siècle et les premières du huitième.

---

[1] *Essai de commentaire des fragments cosmogoniques de Bérose*, pp. 64 et 69.
[2] I Chron., XV, 18 et 20; XVI, 5; II Chron., XVII, 8.
[3] *Lexic. hebraic.*, s. v.
[4] *Die Phœnizier*, t. I, p. 652.
[5] Voy. nos *Lettres assyriologiques*, t. I, p. 201.

La décomposition que nous adoptons pour le nom de Sémiramis, et que ces rapprochements nous paraissent rendre certaine, est encore confirmée dans la légende de Ctésias par l'introduction du personnage de *Simmas*, שם, qui élève l'enfant nourri d'abord par les colombes. Au reste, il est facile de trouver des traces nombreuses de l'adoration du שם divin dans la religion des bords de l'Euphrate et du Tigre. Les inscriptions cunéiformes mentionnent souvent le *s'um*, le nom des grands dieux, comme une puissance active qui protége les rois et leur donne la victoire, de même que la *tuklati* de ces mêmes dieux, leur adoration, qui finit par devenir une entité subjective, une véritable puissance divine, comme le sacrifice, *kratu*, chez les Aryas védiques [1].

Quant à la conception de ce שם comme une personne divine distincte, nous croyons que Movers [2] a eu pleinement raison d'en voir une mention dans ce que dit Lucien [3] du simulacre mystérieux et à l'aspect ambigu qui, dans le temple d'Hiérapolis ou Bambyce, était placé entre les statues du dieu mâle et de la déesse féminine, et que quelques-uns regardaient comme Sémiramis, à cause de la colombe posée sur sa tête : Καλέεται δὲ Σημήϊον καὶ ὑπ' αὐτῶν Ἀσσυρίων. Ceci est confirmé par une phrase du si curieux passage de l'Apologie adressée à Marc-Aurèle par Saint-Méliton, dans lequel il passe en revue un grand nombre de cultes de l'Asie antérieure, en les présentant dans un esprit de complet evhémérisme et avec les transformations que leur avait fait subir un syncrétisme souvent bizarre, mais aussi avec des indications de haut prix que l'on chercherait vainement ailleurs : « Quant à Nébo, qui est à Mabug,
» pourquoi vous en écrirais-je? Les prêtres de Mabug savent que c'est la
» statue d'Orphée, mage de Thrace. Hadran est de même la statue de Zara-
» duscht, mage persan. Ces deux mages pratiquèrent leurs enchantements sur
» un puits situé dans la forêt de Mabug, dans lequel était un esprit impur,

---

[1] C'est ce qu'établit d'une manière toute spéciale une importante tablette mythologique et théogonique (*Cuneif. inscr. of West. As.*, t. III, pl. 69, n° 5), où, à la suite de divers groupes de divinités de second ordre, sont énumérées les *tuklati* des grands dieux comme des divinités ayant une existence personnelle. Dans l'état actuel de la tablette, qui est brisée, l'énumération comprend les *tuklati* de *Bel*, de *Marduk*, de *Bin*, d'*Adar*, de *Zagar* et de *Nirgal*.

[2] *Die Phœnizier*, t. I, p. 652.

[3] *De dea Syr.*, 55.

» qui molestait et attaquait tous ceux qui passaient par l'endroit où est assise
» maintenant la citadelle de Mabug. Et ces mages chargèrent Simi, fille de
» Hadad, de puiser de l'eau de la mer et de la jeter dans le puits, afin que
» l'esprit ne sortît plus pour infester le pays, conformément aux secrets de
» leur magie [1]. » Le nom de *Simi*, ܣܝܡܝ, est incontestablement le même
que le Σημήϊον de Lucien.

Nous avons une autre trace de la conception du שׁם comme une personne distincte dans le Ζάμης dont le héros guerrier et conquérant de l'Assyrie
est dit fils dans la version du mythe où il est appelé lui-même Θούρρας, « le
taureau [2] » Ce Ζάμης remplace d'ailleurs Ninyas comme fils de Sémiramis
dans plusieurs versions de l'histoire légendaire d'Assyrie [3]. Ceci nous amène
à reconnaître un בר-שׁם, ou fils du שׁם divin personnifié, dans le grand
dieu de Hatra, ville de la Mésopotamie araméenne, *Barsames* [4], d'après lequel
les rois de cette ville, au temps des empereurs romains, s'intitulaient *Bar-
semii* [5]. Moïse de Khorène [6] a conservé une curieuse légende dans laquelle
ce *Barsames* est présenté sous des traits exactement semblables à ceux ordinairement donnés à Ninus, où il est le héros belliqueux et conquérant qui
fonde la puissance divine. C'est un des exemples les plus caractérisés où le
rôle attribué habituellement à l'époux de Sémiramis ou du שׁם divin personnifié passe à son fils.

Ces derniers rapprochements achèvent, croyons-nous, de justifier et d'établir l'étymologie que nous admettons pour le nom de Sémiramis et complètent
l'étude que nous avions entreprise de ce personnage divin, qui doit être définitivement rayé de l'histoire.

[1] Publié par M. Renan, *Mém. de l'Acad. des Inscr.*, nouv. sér., t. XXIII, 2e part., pp. 522-525.
[2] *Chronic. pasch.*, t. I, p. 68, ed. Dindorf.
[3] Castor *ap.* Euseb., *Armen. Chron.*, p. 57, éd. Mai; Samuel., *Summar.*, p. 26, ed. Mai.
[4] Mos. Choren., II, 15.
[5] Herodian., III, 4, 11.
[6] I, 13.